今すぐ使える かんたんEx

Excel & Word

［2019/2016/2013/365 対応版］

井上 香緒里 著
門脇 香奈子 著

GIHYO SELECTION

プロ技 BEST セレクション

Professional Skills

PREMIUM

技術評論社

本書の使い方

セクションごとに機能を順番に解説しています。

セクション名は具体的な作業を示しています。

セクションの解説内容のまとめを表しています。

操作内容の見出しです。

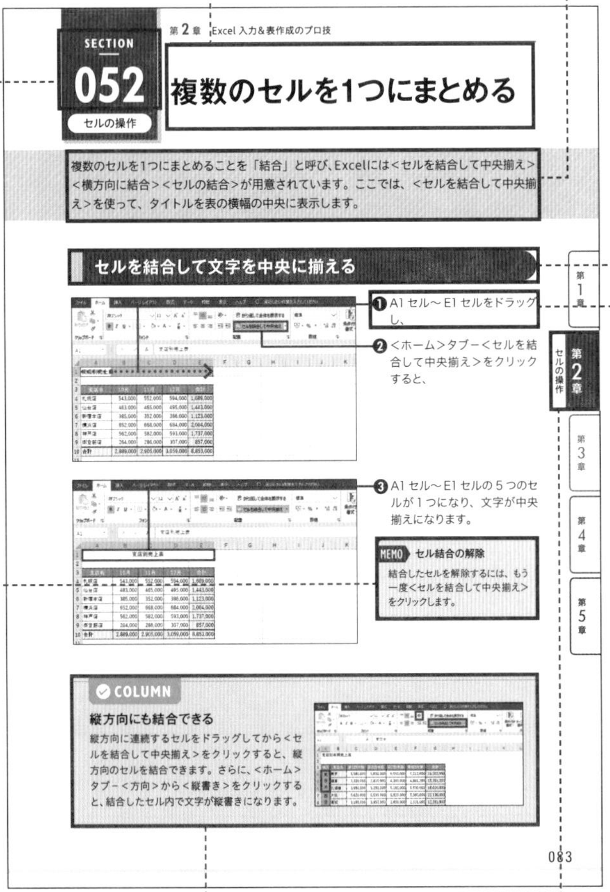

第2章 Excel入力&表作成のプロ技

SECTION 052 セルの操作

複数のセルを1つにまとめる

複数のセルを1つにまとめることを「結合」と呼び、Excelには<セルを結合して中央揃え><横方向に結合><セルの結合>が用意されています。ここでは、<セルを結合して中央揃え>を使って、タイトルを表の横幅の中央に表示します。

セルを結合して文字を中央に揃える

❶ A1 セル～E1 セルをドラッグし、

❷ <ホーム>タブ－<セルを結合して中央揃え>をクリックすると、

❸ A1 セル～E1 セルの 5 つのセルが 1 つになり、文字が中央揃えになります。

MEMO セル結合の解除

結合したセルを解除するには、もう一度<セルを結合して中央揃え>をクリックします。

COLUMN

縦方向にも結合できる

縦方向に連続するセルをドラッグしてから<セルを結合して中央揃え>をクリックすると、縦方向のセルを結合できます。さらに、<ホーム>タブ－<方向>から<縦書き>をクリックすると、結合したセル内で文字が縦書きになります。

第1章 第2章 セルの操作 第3章 第4章 第5章

083

読者が抱く小さな疑問を予測して解説しています！

重要な補足説明を解説しています。

章が探しやすいようにセクションの分類を表示しています。

番号付きの記述で操作の順番が一目瞭然です。

サンプルダウンロード

本書の解説内で使用しているサンプルファイルは、以下のURLのサポートページからダウンロードできます。ダウンロードしたときは圧縮ファイルの状態なので、展開してからご利用ください。

https://gihyo.jp/book/2021/978-4-297-12096-2/support

手順解説

1. Webブラウザー（画面はMicrosoft Edgeの例）を起動し、アドレス欄に上記のURLを入力して、Enterキーを押します。
2. ＜ダウンロード＞にあるサンプルファイルのファイル名をクリックし、＜保存＞をクリックします。

MEMO Internet Explorerの場合は、サンプルファイル名をクリックした後、＜名前を付けて保存＞をクリックして保存場所を指定し、ファイルを保存します。

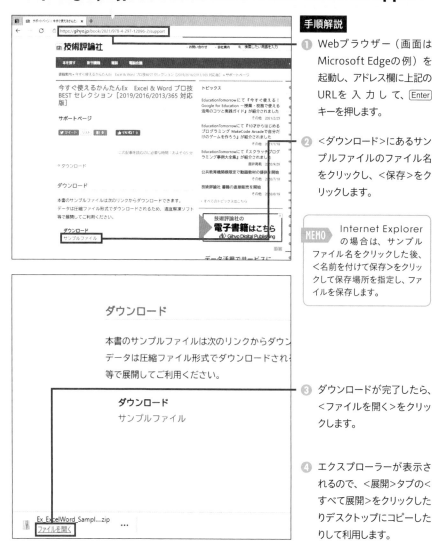

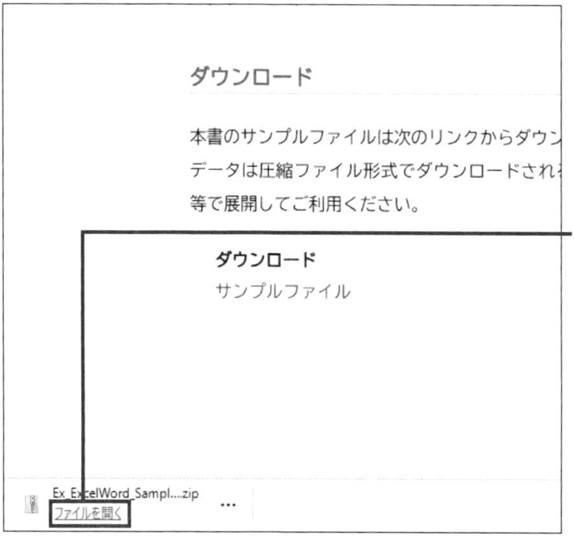

3. ダウンロードが完了したら、＜ファイルを開く＞をクリックします。
4. エクスプローラーが表示されるので、＜展開＞タブの＜すべて展開＞をクリックしたりデスクトップにコピーしたりして利用します。

目次

第1章 Excel&Wordの基本操作

第2章 Excel 入力&表作成のプロ技

第3章 Excel 書式設定のプロ技

第4章 Excel 数式&関数のプロ技

第5章 Excel グラフ作成のプロ技

第6章 Excel データベースのプロ技

第7章 Excel シート・ブック・ファイル操作のプロ技

第8章 Word 入力&文字書式のプロ技

第9章 Word 段落書式のプロ技

第10章 Word レイアウトのプロ技

第11章 Word 校正&印刷のプロ技

第12章 Word 写真・図形・SmartArtのプロ技

第13章 Word 表作成のプロ技

第14章 Excel&Word 連携とはがき作成のプロ技

ご注意 ご購入・ご利用の前に必ずお読みください

本書に記載された内容は、情報の提供のみを目的としています。したがって、本書を用いた運用は、必ずお客様自身の責任と判断によって行ってください。これらの情報の運用の結果について、技術評論社および著者はいかなる責任も負いません。

- ソフトウェアに関する記述は、特に断りのない限り、2021年2月現在での最新バージョンをもとにしています。ソフトウェアはバージョンアップされる場合があり、本書での説明とは機能内容や画面図などが異なってしまうこともあり得ます。あらかじめご了承ください。
- 本書は、Windows 10およびExcel 2019、Word 2019の画面で解説を行っています。これ以外のバージョンでは、画面や操作手順が異なる場合があります。
- インターネットの情報については、URLや画面などが変更されている可能性があります。ご注意ください。

以上の注意事項をご承諾いただいた上で、本書をご利用願います。これらの注意事項をお読みいただかずに、お問い合わせいただいても、技術評論社は対応しかねます。あらかじめご承知おきください。

第1章

Excel&Wordの基本操作

SECTION
001
画面

Excelの画面構成を知る

Excelの画面は、表やグラフなどを作成する「ワークシート」と呼ばれる集計用紙を中心に、上部や下部にさまざまな領域が用意されています。ここでは、Excelの画面を構成している各部の名称と役割を確認しましょう。

Excel 2019の画面

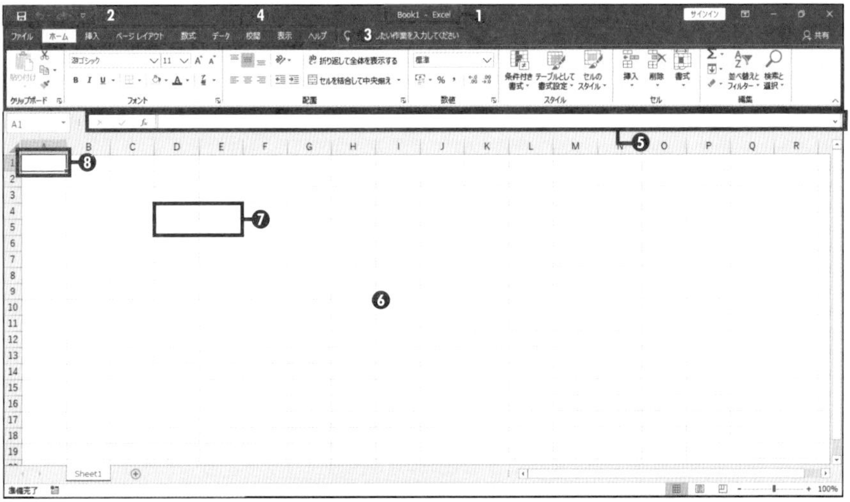

	名称	機能
❶	タイトルバー	現在開いているファイルの名前（ここではBook1）が表示されます。Microsoft 365では検索ボックスも表示されます。
❷	クイックアクセスツールバー	よく使うボタンが並んでいます。
❸ ❹	❸リボン ❹タブ	よく使う機能が分類ごとにまとめられて並んでいます。タブを左クリックするとリボンの内容が切り替わります。
❺	数式バー	セルに入力したデータや数式が表示されます。
❻	ワークシート	表やグラフを作る用紙です。
❼	セル	データを入力するためのます目です。
❽	アクティブセル	操作できるセルです。セルの周りが太線で囲まれています。

SECTION 002 画面

Wordの画面構成を知る

Wordの画面構成を確認しておきましょう。ここでは、白紙の文書が表示された状態で紹介します。操作をするときは、主に、上部に並ぶタブを選択し、下のリボンに表示されるボタンを使用します。タブを選択するとリボンの内容が切り替わるしくみです。

Word 2019の画面構成

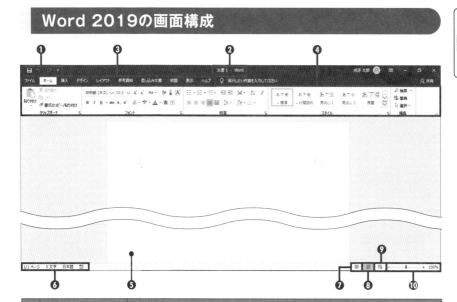

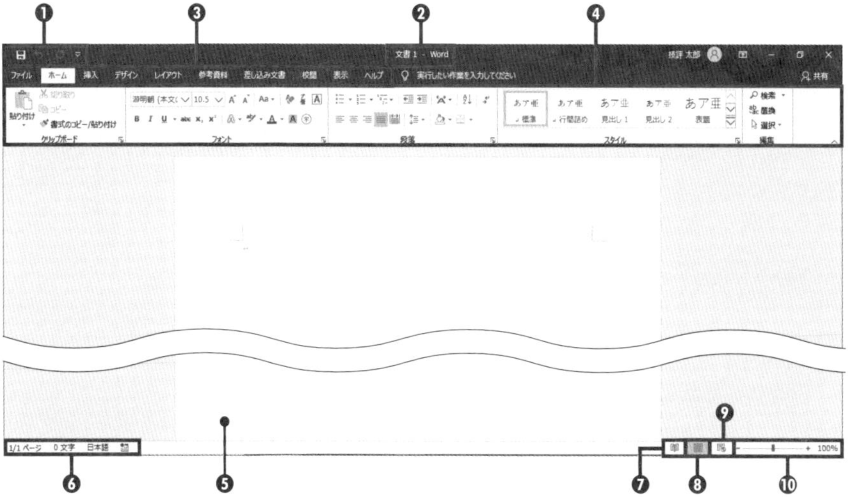

	名称	機能
❶	クイックアクセスツールバー	よく使うコマンドがまとめて表示されます。表示されるボタンを追加することもできます。
❷	タイトルバー	作業中の文書の名前が表示されます。
❸	タブ	タブをクリックすると、リボンの内容が切り替わります。
❹	リボン	操作を行うボタンが並びます。ボタンは、グループごとにまとまって表示されます。グループの名前はリボンの下に表示されています。
❺	文書ウィンドウ	文書を作成するところです。
❻	ステータスバー	操作に応じたメッセージが表示されます。
❼	閲覧モード	文書を閲覧するのに適した表示モードに切り替えます。
❽	印刷レイアウト	文書を編集するときに使う標準的な表示モードに切り替えます。
❾	Web レイアウト	Web ページのレイアウトで文書を見る表示モードに切り替えます。
❿	ズーム	文書を拡大／縮小して表示します（Sec.005 参照）。

SECTION 003
起動・終了

ExcelやWordをスタート画面にピン留めする

ExcelやWordを起動するには、＜スタート＞ボタンから＜Excel＞のメニューを探します。頻繁に使う場合は、Windowsのスタート画面にピン留めしましょう。すると、ExcelまたはWordのタイルをクリックするだけで起動できます。

Excelをスタート画面にピン留めする

❶＜スタート＞ボタンをクリックします。

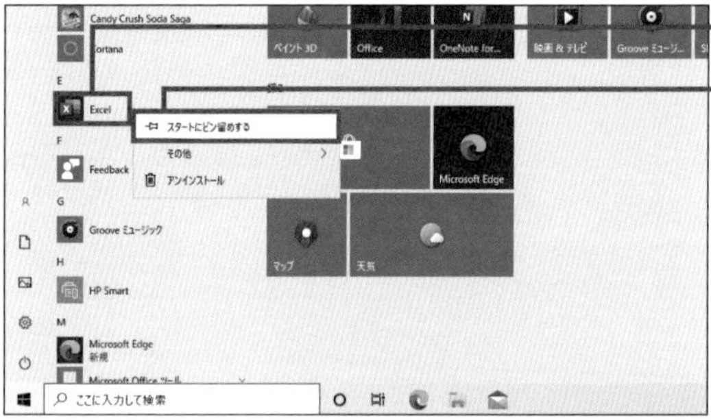

❷＜Excel＞を右クリックし、

❸＜スタートにピン留めする＞をクリックします。

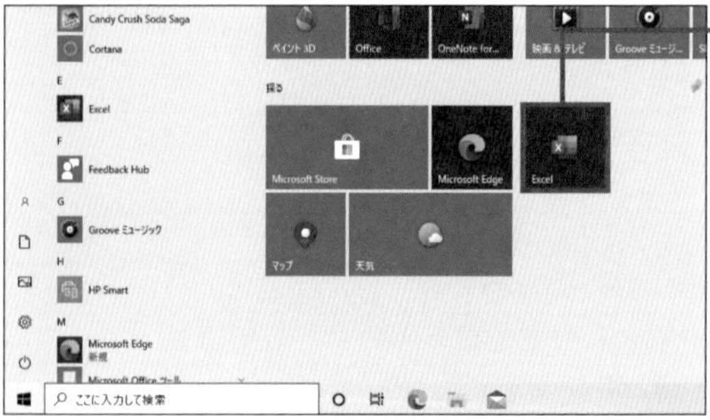

❹スタート画面にタイルが表示されます。

MEMO　スタート画面から削除

スタート画面からタイルを削除するには、タイルを右クリックした時に表示されるメニューで＜スタートからピン留めを外す＞をクリックします。

SECTION 004 起動・終了

ExcelやWordをタスクバーにピン留めする

Sec.003では、スタート画面にピン留めしましたが、画面下部のタスクバーにピン留めすることもできます。タスクバーは常に表示されているので、スタート画面に切り替えなくてもいつでもワンクリックで起動できます。

Excelをタスクバーにピン留めする

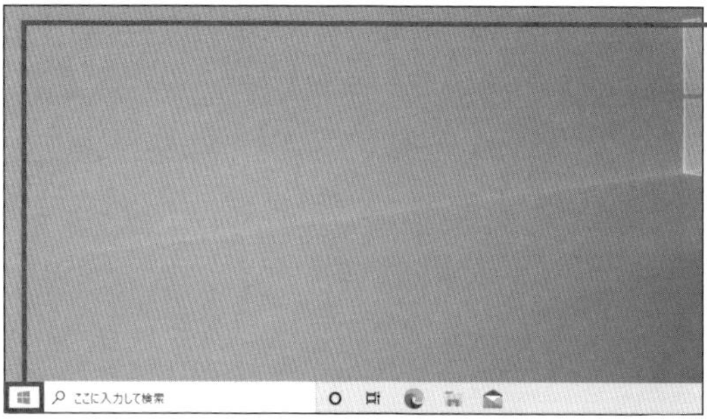

❶ ＜スタート＞ボタンをクリックします。

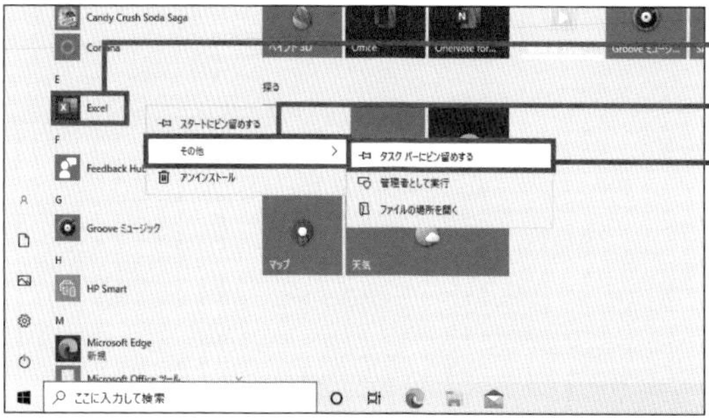

❷ ＜ Excel ＞を右クリックし、

❸ ＜その他＞をクリックし、

❹ ＜タスクバーにピン留めする＞をクリックします。

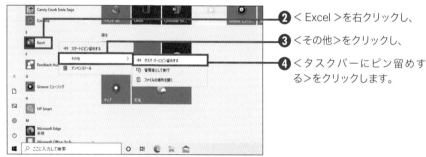

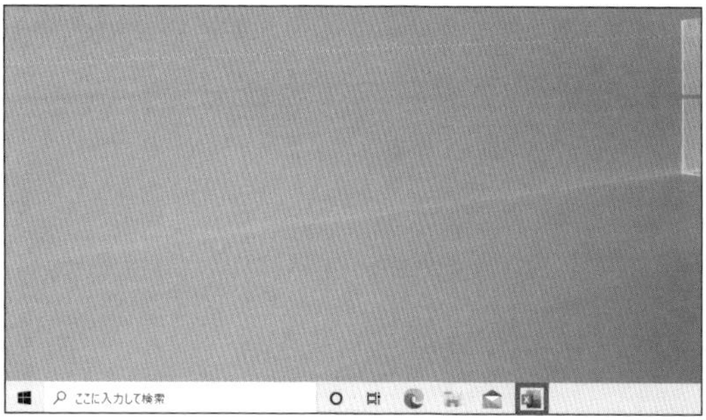

❺ タスクバーにアイコンが表示されます。

MEMO タスクバーから削除

タスクバーからアイコンを削除するには、アイコンを右クリックした時に表示されるメニューで＜タスクバーからピン留めを外す＞をクリックします。

SECTION
005
表示

画面を拡大・縮小する

ワークシートの文字が見づらいときは、「ズームスライダー」を使って画面の表示倍率を拡大しましょう。<+>をクリックするたびに10%ずつ拡大できます。反対に<->をクリックすると10%ずつ縮小できます。

画面の表示倍率を拡大する

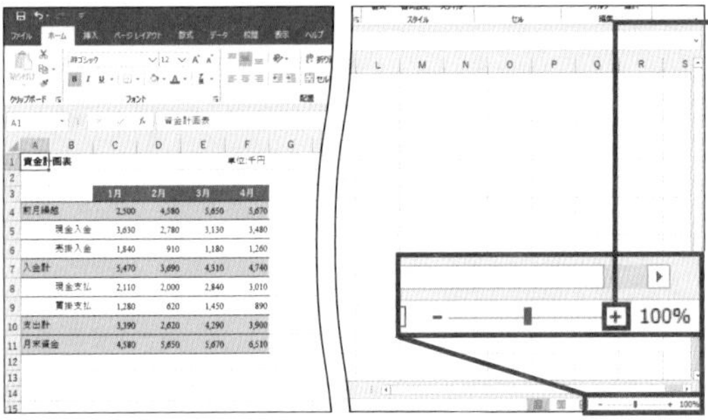

❶<ズームスライダー>の<+>をクリックします。

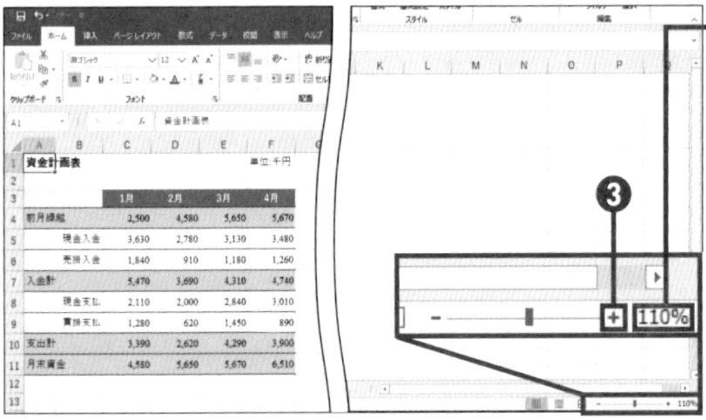

❷110%の表示倍率になりました。

❸もう一度、<+>をクリックします。

MEMO　10%ずつ拡大

<+>をクリックするたびに、10%ずつ拡大して表示します。

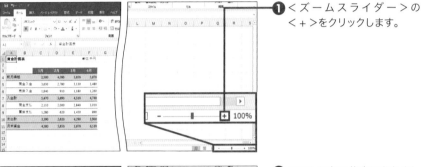

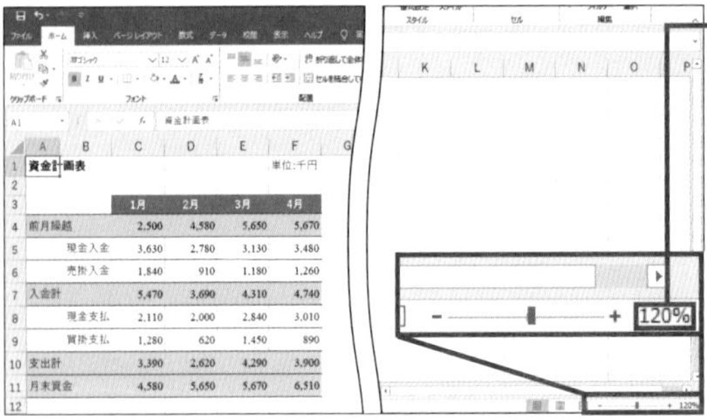

❹120%の表示倍率になりました。

MEMO　<ズーム>で拡大縮小

<ズームスライダー>の右側にある拡大率をクリックしたときに表示される<ズーム>ダイアログボックスで、表示を拡大縮小することもできます。

SECTION
006
ファイル

新しいファイルをすばやく作成する

起動後に新しいファイル（ブック）を開くには、<ファイル>タブから<新規>をクリックして<空白のブック>をクリックします。ショートカットキーを使うと、Ctrl+Nキーを押すだけで新しいファイルが開きます。

新しいファイルを開く

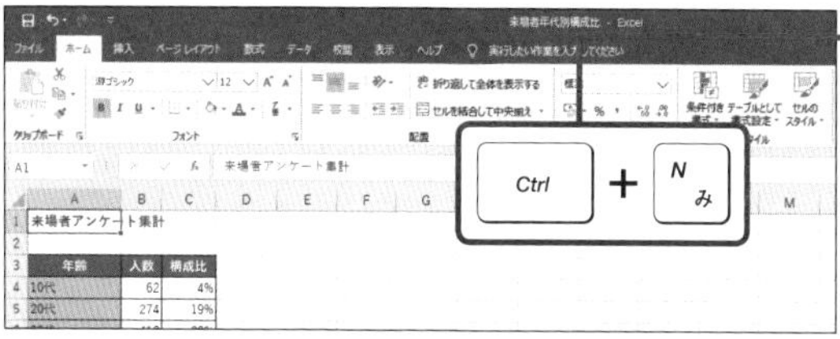

❶ Ctrl+N キーを押すと、

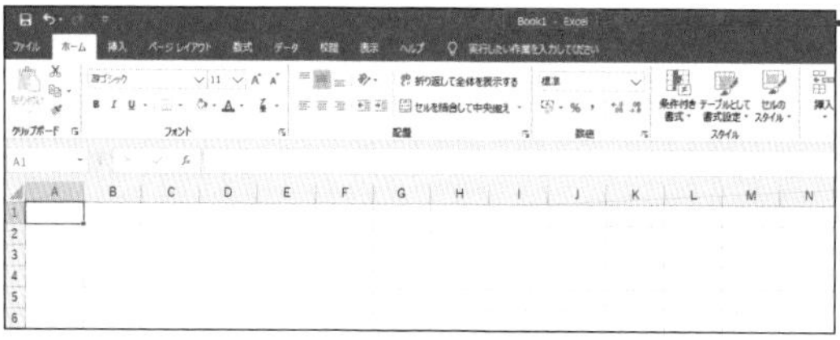

❷ 新しいファイルが開きます。

COLUMN

ショートカットキー（キーボードショートカット）とは

ショートカットキーとは、ある機能を実行するために押すキーのことです。ショートカット＝近道の名前の通り、マウスでリボンを何回かクリックするよりも短時間に機能を実行できます。とくに、文字や数式を入力しているときは、キーボードからマウスに持ち替えなくてもよいので便利です。

・リボンで操作する場合

<ファイル>タブをクリック → <新規>をクリック → <空白のブック>をクリック → 新しいファイルが開く

・ショートカットキーで操作する場合

Ctrl + N キー → 新しいファイルが開く

SECTION 007 ファイル

ファイルをすばやく複製する

よく似た表を作成するときは、元になるファイルをコピーして、部分的に修正すると効率的です。ファイルを開くときに＜コピーとして開く＞を選ぶと、ファイルの複製版が開きます。元のファイルは残っているので間違えて上書きする心配はありません。

ファイルをコピーして開く

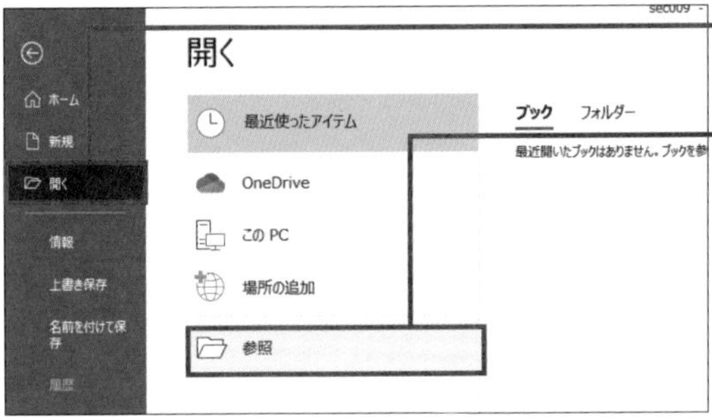

❶＜ファイル＞タブ－＜開く＞をクリックし、

❷＜参照＞をクリックします。

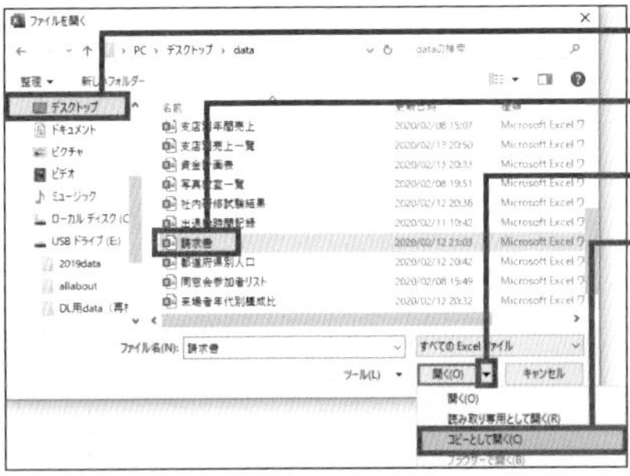

❸保存先を指定して、

❹ファイル名をクリックします。

❺＜開く＞の▼をクリックして、

❻＜コピーとして開く＞をクリックします。

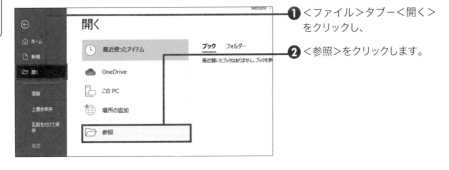

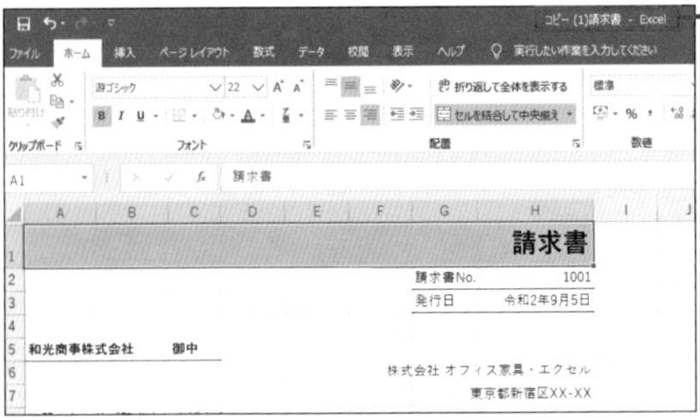

❼コピーしたファイルが開きます。

MEMO タイトルバーで確認

＜コピーとして開く＞を実行すると、開いたファイルのタイトルバーに「コピー（1）請求書」と表示され、コピーしたファイルであることが確認できます。

SECTION 008 ファイル

テンプレートからファイルを作成する

テンプレートとは表のひな形のことです。Excelには請求書やカレンダー、予定表などのテンプレートが豊富に用意されており、無料でダウンロードして利用できます。テンプレートを使うと、データを入力するだけで見栄えのよい表をかんたんに作成できます。

テンプレートをダウンロードする

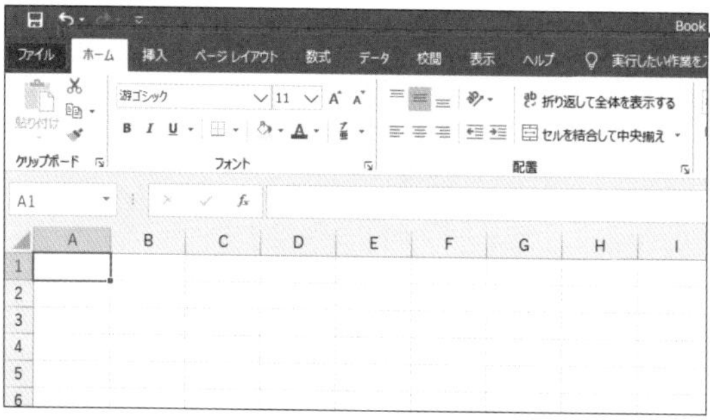

❶<ファイル>タブをクリックします。

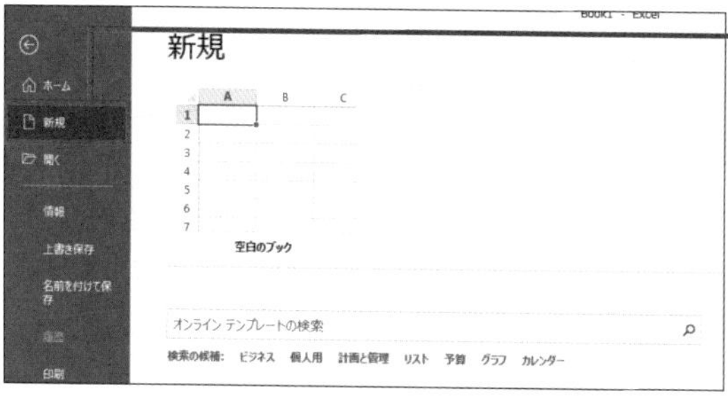

❷<新規>をクリックします。

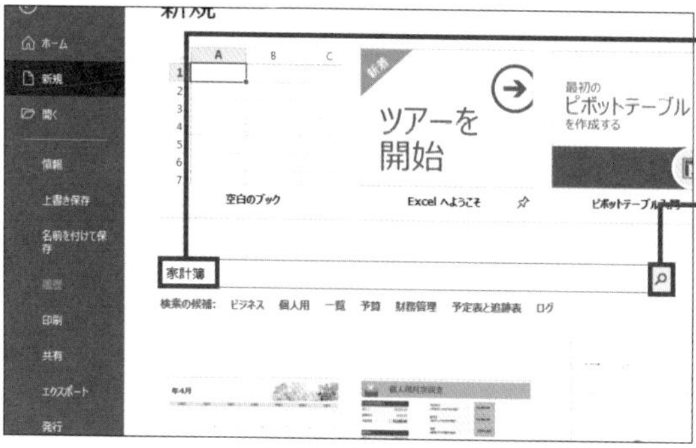

❸<オンラインテンプレートの検索>ボックスにキーワード（ここでは「家計簿」）と入力し、

❹<検索の開始>をクリックします。

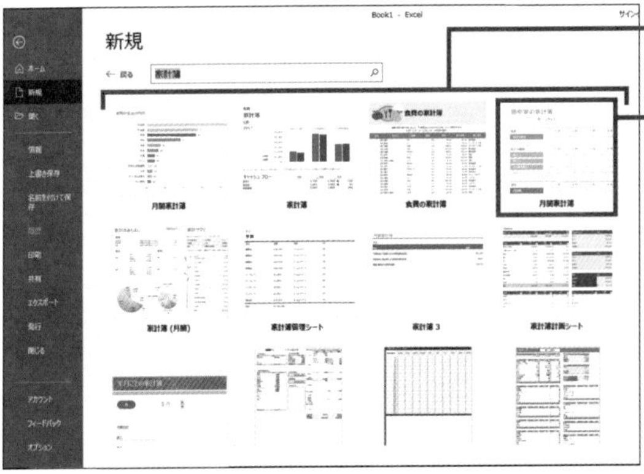

❺家計簿のテンプレートの一覧が表示されます。

❻利用したいテンプレートをクリックします。

MEMO Webから検索

この方法では、マイクロソフトのWebサイトにある家計簿のテンプレートが表示されます。テンプレートを検索するには、パソコンがインターネットに接続している環境が必要です。

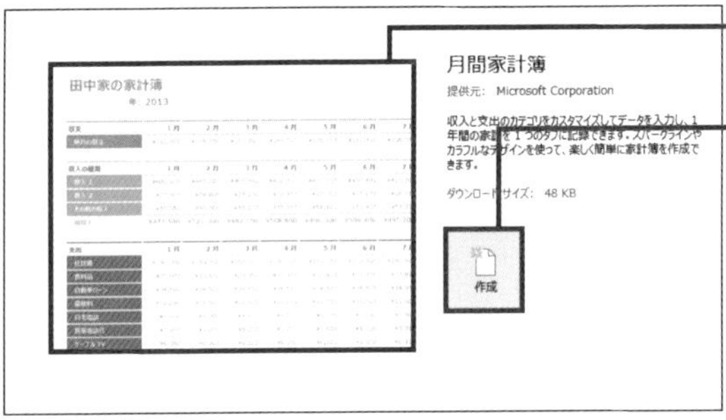

❼テンプレートが拡大して表示されます。

❽<作成>をクリックすると、

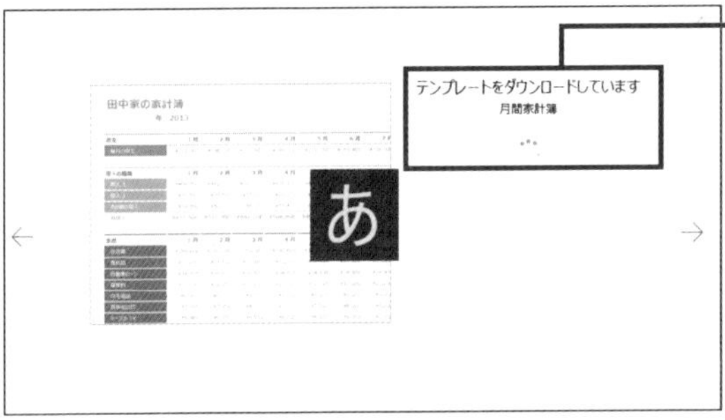

❾ダウンロード中のメッセージが表示されます。

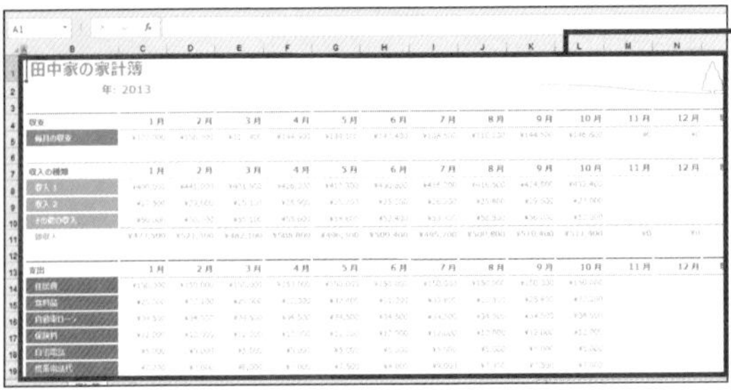

❿しばらくすると、Excelに家計簿が表示されます。

MEMO 修正して使う

テンプレートにはデザインが施されており、数式や見出しが入力されています。適宜修正して利用します。

SECTION
009
ファイル

複数のファイルをまとめて開く

複数のファイルを同時に開いて作業するときは、最初に必要なファイルをまとめて開いておくと便利です。＜ファイルを開く＞ダイアログボックスでCtrlキーを押しながらファイルを順番にクリックしてから開くと、一度に複数のファイルを開けます。

複数のファイルを開く

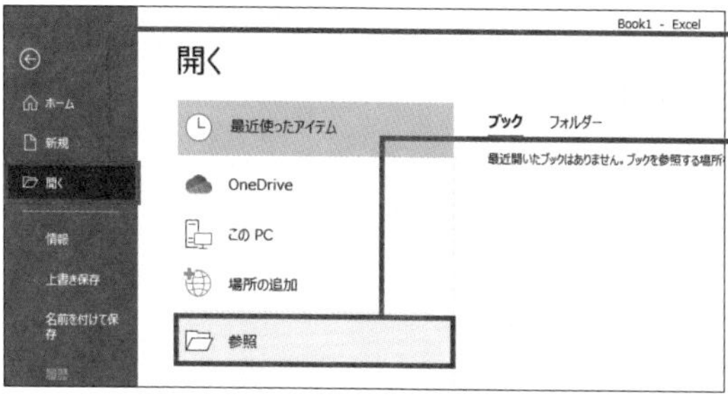

❶＜ファイル＞タブ－＜開く＞をクリックし、

❷＜参照＞をクリックします。

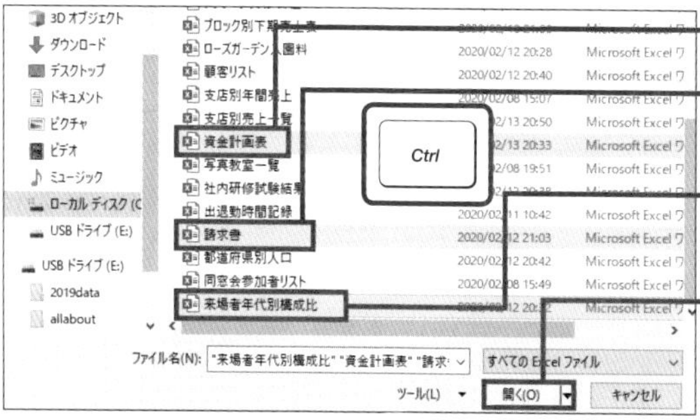

❸ファイル名をクリックして、

❹Ctrlキーを押しながらファイル名をクリックし、

❺Ctrlキーを押しながらさらにファイル名をクリックします。

❻＜開く＞をクリックすると、

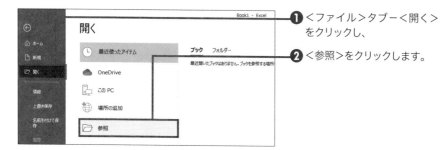

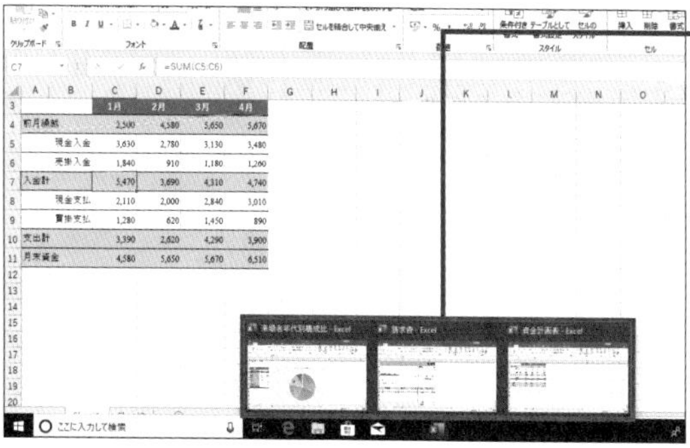

❼3つのファイルがまとめて開きます。

> **MEMO　連続したファイルの選択**
>
> 手順❹でShiftキーを押しながらファイル名をクリックすると、手順❸でクリックしたファイル名から連続したファイルをまとめて選択できます。

SECTION
010
ファイル

よく使うファイルをすばやく開く

＜ファイル＞タブの＜開く＞をクリックすると、画面の右側に直近で開いたファイル名が時系列で表示されます。この中に目的のファイルがある場合は、ファイル名を直接クリックするだけでファイルを開くことができます。

直近で開いたファイルを開く

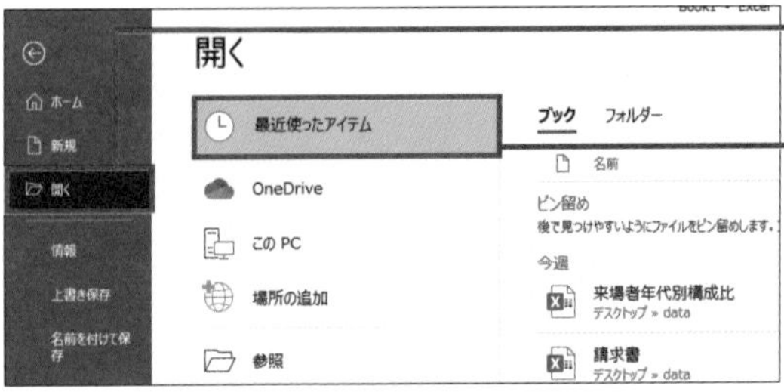

❶＜ファイル＞タブ－＜開く＞をクリックし、

❷＜最近使ったアイテム＞をクリックします。

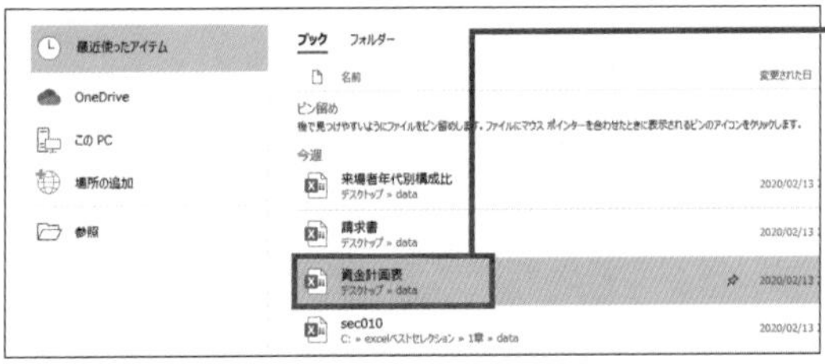

❸右側のファイル一覧から開きたいファイルをクリックすると、

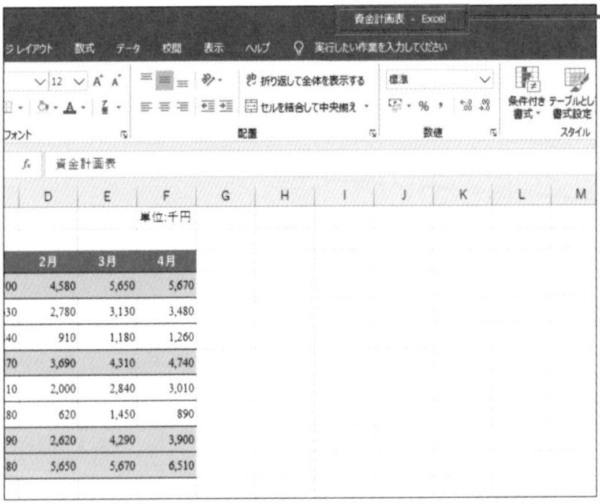

❹ファイルが開きます。

> **MEMO よく使うファイルは固定する**
>
> 手順❸で表示されるファイルの数は決まっており、古いものから自動的に削除されます。常にファイル名を表示しておきたい場合は、ファイル名の右端に表示されるピンをクリックすることで固定できます。固定したファイルは一覧の上位に表示されます（P.049参照）。

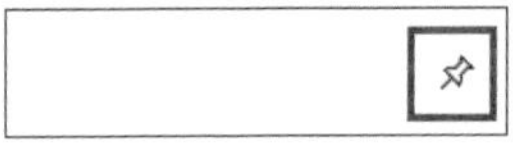

SECTION 011 ファイル

ファイルを開くための ショートカットを作成する

進行中の仕事のファイルはスピーディーに開きたいものです。デスクトップにファイルのショートカットアイコンを作成しておけば、ショートカットアイコンをダブルクリックしただけでExcelまたはWordの起動とファイルを開く操作が同時に行われます。

ショートカットアイコンを作成する

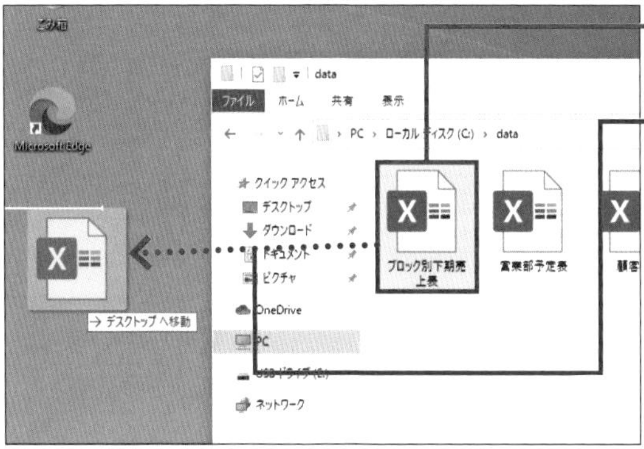

❶ ショートカットを作成したいファイルをクリックし、

❷ マウスの右ボタンを押しながらデスクトップにドラッグします。

> **MEMO デスクトップに作る**
> ショートカットアイコンはどこにも作成できますが、デスクトップに作成すると、すばやく見つけられるので便利です。

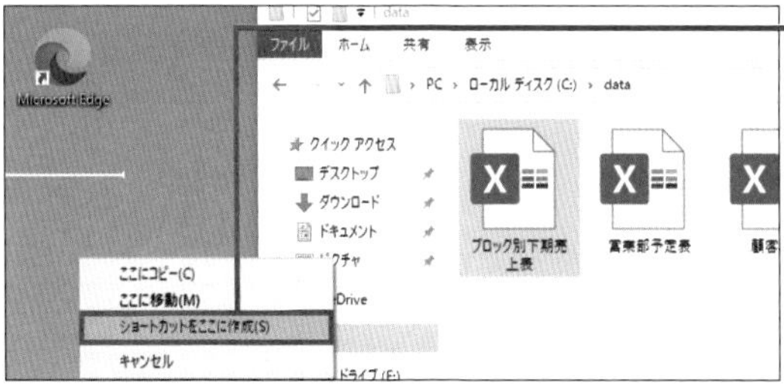

❸ <ショートカットをここに作成>をクリックします。

❹ デスクトップにショートカットアイコンが表示されます。

> **MEMO ショートカットアイコンを削除する**
> 進行中の仕事が終わったら、ショートカットアイコンを<ごみ箱>にドラッグして削除します。ショートカットアイコンを削除しても、元のファイルそのものは削除されません。

SECTION
012 よく使うファイルをタスクバーにピン留めする

ファイル

Sec.004の操作でExcelやWordをタスクバーにピン留めすると、よく使うファイルをタスクバーから開けるようになります。タスクバーのアイコンを右クリックした時に表示されるファイルの一覧でピン留めしたいファイルを指定します。

ファイルをタスクバーにピン留めする

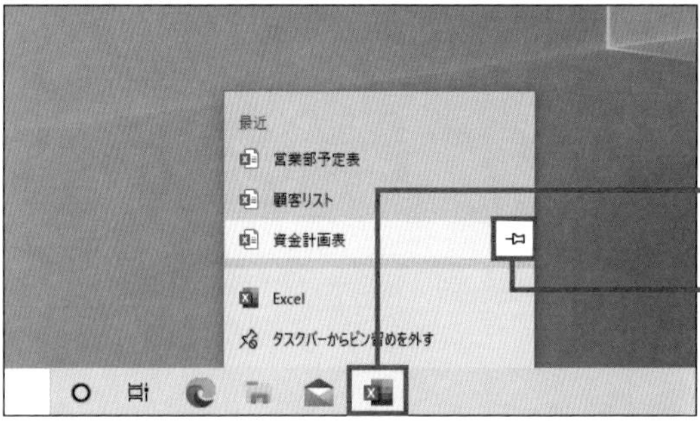

Sec.004の操作で、Excelをタスクバーにピン留めしています。

❶タスクバーのアイコンを右クリックします。

❷ファイル名の右端の<一覧にピン留めする>をクリックすると、

❸ファイル名が<ピン留め>として表示されます。

❹ファイル名をクリックすると、

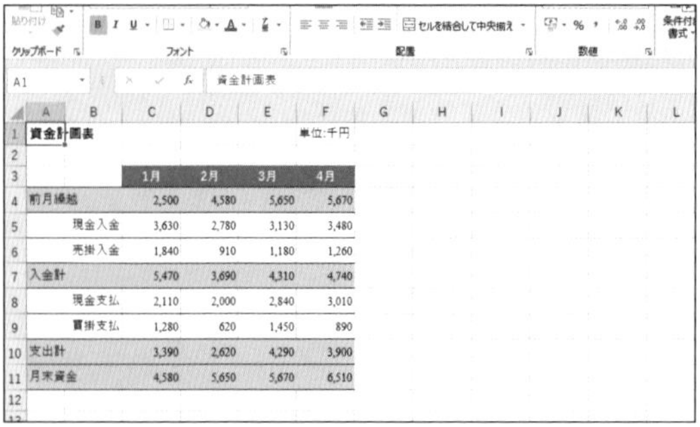

❺ファイルが開きます。

MEMO ピン留めの解除

<ピン留め>に表示されたファイルのピン留めを解除するには、ファイル名の右端にある<一覧からピン留めを外す>をクリックします。

SECTION 013 ファイル

ファイルをすばやく保存する

作成中のファイルは、早い段階で名前を付けて保存しましょう。その後はこまめに上書き保存すると安心です。F12キーで名前を付けて保存する操作や、Ctrl+Sキーで上書き保存する操作を覚えておくと便利です。

ファイルを保存する

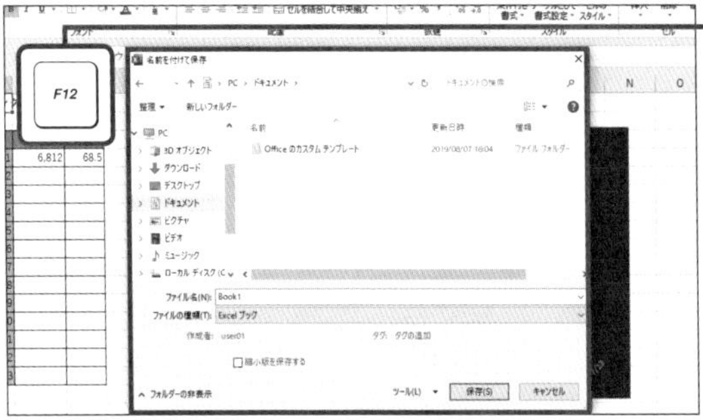

❶ F12 キーを押して、<名前を付けて保存>ダイアログボックスを表示します。

MEMO <ファイル>タブから保存

<ファイル>タブの<名前を付けて保存>（もしくは<コピーを保存>）をクリックし、<参照>をクリックして<名前を付けて保存>ダイアログボックスを表示することもできます。

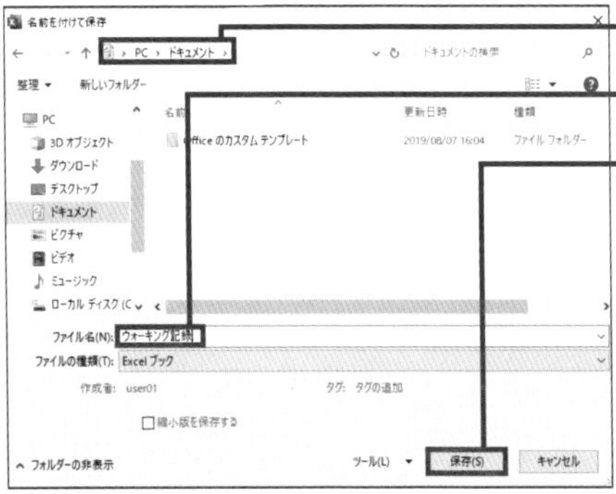

❷ 保存場所を指定し、

❸ ファイル名を入力して、

❹ <保存>をクリックします。

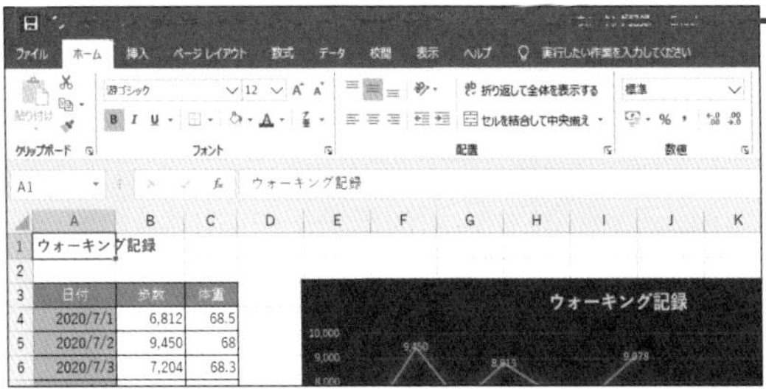

❺ その後は、クイックアクセスツールバーの<上書き保存>をクリックして、最新の内容に上書き保存します。

MEMO ショートカットキーの操作

Ctrl+Sキーを押して上書き保存することもできます。

SECTION
014
ファイル

ファイルをすばやく閉じる

複数のファイルを開いたままにしておくと、目的のファイルが探しづらかったり、間違ったファイルを操作してしまったりする場合があります。Ctrl+Wキーを押すと、作業中のファイルだけが閉じてExcelやWordの画面は残ります。

ファイルを閉じる

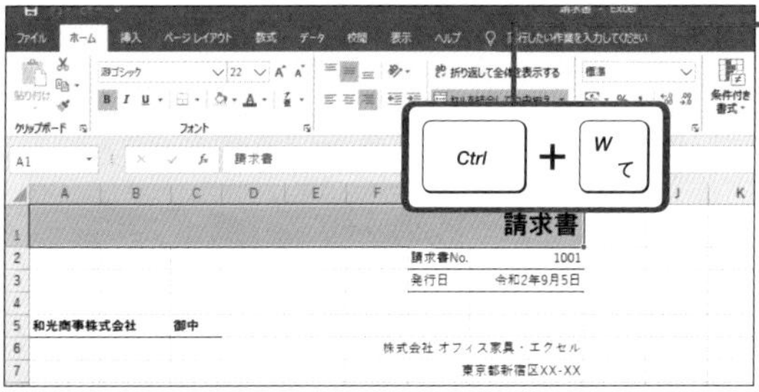

❶ Ctrl+W キーを押すと、

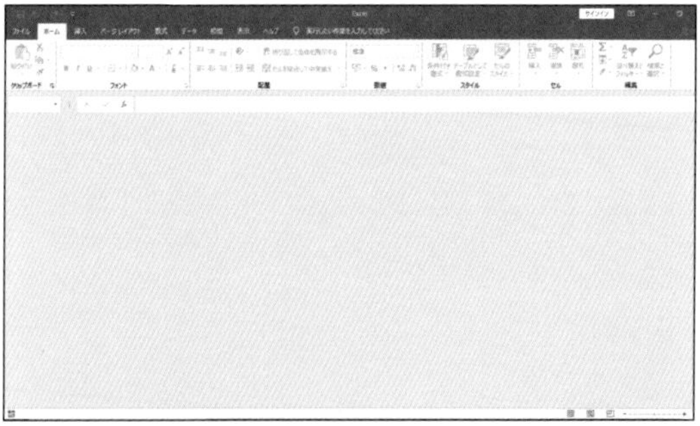

❷ 作業中のファイルが閉じます。

MEMO ＜ファイル＞タブから閉じる

ここではショートカットキーを使ってすばやく操作する方法を紹介しましたが、＜ファイル＞タブを使って閉じることもできます。＜ファイル＞タブから＜閉じる＞をクリックすると、作業中のファイルが閉じます。

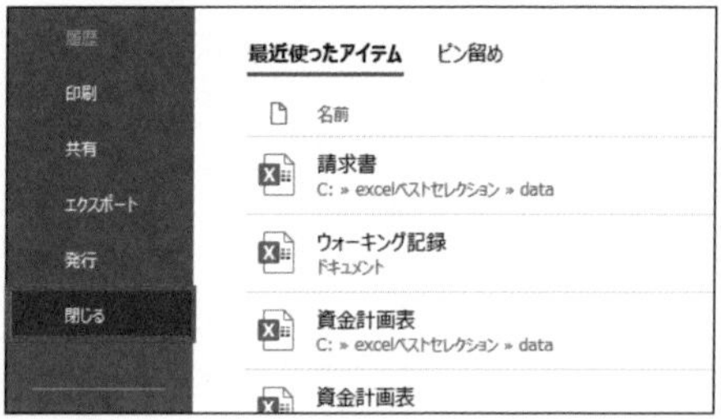

SECTION
015
繰り返し・取り消し

同じ操作を繰り返す

直前に行った操作を繰り返して行うときは、F4キーを使うと便利です。たとえば、直前に付けた書式を他のセルにも付けたいときなどに使います。書式の設定を繰り返すだけでなく、ワークシートの操作や文字入力など、いろいろなシーンで利用できます。

直前の操作を繰り返す

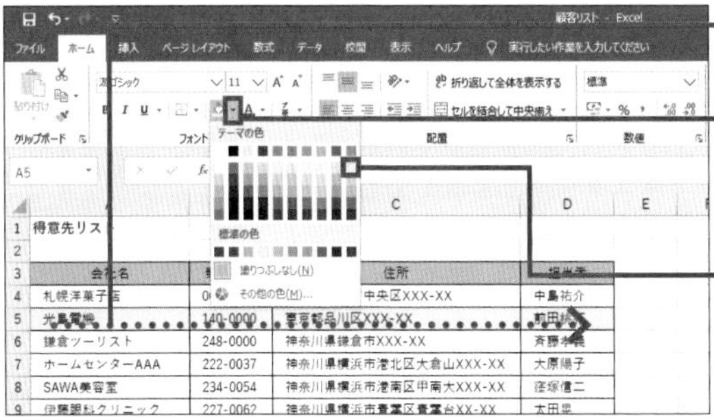

❶ A5 セル～ D5 セルをドラッグし、

❷ ＜ホーム＞タブの＜塗りつぶしの色＞ボタン右側の▼をクリックして、

❸ ＜緑、アクセント 6、白＋基本色 80%＞をクリックします。

❹ A7 セル～ D7 セルをドラッグし、

❺ F4 キーを押すと、

❻ 直前の操作が繰り返されて、セルの色が変化します。

MEMO　Wordの場合

ここではExcelを例にしていますが、Wordでも同様の操作が可能です。

SECTION 016
繰り返し・取り消し

直前の操作を取り消す

うっかりセルのデータを消してしまった、間違えてデータを移動してしまったというときは、クイックアクセスツールバーの<元に戻す>をクリックしましょう。<元に戻す>をクリックするたびに、1段階ずつ操作を行う前に状態に戻ります。

操作前の状態に戻す

❶ A4セル〜A13セルをドラッグし、

❷ Delete キーを押します。

MEMO ショートカットキーの操作

Ctrl+Zキーを押して、操作を戻すこともできます。

❸ A4セル〜A13セルのデータが消去されます。

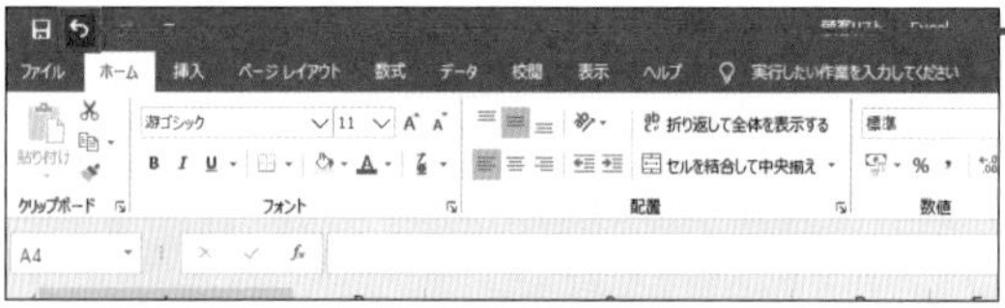

❹ <元に戻す>をクリックすると、

❺ 消去したデータが再表示されます。

MEMO 操作をやり直す

<元に戻す>をクリックするたびに、1段階ずつ操作が戻ります。戻しすぎてしまった場合は、クイックアクセスツールバーの<やり直し>をクリックします。また、やり直しはCtrl+Yキーでも行えます。

SECTION 017 基本操作

タブやリボンの使い方を知る

ファイルを編集するときは、タブやリボンを使って操作を指定します。タブやリボンを使ってみましょう。ここでは、<挿入>タブにある<表>ボタンを使って、文書に表を追加します。操作に応じて表示されるコンテキストタブについても知りましょう。

タブやリボンを操作する

❶ <ホーム>タブが表示されている状態から操作します。

❷ <挿入>タブをクリックします。

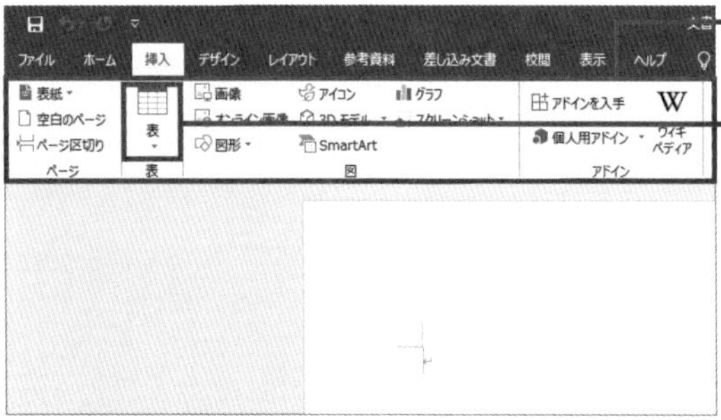

❸ <挿入>タブが選択されてリボンの内容が変わります。

❹ <表>にマウスポインターを移動します。

❺ 選択しようとしているボタンがグレーになります。

操作を選択する

❶ <表>をクリックします。

❷ 左から２列目、上から２行目のマス目をクリックします。

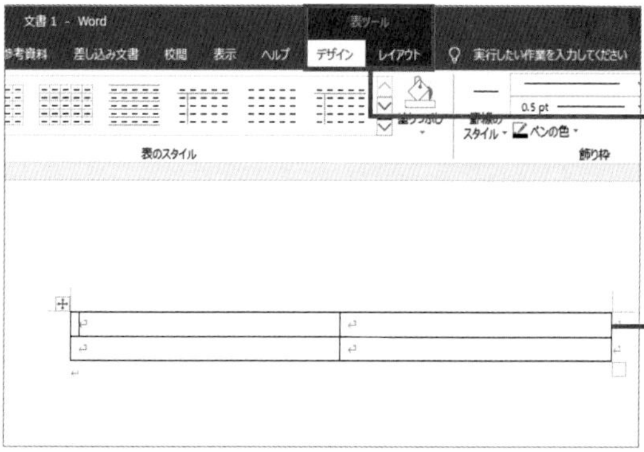

❸ 文字カーソルの位置に２列２行の表が追加されます。

❹ 表内をクリックすると、<表ツール>のコンテキストタブが表示されます。

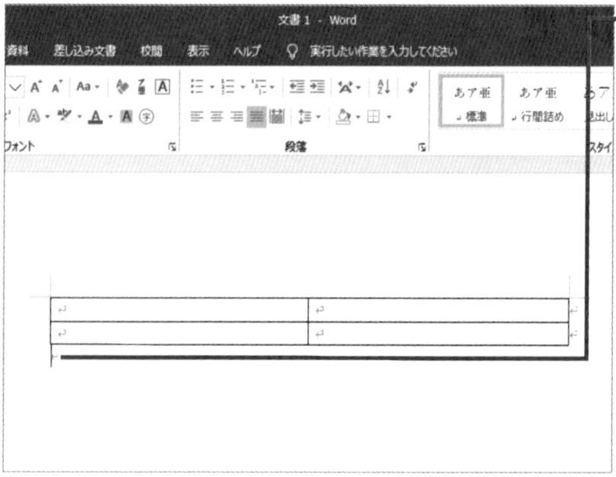

❺ 表以外をクリックします。

❻ <表ツール>のコンテキストタブが消えます。

MEMO コンテキストタブ

文書編集中に、操作に応じて表示されるタブをコンテキストタブと言います。コンテキストタブは、「○○ツール」（表示されない場合もあります）というコンテキストツールの表示の中にまとまって表示されます。

SECTION 018 基本操作

タブやリボンをカスタマイズする

タブやリボンの表示内容は、カスタマイズして使えます。ここでは、「図形操作」という名前のタブを追加して矢印の図形を描くボタンを表示します。ボタンは、グループごとにまとめて表示します。タブを追加したあとにグループを作り、そのグループにボタンを追加します。

タブを追加する

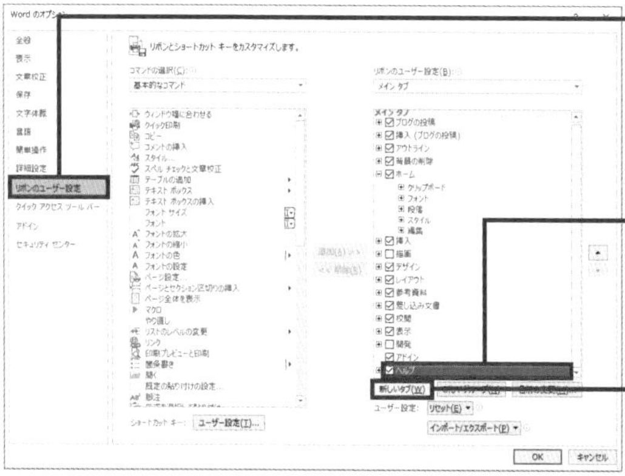

❶<ファイル>タブー<オプション>から<Wordのオプション>画面を表示して、<リボンのユーザー設定>をクリックします。

❷<ヘルプ>のタブをクリックして選択しておきます。

❸<新しいタブ>をクリックします。

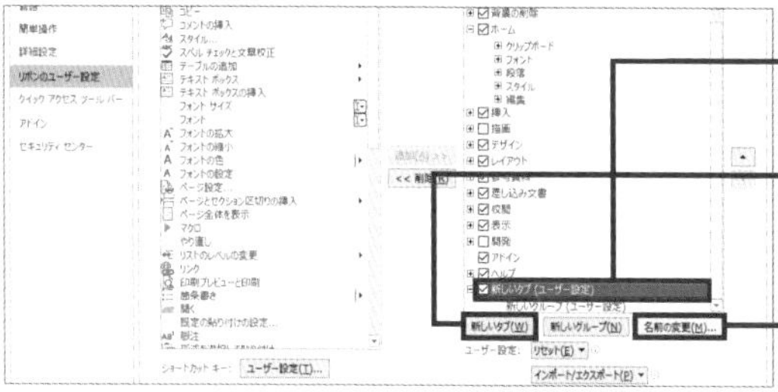

❹選択していたタブの下にタブが追加されます。

❺<新しいタブ>をクリックし、

❻<名前の変更>をクリックします。

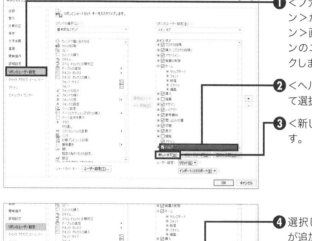

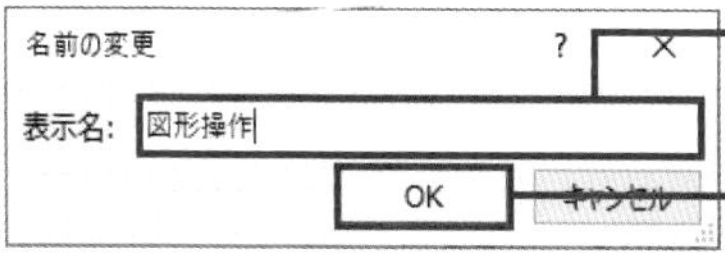

❼新しいタブの名前を入力し、

❽<OK>をクリックします。

MEMO タブの表示順を変更する

タブの表示順を変更するには、変更するタブの項目をクリックして選択し、画面右端の▲▼をクリックします。

グループの名前を変更する

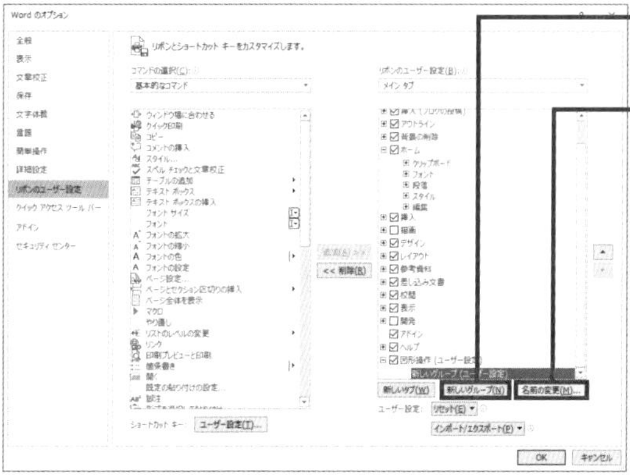

❶オプション画面で<新しいグループ>をクリックし、

❷<名前の変更>をクリックします。

❸グループの名前を入力します。

❹< OK >をクリックします。

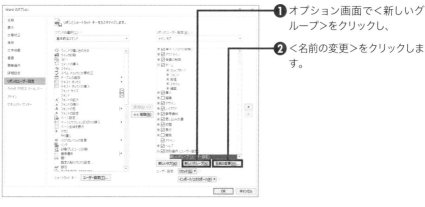

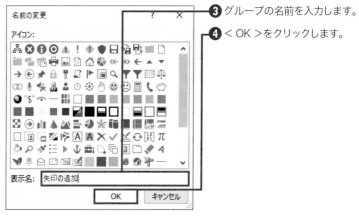

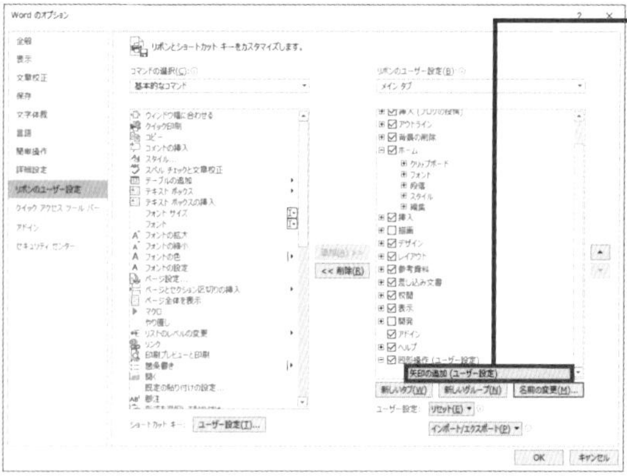

❺グループの名前が変わりました。

MEMO グループを追加する

新しいグループを追加するには、追加先のグループの上のグループを選択して<新しいグループ>をクリックします。

タブにボタンを追加する

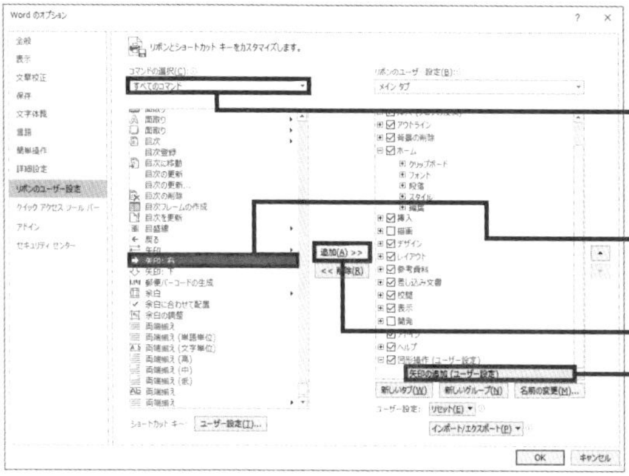

❶ボタンを追加するグループを選択し、

❷<コマンドの選択>からコマンドの種類(ここでは<すべてのコマンド>)を選択します。

❸追加するコマンド(ここでは<矢印 : 右>)をクリックし、

❹<追加>をクリックします。

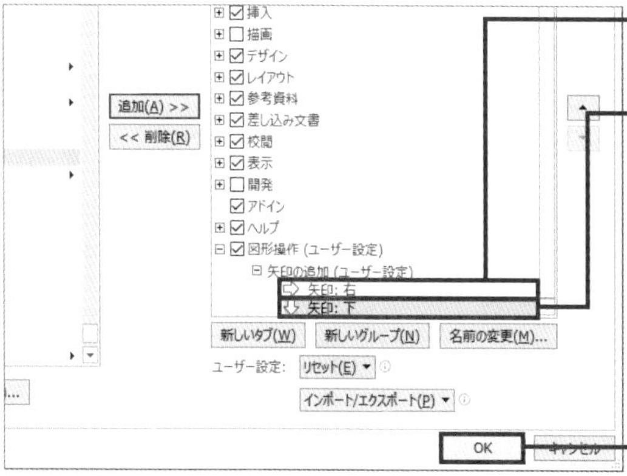

❺選択していたグループにボタンが追加されます。

❻同様に<矢印 : 下>を追加して、

❼< OK >をクリックします。

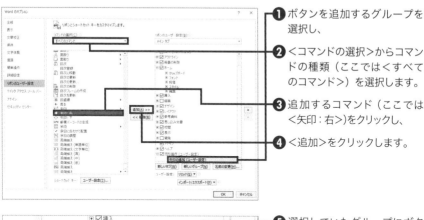

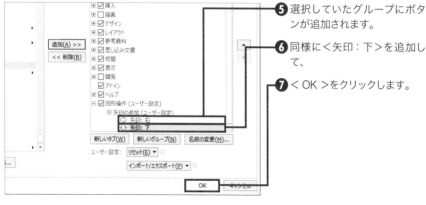

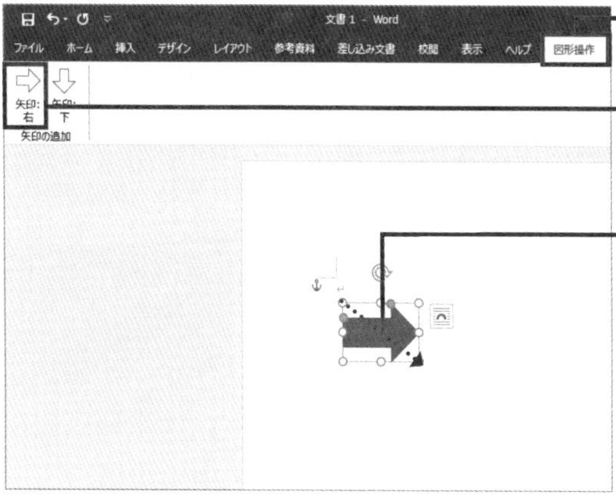

❽<図形操作>タブをクリックします。

❾指定したグループに追加したボタンが表示されます。<矢印 : 右>をクリックします。

❿文書ウィンドウをドラッグすると、右向き矢印の図形が追加されます。

タブをリセットして元に戻す

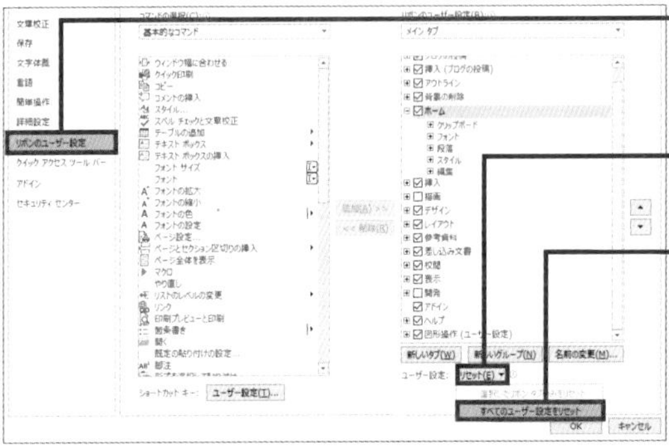

❶ < Word のオプション >画面を表示して、<リボンのユーザー設定>を選択します。

❷ <ユーザー設定>の<リセット>をクリックし、

❸ <すべてのユーザー設定をリセット>をクリックします。

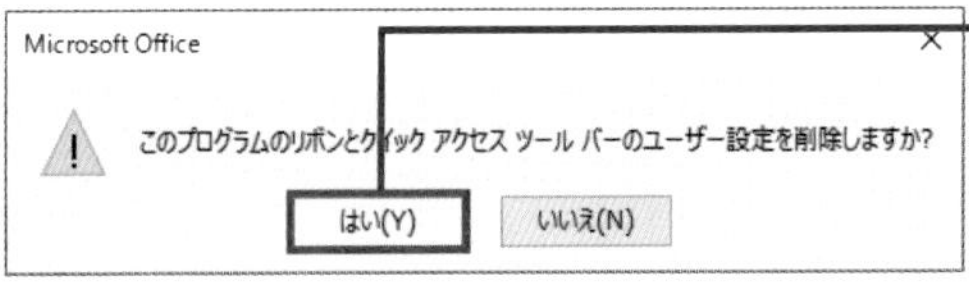

❹ <はい>をクリックします。

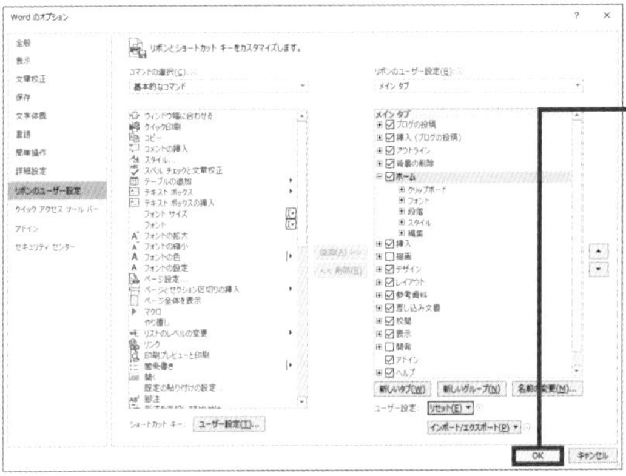

❺ リボンのカスタマイズ内容がリセットされます。

❻ < OK >をクリックします。

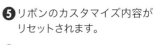

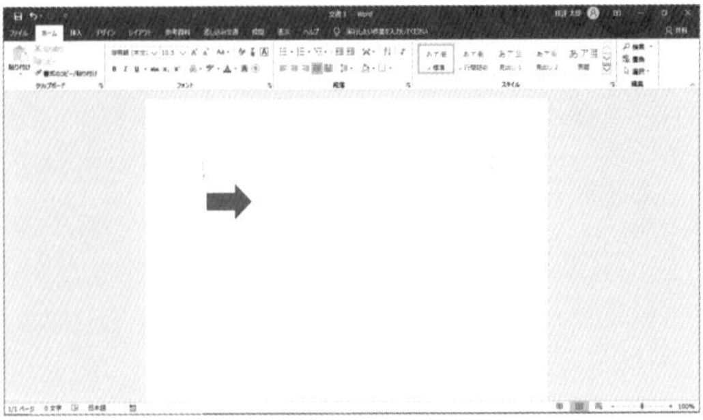

❼ 元の画面に戻ります。

MEMO 選択したタブのみリセットする

既存のタブに新しいグループを追加してボタンを追加した場合などは、変更したタブのみをリセットできます。その場合は、変更したタブをクリックして、手順❷の次に<選択したリボン タブのみをリセット>をクリックします。

SECTION
019
基本操作

よく使うファイルや保存先の表示を固定する

定期的に使用する文書などは、ファイルを開く画面に常に表示されるように表示を固定しておくと便利です。表示を固定すると、ファイルの保存先を選択してファイルを探したりする必要はありません。かんたんにファイルを開けるようになります。

ファイルの表示を固定する

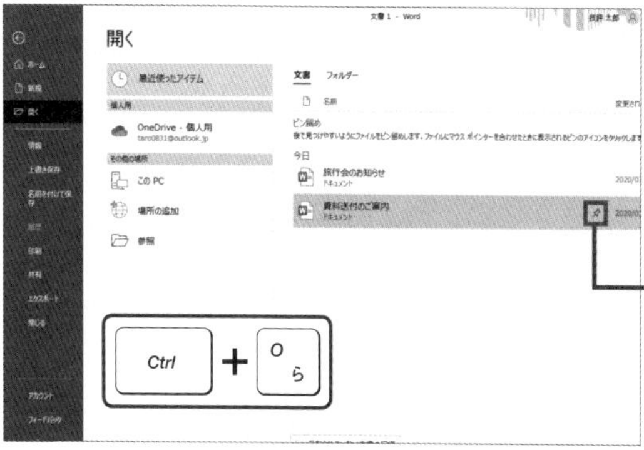

❶ 文書を編集する画面で Ctrl + O キーを押します。

❷ Backstage ビューが表示されて「開く」メニューの＜最近使ったアイテム＞が選択されます。

❸ ＜最近使ったアイテム＞の一覧に固定するファイルのピンのアイコンをクリックします。

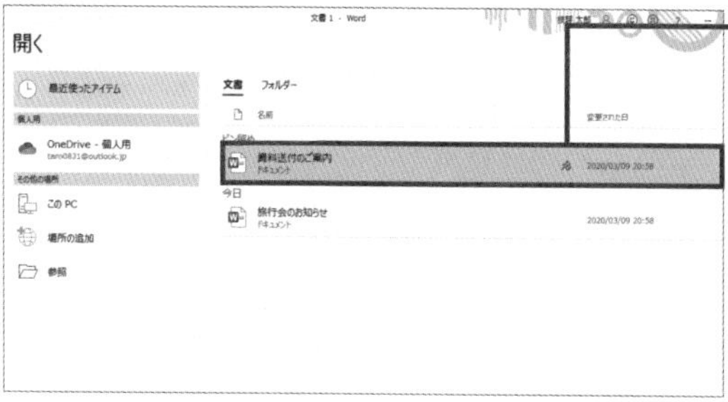

❹ ファイルが固定表示されます。ファイル名をクリックすると、ファイルが開きます。

MEMO　ピン留めを外す

表示を固定した項目のピン留めを外すには、表示を固定した項目のピンのアイコンをクリックします。

COLUMN

保存するフォルダーをピン留めする

ファイルを保存する画面でよく使うフォルダーを簡単に選択できるようにするには、表示を固定するフォルダーの＜このアイテムが一覧に常に表示されるように設定します＞をクリックします。

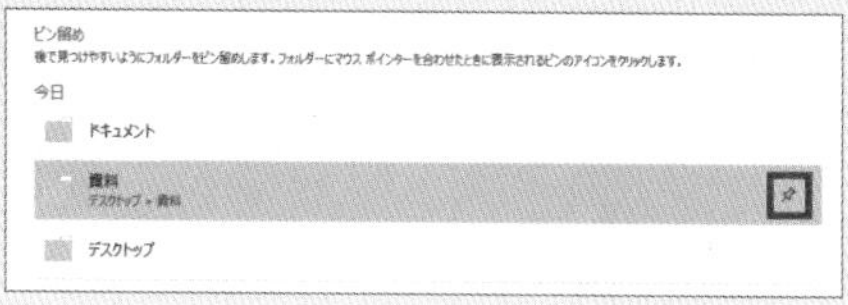

SECTION 020 基本操作

よく使う機能のボタンの表示を固定する

クイックアクセスツールバーには、よく使う機能のボタンを追加できます。クイックアクセスツールバーは、どのタブが選択されていても常に表示されているため、目的の操作を素早く実行できて便利です。ここでは例として、矢印の図形を描くボタンを追加します。

矢印の図形を描くボタンを追加する

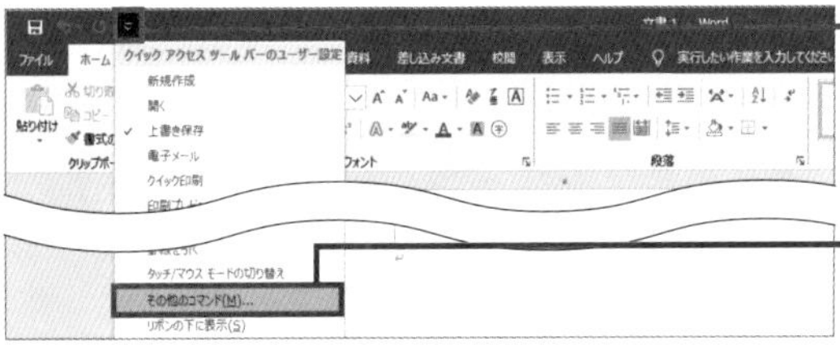

❶クイックアクセスツールバーの<クイックアクセスツールバーのユーザー設定>をクリックします。

❷<その他のコマンド>をクリックします。

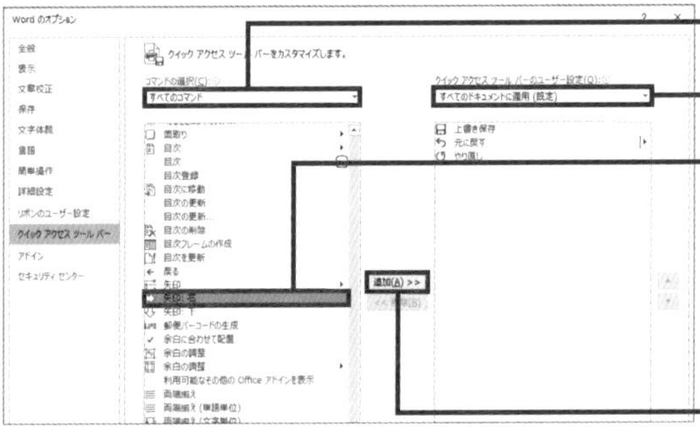

❸追加するコマンドの種類（ここでは<すべてのコマンド>）を選びます。

❹追加するボタン（ここでは<矢印：右>）をクリックします。

❺すべての文書で表示するか、表示している文書でのみ表示するか選択します。

❻<追加>をクリックします。

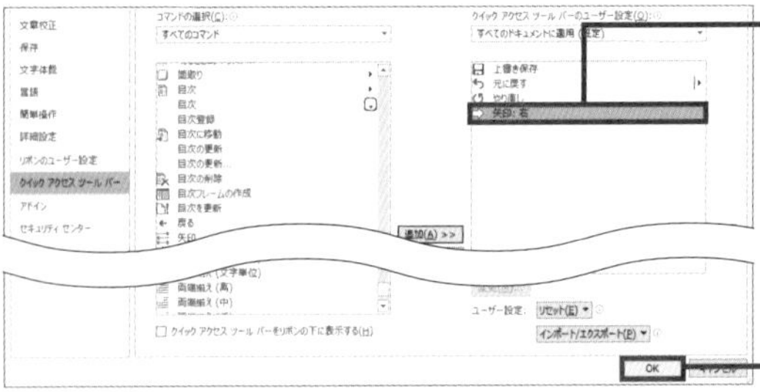

❼ボタンが追加されます。

❽< OK >をクリックします。

MEMO ボタンを削除する

追加したボタンを右クリックし、<クイックアクセスツールバーから削除>をクリックするとボタンを削除できます。

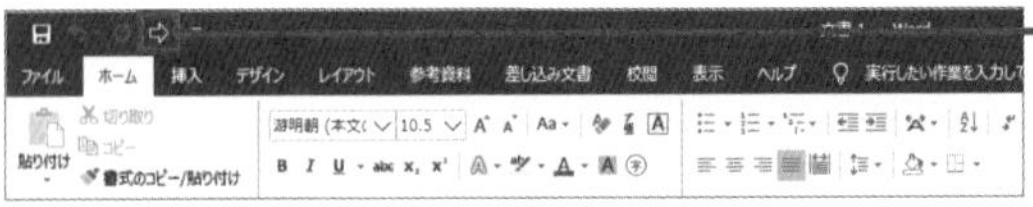

❾ボタンが追加されます。

SECTION 021 ファイル

OneDriveへの自動保存をやめる

Microsoft 365では、ファイルをOneDriveに保存すると、画面左上の<自動保存>がオンになります。ファイルへの変更を保存したくない場合やパソコン上でファイルを管理したい場合は、自動保存をオフにして解除しましょう。

OneDriveでの自動保存を解除する

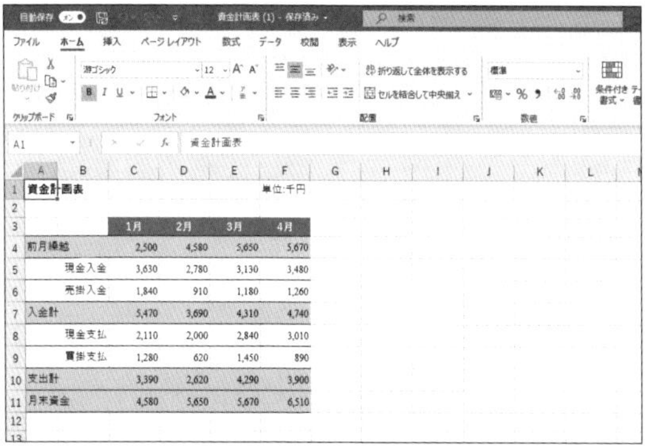

❶自動保存したくないファイルを表示します。

MEMO　コピーを保存

<自動保存>をオンにすると、<ファイル>タブの<名前を付けて保存>が<コピーを保存>に変わります。

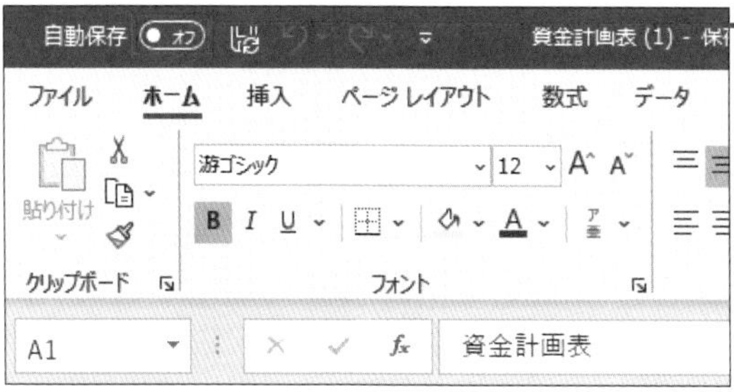

❷<自動保存>のスイッチをクリックしてオフにします。これ以降は、OneDriveに自動保存されません。

COLUMN

初期設定は自動保存オフ

新しいブックを開くと、<自動保存>のスイッチはオフになっています。ただし、いったんOneDriveにファイルを保存すると、自動的に<自動保存>のスイッチがオンに切り替わります。

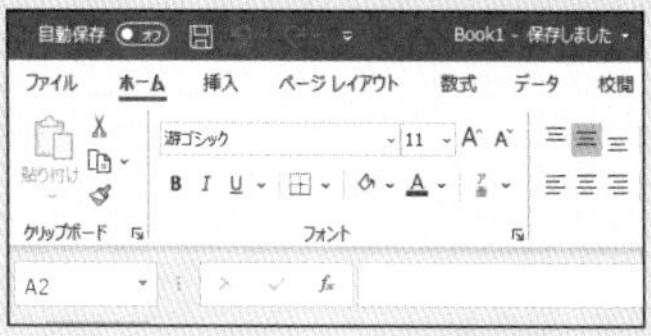

SECTION 022 ファイル

ファイルをPDF形式で保存する

作成したファイルをPDF形式で保存すると、Officeアプリを使用できないパソコンなどでもファイルの内容を表示できます。PDF形式のファイルは、WebブラウザーやPDF形式のファイルを表示・印刷するPDF閲覧ソフトなどで表示できます。

PDF形式で保存する

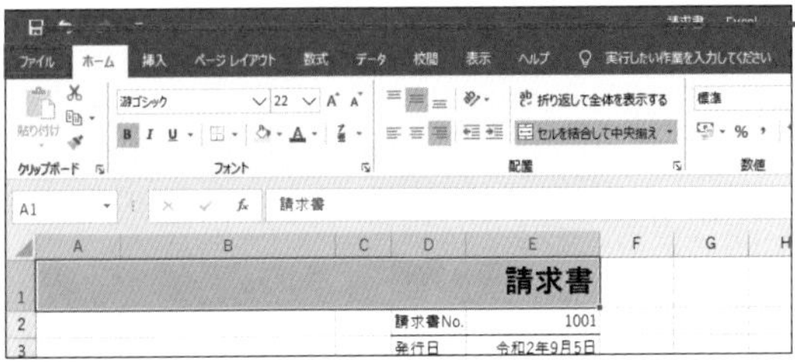

❶＜ファイル＞タブー＜名前を付けて保存＞（もしくは＜コピーを保存＞）ー＜参照＞の順にクリックします。

MEMO PDF形式

PDFとは、Portable Document Formatの略で、Adobeによって開発された電子文書のためのファイル形式です。

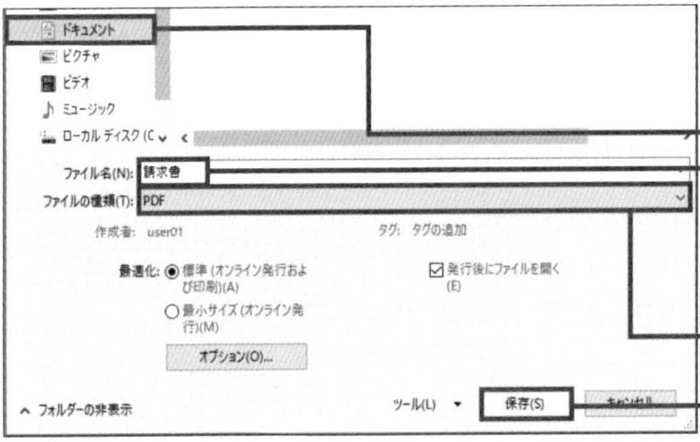

❷保存先（ここでは「ドキュメント」）を指定し、

❸ファイル名（ここでは「請求書」）を指定します。

❹＜ファイルの種類＞から＜PDF＞をクリックし、

❺＜保存＞をクリックすると、

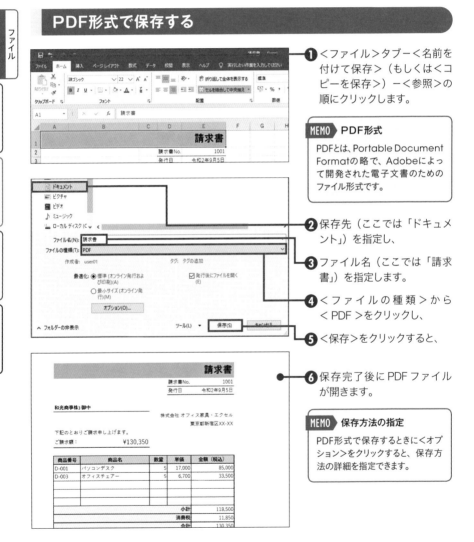

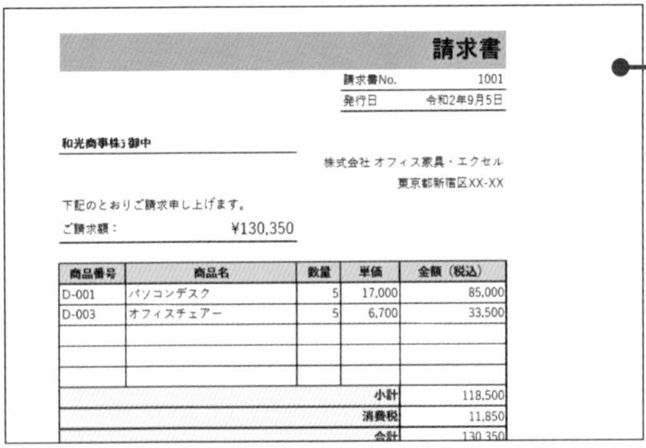

❻保存完了後にPDFファイルが開きます。

MEMO 保存方法の指定

PDF形式で保存するときに＜オプション＞をクリックすると、保存方法の詳細を指定できます。

SECTION 023 ファイル

自動保存されたファイルを開く

ExcelやWordには一定時間ごとに自動的にファイルを保存する機能が備わっています。そのため、停電やパソコンのトラブルでアプリが強制終了しても、直近で保存されたファイルを再表示できる可能性があります。

自動保存の間隔を確認する

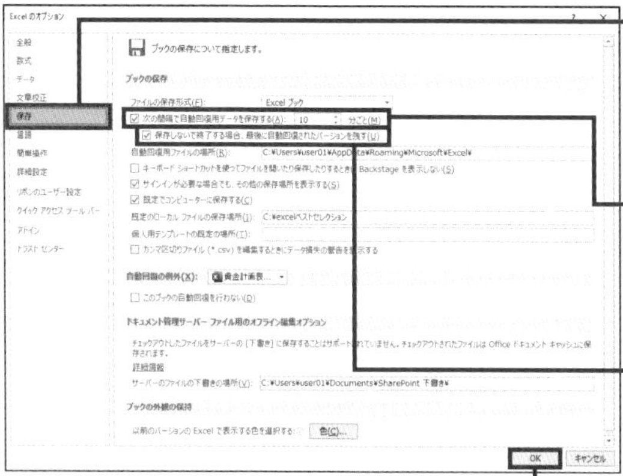

P.045の操作でオプション画面を表示します。

❶<保存>をクリックし、

❷<次の間隔で自動回復用データを保存する>がオンになっていることと、保存する時間の間隔を確認します。

❸<保存しないで終了する場合、最後に自動保存されたバージョンを残す>がオンになっていることを確認し、

❹< OK >をクリックします。

自動保存されたファイルを開く

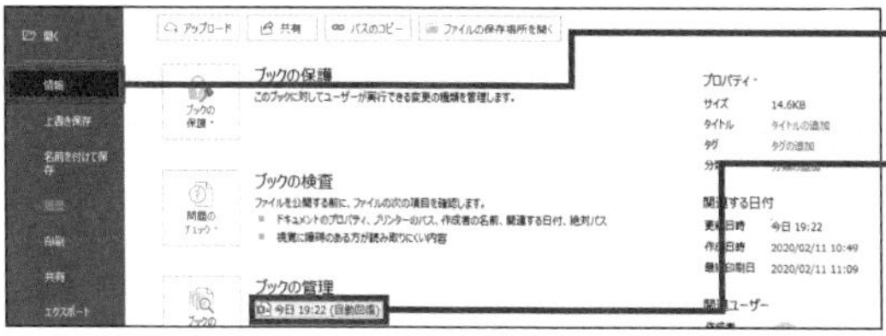

❶<ファイル>タブー<情報>をクリックし、

❷<ブック（文書）の管理>に表示されたファイルをクリックすると、自動保存されたファイルが表示されます。

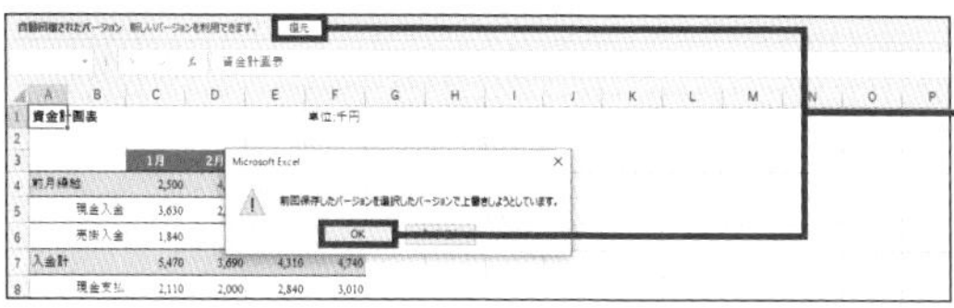

❸<復元>をクリックし、確認メッセージの< OK >をクリックします。

SECTION 024

ファイル

間違って閉じたファイルを元に戻す

Sec.023の操作で、<次の間隔で自動回復用データを保存する>と<保存しないで終了する場合、最後に自動保存されたバージョンを残す>がオンになっていると、保存しないで閉じてしまったファイルを復元できる可能性があります。

保存せずに閉じたファイルを復元する

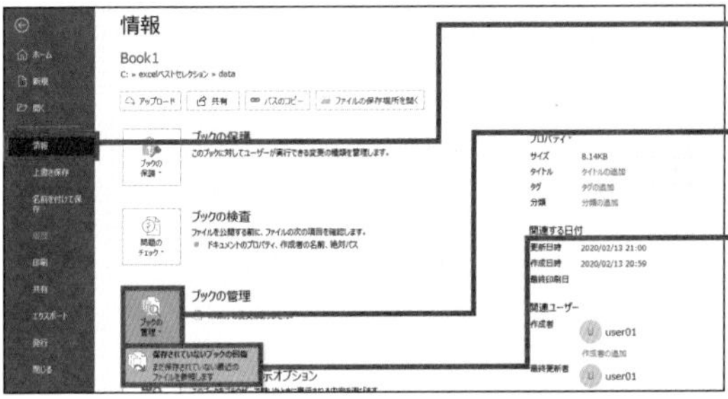

❶<ファイル>タブ-<情報>をクリックします。

❷<ブック（文書）の管理>をクリックし、

❸<保存されていないブック（文書）の回復>をクリックします。

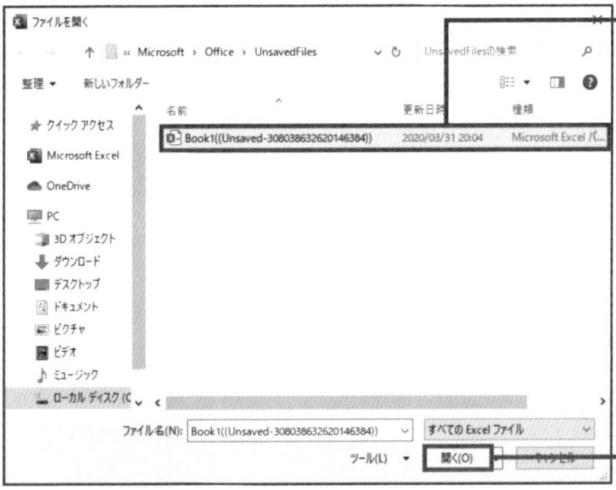

❹一時的に保存されたファイルをクリックし、

❺<開く>をクリックすると、

MEMO ファイルの選択

一時的に保存されているファイルを開くときは、更新日時などを参考にしてファイルを探しましょう。ただし、ファイルが保存されていない場合もあります。

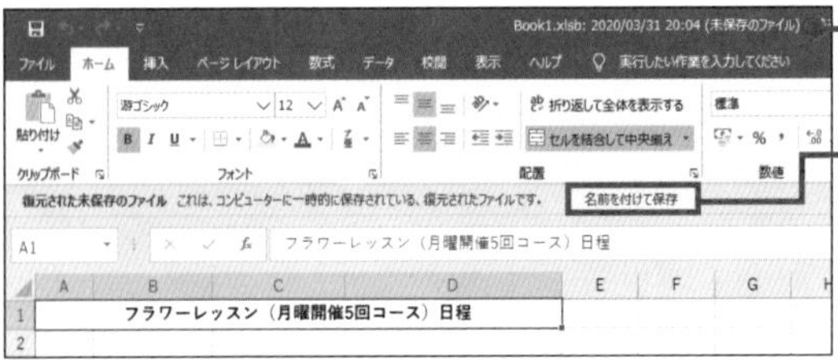

❻閉じてしまったファイルが表示されるので、

❼<名前を付けて保存>をクリックしてファイルを保存します。

SECTION
025
ファイル

文書の既定の保存先を指定する

ファイルを作成して保存しようとすると、特に指定しない場合、保存先は「ドキュメント」という名前のフォルダーになります。既定の保存先を「ドキュメント」フォルダー以外の場所にするには、<Word（Excel）のオプション>画面で指定します。

既定の保存先の場所を指定する

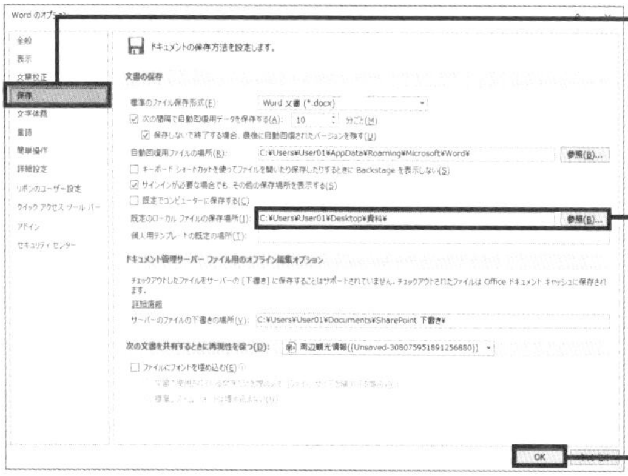

❶ <Word（Excel）のオプション>画面を表示して（Sec.018参照）、<保存>をクリックします。

❷ <既定のローカルファイルの保存場所>の<参照>をクリックして、既定の保存先を指定します。

❸ <OK>をクリックします。

COLUMN

既定のファイルの保存先

既定のファイル場所を変更すると、次回、ExcelやWordを起動した直後などにファイルを保存しようとすると、指定した場所が表示されます。

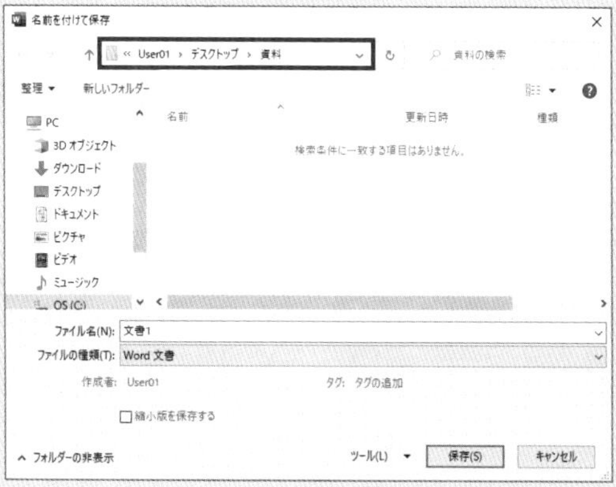

SECTION
026 ファイルを開くのに必要なパスワードを設定する

保護

ほかの人に勝手に見られたくないファイルには、ファイルを開くのに必要なパスワードを設定しておきましょう。パスワードは、大文字と小文字が区別されます。パスワードを忘れるとファイルを開けなくなってしまうので注意しましょう。

読み取りパスワードを設定する

❶パスワードを設定する文書を開きます。<ファイル>タブをクリックし、Backstage ビューの<情報>をクリックします。

❷<文書の保護>をクリックします。

❸<パスワードを使用して暗号化>をクリックします。

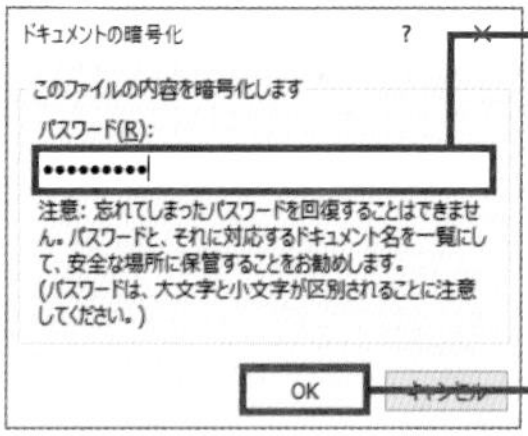

❹パスワードを入力します。

❺< OK >をクリックします。このあと、同じパスワードを入力して< OK >をクリックします。

COLUMN

パスワードを入力する

ここで紹介した方法でパスワードを設定したファイルを開こうとすると、パスワードの入力が促されます。正しいパスワードを入力すると、ファイルが開きます。

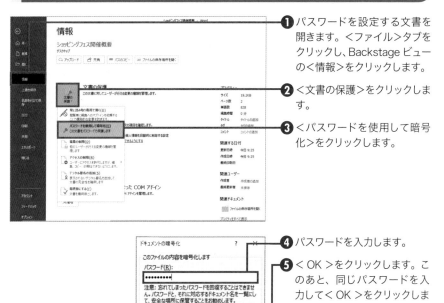

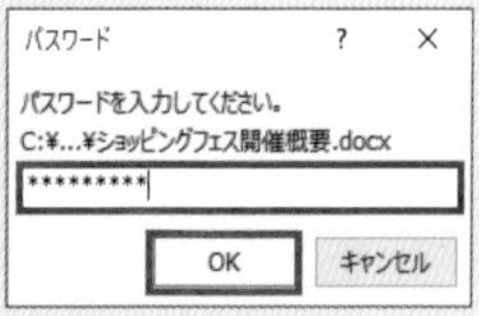

SECTION 027 保護

ファイルを書き換えるのに必要なパスワードを設定する

ファイルを勝手に書き換えられてしまうのを防ぐには、ファイルを編集して上書き保存するのに必要な書き込みパスワードを指定します。このとき、書き込みパスワードだけが設定されているファイルは、誰でも開くことができるので注意してください。

書き込みパスワードを設定する

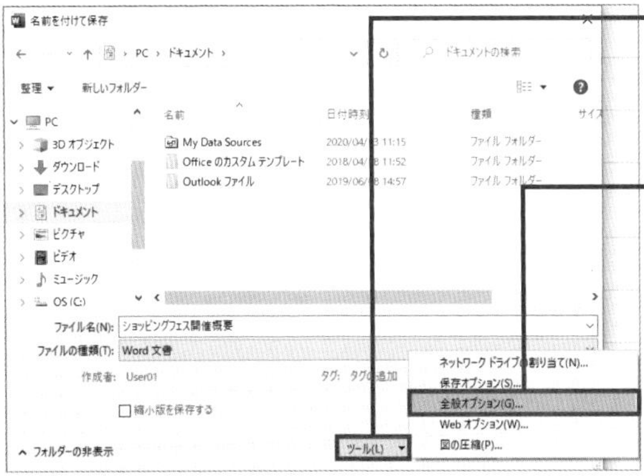

❶書き込みパスワードを設定する文書を開き、＜名前を付けて保存＞画面で＜ツール＞をクリックします。

❷＜全般オプション＞をクリックします。

MEMO　読み取りパスワードも指定する

パスワードを知らない人はファイルを開けないようにするには、「読み取りパスワード」も設定する必要があります。

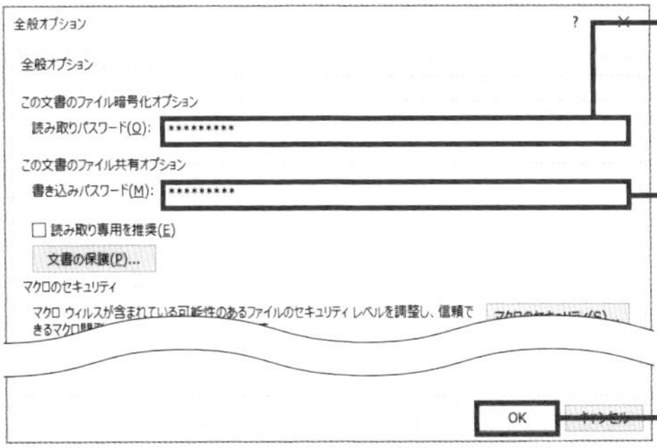

❸＜読み取りパスワード＞を指定し、

❹＜書き込みパスワード＞を指定します。

❺＜ OK ＞をクリックします。続いて表示される画面で同じパスワードを指定して保存します。

COLUMN

書き込みパスワードを入力する

書き込みパスワードを設定したファイルを開こうとすると、書き込みパスワードの入力が促されます。正しいパスワードを入力すると、ファイルを編集して上書き保存ができる状態で開きます。

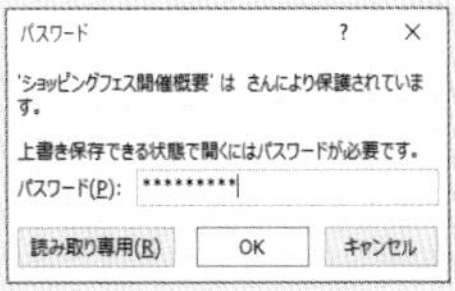

SECTION
028
保護

ファイルの保存時に個人情報を自動的に削除する

ファイルを作成して保存すると、プロパティ情報に、作成者名などの個人情報が保存されます。ここでは、ファイルに含まれる個人情報などを確認して削除する方法を紹介します。ファイルの保存時に個人情報が削除される設定になります。

ドキュメント検査を実行する

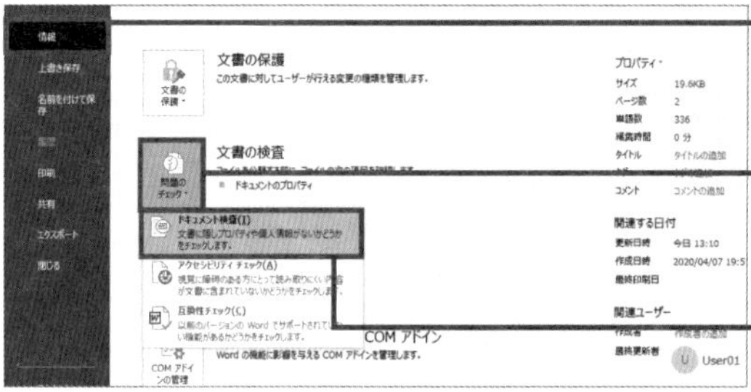

❶個人情報が含まれるか確認するファイルを開き、Backstageビューの<情報>をクリックします。

❷<問題のチェック>をクリックします。

❸<ドキュメント検査>をクリックします。

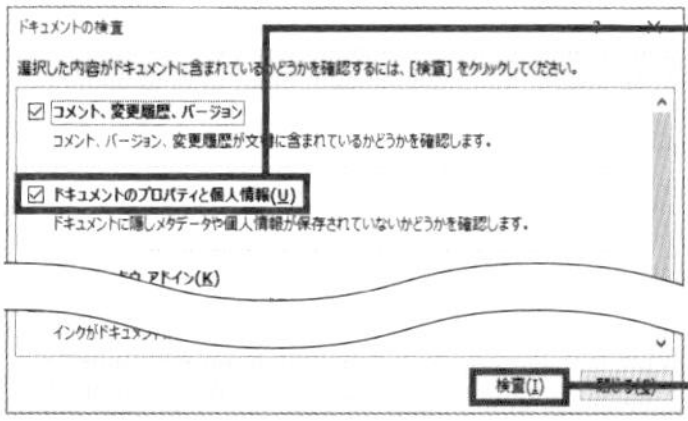

❹<ドキュメントのプロパティと個人情報>にチェックが付いていることを確認します。

❺<検査>をクリックします。

❻個人情報が見つかった場合は、<すべて削除>をクリックします。

❼<閉じる>をクリックします。

COLUMN

自動削除を解除する

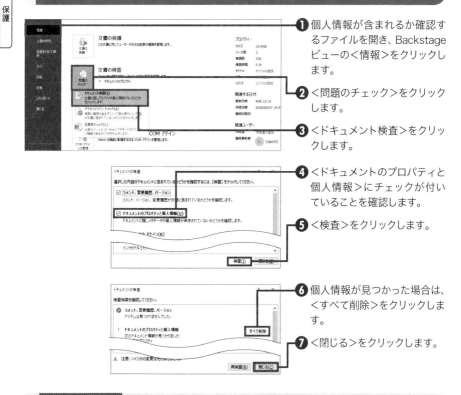

上述の手順で個人情報を削除すると、このファイルを保存するときに個人情報などが削除される設定になります。作成者名などの情報を保存するには、手順❷の画面で<これらの情報をファイルに保存できるようにする>をクリックします。

第 2 章

Excel
入力&表作成のプロ技

SECTION
029 セルの中で改行する

入力

セルに文字を入力している途中で[Enter]キーを押すと、次のセルに移動します。1つのセルの中で思い通りの位置で改行するには、[Alt]+[Enter]キーを押します。すると、すべての文字が表示される行の高さに自動的に調整されます。

セルの中で改行する

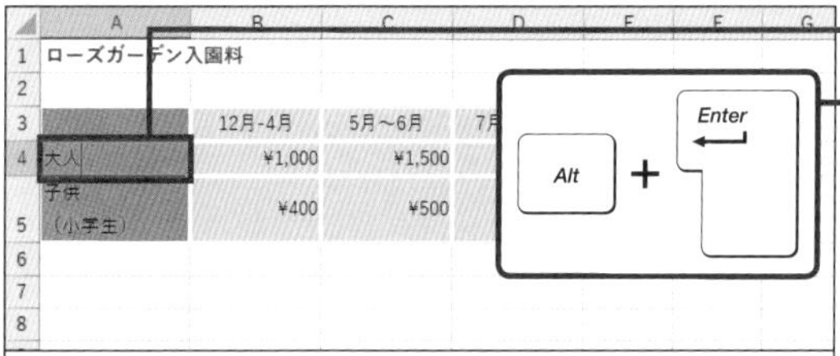

❶ A4 セルに「大人」と入力し、

❷ [Alt]+[Enter] キーを押します。

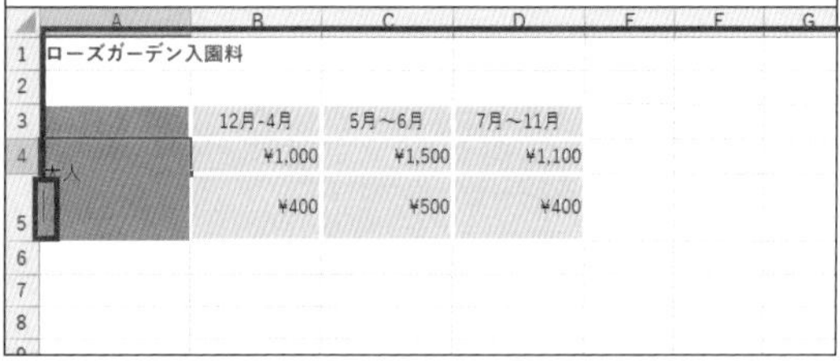

❸ セルの中で改行し、カーソルが次の行に移動します。

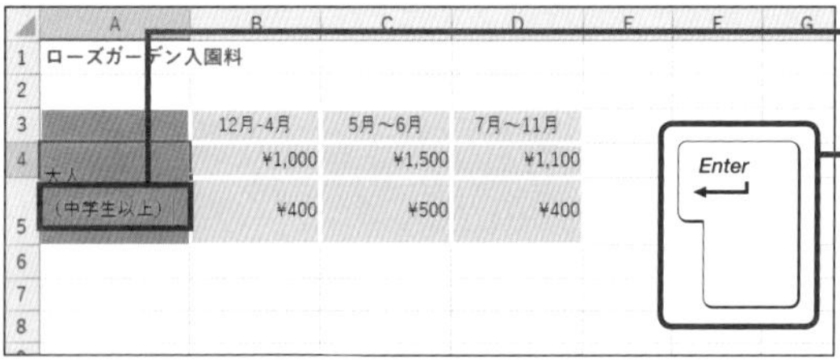

❹ 続きの文字（ここでは「(中学生以上)」を入力して、

❺ [Enter] キーを押すと、

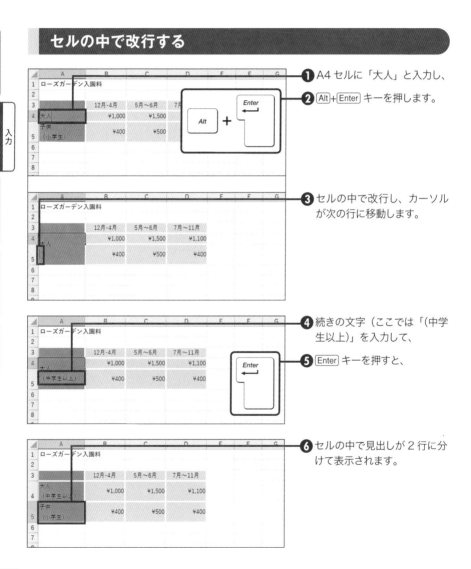

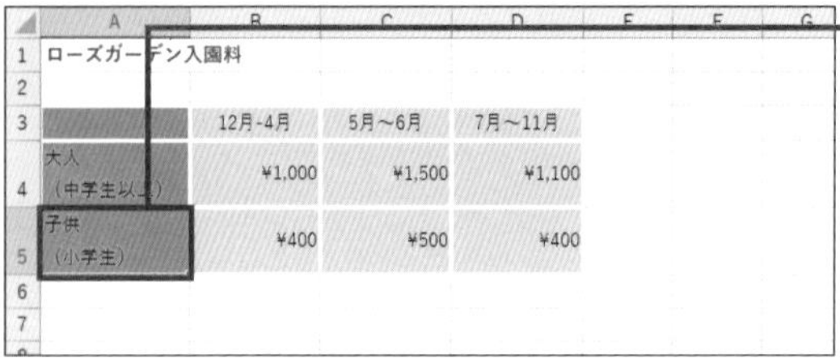

❻ セルの中で見出しが 2 行に分けて表示されます。

SECTION 030 入力

セルの内容を修正する

セルの入力済みのデータを修正する方法は2つあります。1つは、新しいデータに丸ごと上書きする方法です。もう1つは、F2キーを押してセルのデータを部分的に修正する方法です。長い文章や複雑な数式は、部分的に修正する方法を知っておくと便利です。

データを部分的に修正する

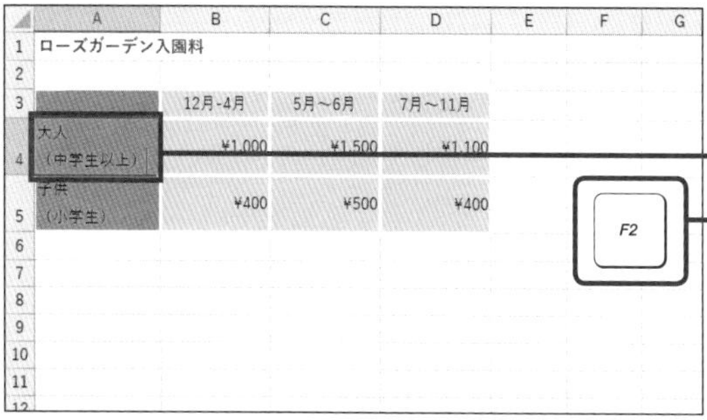

A4セルの「中学生」を「15歳以上」に修正します。

❶ A4 セルをクリックし、

❷ F2 キーを押すと、セルの中にカーソルが表示されます。

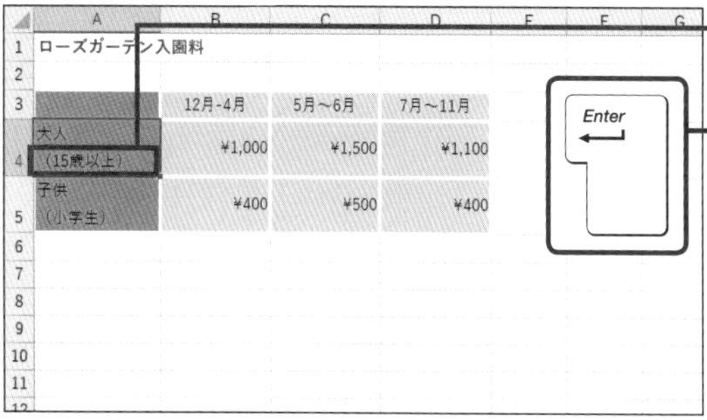

❸ カーソルを移動してデータを修正し、

❹ Enter キーを押すと、

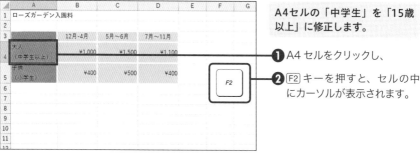

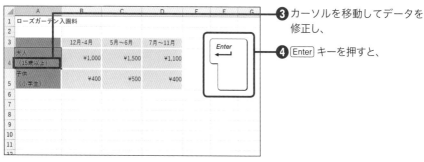

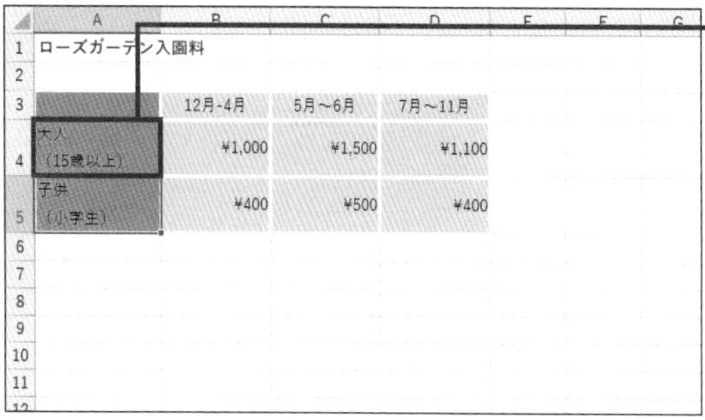

❺ セルのデータを部分的に修正できます。

MEMO 数式バーでの修正

修正したいデータが入力されているセルをクリックしてから数式バーをクリックすると、数式バー内にカーソルが表示されます。この状態でデータを修正することもできます。

SECTION 031 入力

左や上のセルと同じデータを入力する

売上台帳や会員名簿などを作成するときに、同じデータを繰り返して入力することがあります。隣接するセルと同じデータを入力する時は、Ctrl+Rキーで左側のセルのデータ、Ctrl+Dキーで上側のセルデータをコピーできます。

左や上のセルのデータをコピーする

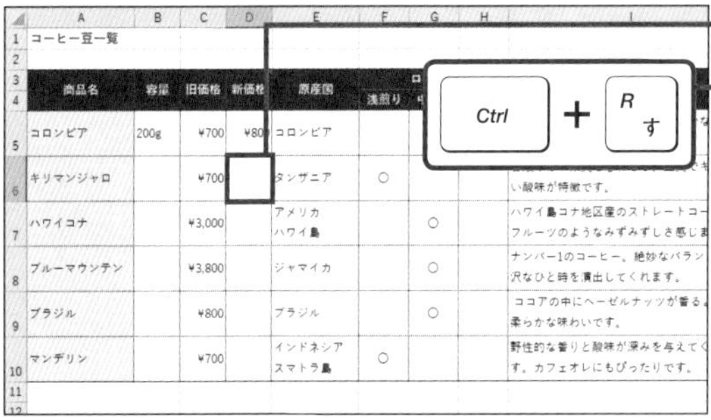

❶ D6セルをクリックし、

❷ Ctrl+R キーを押すと、

MEMO　RはRightの頭文字

Rキーを押すのは、データを右側にコピーするという意味です。RはRight（右）を表しています。

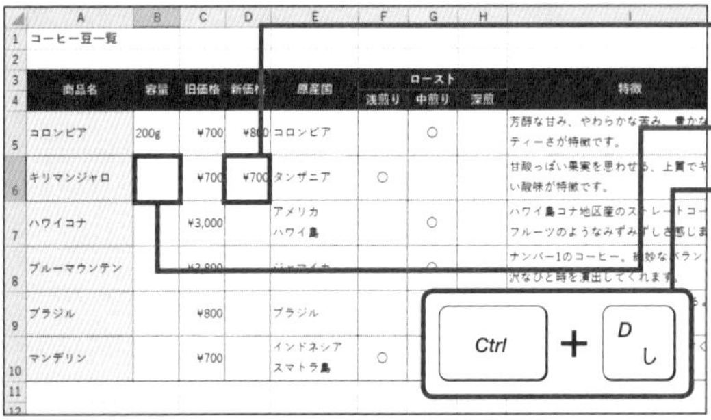

❸ 左側のC6セルと同じデータが表示されます。

❹ B6セルをクリックし、

❺ Ctrl+D キーを押すと、

MEMO　DはDownの頭文字

Dキーを押すのは、データを下側にコピーするという意味です。DはDown（下）を表しています。

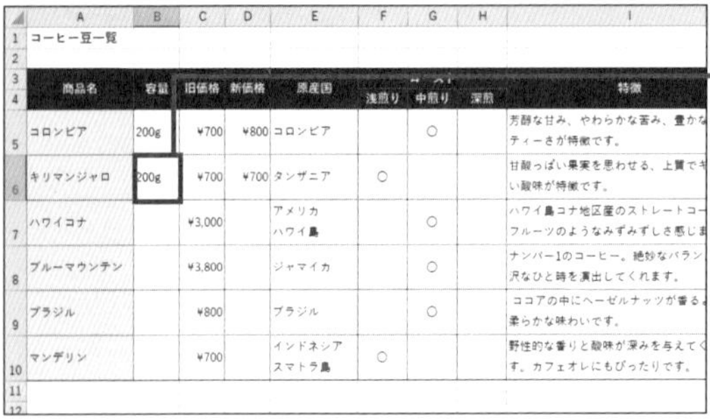

❻ 上側のB5セルと同じデータが表示されます。

SECTION
032
入力

複数のセルに同じデータを入力する

複数のセルに同じデータを入力する方法はいろいろありますが、最初に同じデータを入力したいすべてのセルを選択しておくと、一度にまとめて入力できます。このとき、データを入力したあとでCtrl+Enterキーを押すのがポイントです。

複数のセルに同じデータを入力する

3つのセルに「700」と入力します。

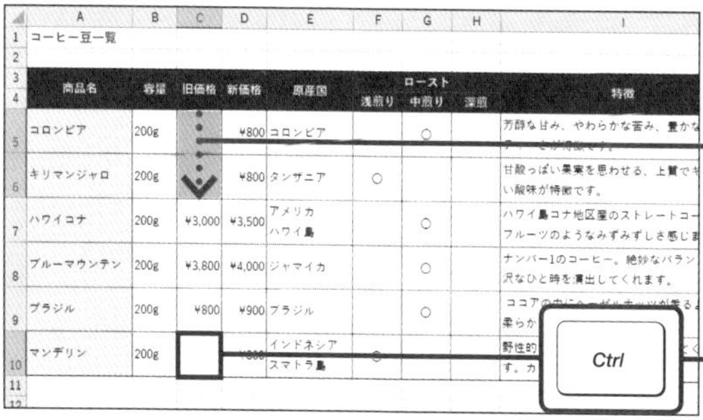

❶ C5 セル～ C6 セルをドラッグし、

❷ Ctrl キーを押しながら C10 セルをクリックします。

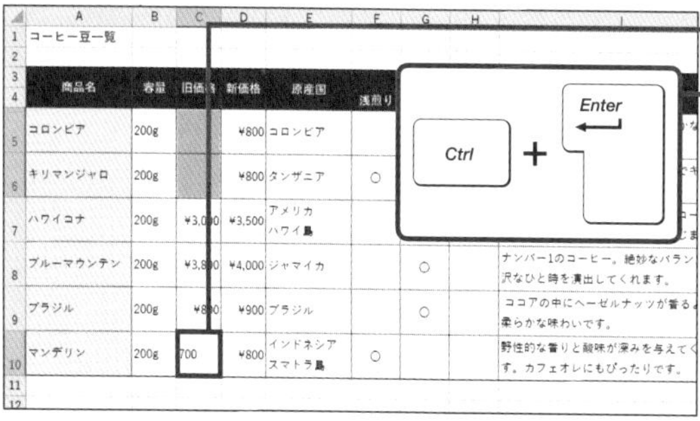

❸「700」と入力して、

❹ Ctrl+Enter キーを押すと、

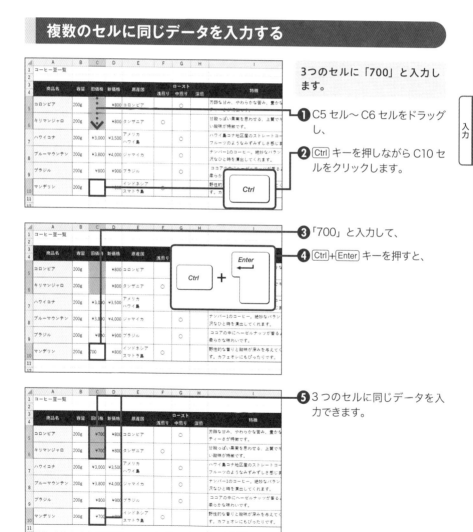

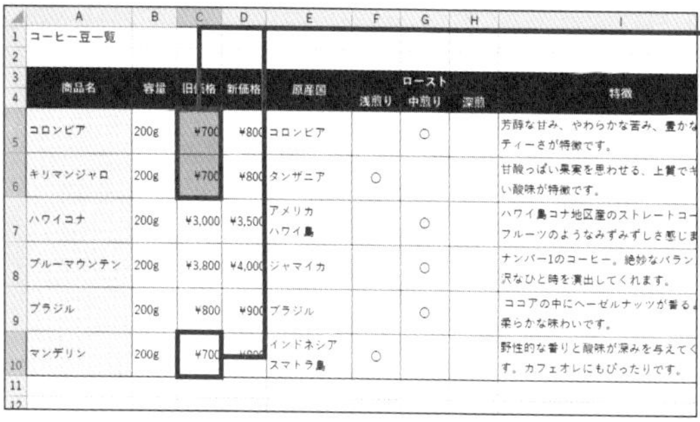

❺ 3 つのセルに同じデータを入力できます。

SECTION 033 入力

「0」から始まる数字を入力する

セルに「001」の数値を入力すると、「0」が省略されて「1」だけが表示されます。商品番号のように「0」が省略されては困る場合は、先頭に半角の「'」（アポストロフィ）記号を付けて文字として入力します。なお、文字として入力した数字は計算できません。

数値を文字として入力する

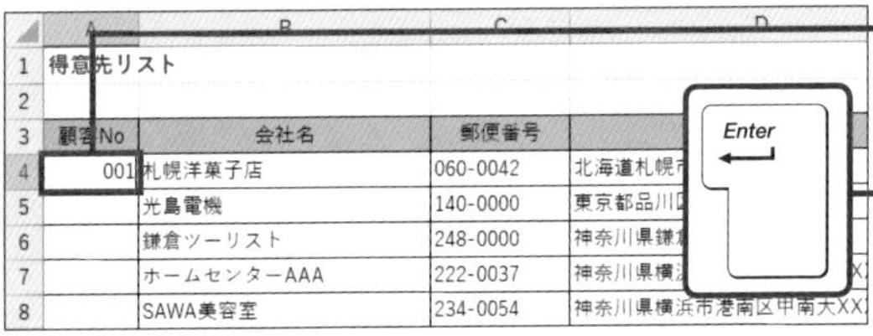

1 得意先リスト
3 顧客No 会社名 郵便番号
4 001 札幌洋菓子店 060-0042 北海道札幌市
5 光島電機 140-0000 東京都品川区
6 鎌倉ツーリスト 248-0000 神奈川県鎌
7 ホームセンターAAA 222-0037 神奈川県横
8 SAWA美容室 234-0054 神奈川県横浜市港南区甲南大XX
Enter

❶A4セルをクリックして「001」と入力し、

❷Enter キーを押すと、

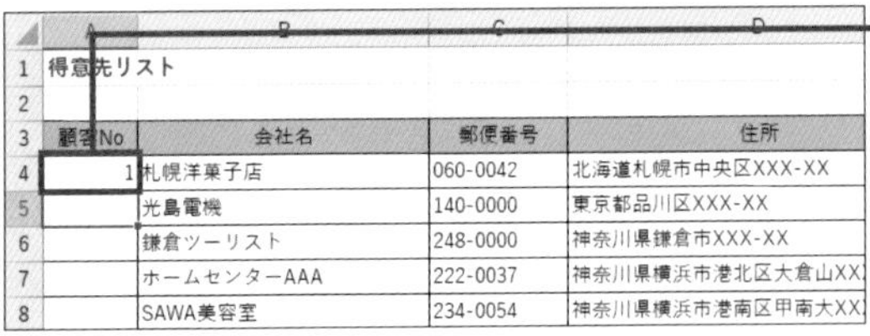

1 得意先リスト
3 顧客No 会社名 郵便番号 住所
4 1 札幌洋菓子店 060-0042 北海道札幌市中央区XXX-XX
5 光島電機 140-0000 東京都品川区XXX-XX
6 鎌倉ツーリスト 248-0000 神奈川県鎌倉市XXX-XX
7 ホームセンターAAA 222-0037 神奈川県横浜市港北区大倉山XX
8 SAWA美容室 234-0054 神奈川県横浜市港南区甲南大XX

❸0が省略されて「1」と表示されます。

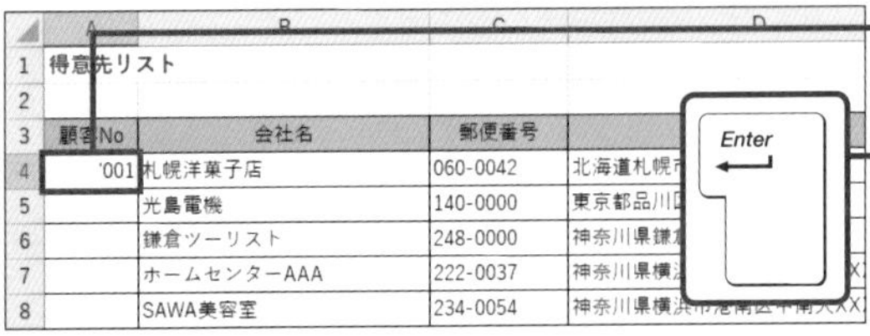

1 得意先リスト
3 顧客No 会社名 郵便番号
4 '001 札幌洋菓子店 060-0042 北海道札幌市
5 光島電機 140-0000 東京都品川区
6 鎌倉ツーリスト 248-0000 神奈川県鎌
7 ホームセンターAAA 222-0037 神奈川県横
8 SAWA美容室 234-0054 神奈川県横浜
Enter

❹A4セルをクリックして「'001」と入力し、

❺Enter キーを押すと、

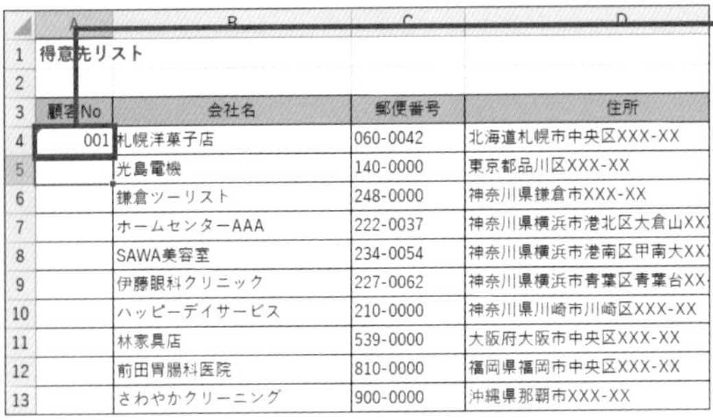

1 得意先リスト
3 顧客No 会社名 郵便番号 住所
4 001 札幌洋菓子店 060-0042 北海道札幌市中央区XXX-XX
5 光島電機 140-0000 東京都品川区XXX-XX
6 鎌倉ツーリスト 248-0000 神奈川県鎌倉市XXX-XX
7 ホームセンターAAA 222-0037 神奈川県横浜市港北区大倉山XX
8 SAWA美容室 234-0054 神奈川県横浜市港南区甲南大XX
9 伊藤眼科クリニック 227-0062 神奈川県横浜市青葉区青葉台XX
10 ハッピーデイサービス 210-0000 神奈川県川崎市川崎区XXX-XX
11 林家具店 539-0000 大阪府大阪市中央区XXX-XX
12 前田胃腸科医院 810-0000 福岡県福岡市中央区XXX-XX
13 さわやかクリーニング 900-0000 沖縄県那覇市XXX-XX

❻「001」と表示されます。

MEMO 緑の三角記号は何?

文字として数字を入力すると、セルの左上隅に緑の三角記号が表示されます。これはエラーインジケーターと呼ばれるもので、セルにエラーがある可能性を示しています。エラーインジケーターについてはSec.109を参照してください。

SECTION
034
入力

今日の日付を入力する

Excelでは、「2020/7/10」のように数字を半角の「/」（スラッシュ）記号で区切って入力すると日付と認識されますが、今日の日付はもっとかんたんに入力できます。Ctrl+;キーを押すと、パソコンが管理している今日の日付が瞬時に表示されます。

今日の日付を入力する

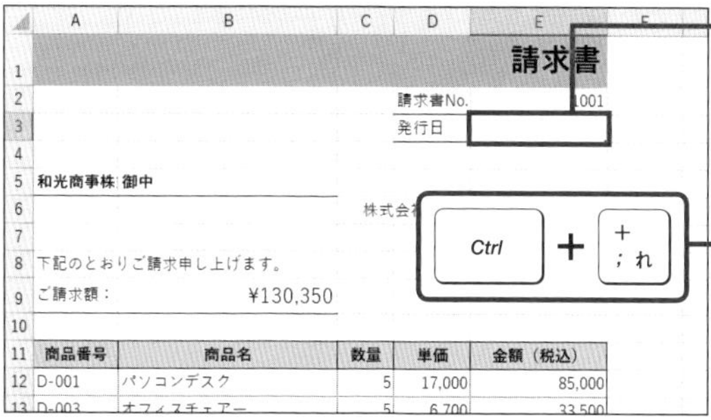

❶ E3セルをクリックし、

❷ Ctrl+; キーを押すと、

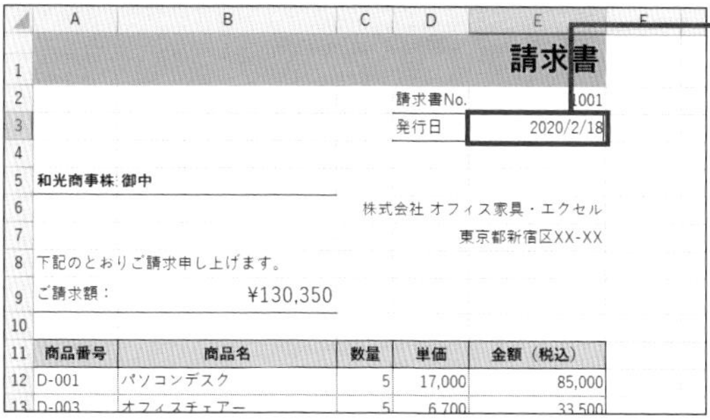

❸ 今日の日付が表示されます。

MEMO 時刻の表示

Ctrl+:キーを押すと、パソコンが管理している現在の時刻が表示されます。日付や時刻が間違っている場合は、パソコンのカレンダーを確認しましょう。

COLUMN

日付の表示形式を変更する

<ホーム>タブの<数値>グループ右下にある<表示形式>をクリックして表示される<セルの書式設定>ダイアログボックスで、あとから日付を和暦や短縮形などに変更できます。

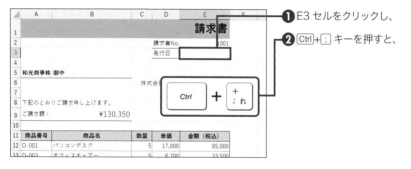

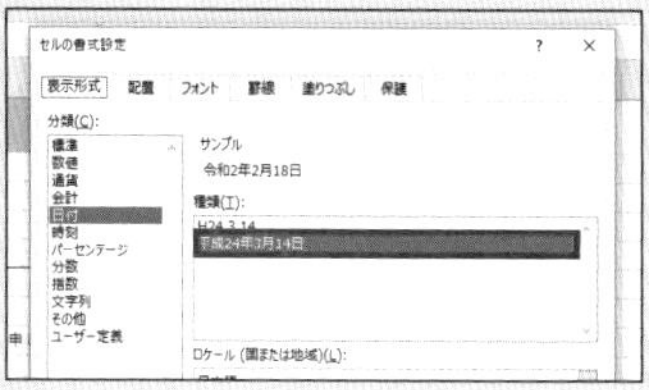

第1章
入力 第2章
第3章
第4章
第5章

SECTION
035
入力

入力済みのデータを一覧表示する

同じ列に入力したデータを[Alt]+[↓]キーを押してリストとして表示すると、リストをクリックするだけで入力できます。データをクリックするだけで入力できるので、入力時間を短縮できるだけなく、入力ミスを防ぐこともできます。

列に入力したデータをリスト化する

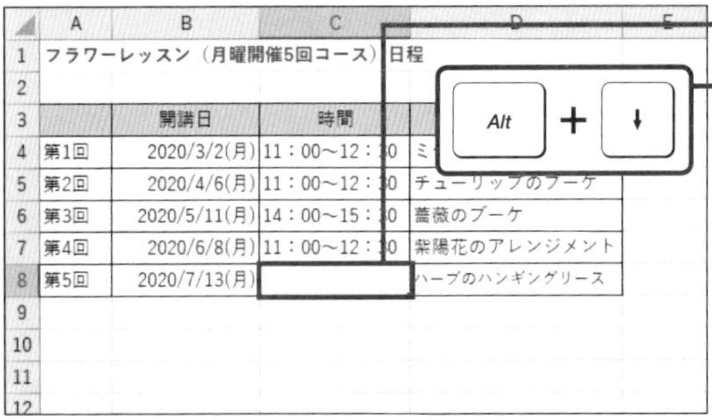

❶C8 セルをクリックし、

❷[Alt]+[↓]キーを押すと、

MEMO　右クリックでリストを表示

セルを右クリックして表示されるメニューから＜ドロップダウンリストから選択＞をクリックしてリストを表示することもできます。

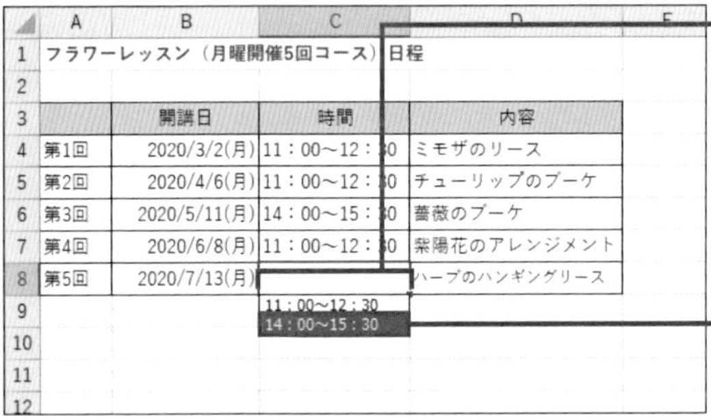

❸C 列に入力したデータがリスト化されます。

❹「14：00～15：30」をクリックすると、

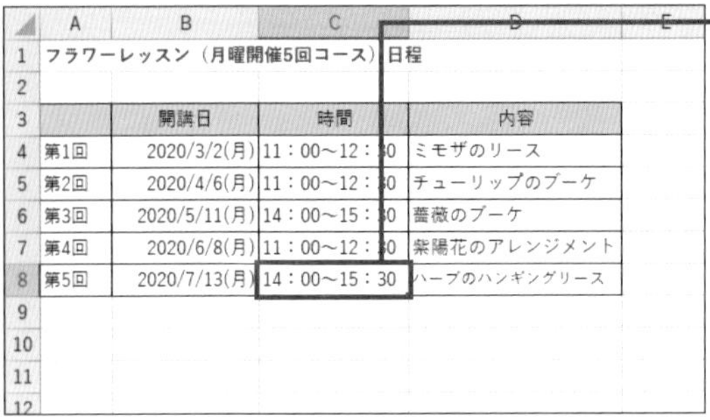

❺データを入力できます。

MEMO　表に空白行がある場合

表の途中に空白行があると、空白行から上のデータはリストに反映されません。

SECTION
036 曜日や日付などの連続データを入力する

入力

予定表や出勤簿など、連続する日付を1つずつ入力すると時間がかかります。オートフィル機能を使うと、先頭のセルの右下にある■（フィルハンドル）をドラッグするだけで、あっという間に連続した日付や曜日を表示できます。

オートフィルで連続した日付を入力する

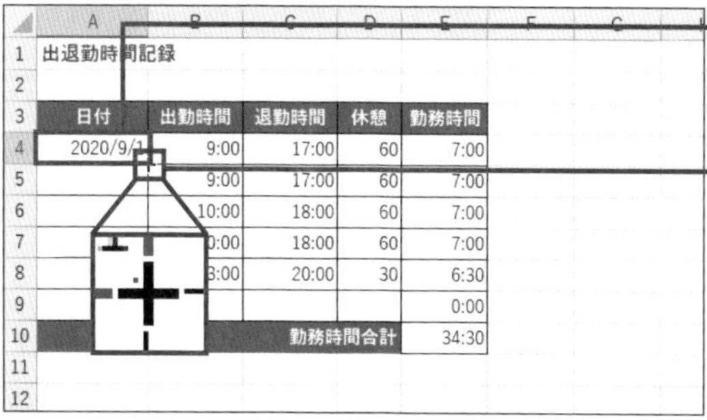

❶ A4セルをクリックし、日付（ここでは「2020/9/1」）を入力します。

❷ A4セル右下の■にマウスポインターを移動します。

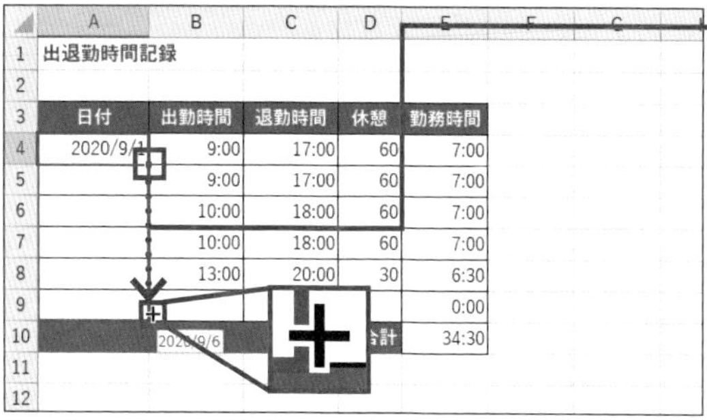

❸ マウスポインターが十字の形に変わったことを確認し、そのままA9セルまでドラッグすると、

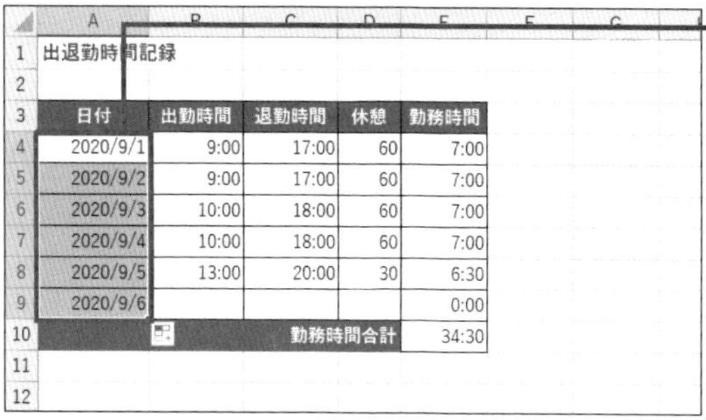

❹ 1日ずつずれた日付が表示されます。

MEMO 連続した曜日の入力

「2020年」「1月」「Jan」「1日」「月」「月曜日」「Monday」などの年度や日付、曜日のデータもオートフィル機能を使って連続データを表示できます。

SECTION 037 入力

日付や数値を同じ間隔で入力する

偶数や奇数の数値を表示したい、2日おきの日付を表示したいといったように、一定の間隔で連続するデータはオートフィル機能を使って入力できます。このとき、先頭のデータと次のデータの2つを入力してからドラッグするのがポイントです。

オートフィルで毎週月曜日の日付を表示する

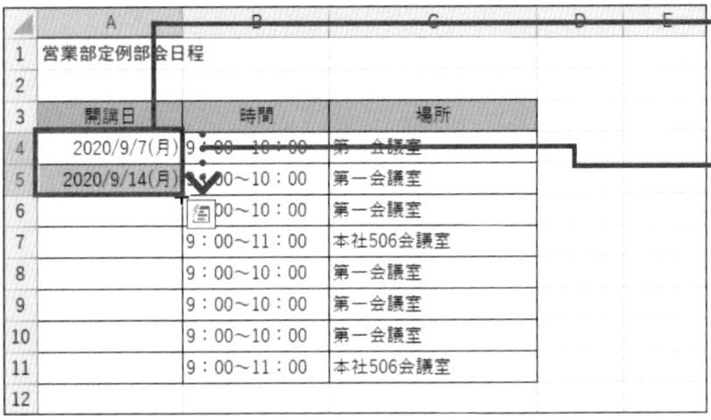

❶ A4セルに「2020/9/7」、A5セルに「2020/9/14」と入力します。

❷ A4セル〜A5セルをドラッグし、A5セル右下の■にマウスポインターを移動します。

> **MEMO 同じセルに曜日を表示**
>
> ここでは、毎週月曜日であることがわかるように、日付と曜日を同じセルに表示しています。表示形式の設定方法はSec.090を参照してください。

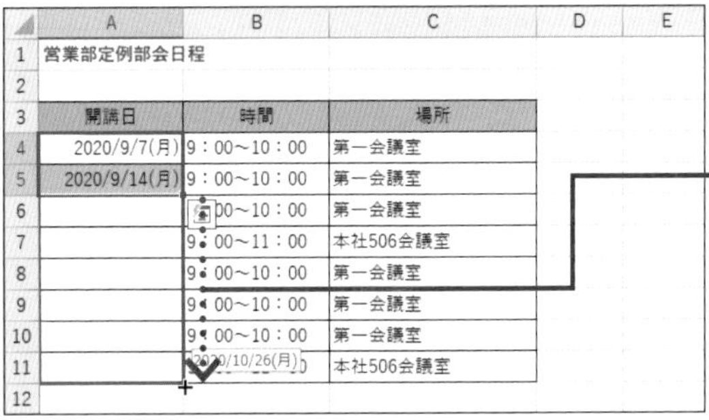

❸ マウスポインターが十字の形に変わったことを確認し、そのままA11セルまでドラッグすると、

❹ 毎週月曜日の日付が表示されます。

> **MEMO 同じ差分を繰り返す**
>
> 2020/9/7と2020/9/14の日付の差分を計算し、同じ差分で連続データを表示します。

SECTION
038
入力

土日を除いた連続した日付を入力する

オートフィル機能を使って連続した日付を表示すると、土曜と日曜も表示されます。会社の予定表や仕事の工程表を作成するときは土日を除いた日付が表示されると便利です。<オートフィルオプション>を使うと、週日単位で日付を表示できます。

オートフィルで平日の日付を表示する

❶ A4 セルに先頭の日付を入力して、

❷ A4 セル右下の■にマウスポインターを移動します。

MEMO　同じセルに曜日を表示

ここでは、曜日がわかるように、日付と曜日を同じセルに表示しています。表示形式の設定方法はSec.090を参照してください。

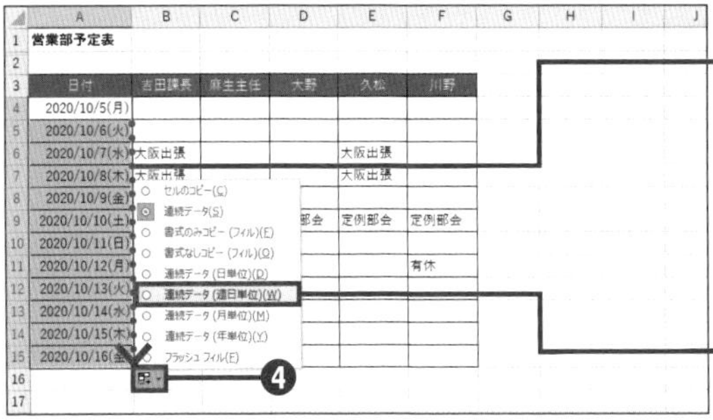

❸ マウスポインターが十字の形に変わったことを確認し、そのまま A15 セルまでドラッグします。

❹ <オートフィルオプション>をクリックし、

❺ <連続データ（週日単位）>をクリックすると、

❻ 土日を除いた日付に変わります。

MEMO　月単位や年単位での表示

<オートフィルオプション>を使うと、2020/9/1、2020/10/1、2020/11/1、…のような月単位や、2020/9/1、2021/9/1、2022/9/1、…のような年単位で日付を表示できます。

SECTION 039

選択

離れたセルを選択する

複数のセルを選択しておくと、まとめて書式を設定できて便利です。連続したセルを選択するときは、対象となるセルをドラッグします。離れたセルを選択するときは、Ctrlキーを押しながら対象のセルをクリックしたりドラッグしたりします。

離れたセルをまとめて選択する

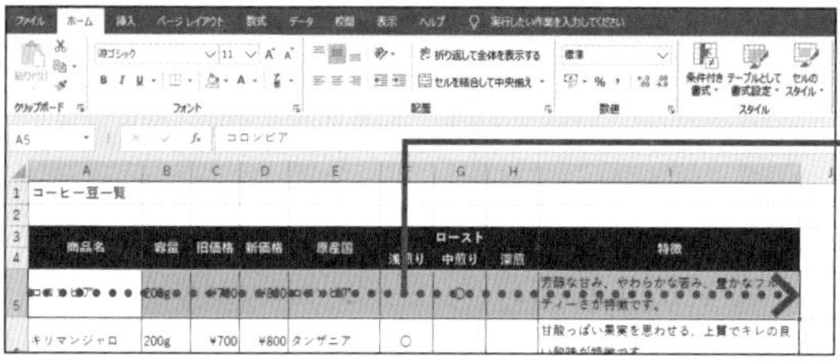

1行おきに色を付けます。

❶ A5 セル～ I5 セルをドラッグします。

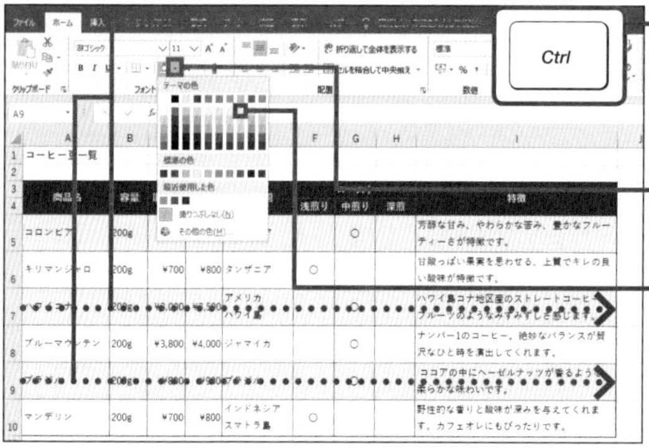

❷ 続けて、Ctrl キーを押しながら A7 セル～ I7 セル、A9 セル～ I9 セルを順番にドラッグします。

❸ <ホーム>タブ－<塗りつぶしの色>の▼をクリックし、

❹ セルの色をクリックすると、

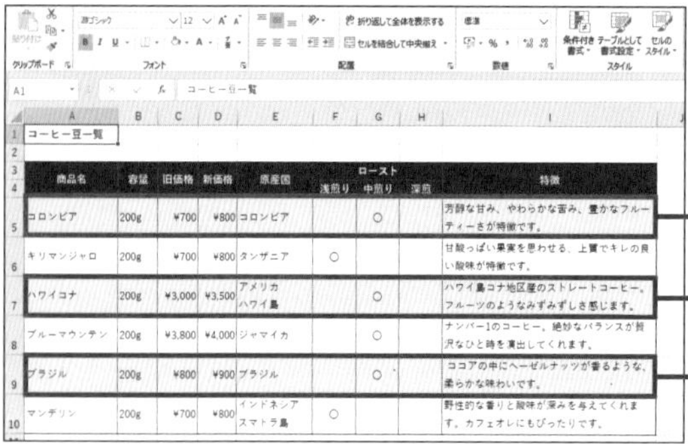

❺ 離れたセルに同時に塗りつぶしの色を設定できます。

MEMO　セルを間違えた場合

選択するセルを間違えた場合は、別のセルをクリックして選択を解除します。その後、最初からやり直します。

SECTION 040

選択

表全体を選択する

表全体に罫線を引いたり表全体のフォントを変更したりするなど、表全体を選択するときに便利なショートカットキーがあります。Ctrl+Shift+*キーを押すと、瞬時に表全体を選択できます。画面に収まらない大きな表もすぐに選択できます。

キー操作で表全体を選択する

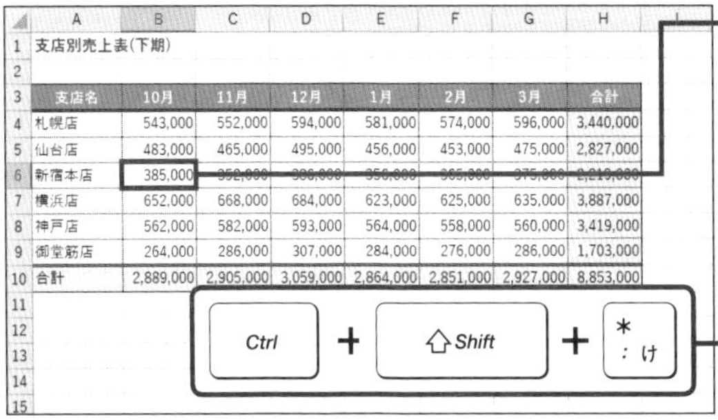

支店別売上表(下期)

支店名	10月	11月	12月	1月	2月	3月	合計
札幌店	543,000	552,000	594,000	581,000	574,000	596,000	3,440,000
仙台店	483,000	465,000	495,000	456,000	453,000	475,000	2,827,000
新宿本店	385,000	352,000	386,000	356,000	365,000	375,000	2,219,000
横浜店	652,000	668,000	684,000	623,000	625,000	635,000	3,887,000
神戸店	562,000	582,000	593,000	564,000	558,000	560,000	3,419,000
御堂筋店	264,000	286,000	307,000	284,000	276,000	286,000	1,703,000
合計	2,889,000	2,905,000	3,059,000	2,864,000	2,851,000	2,927,000	8,853,000

❶表内の任意のセルをクリックし、

❷Ctrl+Shift+*キーを押すと、

MEMO テンキーの*を使う場合

テンキーの*を使う場合は、Ctrl+*キーを押します。

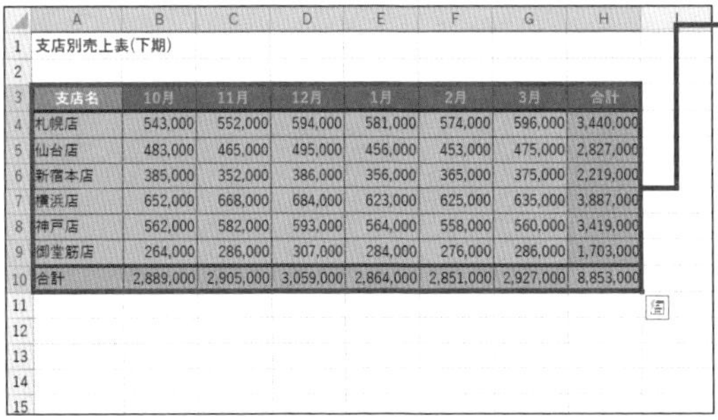

支店別売上表(下期)

支店名	10月	11月	12月	1月	2月	3月	合計
札幌店	543,000	552,000	594,000	581,000	574,000	596,000	3,440,000
仙台店	483,000	465,000	495,000	456,000	453,000	475,000	2,827,000
新宿本店	385,000	352,000	386,000	356,000	365,000	375,000	2,219,000
横浜店	652,000	668,000	684,000	623,000	625,000	635,000	3,887,000
神戸店	562,000	582,000	593,000	564,000	558,000	560,000	3,419,000
御堂筋店	264,000	286,000	307,000	284,000	276,000	286,000	1,703,000
合計	2,889,000	2,905,000	3,059,000	2,864,000	2,851,000	2,927,000	8,853,000

❸表全体が選択できます。

COLUMN

データが連続しているセルが選択される

Ctrl+Shift+*キー(もしくはCtrl+*キー)を押すと、データが上下左右に連続して入力されているセルを選択します。そのため、A1セルのタイトルと表がくっついていると、A1セルを含めて選択されます。

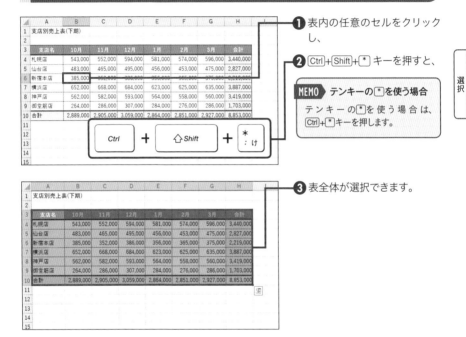

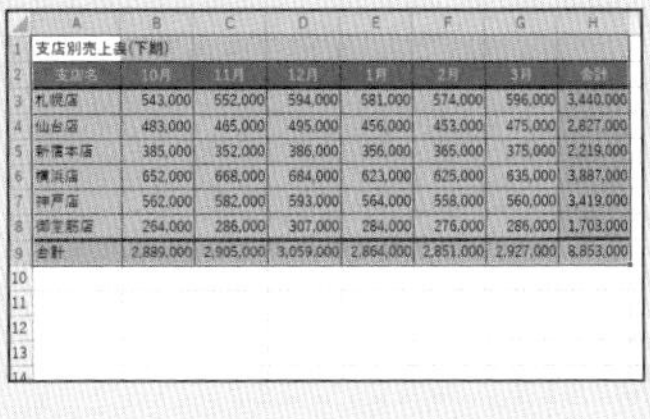

支店別売上表(下期)

支店名	10月	11月	12月	1月	2月	3月	合計
札幌店	543,000	552,000	594,000	581,000	574,000	596,000	3,440,000
仙台店	483,000	465,000	495,000	456,000	453,000	475,000	2,827,000
新宿本店	385,000	352,000	386,000	356,000	365,000	375,000	2,219,000
横浜店	652,000	668,000	684,000	623,000	625,000	635,000	3,887,000
神戸店	562,000	582,000	593,000	564,000	558,000	560,000	3,419,000
御堂筋店	264,000	286,000	307,000	284,000	276,000	286,000	1,703,000
合計	2,889,000	2,905,000	3,059,000	2,864,000	2,851,000	2,927,000	8,853,000

SECTION 041 選択

表の最終行のセルを選択する

アクティブセルの下側をダブルクリックすると、その列の最終行のセルに一気にジャンプします。画面からはみ出るような大きな表の下のほうを見るときに、一度最終行までジャンプしてから上方向に微調整すると、何十行もドラッグする手間が省けます。

最終行のセルにジャンプする

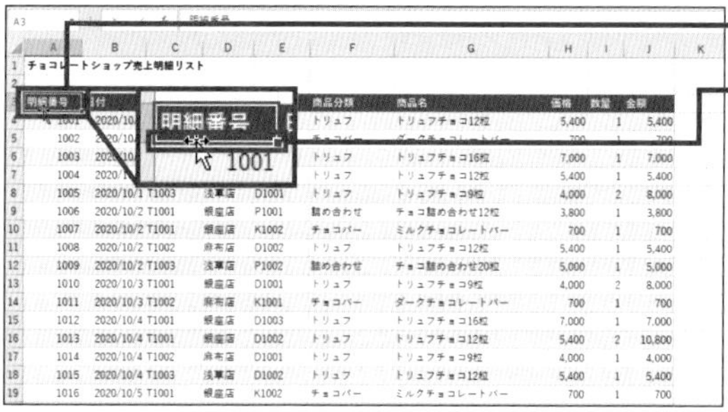

❶ A3セルをクリックします。

❷ アクティブセルの下側境界線をダブルクリックすると、

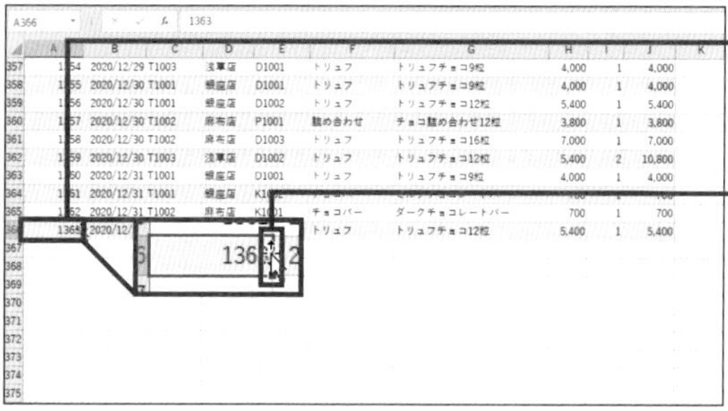

❸ A列の最終行（ここではA366セル）にジャンプします。

❹ 続けて、アクティブセルの右側境界線をダブルクリックすると、

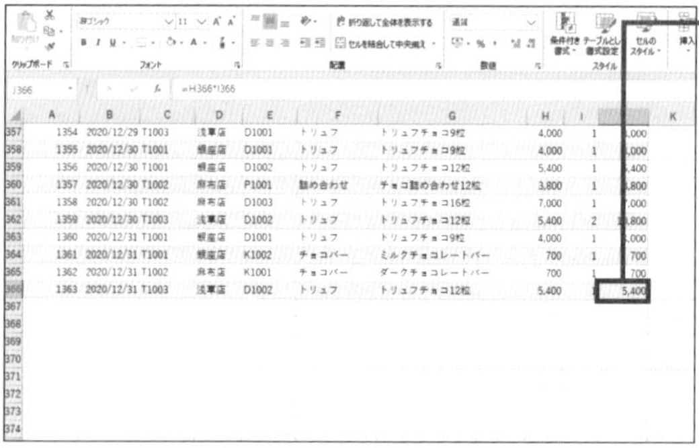

❺ 右端の列（ここではJ366セル）にジャンプします。

MEMO 上端や左端にジャンプ

アクティブセルの上側境界線をダブルクリックすると上端のセル、左側境界線をダブルクリックすると左端のセルにジャンプします。また、Endキーと上下左右の矢印キーを押して、表の端のセルにジャンプすることもできます。

SECTION
042 大量のセルをまとめて選択する

選択

画面からはみだすような大きな表をマウスでドラッグして選択すると、行きすぎたり戻りすぎたりして思うように選択できません。このようなときは、名前ボックスに選択したいセル範囲を入力するとよいでしょう。

名前ボックスにセル範囲を入力する

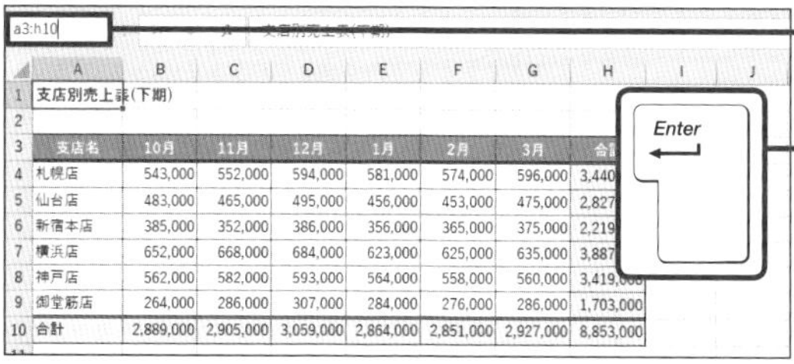

支店名	10月	11月	12月	1月	2月	3月	合計
札幌店	543,000	552,000	594,000	581,000	574,000	596,000	3,440
仙台店	483,000	465,000	495,000	456,000	453,000	475,000	2,827
新宿本店	385,000	352,000	386,000	356,000	365,000	375,000	2,219
横浜店	652,000	668,000	684,000	623,000	625,000	635,000	3,887
神戸店	562,000	582,000	593,000	564,000	558,000	560,000	3,419,000
御堂筋店	264,000	286,000	307,000	284,000	276,000	286,000	1,703,000
合計	2,889,000	2,905,000	3,059,000	2,864,000	2,851,000	2,927,000	8,853,000

❶名前ボックスをクリックし、「A3：H10」と入力して、

❷ Enter キーを押すと、

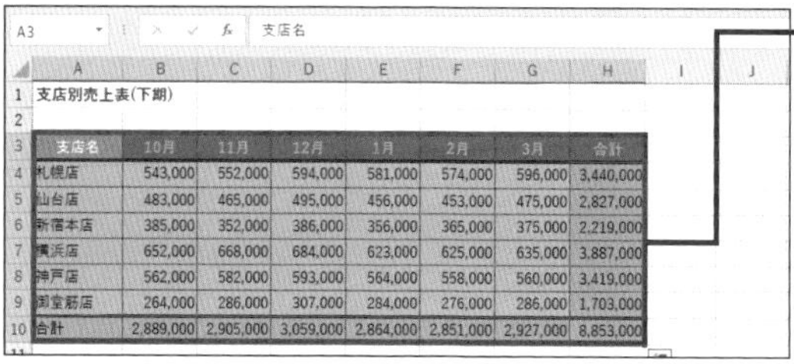

支店名	10月	11月	12月	1月	2月	3月	合計
札幌店	543,000	552,000	594,000	581,000	574,000	596,000	3,440,000
仙台店	483,000	465,000	495,000	456,000	453,000	475,000	2,827,000
新宿本店	385,000	352,000	386,000	356,000	365,000	375,000	2,219,000
横浜店	652,000	668,000	684,000	623,000	625,000	635,000	3,887,000
神戸店	562,000	582,000	593,000	564,000	558,000	560,000	3,419,000
御堂筋店	264,000	286,000	307,000	284,000	276,000	286,000	1,703,000
合計	2,889,000	2,905,000	3,059,000	2,864,000	2,851,000	2,927,000	8,853,000

❸指定したセルが選択されます。

COLUMN

Shift キーを使って選択する

最初に選択したい範囲の先頭のセル（ここではA4セル）をクリックし、次に最後のセル（ここではG9セル）を Shift キーを押しながらクリックすると、先頭のセルから最後のセルまでをまとめて選択できます。

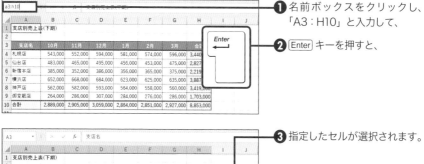

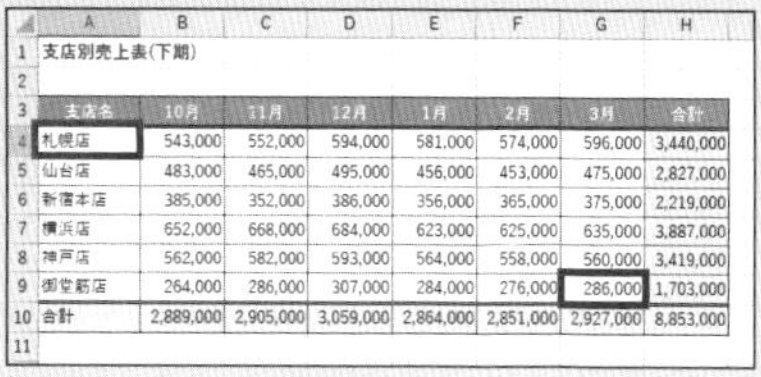

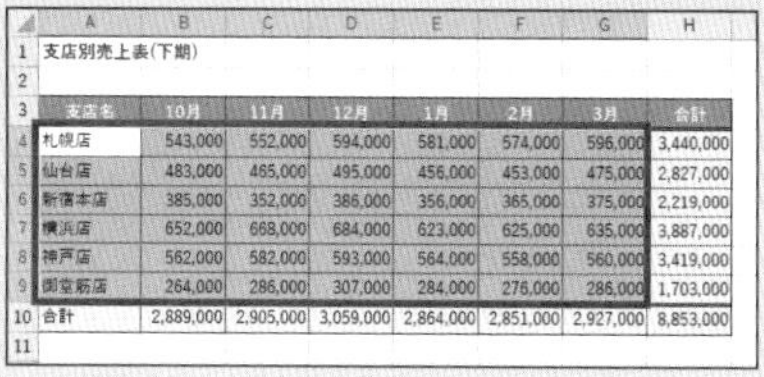

支店名	10月	11月	12月	1月	2月	3月	合計
札幌店	543,000	552,000	594,000	581,000	574,000	596,000	3,440,000
仙台店	483,000	465,000	495,000	456,000	453,000	475,000	2,827,000
新宿本店	385,000	352,000	386,000	356,000	365,000	375,000	2,219,000
横浜店	652,000	668,000	684,000	623,000	625,000	635,000	3,887,000
神戸店	562,000	582,000	593,000	564,000	558,000	560,000	3,419,000
御堂筋店	264,000	286,000	307,000	284,000	276,000	286,000	1,703,000
合計	2,889,000	2,905,000	3,059,000	2,864,000	2,851,000	2,927,000	8,853,000

第1章 第2章 選択 第3章 第4章 第5章

SECTION
043
コピー・貼り付け

過去にコピーした内容を貼り付ける

繰り返して入力するデータは、コピーして使いまわすと便利です。データをコピーするには、<コピー>と<貼り付け>を組み合わせて使います。コピーしたデータは「クリップボード」と呼ばれる場所に保管されるため、後から何度でも再利用できます。

第1章
第2章 コピー・貼り付け
第3章
第4章
第5章

クリップボードのデータをコピーする

❶<ホーム>タブ−<クリップボード>をクリックすると、<クリップボード>ウィンドウが表示されます。

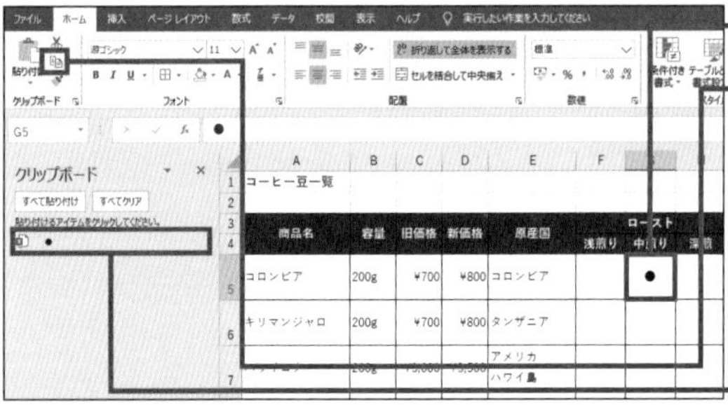

❷G5セルをクリックし、

❸<ホーム>タブ−<コピー>をクリックすると、

❹<クリップボード>ウィンドウにコピーした内容が表示されます。データをコピーするたびに、<クリップボード>ウィンドウに追加されます。

❺F6セルをクリックし、

❻<クリップボード>ウィンドウに追加された項目をクリックすると、

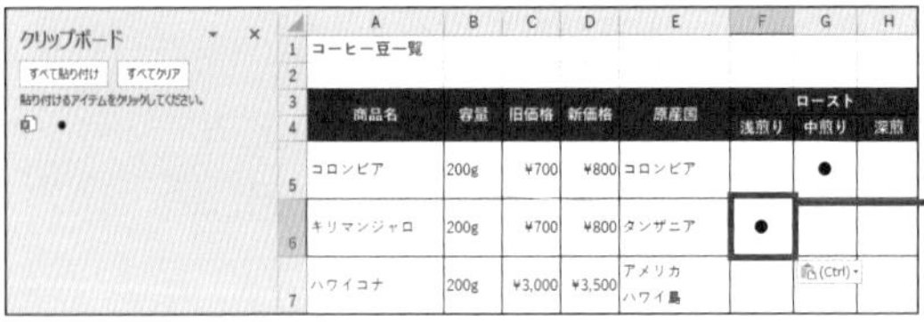

❼過去にコピーしたデータを利用できます。

MEMO 最新のデータを上側に表示

<クリップボード>ウィンドウでは、直近にコピーしたデータが上側に表示されます。

SECTION
044 表の列幅を保持したまま コピーする

コピー・貼り付け

セルをコピーして貼り付けると、コピー先のセルの幅で表示されるため、後から列幅の調整が必要になる場合があります。コピー元のセルの幅をコピー先でもそのまま利用したいときは、<貼り付け>を押したときに表示される<元の列幅を保持>を選びます。

元のセルの列幅をそのままコピーする

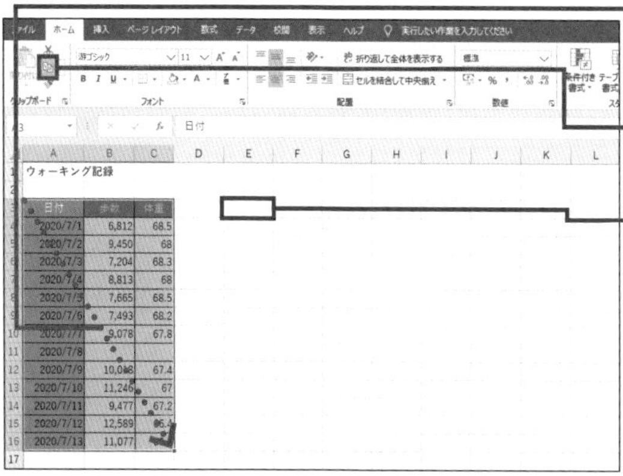

❶ A3 セル〜 C16 セルをドラッグし、

❷ <ホーム>タブ−<コピー>をクリックして、

❸ コピー先の E3 セルをクリックします。

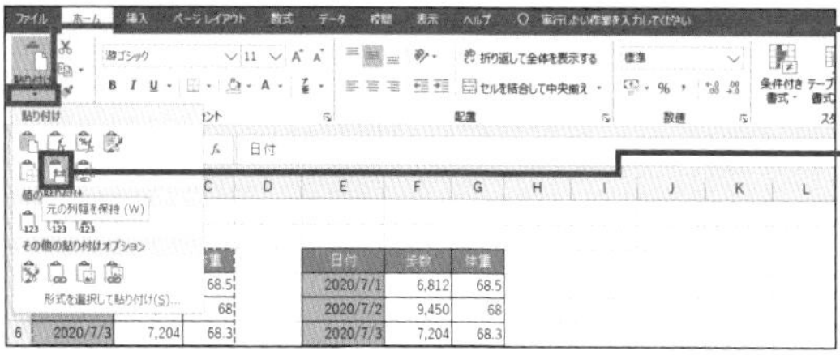

❹ <ホーム>タブ−<貼り付け>の▼をクリックし、

❺ <元の列幅を保持>をクリックすると、

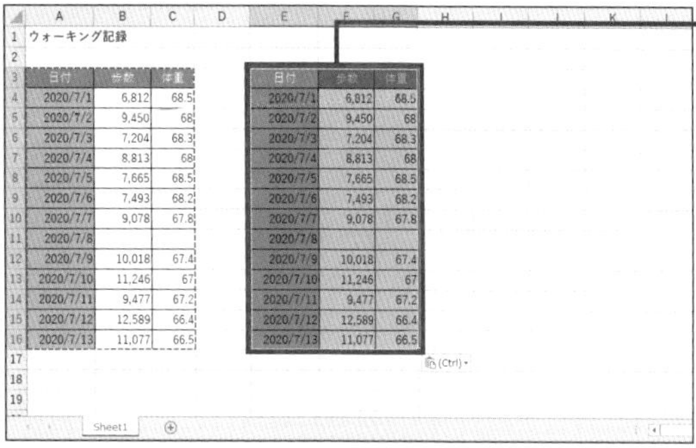

❻ コピー元の列幅を保持したまま貼り付きます。

MEMO 貼り付け方法の変更

手順❹で<貼り付け>を直接クリックすると、コピーしたセルの右下に<貼り付けのオプション>が表示されます。このボタンをクリックして表示される<元の列幅を保持>をクリックして後から列幅を変更することもできます。

第1章
コピー・貼り付け 第2章
第3章
第4章
第5章

SECTION
045
コピー・貼り付け

表の行列を入れ替えて貼り付ける

表を作成した後で行と列を入れ替えることになっても、1から表を作り直す必要はありません。<貼り付け>を押したときに表示される<行/列の入れ替え>を選ぶと、コピー先で行と列が入れ替わった状態で表を表示できます。

表の行と列を入れ替えてコピーする

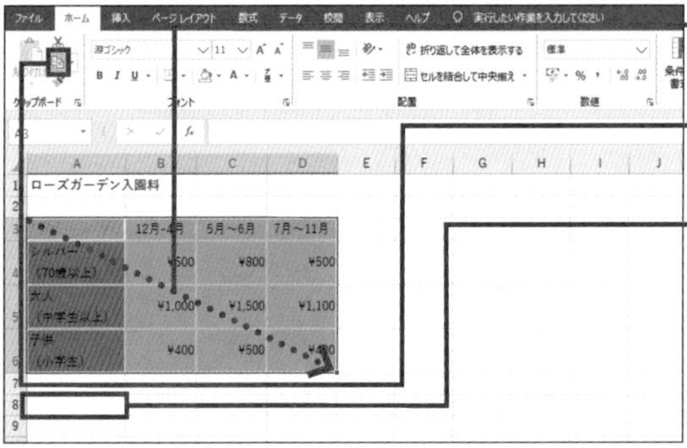

❶ A3セル～D6セルをドラッグし、

❷ <ホーム>タブー<コピー>をクリックし、

❸ コピー先のA8セルをクリックします。

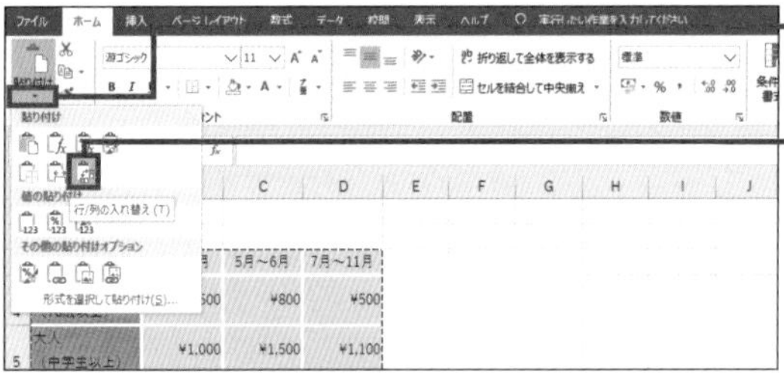

❹ <ホーム>タブー<貼り付け>の▼をクリックし、

❺ <行/列の入れ替え>をクリックすると、

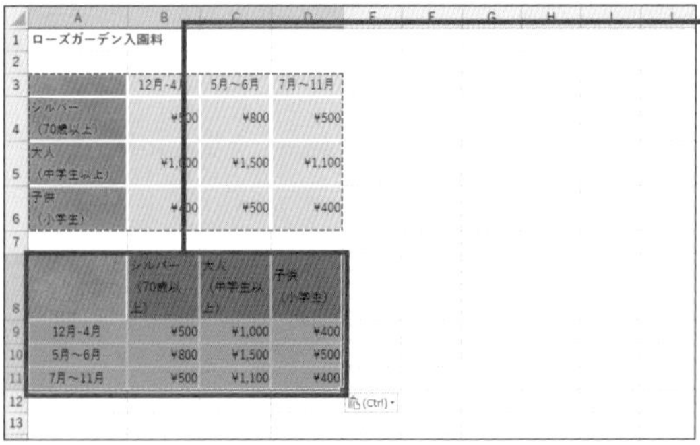

❻ コピー元の行と列が入れ替わって表示されます。

MEMO 貼り付け方法の変更

手順❹で<貼り付け>を直接クリックすると、コピーしたセルの右下に<貼り付けのオプション>が表示されます。このボタンをクリックして表示される<行/列の入れ替え>をクリックして後から変更することもできます。

SECTION
046 複数の列幅を揃える

行・列の操作

列幅を変更するには列番号の境界線をドラッグしますが、「10月」「11月」「12月」のように関連する見出しは列幅が揃っていたほうが見栄えがあがります。複数の列を選択した状態で列幅を調整すると、常に同じ列幅に広げたり狭めたりできます。

複数の列幅を同時に変更する

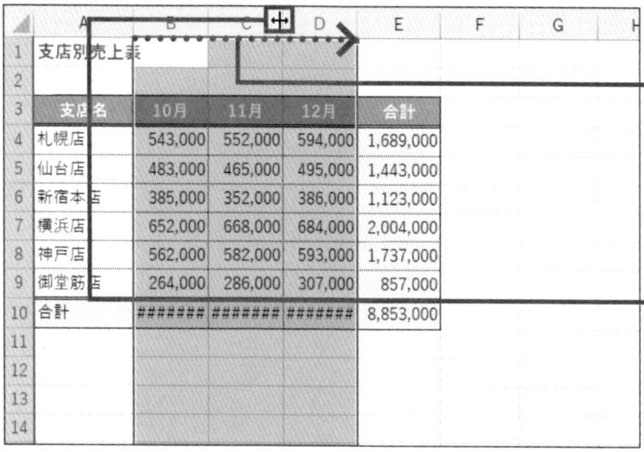

❶B列～D列の列番号をドラッグし、

❷いずれかの列番号の境界線にマウスポインターを移動します。

MEMO　<#>記号の意味

B10セル～D10セルに表示されている<#>記号は、数値を表示する列幅が不足していることを示しています。

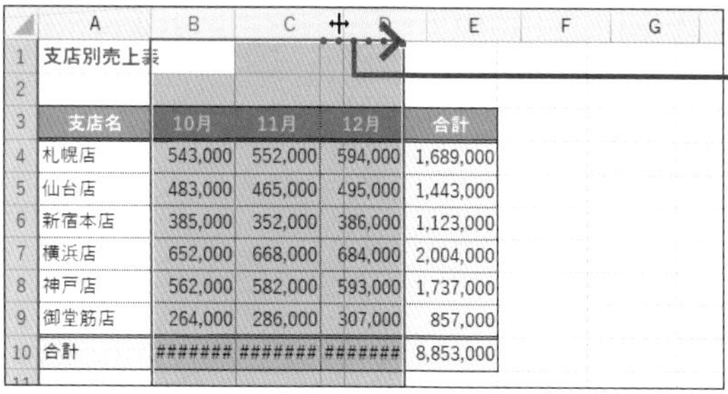

❸マウスポインターの形状が変わったら、そのまま右方向にドラッグします。

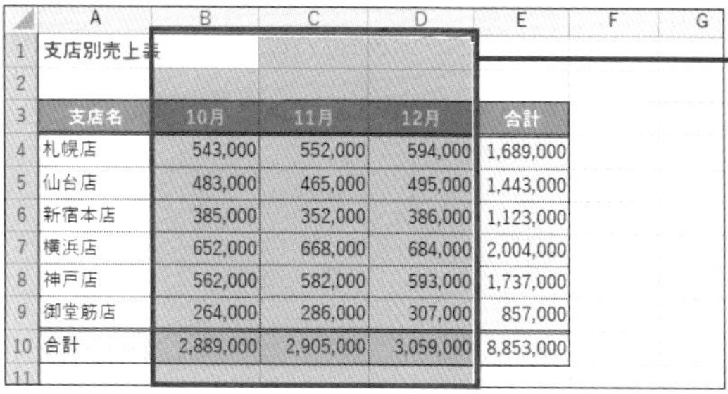

❹B列～D列の列幅が同時に広がります。

MEMO　複数の行の高さを変更

複数の行番号をドラッグした状態で、いずれかの行番号の境界線を上下にドラッグすると、複数の行の高さをまとめて変更できます。

SECTION 047 行・列の操作

文字数に合わせて列幅を調整する

入力した数値がセルからはみ出るときは、＜#＞記号で表示されます。また、文字数が多いと、セルからはみ出したり途中で欠けたりすることもあります。＜列の幅の自動調整＞を使うと、文字数に合わせて表全体の列幅をまとめて変更できます。

表全体の列幅を自動調整する

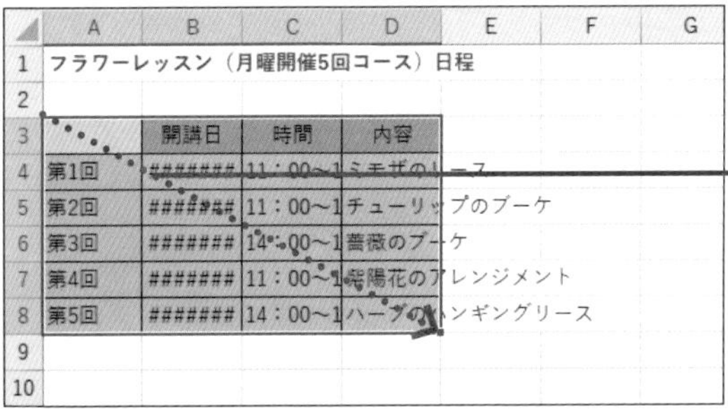

B列、C列、D列のデータが正しく表示されていません。

❶ A3セル～D8セルをドラッグします。

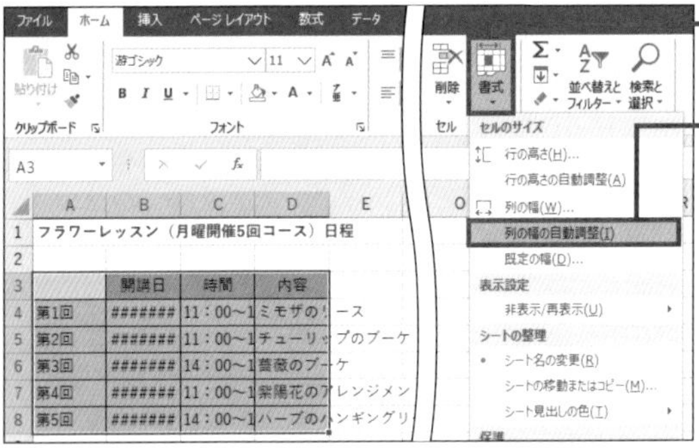

❷ ＜ホーム＞タブ－＜書式＞をクリックし、

❸ ＜列の幅の自動調整＞をクリックすると、

MEMO 行の高さの自動調整

＜行の高さの自動調整＞をクリックすると、選択した行のデータが正しく表示できる高さに自動的に調整できます。

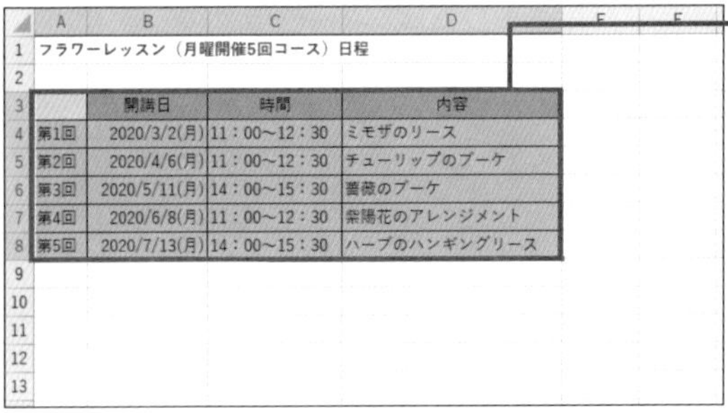

❹ A～D列の文字数に合わせて、列幅が調整されます。

SECTION
048 行や列を挿入・削除する

行・列の操作

表を作成した後で行や列が不足していたことに気付いたり、余分な行や列があったりしても心配は不要です。指定した位置に行や列を後から自在に挿入できます。また、不要な行や列を削除すると、下側の行や右側に列が詰まって表示されます。

表の途中に空白行を挿入する

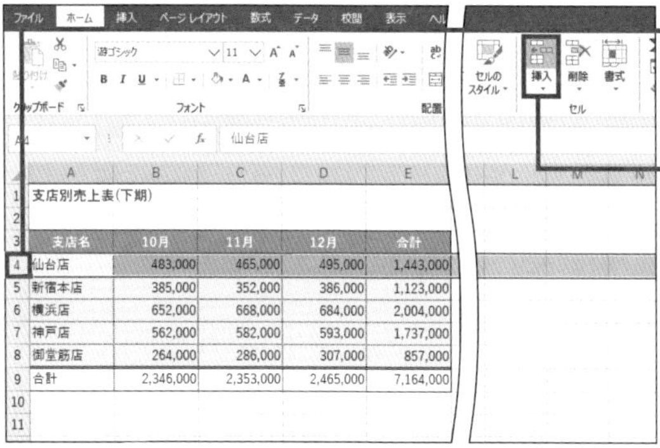

「仙台店」の上に1行追加します。

❶4行目の行番号をクリックし、

❷＜ホーム＞タブ－＜挿入＞をクリックすると、

MEMO 列の挿入

手順❶で列番号の英字をクリックすると、クリックした列の左側に新しい列を追加できます。

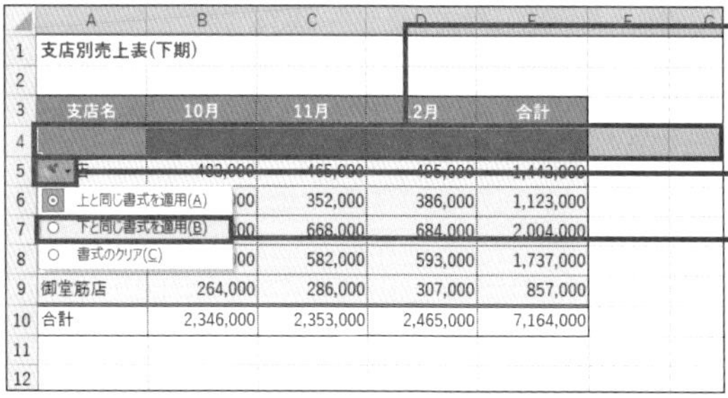

❸4行目に空白の行が挿入されます。

❹＜挿入オプション＞をクリックし、

❺＜下と同じ書式を適用＞をクリックすると、

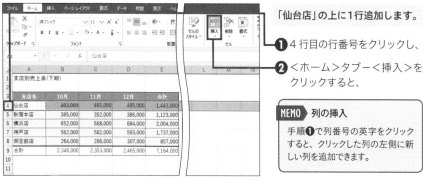

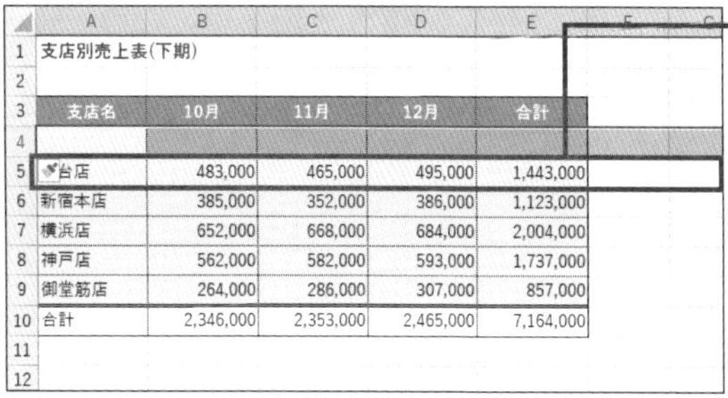

❻5行目の「仙台店」と同じ書式が適用されます。

MEMO 行や列の削除

削除したい行番号や列番号をクリックして、＜ホーム＞タブの＜削除＞をクリックすると、行全体や列全体を削除できます。

SECTION
049
行・列の操作

複数の行や列を一度に挿入・削除する

Sec.048では、行や列を1行ずつ挿入したり削除したりする操作を解説しました。最初に複数の行や列を選択してから＜挿入＞や＜削除＞を実行すると、まとめて5行分を挿入したり、2列分を一度に削除したりすることができます。

複数の列をまとめて挿入する

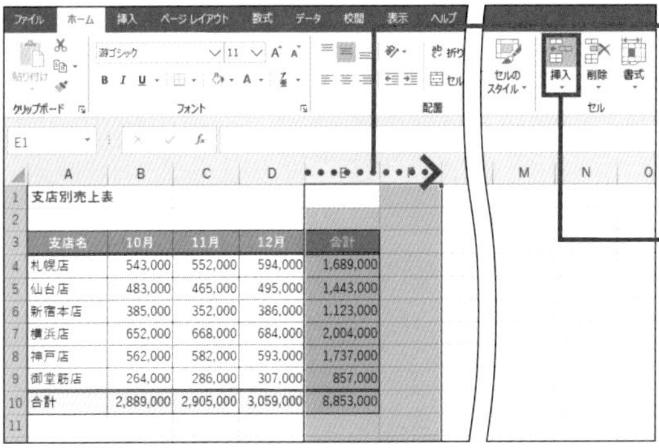

「12月」の右側に列を追加します。

❶E列～F列の列番号をドラッグし、

❷＜ホーム＞タブ－＜挿入＞をクリックすると、

MEMO 行をまとめて挿入

手順❶で行番号の数字をドラッグすると、ドラッグした行数分を追加できます。

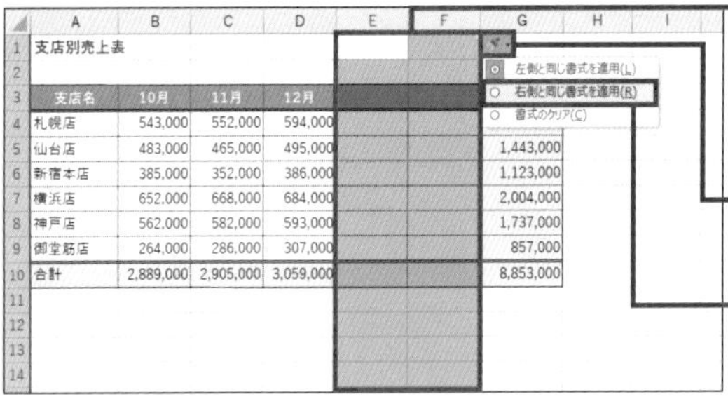

❸D列の右に2列分の空白列が挿入されます。

❹＜挿入オプション＞をクリックし、

❺＜右と同じ書式を適用＞をクリックすると、

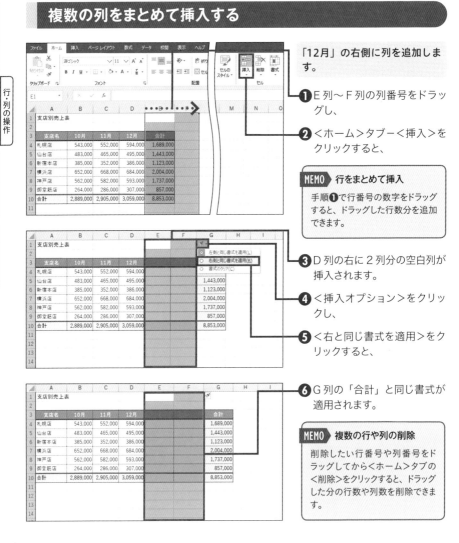

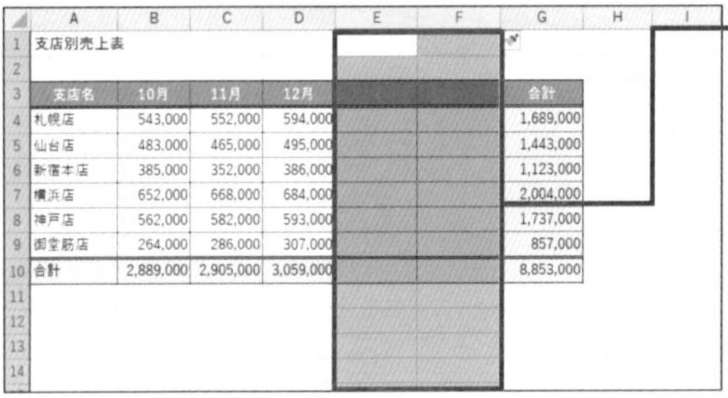

❻G列の「合計」と同じ書式が適用されます。

MEMO 複数の行や列の削除

削除したい行番号や列番号をドラッグしてから＜ホーム＞タブの＜削除＞をクリックすると、ドラッグした分の行数や列数を削除できます。

SECTION
050
行・列の操作

行や列を入れ替える・コピーする

行や列の表示順を間違えて入力したときは、後から順番を入れ替えます。それには、<切り取り>と<挿入>を組み合わせて行や列を移動します。<コピー>と<挿入>を組み合わせると、行や列をコピーして指定した位置に丸ごと挿入できます。

行の順番を入れ替える

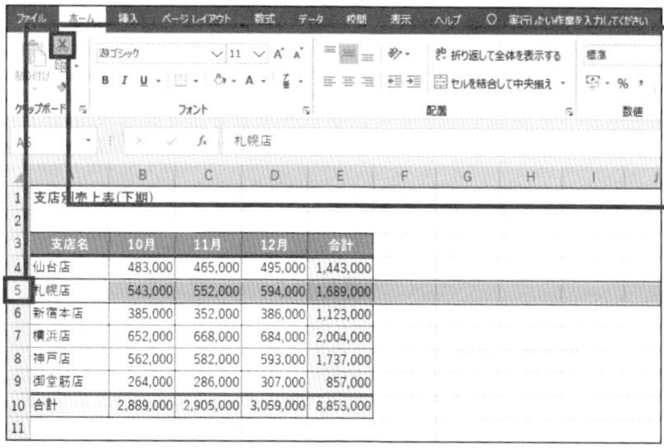

5行目の札幌店を4行目の仙台店の上に移動します。

❶5 行目の行番号をクリックし、

❷<ホーム>タブ−<切り取り>をクリックします。

MEMO 列の移動

列を移動するには、手順❶で列番号の英字をクリックします。

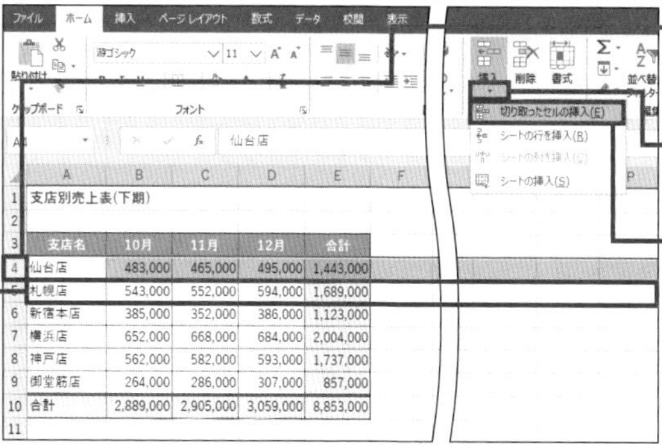

❸5 行目に点線枠が点滅します。

❹4 行目の行番号をクリックし、

❺<ホーム>タブ−<挿入>の▼をクリックして、

❻<切り取ったセルの挿入>をクリックすると、

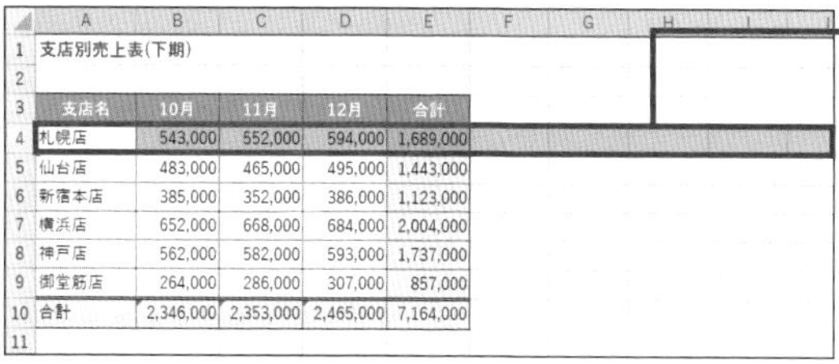

❼5 行目の札幌店が 4 行目の仙台店の上に移動しました。

第1章
行・列の操作 第2章
第3章
第4章
第5章

SECTION
051
行・列の操作

行や列を非表示にする

売上表の明細データを隠して合計だけを会議で報告するといったように、常にすべてのデータが必要とは限りません。一時的にデータを隠すには、データを非表示にします。非表示にした行や列は折りたたんで隠しているだけなので、いつでも再表示できます。

複数の列を非表示にする

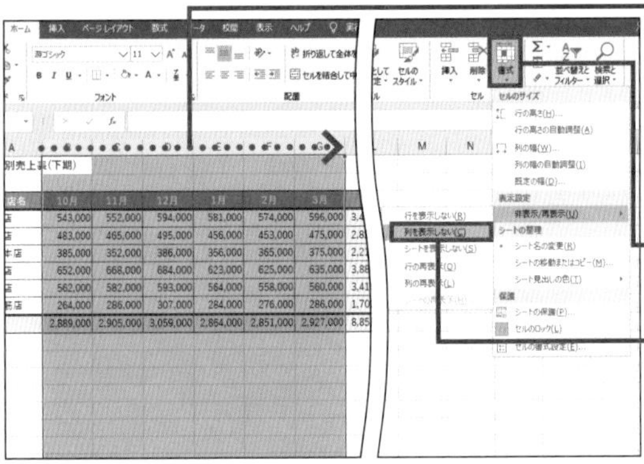

「10月」から「3月」の列を非表示にします。

❶ B 列～ G 列の列番号をドラッグします。

❷ ＜ホーム＞タブー＜書式＞をクリックし、

❸ ＜非表示 / 再表示＞ー＜列を表示しない＞をクリックすると、

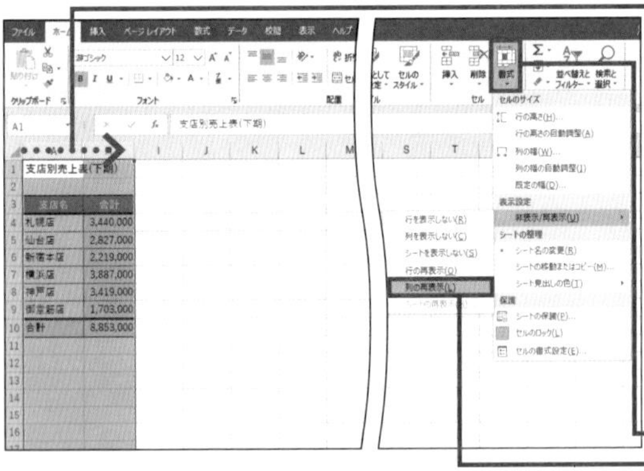

MEMO 右クリックでの操作

ドラッグしたいずれかの列番号を右クリックして表示されるメニューの＜非表示＞をクリックしても非表示にできます。

❹ B 列から G 列が非表示になります。

❺ A 列から H 列の列番号をドラッグします。

❻ ＜ホーム＞タブー＜書式＞をクリックし、

❼ ＜非表示 / 再表示＞ー＜列の再表示＞をクリックすると、

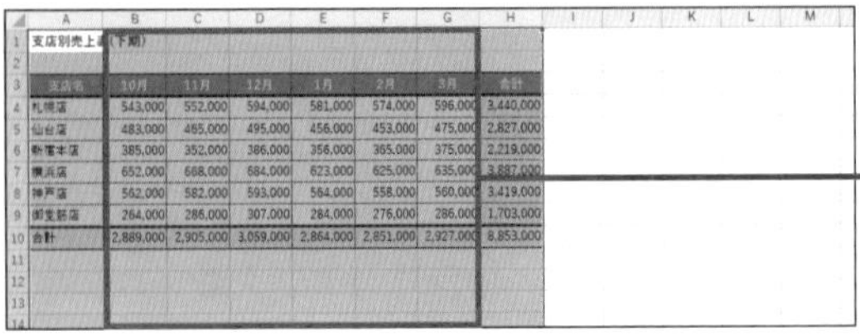

❽ B 列から G 列が再表示されます。

複数のセルを1つにまとめる

複数のセルを1つにまとめることを「結合」と呼び、Excelには＜セルを結合して中央揃え＞＜横方向に結合＞＜セルの結合＞が用意されています。ここでは、＜セルを結合して中央揃え＞を使って、タイトルを表の横幅の中央に表示します。

セルを結合して文字を中央に揃える

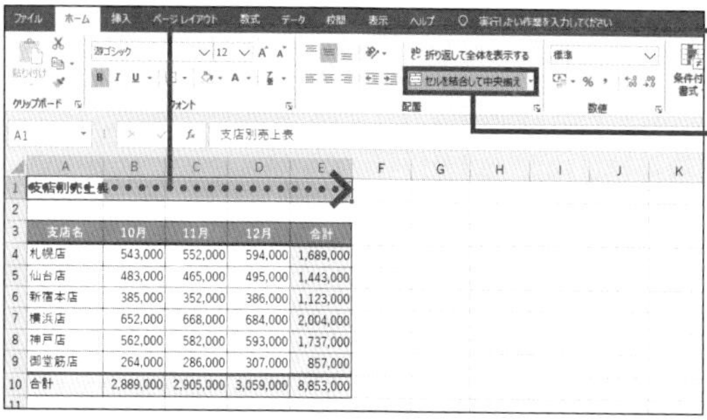

❶ A1 セル～ E1 セルをドラッグし、

❷ ＜ホーム＞タブ－＜セルを結合して中央揃え＞をクリックすると、

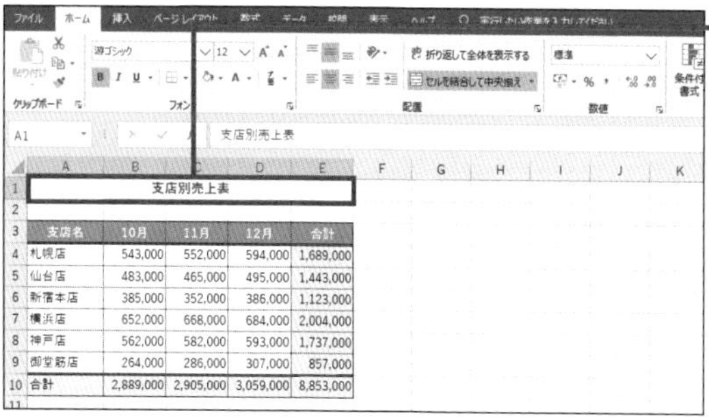

❸ A1 セル～ E1 セルの 5 つのセルが 1 つになり、文字が中央揃えになります。

MEMO　セル結合の解除

結合したセルを解除するには、もう一度＜セルを結合して中央揃え＞をクリックします。

COLUMN

縦方向にも結合できる

縦方向に連続するセルをドラッグしてから＜セルを結合して中央揃え＞をクリックすると、縦方向のセルを結合できます。さらに、＜ホーム＞タブ－＜方向＞から＜縦書き＞をクリックすると、結合したセル内で文字が縦書きになります。

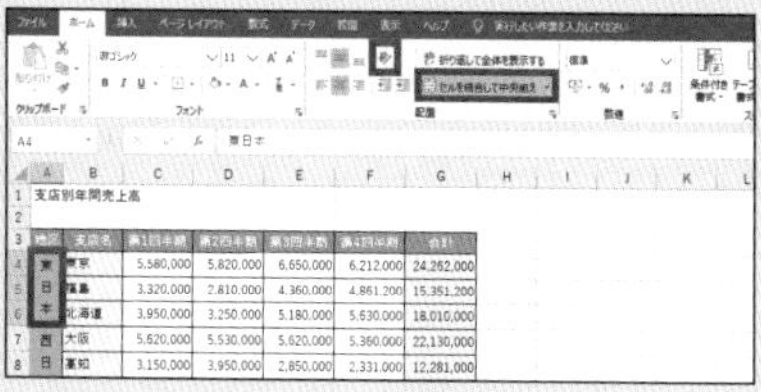

SECTION
053
セルの操作

セルを挿入・削除する

行単位や列単位だけでなく、セル単位で挿入したり削除したりできます。異なる2つの表が横に並んでいるときは、片方の表で行単位の挿入や削除を行うと、もう片方の表にも影響が出ます。セル単位なら片方の表の中だけで操作できます。

セル単位で削除する

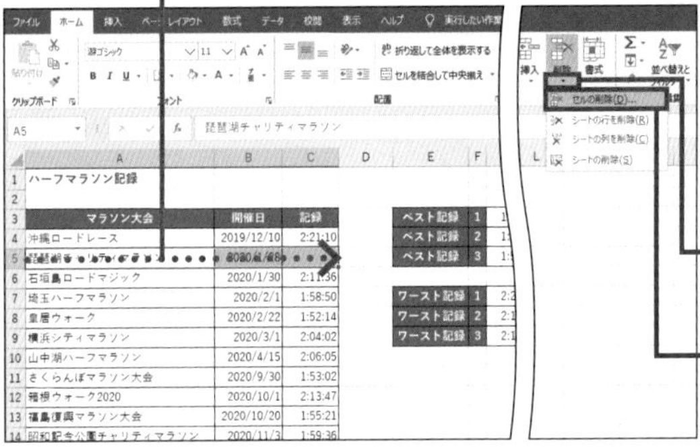

5行目の「琵琶湖チャリティマラソン」の記録を削除します。

❶ A5 セル～ C5 セルをドラッグし、

❷ ＜ホーム＞タブ－＜削除＞の▼をクリックします。

❸ ＜セルの削除＞をクリックして、

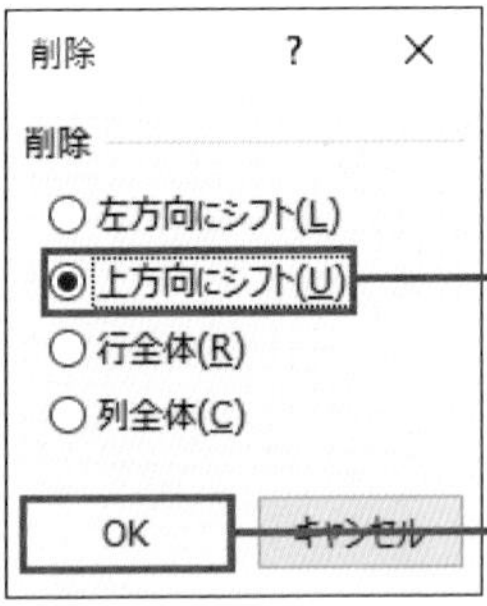

❹ ＜上方向にシフト＞をクリックし、

❺ ＜ OK ＞をクリックします。

MEMO　＜削除＞を直接クリック

手順❷で＜削除＞を直接クリックすると、ダイアログボックスは表示されずに、自動的に上方向にシフトします。また、手順❷で＜挿入＞をクリックするとセルを挿入できます。

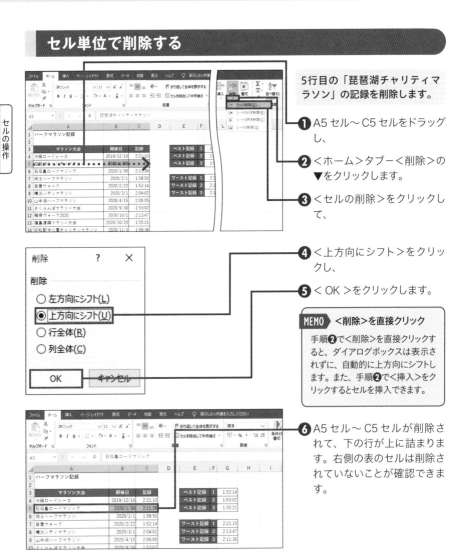

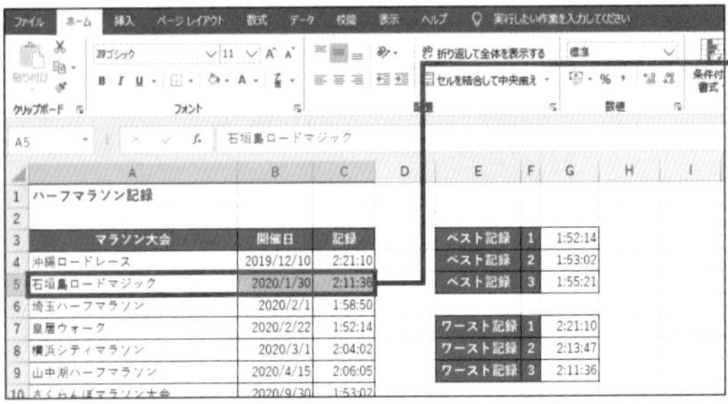

❻ A5 セル～ C5 セルが削除されて、下の行が上に詰まります。右側の表のセルは削除されていないことが確認できます。

SECTION 054

検索・置換

表のデータを検索する

商品台帳や名簿などで特定の商品や人物を検索するには、＜検索＞を使ってキーワードを入力して検索します。このとき、ワイルドカードと呼ばれる半角の「*」（アスタリスク）を使ってキーワードを入力すると、部分的にキーワードに一致したデータを検索できます。

あいまいな条件でデータを検索する

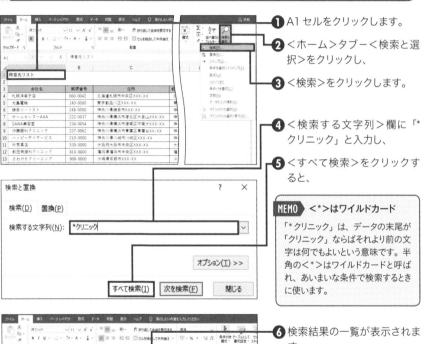

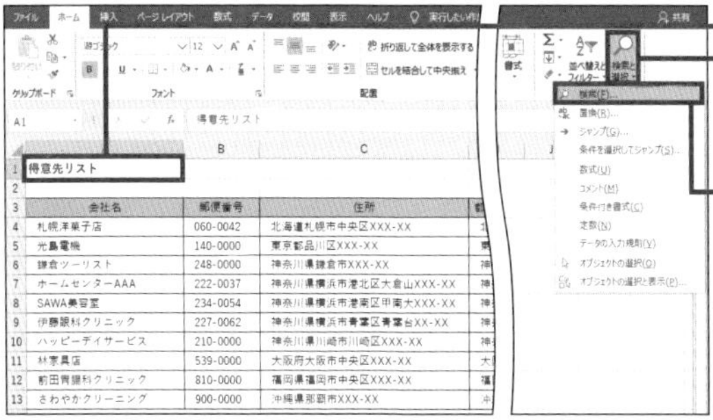

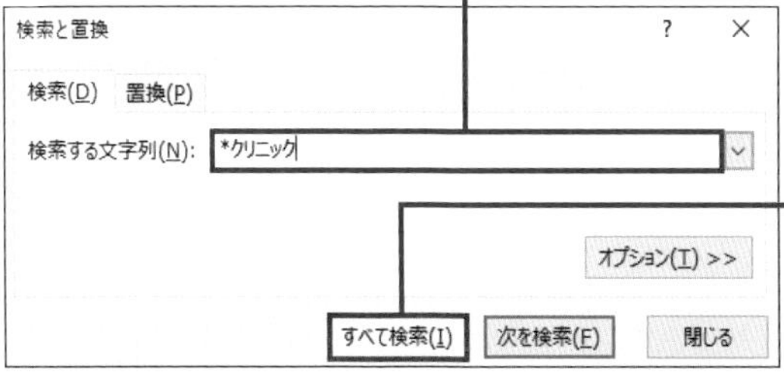

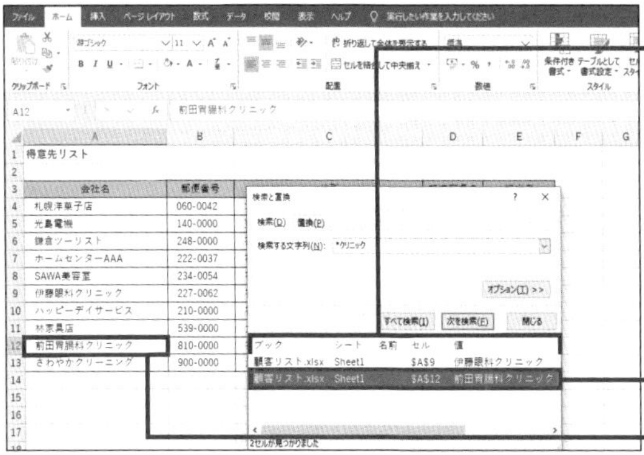

❶ A1セルをクリックします。

❷ ＜ホーム＞タブ－＜検索と選択＞をクリックし、

❸ ＜検索＞をクリックします。

❹ ＜検索する文字列＞欄に「*クリニック」と入力し、

❺ ＜すべて検索＞をクリックすると、

❻ 検索結果の一覧が表示されます。

❼ 一覧の文字をクリックすると、

❽ ワークシートの該当セルにアクティブセルが移動します。

MEMO ＜*＞はワイルドカード

「*クリニック」は、データの末尾が「クリニック」ならばそれより前の文字は何でもよいという意味です。半角の＜*＞はワイルドカードと呼ばれ、あいまいな条件で検索するときに使います。

SECTION
055
検索・置換

表の文字を別の文字に置き換える

担当者が変わったときや「出張所」が「支店」に変わったときなどは、入力済みのデータを変更する必要があります。手作業で修正すると時間もかかるし修正ミスも発生します。<置換>を使うと、置換前の文字と置換後の文字を指定するだけで置換できます。

文字を置換する

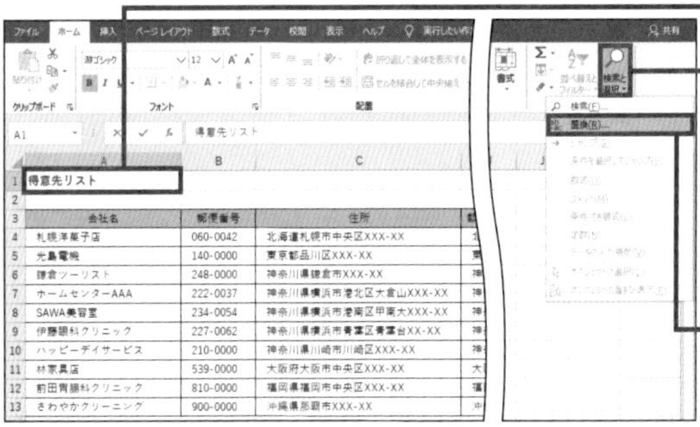

会社名の「クリニック」を「病院」に置換します。

❶ A1 セルをクリックし、

❷ <ホーム>タブ－<検索と選択>をクリックし、

❸ <置換>をクリックします。

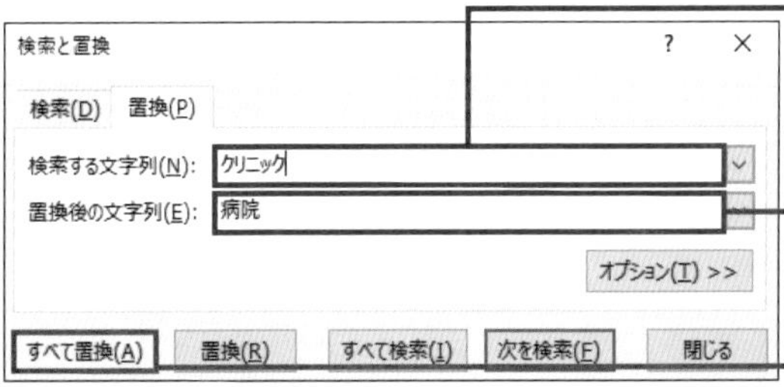

❹ <検索する文字列>欄に「クリニック」と入力し、

❺ <置換後の文字列>欄に「病院」を入力して、

❻ <すべて置換>をクリックします。

MEMO　1つずつ確認して置換

手順❻で<置換>をクリックすると、条件に一致したセルが順番に表示され、置換するかどうかをそのつど指定できます。

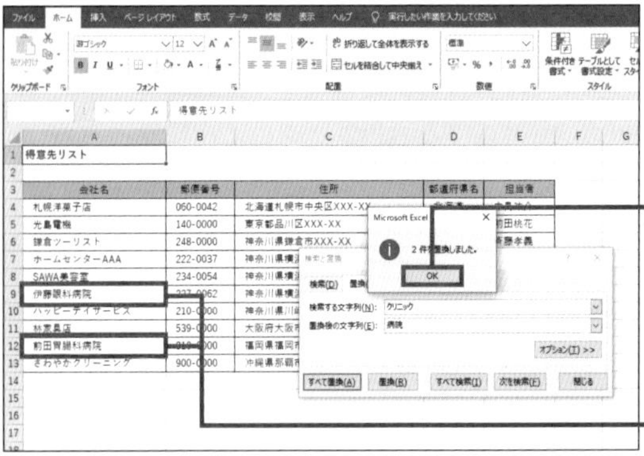

❼ メッセージが表示されたら< OK >をクリックすると、

❽ ワークシートの「クリニック」がすべて「病院」に置換されます。

SECTION

056

コメント

セルにコメントを追加する

コメント機能を使うと、作成した表をプロジェクトメンバーや上司に見てもらうときに、セルに伝言を添えることができます。複数のメンバーで回覧するときも、コメント欄に名前が表示されるので、誰からのメッセージなのかがひと目でわかります。

セルにコメントを追加する

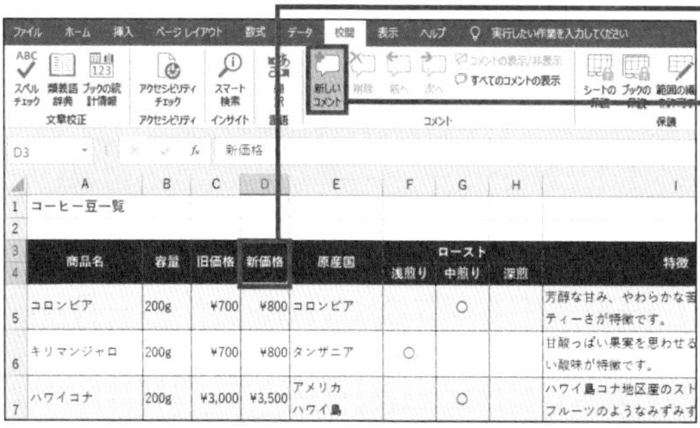

❶ D3 セルをクリックし、

❷ <校閲>タブー<新しいコメント>をクリックします。

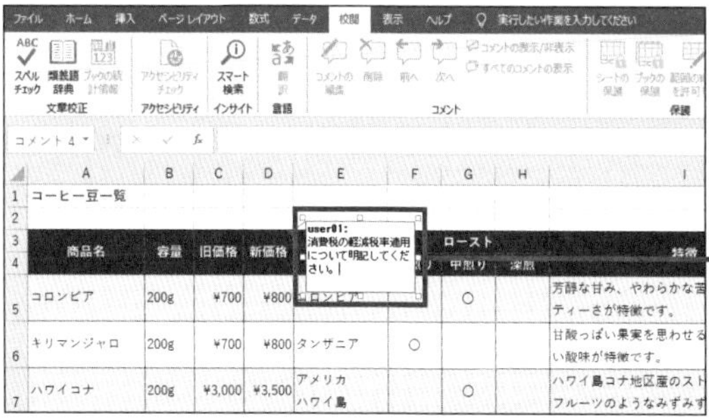

❸ コメント用の吹き出しが表示されたらコメントを入力します。

MEMO Microsoft 365の操作

Microsoft 365では、コメント用の吹き出しの左下の<投稿>をクリックすると、コメントに対する返信を入力できます。

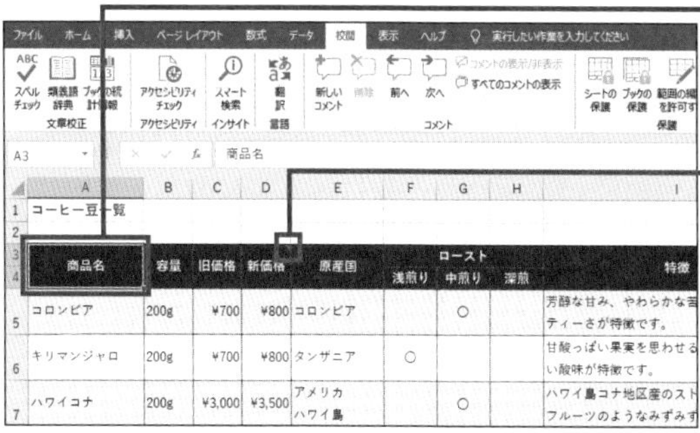

❹ いずれかのセルをクリックすると、

❺ コメント用の吹き出しが消えて、D3 セルの右上隅に赤い三角記号が表示されます。

MEMO 赤い三角はコメントがある印

セルの右上隅に赤い三角記号（Microsoft 365では紫の三角記号）があるときは、コメントが追加されている合図です。そのセルにマウスポインターを移動すると、コメントが表示されます。

SECTION 057
コメント

コメントの表示・非表示を切り替える

Sec.056の操作でセルに付けたコメントは、よく見ないと気付かないことがあります。コメントの見落としを防ぐには、常にコメントを表示した状態にしておくとよいでしょう。この状態で保存すると、ファイルを開いたときに自動でコメントが表示されます。

すべてのコメントを表示する

❶ <校閲>タブー<すべてのコメントの表示>をクリックすると、

MEMO Microsoft 365の操作

Microsoft 365では、<校閲>タブー<コメントの表示>をクリックします。

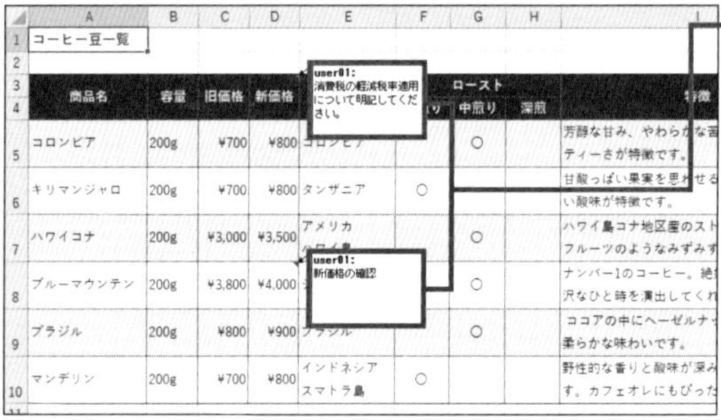

❷ ワークシート上のコメントがまとめて表示されます。

MEMO Microsoft 365の操作

Microsoft 365では、画面右側の<コメント>画面にまとめて表示されます。

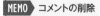

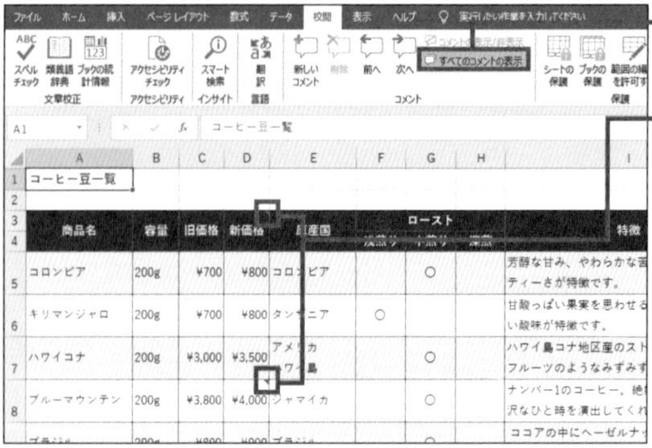

❸ もう一度<すべてのコメントの表示>をクリックすると、

❹ ワークシート上のコメントがまとめて非表示になります。

MEMO コメントの削除

コメントを削除するには、コメントを追加したセルを右クリックして表示されるメニューで<コメントの削除>をクリックします。

SECTION
058
ふりがな

氏名にふりがなを表示する

氏名のふりがなを表示する方法はいくつかあります。関数を使って他のセルにふりがなを表示することもできますが、<ふりがなの表示/非表示>を使うと、ボタンをクリックするだけで氏名と同じセルにふりがなを表示できます。

氏名のセルにふりがなを表示する

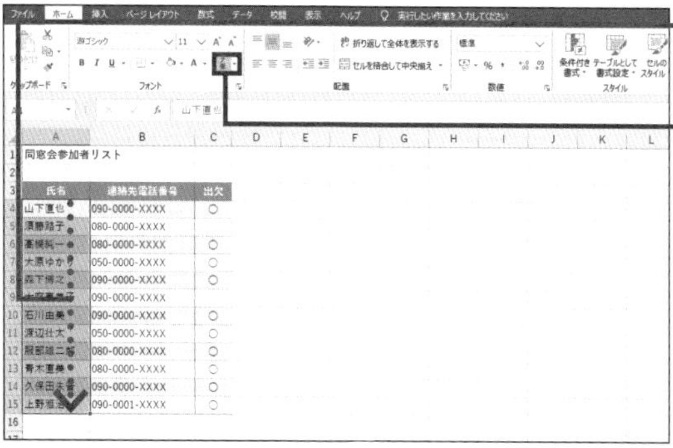

❶ A4 セル～ A15 セルをドラッグし、

❷ <ホーム>タブ－<ふりがなの表示 / 非表示>をクリックすると、

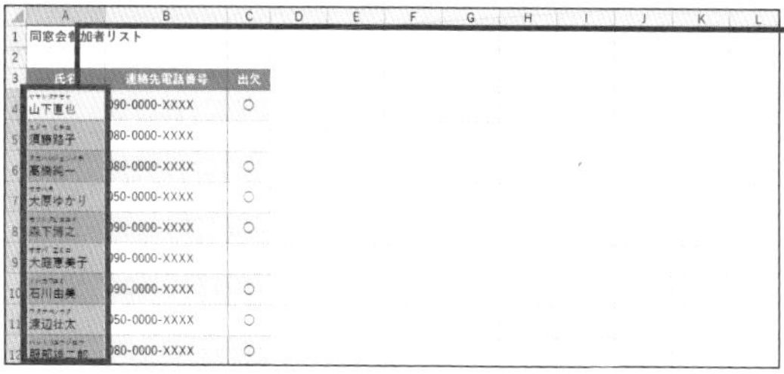

❸ 氏名と同じセルにふりがなが表示されます。

> **MEMO　ふりがなの削除**
>
> ふりがなを削除するには、もう一度<ふりがなの表示/非表示>をクリックします。

COLUMN

ふりがなを修正する

ふりがなは、元になる氏名を入力して変換したときの「読み」を表示しています。ふりがなが間違って表示されたときは、修正したいセルをクリックしてから<ふりがなの表示/非表示>の▼をクリックし、<ふりがなの編集>をクリックします。カーソルが表示されたら、正しいふりがなに修正します。

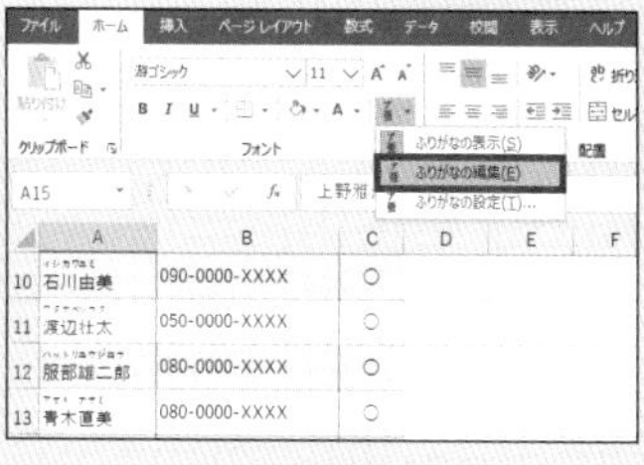

SECTION
059
罫線

表全体に罫線を引く

ワークシートに最初から表示されているグリッド線は画面上だけのもので印刷はされません。印刷時にも線が必要なときは罫線を引きます。罫線は後から引いたものが上書きされるので、最初に格子罫線を引いてから部分的に変更するとよいでしょう。

表に罫線を引く

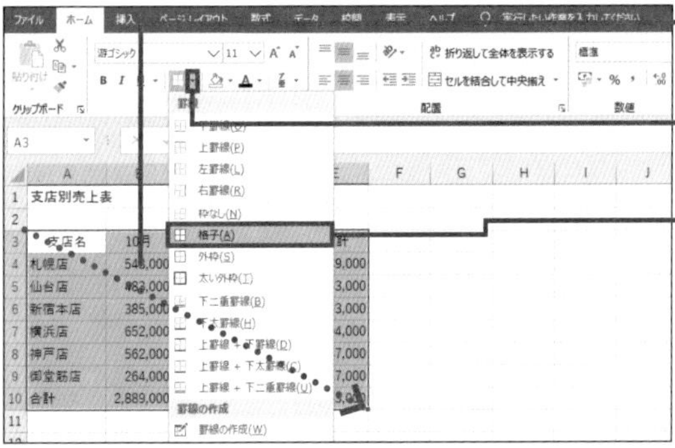

❶ A3 セル～ E10 セルをドラッグし、

❷ <ホーム>タブ－<罫線>の▼をクリックします。

❸ <格子>をクリックすると、

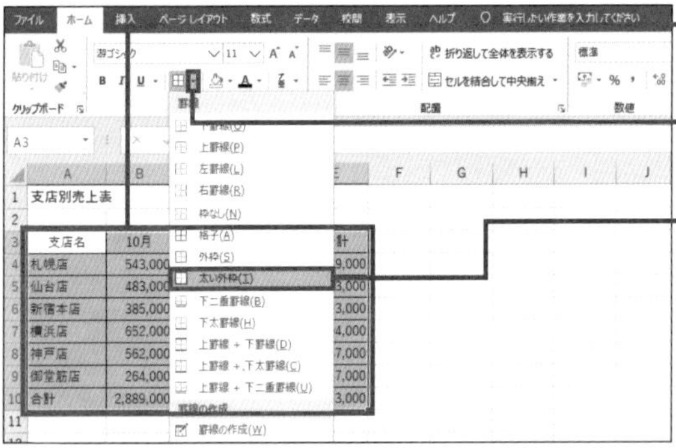

❹ 表全体に格子の罫線が引かれます。

❺ 続けて、<ホーム>タブ－<罫線>の▼をクリックし、

❻ <太い外枠>をクリックすると、

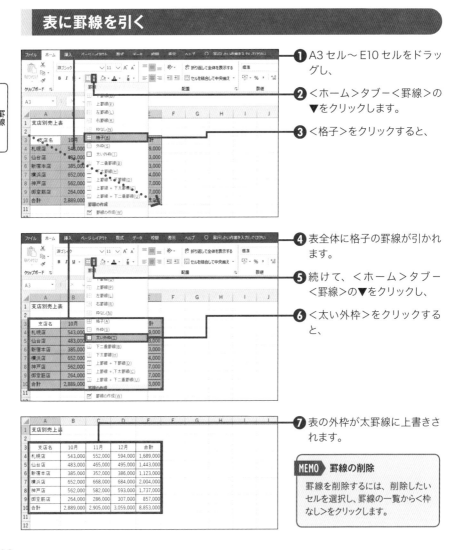

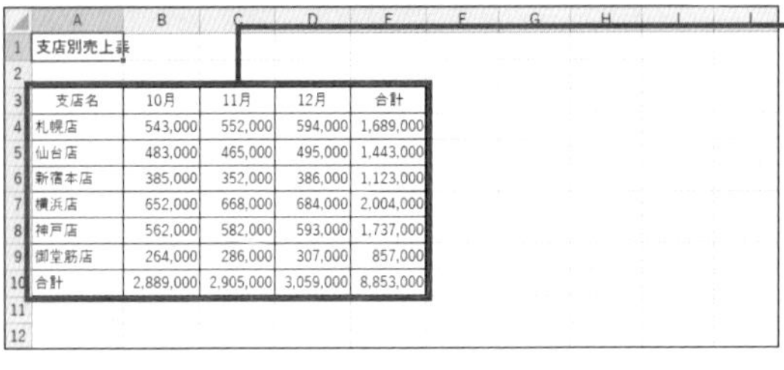

支店名	10月	11月	12月	合計
札幌店	543,000	552,000	594,000	1,689,000
仙台店	483,000	465,000	495,000	1,443,000
新宿本店	385,000	352,000	386,000	1,123,000
横浜店	652,000	668,000	684,000	2,004,000
神戸店	562,000	582,000	593,000	1,737,000
御堂筋店	264,000	286,000	307,000	857,000
合計	2,889,000	2,905,000	3,059,000	8,853,000

❼ 表の外枠が太罫線に上書きされます。

MEMO 罫線の削除

罫線を削除するには、削除したいセルを選択し、罫線の一覧から<枠なし>をクリックします。

SECTION 060 罫線

セルに斜めの罫線を引く

縦横の見出しが交差するセルや、データがないセルに斜線を引くことができます。ただし、＜ホーム＞タブの＜罫線＞をクリックしても斜線は表示されません。斜線を引くには＜セルの書式設定＞ダイアログボックスで、右上がりの斜線か右下がりの斜線かを選びます。

セルに斜線を引く

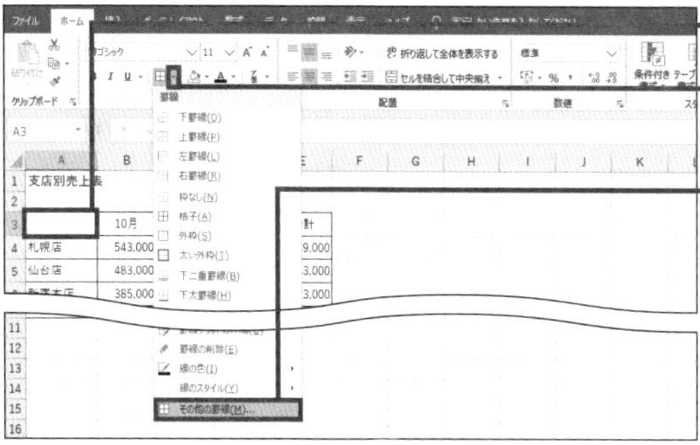

❶ A3 セルをクリックし、

❷ ＜ホーム＞タブ－＜罫線＞の▼をクリックします。

❸ ＜その他の罫線＞をクリックして、

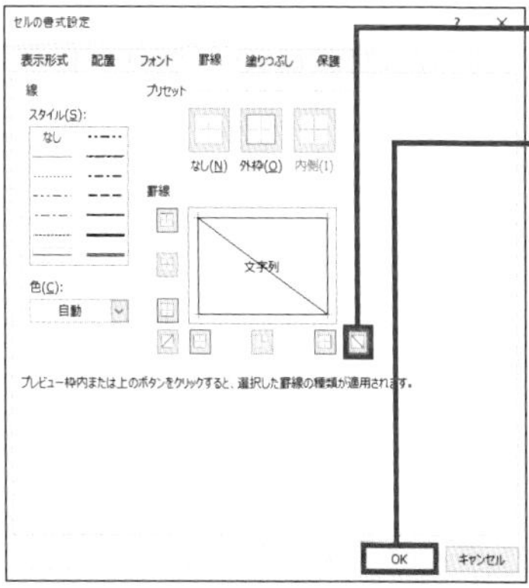

❹ ＜罫線＞の＜右下がり斜線＞をクリックし、

❺ ＜ OK ＞をクリックすると、

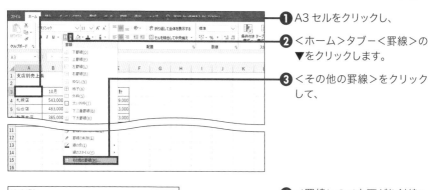

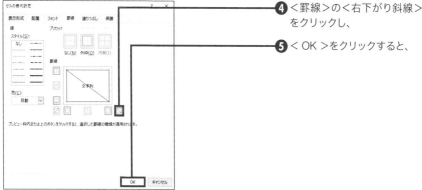

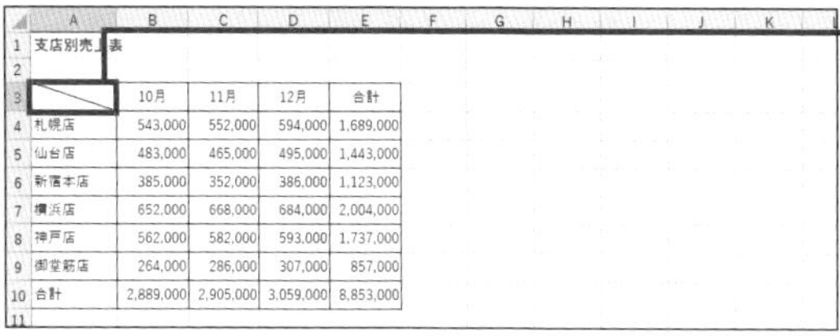

❻ A3 セルに斜線が表示されます。

MEMO ドラッグ操作で斜線を引く

Sec.062のドラッグ操作で、セルに斜線を引くこともできます。

SECTION 061 罫線

罫線の種類や色を変更する

＜セルの書式設定＞ダイアログボックスを使うと、罫線の色や太さ、種類を指定して罫線を引くことができます。複数のセルを選択したときは、部分的に色や種類を変えることもできます。指定した内容をプレビュー画面で確認しながら操作するとよいでしょう。

罫線の種類と色を変更する

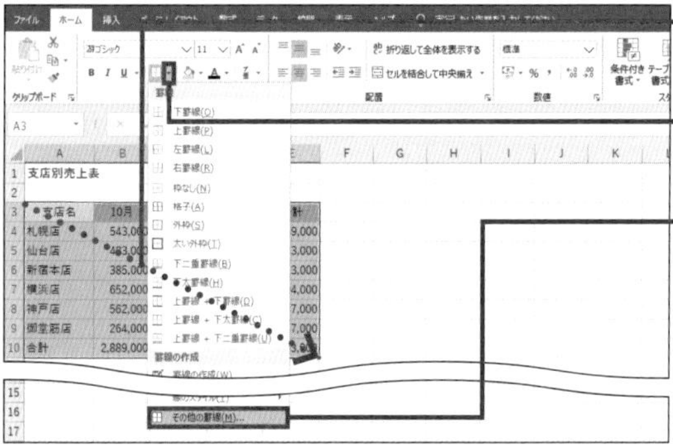

❶ A3セル～E10セルをドラッグし、

❷ ＜ホーム＞タブー＜罫線＞の▼をクリックして、

❸ ＜その他の罫線＞をクリックします。

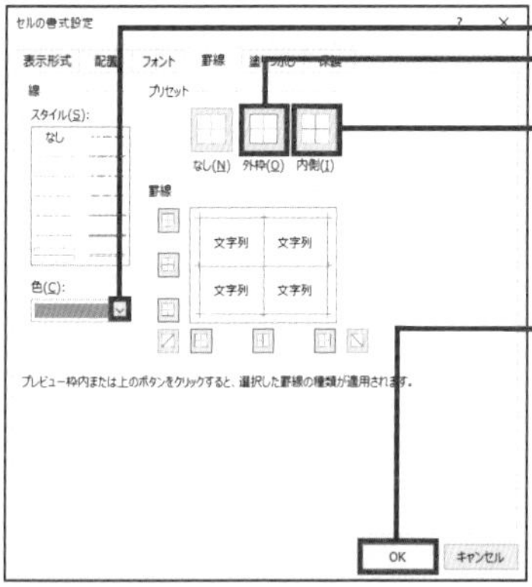

❹ ＜色＞をクリックして、＜緑、アクセント6＞を選択します。

❺ ＜プリセット＞の＜外枠＞をクリックし、

❻ ＜内側＞をクリックして、

❼ ＜OK＞をクリックすると、

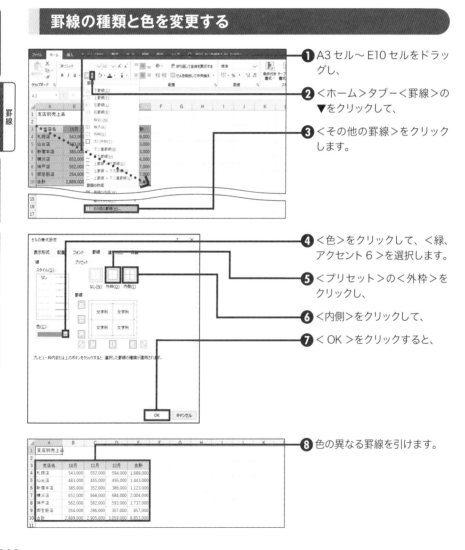

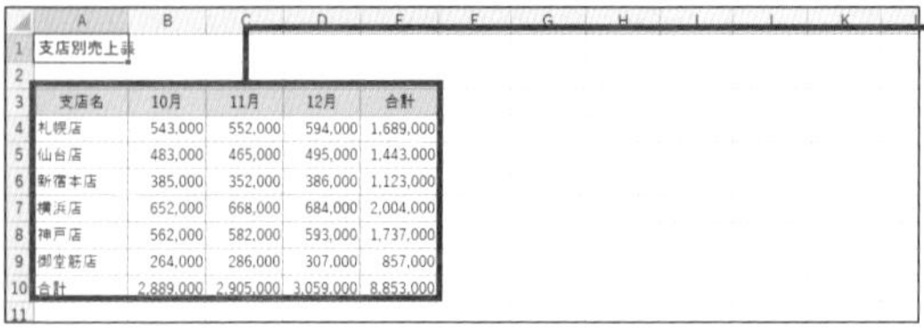

支店名	10月	11月	12月	合計
札幌店	543,000	552,000	594,000	1,689,000
仙台店	483,000	465,000	495,000	1,443,000
新宿本店	385,000	352,000	386,000	1,123,000
横浜店	652,000	668,000	684,000	2,004,000
神戸店	562,000	582,000	593,000	1,737,000
御堂筋店	264,000	286,000	307,000	857,000
合計	2,889,000	2,905,000	3,059,000	8,853,000

❽ 色の異なる罫線を引けます。

SECTION
062
罫線

ドラッグ操作で罫線を引く

＜罫線の作成＞や＜線の色＞を使うとマウスポインターが鉛筆の形状に変化し、マウスでドラッグした通りに罫線が引けます。直感的に罫線が引けるので便利ですが、罫線を引く前に、罫線の色や種類などを設定しておくのを忘れないようにしましょう。

マウスでドラッグしながら罫線を引く

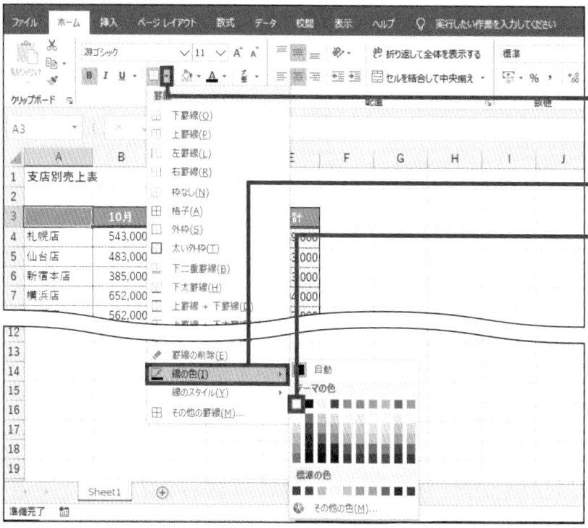

A3セルに白の斜線を引きます。

❶＜ホーム＞タブー＜罫線＞の▼をクリックします。

❷＜線の色＞をクリックし、

❸＜白、背景１＞をクリックすると、マウスポインターの形状が鉛筆に変化します。

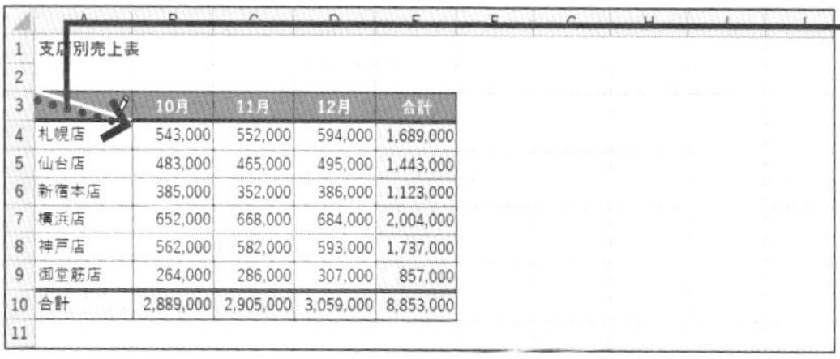

❹この状態で、A3 セルの左上から右下に向かってドラッグすると、

❺ドラッグした通りに斜線が引けます。

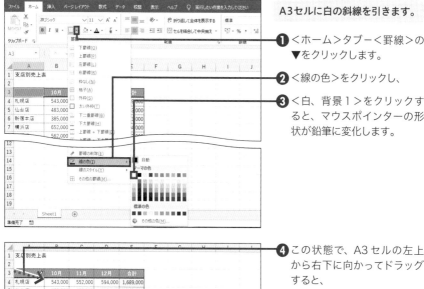

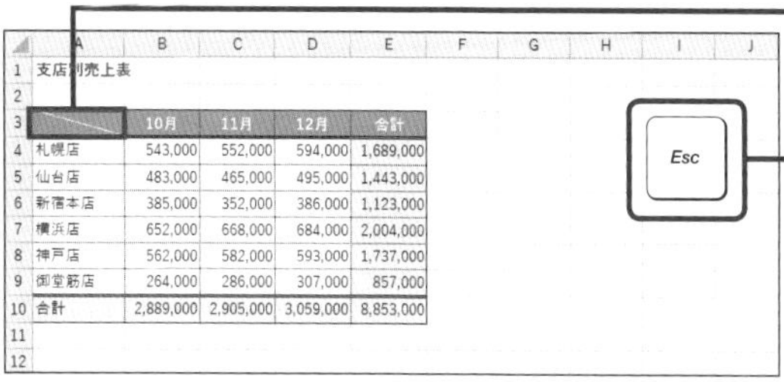

❻Esc キーを押して罫線の作成を解除します。

MEMO　罫線機能の解除

斜線を引き終わってもマウスポインターは鉛筆のままです。罫線を引き終えたら、Escキーを押して強制的に罫線機能を解除します。

SECTION
063
罫線

ドラッグ操作で罫線を削除する

部分的に罫線を消したいときは、マウスで消したい線をなぞるようにドラッグすると便利です。＜罫線の削除＞を使うと、マウスポインターが消しゴムの形に変化し、マウス操作で罫線を削除できます。

マウスでドラッグしながら罫線を消す

A4セルの下側の罫線を消します。

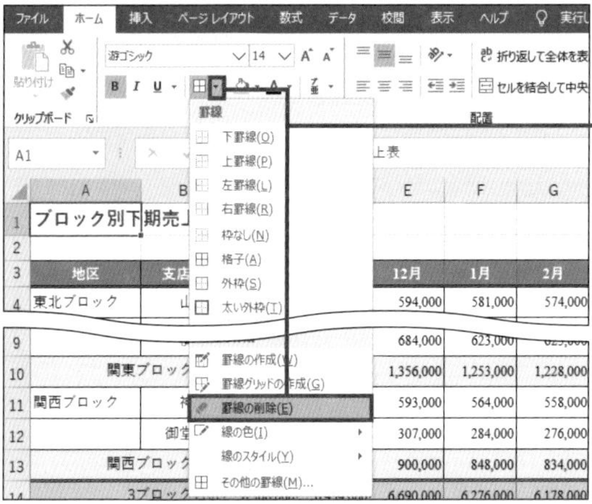

❶＜ホーム＞タブ－＜罫線＞の▼をクリックし、＜罫線の削除＞をクリックすると、マウスポインターの形状が消しゴムに変化します。

❷この状態で、A4セルの下側の罫線をクリックすると、

> **MEMO ドラッグで削除**
>
> 複数のセルにまたがる罫線を削除する場合は、消したい罫線をドラッグします。

❸クリックした箇所の罫線が消えます。

❹Escキーを押して罫線の削除を解除します。

SECTION
064
入力規則

入力時のルールを設定する

セルに入力できるデータを4桁の数値だけに制限したい、特定の期間の日付だけを入力できるようにしたいといった場合は、＜データの入力規則＞を使います。データの種類や条件を指定しておけば、間違ったデータが入力されるのを事前に防ぐことができます。

データの入力規則を設定する

E3セルには今日以降の日付しか入力できないようにします。

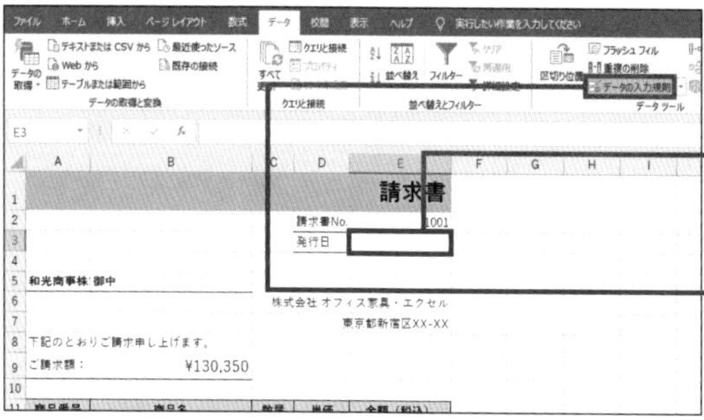

❶ E3セルをクリックします。

❷ ＜データ＞タブー＜データの入力規則＞をクリックします。

❸ ＜入力値の種類＞をクリックして＜日付＞をクリックします。

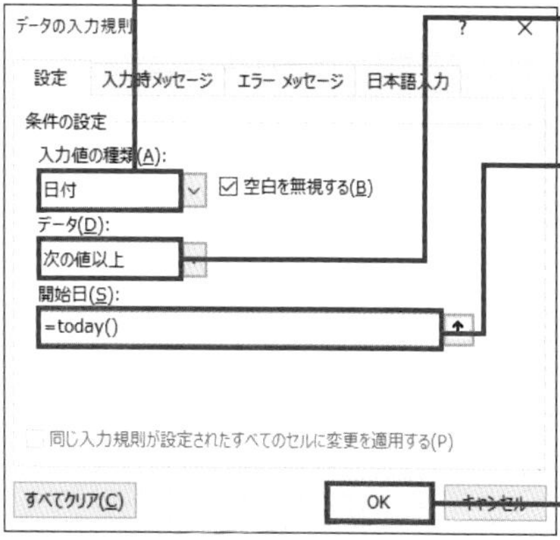

❹ ＜データ＞をクリックして＜次の値以上＞をクリックします。

❺ ＜開始日＞欄に「=TODAY()」と入力して、

❻ ＜OK＞をクリックします。

MEMO　TODAY関数

TODAY関数は、今日の日付を求める関数です。

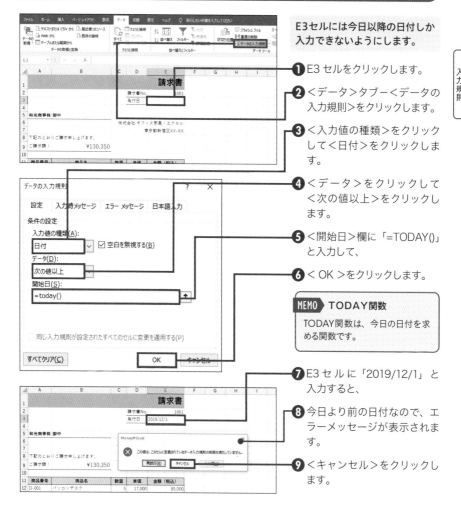

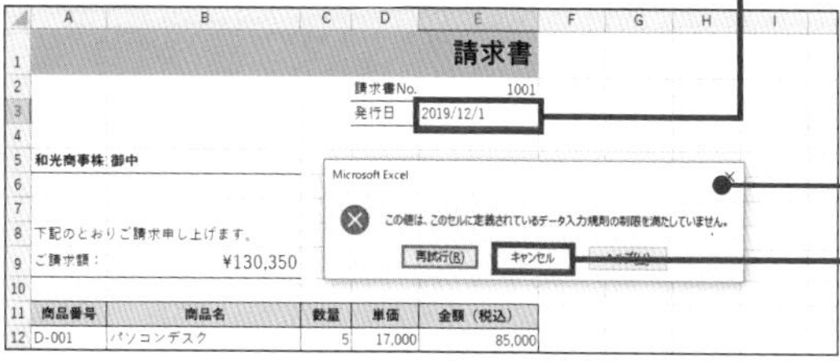

❼ E3セルに「2019/12/1」と入力すると、

❽ 今日より前の日付なので、エラーメッセージが表示されます。

❾ ＜キャンセル＞をクリックします。

SECTION
065
入力規則

入力時にリストを表示する

「Yes」か「No」のどちらかを選ぶといったように、セルに入力するデータが決まっている場合は一覧から選べるようにすると便利です。<データの入力規則>を使うと、入力候補をリストとして表示し、クリックするだけでデータを入力できます。

データの入力規則を設定する

D列の出欠を「出席」と「欠席」のリストから選べるようにします。

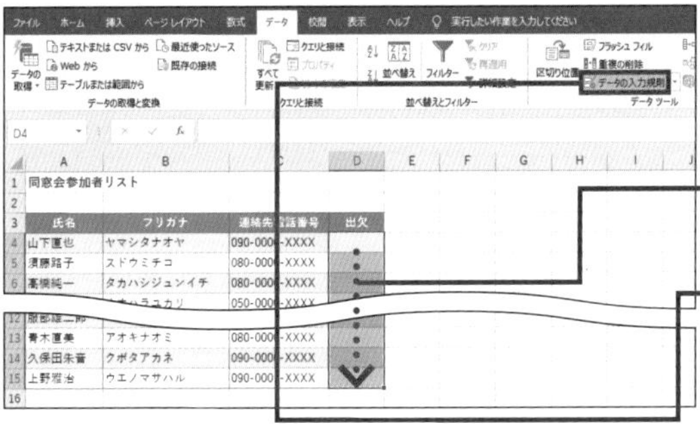

❶ D4 セル～ D15 セルをドラッグします。

❷ <データ>タブ－<データの入力規則>をクリックします。

❸ <入力値の種類>をクリックして<リスト>をクリックし、

❹ <元の値>欄をクリックして、「出席 , 欠席」と入力して、

❺ < OK >をクリックします。

MEMO　リストを手動で入力

「出席」と「欠席」の間は、必ず半角の「,」(カンマ) で区切ります。

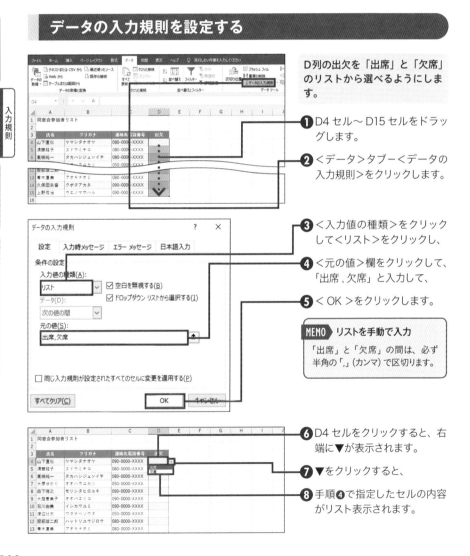

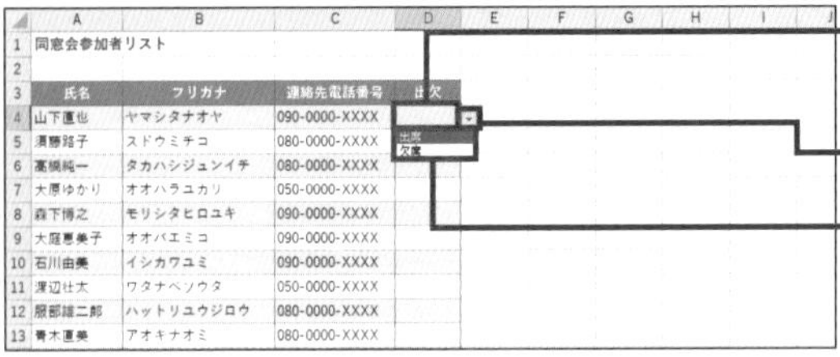

❻ D4 セルをクリックすると、右端に▼が表示されます。

❼ ▼をクリックすると、

❽ 手順❹で指定したセルの内容がリスト表示されます。

SECTION
066
入力規則

日本語入力を自動的にオンにする

氏名を漢字、メールアドレスを半角英数字で入力したいときは、そのつど日本語入力のオンとオフを切り替える操作が必要です。<データの入力規則>の<日本語入力>を使うと、セルを選択するだけで自動的に日本語入力の状態に切り替わるよう設定できます。

データの入力規則を設定する

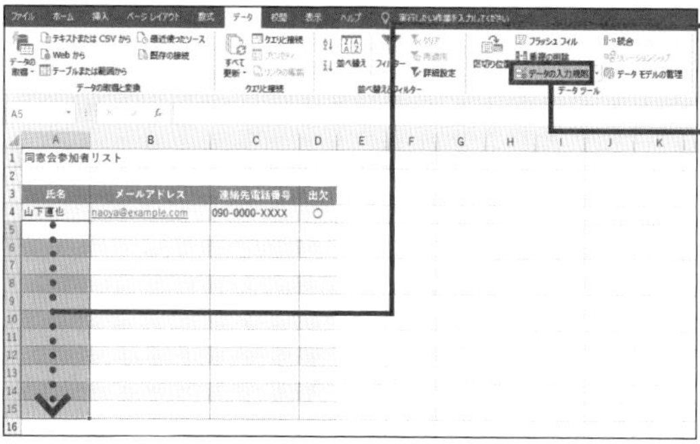

❶ A5 セル～ A15 セルをドラッグし、

❷ <データ>タブー<データの入力規則>をクリックします。

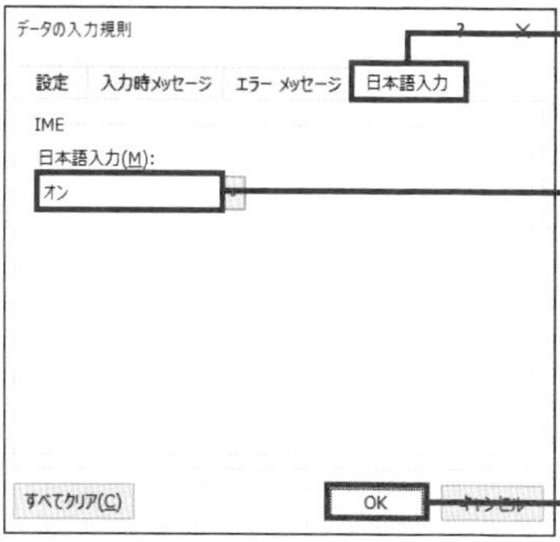

❸ <日本語入力>タブをクリックし、

❹ <日本語入力>－<オン>をクリックして、

❺ < OK >をクリックします。

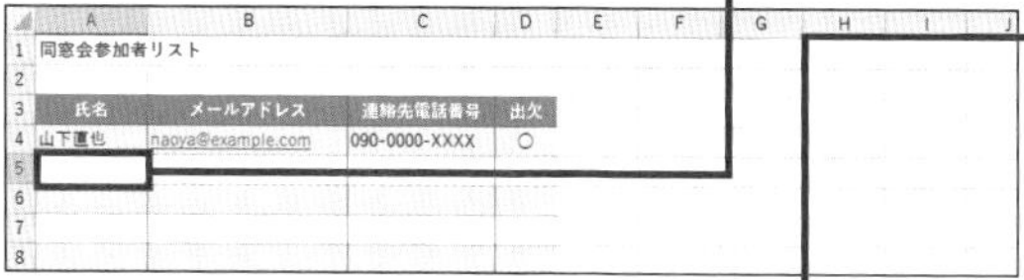

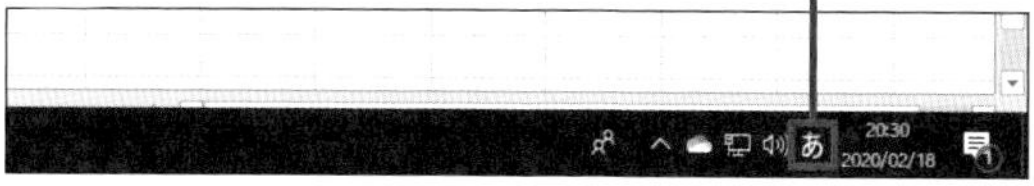

❻ A5 セルをクリックすると、

❼ 自動的に日本語入力がオンになります。

MEMO 日本語入力オフの設定

手順❹で、<オフ（英語モード）>をクリックすると、そのセルをクリックしたときに、自動的に日本語入力がオフになります。

SECTION 067 入力規則

入力時のルールを解除する

セルに設定した入力規則を解除するには、入力規則を設定したセルを選択してから<データの入力規則>ダイアログボックスで<すべてクリア>を選びます。セル単位で解除する以外にも、ワークシート全体を選択してすべての入力規則を解除することもできます。

データの入力規則をクリアする

ワークシートに設定済みのすべての入力規則を解除します。

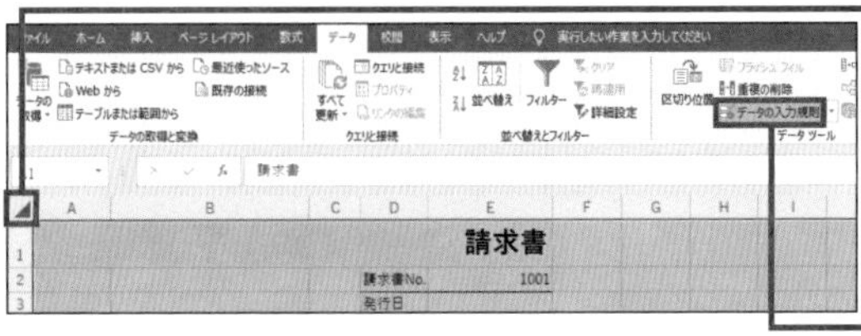

❶ <全セル選択>をクリックして、

❷ <データ>タブー<データの入力規則>をクリックすると、

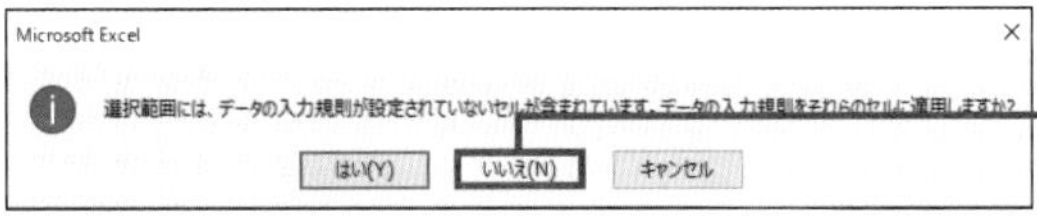

❸ 確認のメッセージが表示されるので<いいえ>をクリックします。

MEMO 表示されない場合もある

このメッセージは、ワークシートに複数の入力規則が設定されているときに表示されます。

❹ <すべてクリア>をクリックし、

❺ < OK >をクリックすると、

MEMO どのタブでもかまわない

<すべてクリア>はどのタブにも表示されます。どの<すべてクリア>をクリックしてもかまいません。

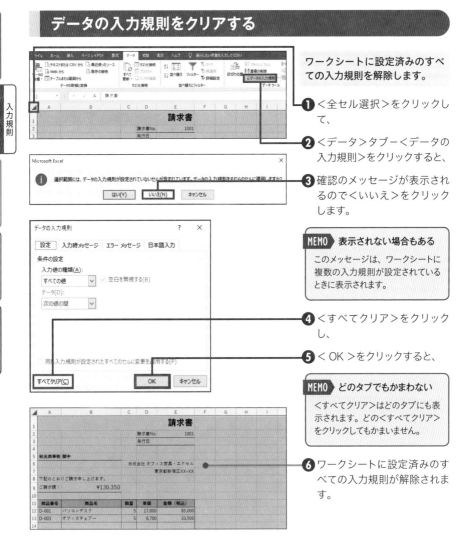

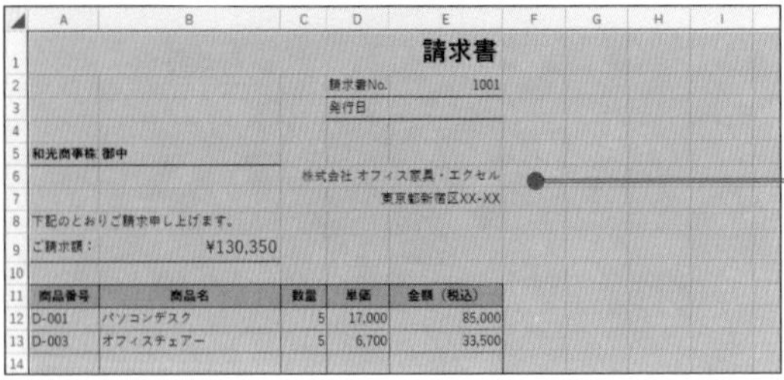

❻ ワークシートに設定済みのすべての入力規則が解除されます。

第3章

Excel
書式設定のプロ技

SECTION 068 フォント

文字の色を変更する

セルに入力した文字は最初は黒色で表示されますが、＜フォントの色＞を使って後から変更できます。Sec.073の操作でセルに濃い色を付けたときは、文字の色を白色などの薄い色に変更すると、コントラストがはっきりして文字を読みやすくなります。

フォントの色を変える

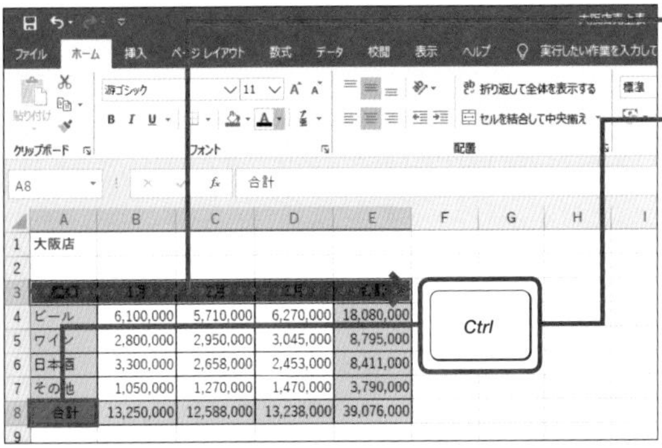

❶ A3セル～E3セルをドラッグし、

❷ Ctrl キーを押しながらA8セルをクリックして、

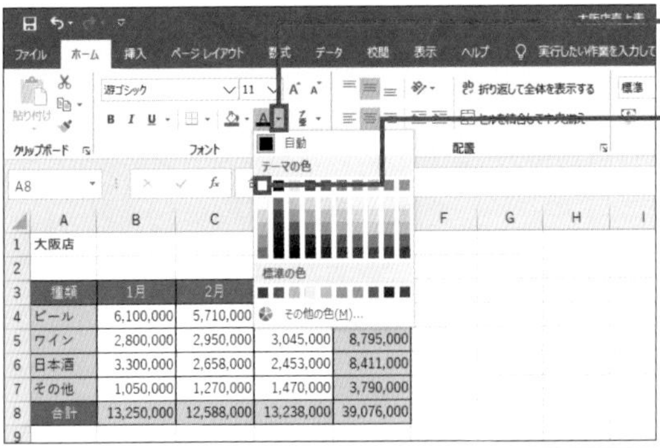

❸ ＜ホーム＞タブ－＜フォントの色＞の▼をクリックします。

❹ ＜白、背景1＞をクリックすると、

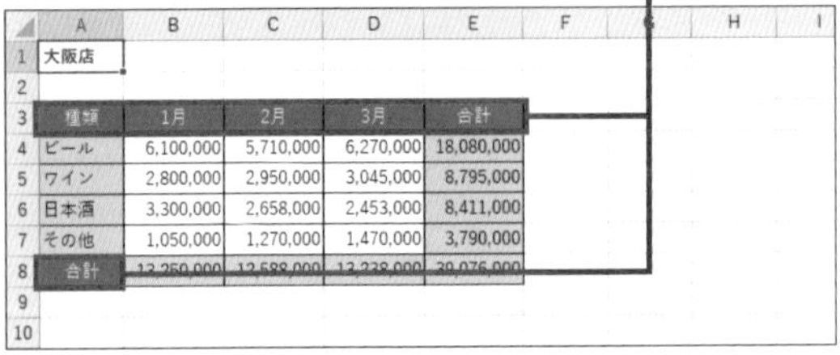

❺ 文字の色が変更されます。

MEMO テーマの色と標準の色

＜テーマの色＞から選んだ色は、＜ページレイアウト＞タブの＜テーマ＞と連動して自動的に変化します。一方＜標準の色＞から選んだ場合は、常に同じ色が表示されます。

SECTION 069 フォント

標準で設定されているフォントやフォントサイズを変更する

セルに文字や数値を入力すると、標準では「游ゴシック」のフォントで「11pt」のフォントサイズで表示されます。いつも使うフォントやフォントサイズが決まっている場合は、＜Excelのオプション＞画面で標準の設定を変更しましょう。

標準の設定を変更する

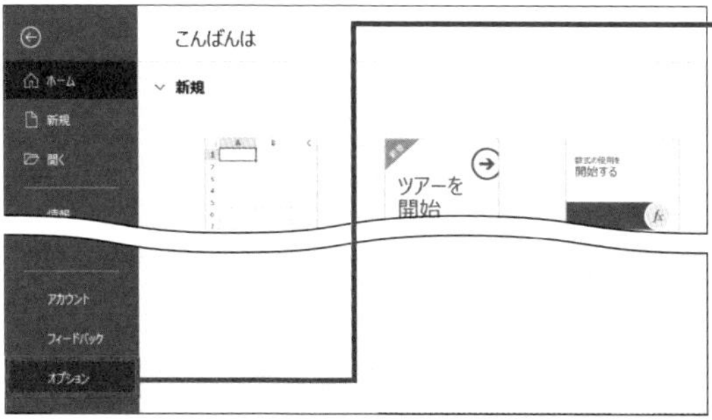

❶＜ファイル＞タブ－＜オプション＞をクリックします。

MEMO 游ゴシック

游ゴシックはOffice 2016以降の標準フォントです。

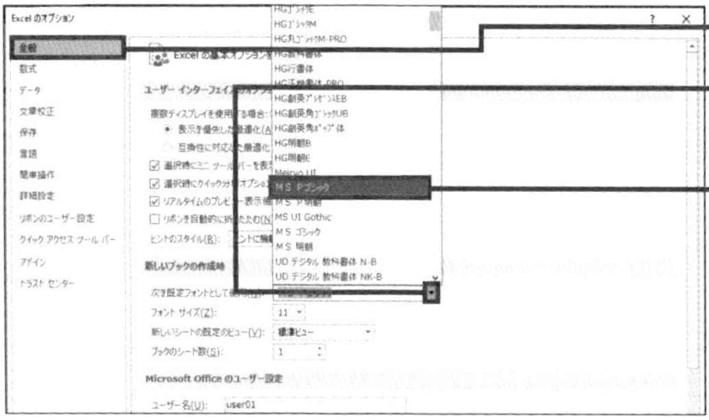

❷＜全般＞をクリックし、

❸＜次を既定フォントとして使用＞の▼をクリックして、

❹変更後のフォントをクリックします。

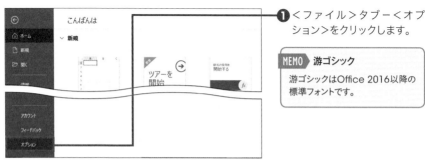

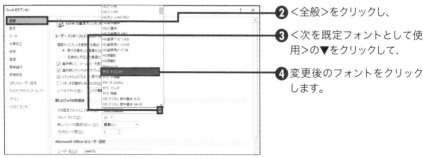

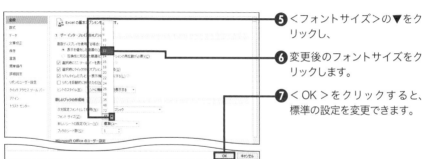

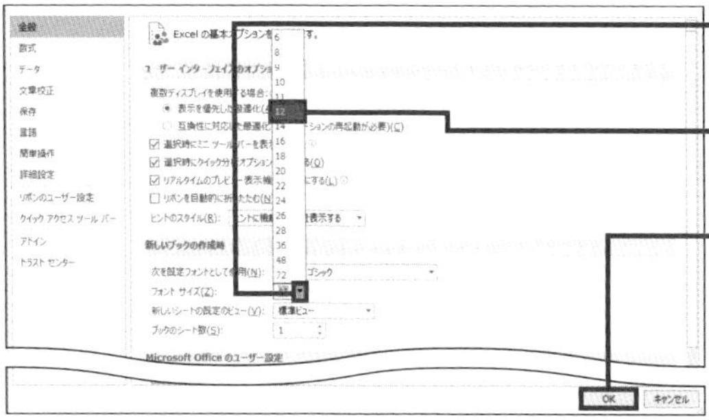

❺＜フォントサイズ＞の▼をクリックし、

❻変更後のフォントサイズをクリックします。

❼＜OK＞をクリックすると、標準の設定を変更できます。

SECTION 070 フォント

文字に太字／斜体／下線の飾りを付ける

表のタイトルや見出しなど、目立たせたい文字には飾りを付けると効果的です。<ホーム>タブには、文字を「太字」「斜体」「下線」にするボタンが揃っており、クリックするだけで飾りが付きます。また、複数の飾りを組み合わせて使うこともできます。

文字に太字や下線を設定する

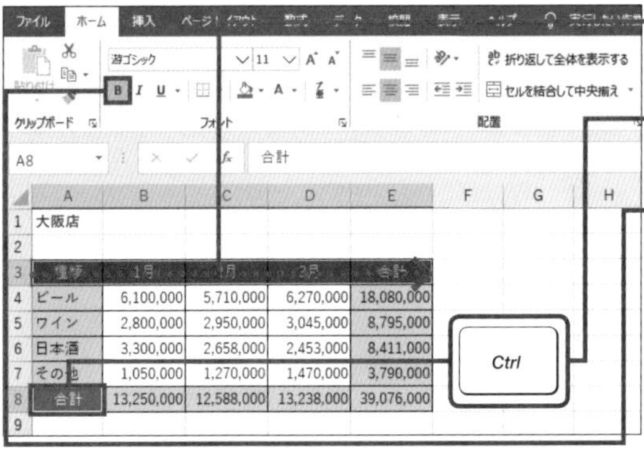

❶ A3 セル～ E3 セルをドラッグし、

❷ Ctrl キーを押しながら A8 セルをクリックして、

❸ <ホーム>タブ－<太字>をクリックすると、

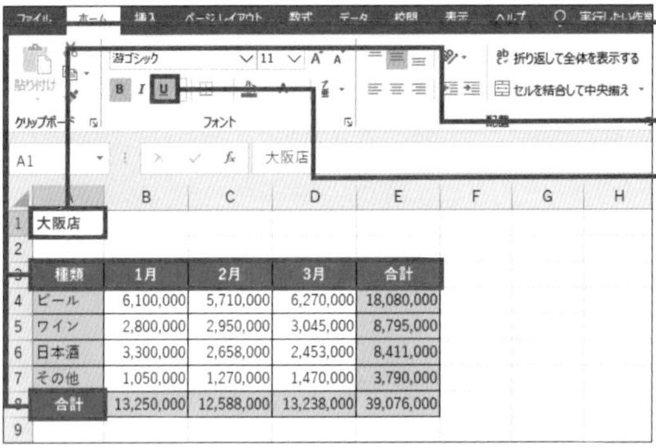

❹ 選択した文字が太字になります。

❺ A1 セルをクリックし、

❻ <下線>をクリックします。

MEMO 二重下線も選べる

<下線>の▼をクリックすると、二重下線を引くこともできます。

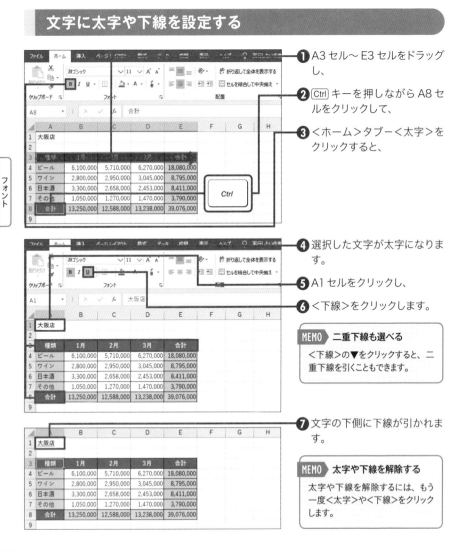

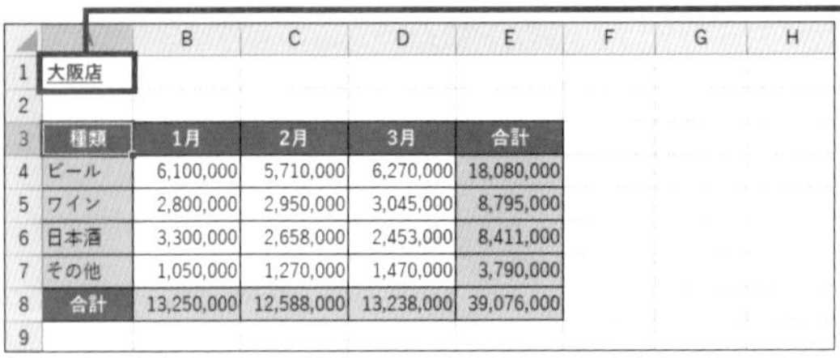

❼ 文字の下側に下線が引かれます。

MEMO 太字や下線を解除する

太字や下線を解除するには、もう一度<太字>や<下線>をクリックします。

SECTION 071 フォント

文字に取り消し線を引く

お店のセールのときに値段に取り消し線を引くように、セルに入力した文字や数値にも取り消し線を引くことができます。取り消し線を引く機能は、<ホーム>タブにはありません。<セルの書式設定>ダイアログボックスを開いて設定します。

<セルの書式設定>を使って取り消し線を引く

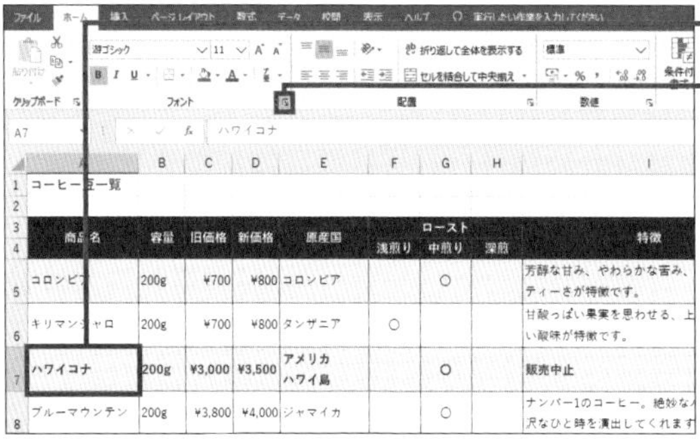

❶ A7セルをクリックし、

❷ <ホーム>タブー<フォント>グループ右下にある<フォントの設定>をクリックします。

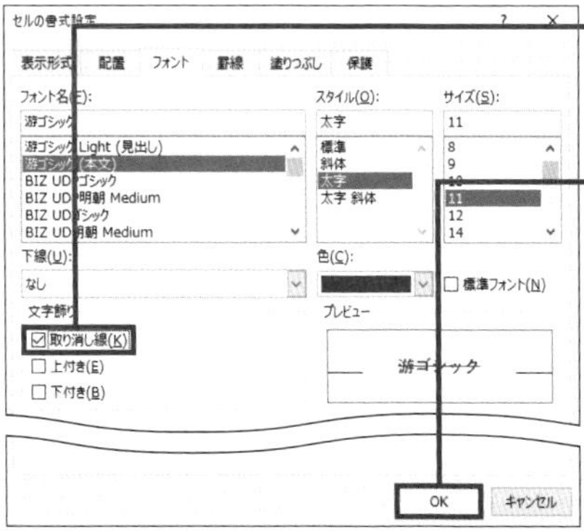

❸ <文字飾り>の<取り消し線>をクリックしてチェックを付け、

❹ < OK >をクリックすると、

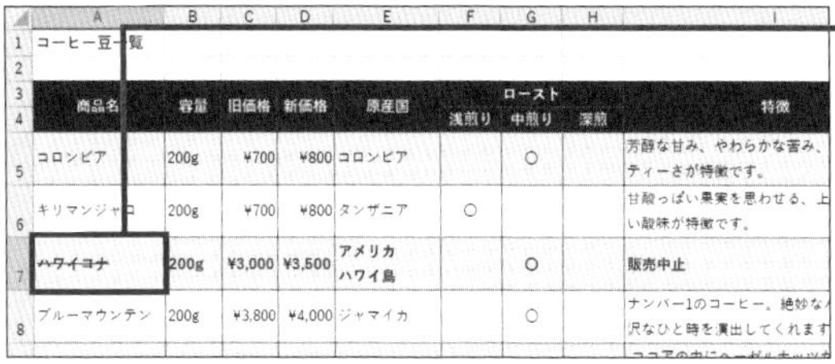

❺ 取り消し線が引かれます。

MEMO 取り消し線の色

取り消し線は、セルに入力済みの文字の色と同じ色で引かれます。取り消し線の色を個別に設定することはできません。

SECTION 072
フォント

＜セルの書式設定＞ダイアログボックスをすばやく開く

Sec.071で解説した取り消し線のように、＜ホーム＞タブにない機能は＜セルの書式設定＞ダイアログボックスを開いて設定します。リボンから操作するよりも、ショートカットキーを使うほうが断然早くダイアログボックスを開くことができます。

ショートカットキーで＜セルの書式設定＞ダイアログボックスを開く

❶ 取り消し線を引きたいセル（ここでは A7 セル）をクリックし、

❷ Ctrl+1 キーを押すと、

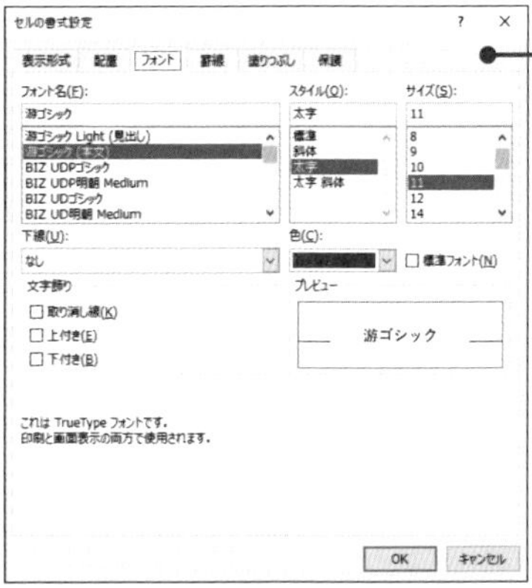

❸ ＜セルの書式設定＞ダイアログボックスが表示されます。

MEMO テンキーは使えない

Ctrl+1キーを押すときに、テンキーの1は使えないので注意しましょう。

COLUMN

一発で＜フォント＞タブを表示するには

＜セルの書式設定＞ダイアログボックスには、＜表示形式＞＜配置＞＜フォント＞＜罫線＞＜塗りつぶし＞＜保護＞の6つのタブがあります。Ctrl+1キーを押すと、直前に使ったタブが選択された状態で開きます。一発で＜フォント＞タブを表示するには、Ctrl+1キーの代わりにCtrl+Shift+Fキーを押します。

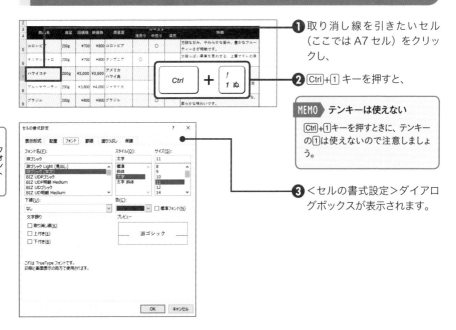

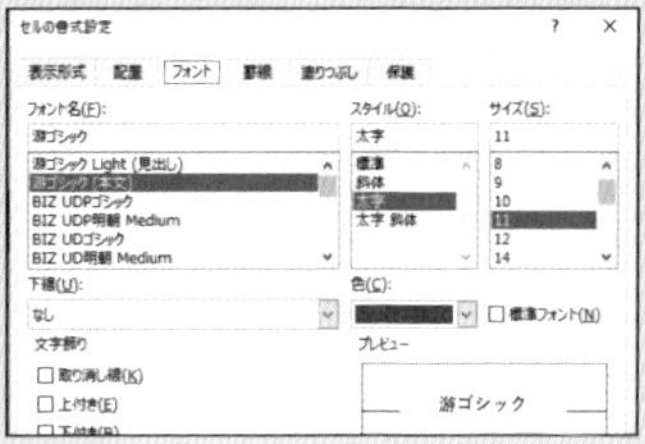

SECTION
073 セルに色を付ける

セルの色

表の上端や左端の見出しのセルに色を付けると、実際のデータとの区切りが明確になります。＜ホーム＞タブの＜塗りつぶしの色＞を使うと、一覧に表示される色をクリックするだけで、セルに色を付けることができます。

塗りつぶしの色を設定する

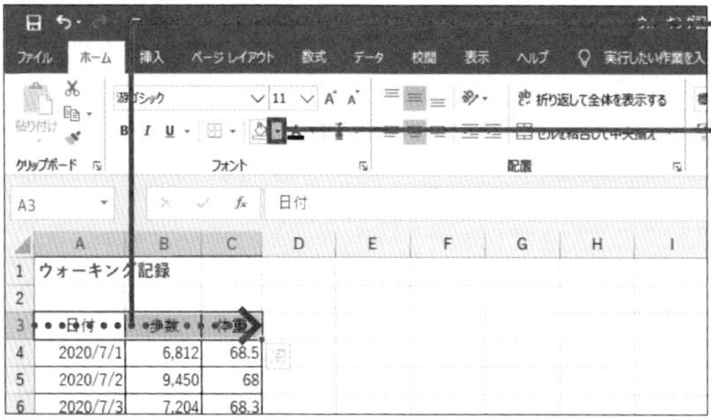

❶ A3 セル～ C3 セルをドラッグし、

❷ ＜ホーム＞タブ－＜塗りつぶしの色＞の▼をクリックします。

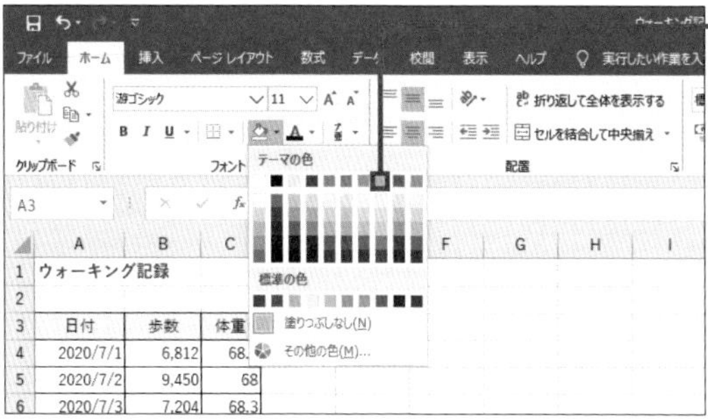

❸ ＜ゴールド、アクセント 4 ＞をクリックすると、

MEMO テーマの色と標準の色

＜テーマの色＞から選んだ色は、＜ページレイアウト＞タブの＜テーマ＞と連動して自動的に変化します。一方＜標準の色＞から選んだ場合は、常に同じ色が表示されます。

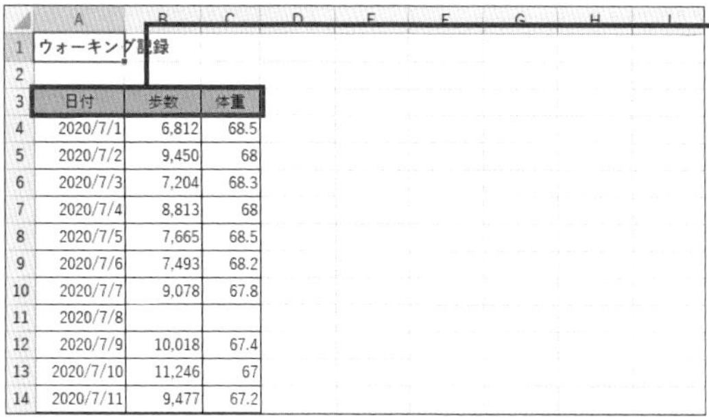

❹ セルに色が付きます。

MEMO セルのスタイル機能

Sec.082で解説している＜セルのスタイル＞機能を使って、セルや文字に色を付けることもできます。

SECTION 074

セルの色

1行おきに色を付ける

注文リストや売上台帳など、1行に1件のデータを入力する表は、1行おきにセルに色が付いていると見やすくなります。1行おきに色を付けるには、＜書式のコピー/貼り付け＞機能を使って、色の付いていない行と付いている行の2行分の書式をコピーします。

2行分の書式をコピーする

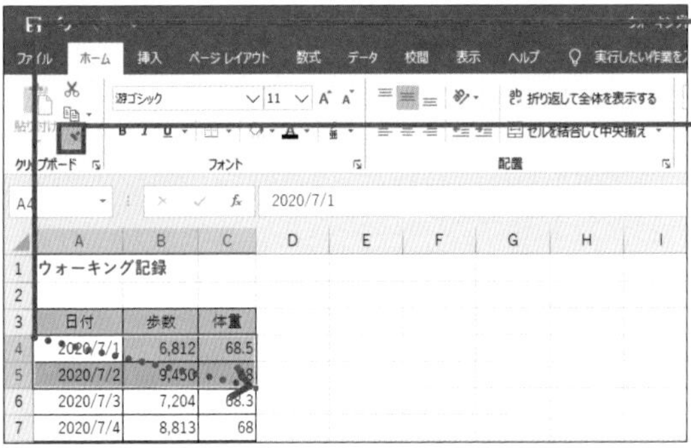

❶A4セル～C5セルをドラッグし、

❷＜ホーム＞タブ－＜書式のコピー/貼り付け＞をクリックします。

MEMO 最初に色を付けておく

4行目と5行目のセルには、あらかじめ基本となる色を付けておきます。

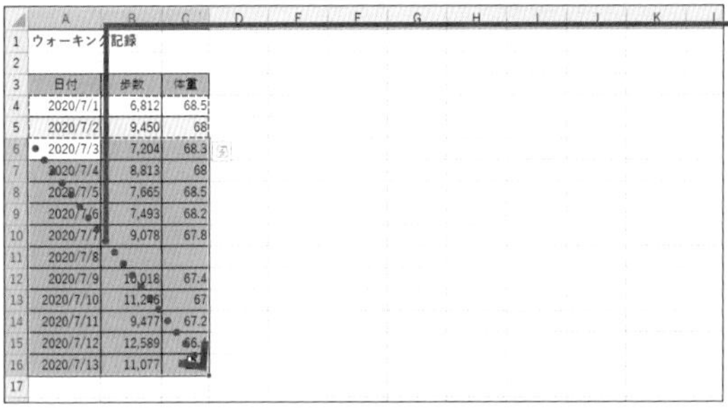

❸マウスポインターの形が変わったことを確認し、A6セル～C16セルをドラッグすると、

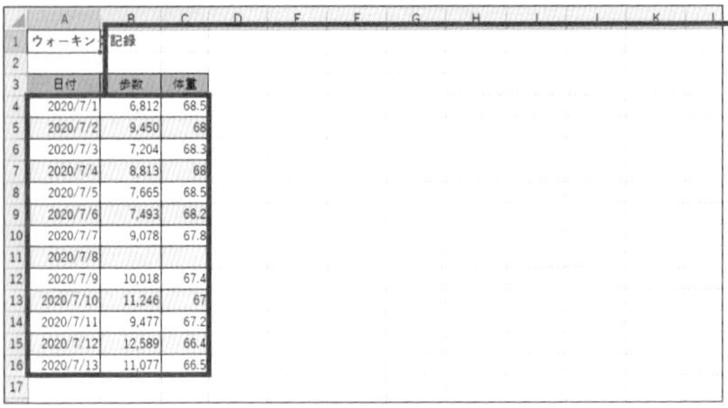

❹セルの色だけがコピーされて、1行おきに色が付きます。

SECTION 075

配置

文字をセルの中央に揃える

セルにデータを入力すると、最初は文字は左揃え、数値は右揃えで表示されます。数値は右揃えのままのほうが桁が揃って見やすいですが、文字は必要に応じて配置を変更するとよいでしょう。ここでは、表の見出しの文字をセルの中央に配置します。

文字を中央揃えで表示する

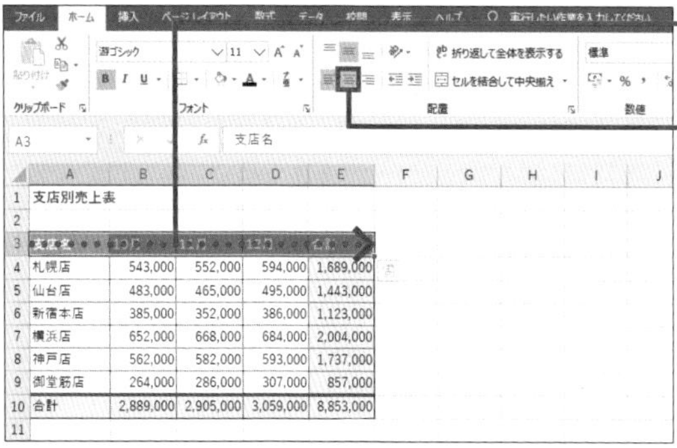

❶ A3 セル〜 E3 セルをドラッグし、

❷ <ホーム>タブー<中央揃え>をクリックすると、

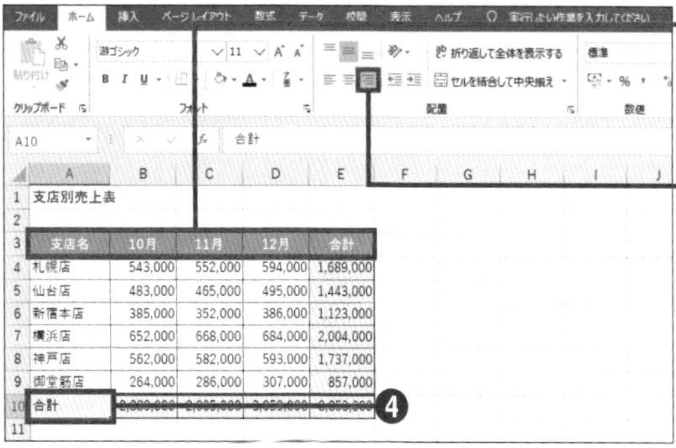

❸ セルの中で文字が中央に表示されます。

❹ A10 セルをクリックし、

❺ <右揃え>をクリックすると、

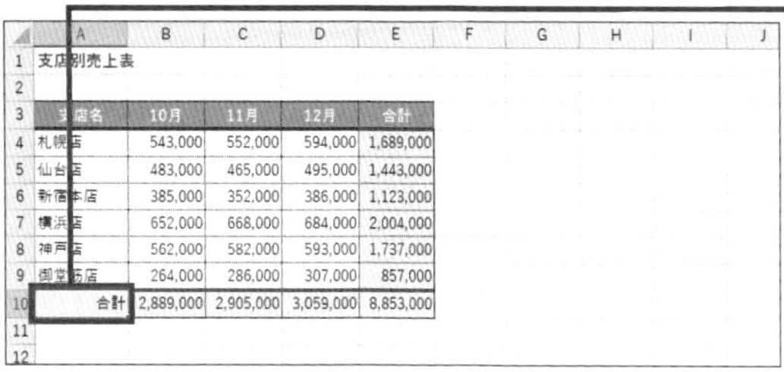

❻ セルの中で文字が右に表示されます。

MEMO 配置を元に戻す

中央揃えや右揃えを元に配置に戻すには、もう一度それぞれのボタンをクリックします。<左揃え>をクリックして元に戻すこともできます。

SECTION 076
配置

文字をセル内で均等に割り付ける

均等割り付けとは、一定の幅に文字を等間隔で配置することです。セルに入力した文字をセルの横幅に合わせて等間隔で配置するには、<セルの書式設定>ダイアログボックスを開いて、<横位置>を<均等割り付け>に設定します。

文字を均等割り付けで表示する

❶ A4 セル～ A9 セルをドラッグし、

❷ Ctrl+1 キーを押します。

MEMO ショートカットキーが便利

Ctrl+1キーは、<セルの書式設定>ダイアログボックスを開くショートカットキーです（Sec.072 参照）。

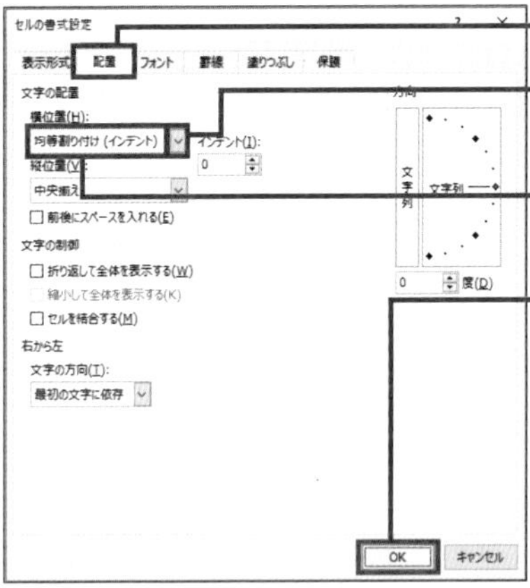

❸ <配置>タブをクリックし、

❹ <横位置>の▼をクリックして、

❺ <均等割り付け（インデント）>をクリックします。

❻ < OK >をクリックすると、

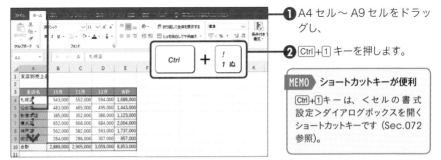

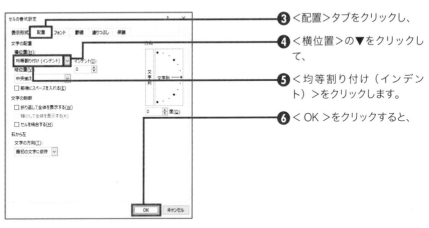

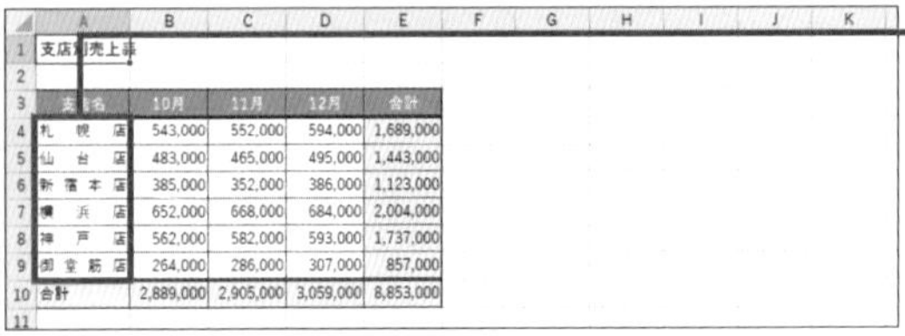

❼ A 列の列幅に合わせて、文字が等間隔で表示されます。

SECTION 077 配置

文字の間隔を調整する

Sec.076の操作でセル内で均等割り付けを行うと、セルの左端と右端のぎりぎりまで文字が表示され、少々見づらい場合があります。均等割り付けの機能を残したまま、セルの左右に余白を作るには＜インデントを増やす＞を使います。

均等割り付けの左右の余白を調整する

Sec.076の操作で、A4セル～A9セルに均等割り付けを設定しておきます。

❶ A4セル～A9セルをドラッグし、

❷ ＜ホーム＞タブー＜インデントを増やす＞をクリックすると、

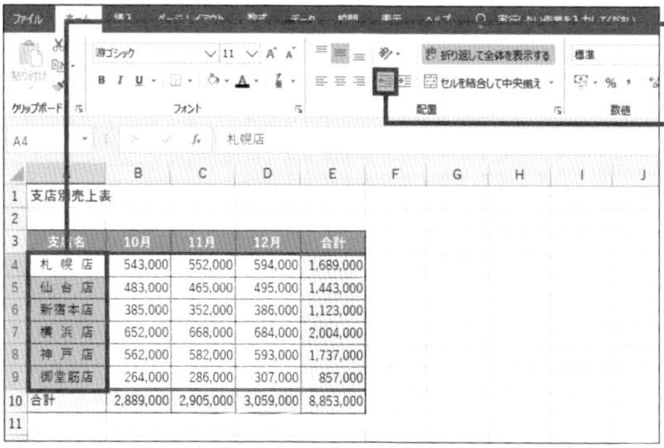

❸ セル内の左右に余白が表示されます。

❹ 続けて＜インデントを減らす＞をクリックすると、

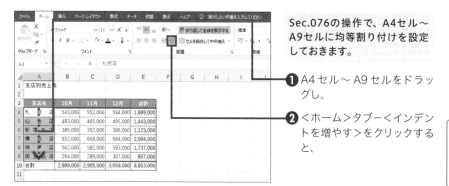

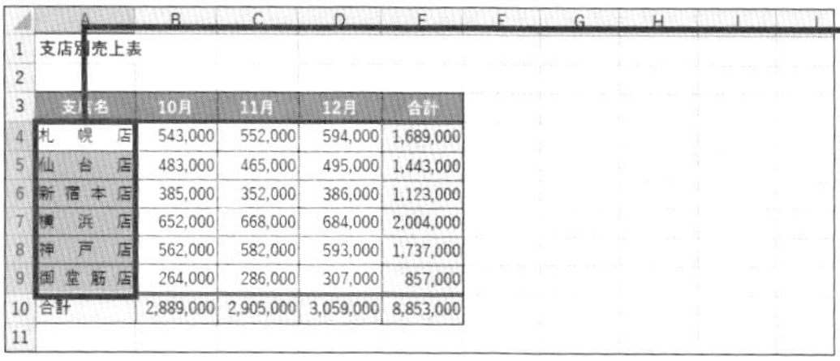

❺ セル内の左右の余白が小さくなります。

SECTION
078
配置

セルに縦書き文字を入力する

複数の行にまたがる見出しは縦書きで表示するとよいでしょう。セルに入力した横書きの文字を後から縦書きにするには、<方向>を使います。なお、文字を入力する前に縦書きの設定をしておくと、縦書きで文字を直接入力できます。

横書きの文字を縦書きに変更する

❶A4セル～A9セルをドラッグし、

❷<ホーム>タブ－<方向>をクリックします。

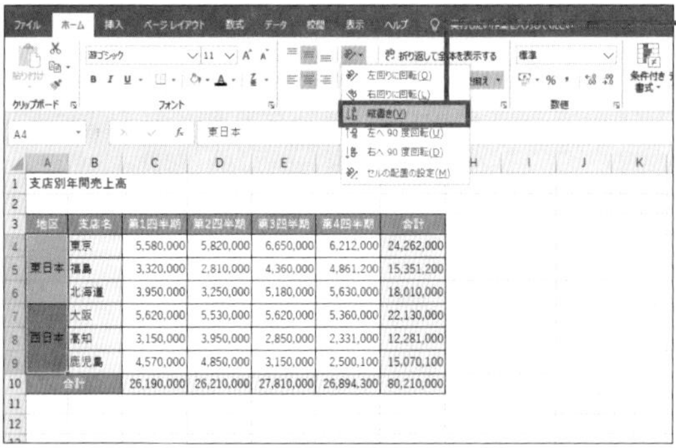

❸<縦書き>をクリックすると、

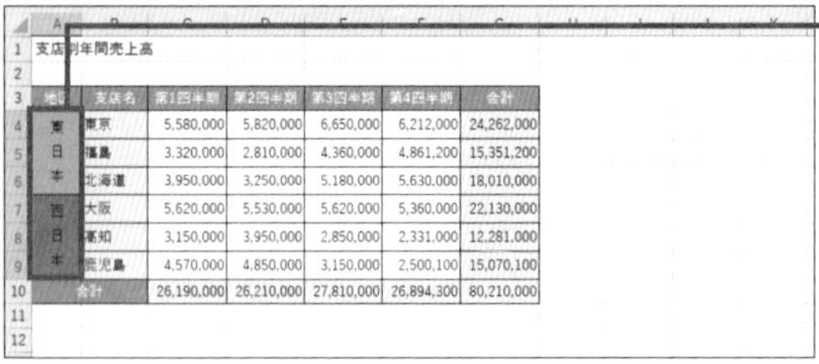

❹文字が縦書きで表示されます。

MEMO 横書きに戻す

縦書きの文字を横書きに戻すには、もう一度<縦書き>をクリックします。

SECTION 079
配置

文字を字下げして表示する

文字の先頭位置を右にずらすことを「字下げ」とか「インデント」といいます。セルにデータを入力した直後は、文字がセルの左端にくっついています。セルの中で文字を字下げするには、<インデントを増やす>を使います。

インデントを設定する

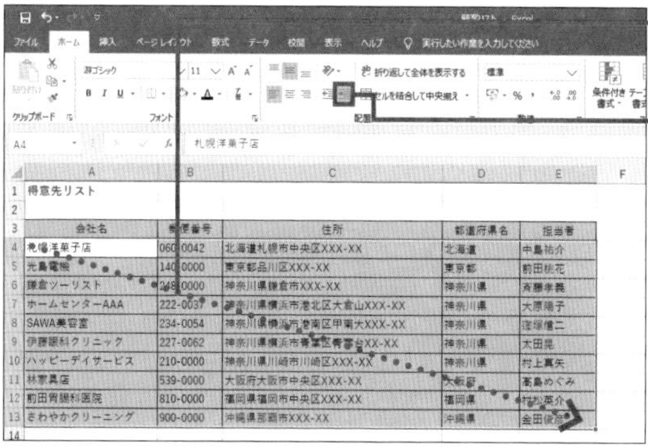

❶ A4セル～E13セルをドラッグし、

❷ <ホーム>タブ－<インデントを増やす>をクリックすると、

❸ 各セルの先頭文字が字下げされます。

❹ 続けて、<インデントを増やす>をクリックすると、

❺ 各セルの先頭文字がさらに字下げされます。

MEMO 字下げの解除

インデントを解除するには、<ホーム>タブ－<インデントを減らす>を必要な回数だけクリックします。

SECTION 080 配置

長い文字列を折り返して表示する

セルに長い文字列を入力すると、セルに表示し切れない文字が隠れてしまいます。あるいは右側のセルが空白のときは、右にはみだして表示されます。セルの横幅を変えずにすべての文字列をセル内に表示するには、＜折り返して全体を表示する＞を使います。

セル内で折り返して表示する

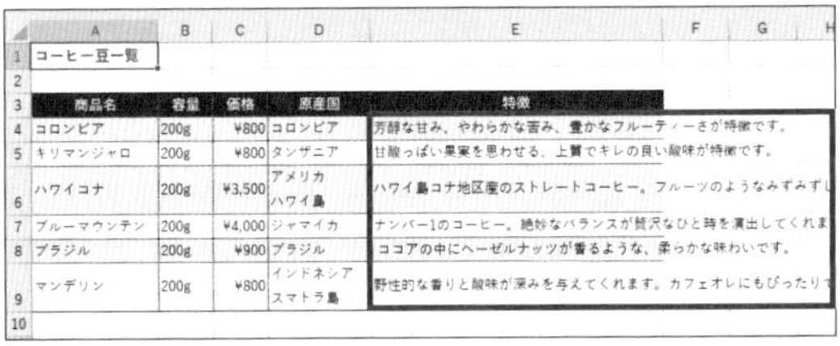

E4セル～E9セルの文字が右のセルにはみだしています。

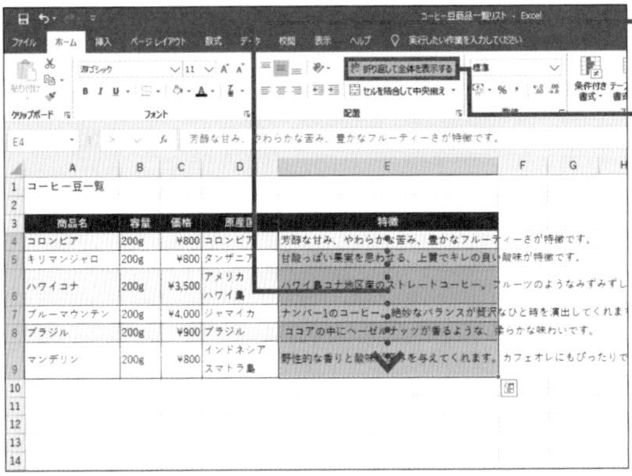

❶ E4セル～E9セルをドラッグし、

❷ ＜ホーム＞タブ－＜折り返して全体を表示する＞をクリックすると、

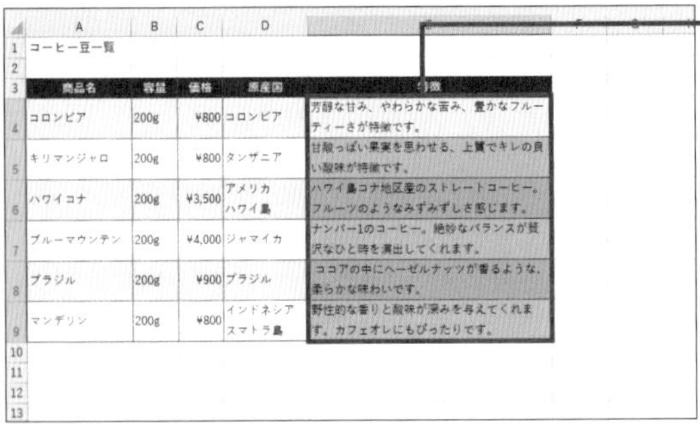

❸ はみだしていた文字がセル内で自動的に改行されます。

MEMO 行の高さ

＜折り返して全体を表示する＞をクリックすると、セル内で文字が改行された分だけ行の高さが自動的に広がります。

SECTION
081
配置

文字サイズを縮小してセル内に収める

文字がセルからあふれたけれど、列幅も行の高さも変更したくないときには、＜縮小して全体を表示する＞を使います。すると、セルの横幅に収まるように文字サイズが自動的に縮小されます。ただし、あふれている文字数が多いと文字が小さくなるので注意しましょう。

文字を縮小して全体を表示する

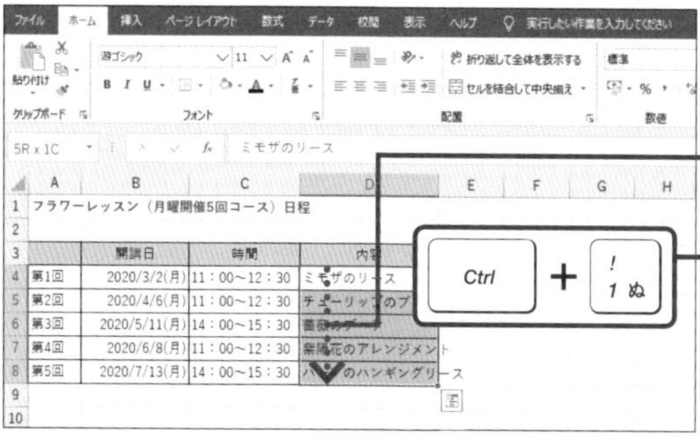

D列の文字が何文字かあふれています。

❶ D4 セル～ D8 セルをドラッグし、

❷ Ctrl+1 キーを押します。

MEMO　ショートカットキーが便利

Ctrl+1キーは、＜セルの書式設定＞ダイアログボックスを開くショートカットキーです。Sec.072で解説しています。

❸ ＜配置＞タブの＜縮小して全体を表示する＞をクリックしてチェックを付け、

❹ ＜ OK ＞をクリックすると、

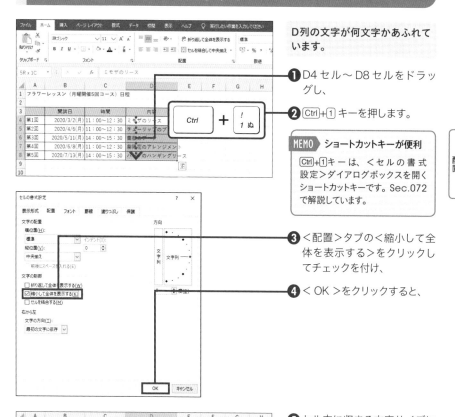

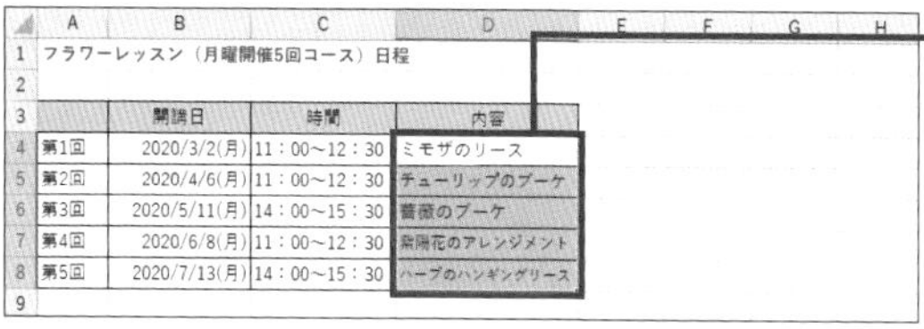

❺ セル内に収まる文字サイズに自動的に縮小されます。

SECTION
082
スタイル

セルのスタイルを設定する

<塗りつぶしの色><フォント色><下線><太字>などを組み合わせ、文字に手動で飾りを付けることもできますが、<セルのスタイル>には飾りの組み合わせのパターンがいくつも登録されています。クリックするだけでかんたんに飾りを付けられます。

セルのスタイルを設定する

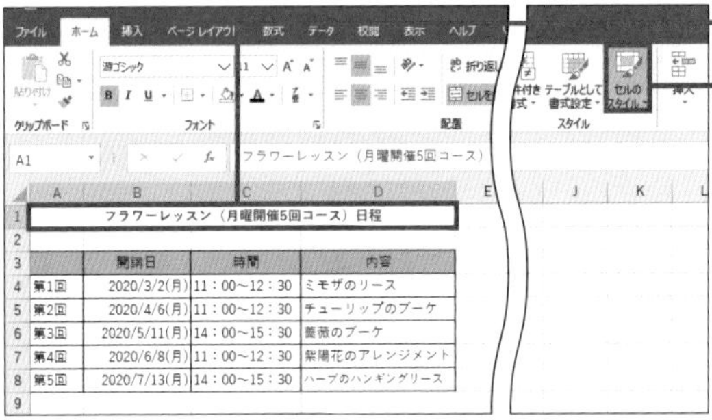

❶ A1 セルをクリックし、

❷ <ホーム>タブ－<セルのスタイル>をクリックします。

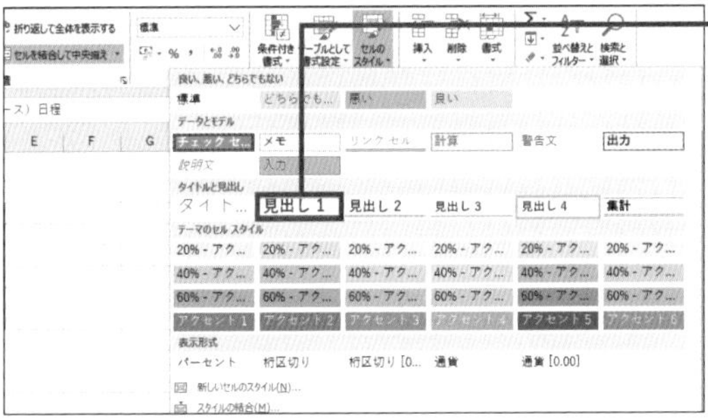

❸ <見出し 1 >をクリックすると、

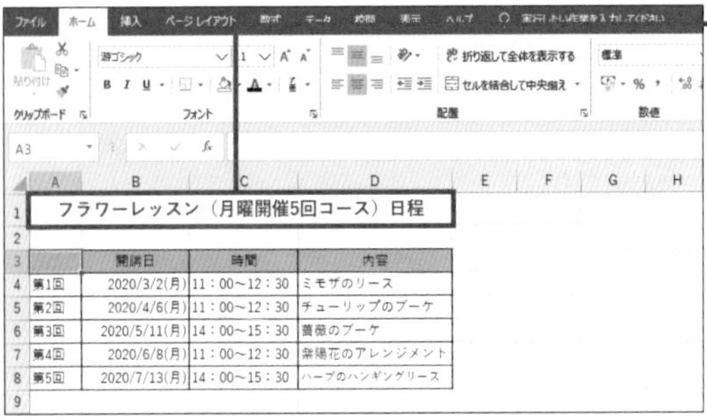

❹ A1 セルの文字に複数の書式が付きます。

MEMO スタイルの解除

セルのスタイルを解除するには、手順❸の一覧から<標準>をクリックします。

SECTION
083
表示形式

3桁区切りのカンマを表示する

桁数の多い数値には3桁区切りのカンマを付けますが、セルに数値を入力する段階でカンマ記号を入力する必要はありません。<桁区切りスタイル>を使って、後から指定したセルにまとめてカンマを付けます。

桁区切りスタイルを設定する

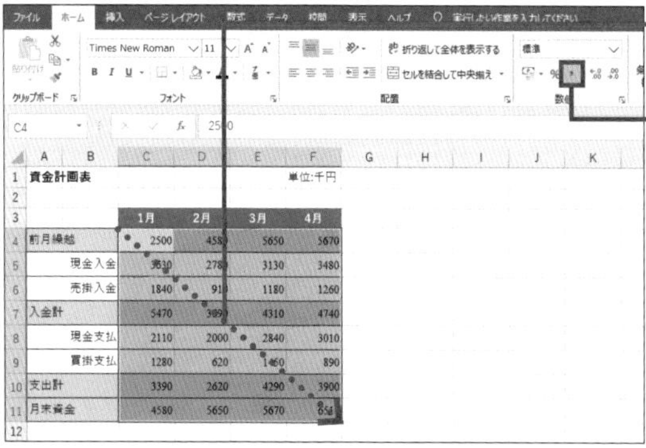

❶ C4セル～F11セルをドラッグし、

❷ <ホーム>タブ－<桁区切りスタイル>をクリックします。

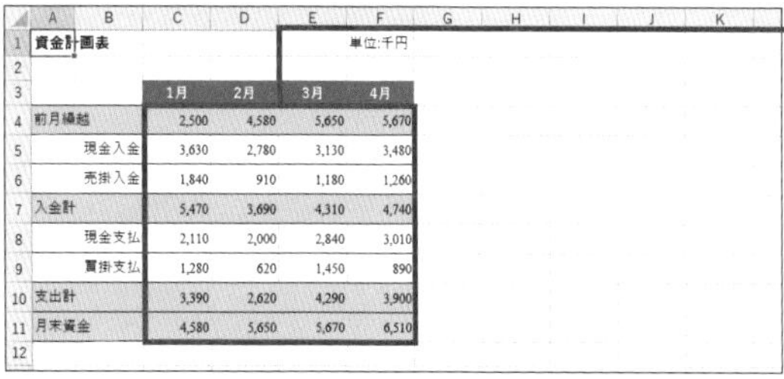

❸ 指定したセルに3桁区切りのカンマが表示されます。

COLUMN

カンマを外す

3桁区切りのカンマを外すには、<ホーム>タブの<数値の書式>の▼をクリックし、表示されるメニューから<標準>をクリックします。

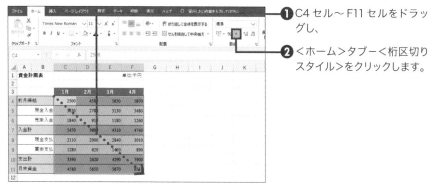

SECTION 084

表示形式

数値を千円単位で表示する

数値の桁数が多いと、読み間違いや読みづらさが生じます。<表示形式>を設定すると、セルに入力済みの数値を後からまとめて千円単位に変更できます。このとき、表の右上などに、千円単位であることを示す説明を忘れずに入力しましょう。

数値を千円単位で表示する

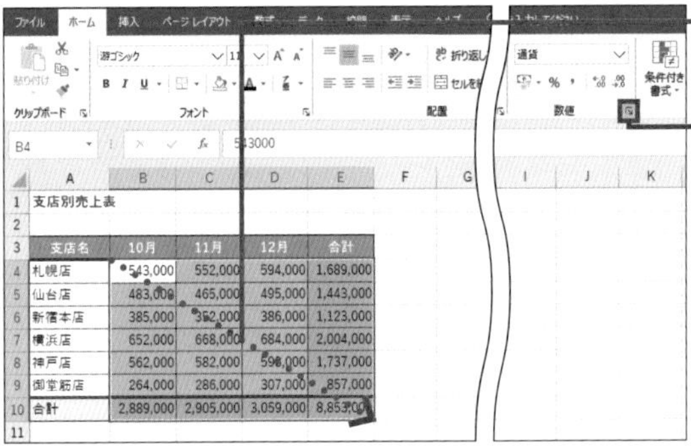

❶ B4セル～E10セルをドラッグし、

❷ <ホーム>タブー<数値>グループの右下の<表示形式>をクリックします。

MEMO ショートカットキーの操作

Sec.072で解説したCtrl+1キーを押してもかまいません。

❸ <分類>の<ユーザー定義>をクリックし、

❹ <種類>欄に「#,###,」と入力して、

❺ < OK >をクリックすると、

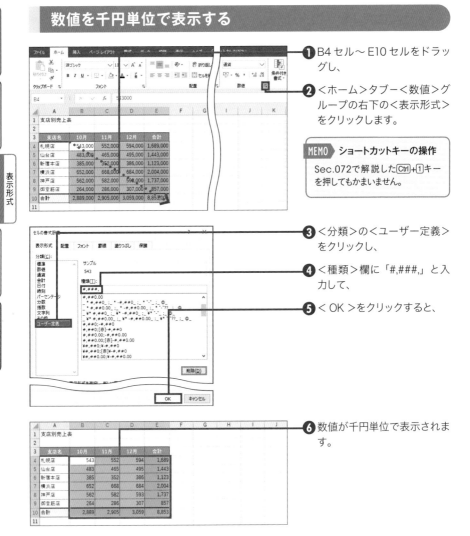

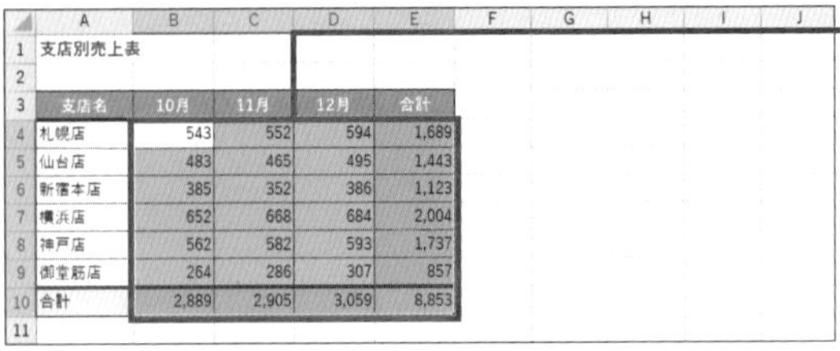

❻ 数値が千円単位で表示されます。

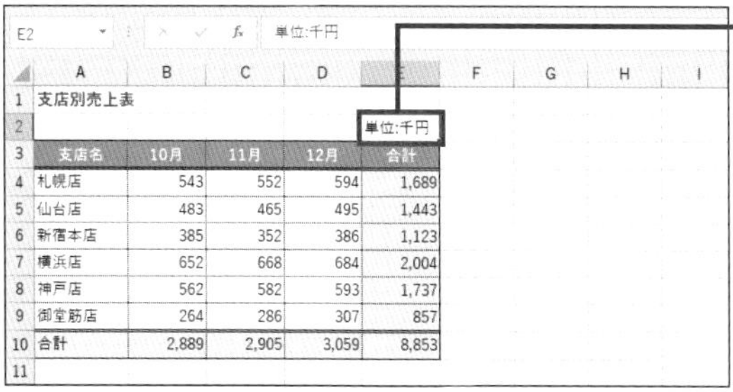

❼ E2 セルをクリックし、「単位：千円」と入力します。

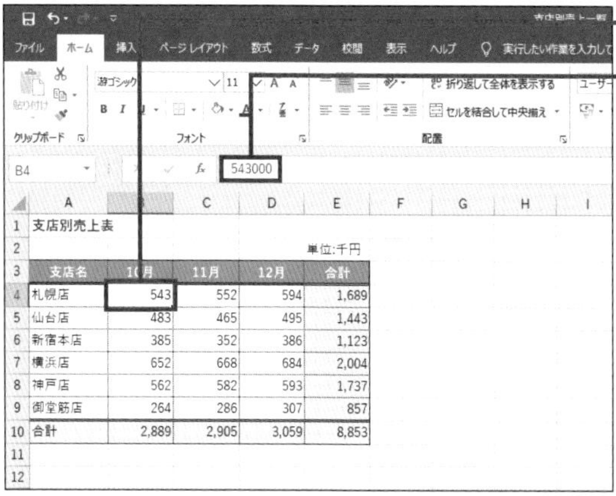

❽ B4 セルをクリックすると、

❾ 数式バーには「543000」の数値がそのまま表示されます。

MEMO 見た目だけが変わる

<表示形式>を使うと、セルに入力した数値はそのままで、見せ方だけを変更できます。そのため、千円単位に表示した数値を使って計算すると、数式バーに表示されている元の数値を使って計算します。

COLUMN

「#,###,」の意味

手順❹で入力した「#,###,」は、数値を3桁区切りのカンマを付けて千円単位で表示しなさいと言う意味です。「#」は表示形式を設定するときに使う書式記号で、1つの#が1桁の数字を表します。「#,###」の部分で3桁区切りのカンマを付けることを指定し、最後に付けた「,」が千円単位で表示することを指定しています。

数値の書式記号には以下のようなものがあります。

書式記号	説明	例
#	1 桁の数字を示します。# の数で表示する桁数を指定できます。	「###」と指定すると、「001」は「1」と表示されます。
0	1 桁の数字を示します。0 で指定した桁数に合わせて 0 が表示されます。	「000」と指定すると、「001」は「001」と表示されます。
,（カンマ）	3 桁ごとの区切り記号を示します。	「#,###」と指定すると、「15000」は「15,000」と表示されます。
	数値を 1000 で割った結果、小数部を四捨五入して表示します。	「#,」と指定すると、「15000」は「15」と表示されます。

SECTION 085

表示形式

小数点以下の表示桁数を指定する

小数点以下の表示桁数を指定するときは、＜小数点以下の表示桁数を増やす＞と＜小数点以下の表示桁数を減らす＞を使います。それぞれのボタンをクリックするごとに1桁ずつ小数点以下の数値を増やしたり減らしたりすることができます。

小数点以下の表示桁数を増やす

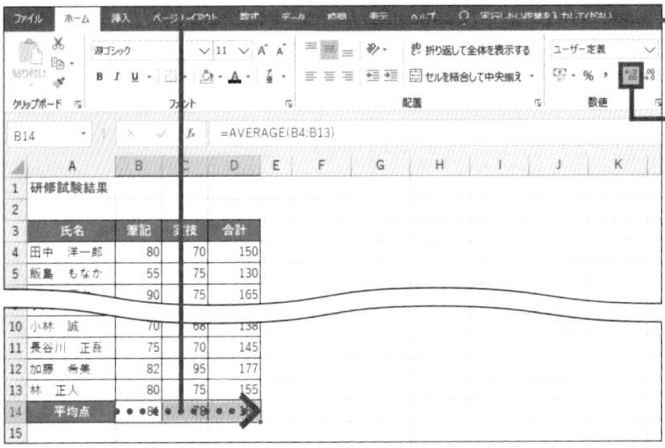

❶ B14 セル～D14 セルをドラッグし、

❷ ＜ホーム＞タブー＜小数点以下の表示桁数を増やす＞をクリックします。

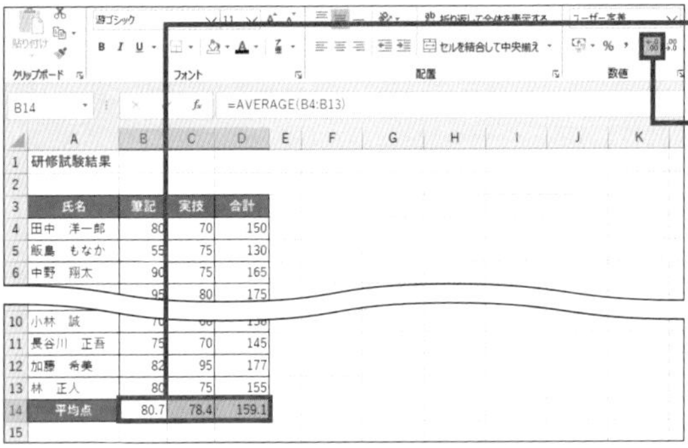

❸ 小数点以下第 1 位まで表示されます。

❹ 続けて、＜小数点以下の表示桁数を増やす＞をクリックします。

MEMO 四捨五入して表示

小数点以下第1位まで表示したときは、小数点以下第2位の数値を四捨五入して表示します。

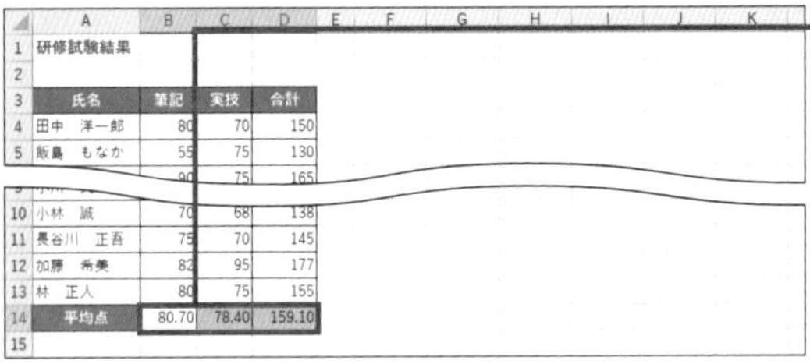

❺ 小数点以下第 2 位まで表示されます。

MEMO 桁数を減らす

小数点以下の桁数を減らすには、＜小数点以下の表示桁数を減らす＞をクリックします。

SECTION
086 数値をパーセントで表示する

表示形式

達成率や構成比などの数値は、「%」（パーセント）記号を付けて表示したほうが伝わりやすくなります。<パーセントスタイル>を使うと、数値を100倍した結果に%記号を付けて表示します。ここでは、数式で求めた構成比の数値に%記号を付けてみましょう。

パーセントスタイルを設定する

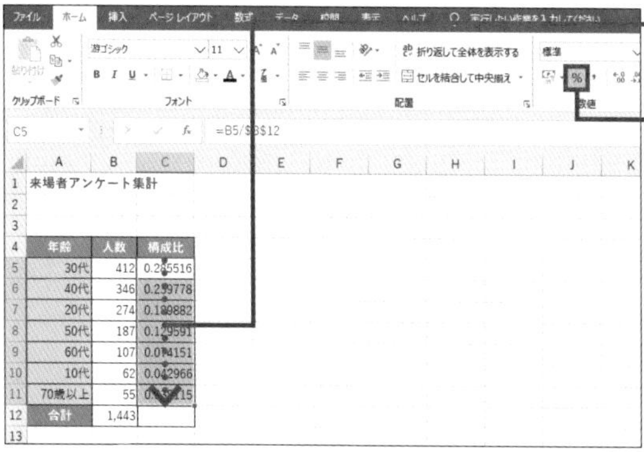

❶ C5 セル～ C11 セルをドラッグし、

❷ <ホーム>タブー<パーセントスタイル>をクリックします。

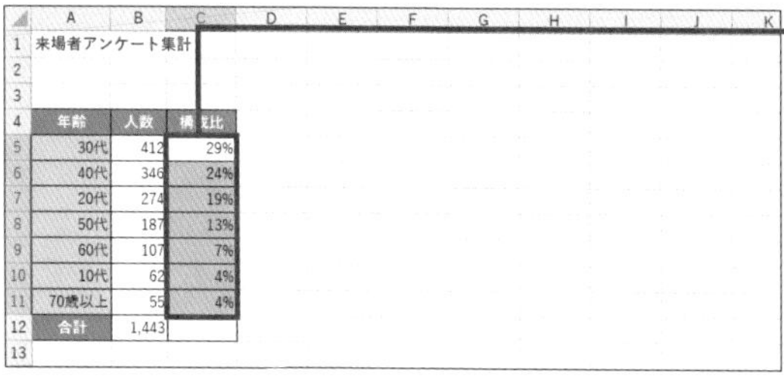

❸ % 記号が付きます。

COLUMN

小数点以下の桁数を指定する

「%」記号を付けた後で、小数点以下の桁数を指定できます。Sec.085の操作で、<ホーム>タブの<小数点以下の表示桁数を増やす>をクリックするたびに、1桁ずつ小数点以下の数値が表示されます。

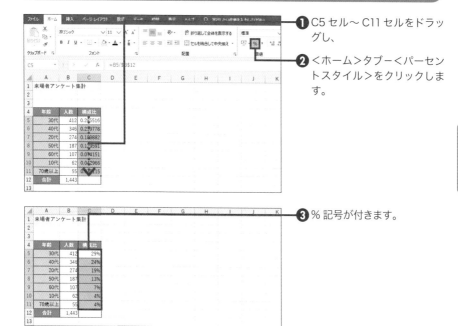

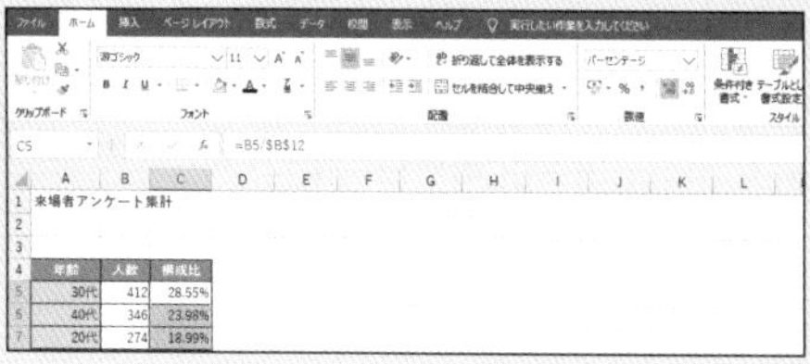

SECTION
087
表示形式

金額に「¥」を表示する

数値には数量や人数、金額、重さなど、さまざまな種類がありますが、数値を見ただけではわかりません。金額を示す数値には、<通貨表示形式>を使って数値の先頭に「¥」記号を付けるとよいでしょう。すると、3桁区切りのカンマも同時に付きます。

数値に通貨表示形式を設定する

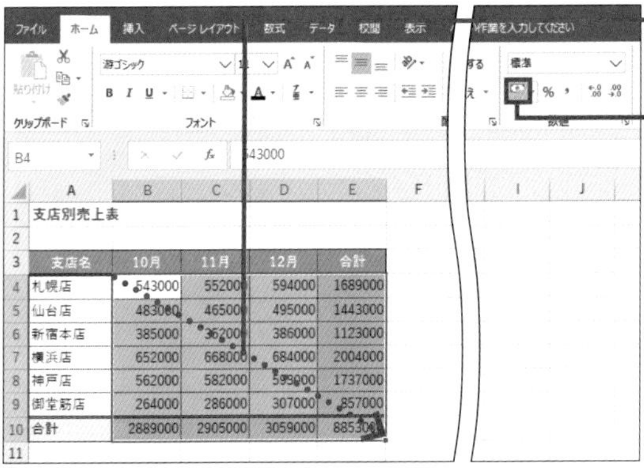

❶B4セル～E10セルをドラッグし、

❷<ホーム>タブー<通貨表示形式>をクリックします。

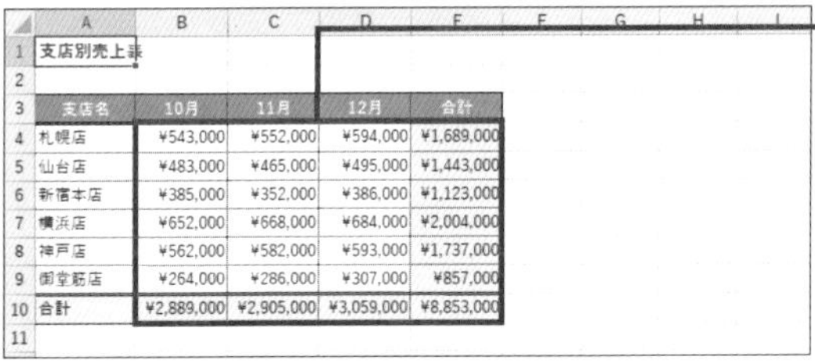

	A	B	C	D	E
1	支店別売上表				
2					
3	支店名	10月	11月	12月	合計
4	札幌店	¥543,000	¥552,000	¥594,000	¥1,689,000
5	仙台店	¥483,000	¥465,000	¥495,000	¥1,443,000
6	新宿本店	¥385,000	¥352,000	¥386,000	¥1,123,000
7	横浜店	¥652,000	¥668,000	¥684,000	¥2,004,000
8	神戸店	¥562,000	¥582,000	¥593,000	¥1,737,000
9	御堂筋店	¥264,000	¥286,000	¥307,000	¥857,000
10	合計	¥2,889,000	¥2,905,000	¥3,059,000	¥8,853,000
11					

❸指定したセルに¥記号と3桁区切りのカンマが表示されます。

COLUMN

$記号や€記号も表示できる

<通貨表示形式>の▼をクリックすると、「$」記号や「€」記号などの¥記号以外の通貨記号が表示されます。クリックするだけで目的の通貨記号を表示できます。

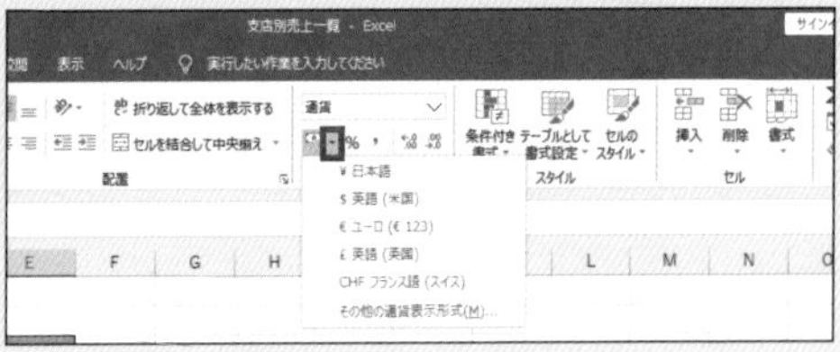

SECTION
088
表示形式

金額を「1,000円」と表示する

金額や人数など、種類の違う数値が混在するときは、「100円」や「5人」といった単位を付けるとよいでしょう。ただし、直接単位を入力すると文字として扱われて計算できません。<表示形式>を使って単位を付けると数値の見せ方だけを変更できます。

数値の単位を設定する

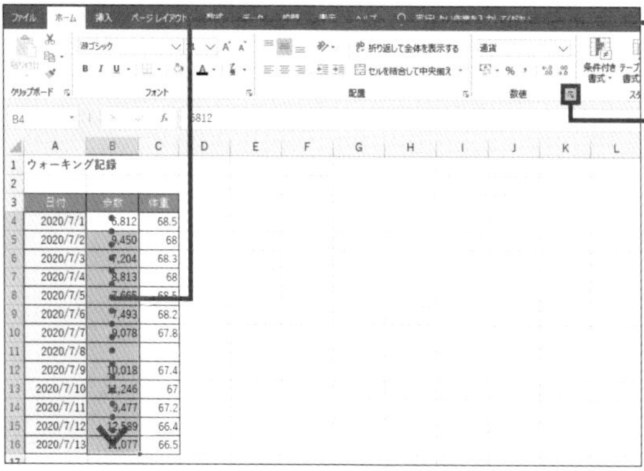

❶ B4セル～B16セルをドラッグし、

❷ <ホーム>タブー<数値>グループの右下の<表示形式>をクリックします。

> **MEMO　ショートカットキーも使える**
> Sec.072で解説したCtrl+1キーを押してもかまいません。

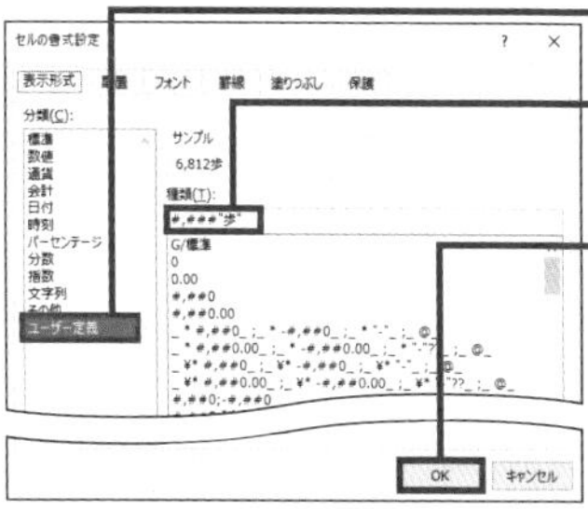

❸ <分類>の<ユーザー定義>をクリックし、

❹ <種類>欄に「#,###"歩"」と入力して、

❺ < OK >をクリックすると、

> **MEMO　「歩」以外は半角**
> 手順❹で「歩」以外の記号はすべて半角で入力します。「#」や「0」は書式記号と呼ばれる記号で、Sec.084で解説しています。

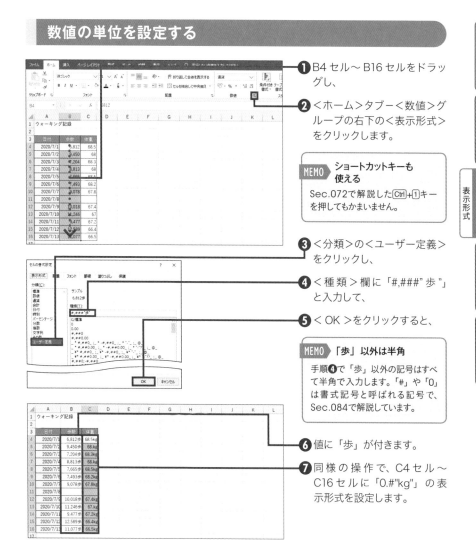

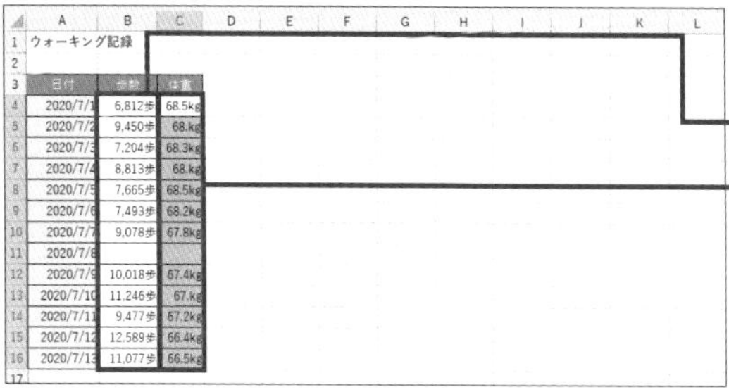

❻ 値に「歩」が付きます。

❼ 同様の操作で、C4セル～C16セルに「0.#"kg"」の表示形式を設定します。

SECTION
089
表示形式

日付を和暦で表示する

「2020/9/5」のように数値を「/」（スラッシュ）記号で区切って入力すると、日付を入力できます。最初は西暦で表示されますが、後から<表示形式>を使って日付の見せ方を変更できます。ここでは、請求書の発行日を和暦で表示します。

日付を和暦で表示する

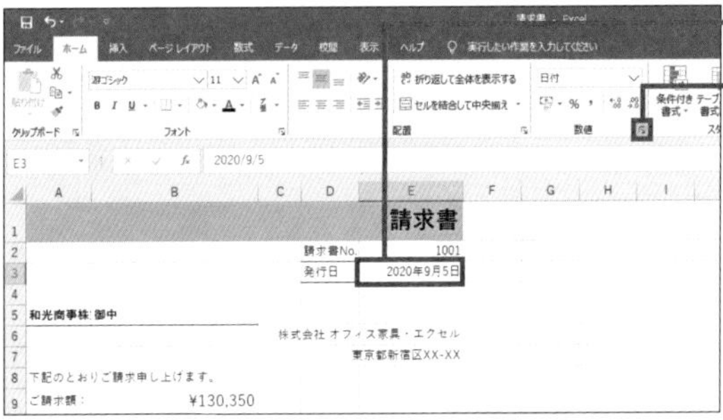

❶ E3 セルをクリックし、

❷ <ホーム>タブ−<数値>グループの右下の<表示形式>をクリックします。

MEMO　ショートカットキーも使える

Sec.072で解説した Ctrl + 1 キーを押してもかまいません。

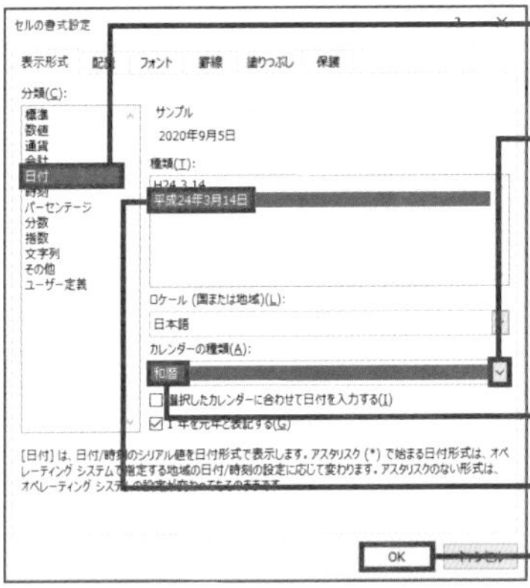

❸ <分類>の<日付>をクリックします。

❹ <カレンダーの種類>の▼をクリックして、

❺ <和暦>をクリックします。

❻ <種類>の<平成 24 年 3 月 14 日>をクリックして、

❼ < OK >をクリックすると、

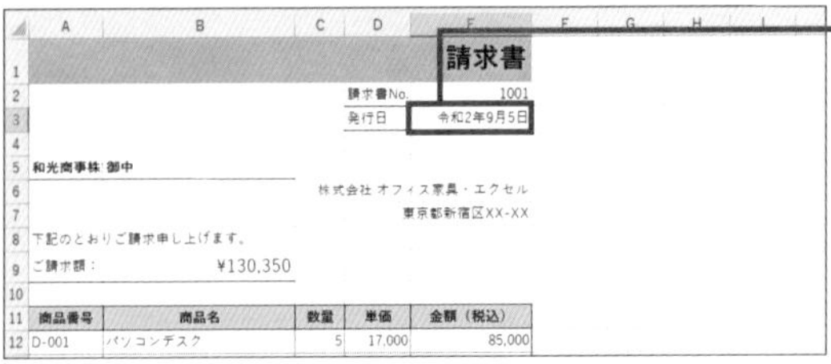

❽ 日付が和暦で表示されます。

MEMO　セルに格納された日付

E3セルをクリックして数式バーを見ると、和暦に変更した後も「2020/9/5」の日付がセルに格納されていることを確認できます。

SECTION 090

表示形式

日付と同じセルに曜日を表示する

「○月○日は何曜日？」と聞かれても急には答えられないものです。実は、セルに入力した日付には曜日の情報が含まれており、＜表示形式＞を使って日付から曜日を表示できます。ここでは、日付のセルと同じセルに括弧付きの曜日を表示します。

日付から曜日を表示する

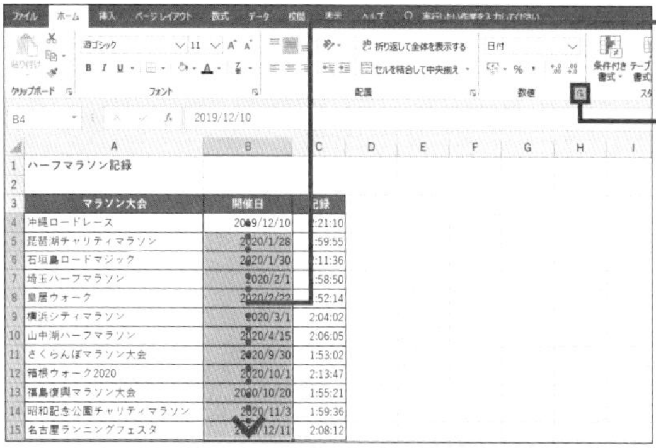

❶ B4 セル～ B15 セルをドラッグし、

❷ ＜ホーム＞タブ－＜数値＞グループの右下の＜表示形式＞をクリックします。

MEMO ショートカットキーも使える

Sec.072で解説した Ctrl + 1 キーを押してもかまいません。

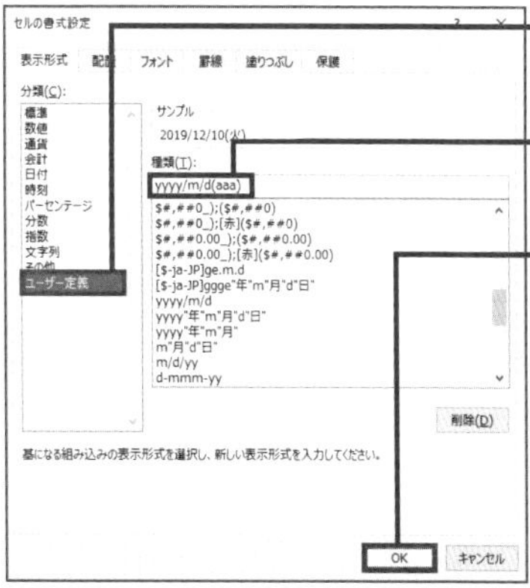

❸ ＜分類＞の＜ユーザー定義＞をクリックします。

❹ ＜種類＞欄をクリックして「yyyy/m/d(aaa)」と入力し、

❺ ＜ OK ＞をクリックすると、

MEMO 日付の書式記号を使う

「yyyy/m/d」は「y」が西暦、「m」が月、「d」が日を表す書式記号です。「(aaa)」は、漢字で曜日の頭文字(日～土)を表示し、前後に括弧を付けるという意味です。「(ddd)」と指定すると、英語の曜日の頭文字から3文字 (Sun ～ Sat)を表示します。

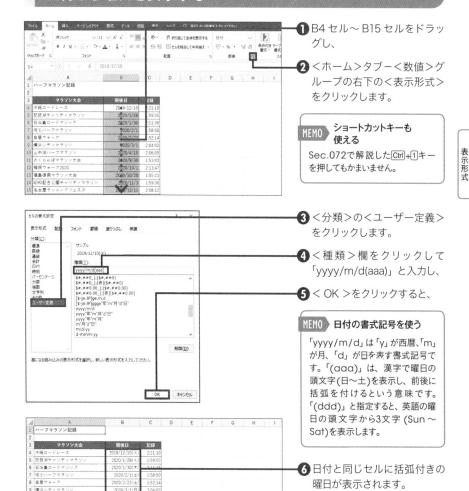

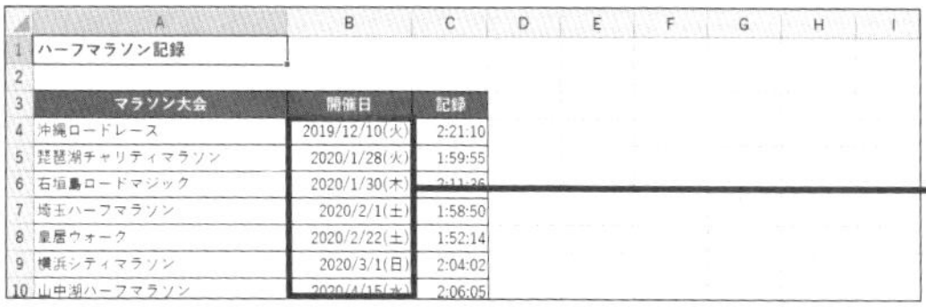

❻ 日付と同じセルに括弧付きの曜日が表示されます。

SECTION
091
表示形式

時刻の表示方法を変更する

勤務時間を合計するといったように、時間の足し算をするときには注意が必要です。単純に合計すると24時間を超える時間が表示されないため、間違った結果になるからです。24時間を超える時間を正しく表示するには<表示形式>を設定します。

24時間を超える時間を表示する

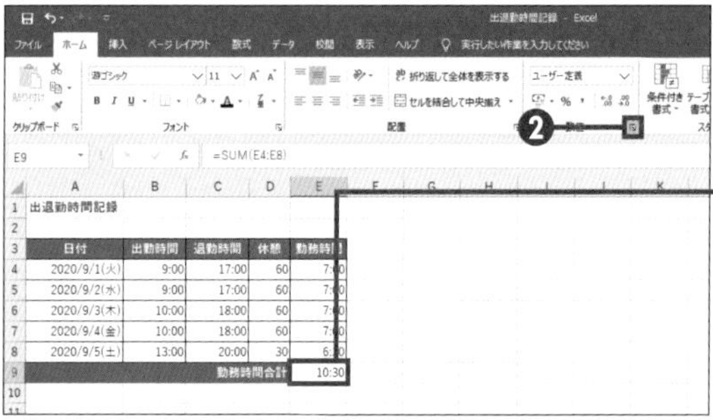

E9セルにSUM関数を入力すると、あきらかに合計時間が少ないことがわかります。

❶ E9 セルをクリックし、

❷ <ホーム>タブー<数値>グループの右下の<表示形式>をクリックします。

❸ <分類>の<ユーザー定義>をクリックします。

❹ <種類>欄をクリックして「[h]:mm」と入力し、

❺ < OK >をクリックすると、

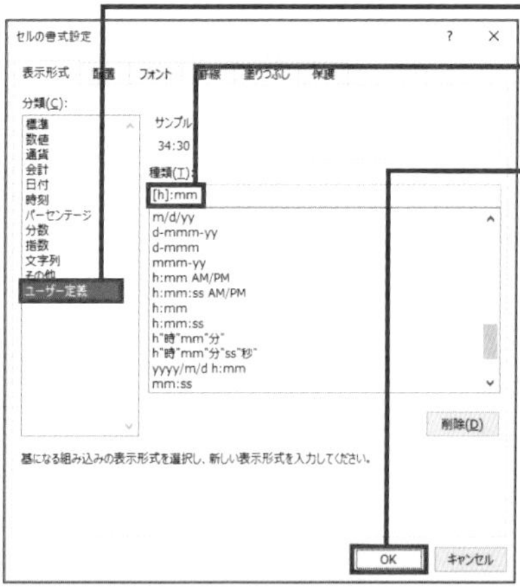

MEMO 時間の経過を表示する

時間の経過を表示するときには、ユーザー定義書式を使って以下のように指定します。

書式	設定
[h]:mm	24 時間を超える時間の合計を表示します。
[mm]:ss	60 分を超える分の合計を表示します。
[ss]	60 秒を超える秒の合計を表示します。

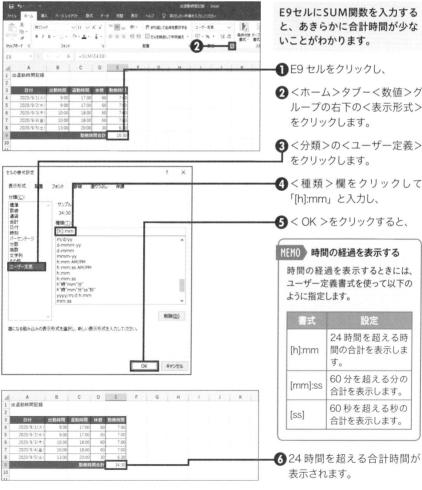

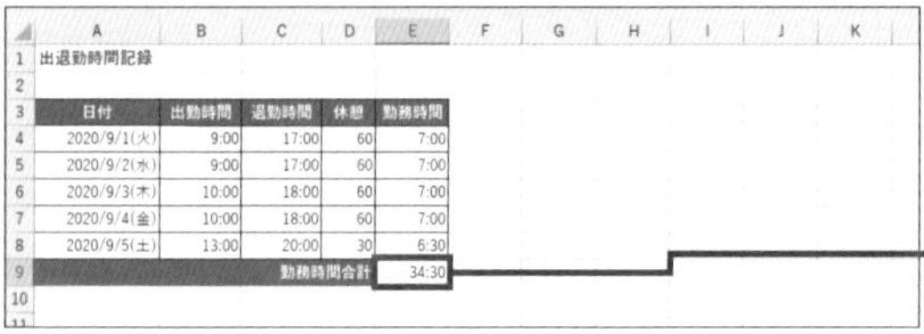

❻ 24 時間を超える合計時間が表示されます。

SECTION
092 書式をまとめて解除する

書式のコピー・削除

文字や数値に設定した複数の書式を解除するには、<書式のクリア>を使います。すると、フォントサイズやフォントの色、文字の配置、3桁区切りのカンマや罫線など、セルに設定されているすべての書式が一度に解除されます。

セルの書式をまとめて解除する

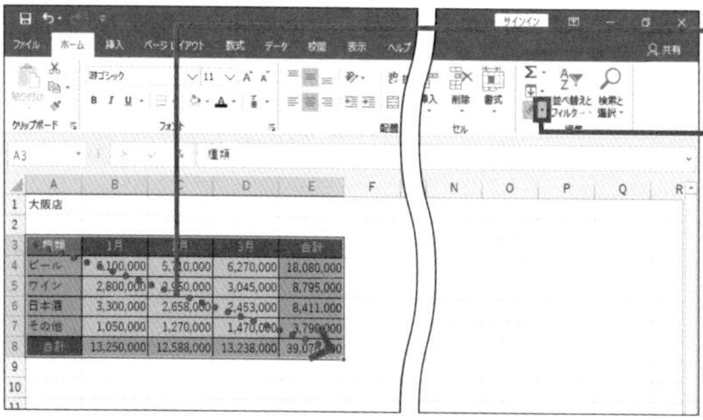

❶A3セル～E8セルをドラッグします。

❷<ホーム>タブー<クリア>の▼をクリックし、

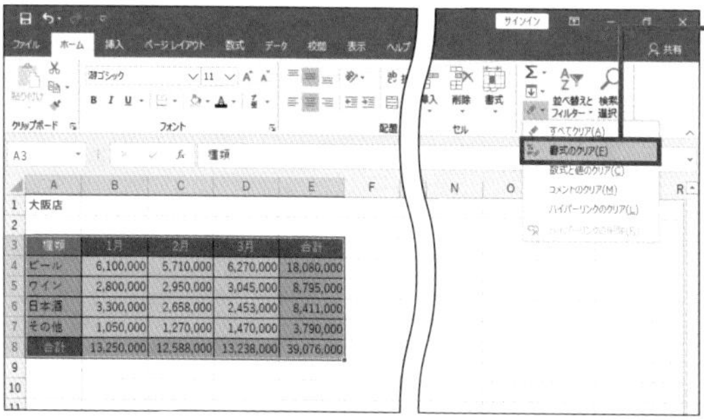

❸<書式のクリア>をクリックすると、

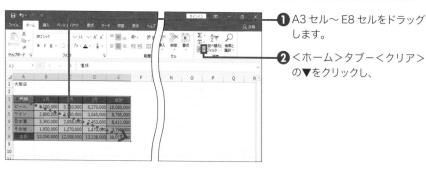

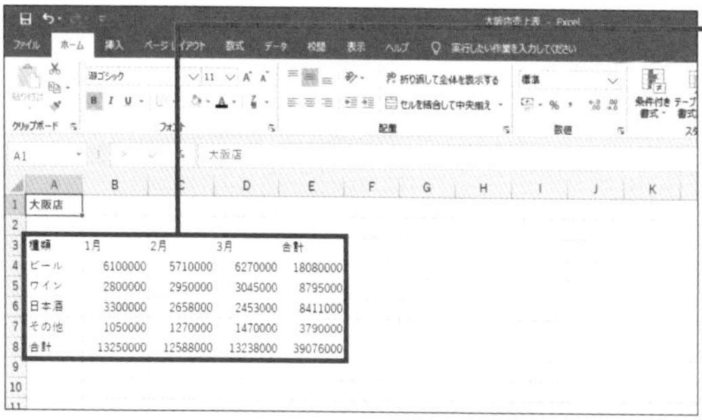

❹すべての書式が解除されます。

SECTION
093 書式だけを他のセルにコピーする

書式のコピー・削除

セルに設定済みの書式と同じ書式を他のセルにも設定するときは、<書式のコピー / 貼り付け>を使うと便利です。セルの書式だけをまとめてコピーできるため、複数の書式が設定されていても、設定し忘れの心配がありません。

セルの書式をコピーする

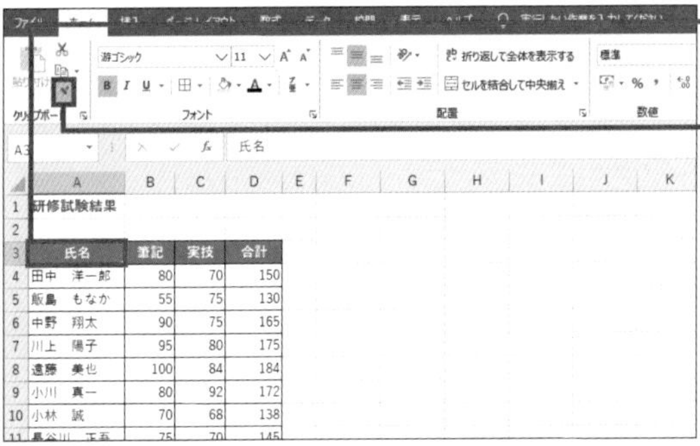

❶コピー元のセル（ここでは A3 セル）をクリックし、

❷<ホーム>タブ－<書式のコピー / 貼り付け>をクリックします。

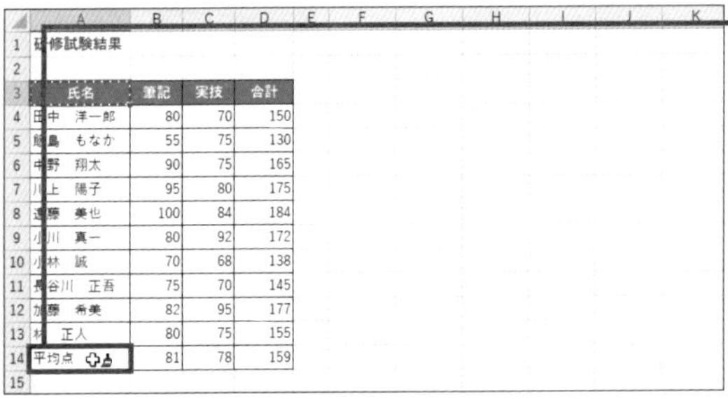

❸マウスポインターの形が変わったことを確認し、コピー先（ここでは A14 セル）をクリックすると、

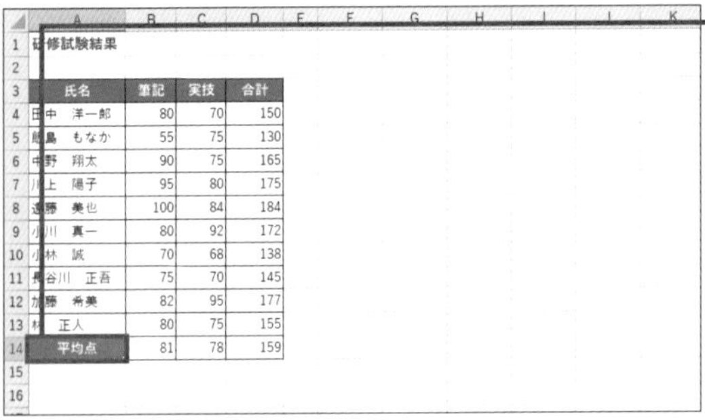

❹コピー元のセルと同じ書式が設定されます。

MEMO 書式を連続してコピー

何カ所にも続けて書式をコピーするときは、<書式のコピー / 貼り付け>をダブルクリックします。すると、Escキーを押して強制的に解除するまで何度でも続けて書式をコピーできます。

SECTION 094

書式のコピー・削除

書式を除いて値だけをコピーする

<コピー>と<貼り付け>を使ってセルのデータをコピーすると、コピー元のセルの書式もコピーされます。セルのデータだけをコピーしたいときは、「値」だけを貼り付けます。ここでは、「東京」シートの商品名を「横浜」シートにコピーします。

セルの値をコピーする

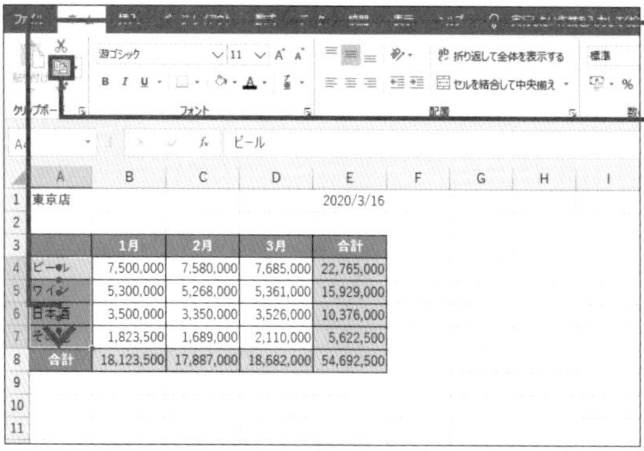

❶「東京」シートの A4 セル〜A7 セルをドラッグし、

❷<ホーム>タブ－<コピー>をクリックします。

MEMO　ショートカットキーも使える

Ctrl+Cキーを押してコピーすることもできます。

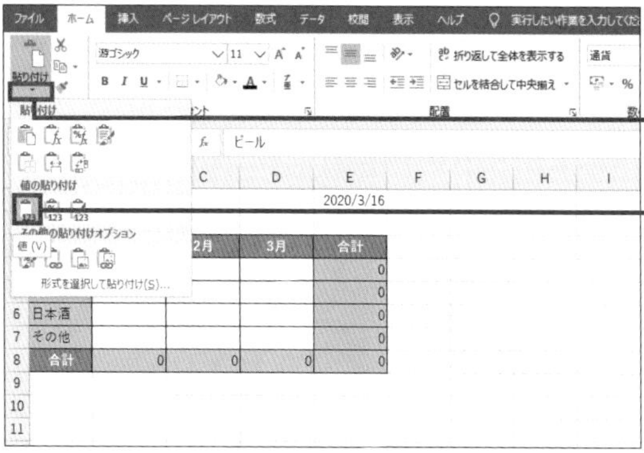

❸「横浜」シートの A4 セルをクリックし、

❹<貼り付け>の▼をクリックして、

❺<値>をクリックすると、

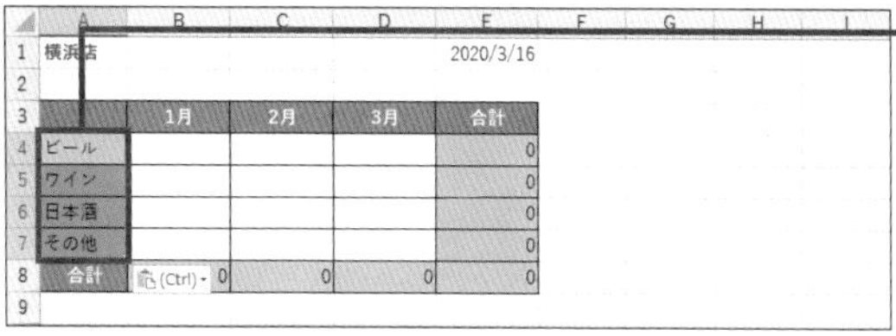

❻コピー元のセルの色はコピーされずに、項目名だけがコピーされます。

SECTION 095
書式の置換

指定したキーワードを赤字にする

＜置換＞を使うと、条件に合ったセルに色を付けたり、文字を太字にしたりするなどして目立たせることができます。置換機能は文字を別の文字に置き換える使い方が基本ですが、書式を別の書式に置き換えたり、文字を検索して書式を設定したりすることもできます。

指定した文字の書式を置き換える

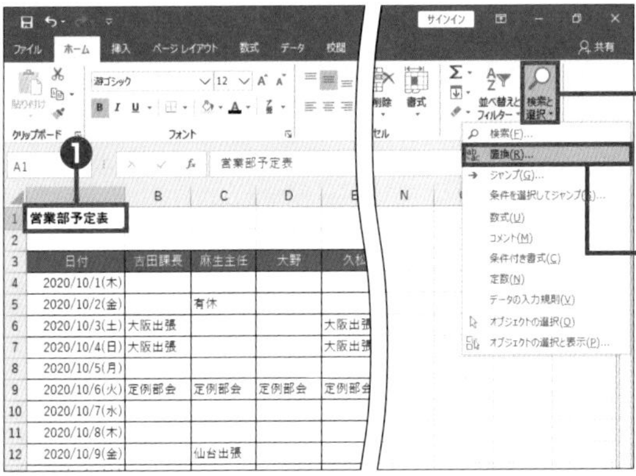

「有休」の文字を赤にします。

❶ A1 セルをクリックし、

❷ ＜ホーム＞タブ－＜検索と選択＞をクリックして、

❸ ＜置換＞をクリックします。

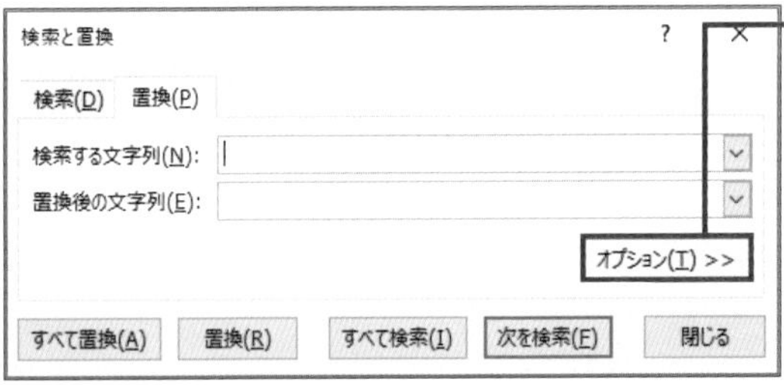

❹ ＜オプション＞をクリックして、

❺ ＜検索する文字列＞欄をクリックして「有休」と入力し、

❻ ＜置換後の文字列＞の＜書式＞をクリックします。

MEMO ＜置換後の文字列＞

書式だけを置き換える場合は、＜置換後の文字列＞欄は空欄にしておきます。すると、セルの文字はそのまま表示されます。

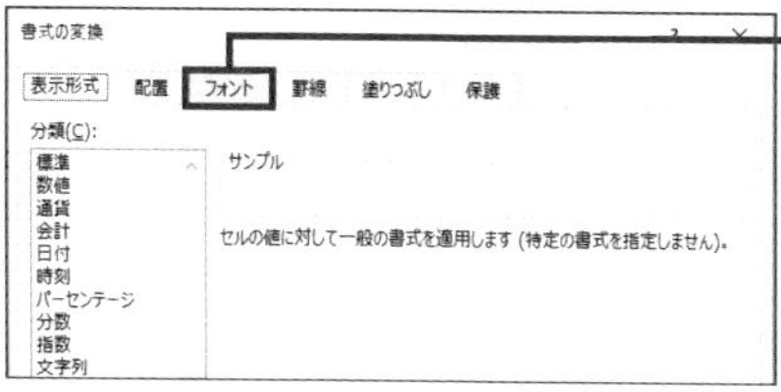

❼ <フォント>タブをクリックします。

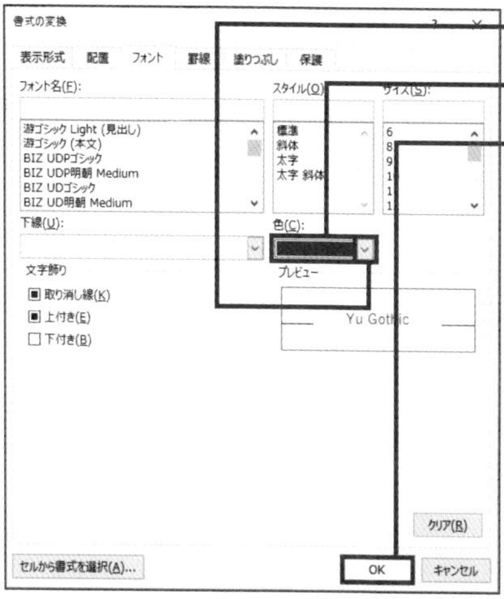

❽ <色>の▼をクリックし、

❾ <赤>をクリックして、

❿ < OK >をクリックします。

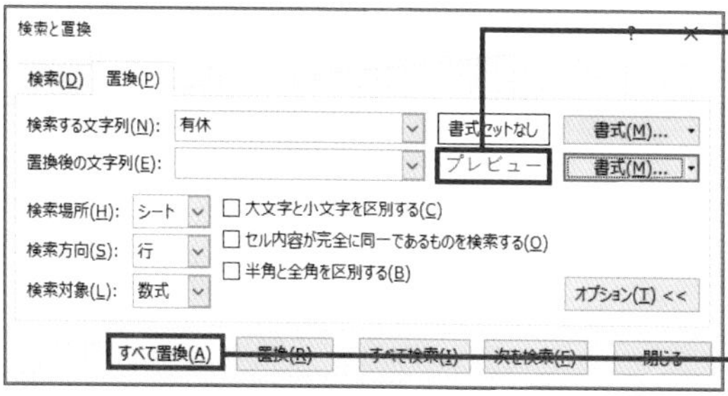

⓫ <置換後の文字列>の書式が変更されたことを確認して、

⓬ <すべて置換>をクリックします。

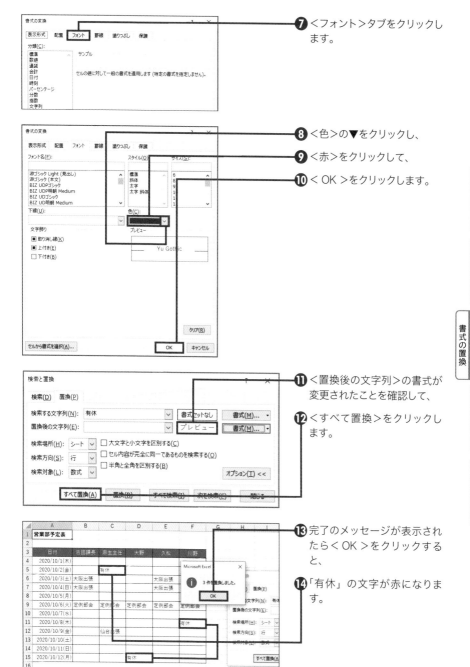

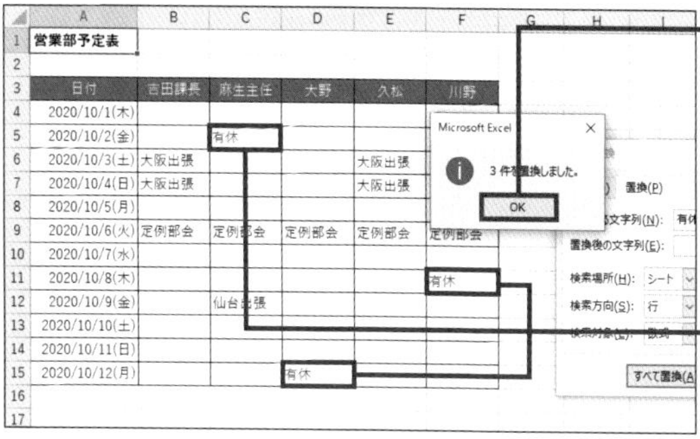

⓭ 完了のメッセージが表示されたら< OK >をクリックすると、

⓮「有休」の文字が赤になります。

SECTION
096
書式の置換

別の書式に置き換える

<置換>を使って、セルに設定済みの書式を他の書式に変更します。<検索する文字列>と<置換後の文字列>に書式だけを指定すると、セルに入力済みの文字はそのままで書式だけを置き換えることができます。ここでは、薄い緑色のセルの色を赤色に置換します。

書式を置換する

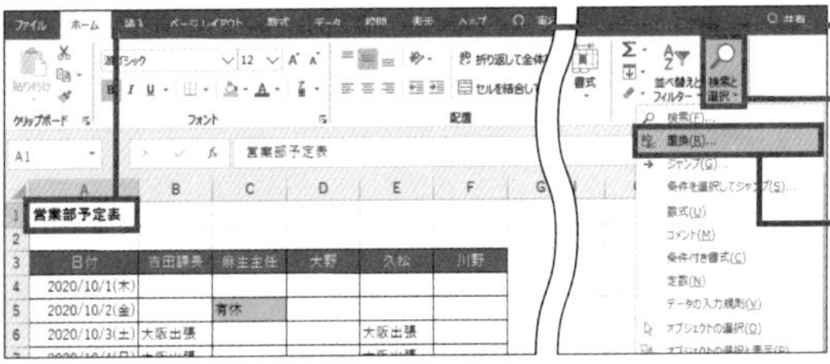

❶ A1 セルをクリックし、
❷ <ホーム>タブー<検索と選択>をクリックして、
❸ <置換>をクリックします。

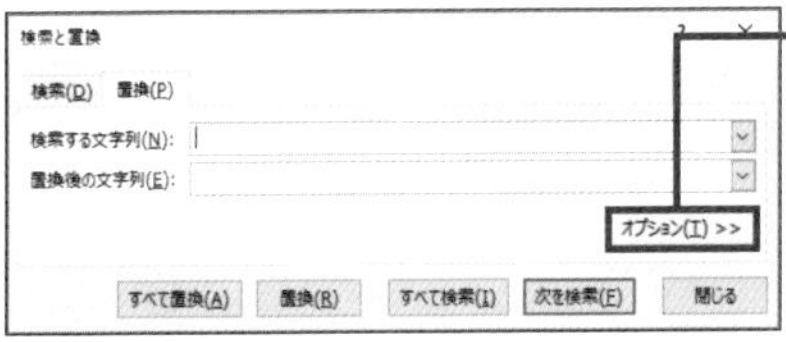

❹ <オプション>をクリックし、

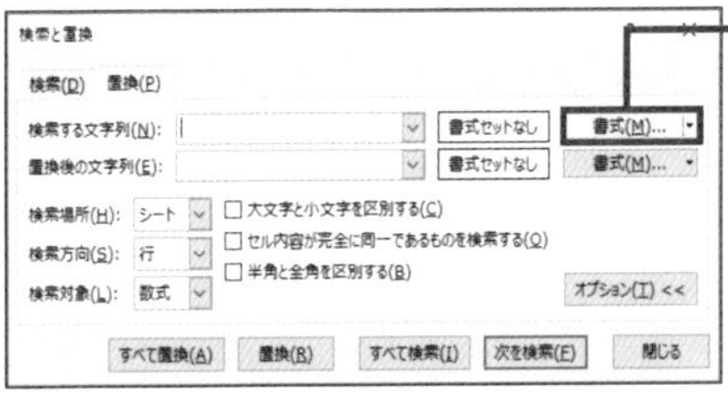

❺ <検索する文字列>の<書式>をクリックします。

MEMO <検索する文字列>

書式だけを置き換える場合は、<検索する文字列>欄は空欄にしておきます。すると、セルの文字はそのまま表示されます。

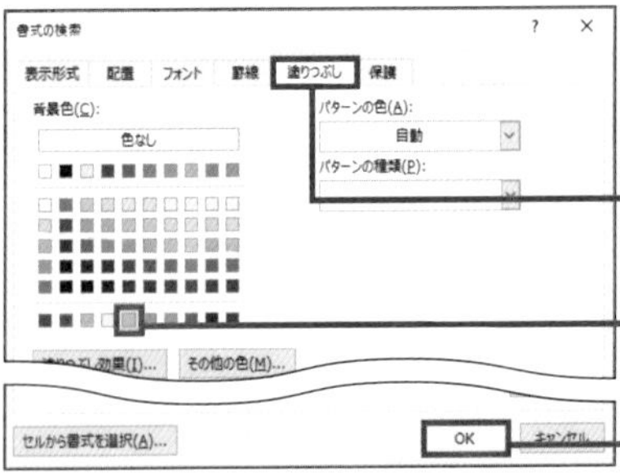

❻ <塗りつぶし>タブをクリックします。
❼ 検索する書式（ここでは「薄い緑」）をクリックして、
❽ < OK >をクリックします。

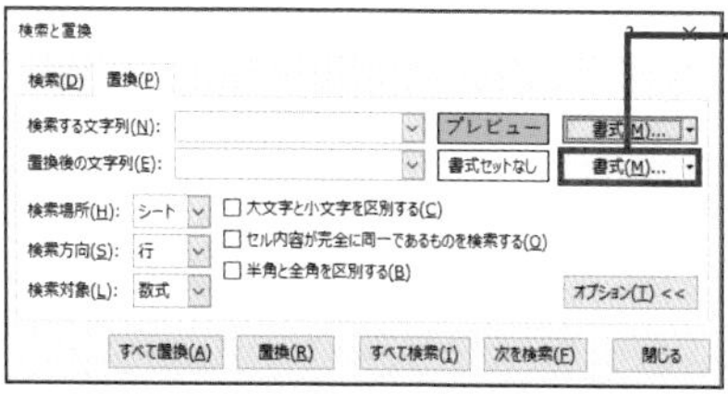

❾＜置換後の文字列＞の＜書式＞をクリックします。

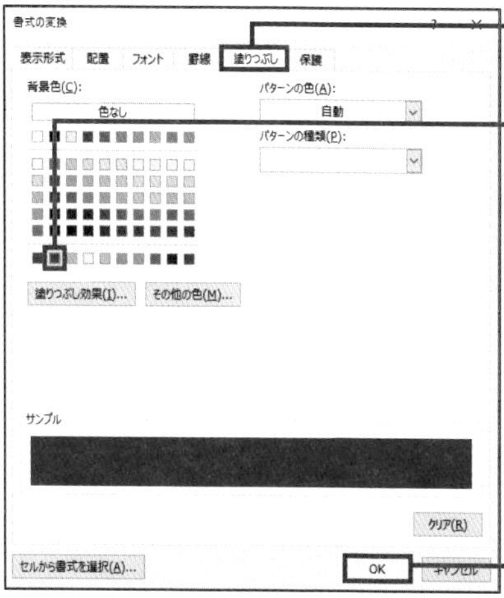

❿＜塗りつぶし＞タブをクリックします。

⓫置換後の書式（ここでは「赤」）をクリックして、

⓬＜ OK ＞をクリックします。

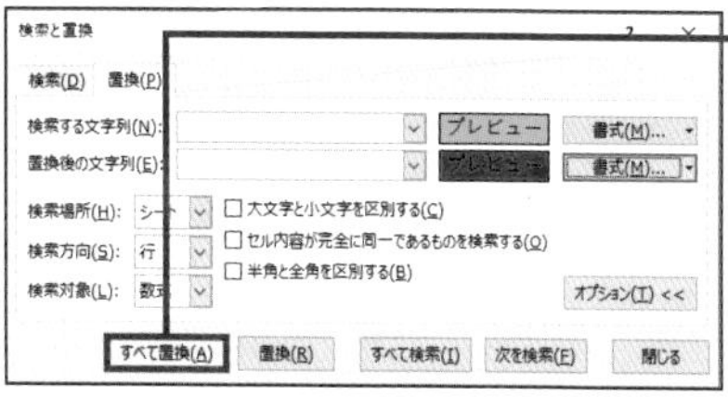

⓭＜すべて置換＞をクリックします。

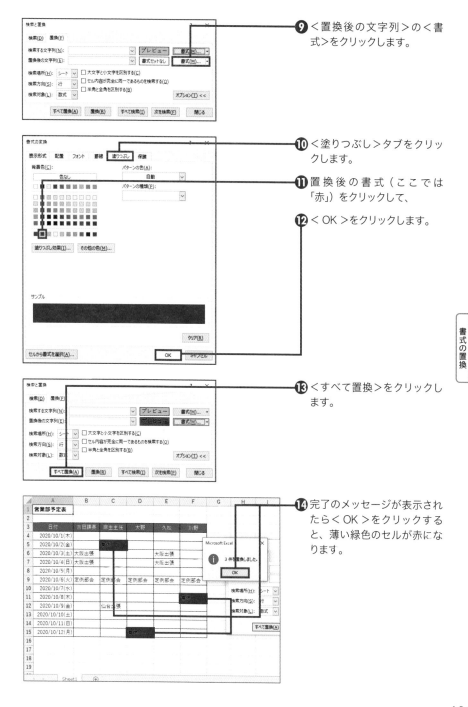

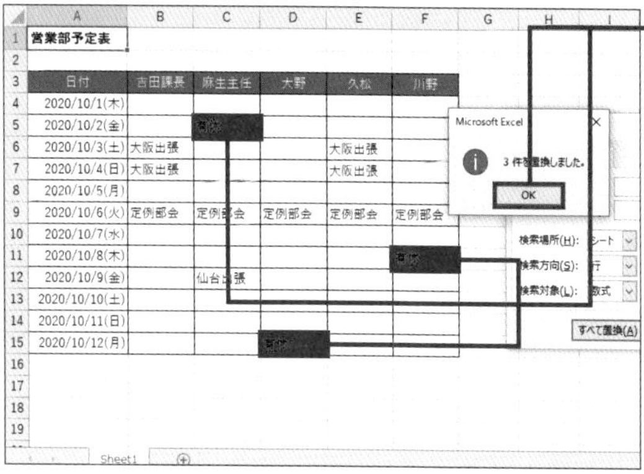

⓮完了のメッセージが表示されたら＜ OK ＞をクリックすると、薄い緑色のセルが赤になります。

SECTION 097
条件付き書式

条件に合ったセルを強調する

<条件付き書式>を使うと、指定した条件に一致したセルに書式を付けて強調することができます。条件には「指定の値より大きい」「指定の値より小さい」「指定の範囲内」「指定の値に等しい」などが用意されています。

条件付き書式を設定する

筆記と実技が90点より大きいセルに色を付けます。

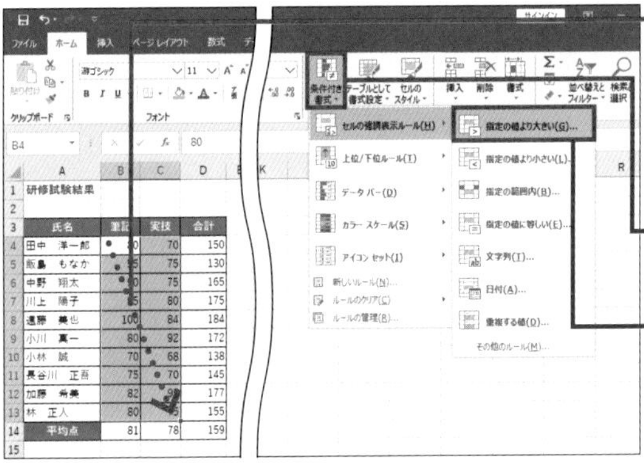

❶ B4セル～C13セルをドラッグし、

❷ <ホーム>タブ－<条件付き書式>をクリックします。

❸ <セルの強調表示ルール>－<指定の値より大きい>をクリックします。

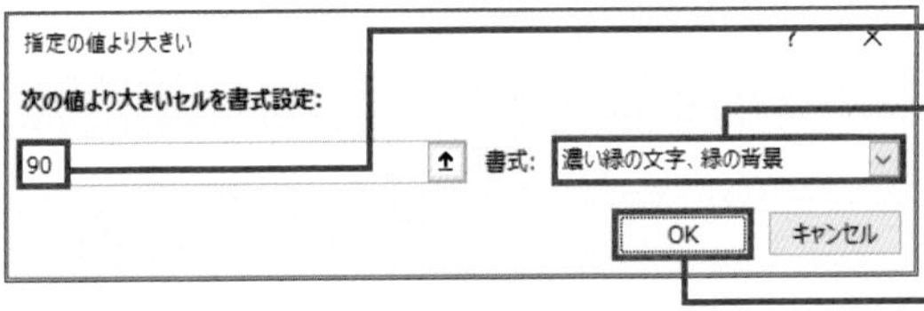

❹ 左側に「90」と入力します。

❺ <書式>の▼をクリックして<濃い緑の文字、緑の背景>をクリックし、

❻ < OK >をクリックすると、

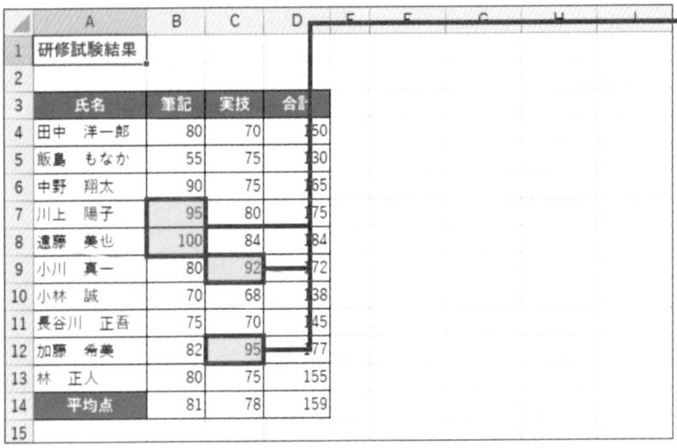

❼ 条件に一致したセルの色と文字の色が変わります。

> **MEMO 「以上」の条件**
>
> 「指定の値よりより大きい」ではなくて「以上」の条件を指定したいときは、手順❷の後で<その他のルール>をクリックします。

SECTION 098 条件付き書式

指定した文字を含むセルを強調する

特定の文字が入力されたセルを強調するには、<条件付き書式>の<文字列>を使います。すると、指定した文字を含むセルが検索されて、指定した書式を付けられます。ここでは、住所に「横浜市」の文字を含むセルに色を付けます。

条件付き書式を設定する

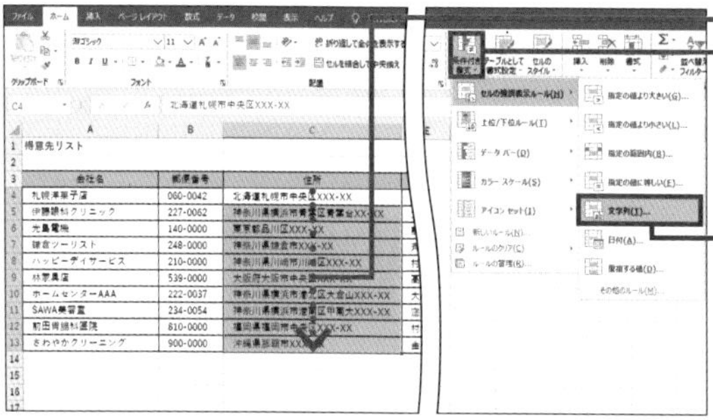

❶ C4 セル～ C13 セルをドラッグし、

❷ <ホーム>タブー<条件付き書式>をクリックします。

❸ <セルの強調表示ルール>－<文字列>をクリックします。

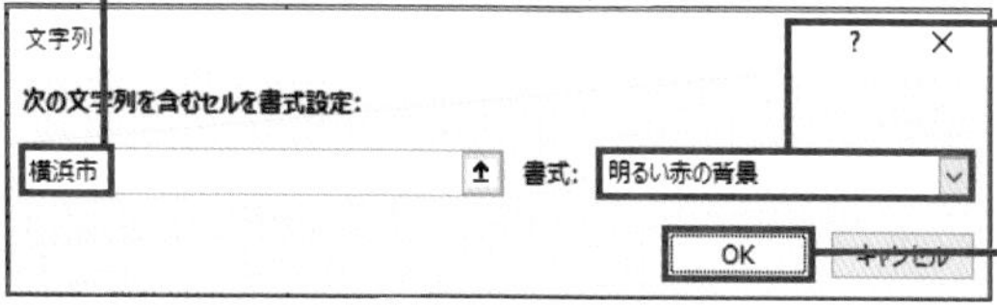

❹ 左側に「横浜市」と入力し、

❺ <書式>の▼をクリックして<明るい赤の背景>をクリックして、

❻ < OK >をクリックすると、

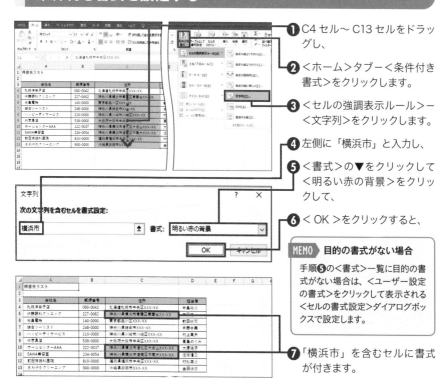

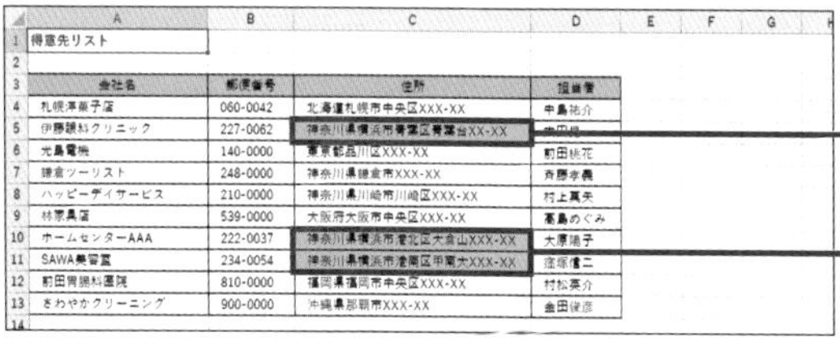

❼「横浜市」を含むセルに書式が付きます。

MEMO 目的の書式がない場合

手順❺の<書式>一覧に目的の書式がない場合は、<ユーザー設定の書式>をクリックして表示される<セルの書式設定>ダイアログボックスで設定します。

COLUMN

文字が完全に一致するセルを探す

指定した文字と完全に一致するセルを探すには、手順❸で<指定の値に等しい>をクリックして、条件と書式を指定します。

SECTION 099 条件付き書式

上位や下位の数値を強調する

売上ベスト3やワースト3のように、上位や下位の数値を強調するには<条件付き書式>の<上位/下位ルール>を使います。指定した範囲の中で上位および下位からいくつの項目、あるいは何パーセントと指定したセルに書式を設定できます。

条件付き書式を設定する

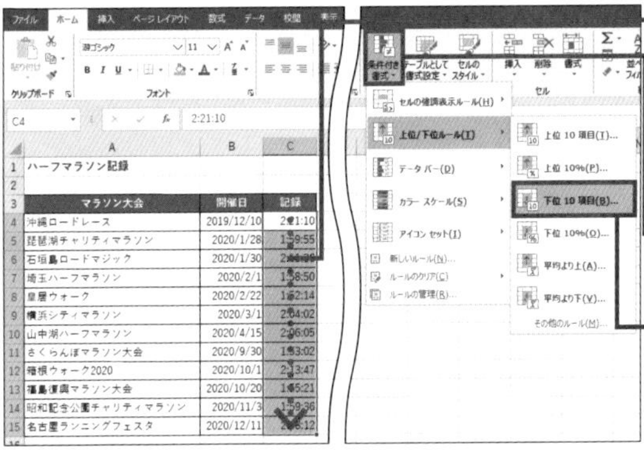

記録のトップ3の得点を強調します。

❶ C4セル～C15セルをドラッグし、

❷ <ホーム>タブ－<条件付き書式>をクリックします。

❸ <上位/下位ルール>－<下位10項目>をクリックします。

> **MEMO 下位10項目**
> マラソンの記録は数値が小さいほうからトップ3になるため、手順❸では<下位10項目>を選びます。

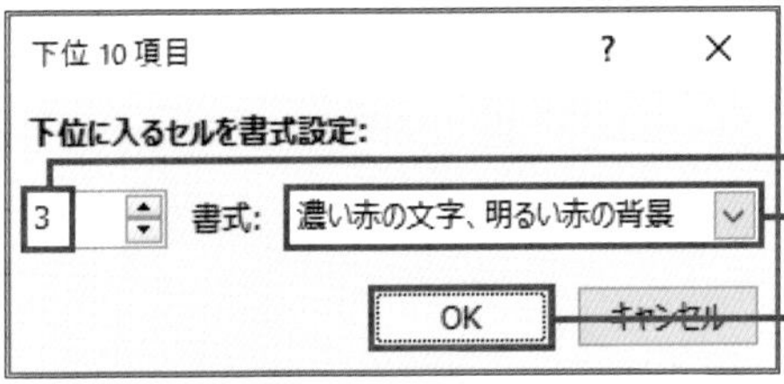

❹ 左側の数値を「3」に変更します。

❺ <書式>の▼をクリックして<濃い赤の文字、明るい赤の背景>をクリックし、

❻ <OK>をクリックすると、

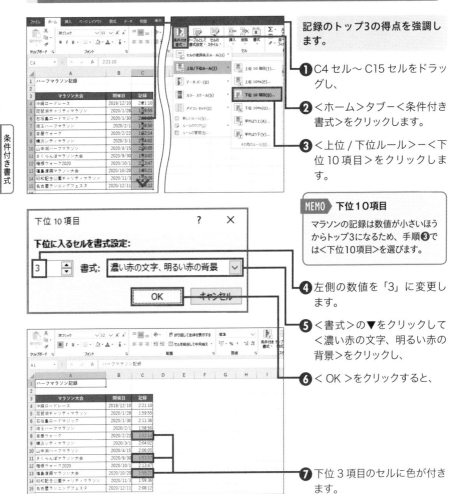

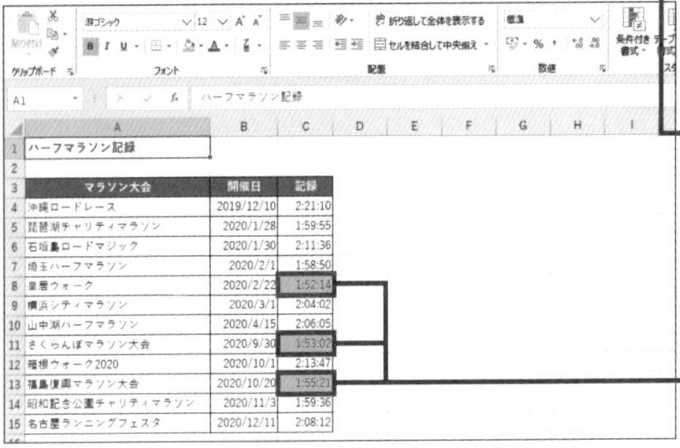

❼ 下位3項目のセルに色が付きます。

SECTION
100
条件付き書式

数値の大きさを棒の長さで示す

<条件付き書式>の<データバー>を使うと、数値の大きさを棒の長さで比較できます。わざわざグラフを作成しなくても、数値が入力されているセル内に簡易的な横棒グラフが表示されるので、数値の大きさを把握しやすくなります。

データバーを表示する

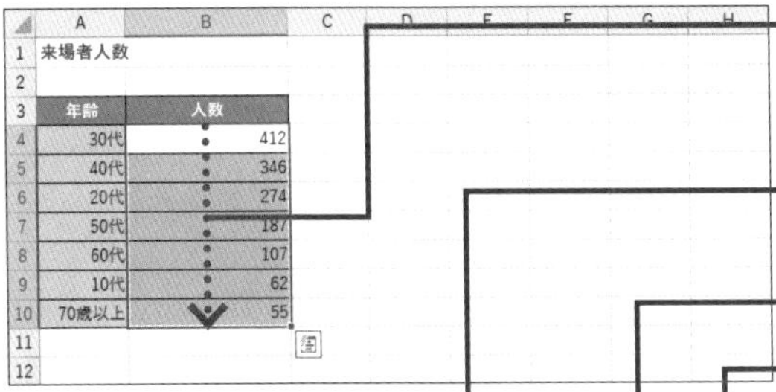

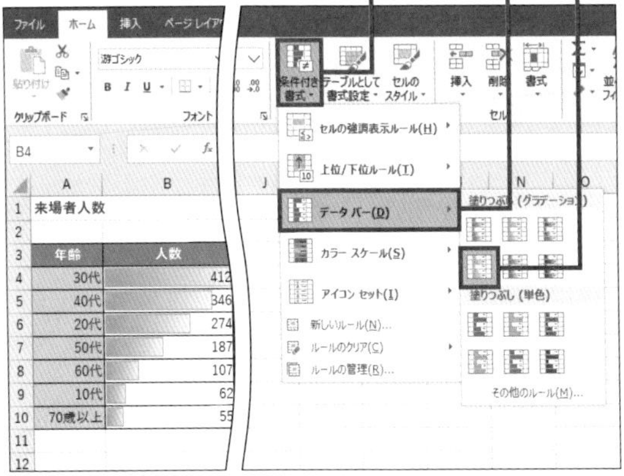

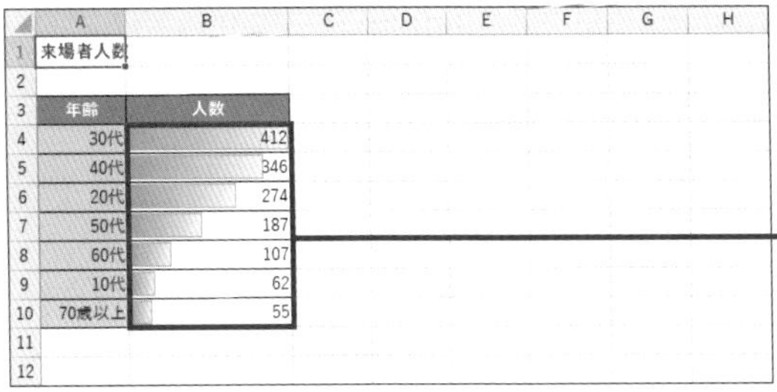

❶B4 セル～ B10 セルをドラッグします。

❷<ホーム>タブー<条件付き書式>をクリックします。

❸<データバー>をクリックし、

❹データバーの種類（ここでは「オレンジのデータバー」）をクリックすると、

❺セルの中にデータバーが表示されます。

MEMO データバーの見方

データバーの長さは、選択したセル範囲の中での最小値と最大値を基準にしています。最小値と最大値を手動で設定するには、手順❸の後で<その他のルール>をクリックし、<新しい書式ルール>ダイアログボックスで最小値と最大値の種類と値を指定します。

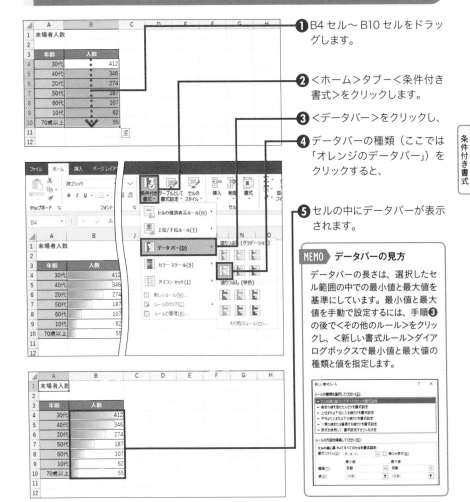

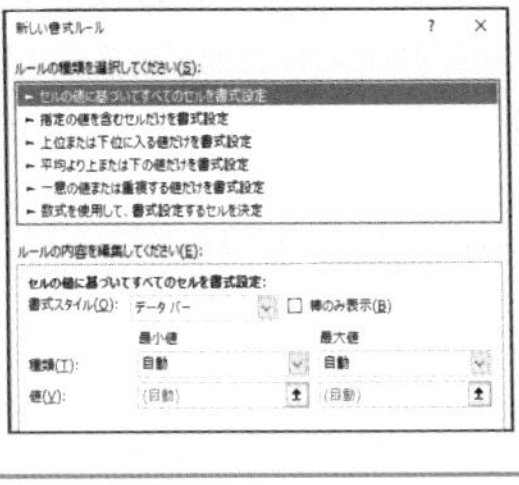

SECTION 101

条件付き書式

数値の大きさを色で示す

<条件付き書式>の<カラースケール>を使うと、数値の大きさをセルの色や濃淡で比較できます。たとえば、数値が大きいほど緑色が濃くなるカラースケールを設定すると、色の濃さを見ただけで数値の大小を直感的に把握できます。

カラースケールを表示する

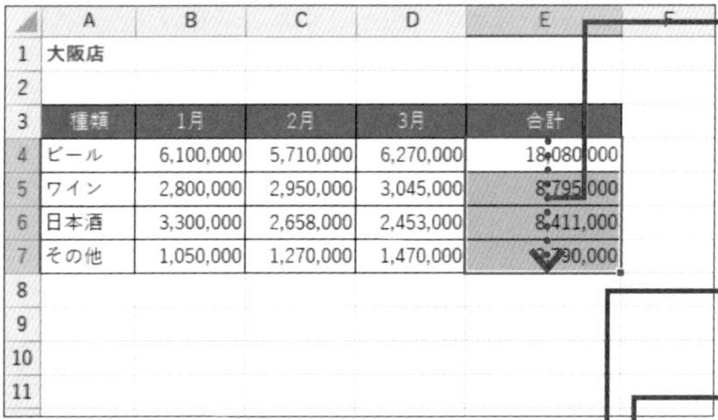

	A	B	C	D	E
1	大阪店				
2					
3	種類	1月	2月	3月	合計
4	ビール	6,100,000	5,710,000	6,270,000	18,080,000
5	ワイン	2,800,000	2,950,000	3,045,000	8,795,000
6	日本酒	3,300,000	2,658,000	2,453,000	8,411,000
7	その他	1,050,000	1,270,000	1,470,000	3,790,000

❶ E4 セル～ E7 セルをドラッグします。

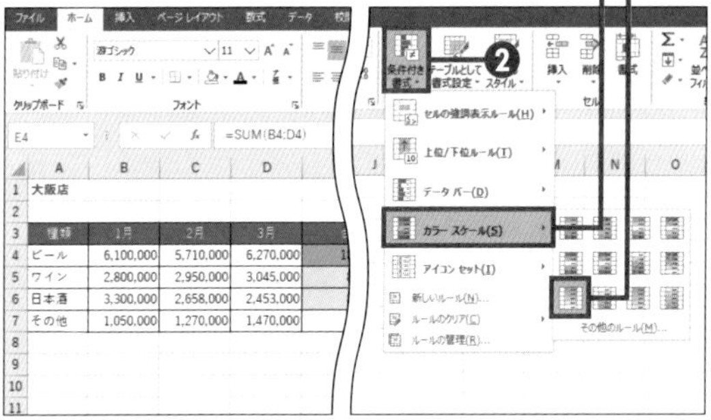

❷ <ホーム>タブー<条件付き書式>をクリックします。

❸ <カラースケール>をクリックし、

❹ カラースケールの種類（ここでは「緑、白のカラースケール」）をクリックすると、

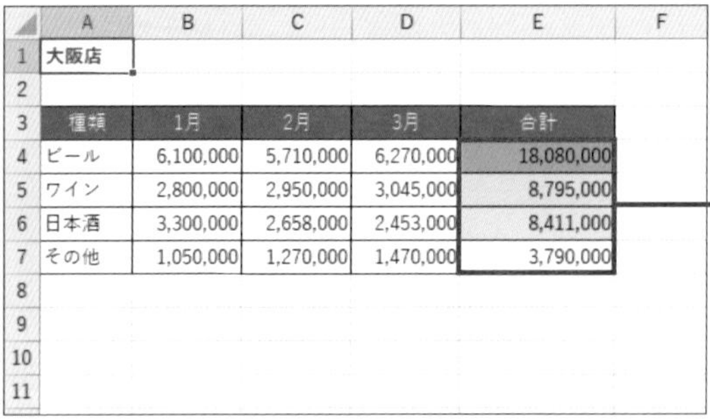

	A	B	C	D	E
1	大阪店				
2					
3	種類	1月	2月	3月	合計
4	ビール	6,100,000	5,710,000	6,270,000	18,080,000
5	ワイン	2,800,000	2,950,000	3,045,000	8,795,000
6	日本酒	3,300,000	2,658,000	2,453,000	8,411,000
7	その他	1,050,000	1,270,000	1,470,000	3,790,000

❺ 数値の大小でセルが色分けされます。

MEMO カラースケールの見方

カラースケールは、選択したセル範囲の中で最大値と最小値のセルに表示する色を決め、他のセルのデータが両者の間のどの辺りに位置するかを色の濃淡で表します。ここでは、数値の大小を表す2色のカラースケールを設定しましたが、中央の値も強調したいときには3色のカラースケールを使うと効果的です。

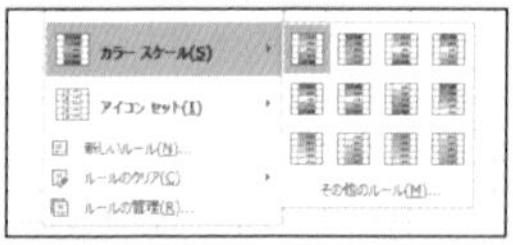

第1章
第2章
第3章 条件付き書式
第4章
第5章

SECTION 102 条件付き書式

数値の大きさをアイコンで示す

<条件付き書式>の<アイコンセット>を使うと、数値を3～5種類の絵柄を使ってグループ分けすることができます。ここでは、体重の前日差によって「→」「↓」「↑」の3つの絵柄を表示します。グループ分けの区切りは後から手動で変更できます。

アイコンセットを表示する

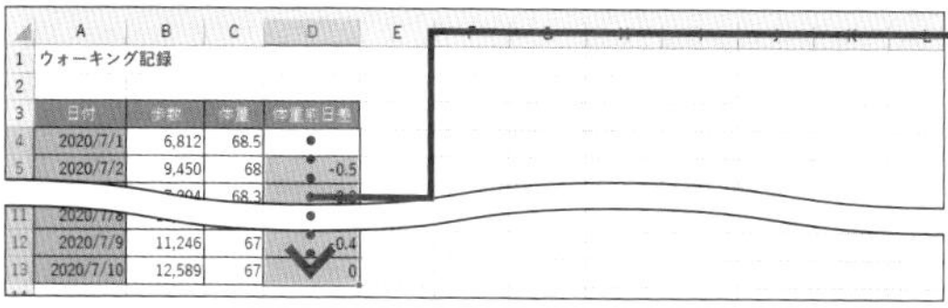

❶ D4セル～D13セルをドラッグします。

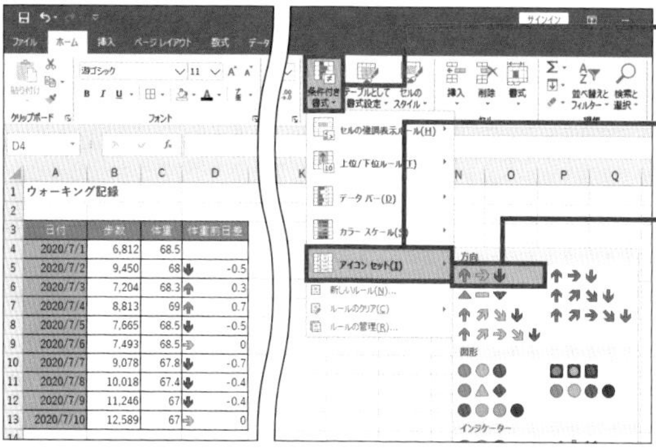

❷ <ホーム>タブ－<条件付き書式>をクリックします。

❸ <アイコンセット>をクリックし、

❹ アイコンセットの種類（ここでは「3つの矢印（色分け）」）をクリックすると、

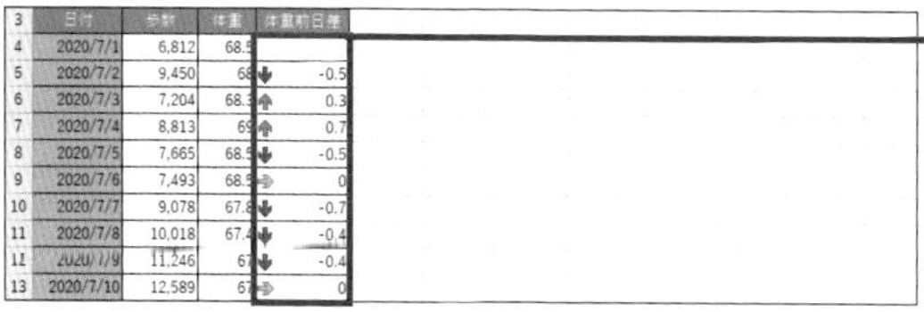

❺ 数値を3つのグループに分けることができます。

MEMO 区切り位置の変更

前日差がプラスなら「↑」、マイナス0.5までは「→」、マイナス0.6以上は「↓」が表示されるようにするには、手動で区切り位置を変更します。手順❸の後で<その他のルール>をクリックし、右図のような<新しい書式ルール>ダイアログボックスで指定します。

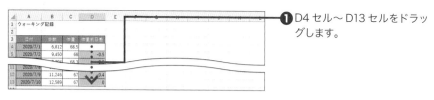

SECTION
103
条件付き書式

条件付き書式を解除する

Sec.97 ～ 102までで解説した<条件付き書式>が正しく設定できなかったときや、目的とは違うセルに設定してしまったときは、いったん解除してからやり直します。条件付き書式を解除するには、<ルールのクリア>を使います。

条件付き書式を解除する

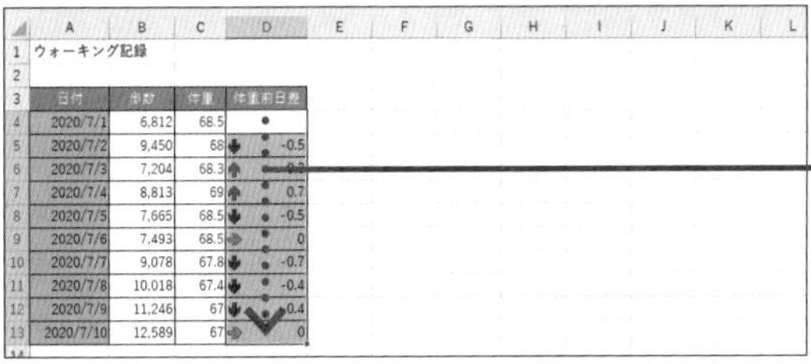

D列にはアイコンセットが表示されています。

❶ D4セル～D13セルをドラッグします。

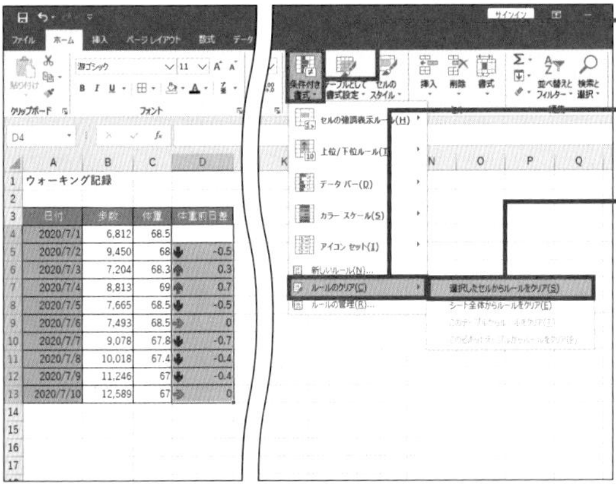

❷ <ホーム>タブ-<条件付き書式>をクリックします。

❸ <ルールのクリア>をクリックし、

❹ <選択したセルからルールをクリア>をクリックすると、

MEMO シート全体からクリア

ワークシートのどのセルに条件付き書式が設定されているかわからないときは、<シート全体からルールをクリア>を選ぶとよいでしょう。

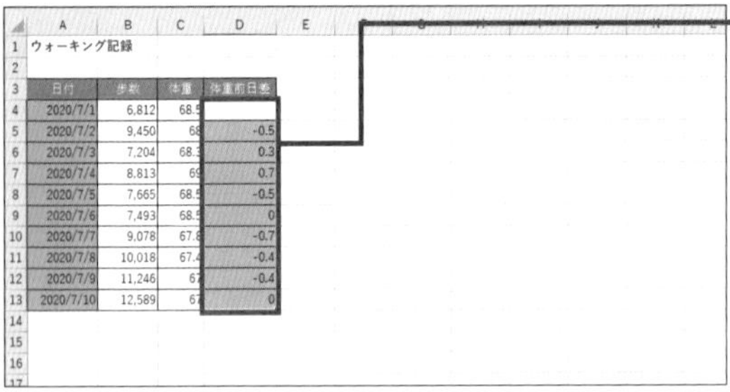

❺ 条件付き書式が解除されます。

第 4 章

Excel
数式&関数のプロ技

SECTION **104** 数式

四則演算の数式を作成する

足し算、引き算、掛け算、割り算の四則演算の数式を入力します。数式を入力するときは、最初に結果を表示したいセルをクリックして「=」記号を入力します。その後、計算対象の数値が入力されているセルを指定して数式を作成します。

掛け算の数式を作成する

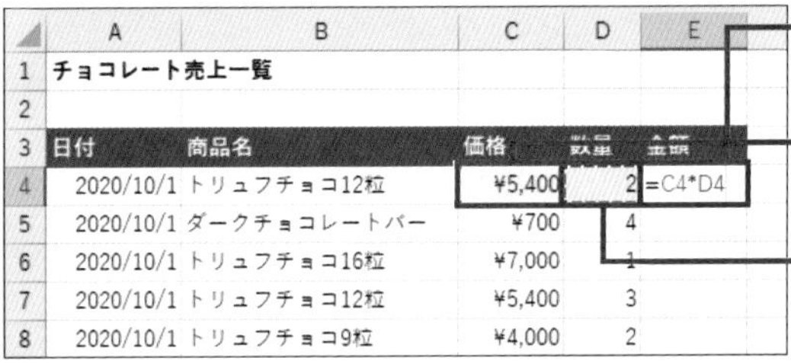

❶ E4 セルをクリックして「=」を入力します。

❷ C4 セルをクリックし、E4 セルに「*」を入力します。

❸ D4 セルをクリックし、E4 セルに「=C4*D4」と入力されていることを確認します。

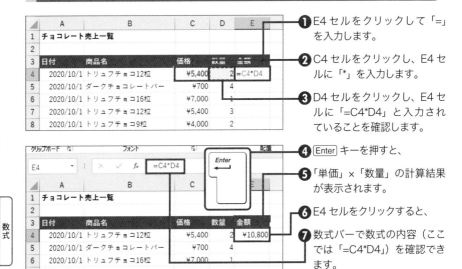

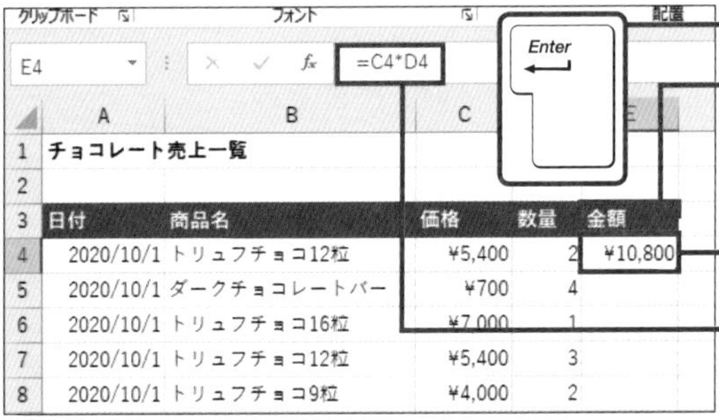

❹ Enter キーを押すと、

❺「単価」×「数量」の計算結果が表示されます。

❻ E4 セルをクリックすると、

❼ 数式バーで数式の内容（ここでは「=C4*D4」）を確認できます。

COLUMN 算術演算子

四則演算などを行う算術演算子には、次のようなものがあります。

算術演算子	計算方法
+	足し算
-	引き算
*	掛け算

算術演算子	計算方法
/	割り算
%	パーセント
^	べき乗

MEMO セル番地で数式を作る

数式を作成するときは、計算対象の数値が入力されているセルをクリックしながら数式を組み立てるのが基本です。こうすれば、指定したセルの数値が変更されたときも連動して計算結果も変わります。なお、「=10+5」のように数値を直接指定して計算することもできます。

SECTION
105
数式

数式をコピーする

同じ行や列に同じ内容の計算式を入力する場合は、1つずつのセルに数式を入力するのではなく、元になる数式をコピーします。数式をコピーすると、数式で参照しているセル番地がコピー先のセルに合わせて自動的に変わります。

数式を下方向にコピーする

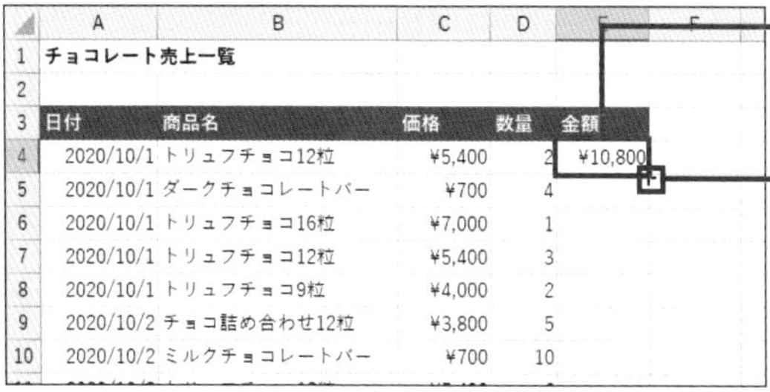

❶ E4セルをクリックします。

❷ 右下の■（フィルハンドル）にマウスポインターを移動すると、マウスポインターの形状が＋に変化します。

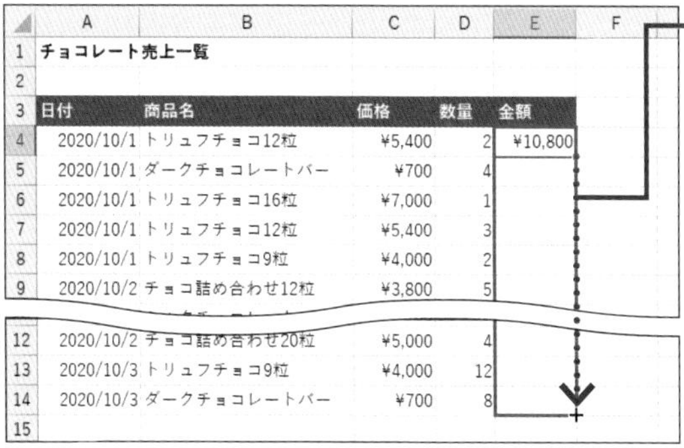

❸ そのまま、表の最終行（ここではE14セル）までドラッグすると、

❹ 数式がコピーされます。

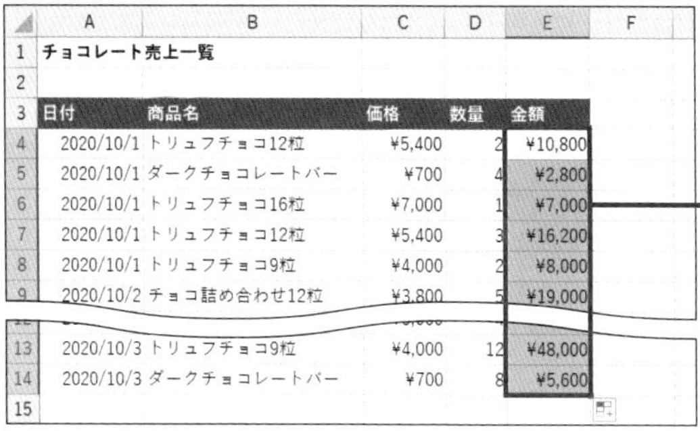

COLUMN

コピー先でセル番地が変化する

E4セルの「=C4*D4」の数式をコピーすると、コピー先のセルではセル番地の行数が自動的に変化します。

セル番地	数式
E4 セル	=C4*D4
E5 セル	=C5*D5
E6 セル	=C6*D6
⋮	⋮
E14 セル	=C14*D14

SECTION
106
数式

絶対参照と相対参照を知る

Sec.105の操作で数式をコピーすると、コピー先のセルに合わせて数式で参照しているセル番地が自動的に変わります。これを「相対参照」と呼びます。一方、コピー先のセルでも元のセル番地のまま固定するには、セル番地を「絶対参照」で指定します。

絶対参照でセルを指定する

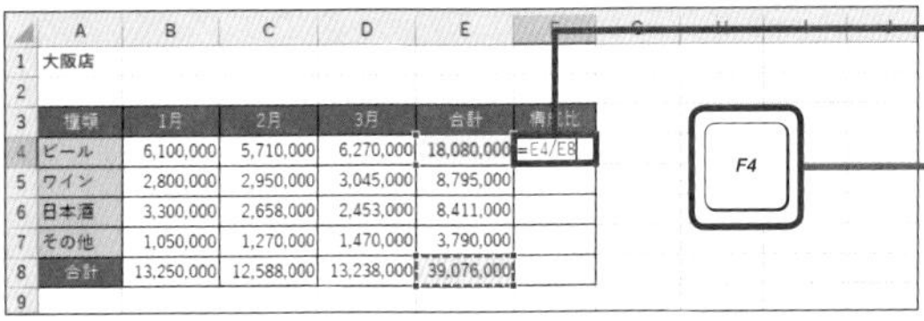

❶ F4セルをクリックし、「=E4/E8」と入力します。

❷ F4 キーを押します。

❸「=E4/$E$8」と表示されたことを確認し、

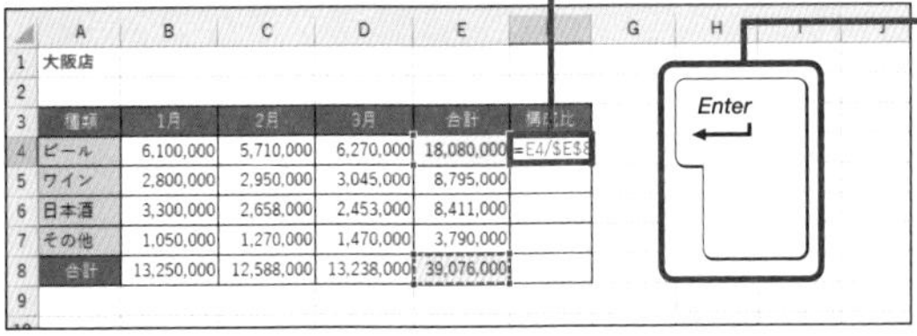

❹ Enter キーを押します。

MEMO ここで操作する内容

ここでは、飲料ごとの売上構成比を求めます。F4セルに入力した数式をコピーしたときに、常にE8セルの数値で割り算されるように、E8セルを絶対参照に指定します。

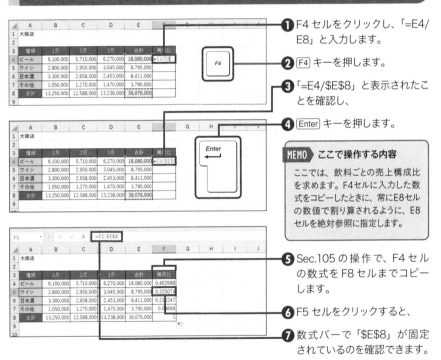

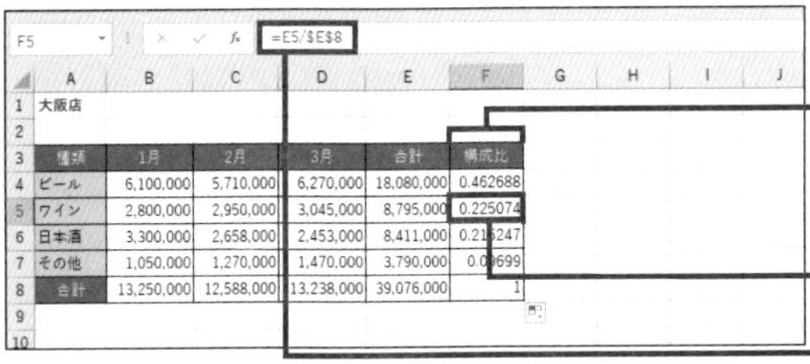

❺ Sec.105の操作で、F4セルの数式をF8セルまでコピーします。

❻ F5セルをクリックすると、

❼ 数式バーで「$E$8」が固定されているのを確認できます。

COLUMN

絶対参照

セル番地の列番号と行番号の前に半角の$記号を付けると絶対参照になります。数式の作成中、セルをクリックした直後に F4 キーを押すと、自動的に$記号が付きます。

セル番地	数式
F4 セル	=E4/$E$8
F5 セル	=E5/$E$8
F6 セル	=E6/$E$8
F7 セル	=E7/$E$8
F8 セル	=E8/$E$8

SECTION 107 数式

参照元のセルを修正する

数式が入力されているセルをダブルクリックすると、参照元のセル番地やセル範囲に枠が付きます。この枠をドラッグすると参照元のセルの場所を変更できます。また、枠の四隅をドラッグすると参照元のセル範囲を変更できます。

参照元のセルを変更する

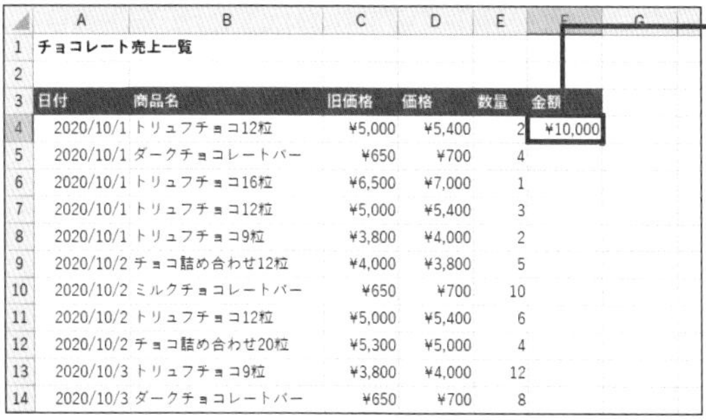

	A	B	C	D	E	F
1	チョコレート売上一覧					
2						
3	日付	商品名	旧価格	価格	数量	金額
4	2020/10/1	トリュフチョコ12粒	¥5,000	¥5,400	2	¥10,000
5	2020/10/1	ダークチョコレートバー	¥650	¥700	4	
6	2020/10/1	トリュフチョコ16粒	¥6,500	¥7,000	1	
7	2020/10/1	トリュフチョコ12粒	¥5,000	¥5,400	3	
8	2020/10/1	トリュフチョコ9粒	¥3,800	¥4,000	2	
9	2020/10/2	チョコ詰め合わせ12粒	¥4,000	¥3,800	5	
10	2020/10/2	ミルクチョコレートバー	¥650	¥700	10	
11	2020/10/2	トリュフチョコ12粒	¥5,000	¥5,400	6	
12	2020/10/2	チョコ詰め合わせ20粒	¥5,300	¥5,000	4	
13	2020/10/3	トリュフチョコ9粒	¥3,800	¥4,000	12	
14	2020/10/3	ダークチョコレートバー	¥650	¥700	8	

❶ F4 セルをダブルクリックします。

MEMO ここで操作する内容

ここでは、F4セルの数式を修正して「価格」×「数量」の結果が正しく表示されるように「=D4*E4」に変更します。数式バーに表示される数式を直接修正することもできます。

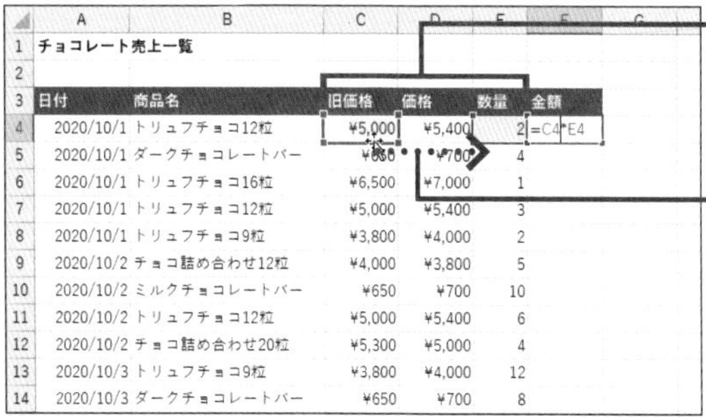

	A	B	C	D	E	F
1	チョコレート売上一覧					
2						
3	日付	商品名	旧価格	価格	数量	金額
4	2020/10/1	トリュフチョコ12粒	¥5,000	¥5,400	2	=C4*E4
5	2020/10/1	ダークチョコレートバー	¥650	¥700	4	
6	2020/10/1	トリュフチョコ16粒	¥6,500	¥7,000	1	
7	2020/10/1	トリュフチョコ12粒	¥5,000	¥5,400	3	
8	2020/10/1	トリュフチョコ9粒	¥3,800	¥4,000	2	
9	2020/10/2	チョコ詰め合わせ12粒	¥4,000	¥3,800	5	
10	2020/10/2	ミルクチョコレートバー	¥650	¥700	10	
11	2020/10/2	トリュフチョコ12粒	¥5,000	¥5,400	6	
12	2020/10/2	チョコ詰め合わせ20粒	¥5,300	¥5,000	4	
13	2020/10/3	トリュフチョコ9粒	¥3,800	¥4,000	12	
14	2020/10/3	ダークチョコレートバー	¥650	¥700	8	

❷ 参照元のセルに枠が付きます。

❸ C4 セルの外枠にマウスポインターを移動するとマウスポインターの形状が変わるので、そのまま、D4 セルまでドラッグします。

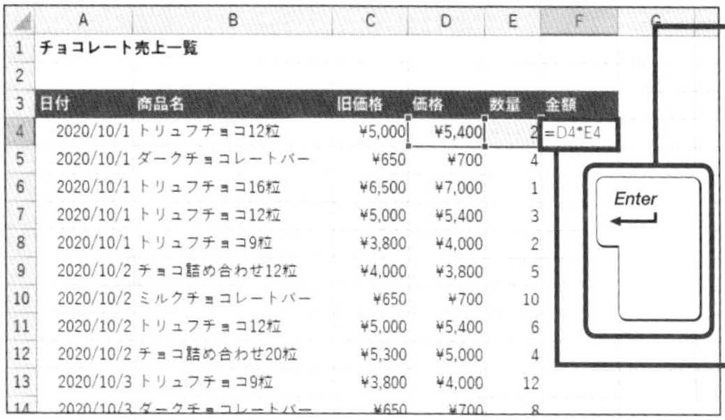

	A	B	C	D	E	F
1	チョコレート売上一覧					
2						
3	日付	商品名	旧価格	価格	数量	金額
4	2020/10/1	トリュフチョコ12粒	¥5,000	¥5,400	2	=D4*E4
5	2020/10/1	ダークチョコレートバー	¥650	¥700	4	
6	2020/10/1	トリュフチョコ16粒	¥6,500	¥7,000	1	
7	2020/10/1	トリュフチョコ12粒	¥5,000	¥5,400	3	
8	2020/10/1	トリュフチョコ9粒	¥3,800	¥4,000	2	
9	2020/10/2	チョコ詰め合わせ12粒	¥4,000	¥3,800	5	
10	2020/10/2	ミルクチョコレートバー	¥650	¥700	10	
11	2020/10/2	トリュフチョコ12粒	¥5,000	¥5,400	6	
12	2020/10/2	チョコ詰め合わせ20粒	¥5,300	¥5,000	4	
13	2020/10/3	トリュフチョコ9粒	¥3,800	¥4,000	12	
14	2020/10/3	ダークチョコレートバー	¥650	¥700	8	

❹ Enter キーを押すと、

❺ 数式の参照元のセルを C4 セルから D4 セルに変更できます。

MEMO セル範囲を変更する

参照元のセル範囲を拡大／縮小するには、参照元セル範囲の枠の四隅に表示される■をドラッグします。

SECTION 108 数式

参照元／参照先のセルを確認する

数式の参照元セルや参照先セルをひと目で把握するには、＜参照先のトレース＞や＜参照元のトレース＞を使うとよいでしょう。トレースには計算過程を追跡するという意味があり、数式で参照しているセルに青い矢印が表示されます。

参照元のトレースを表示する

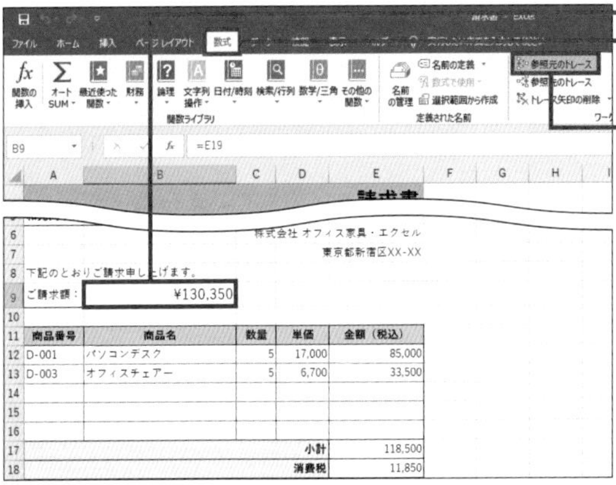

❶ B9 セルをクリックします。

❷ ＜数式＞タブをクリックし、

❸ ＜参照元のトレース＞をクリックします。

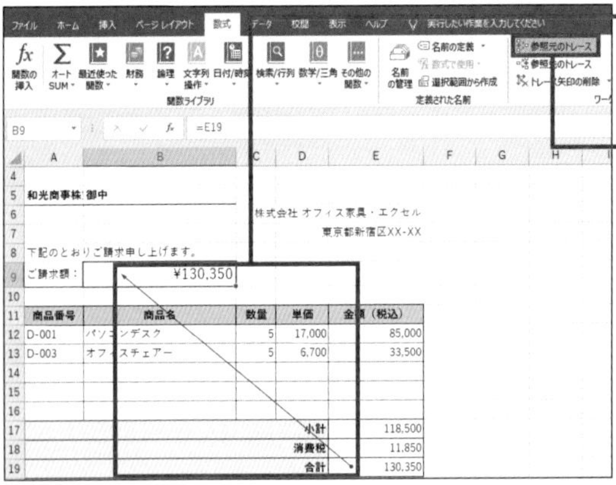

❹ 参照元セルに矢印が表示され、E19 セルの数値を参照していることが確認できます。

❺ 続けて、＜参照元のトレース＞をクリックすると、

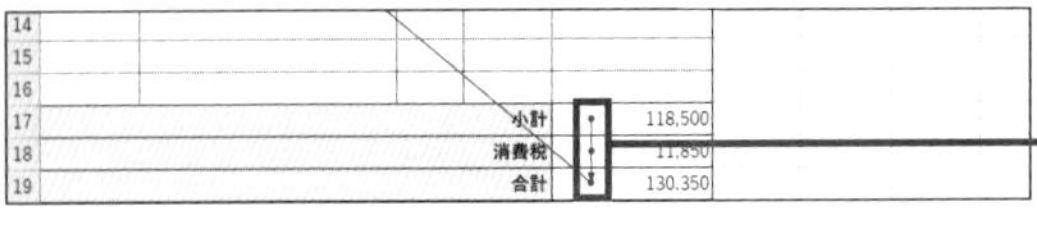

❻ 参照元セルが参照しているセルに矢印が表示され、E17 セルと E18 セルを参照していることが確認できます。

参照先のトレースを表示する

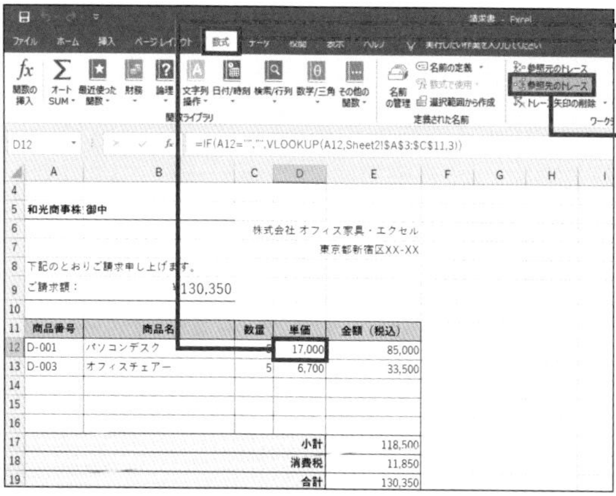

❶ D12セルをクリックします。

❷ <数式>タブをクリックし、

❸ <参照先のトレース>をクリックします。

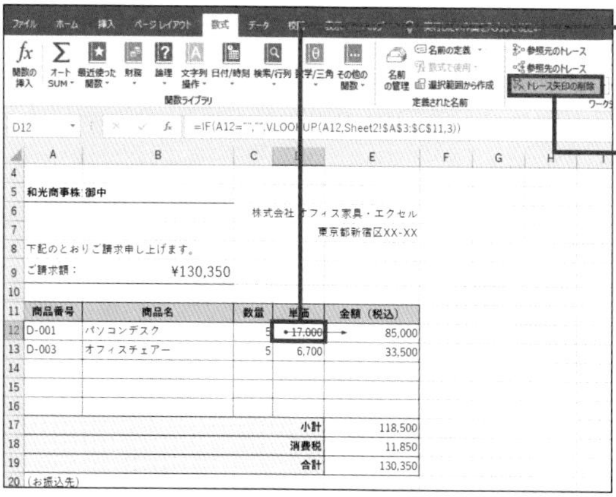

❹ D12セルを参照しているセル（ここではE12セル）に矢印が表示されます。

❺ <トレース矢印の削除>をクリックすると、

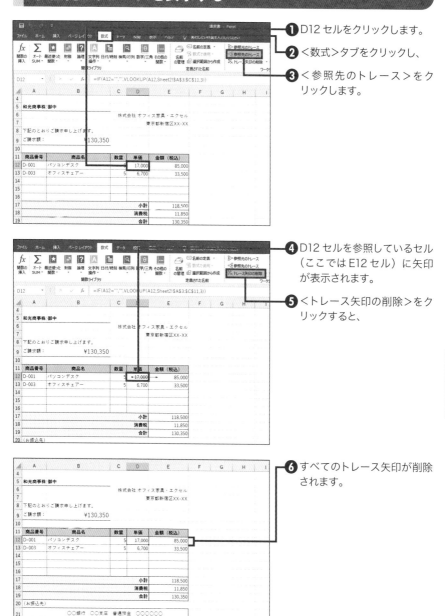

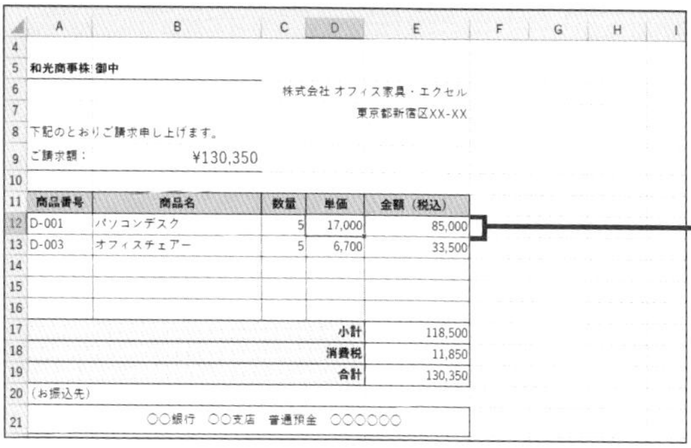

❻ すべてのトレース矢印が削除されます。

SECTION 109 数式

エラーの内容を確認する

セルに入力したデータや数式が間違っている可能性があると、セルの左上隅に緑の三角（エラーインジケーター）が表示されます。このセルをクリックした時に表示される＜エラーチェックオプション＞から、エラーの内容や対処方法を選べます。

エラーの意味を確認する

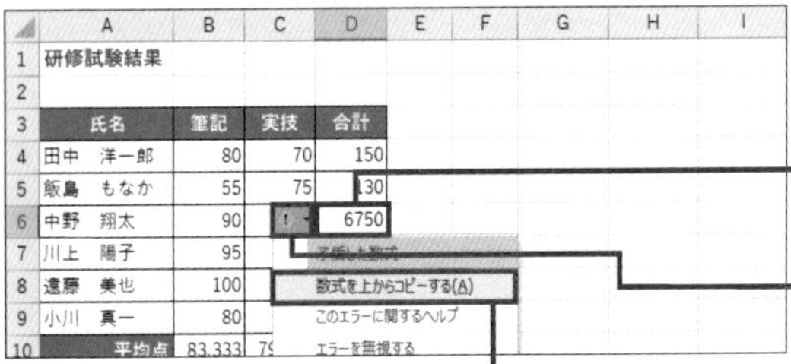

D6セルにエラーインジケーターが表示されています。

❶ D6セルをクリックして、

❷ ＜エラーチェックオプション＞をクリックします。

❸ ＜数式を上からコピーする＞をクリックすると、

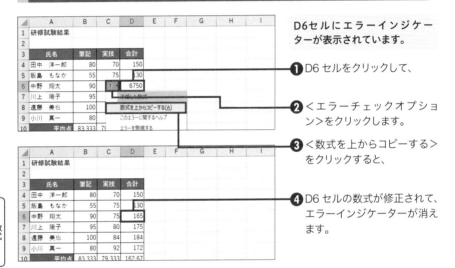

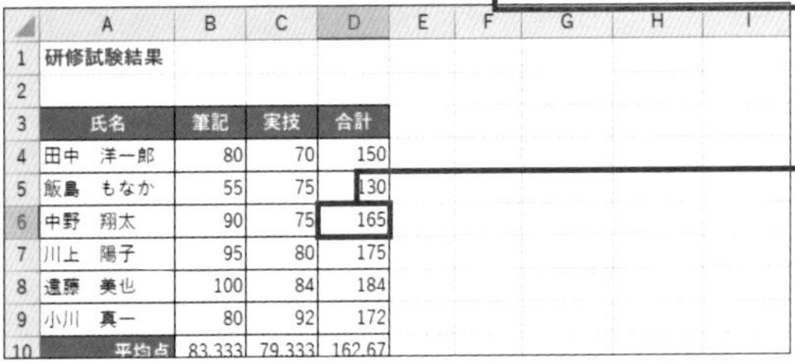

❹ D6セルの数式が修正されて、エラーインジケーターが消えます。

MEMO エラーチェックオプション

＜エラーチェックオプション＞から実行できる内容は次のとおりです。

数値に変換する	文字として入力されている値を数値に変換します。
矛盾した数式	エラーの原因として、数式に間違いがある可能性を示しています。
数式を上からコピーする	エラーインジケーターの上のセルの数式をコピーします。
このエラーに関するヘルプ	このエラーに関するヘルプを表示します。
エラーを無視する	エラーインジケーターを消します。
数式バーで編集	数式バーで編集します。
エラーチェックオプション	＜Excelのオプション＞ダイアログボックスの＜数式＞グループが表示されます。＜エラーチェックルール＞でエラー表示をカスタマイズできます。

SECTION 110 数式

循環参照のエラーを解消する

数式の中で、数式を入力しているセルそのもののセル番地を指定すると、循環参照のエラーが表示されます。このようなときは、<数式>タブの<エラーチェック>を使って、エラーが発生しているセルを確認してから対応しましょう。

循環参照エラーの原因のセルを探す

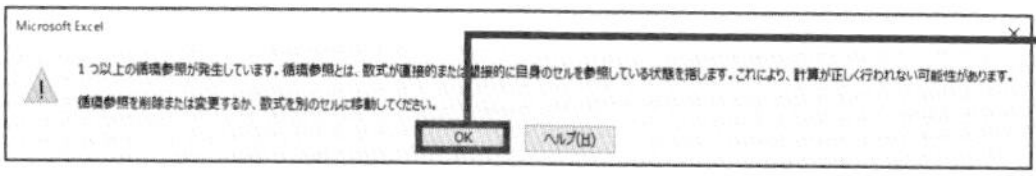

❶循環参照のエラーが表示されたら、< OK >をクリックします。

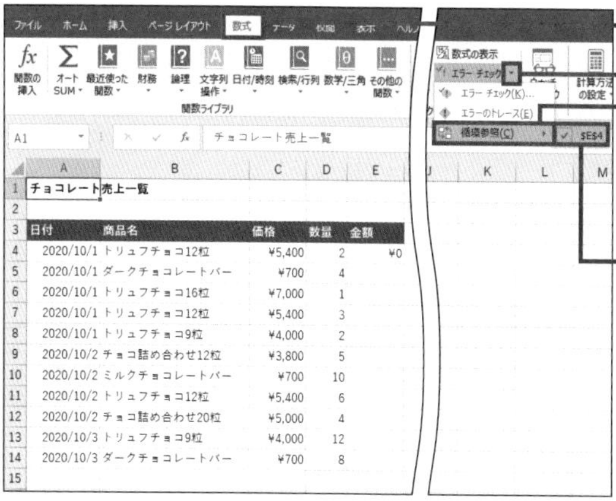

❷<数式>タブをクリックします。

❸<エラーチェック>の▼をクリックし、

❹<循環参照>をクリックして、

❺表示されるセル番地(ここでは $E$4 セル)をクリックすると、

> **MEMO ここで操作する内容**
>
> ここでは、E4セルに「=C4*E4」の数式が入力されています。計算結果を表示するセルと同じセル番地が数式に指定されているため、循環参照エラーが表示されます。

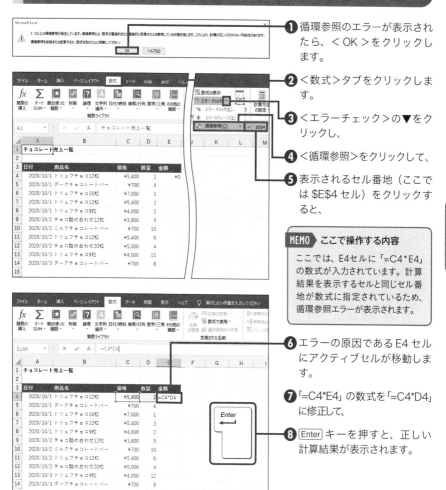

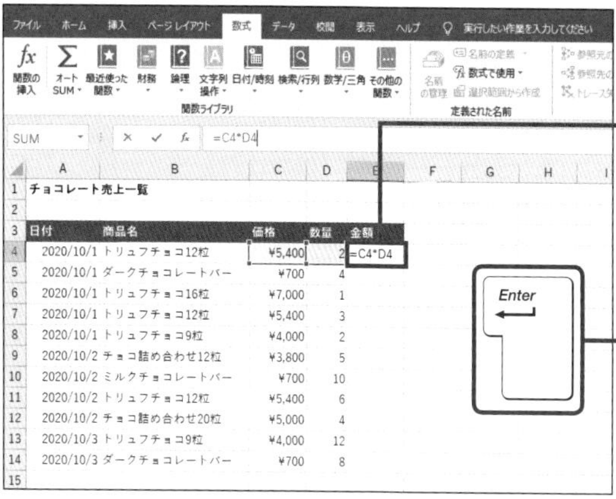

❻エラーの原因であるE4セルにアクティブセルが移動します。

❼「=C4*E4」の数式を「=C4*D4」に修正して、

❽ Enter キーを押すと、正しい計算結果が表示されます。

SECTION 111 数式

計算結果をすばやく確認する

<オートカルク>を使うと、数式を作成しなくても合計や平均、データの個数などの計算結果を確認できます。計算対象のセル範囲をドラッグしただけでステータスバーに計算結果が表示されるので、一時的に計算結果を確認したいときに便利です。

オートカルクで計算結果を表示する

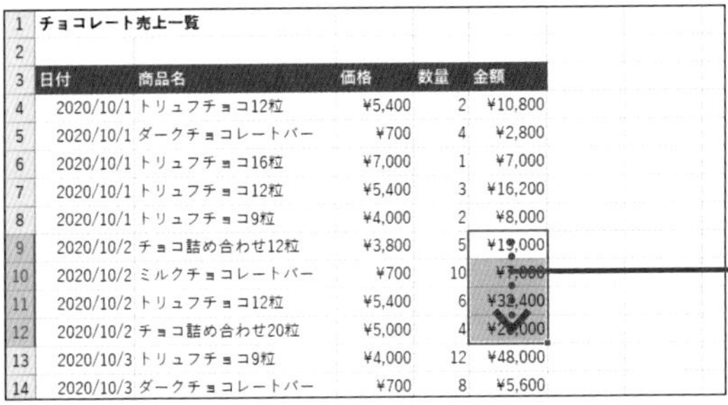

「10/2」の売上の合計金額を表示します。

❶ 合計を求めるセル（ここではE9セル～E12セル）をドラッグすると、

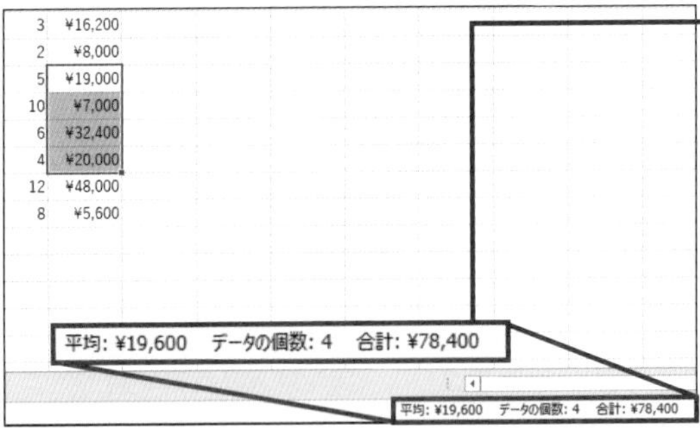

❷ データの個数や合計金額などが表示されます。

COLUMN

計算の種類を変更する

ステータスバーに表示する計算の種類は、ステータスバーを右クリックしたときに表示されるメニューから変更できます。表示する項目をクリックしてチェックを付けます。

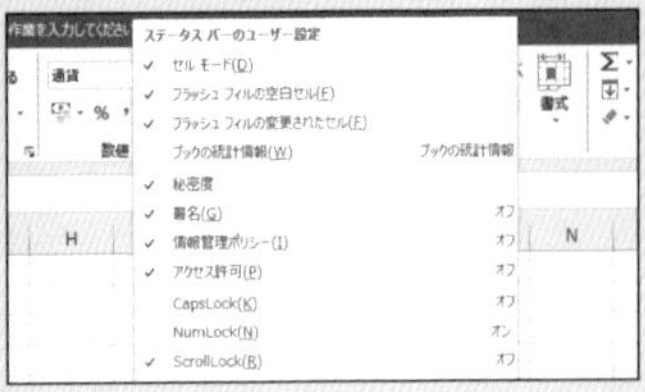

SECTION
112 計算結果の値だけをコピーする

数式

計算結果が表示されているセルを他のセルにコピーすると、数式そのものがコピーされます。そのため、数式で参照しているセルがコピー先にないとエラーになります。このようなときは、<貼り付けのオプション>を使って、計算結果の値だけをコピーします。

値をコピーする

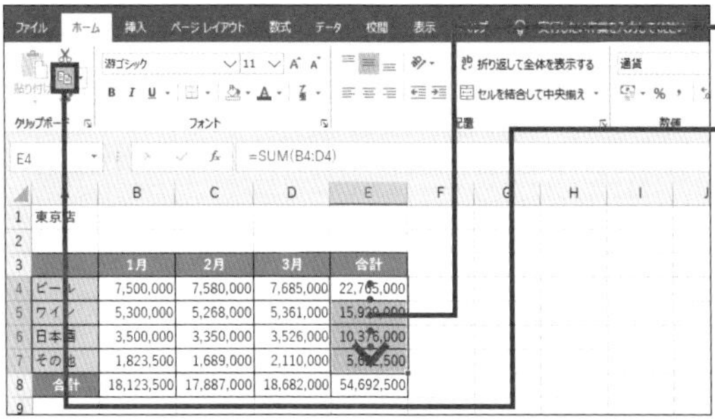

❶<東京>シートの E4 セル〜E7 セルをドラッグし、

❷<ホーム>タブー<コピー>をクリックします。

> **MEMO ここで操作する内容**
>
> ここでは、SUM関数（Sec.116）を使用して1月から3月の数値を合計したセルをコピーして貼り付けています。ところが、貼り付け先で1月から3月の数値を参照できないためエラーになります。

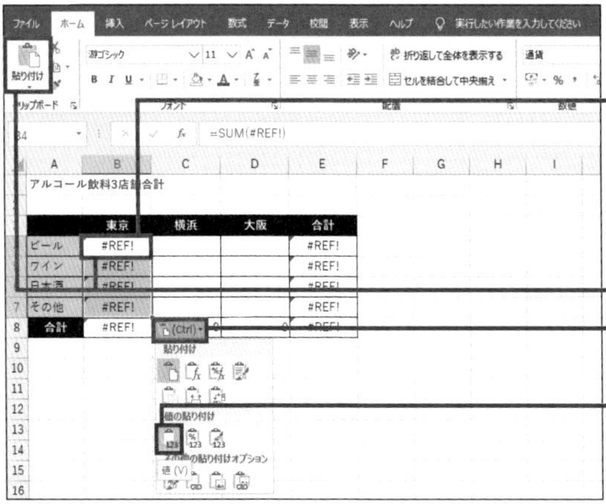

❸<合計>シートに切り替えて B4 セルをクリックし、

❹<貼り付け>をクリックすると、「#REF!」エラーが表示されます。

❺<貼り付けのオプション>をクリックし、

❻<値>をクリックすると、

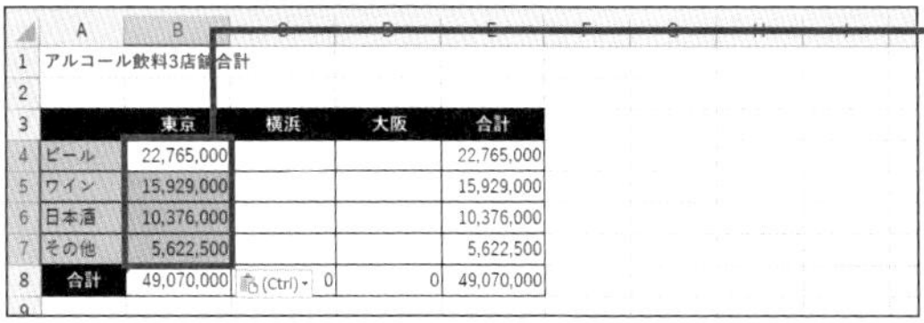

❼計算結果の値だけをコピーできます。

SECTION 113 数式

数式の内容をセルに表示する

数式を入力したセルを選択すると、数式バーに数式の内容が表示されますが、＜数式の表示＞を使って、セル内に直接数式を表示することもできます。＜数式の表示＞をクリックするたびに、数式の表示と非表示が交互に切り替わります。

数式をセルに表示する

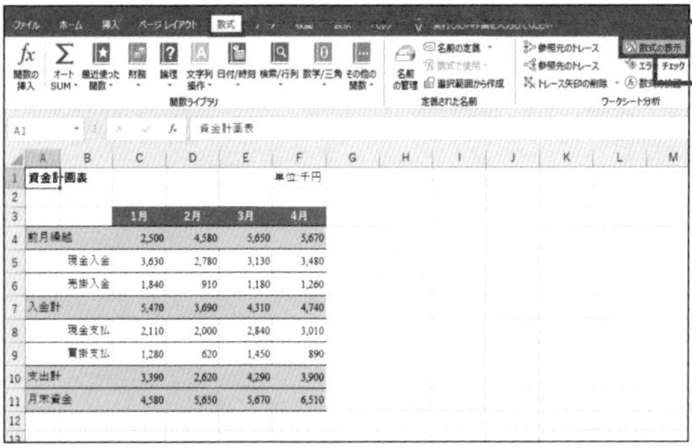

❶＜数式＞タブをクリックし、

❷＜数式の表示＞をクリックします。

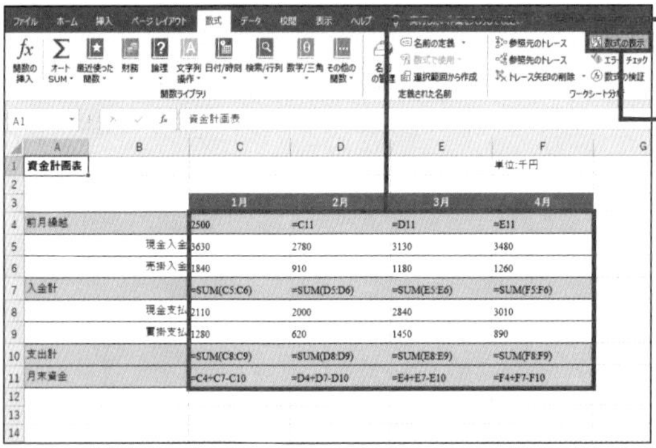

❸列幅が広がり、数式の内容が表示されます。

❹＜数式の表示＞を再度クリックします。

MEMO 表示される数式

ワークシートに入力済みのすべての数式がセルに表示されます。

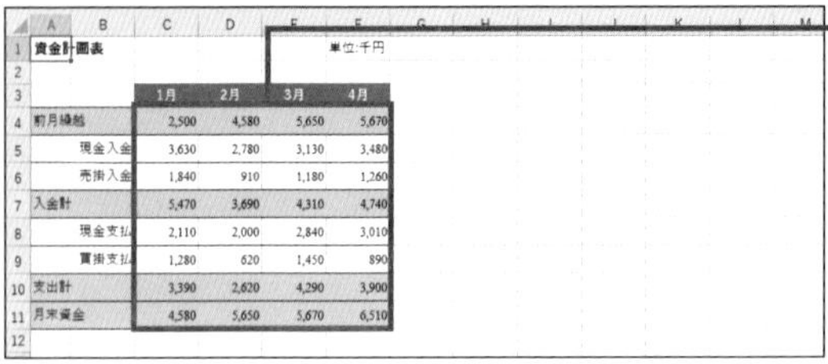

❺計算結果が表示されます。

SECTION 114 関数

関数について知る

関数とはあらかじめ定義された数式のことで、ルールに沿って入力すると、複雑な計算をかんたんに行うことができます。Excelには400以上の関数が用意されており、目的に合わせて使うことができます。関数を入力する際に必要な用語を理解しましょう。

関数名と引数を指定する

関数を入力するときは、「=」の後に「関数名」を入力し、関数で計算するために必要な「引数」（ひきすう）を () の中に指定します。たとえば、以下の図で示す SUM 関数は、引数で指定したセル範囲の合計を求めます（Sec.116）。

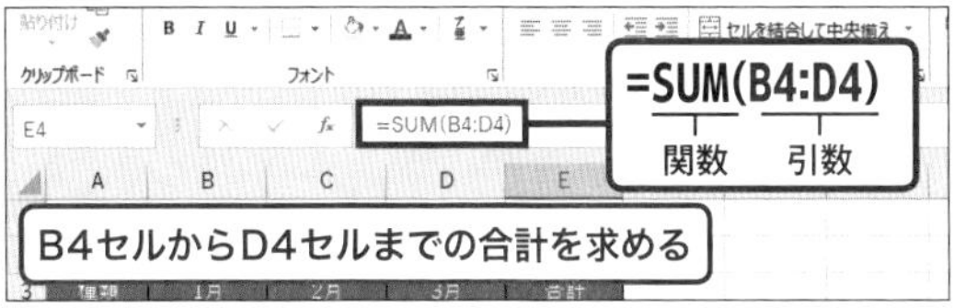

MEMO 引数

引数とは、関数で計算するために指定する内容で、関数によって数や指定する内容が異なります。

COLUMN

関数の分類

主な関数は以下の通りです。<数式>タブには、関数の分類別にボタンが表示されます。

関数	説明
財務	財務計算に使う関数。
日付 / 時刻	日時に関連するデータを計算する関数。
数学 / 三角	基本的な計算や三角関数などを行う関数。
統計	平均、最大値、最小値、標準偏差など、統計計算をするための関数。
検索 / 行列	他のセルの値を参照したり、データの行と列を入れ替えたりする関数。
データベース	指定した条件に一致するデータの抽出や集計を行う関数。
文字列操作	文字列の連結や置換など、文字を使って計算を行う関数。

関数	説明
論理	条件によって処理を分岐する IF 関数と、論理式が用意されている関数。
情報	セルやシートについての情報を得るための関数。
エンジニアリング	数値の単位を変換したりベッセル関数の値を求めたりするなど、特殊な計算をするための関数。
キューブ	データベースからデータを取りだして分析するための関数。
互換性	Excel 2007 以前のバージョンと互換性を持ち、Excel 2010 以降に名前が変更になった関数。
Web	Web サービスから目的の数値や文字列を取りだす関数。

SECTION
115
関数

関数の入力方法を知る

使い慣れた関数はキーボードから直接入力するのが早いですが、引数の設定方法がわからないときには、<関数の挿入>ダイアログボックスを利用するとよいでしょう。<関数の挿入>ダイアログボックスには、引数の指定方法のヒントが表示されます。

<関数の挿入>画面で関数を入力する

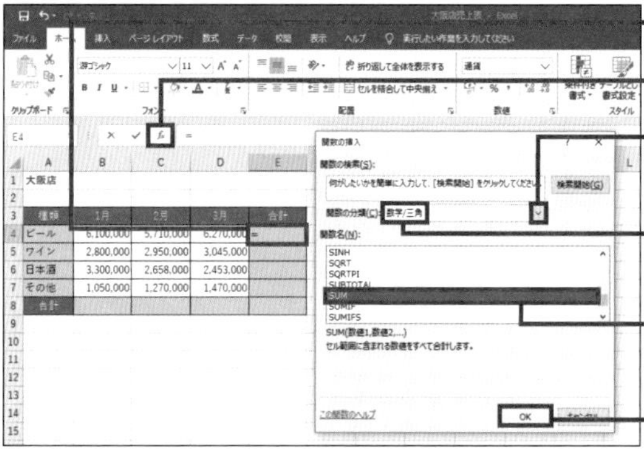

❶ E4 セルをクリックします。
❷ <関数の挿入>をクリックして、
❸ <関数の分類>の▼をクリックし、
❹ <数学 / 三角>をクリックします。
❺ <関数名>（ここでは「SUM」）をクリックし、
❻ < OK >をクリックします。

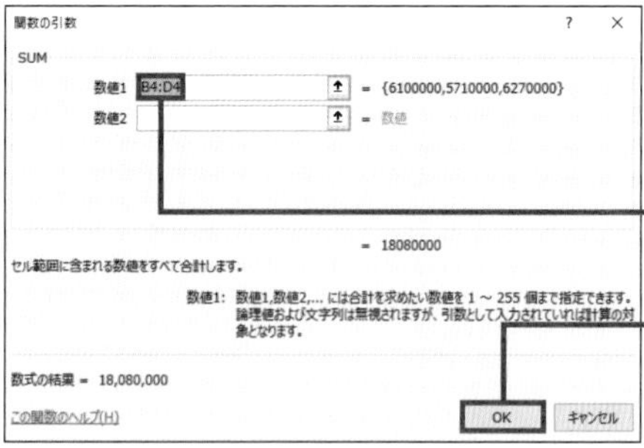

> **MEMO 関数の分類**
> 関数の分類がわからない場合は、<すべて表示>を選びます。

❼ <数値 1 >欄をクリックして引数を入力し、
❽ < OK >をクリックすると、

> **MEMO 引数の指定方法**
> <数値1>欄をクリックしてから、ワークシートのセルやセル範囲を選択すると、自動的に引数として表示されます。

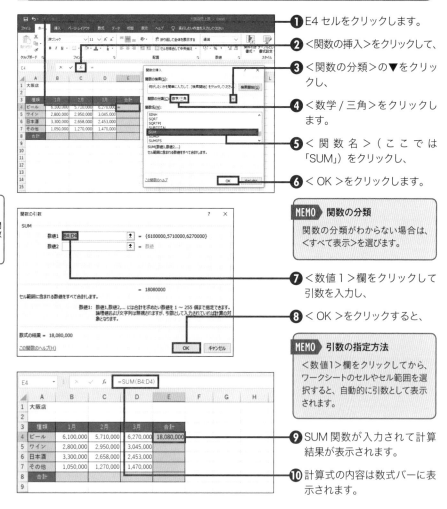

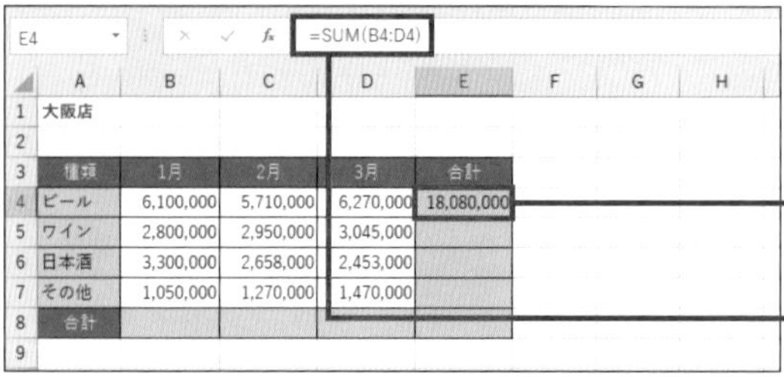

❾ SUM 関数が入力されて計算結果が表示されます。
❿ 計算式の内容は数式バーに表示されます。

SECTION
116
関数

SUM関数

合計を表示する

合計を求めるにはSUM（サム）関数を使います。<ホーム>タブの<オートSUM>を使うと、SUM関数をワンクリックで入力できます。ただし、常に正しく引数が指定されるとは限りません。表示された引数をしっかりチェックしましょう。

SUM関数で合計を求める

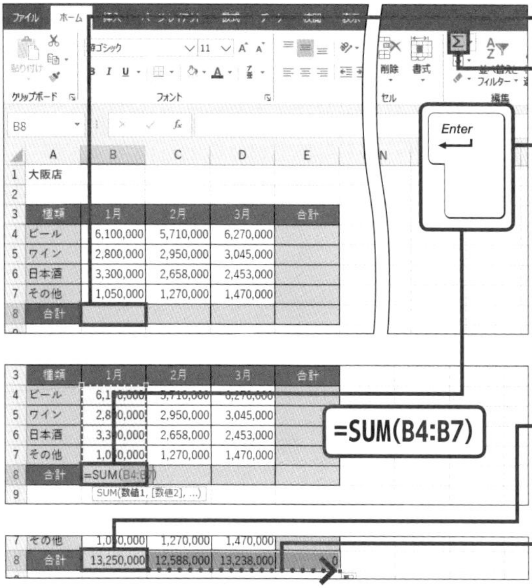

❶ B8セルをクリックして、

❷ <ホーム>タブー<オートSUM>をクリックすると、

❸ SUM関数が表示されます。引数のセル範囲を確認して Enter キーを押すと、

MEMO セル範囲を修正する

引数が間違って表示された場合は、正しいセル範囲をドラッグし直します。

❹ 合計の計算結果が表示されます。

❺ Sec.105の操作で数式をコピーすると、C8セルとD8セルの合計も表示されます。

書式 =SUM(数値1,[数値2],…)

引数

数値1	必須	合計を求める数値や、数値が入力されたセル範囲
数値2	任意	合計を求める数値や、数値が入力されたセル範囲（最大255個まで指定可能）

説明 引数で指定した数値やセル範囲の合計を求めます。隣接するセル範囲は「:(コロン)」、離れた場所のセルは「,(カンマ)」で区切って指定します。両方を組み合わせて使うこともできます。

入力例	意味
=SUM(B5:B9)	B5セルからB9セルの合計
=SUM(A1,A3,A5)	A1セルとA3セルとA5セルの合計
=SUM(A1,B5:B9)	A1セルと、B5セルからB9セルの合計

SECTION
117
関数

AVERAGE関数

平均を表示する

数値の平均を求めるにはAVERAGE（アベレージ）関数を使います。よく使う関数は<オートSUM>から選べるようになっており、AVERAGE関数もその1つです。<オートSUM>の▼をクリックして<平均>を選ぶと、AVERAGE関数が自動入力されます。

<オートSUM>でAVERAGE関数を入力する

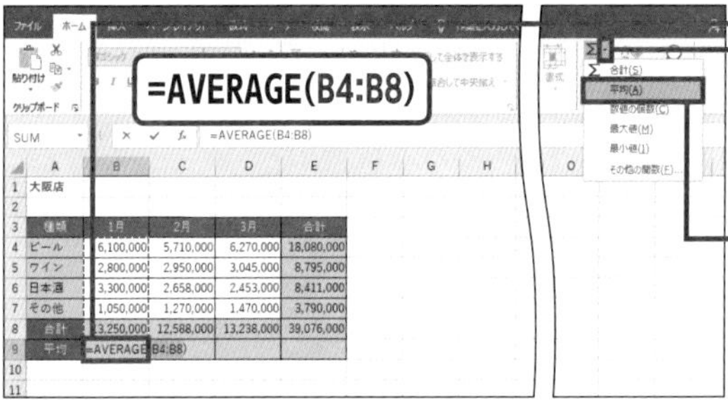

❶ B9セルをクリックして、

❷ <ホーム>タブ－<オートSUM>の▼をクリックします。

❸ <平均>をクリックすると、AVERAGE関数が表示されます。

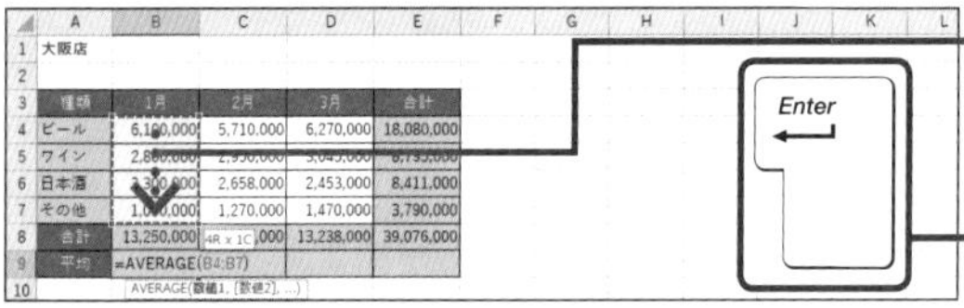

❹ 正しいセル範囲（ここではB4セル～B7セル）をドラッグし、

❺ Enter キーを押すと、

❻ 平均の計算結果が表示されます。

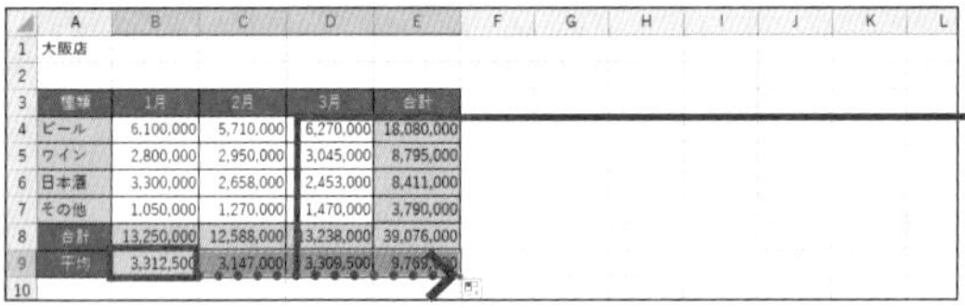

❼ Sec.105の操作で数式をコピーすると、C9セルからE9セルにも平均が表示されます。

書式　**=AVERAGE(数値1,[数値2],…)**

引数	数値1	必須	平均を求める数値や、数値が入力されたセル範囲
	数値2	任意	平均を求める数値や、数値が入力されたセル範囲（最大255個まで指定可能）
説明	引数で指定した数値やセル範囲の数値の平均を求めます。引数の指定方法は、SUM関数と同様です（Sec.116）。		

SECTION 118 関数

数値の個数を表示する

COUNT関数

数値の個数を求めるにはCOUNT(カウント)関数を使います。<オートSUM>の▼をクリックして<数値の個数>を選ぶと、COUNT関数が自動入力されます。COUNT関数では、セルに数値が入力されているセルの数を数えます。

<オートSUM>でCOUNT関数を入力する

D4セル～D13セルに入力されている数値の個数を表示します。

	A	B	C	D
1	研修試験結果			
2				
3	氏名	筆記	実技	合計
4	田中　洋一郎	80	70	150
5	飯島　もなか			欠席
6	中野　翔太	90	75	165
7	川上　陽子	95	80	175
8	遠藤　美也	100	84	184
9	小川　真一	80	92	172
10	小林　誠	70	68	138
11	長谷川　正吾	75	70	145
12	加藤　希美			欠席
13	林　正人	80	75	155
14	受験者数			

=COUNT(D4:D13)

❶ Sec.117の手順を参考に、<オートSUM>の▼をクリックして表示されるメニューから<数値の個数>をクリックしてD14セルにCOUNT関数を入力します。

	A	B	C	D
1	研修試験結果			
2				
3	氏名	筆記	実技	合計
4	田中　洋一郎	80	70	150
5	飯島　もなか			欠席
6	中野　翔太	90	75	165
7	川上　陽子	95	80	175
8	遠藤　美也	100	84	184
9	小川　真一	80	92	172
10	小林　誠	70	68	138
11	長谷川　正吾	75	70	145
12	加藤　希美			欠席
13	林　正人	80	75	155
14	受験者数			8
15				

❷ D4セル～D13セルに入力されている数値の個数が表示されます。

書式 =COUNT(値1,[値2],…)

引数
- **数値1** 必須　数値データの個数を求める項目や、数値が入力されたセル範囲
- **数値2** 任意　数値データの個数を求める項目や、数値が入力されたセル範囲（最大255個まで指定可能）

説明 引数で指定した数値やセル範囲に入力されている数値の個数を求めます。引数の指定方法は、SUM関数と同様です（Sec.116）。

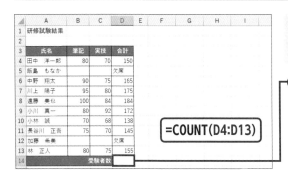

SECTION 119 関数

最大値や最小値を表示する

MAX関数
MIN関数

指定したセル範囲の中での数値の最大値はMAX(マックス)関数、最小値はMIN(ミニマム)関数で求められます。どちらの関数も、<オートSUM>の▼をクリックして表示されるメニューから、<最大値>や<最小値>をクリックすることで入力できます。

<オートSUM>でMAX関数とMIN関数を入力する

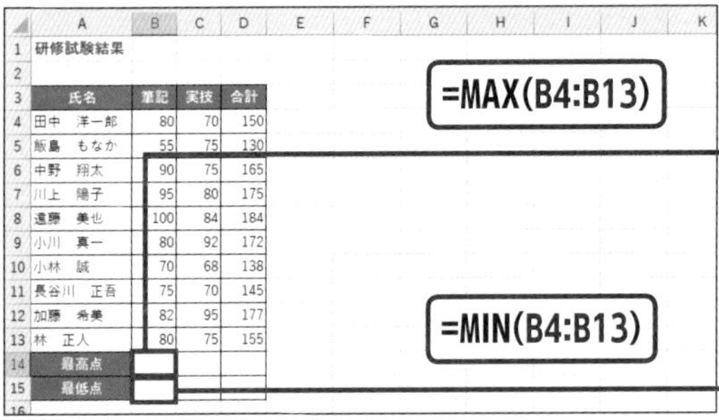

研修試験結果

氏名	筆記	実技	合計
田中 洋一郎	80	70	150
飯島 もなか	55	75	130
中野 翔太	90	75	165
川上 陽子	95	80	175
遠藤 美也	100	84	184
小川 真一	80	92	172
小林 誠	70	68	138
長谷川 正吾	75	70	145
加藤 希美	82	95	177
林 正人	80	75	155
最高点			
最低点			

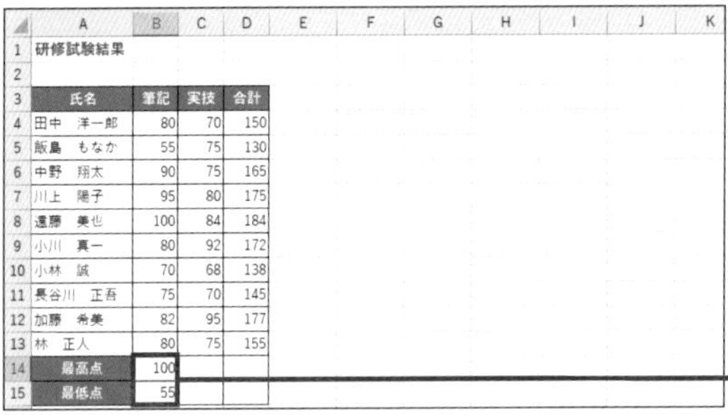

研修試験結果

氏名	筆記	実技	合計
田中 洋一郎	80	70	150
飯島 もなか	55	75	130
中野 翔太	90	75	165
川上 陽子	95	80	175
遠藤 美也	100	84	184
小川 真一	80	92	172
小林 誠	70	68	138
長谷川 正吾	75	70	145
加藤 希美	82	95	177
林 正人	80	75	155
最高点	100		
最低点	55		

B4セル~ B13セルの最大値と最小値を求めます。

1. Sec.117の手順を参考に、<オートSUM>の▼をクリックして表示されるメニューから<最大値>をクリックしてB14セルにMAX関数を入力します。
2. 同様に、<最小値>をクリックしてB15セルにMIN関数を入力します。
3. B14セルにB4セル~ B13セルの最大値が、B15セルにB4セル~ B13セルの最小値が表示されます。

書式 =MAX(数値1,[数値2],…)
=MIN(数値1,[数値2],…)

引数

数値1	必須	最大値(最小値)を求める数値や、数値が入力されたセル範囲
数値2	任意	最大値(最小値)を求める数値や、数値が入力されたセル範囲(最大255個まで指定可能)

説明 MAX関数は、引数で指定した数値やセル範囲に入力されている数値の最大値を求めます。MIN関数は、最小値を求めます。引数に数値が含まれていない場合は0です。引数の指定方法はSUM関数と同様です(Sec.116参照)。

SECTION 120 関数

縦横の合計を一度に表示する

SUM関数

SUM関数を使うと、表の縦横の合計を一度に求められます。最初に合計の元になる数値と計算結果を表示するセルをまとめて選択し、次に<オートSUM>をクリックします。何度も数式をコピーする手間が省けて便利です。

SUM関数で縦横の合計を一度に求める

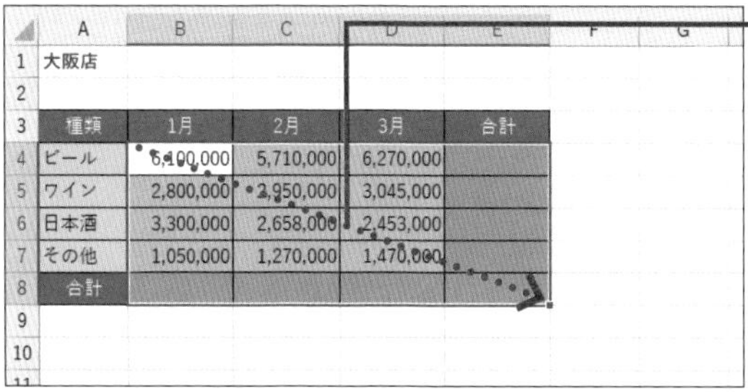

❶B4 セル～ E8 セルをドラッグします。

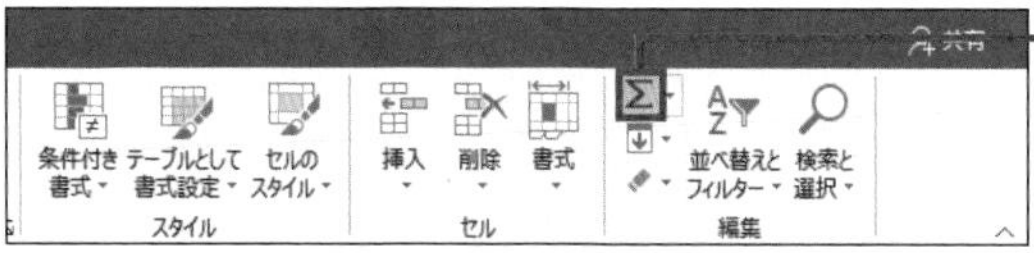

❷<ホーム>タブ－<オートSUM>をクリックすると、

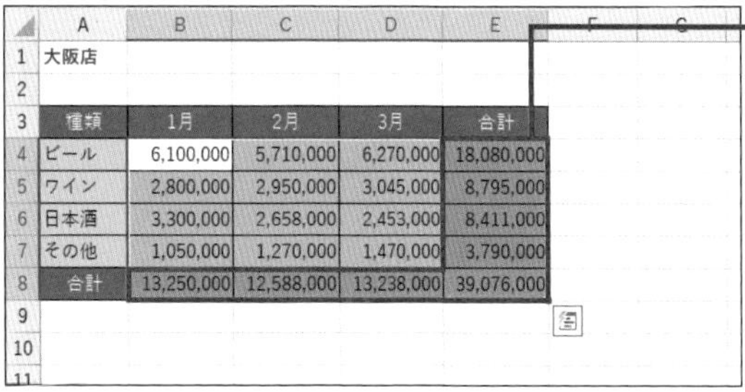

❸E 列の合計と 8 行目の合計が同時に表示されます。

COLUMN

合計以外の縦横も計算できる

手順❷で<オートSUM>の▼をクリックして、<平均>や<最大値>などを選ぶと、AVERAGE関数やMAX関数が自動入力されて、縦横の計算結果を一度に求めることができます。

SECTION
121
関数

エラーの場合の処理を指定する

IFERROR関数

数式が正しくても、計算対象のセルが未入力のときにエラーが表示されることがあります。エラーが表示されたままでは見栄えが悪いので、IFERROR（イフエラー）関数を使ってエラーの場合の処理を指定するとよいでしょう。

IFERROR関数でエラーの処理をする

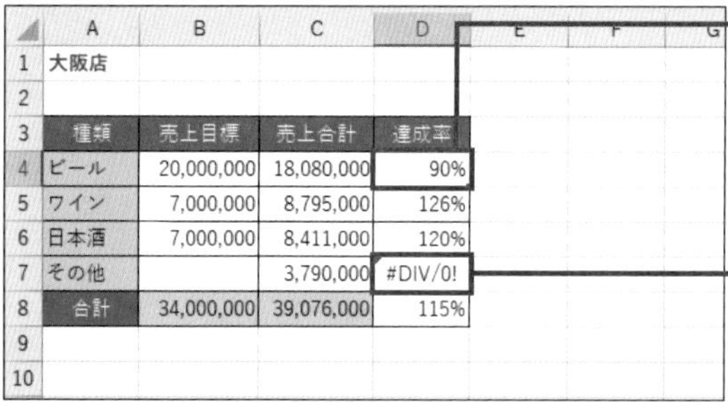

	A	B	C	D	E	F	G
1	大阪店						
2							
3	種類	売上目標	売上合計	達成率			
4	ビール	20,000,000	18,080,000	90%			
5	ワイン	7,000,000	8,795,000	126%			
6	日本酒	7,000,000	8,411,000	120%			
7	その他		3,790,000	#DIV/0!			
8	合計	34,000,000	39,076,000	115%			
9							
10							

❶ D4セルに「=C4/B4」の数式を入力すると、達成率が求められます。

❷ D4セルの数式をコピーすると、B7セルが空白なので、D7セルの計算結果がエラーになります。

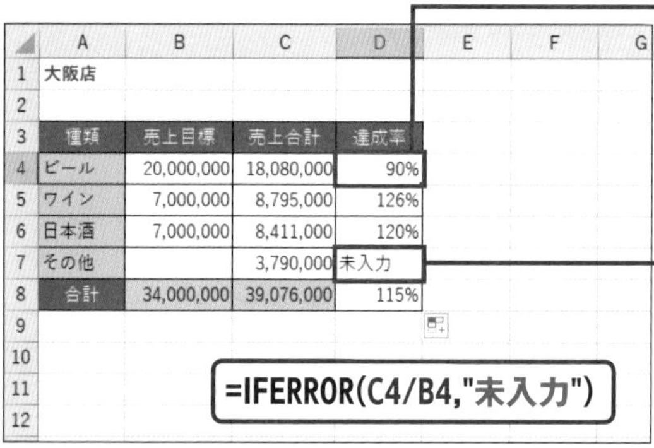

	A	B	C	D	E	F	G
1	大阪店						
2							
3	種類	売上目標	売上合計	達成率			
4	ビール	20,000,000	18,080,000	90%			
5	ワイン	7,000,000	8,795,000	126%			
6	日本酒	7,000,000	8,411,000	120%			
7	その他		3,790,000	未入力			
8	合計	34,000,000	39,076,000	115%			
9							
10							
11							
12							

=IFERROR(C4/B4,"未入力")

❸ D4セルに「=IFERROR(C4/B4,"未入力")」と入力します。

❹ D4セルの数式をコピーすると、エラーのセルに「未入力」と表示されます。

MEMO 文字の指定

計算式の中で文字を指定する場合は、文字の前後を半角の「""（ダブルクォーテーション）」で囲みます。

書式 =IFERROR(値,エラーの場合の値)

引数	値	必須	エラーかどうかをチェックする式
	エラーの場合の値	必須	エラーの場合に表示する内容

説明 引数の「値」に指定した内容にエラーが発生したときの処理を指定します。エラーには、「#N/A」「#VALUE!」「#REF!」「#DIV/0!」「#NUM!」「#NAME?」「#NULL!」があります。

SECTION 122 関数

○番目に大きい値を表示する

LARGE関数 SMALL関数

指定したセル範囲の中で○番目に大きい値を求めるにはLARGE（ラージ）関数、○番目に小さい値を求めるには、SMALL（スモール）関数を使用します。ランキングのトップ3の値やワースト3の値を求めるときなどに使用します。

LARGE関数とSMALL関数を入力する

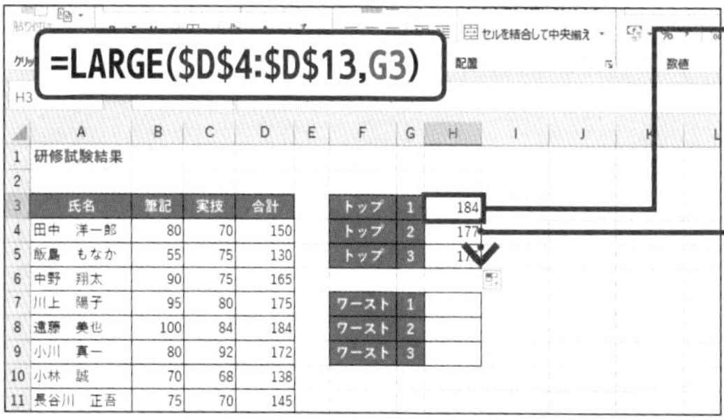

❶ H3セルにLARGE関数を「=LARGE($D$4:$D$13,G3)」と入力します。

❷ H3セルの数式をH5セルまでコピーすると、トップ3の数値が表示されます。

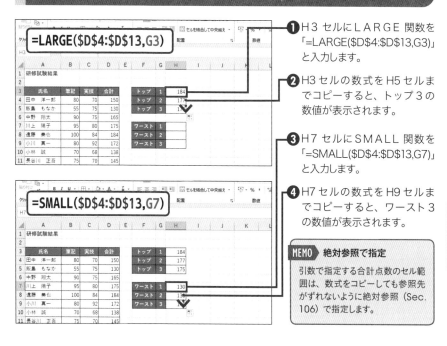

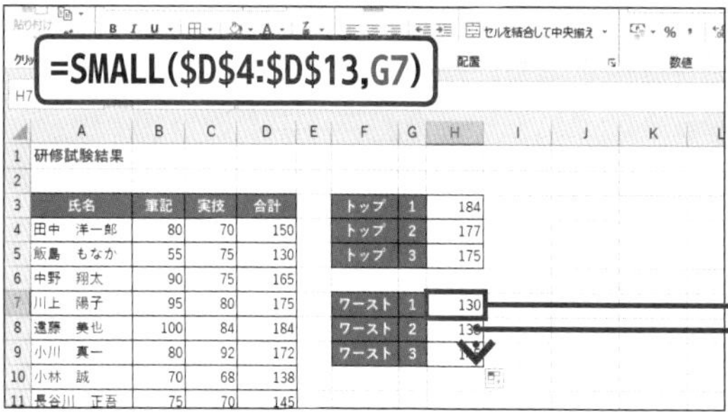

❸ H7セルにSMALL関数を「=SMALL($D$4:$D$13,G7)」と入力します。

❹ H7セルの数式をH9セルまでコピーすると、ワースト3の数値が表示されます。

MEMO 絶対参照で指定

引数で指定する合計点数のセル範囲は、数式をコピーしても参照先がずれないように絶対参照（Sec.106）で指定します。

書式 =LARGE(配列,順位)
=SMALL(配列,順位)

引数

配列	必須	データが含まれるセル範囲
順位	必須	何番目に大きな値（LARGE関数）、または何番目に小さな値（SMALL関数）を調べるか

説明 引数の「配列」で指定したセル範囲に入力されている数値の中から、指定した順位の値を調べます。LARGE関数は○番目に大きい値、SMALL関数は○番目に小さい値が求められます。

SECTION 123 関数

空白以外のデータの個数を数える

COUNTA関数

セル範囲の中で空白以外のセルの個数を求めるには、COUNTA（カウントエー）関数を使用します。Sec.118のCOUNT関数は、数値が入力されているセルの個数を求めますが、COUNTA関数は数値や文字、エラー値、空白文字が含まれるセルも対象になります。

COUNTA関数で空白以外の個数を求める

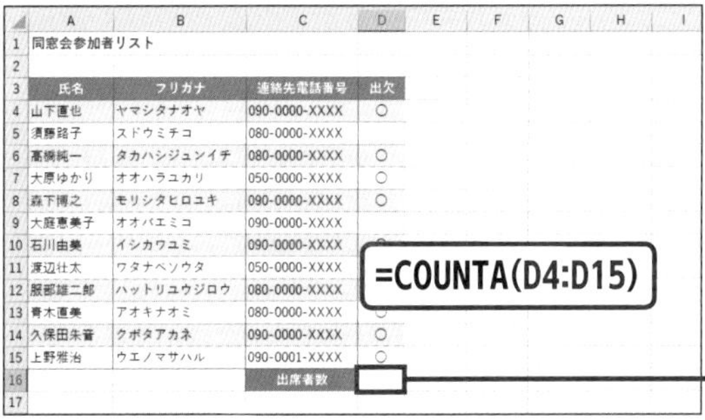

D4セル～D15セルの中で、空白以外のセルの個数を求めます。

❶ D16セルにCOUNTA関数を「=COUNTA(D4:D15)」と入力します。

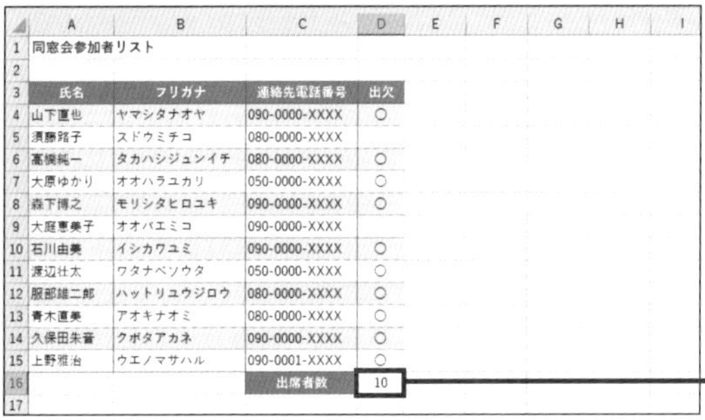

❷ D16セルに、D4セル～D15セルの中で空白以外のセルの個数が表示されます。

書式　=COUNTA(値1,[値2],…)

引数	値1	必須	空白以外のデータの数を求めるセル範囲
	値2	必須	空白以外のデータの数を求めるセル範囲（最大255個まで指定可能）
説明	引数の「値」で指定したセル範囲に含まれる、空白以外のデータの個数を求めます。空白の文字が入力されているセルや、空白に見えるが実際には計算式が入っているセルも計算対象に含まれます。		

SECTION 124 関数

端数を四捨五入する

ROUND関数 ROUNDUP関数 ROUNDDOWN関数

商品の割り引き後の価格計算で、小数点以下の端数が出る場合があります。四捨五入するにはROUND（ラウンド）関数、切り上げるにはROUNDUP（ラウンドアップ）関数、切り捨てるにはROUNDDOWN（ラウンドダウン）関数を使って端数の処理を行います。

ROUND関数で数値を四捨五入する

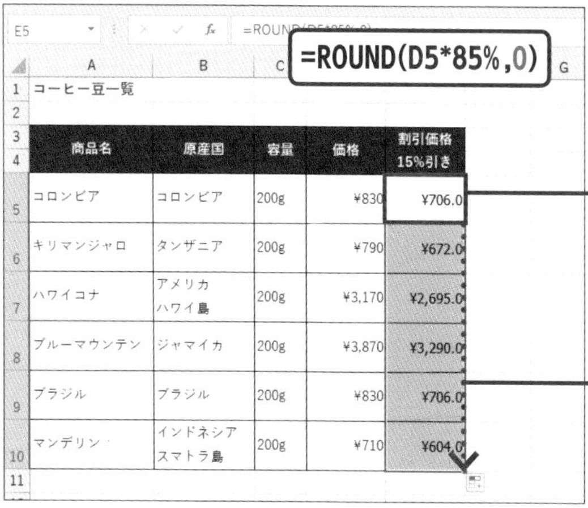

15%割り引き後の価格を求める式（単価*85%）を入力し、計算結果を小数点以下第1位で四捨五入します。

❶ E5セルにROUND関数を「=ROUND(D5*85%,0)」と入力すると、小数点以下第1位で四捨五入された15%割引後の価格が表示されます。

❷ E5セルの数式をE10セルまでコピーします。

書式
=ROUND(数値,桁数)
=ROUNDUP(数値,桁数)
=ROUNDDOWN(数値,桁数)

引数
数値 必須 四捨五入する数値やセル
桁数 必須 どの桁を四捨五入するか

説明
引数の「数値」を、引数の「桁数」の桁で四捨五入します。引数の「桁数」に0を指定すると小数第1位を四捨五入します。引数の「桁数」が増えると小数側、減ると整数側の桁が移動します。

桁数	内容
2	小数第3位を四捨五入
1	小数第2位を四捨五入
0	小数第1位を四捨五入
-1	1の位を四捨五入
-2	10の位を四捨五入

SECTION 125 関数

今日の日付や時刻を表示する

TODAY関数
NOW関数

TODAY（トゥディ）関数を使うと、今日の日付を表示できます。また、今日の日付と時刻を表示するにはNOW(ナウ)関数を使います。どちらも引数はありませんが、「=TODAY()」や「=NOW()」のように括弧だけは入力する必要があります。

今日の日付を求める

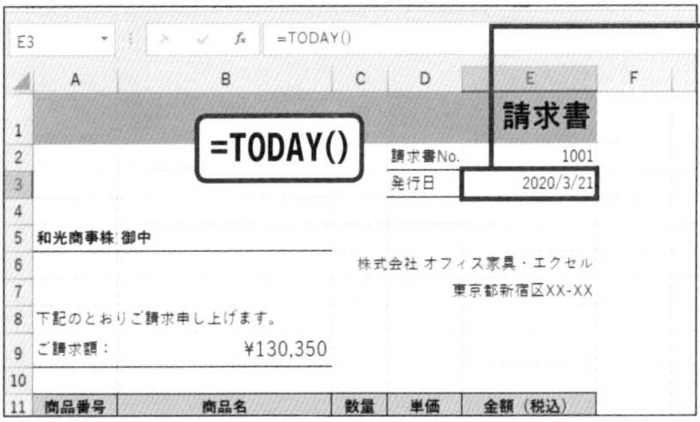

❶ E3セルにTODAY関数を「=TODAY()」と入力すると、今日の日付が表示されます。

MEMO 固定の日付を入力する

自動的に日付が更新されては困る場合は、Sec.034の操作で日付データを入力します。
日付データとして入力した場合は、常に同じ日付が表示されます。

現在の時刻を求める

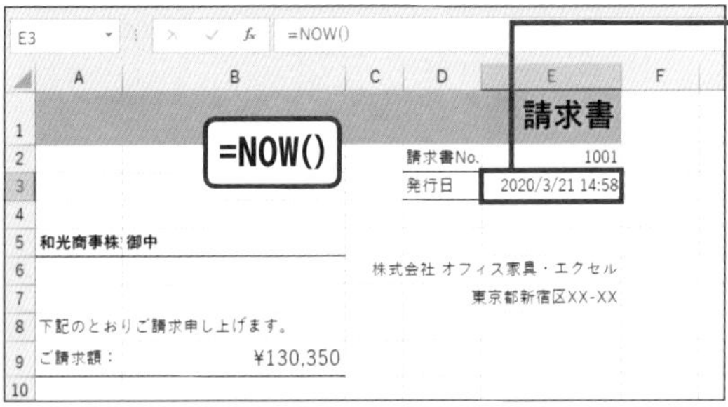

❶ E3セルにNOW関数を「=NOW()」と入力すると、現在の時刻が表示されます。

MEMO #記号が表示された場合

E3セルに#記号が表示された場合は、列幅が不足しています。Sec.046の操作で列幅を広げると、日時が表示されます。

書式
=TODAY()
=NOW()

説明
今日の日付を表示します。引数はありませんが、「=TODAY」のあとの括弧は入力する必要があります。今日の日付と時刻を表示にするには、NOW関数を使います。いずれも、ファイルを開いた日付や時刻に自動的に更新されます。

SECTION 126 関数

日付から年や月、日を表示する

YEAR関数
MONTH関数
DAY関数

Excelでは、「2020/9/10」などの日付から「年」「月」「日」の情報を個別に取り出すことができます。年の情報を取り出すにはYEAR（イヤー）関数、月の情報を取り出すにはMONTH（マンス）関数、日の情報を取り出すにはDAY（デイ）関数を使います。

関数を使って年と月を取り出す

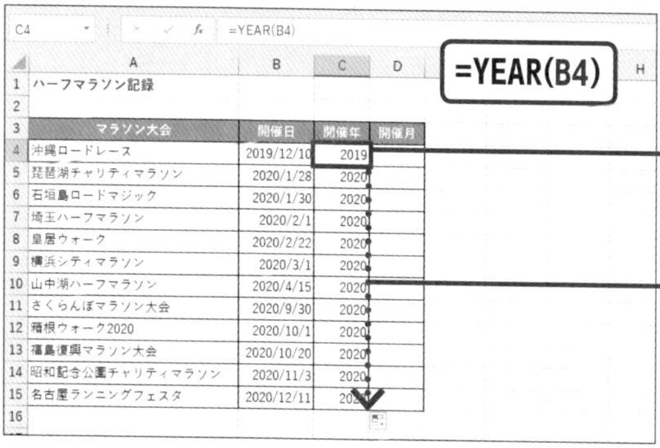

	A	B	C	D
1	ハーフマラソン記録			
2				
3	マラソン大会	開催日	開催年	開催月
4	沖縄ロードレース	2019/12/10	2019	
5	琵琶湖チャリティマラソン	2020/1/28	2020	
6	石垣島ロードマジック	2020/1/30	2020	
7	埼玉ハーフマラソン	2020/2/1	2020	
8	皇居ウォーク	2020/2/22	2020	
9	横浜シティマラソン	2020/3/1	2020	
10	山中湖ハーフマラソン	2020/4/15	2020	
11	さくらんぼマラソン大会	2020/9/30	2020	
12	箱根ウォーク2020	2020/10/1	2020	
13	福島復興マラソン大会	2020/10/20	2020	
14	昭和記念公園チャリティマラソン	2020/11/3	2020	
15	名古屋ランニングフェスタ	2020/12/11	20[illegible]	
16				

開催日（B列）から開催年を取り出します。

❶ C4セルにYEAR関数を「=YEAR(B4)」と入力すると、開催年が表示されます。

❷ C4セルの数式をC15セルまでコピーします。

開催日（B列）から開催月を取り出します。

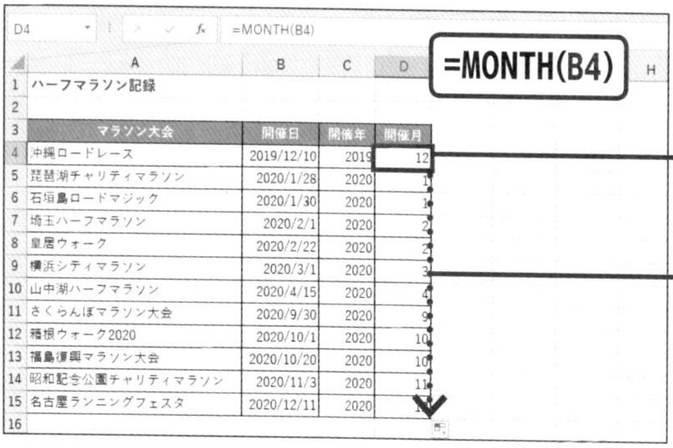

	A	B	C	D
1	ハーフマラソン記録			
2				
3	マラソン大会	開催日	開催年	開催月
4	沖縄ロードレース	2019/12/10	2019	12
5	琵琶湖チャリティマラソン	2020/1/28	2020	1
6	石垣島ロードマジック	2020/1/30	2020	1
7	埼玉ハーフマラソン	2020/2/1	2020	2
8	皇居ウォーク	2020/2/22	2020	2
9	横浜シティマラソン	2020/3/1	2020	3
10	山中湖ハーフマラソン	2020/4/15	2020	4
11	さくらんぼマラソン大会	2020/9/30	2020	9
12	箱根ウォーク2020	2020/10/1	2020	10
13	福島復興マラソン大会	2020/10/20	2020	10
14	昭和記念公園チャリティマラソン	2020/11/3	2020	11
15	名古屋ランニングフェスタ	2020/12/11	2020	[illegible]
16				

❸ D4セルにMONTH関数を「=MONTH(B4)」と入力すると、開催日が表示されます。

❹ D4セルの数式をD15セルまでコピーします。

MEMO シリアル値

シリアル値とは、「1900/1/1」を「1」として、1日経つごとに1ずつ増える数値です。

書式

=YEAR(シリアル値)
=MONTH(シリアル値)
=DAY(シリアル値)

引数

シリアル値　**必須**　年（YEAR関数の場合）、月（MONTH関数の場合）、日（DAY関数の場合）を取り出す日付やセル

説明

YEAR関数では、引数で指定した日付の年を求めます。MONTH関数では、引数で指定した日付の月、DAY関数では、引数で指定した日付の日を求めます。

SECTION 127 関数

年や月、日から日付を表示する

DATE関数

年月日から日付データを求めるには、DATE（デート）関数を使います。他のアプリからExcelにデータを取り込んだときに、年月日が別々のセルに分かれてしまうことがあります。このままでは日付の計算ができないので、日付データとして扱えるようにしましょう。

第1章 第2章 第3章 第4章 関数 第5章

日付データに変換する

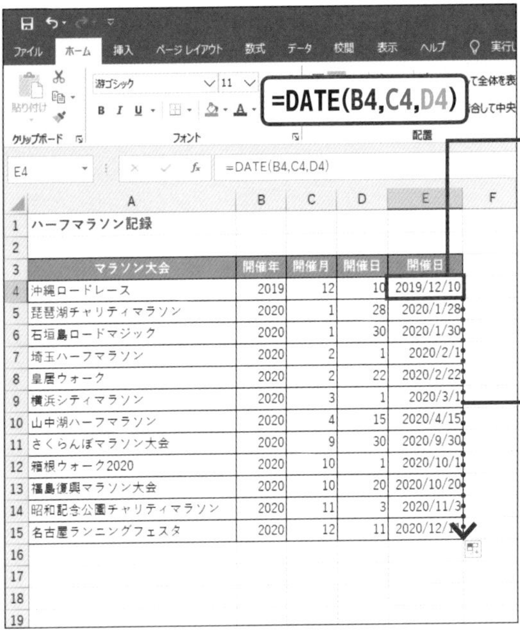

	A	B	C	D	E
1	ハーフマラソン記録				
2					
3	マラソン大会	開催年	開催月	開催日	開催日
4	沖縄ロードレース	2019	12	10	2019/12/10
5	琵琶湖チャリティマラソン	2020	1	28	2020/1/28
6	石垣島ロードマジック	2020	1	30	2020/1/30
7	埼玉ハーフマラソン	2020	2	1	2020/2/1
8	皇居ウォーク	2020	2	22	2020/2/22
9	横浜シティマラソン	2020	3	1	2020/3/1
10	山中湖ハーフマラソン	2020	4	15	2020/4/15
11	さくらんぼマラソン大会	2020	9	30	2020/9/30
12	箱根ウォーク2020	2020	10	1	2020/10/1
13	福島復興マラソン大会	2020	10	20	2020/10/20
14	昭和記念公園チャリティマラソン	2020	11	3	2020/11/3
15	名古屋ランニングフェスタ	2020	12	11	2020/12/1

年（B列）月（C列）、日（D列）を元に、日付データを作成します。

❶ E4セルにDATE関数を「=DATE(B4,C4,D4)」と入力すると、日付データが表示されます。

❷ E4セルの数式をE15セルまでコピーします。

書式 =DATE(年,月,日)

引数	年	必須	日付の年の情報
	月	必須	日付の月の情報
	日	必須	日付の日の情報

説明 引数の「年」「月」「日」で指定した年月日を元に日付データを作成します。

SECTION 128 関数

文字をつなげて表示する

CONCATENATE関数

CONCATENATE関数を使うと、別々のセルの入力した文字をつなげて表示できます。ここでは、別々のセルに入力されている「姓」と「名」をCONCATENATE（コンキャティネイト）関数でつなげて、新しく「氏名」の項目を作成します。

CONCATENATE関数で複数の文字をつなげる

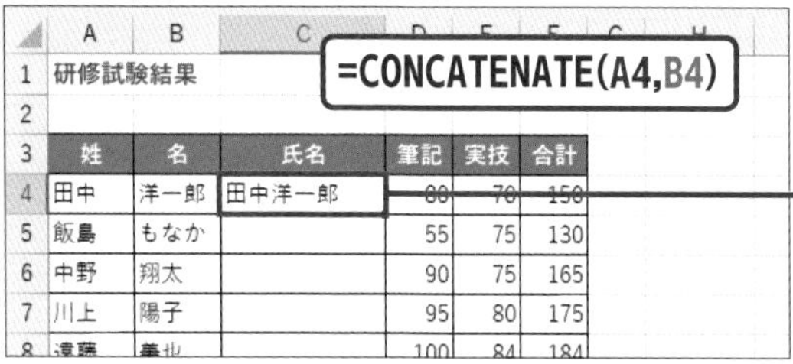

	A	B	C	D	E	F
1	研修試験結果					
2						
3	姓	名	氏名	筆記	実技	合計
4	田中	洋一郎	田中洋一郎	80	70	150
5	飯島	もなか		55	75	130
6	中野	翔太		90	75	165
7	川上	陽子		95	80	175
8	遠藤	美也		100	84	184

姓（A列）と名（B列）をつなげて氏名（C列）に表示します。

❶ C4セルにCONCATENATE関数を「=CONCATENATE(A4,B4)」と入力すると、氏名がつながって表示されます。

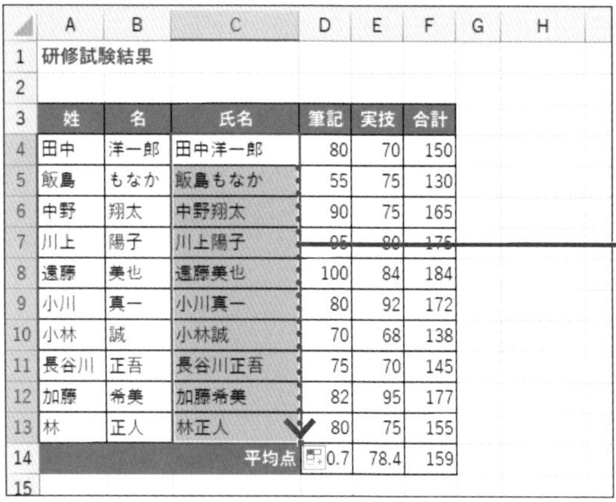

	A	B	C	D	E	F
1	研修試験結果					
2						
3	姓	名	氏名	筆記	実技	合計
4	田中	洋一郎	田中洋一郎	80	70	150
5	飯島	もなか	飯島もなか	55	75	130
6	中野	翔太	中野翔太	90	75	165
7	川上	陽子	川上陽子	95	80	175
8	遠藤	美也	遠藤美也	100	84	184
9	小川	真一	小川真一	80	92	172
10	小林	誠	小林誠	70	68	138
11	長谷川	正吾	長谷川正吾	75	70	145
12	加藤	希美	加藤希美	82	95	177
13	林	正人	林正人	80	75	155
14			平均点	0.7	78.4	159
15						

❷ C4セルの数式をC13セルまでコピーします。

MEMO 「&」演算子でつなげる

文字列をつなげて表示するには、「&」演算子を使う方法もあります。上の例であれば、「=A4&B4」のように指定します。

書式 =CONCATENATE(文字列1,[文字列2],…)

引数

- 文字列1 **必須** 最初の文字やセル
- 文字列2 **任意** つなげて表示する文字を指定（最大255個まで指定可能）

説明 引数で指定した文字列をつなげて表示します。

SECTION
129
関数

文字の一部を取り出して表示する

LEFT関数
RIGHT関数

住所から先頭の都道府県名だけを取り出したり、商品コードの先頭2文字を取り出したりするなど、文字列の先頭から一部を取り出すにはLEFT（レフト）関数を使います。また、文字列の末尾の文字を取り出すには、RIGHT（ライト）関数を使用します。

LEFT関数で先頭の2文字を取り出す

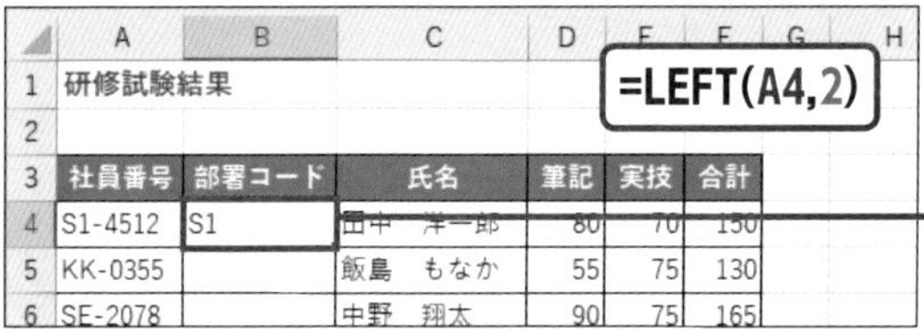

	A	B	C	D	E	F	G	H
1	研修試験結果							
2								
3	社員番号	部署コード	氏名	筆記	実技	合計		
4	S1-4512	S1	田中　洋一郎	80	70	150		
5	KK-0355		飯島　もなか	55	75	130		
6	SE-2078		中野　翔太	90	75	165		

社員番号（A列）の先頭2文字を取り出します。

❶B4セルにLEFT関数を「=LEFT(A4,2)」と入力すると、社員番号の先頭2文字が表示されます。

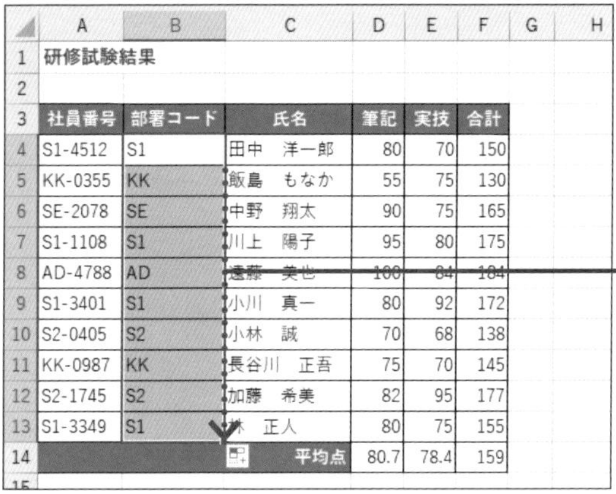

	A	B	C	D	E	F	G	H
1	研修試験結果							
2								
3	社員番号	部署コード	氏名	筆記	実技	合計		
4	S1-4512	S1	田中　洋一郎	80	70	150		
5	KK-0355	KK	飯島　もなか	55	75	130		
6	SE-2078	SE	中野　翔太	90	75	165		
7	S1-1108	S1	川上　陽子	95	80	175		
8	AD-4788	AD	遠藤　美也	100	84	184		
9	S1-3401	S1	小川　真一	80	92	172		
10	S2-0405	S2	小林　誠	70	68	138		
11	KK-0987	KK	長谷川　正吾	75	70	145		
12	S2-1745	S2	加藤　希美	82	95	177		
13	S1-3349	S1	林　正人	80	75	155		
14			平均点	80.7	78.4	159		

❷B4セルの数式をB13セルまでコピーします。

書式　**=LEFT(文字列,[文字数])**
=RIGHT(文字列,[文字数])

引数　**文字列**　必須　文字を取り出す対象の文字列やセル

文字数　任意　取り出す文字数（省略時は1）

説明　LEFT関数では、引数の「文字列」から引数の「文字数」分の文字を左から取り出します。RIGHT関数では、引数の「文字列」から引数の「文字数」分の文字を右から取り出します。

SECTION 130 関数

余計な空白を削除する

TRIM関数

文字列の前後にある余計な空白を削除するには、TRIM（トリム）関数を使います。他のアプリからデータを取り込んだときに、文字列の前後に不要な空白などが含まれる場合があります。TRIM関数を使うと、空白をまとめて取り除くことができます。

指定したセルから余計な空白を削除する

氏名（A列）に含まれる前後の空白を取り除きます。

=TRIM(A4)

	A	B	C	D	E
1	同窓会参加者リスト				
2					
3	氏名		連絡先電話番号	出欠	
4	山下直也	山下直也	090-0000-XXXX	○	出席
5	須藤路子		080-0000-XXXX		欠席
6	高橋純一		080-0000-XXXX	○	出席
7	大原　　　ゆかり		050-0000-XXXX	○	出席
8	森下博之		090-0000-XXXX	○	出席
9	大庭恵美子		090-0000-XXXX		欠席
10	石川由美		090-0000-XXXX	○	出席

❶ B4セルにTRIM関数を「=TRIM(A4)」と入力すると、空白が取り除かれた氏名が表示されます。

	A	B	C	D	E
1	同窓会参加者リスト				
2					
3	氏名		連絡先電話番号	出欠	
4	山下直也	山下直也	090-0000-XXXX	○	出席
5	須藤路子	須藤路子	080-0000-XXXX		欠席
6	高橋純一	高橋純一	080-0000-XXXX	○	出席
7	大原　　　ゆかり	大原　ゆかり	050-0000-XXXX	○	出席
8	森下博之	森下博之	090-0000-XXXX	○	出席
9	大庭恵美子	大庭恵美子	090-0000-XXXX		欠席
10	石川由美	石川由美	090-0000-XXXX	○	出席
11	渡辺壮太	渡辺壮太	050-0000-XXXX	○	出席
12	服部雄二郎	服部雄二郎	080-0000-XXXX	○	出席
13	青木　　直美	青木　直美	080-0000-XXXX	○	出席
14	久保田朱音	久保田朱音	090-0000-XXXX	○	出席
15	上野雅治	上野雅治	090-0001-XXXX	○	出席
16					

❷ B4セルの数式をB15セルまでコピーします。

書式 =TRIM(文字列)

引数 文字列 **必須** 余計な空白を削除する文字列やセル

説明 引数の「文字列」のセルに含まれる、前後の空白を取り除きます。文字列の途中に空白がある場合は、1つの空白を残してその他の余計な空白を取り除きます。

SECTION 131 関数

セル内の余分な改行を削除する

CLEAN関数

セルの中で複数行に分かれて表示されているデータの改行を取り除いて1行にまとめるには、CLEAN（クリーン）関数を使います。他のアプリから取り込んだデータや、コピーして貼り付けたデータに余計な改行が含まれるときは、CLEAN関数で対処しましょう。

CLEAN関数で改行を削除する

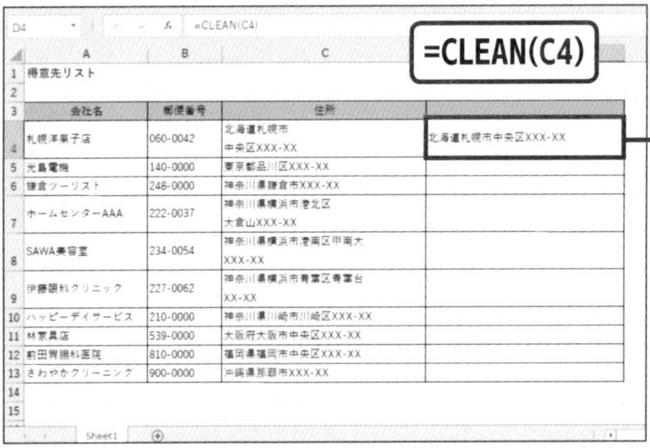

住所（C列）に含まれる改行を削除します。

❶ D4セルにCLEAN関数を「=CLEAN(C4)」と入力すると、改行が削除されて表示されます。

❷ D4セルの数式をD13セルまでコピーします。

書式 =CLEAN(文字列)

引数 文字列 **必須** 改行などの印刷できない文字を削除する文字列やセル

説明 引数の「文字列」から、改行などの印刷できない文字を削除して表示します。

半角／全角を統一する

ASC関数
JIS関数

英字や数字、カタカナなどの全角文字を半角文字に統一するには、ASC（アスキー）関数を使います。反対に、半角文字を全角文字に統一するにはJIS（ジス）関数を使います。全角／半角の表記が混在してしまったときに、一発で表記を統一できます。

JIS関数で全角文字に変換する

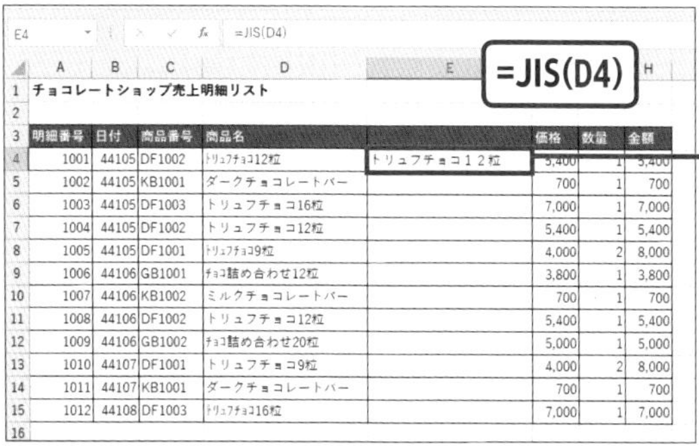

E4 =JIS(D4)

	A	B	C	D	E	F	G	H
1	チョコレートショップ売上明細リスト							
2								
3	明細番号	日付	商品番号	商品名		価格	数量	金額
4	1001	44105	DF1002	ﾄﾘｭﾌﾁｮｺ12粒	トリュフチョコ１２粒	5,400	1	5,400
5	1002	44105	KB1001	ダークチョコレートバー		700	1	700
6	1003	44105	DF1003	トリュフチョコ16粒		7,000	1	7,000
7	1004	44105	DF1002	トリュフチョコ12粒		5,400	1	5,400
8	1005	44105	DF1001	ﾄﾘｭﾌﾁｮｺ9粒		4,000	2	8,000
9	1006	44106	GB1001	ﾁｮｺ詰め合わせ12粒		3,800	1	3,800
10	1007	44106	KB1002	ミルクチョコレートバー		700	1	700
11	1008	44106	DF1002	トリュフチョコ12粒		5,400	1	5,400
12	1009	44106	GB1002	ﾁｮｺ詰め合わせ20粒		5,000	1	5,000
13	1010	44107	DF1001	トリュフチョコ9粒		4,000	2	8,000
14	1011	44107	KB1001	ダークチョコレートバー		700	1	700
15	1012	44108	DF1003	ﾄﾘｭﾌﾁｮｺ16粒		7,000	1	7,000
16								

商品名（D列）の文字を全角文字に統一します。

❶ E4セルにJIS関数を「=JIS(D4)」と入力すると、文字が全角文字に統一されます。

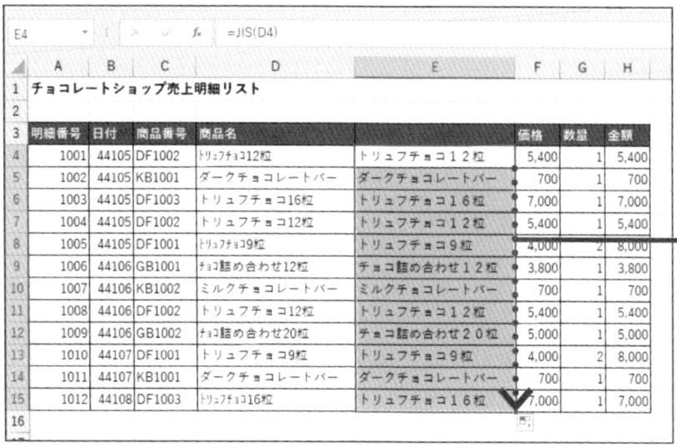

E4 =JIS(D4)

	A	B	C	D	E	F	G	H
1	チョコレートショップ売上明細リスト							
2								
3	明細番号	日付	商品番号	商品名		価格	数量	金額
4	1001	44105	DF1002	ﾄﾘｭﾌﾁｮｺ12粒	トリュフチョコ１２粒	5,400	1	5,400
5	1002	44105	KB1001	ダークチョコレートバー	ダークチョコレートバー	700	1	700
6	1003	44105	DF1003	トリュフチョコ16粒	トリュフチョコ１６粒	7,000	1	7,000
7	1004	44105	DF1002	トリュフチョコ12粒	トリュフチョコ１２粒	5,400	1	5,400
8	1005	44105	DF1001	ﾄﾘｭﾌﾁｮｺ9粒	トリュフチョコ９粒	4,000	2	8,000
9	1006	44106	GB1001	ﾁｮｺ詰め合わせ12粒	チョコ詰め合わせ１２粒	3,800	1	3,800
10	1007	44106	KB1002	ミルクチョコレートバー	ミルクチョコレートバー	700	1	700
11	1008	44106	DF1002	トリュフチョコ12粒	トリュフチョコ１２粒	5,400	1	5,400
12	1009	44106	GB1002	ﾁｮｺ詰め合わせ20粒	チョコ詰め合わせ２０粒	5,000	1	5,000
13	1010	44107	DF1001	トリュフチョコ9粒	トリュフチョコ９粒	4,000	2	8,000
14	1011	44107	KB1001	ダークチョコレートバー	ダークチョコレートバー	700	1	700
15	1012	44108	DF1003	ﾄﾘｭﾌﾁｮｺ16粒	トリュフチョコ１６粒	7,000	1	7,000
16								

❷ E4セルの数式をE15セルまでコピーします。

書式　=ASC(文字列)
=JIS(文字列)

引数　文字列 **必須**　半角（ASC関数の場合）または全角（JIS関数の場合）にする文字列やセル

説明　ASC関数は、引数の「文字列」を半角文字に統一します。JIS関数は、引数の「文字列」を全角文字に統一します。

SECTION 133 関数

姓と名を別のセルに表示する

LEFT関数
FIND関数
RIGHT関数
LEN関数

空白や特定の記号などで区切られた文字列を別々のセルに分けて表示するには、文字列を操作する関数を組み合わせて使います。ここでは、姓と名が空白で区切られた「氏名」を、「姓」と「名」に分けて別々のセルに表示します。

関数で空白の位置を検索する

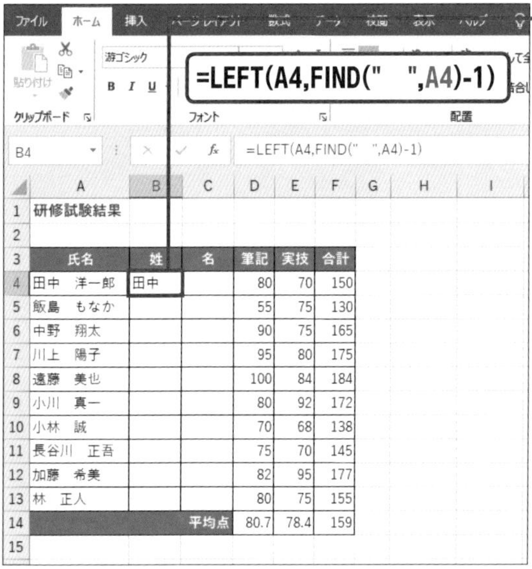

	A	B	C	D	E	F
1	研修試験結果					
2						
3	氏名	姓	名	筆記	実技	合計
4	田中　洋一郎	田中		80	70	150
5	飯島　もなか			55	75	130
6	中野　翔太			90	75	165
7	川上　陽子			95	80	175
8	遠藤　美也			100	84	184
9	小川　真一			80	92	172
10	小林　誠			70	68	138
11	長谷川　正吾			75	70	145
12	加藤　希美			82	95	177
13	林　正人			80	75	155
14			平均点	80.7	78.4	159

❶ B4 セルに、LEFT 関数（Sec. 129）で、「姓」を取り出す式を「= LEFT(A4,FIND("　",A4)-1)」と入力します。

MEMO 手順❶の関数の見方

FIND（ファインド）関数で「氏名」のセルの全角の空白の位置を検索し、空白の位置から1を引いた文字数をLEFT関数で取り出すと、「姓」が表示されます。

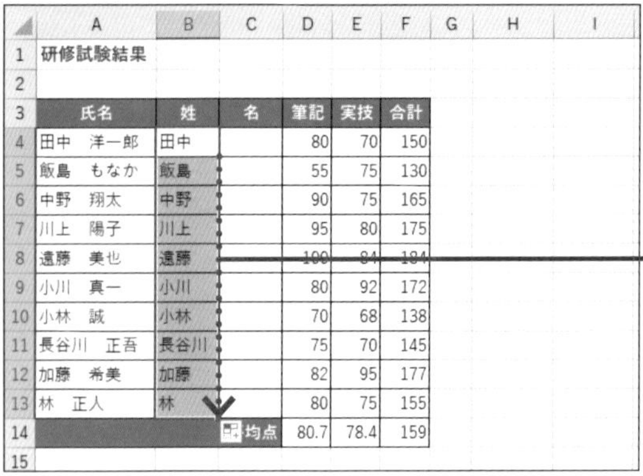

	A	B	C	D	E	F
1	研修試験結果					
2						
3	氏名	姓	名	筆記	実技	合計
4	田中　洋一郎	田中		80	70	150
5	飯島　もなか	飯島		55	75	130
6	中野　翔太	中野		90	75	165
7	川上　陽子	川上		95	80	175
8	遠藤　美也	遠藤		100	84	184
9	小川　真一	小川		80	92	172
10	小林　誠	小林		70	68	138
11	長谷川　正吾	長谷川		75	70	145
12	加藤　希美	加藤		82	95	177
13	林　正人	林		80	75	155
14			平均点	80.7	78.4	159

❷ B4 セルの数式をコピーして姓を取り出します。

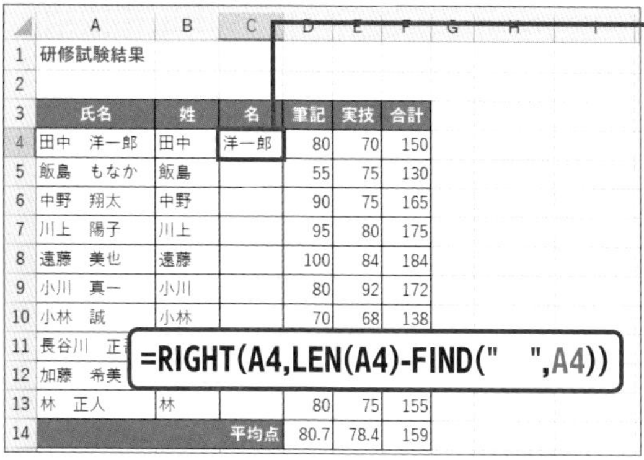

	A	B	C	D	E	F
1	研修試験結果					
2						
3	氏名	姓	名	筆記	実技	合計
4	田中　洋一郎	田中	洋一郎	80	70	150
5	飯島　もなか	飯島		55	75	130
6	中野　翔太	中野		90	75	165
7	川上　陽子	川上		95	80	175
8	遠藤　美也	遠藤		100	84	184
9	小川　真一	小川		80	92	172
10	小林　誠	小林		70	68	138
11	長谷川　正					
12	加藤　希美					
13	林　正人	林		80	75	155
14			平均点	80.7	78.4	159

=RIGHT(A4,LEN(A4)-FIND("　",A4))

❸C4セルに、RIGHT関数（Sec.129）で、「名」を取り出す式を「= RIGHT(A4,LEN(A4)-FIND("　",A4))」と入力します。

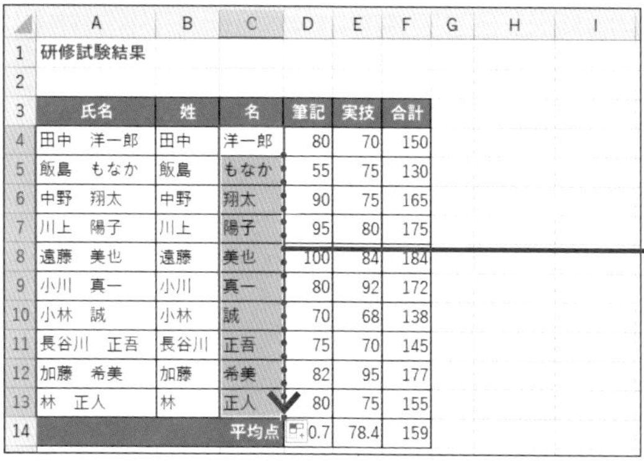

	A	B	C	D	E	F
1	研修試験結果					
2						
3	氏名	姓	名	筆記	実技	合計
4	田中　洋一郎	田中	洋一郎	80	70	150
5	飯島　もなか	飯島	もなか	55	75	130
6	中野　翔太	中野	翔太	90	75	165
7	川上　陽子	川上	陽子	95	80	175
8	遠藤　美也	遠藤	美也	100	84	184
9	小川　真一	小川	真一	80	92	172
10	小林　誠	小林	誠	70	68	138
11	長谷川　正吾	長谷川	正吾	75	70	145
12	加藤　希美	加藤	希美	82	95	177
13	林　正人	林	正人	80	75	155
14			平均点	80.7	78.4	159

❹C4セルの数式をコピーして名を取り出します。

MEMO 手順❸の関数の見方

LEN（レン）関数で「氏名」のセルの文字数を求め、その文字数から全角の空白の位置を引いた文字数をRIGHT関数で取り出すと、「名」が表示されます。

書式 =LEN(文字列)

引数	文字列	必須	文字数を数える文字列
説明	引数の「文字列」の文字数を求めます。		

書式 =FIND(検索文字列,対象,[開始位置])

引数	検索文字列	必須	検索する文字列
	対象	必須	検索文字列を含む文字列
	開始位置	任意	検索を開始する位置（省略時は1）
説明	引数の「検索文字列」を探して最初に見つかった位置が、左から何文字目かを求めます。		

SECTION 134 関数

別表から該当するデータを参照する

VLOOKUP関数

商品番号を入力して、該当する商品の「商品名」や「単価」などを自動的に表示するにはVLOOKUP（ブイルックアップ）関数を使います。この関数を使うためには、該当する「商品名」や「単価」などを検索するために別表を用意する必要があります。

VLOOKUP関数で別表のデータを参照する

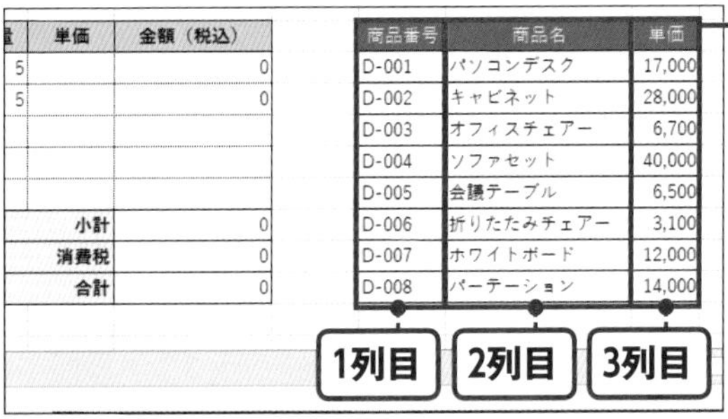

単価
金額（税込）
小計
消費税
合計
商品番号
商品名
単価
D-001 パソコンデスク 17,000
D-002 キャビネット 28,000
D-003 オフィスチェアー 6,700
D-004 ソファセット 40,000
D-005 会議テーブル 6,500
D-006 折りたたみチェアー 3,100
D-007 ホワイトボード 12,000
D-008 パーテーション 14,000
1列目
2列目
3列目

❶ G9セル～I17セルに別表を作成します。

MEMO 別表の作成場所

別表を異なるワークシートに作成してもかまいません。

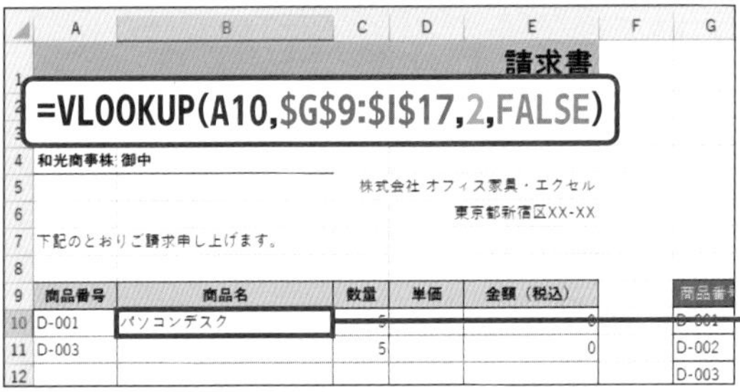

❷ B10セルにVLOOKUP関数を「=VLOOKUP(A10,$G$9:$I$17,2,FALSE)」と入力すると、別表に対応した商品名が表示されます。

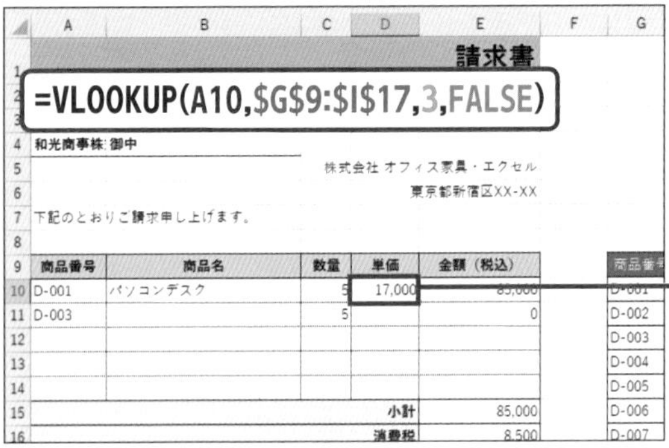

❸ D10セルにVLOOKUP関数を「=VLOOKUP(A10,$G$9:$I$17,3,FALSE)」と入力すると、別表に対応した価格が表示されます。

MEMO 関数の見方

A10セルの「商品番号」を元にして、該当する「商品名」を別表から探し出し、別表の左から2列目（または3列目）のデータを表示します。

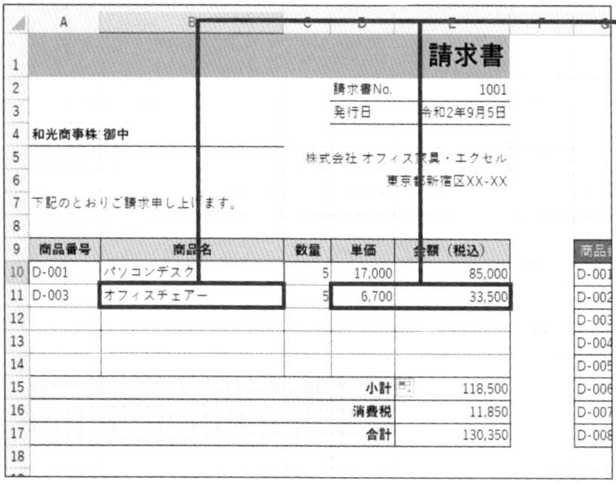

❹ 数式をコピーします。

書式	**=VLOOKUP(検索値,範囲,列番号,[検索の型])**

引数

引数		説明
検索値	必須	検索する値
範囲	必須	別表のセル範囲。左端の列には引数の「検索値」で探すデータを入力する。数式をコピーして使用する場合は絶対参照で指定する
列番号	必須	引数の「範囲」の左端の列に該当する値が見つかったときに、左から何列目の値を表示するかを指定する
検索の型	任意	TRUEまたはFALSEを指定。 TRUEの場合は、検索値が見つからない場合に検索値未満の最大値を検索結果とみなす。FALSEを指定すると、完全に一致する値のみ検索結果とみなす（省略時はTRUE）

説明 引数の「検索値」に指定した値を、引数の「範囲」の左端の列から探し、該当する値が見つかったら、引数の「列番号」にあたるデータを返します。

COLUMN

「#N/A」エラー

VLOOKUP関数の引数の「検索値」が空欄のときは、「#N/A」エラーが表示される場合があります。エラーを回避するには、IFERROR関数(Sec.121)やIF関数(Sec.137)と組み合わせます。

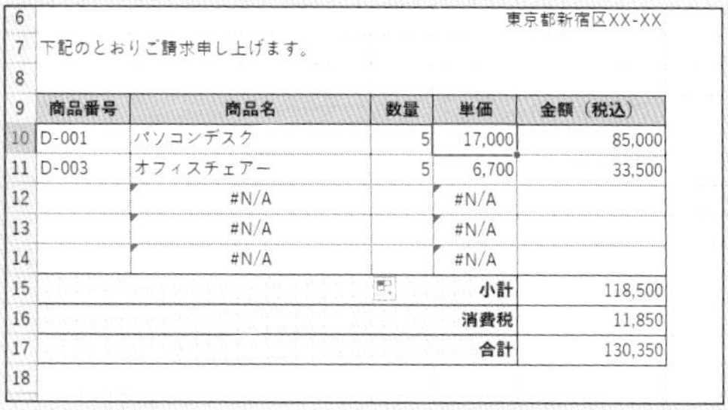

SECTION 135 関数

別表から該当するデータをよりすばやく参照する

XLOOKUP関数

VLOOKUP関数の拡張版がMicrosoft 365に搭載されたXLOOKUP(エックスルックアップ)関数です。別表からデータを参照するという目的は同じですが、引数の数が4つから3つに減り、指定方法もかんたんになりました。

XLOOKUP関数で別表のデータを参照する

ここでは、Sec.134と同じ操作をXLOOKUP関数で行います。

区XX-XX
(税込)
商品番号 | 商品名 | 単価
D-001 | パソコンデスク | 17,000
D-002 | キャビネット | 28,000
D-003 | オフィスチェアー | 6,700
D-004 | ソファセット | 40,000
D-005 | 会議テーブル | 6,500
D-006 | 折りたたみチェアー | 3,100
D-007 | ホワイトボード | 12,000
D-008 | パーテーション | 14,000

❶ G9セル～I17セルに別表を作成します。

MEMO 別表の作成場所

別表を異なるワークシートに作成してもかまいません。

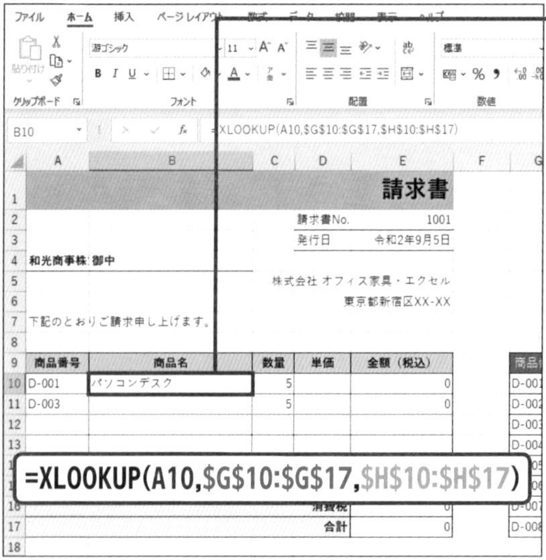

❷ B10セルにXLOOKUP関数を「=XLOOKUP(A10,$G$10:$G$17,$H$10:$H$17)」と入力すると、別表に対応した商品名が表示されます。

MEMO Excelのバージョン

XLOOKUP関数は2016以前のExcelでは利用できません。

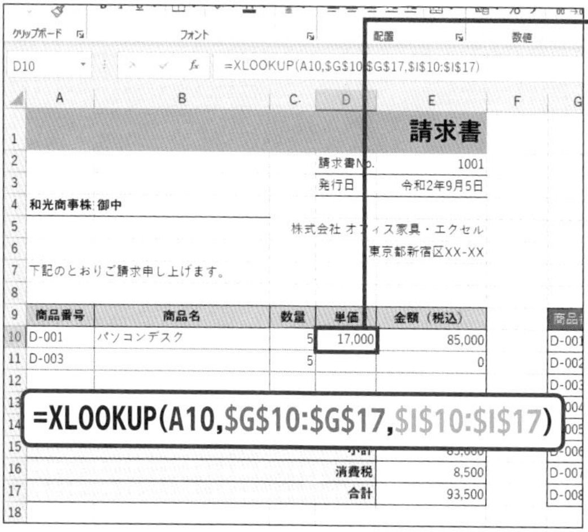

❸ D10セルにXLOOKUP関数を「=XLOOKUP(A10,$G$10:$G$17, $I$10:$I$17)」と入力すると、別表に対応した価格が表示されます。

MEMO 関数の見方

A10セルの「商品番号」を元にして、引数の「検索範囲」から該当する「商品名」を探し出し、引数の「戻り値の配置」から該当するデータを表示しています。

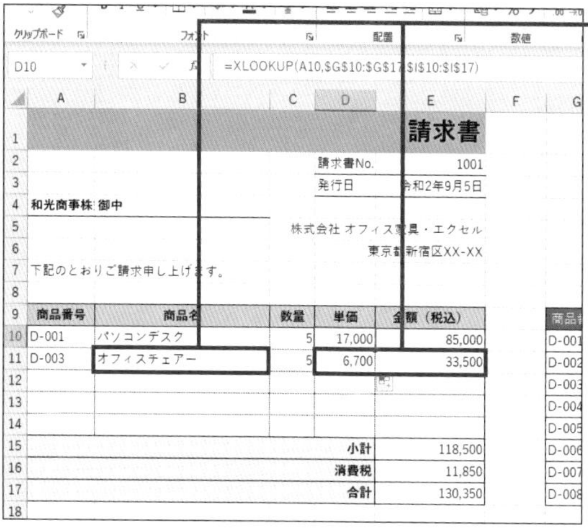

❹ 数式をコピーします。

書式	**=XLOOKUP(検索値,検索範囲,戻り範囲)**		
引数	**検索値**	必須	検索する値
	検索範囲	必須	別表のセル範囲の中で、検索する範囲。VLOOKUP関数のように、別表全体を指定する必要はない。行方向でも列方向でも指定できる
	戻り範囲	必須	別表のセル範囲の中で、結果として元の表に表示したい範囲
説明	引数の「検索値」に指定した値を、引数の「検索範囲」から探し出し、該当する値が見つかると、引数で指定した「戻り範囲」にあたるデータを返します。		

第1章 第2章 第3章 関数 第4章 第5章

SECTION 136 関数

セル範囲に名前を付ける

セルやセル範囲に、わかりやすい名前を付けることができます。付けた名前を数式の中で利用すると、数式の内容がわかりやすくなります。なお、名前を付けたセルやセル範囲は、数式内で絶対参照で扱われます。

セル範囲に名前を付ける

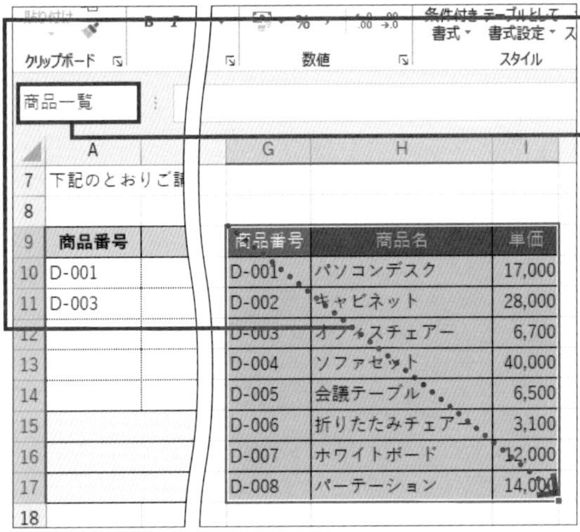

❶名前を付けるセル範囲（ここではG9セル～I17セル）をドラッグします。

❷＜名前＞ボックスをクリックし、名前（ここでは「商品一覧」）を入力します。

MEMO 関数の見方

Sec.134では、VLOOKUP関数の引数の「範囲」にセル範囲を指定しましたが、その代わりに「商品一覧」の名前を指定します。名前で指定すると自動的に絶対参照になるので、$記号を付ける必要はありません。

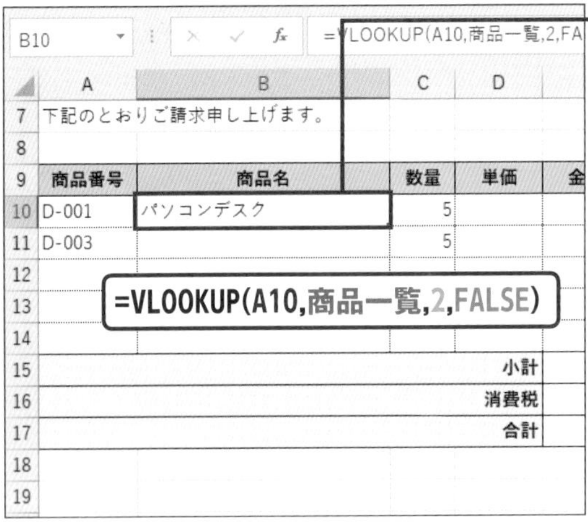

❸B10セルをクリックし、VLOOKUP関数を「=VLOOKUP(A10,商品一覧,2,FALSE)」と入力します。❷で付けた名前を利用できるようになっています。

SECTION 137
関数

条件で処理を2つに分ける

IF関数

○点以上は「合格」、それ以外は「不合格」といった具合に、指定した条件に一致する場合とそうでない場合とで処理を分岐するには、IF（イフ）関数を使います。ここでは、合計が150点以上の場合は「合格」、それ以外は「不合格」の文字を表示します。

処理を2つに分岐する

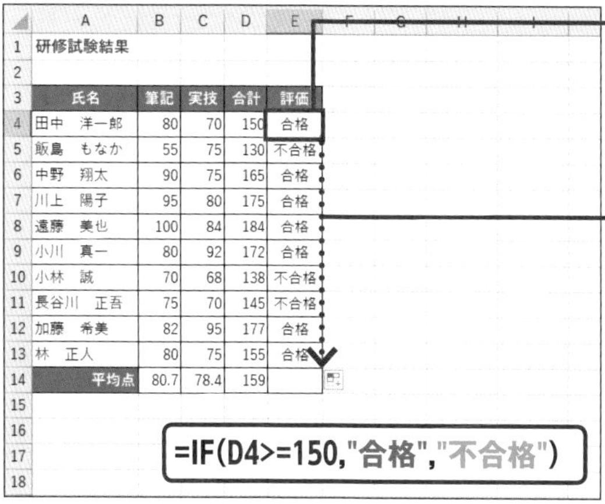

	A	B	C	D	E
1	研修試験結果				
2					
3	氏名	筆記	実技	合計	評価
4	田中　洋一郎	80	70	150	合格
5	飯島　もなか	55	75	130	不合格
6	中野　翔太	90	75	165	合格
7	川上　陽子	95	80	175	合格
8	遠藤　美也	100	84	184	合格
9	小川　真一	80	92	172	合格
10	小林　誠	70	68	138	不合格
11	長谷川　正吾	75	70	145	不合格
12	加藤　希美	82	95	177	合格
13	林　正人	80	75	155	合格
14	平均点	80.7	78.4	159	

=IF(D4>=150,"合格","不合格")

❶E4セルにIF関数を「=IF(D4>=150,"合格","不合格")」と入力すると、150点以上なら「合格」、それ以外は「不合格」と表示されます。

❷E4セルの数式をE13セルまでコピーします。

書式　=IF(論理式,真の場合,[偽の場合])

引数

引数		説明
論理式	必須	結果がTRUEまたはFALSEになるような条件式
真の場合	必須	条件式の結果がTRUEの場合の処理
偽の場合	任意	条件式の結果がFALSEの場合の処理

説明　引数の「論理式」を判定し、結果がTRUEの場合とFALSEの場合とで処理を分岐します。条件式は、次のような比較演算子などを使用して作成します。たとえば、C4セルが空欄かどうか調べるには、「C4=""」のように指定します。

演算子	意味
>	より大きい
<	より小さい
>=	以上
<=	以下
=	等しい
<>	等しくない

SECTION 138 関数

複数の条件を使って判定する

IF関数

IF関数を使うと、条件によって処理を2つに分岐できます。成績によって「A」「B」「C」の3ランクに分けたいといったように処理を3つ以上に分岐したいときは、IF関数の<偽の場合>に、さらにIF関数を指定します。

IF関数を組み合わせて処理を3つに分岐する

	A	B	C	D	E	F	G
1	研修試験結果						
2							
3	氏名	筆記	実技	合計	評価		
4	田中　洋一郎	80	70	150	B		
5	飯島　もなか	55	75	130	C		
6	中野　翔太	90	75	165	B		
7	川上　陽子	95	80	175	A		
8	遠藤　美也	100	84	184	A		
9	小川　真一	80	92	172	A		
10	小林　誠	70	68	138	C		
11	長谷川　正吾	75	70	145	C		
12	加藤　希美	82	95	177	A		
13	林　正人	80	75	155	B		
14	平均点	80.7	78.4	159			
15							
16							
17							
18	=IF(D4>=170,"A",IF(D4>=150,"B","C"))						
19							

❶ E4 セルに IF 関数を「=IF(D4>=170,"A",IF(D4>=150,"B","C"))」と入力すると、条件に合わせた文字列が表示されます（MEMO 参照）。

❷ E4 セルの数式を E13 セルまでコピーします。

MEMO 関数の見方

まず、合計（D列）の点数が170点以上の場合は「A」と表示します。条件に一致しない場合は、引数の<偽の場合>にIF関数を追加します。合計（D列）の点数が150点以上なら「B」、そうでない場合は「C」と表示します。

書式 =IF(論理式,真の場合,[偽の場合])

引数			
	論理式	必須	結果がTRUEまたはFALSEになるような条件式
	真の場合	必須	条件式の結果がTRUEの場合の処理
	偽の場合	任意	条件式の結果がFALSEの場合の処理

説明 引数の「論理式」を判定し、結果がTRUEの場合とFALSEの場合とで処理を分岐します。条件式は、「>」や「<=」などの比較演算子などを使用して作成します。

SECTION 139 関数

すべての条件を満たすかどうか判定する

IF関数
AND関数
OR関数

複数の条件のすべてを満たすかどうかを判定するにはAND（アンド）関数、複数の条件のいずれかを満たすかどうかを判定するにはOR（オア）関数を使用します。これらの関数は、単独で使用するよりもIF関数と組み合わせて利用することの多い関数です。

OR関数でどちらか一方の条件を満たすかを判定する

	A	B	C	D	E	F	G
1	研修試験結果						
2							
3	氏名	筆記	実技	合計	追試		
4	田中　洋一郎	80	70	150			
5	飯島　もなか	55	75	130	要		
6	中野　翔太	90	75	165			
7	川上　陽子	95	80	175			
8	遠藤　美也	100	84	184			
9	小川　真一	80	92	172			
10	小林　誠	70	68	138	要		
11	長谷川　正吾	75	70	145			
12	加藤　希美	82	95	177			
13	林　正人	80	75	155			
14	平均点	80.7	78.4	159			
15							
16							
17							
18							

=IF(OR(B4<70,C4<70),"要","")

❶E4セルにIF関数を「=IF(OR(B4<70,C4<70),"要","")」と入力すると、条件に合わせた文字列が表示されます（MEMO参照）。

❷E4セルの数式をE13セルまでコピーします。

MEMO 関数の見方

B4セルの「筆記」とC4セルの「実技」の点数のどちらかが70点以下なら「要」の文字を表示し、2つの条件を満たさない場合は空白を表示します。空白は「""」で表します。

書式 =AND(論理式1,[論理式2],…)
=OR(論理式1,[論理式2],…)

引数

論理式1 **必須** 結果がTRUEまたはFALSEになるような条件式

論理式2 **任意** 結果がTRUEまたはFALSEになるような条件式（最大255まで指定可能）

説明 AND関数は、引数で指定した「論理式」の判定結果がすべてTRUEの場合にTRUE、そうでない場合はFALSEを返します。OR関数は、引数で指定した「論理式」の判定結果のいずれか、またはすべてTRUEの場合にTRUE、すべてFALSEの場合はFALSEを返します。

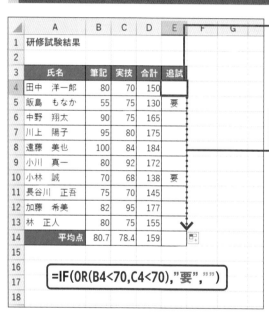

SECTION 140 関数

条件を満たす数値の合計を求める

SUMIF 関数

1行1件のルールに沿って入力されたリスト形式のデータの中から、指定した条件に一致するデータの合計を求めるには、SUMIF（サムイフ）関数を使用します。合計を求めるSUM関数と、条件によって処理を分岐するIF関数を組み合わせた関数です。

条件に一致するデータの合計を求める

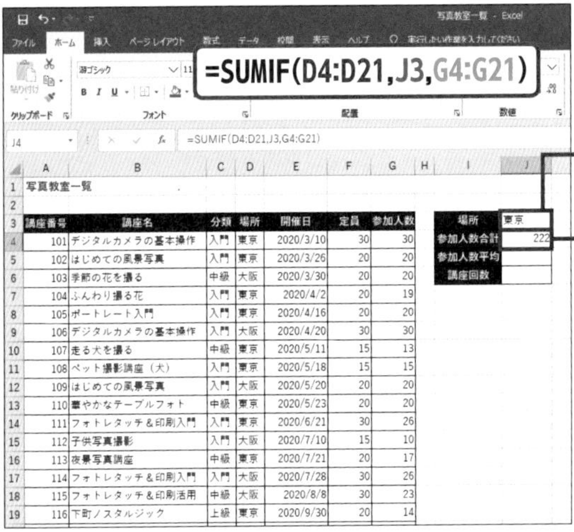
=SUMIF(D4:D21,J3,G4:G21)
J4
=SUMIF(D4:D21,J3,G4:G21)

	A	B	C	D	E	F	G	H	I	J
1	写真教室一覧									
2										
3	講座番号	講座名	分類	場所	開催日	定員	参加人数		場所	東京
4	101	デジタルカメラの基本操作	入門	東京	2020/3/10	30	30		参加人数合計	222
5	102	はじめての風景写真	入門	東京	2020/3/26	20	20		参加人数平均	
6	103	季節の花を撮る	中級	大阪	2020/3/30	20	20		講座回数	
7	104	ふんわり撮る花	入門	東京	2020/4/2	20	19			
8	105	ポートレート入門	入門	東京	2020/4/16	20	20			
9	106	デジタルカメラの基本操作	入門	大阪	2020/4/20	30	30			
10	107	走る犬を撮る	中級	東京	2020/5/11	15	13			
11	108	ペット撮影講座（犬）	入門	東京	2020/5/18	15	15			
12	109	はじめての風景写真	入門	大阪	2020/5/20	20	20			
13	110	華やかなテーブルフォト	中級	東京	2020/5/23	20	20			
14	111	フォトレタッチ&印刷入門	入門	東京	2020/6/21	30	26			
15	112	子供写真撮影	入門	大阪	2020/7/10	15	10			
16	113	夜景写真講座	中級	東京	2020/7/21	20	17			
17	114	フォトレタッチ&印刷入門	入門	大阪	2020/7/28	30	26			
18	115	フォトレタッチ&印刷活用	中級	大阪	2020/8/8	30	23			
19	116	下町ノスタルジック	上級	東京	2020/9/30	20	14			

場所（D列）が「東京」の講座について、G列の参加人数の合計を求めます。

❶ J3セルに検索条件を入力しておきます。

❷ J4セルにSUMIF関数を「=SUMIF(D4:D21,J3,G4:G21)」と入力すると、参加人数が表示されます。

> **MEMO 条件が複数ある場合**
>
> 複数の条件を指定するにはSUMIFS（サムイフズ）関数を使います。書式は、「=SUMIFS(合計対象範囲1,条件範囲1,条件1,…)です。

書式	**=SUMIF(範囲,検索条件,[合計範囲])**		
引数	範囲	必須	検索対象のセル範囲
	検索条件	必須	検索条件
	合計範囲	任意	引数の「検索条件」に一致したデータの合計を求める範囲
説明	引数の「検索条件」を引数の「範囲」の中から検索し、該当するデータの「合計範囲」の値の合計を求めます。ここでは、検索条件がJ3セルに入力されています。引数の「合計範囲」を省略した場合は、引数の「範囲」で指定したセルの合計が表示されます。		

SECTION 141 関数

条件を満たす値の平均を求める

AVERAGEIF関数

1行1件のルールに沿って入力されたリスト形式のデータの中から、指定した条件に一致するデータの平均を求めるには、AVERAGEIF（アベレージイフ）関数を使用します。平均を求めるAVERAGE関数と、条件によって処理を分岐するIF関数を組み合わせた関数です。

条件に一致するデータの平均を求める

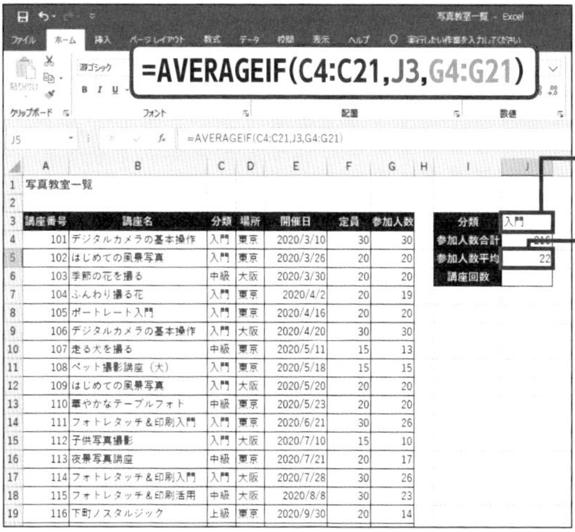

	A	B	C	D	E	F	G	H	I	J
1	写真教室一覧									
2										
3	講座番号	講座名	分類	場所	開催日	定員	参加人数		分類	入門
4	101	デジタルカメラの基本操作	入門	東京	2020/3/10	30	30		参加人数合計	[illegible]
5	102	はじめての風景写真	入門	東京	2020/3/26	20	20		参加人数平均	22
6	103	季節の花を撮る	中級	大阪	2020/3/30	20	20		講座回数	
7	104	ふんわり撮る花	入門	東京	2020/4/2	20	19			
8	105	ポートレート入門	入門	東京	2020/4/16	20	20			
9	106	デジタルカメラの基本操作	入門	大阪	2020/4/20	30	30			
10	107	走る犬を撮る	中級	東京	2020/5/11	15	13			
11	108	ペット撮影講座（犬）	入門	東京	2020/5/18	15	15			
12	109	はじめての風景写真	入門	大阪	2020/5/20	20	20			
13	110	華やかなテーブルフォト	中級	東京	2020/5/23	20	20			
14	111	フォトレタッチ&印刷入門	入門	東京	2020/6/21	30	26			
15	112	子供写真撮影	入門	大阪	2020/7/10	15	10			
16	113	夜景写真講座	中級	東京	2020/7/21	20	17			
17	114	フォトレタッチ&印刷入門	入門	大阪	2020/7/28	30	26			
18	115	フォトレタッチ&印刷活用	中級	大阪	2020/8/8	30	23			
19	116	下町ノスタルジック	上級	東京	2020/9/30	20	14			

分類（C列）が「入門」の講座について、G列の参加人数の平均を求めます。

❶ J3セルに検索条件を入力しておきます。

❷ J5セルにAVERAGEIF関数を「=AVERAGEIF(C4:C21,J3,G4:G21)」と入力すると、参加人数の平均が表示されます。

MEMO 条件が複数ある場合

複数の条件を指定するにはAVERAGEIFS（アベレージイフズ）関数を使います。書式は、「=AVERAGIFS(平均対象範囲1,条件範囲1,条件1,…)です。

書式 =AVERAGEIF(範囲,検索条件,[平均範囲])

引数

範囲	必須	検索対象のセル範囲
検索条件	必須	検索条件
平均範囲	任意	「検索条件」に一致したデータの平均を求める範囲

説明 引数の「検索条件」を引数の「範囲」の中から検索し、該当するデータの「平均範囲」の値の平均を求めます。ここでは、検索条件がJ3セルに入力されています。引数の「平均範囲」を省略した場合は、引数の「範囲」で指定したセルの平均が表示されます。

SECTION 142 関数

条件を満たすデータの個数を求める

COUNTIF関数

1行1件のルールに沿って入力されたデータの中から、指定した条件に一致するデータの個数を求めるには、COUNTIF（カウントイフ）関数を使用します。データの個数を求めるCOUNT関数と、条件によって処理を分岐するIF関数を組み合わせた関数です。

条件に一致するデータの個数を求める

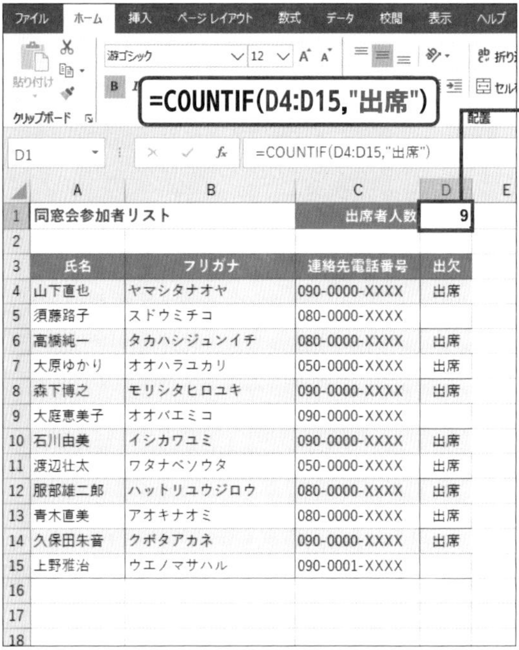

	A	B	C	D
1	同窓会参加者リスト		出席者人数	9
2				
3	氏名	フリガナ	連絡先電話番号	出欠
4	山下直也	ヤマシタナオヤ	090-0000-XXXX	出席
5	須藤路子	スドウミチコ	080-0000-XXXX	
6	高橋純一	タカハシジュンイチ	080-0000-XXXX	出席
7	大原ゆかり	オオハラユカリ	050-0000-XXXX	出席
8	森下博之	モリシタヒロユキ	090-0000-XXXX	出席
9	大庭恵美子	オオバエミコ	090-0000-XXXX	
10	石川由美	イシカワユミ	090-0000-XXXX	出席
11	渡辺壮太	ワタナベソウタ	050-0000-XXXX	出席
12	服部雄二郎	ハットリユウジロウ	080-0000-XXXX	出席
13	青木直美	アオキナオミ	080-0000-XXXX	出席
14	久保田朱音	クボタアカネ	090-0000-XXXX	出席
15	上野雅治	ウエノマサハル	090-0001-XXXX	
16				
17				
18				

出欠（D列）が「出席」のセルの個数を求めます。

❶ D1セルにCOUNTIF関数を「=COUNTIF(D4:D15,"出席")」と入力すると、「出席」のセルの個数が表示されます。

MEMO 条件が複数ある場合

複数の条件を指定するにはCOUNTIFS（カウントイフズ）関数を使います。書式は、「=COUNTIFS(検索条件範囲1,条件1,…)」です。

書式 =COUNTIF(範囲,検索条件)

引数

範囲	必須	検索対象のセル範囲
検索条件	必須	検索条件

説明 引数の「検索条件」を引数の「範囲」の中から検索し、該当するデータの数を求めます。検索条件に文字を指定する場合は、前後を半角の「"」（ダブルクォーテーション）記号で囲みます。

第5章

Excel
グラフ作成のプロ技

SECTION
143
グラフ基本

棒グラフを作成する

数値の大きさや推移、割合などをわかりやすく表現するには、グラフにするのが最適です。Excelでは表のデータを元にして、さまざまな種類のグラフをかんたんに作成できます。ここでは、数値の大きさを棒の高さで比較する棒グラフを作成します。

集合縦棒グラフを作成する

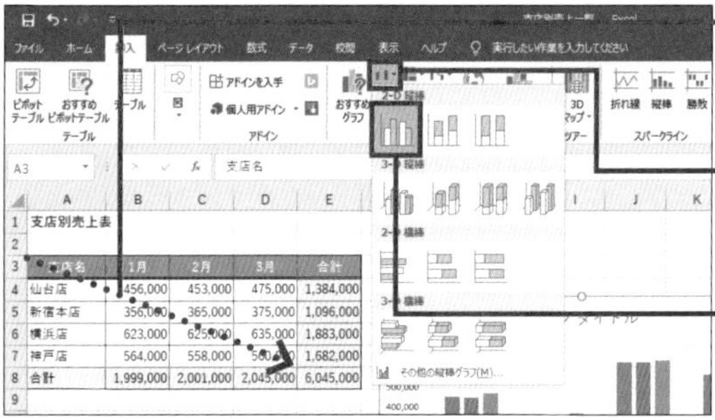

❶グラフの元になるセル範囲（ここではA3セル～D7セル）をドラッグし、

❷<挿入>タブー<縦棒 / 横棒グラフの挿入>をクリックして、

❸<集合縦棒>をクリックすると、

MEMO 項目名も含める

グラフ化する数値データだけでなく、表の上端や左端にある項目名を含めてドラッグします。

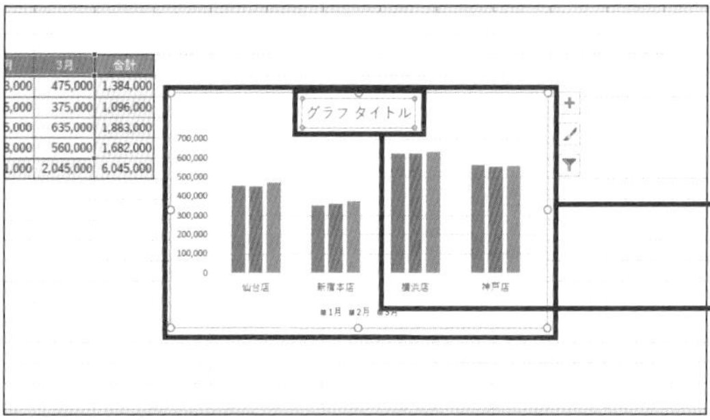

❹集合縦棒グラフが作成されます。

❺<グラフタイトル>の文字をクリックして、

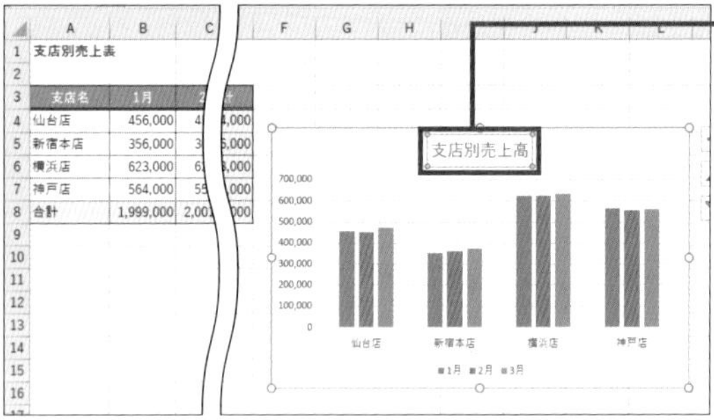

❻タイトルを入力します。

MEMO グラフを削除する

グラフを削除するには、グラフをクリックして選択してから Delete キーを押します。

SECTION
144
グラフ基本

グラフを構成する要素を知る

グラフは、グラフタイトルや凡例、プロットエリアなどのさまざまな要素で構成されています。グラフを構成する要素の名前と役割を知っておきましょう。グラフの要素は、後から追加したり削除したりできます。

グラフの要素について

グラフを構成する要素には、次のようなものがあります。

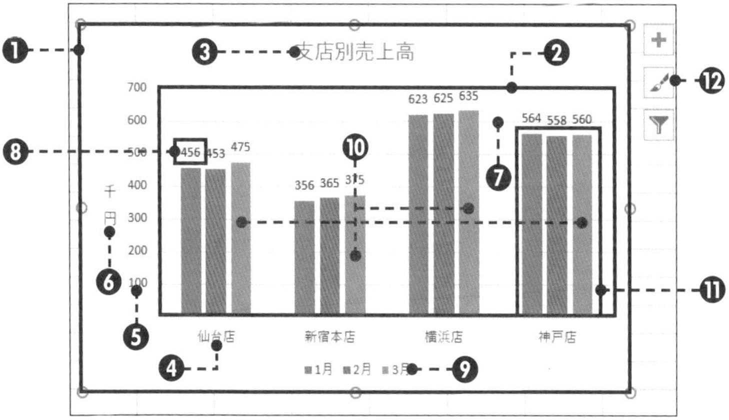

主なグラフ要素	
❶グラフエリア	グラフ全体の領域。
❷プロットエリア	グラフのデータが表示される領域。
❸グラフタイトル	グラフのタイトル。
❹横（項目）軸	項目名などを示す軸。
❺縦（値）軸	値などを示す軸。
❻軸ラベル	軸の意味や単位などを表すラベル。
❼目盛線	目盛の線。
❽データラベル	表の数値や項目などを表すラベル。
❾凡例	データ系列の項目名とマーカーを表す枠。
❿データ系列	同じ系列の値を表すデータ。
⓫データ要素	個々の値を表すデータ。
⓬グラフ要素	クリックして、グラフ要素の表示／非表示を指定できる。

MEMO データ系列とデータ要素

表の数値データを表す部分がデータ系列やデータ要素です。データ系列は、同じ系列の値を表すデータの集まりです。棒グラフの場合は、同じ色で表示される棒の集まりです。データ要素は個々の値を表すデータです。棒グラフの場合、1本1本の棒です。

第1章
第2章
第3章
第4章
グラフ基本 第5章

SECTION 145 グラフ基本

グラフのサイズと位置を変更する

グラフを作成した後で、グラフのサイズや位置を調整することができます。グラフのサイズを変更するには、グラフを選択したときにグラフの四隅に表示されるハンドルをドラッグします。また、グラフの外枠をドラッグすると移動できます。

グラフのサイズと位置を変更する

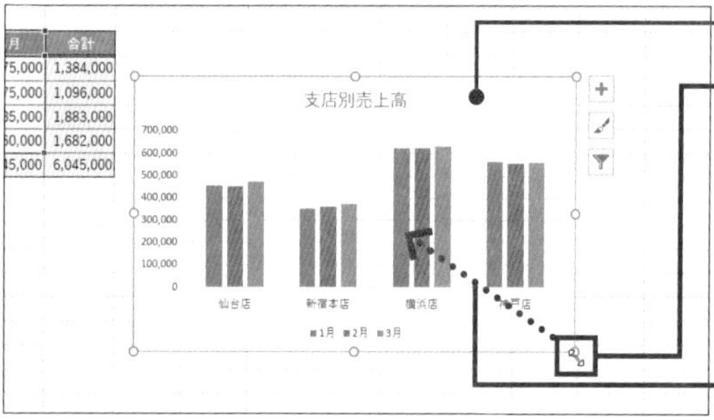

❶グラフをクリックします。

❷右下角のハンドルにマウスポインターを移動すると、マウスポインターの形状が変わります。

❸内側にドラッグするとグラフが縮小されます。

MEMO グラフの縦横比を保持

Shiftキーを押しながらグラフの四隅のハンドルをドラッグすると、グラフの縦横比を保持したままサイズを変更できます。

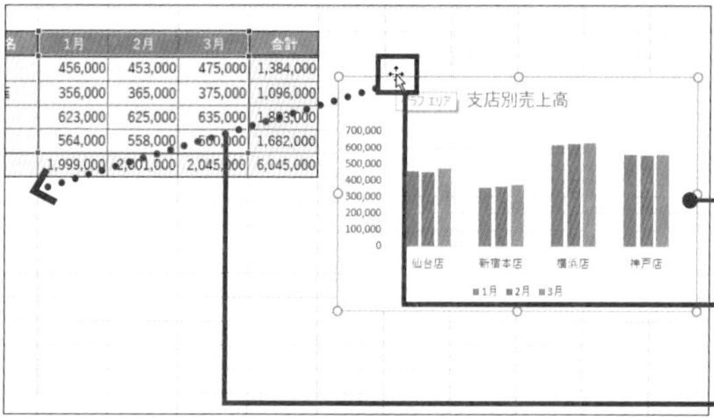

❹グラフの外枠をクリックします。

❺マウスポインターの形状が変化したら、

❻移動先までドラッグします。

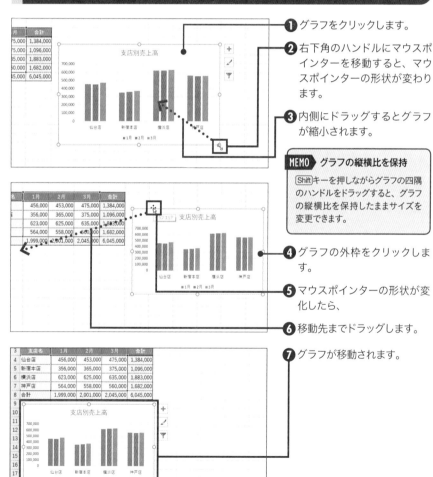

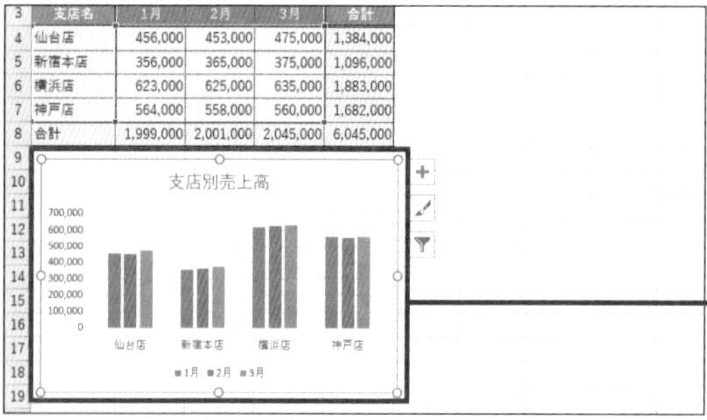

❼グラフが移動されます。

SECTION 146 グラフ基本

グラフを別のシートに作成する

グラフは、元になる表と同じワークシートだけでなく、グラフ専用のシート（グラフシート）に作成することもできます。グラフシートに作成したグラフは画面いっぱいに大きく表示されます。ここでは、ワークシートに作成したグラフをグラフシートに移動します。

グラフシートに移動する

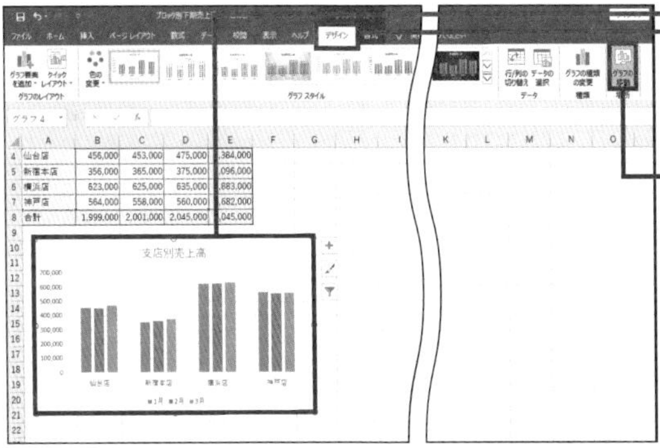

❶グラフをクリックします。

❷＜グラフツール＞－＜デザイン＞タブをクリックし、

❸＜グラフの移動＞をクリックします。

MEMO タブの名称

Microsoft 365では、手順❷で＜グラフのデザイン＞タブをクリックします。

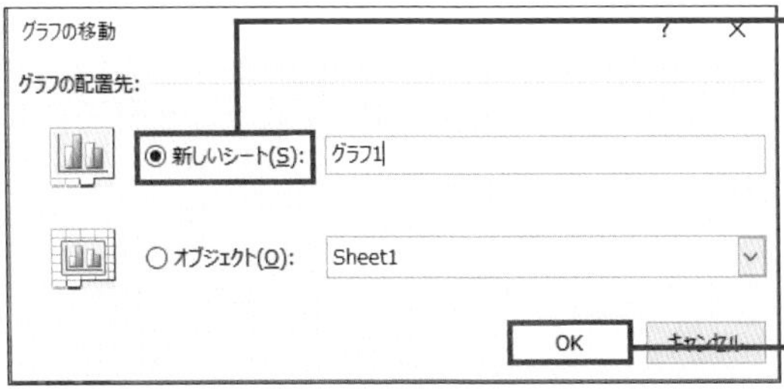

❹＜新しいシート＞をクリックし、

❺＜ OK ＞をクリックすると、

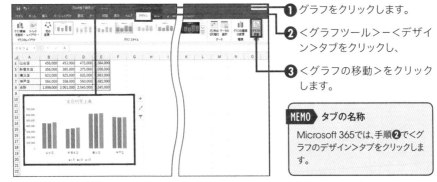

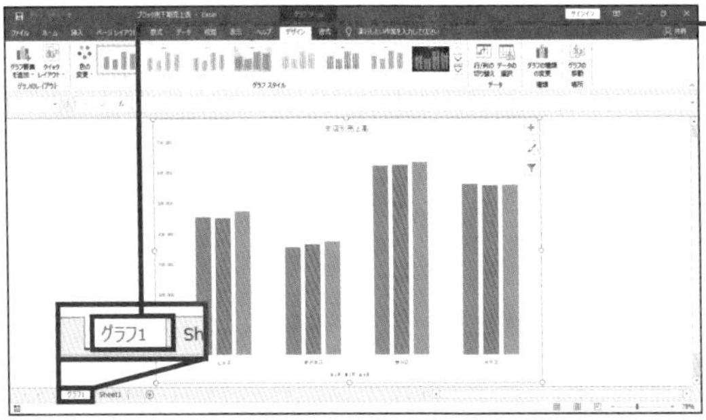

❻＜グラフ 1 ＞シートが追加されて、グラフが表示されます。

MEMO ワークシートに戻す

グラフシートのグラフをワークシート上に配置するには、手順❹で＜オブジェクト＞をクリックし、グラフの移動先のシートを選択します。

SECTION 147 グラフ基本

グラフにデータを追加する

グラフを作成した後で、グラフの元になる表の末尾に新しいデータを追加すると、追加したデータがグラフに反映されないことがあります。このようなときは、表内に表示される青枠をドラッグして、グラフに表示するセル範囲を変更します。

グラフに表示する範囲を変更する

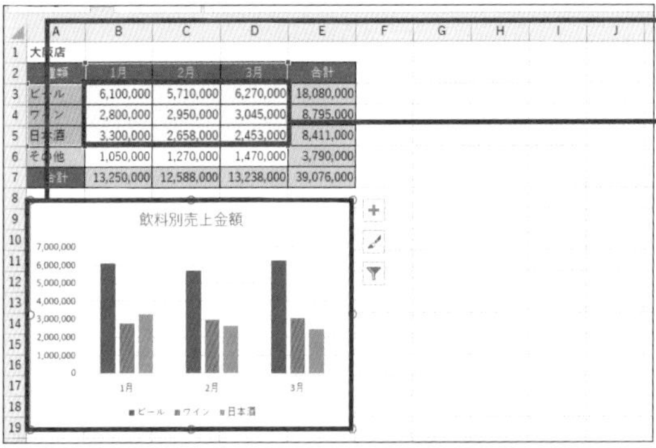

❶グラフをクリックします。

❷グラフの元になる表のセル範囲に青枠が表示されます。

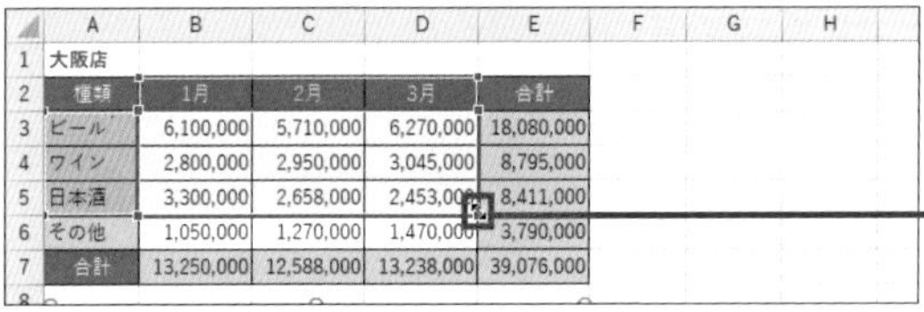

❸青枠の四隅にマウスポインターを移動すると、マウスポインターの形状が変化します。

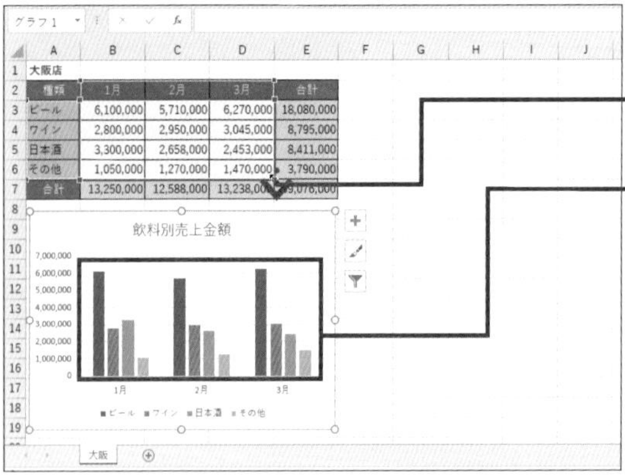

❹そのまま 6 行目までドラッグすると、

❺グラフに 6 行目のデータが追加されます。

MEMO 不要なデータの削除

合計など、必要ないデータをグラフ化してしまったときは、青枠をドラッグして不要なデータを含まないようにできます。

SECTION 148 グラフ基本

グラフの項目名を変更する

グラフの横軸に表示される項目名を変更するには、グラフの元になる表の項目名を変更します。表の項目名を変更すると、連動してグラフの項目名や凡例の表示内容などが変わります。ここでは、グラフの商品名を変更してみます。

項目名を変更する

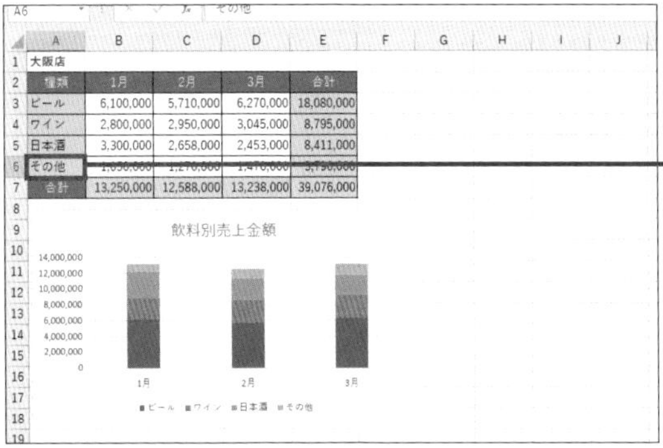

大阪店				
種類	1月	2月	3月	合計
ビール	6,100,000	5,710,000	6,270,000	18,080,000
ワイン	2,800,000	2,950,000	3,045,000	8,795,000
日本酒	3,300,000	2,658,000	2,453,000	8,411,000
その他	1,050,000	1,270,000	1,470,000	3,790,000
合計	13,250,000	12,588,000	13,238,000	39,076,000

❶ A6セルをクリックします。

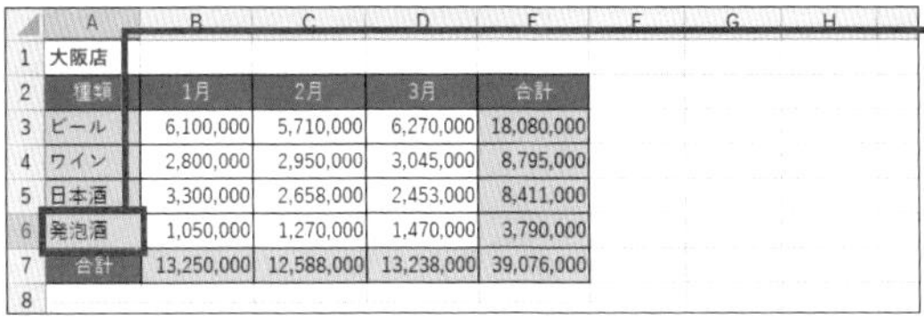

大阪店				
種類	1月	2月	3月	合計
ビール	6,100,000	5,710,000	6,270,000	18,080,000
ワイン	2,800,000	2,950,000	3,045,000	8,795,000
日本酒	3,300,000	2,658,000	2,453,000	8,411,000
発泡酒	1,050,000	1,270,000	1,470,000	3,790,000
合計	13,250,000	12,588,000	13,238,000	39,076,000

❷ 商品名を変更すると、

MEMO ここで操作する内容

ここでは、商品名の「その他」を「発泡酒」に変更しています。

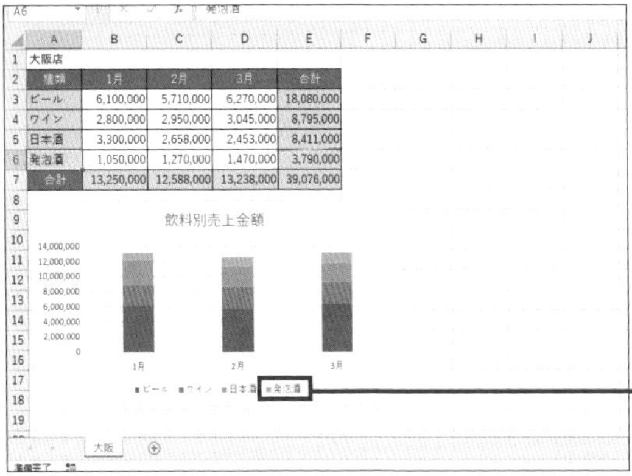

大阪店				
種類	1月	2月	3月	合計
ビール	6,100,000	5,710,000	6,270,000	18,080,000
ワイン	2,800,000	2,950,000	3,045,000	8,795,000
日本酒	3,300,000	2,658,000	2,453,000	8,411,000
発泡酒	1,050,000	1,270,000	1,470,000	3,790,000
合計	13,250,000	12,588,000	13,238,000	39,076,000

❸ 連動してグラフの横軸の項目名が変わります。

SECTION
149
グラフ基本

グラフを大きい順に並べ替える

縦棒グラフを作成すると、表の上にある項目から順番にグラフの左から棒が並びます。数値が大きい順に棒が左から並ぶようにするには、<並べ替え>を使って、グラフの元になる表の数値を降順で並べ替えます。

表の数値を並べ替える

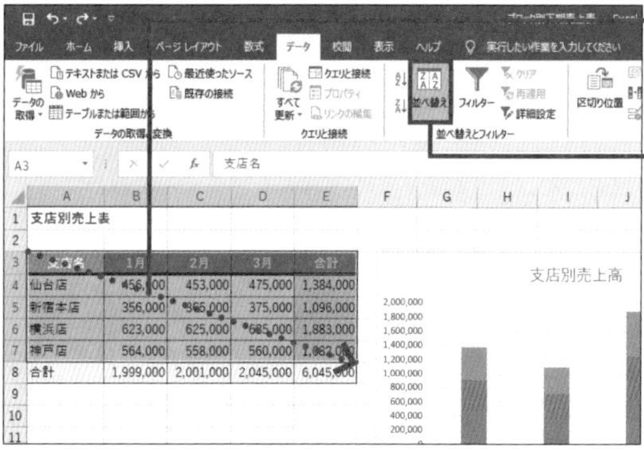

❶表の合計行以外のセル（ここでは A3 セル～ E7 セル）をドラッグします。

❷<データ>タブー<並べ替え>をクリックします。

MEMO 合計行を除く

E列の「合計」を大きい順に並べ替えると、8行目の合計行が一番上に表示されます。そこで、8行目の合計を除いたセルを選択してから並べ替えを行います。

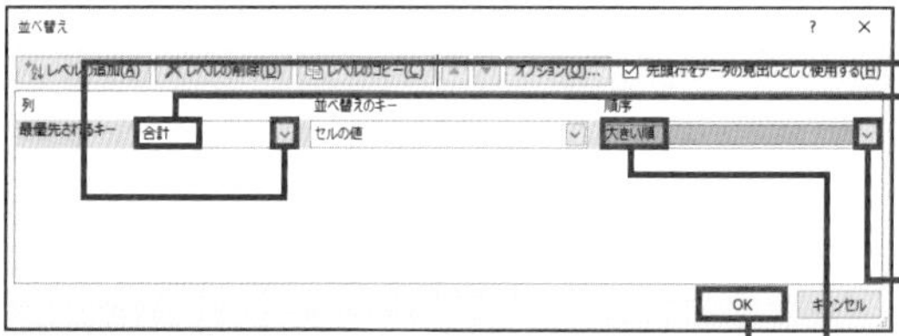

❸<最優先されるキー>の▼をクリックし、

❹<合計>をクリックします。

❺<順序>の▼をクリックし、

❻<大きい順>をクリックして、

❼< OK >をクリックすると、

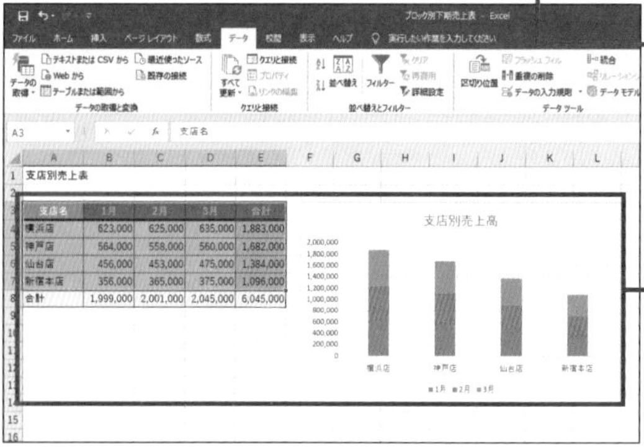

❽表が並べ替えられ、グラフの並び順も変わります。

SECTION 150 グラフ基本

グラフの項目を入れ替える

表の中でグラフ化したいセルを選択して棒グラフを作成すると、表の項目数に応じて、表の上端あるいは左端の項目名が横軸に配置されます。目的通りに配置されなかったときは、<行/列の切り替え>を使って、横軸に配置する項目名を変更します。

横軸の項目を入れ替える

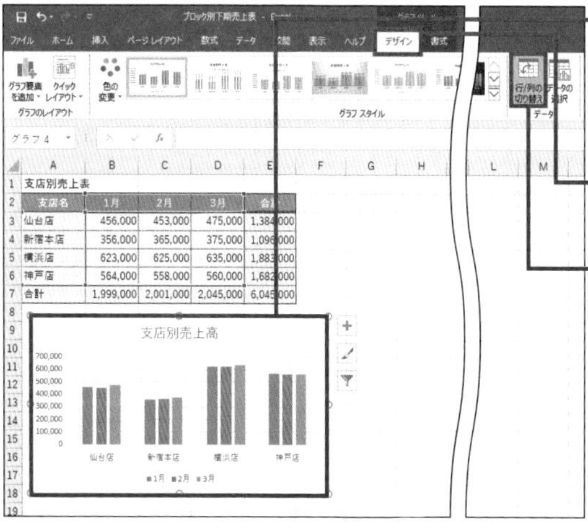

グラフの横軸に支店名が表示されています。

❶ グラフをクリックします。

❷ <グラフツール>－<デザイン>タブをクリックし、

❸ <行/列の切り替え>をクリックすると、

MEMO タブの名称

Microsoft 365では、手順❷で<グラフのデザイン>タブをクリックします。

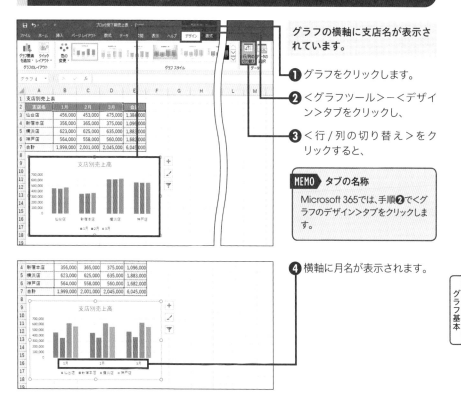

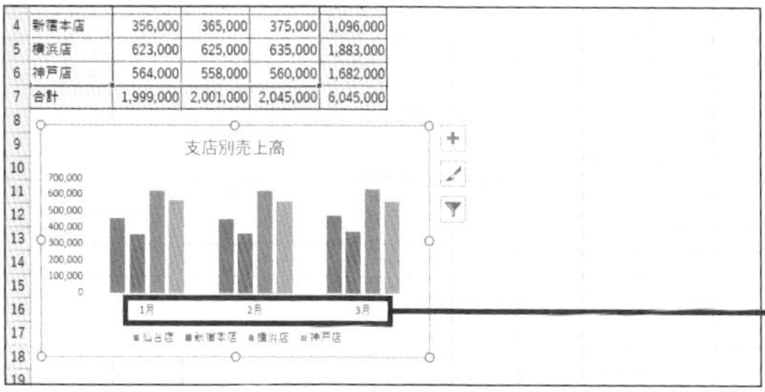

❹ 横軸に月名が表示されます。

COLUMN

項目軸の配置のルール

表の上端の項目名の数よりも、左端の項目名の数の方が少ないか同じ場合は、上端の項目名が横軸に配置されます。そうでない場合は、左端の項目名が横軸に配置されます。

SECTION 151 グラフ基本

横棒グラフの項目を表と同じ順番にする

横棒グラフを作成すると、グラフの左下の軸の交差する部分を起点にして、起点に近い場所から表の項目が上から順番に配置されます。そのため、表の項目の順番と横棒グラフの項目の順番が逆になります。項目の並び順を揃えるには、軸を反転させます。

軸を反転する

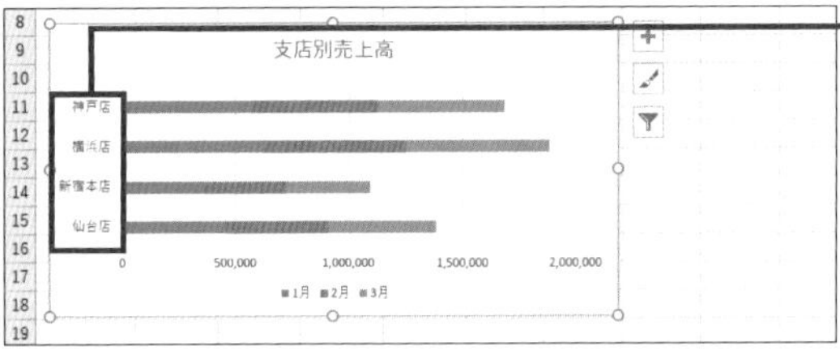

❶縦軸（支店名が表示されている軸）をダブルクリックします。

MEMO 右クリックで操作

縦軸を右クリックして表示されるメニューの＜軸の書式設定＞をクリックして、＜軸の書式設定＞画面を表示することもできます。

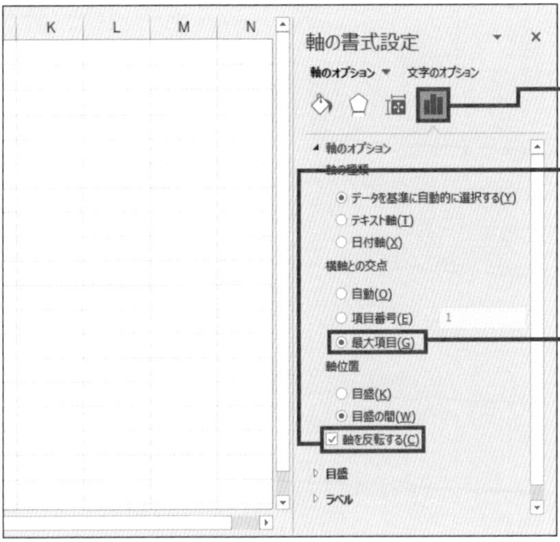

❷＜軸のオプション＞－＜軸のオプション＞をクリックし、

❸＜軸を反転する＞をクリックしてチェックを付け、

❹＜横軸との交点＞の＜最大項目＞をクリックすると、

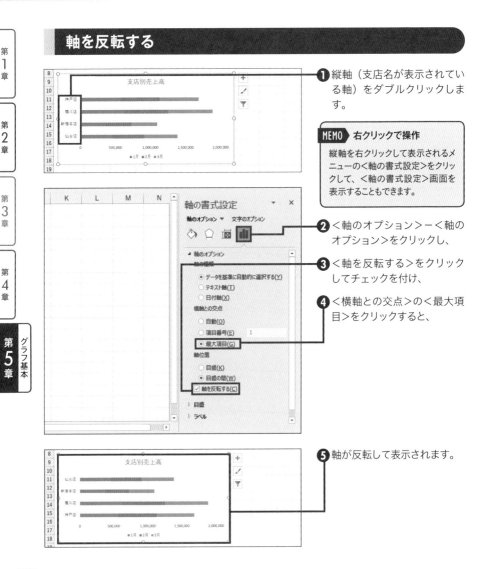

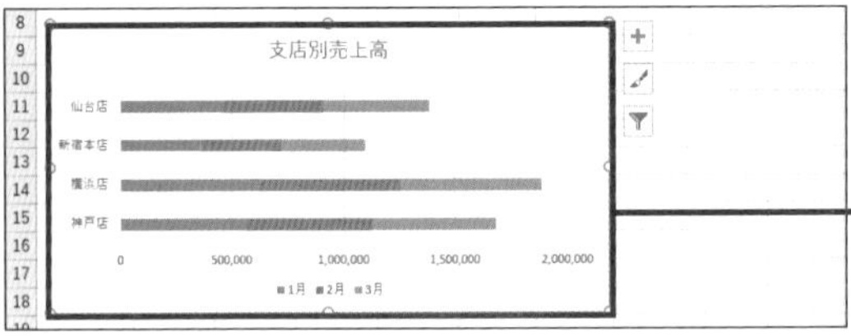

❺軸が反転して表示されます。

SECTION 152 グラフ基本

グラフの種類を変更する

数値の大きさを比較するには棒グラフ、数値の推移を示すには折れ線グラフ、数値の割合を示すには円グラフといったように、グラフを作成するときは目的に合ったものを選びます。目的と違うグラフの種類を選んだ場合は、後から変更することができます。

積み上げ縦棒グラフに変更する

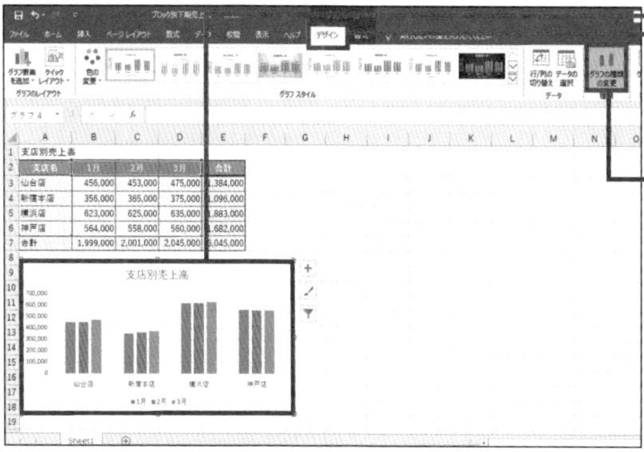

❶ グラフをクリックします。

❷ ＜グラフツール＞－＜デザイン＞タブをクリックし、

❸ ＜グラフ種類の変更＞をクリックします。

MEMO タブの名称

Microsoft 365では、手順❷で＜グラフのデザイン＞タブをクリックします。

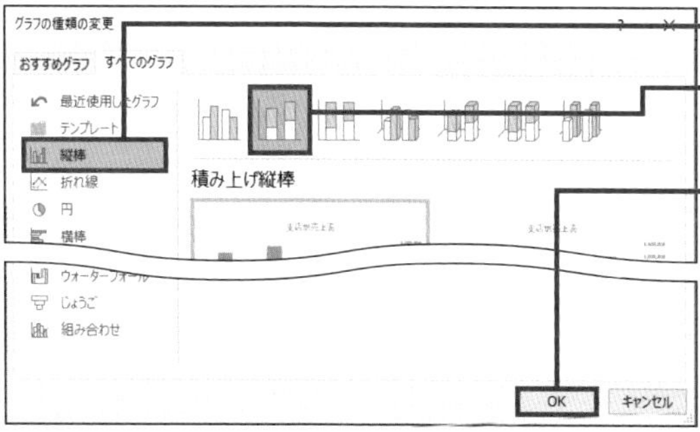

❹ 左側の＜縦棒＞をクリックし、

❺ 右側の種類（ここでは＜積み上げ縦棒＞）をクリックして、

❻ ＜ OK ＞をクリックすると、

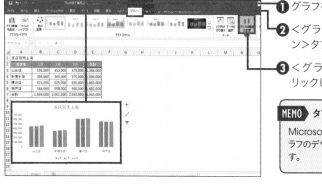

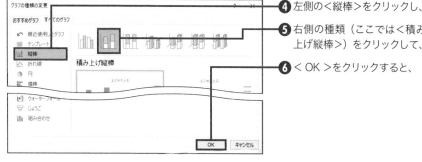

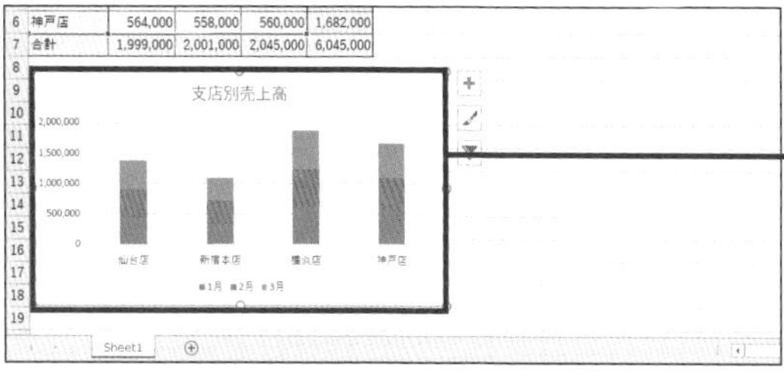

❼ 集合縦棒グラフが積み上げ縦棒グラフに変更されます。

SECTION
153
グラフ基本

グラフのレイアウトを変更する

グラフのタイトルや凡例などの要素をどこに配置するかなど、グラフのレイアウトを指定しましょう。<クイックレイアウト>を使うと、あらかじめ用意されているレイアウトのパターンをクリックするだけで、かんたんにレイアウトを変更できます。

第1章
第2章
第3章
第4章
第5章 グラフ基本

クイックレイアウトを設定する

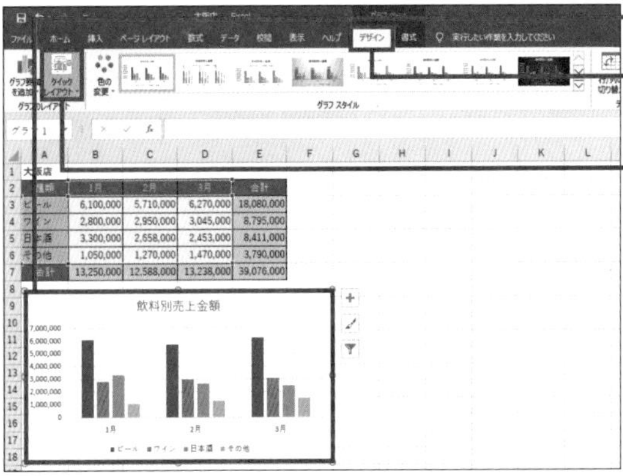

❶ グラフをクリックします。

❷ <グラフツール>－<デザイン>タブをクリックし、

❸ <クイックレイアウト>をクリックします。

MEMO　タブの名称

Microsoft 365では、手順❷で<グラフのデザイン>タブをクリックします。

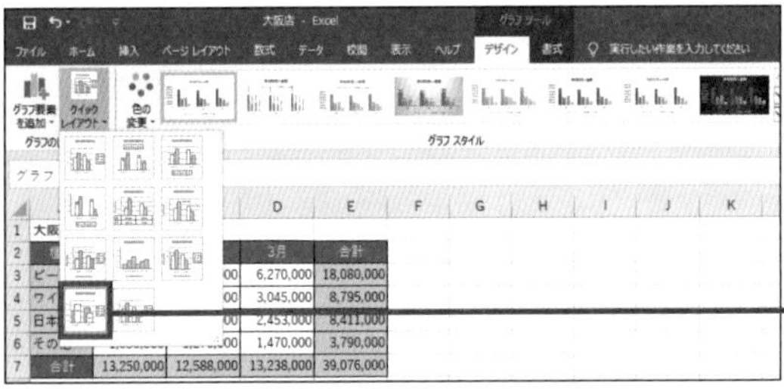

❹ レイアウト（ここでは「レイアウト 10」）をクリックすると、

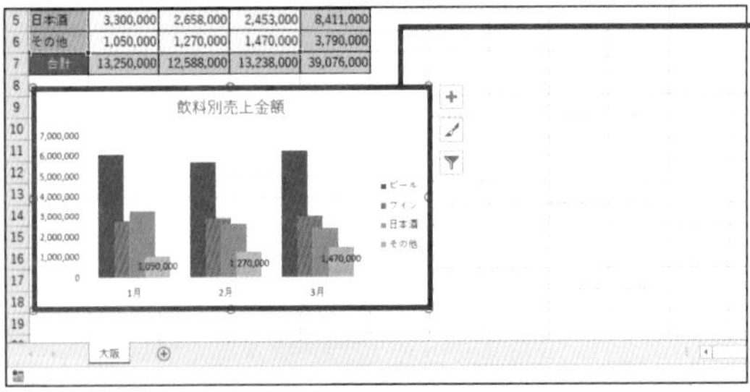

❺ グラフのレイアウトが変わります。

MEMO　要素ごとに指定

Sec.161 ～ 163の操作を行うと、グラフを構成する要素ごとに個別に書式やレイアウトを指定できます。

SECTION
154
グラフ基本

グラフのタイトルを表示する

＜グラフタイトル＞を使ってグラフのタイトルを表示します。グラフに足りない要素を後から追加するには、グラフを選択したときに表示される＜グラフツール＞−＜デザイン＞タブの＜グラフ要素を追加＞から追加する要素を指定します。

グラフタイトルを表示する

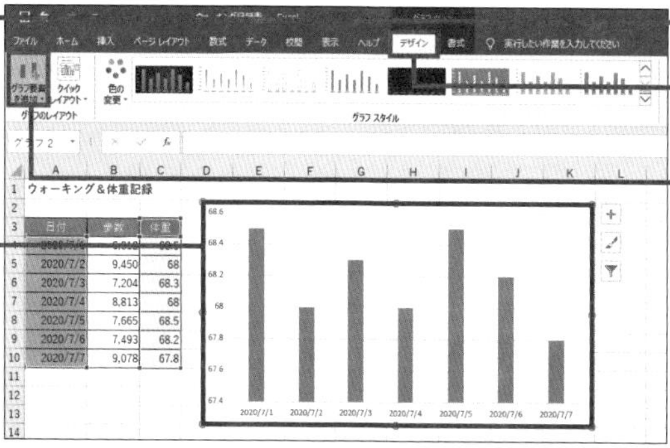

❶グラフをクリックします。

❷＜グラフツール＞−＜デザイン＞タブをクリックし、

❸＜グラフ要素を追加＞をクリックします。

MEMO タブの名称

Microsoft 365では、手順❷で＜グラフのデザイン＞タブをクリックします。

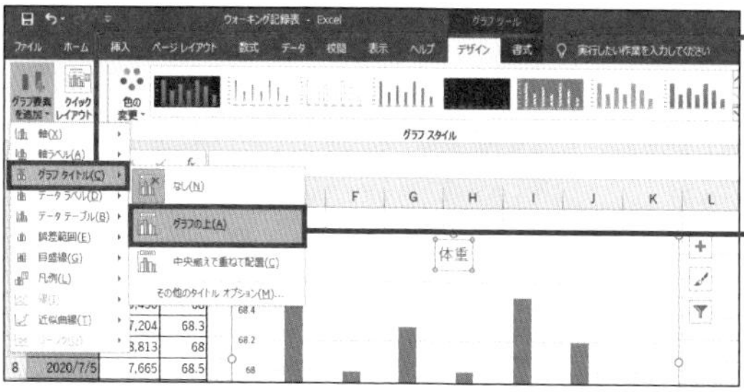

❹＜グラフタイトル＞をクリックし、

❺＜グラフの上＞をクリックします。

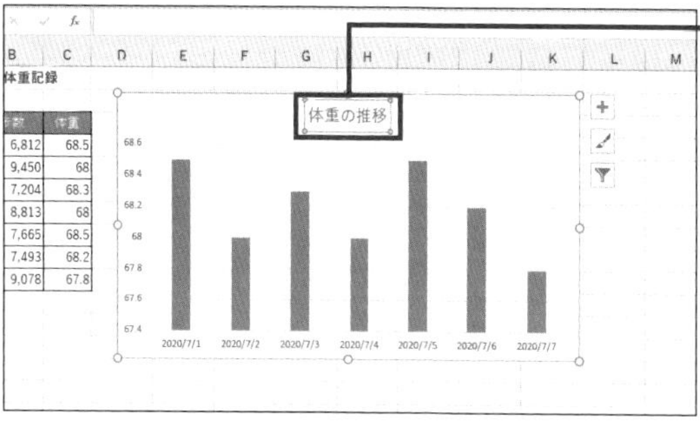

❻タイトル用の枠が表示されたら、タイトルを入力します。

MEMO タイトルの削除

グラフタイトルを削除するには、グラフタイトルをクリックして選択し、Delete キーを押します。

SECTION
155
グラフ基本

数値軸に単位を表示する

グラフの数値軸に軸の単位などを表示するには、軸ラベルを追加します。縦軸に軸ラベルを追加すると、最初は軸ラベルが横向きで表示されますが、後から文字の方向を縦書きに変更できます。

軸ラベルを追加する

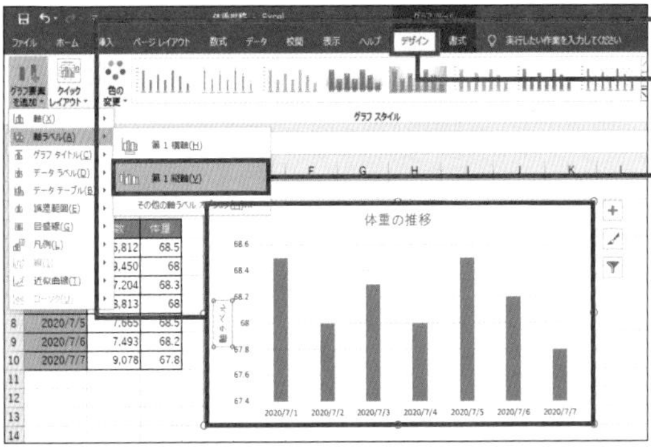

❶ グラフをクリックします。

❷ <グラフツール>－<デザイン>タブをクリックし、

❸ <グラフ要素を追加>－<軸ラベル>－<第 1 縦軸>をクリックすると、

MEMO タブの名称

Microsoft 365では、手順❷で<グラフのデザイン>タブをクリックします。

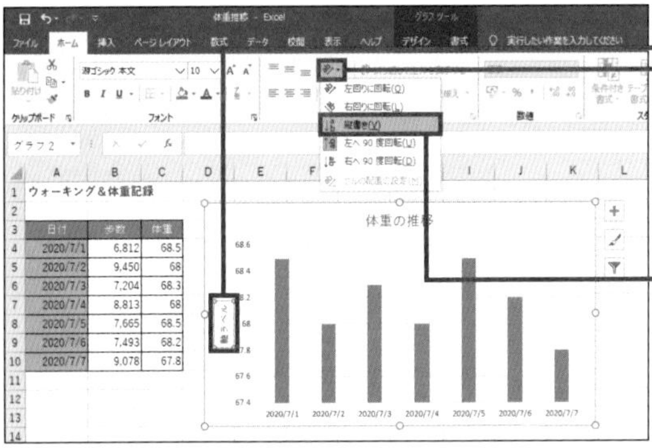

❹ 縦軸の左側に軸ラベルが表示されます。軸ラベルをクリックし、

❺ <ホーム>タブ－<方向>をクリックして、

❻ <縦書き>をクリックすると、

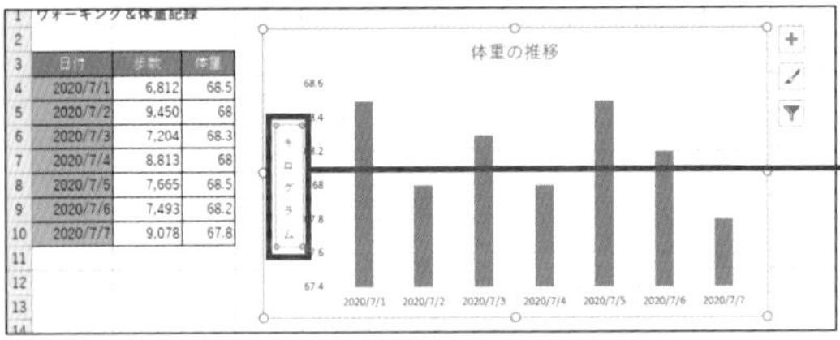

❼ 軸ラベルの文字が縦書きになります。軸ラベル内をクリックし、ラベルの文字を入力します。

SECTION 156

グラフ基本

グラフの凡例を表示する

凡例とは、グラフの色が何を表すかを示すものです。グラフを作成すると、同じデータ系列の項目は同じ色に色分けされて自動的に凡例が表示されます。<凡例>を使えば、凡例の位置を変更したり、何らかの原因で表示されなかった凡例を追加したりできます。

凡例を表示する

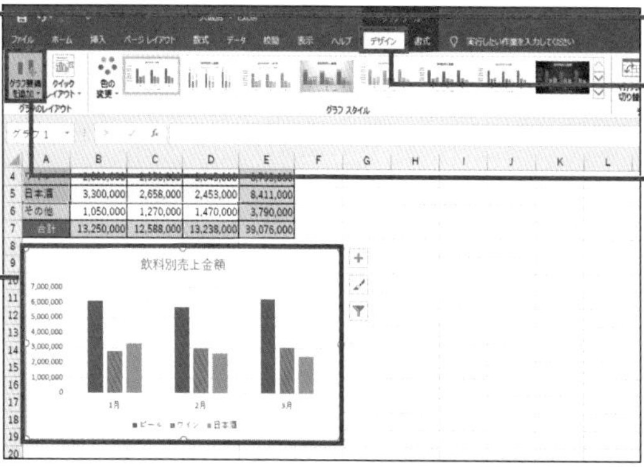

❶ グラフをクリックします。

❷ <グラフツール>−<デザイン>タブをクリックし、

❸ <グラフ要素を追加>をクリックします。

MEMO タブの名称

Microsoft 365では、手順❷で<グラフのデザイン>タブをクリックします。

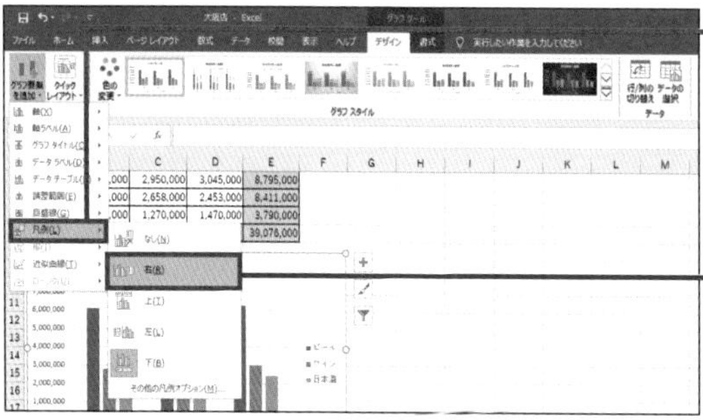

❹ <凡例>をクリックし、

❺ 凡例を表示する場所（ここでは「右」）をクリックします。

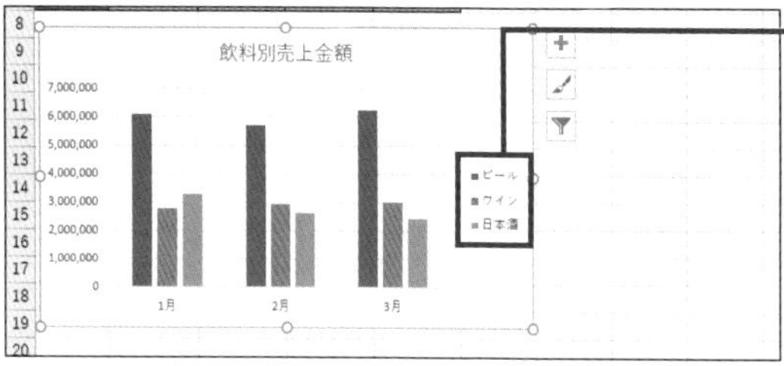

❻ 指定した場所に凡例が表示されます。

MEMO 凡例の削除

作成した凡例はクリックして Delete キーを押すと削除できます。

SECTION 157
グラフ基本

グラフに数値を表示する

グラフは数値の全体的な傾向を把握しやすい反面、具体的な数値がわかりにくい側面があります。<データラベル>を使えば、表の数値をグラフ内に直接表示できます。ここでは、棒グラフに表の数値を表すデータラベルを追加します。

第1章
第2章
第3章
第4章
第5章 グラフ基本

データラベルを表示する

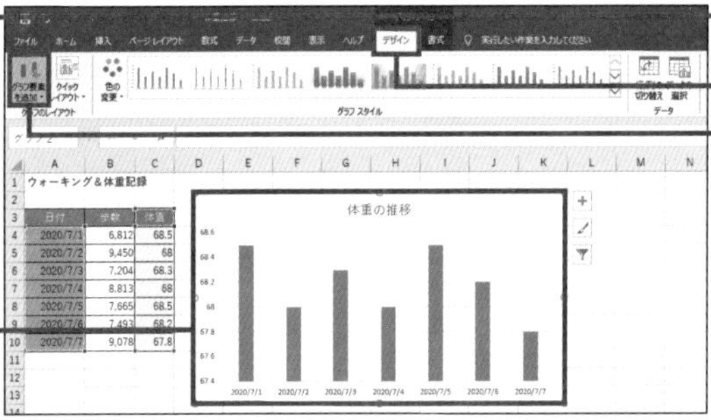

❶グラフをクリックします。

❷<グラフツール>－<デザイン>タブをクリックし、

❸<グラフ要素を追加>をクリックします。

MEMO タブの名称

Microsoft 365では、手順❷で<グラフのデザイン>タブをクリックします。

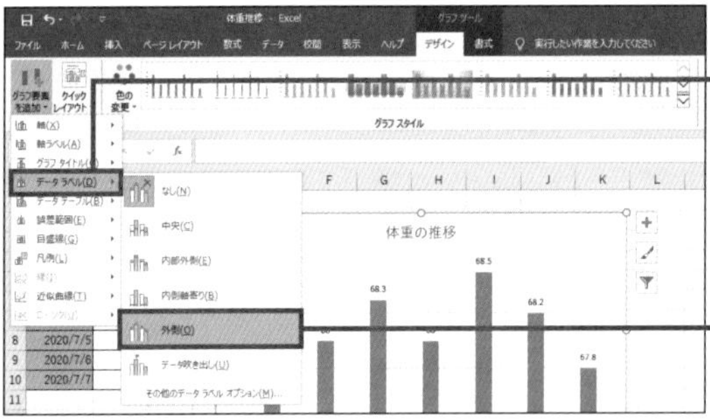

❹<データラベル>をクリックし、

❺<外側>をクリックすると、

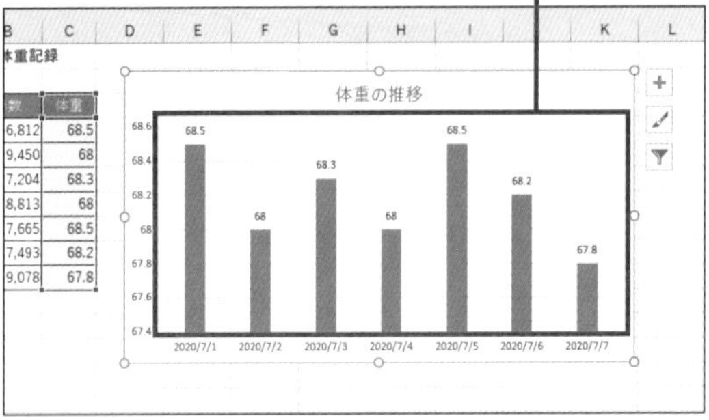

❻データラベルが表示されます。

MEMO 特定の棒だけに表示

一番棒の高さが高い棒だけにデータラベルを表示して、棒の高さを強調することもできます。それには、データラベルを追加したい棒をゆっくり2回クリックして、特定の棒だけにハンドルが付いたことを確認してからデータラベルを追加します。

SECTION
158
グラフ基本

目盛の間隔を変更する

表の数値が大きく変わらない場合、グラフを見ても棒の高さの違いがわかりづらいことがあります。数値軸の目盛は表の数値を元にExcelが自動的に設定しますが、最小値や最大値、目盛の間隔などを変更すると数値の違いを強調できます。

目盛の表示方法を変更する

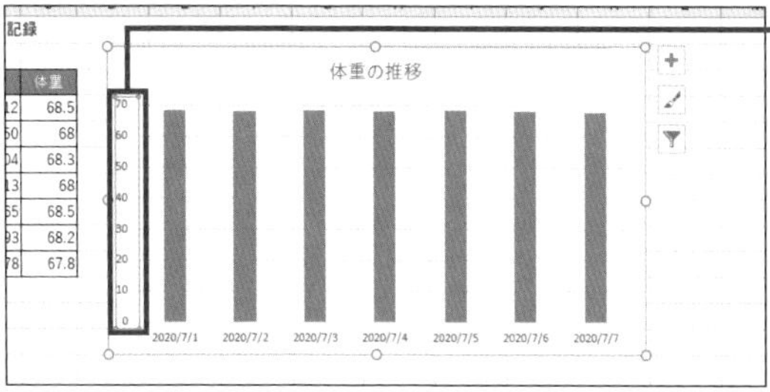

❶グラフの縦軸をダブルクリックします。

MEMO 右クリックで操作

縦軸を右クリックして表示されるメニューの<軸の書式設定>をクリックして、<軸の書式設定>画面を表示することもできます。

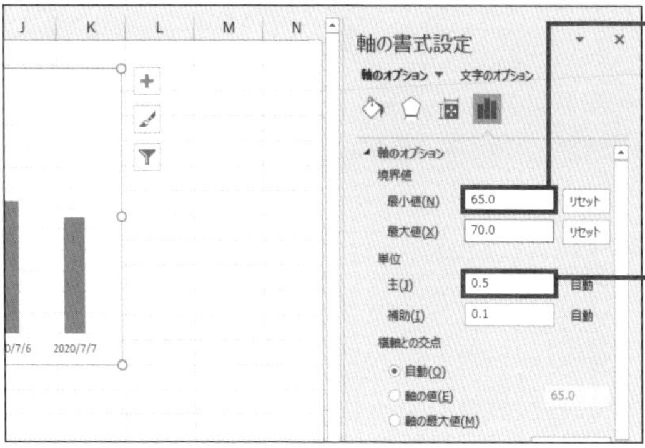

❷<最小値>に最小値を指定し、

❸<主>に目盛の単位を指定すると、

MEMO 目盛りを指定するときの注意

最小値や最大値を指定した後に、表の数値を最小値以下や最大値以上に変更すると、グラフにその数値を表示することはできないので注意しましょう。

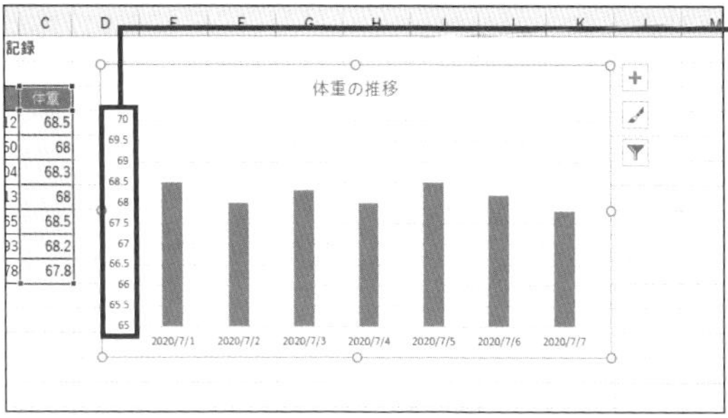

❹目盛の表示内容が変わり、数値の差がわかりやすくなります。

SECTION
159
グラフ基本

目盛線の太さや種類を変更する

<目盛線の書式設定>を使うと、グラフの目盛線の太さや種類を変更ができます。グラフを印刷したときに目盛線が見づらい場合などは、線を太くするなどして強調するとよいでしょう。反対に目盛線が目立ちすぎるときは、細線や点線などにすると効果的です。

目盛線の書式を設定する

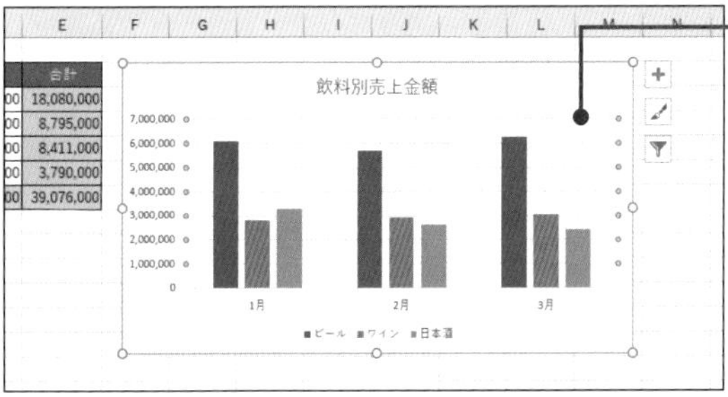

❶目盛線をダブルクリックします。

MEMO 右クリックで操作

目盛線を右クリックして表示されるメニューの<目盛線の書式設定>をクリックして、<目盛線の書式設定>画面を表示することもできます。

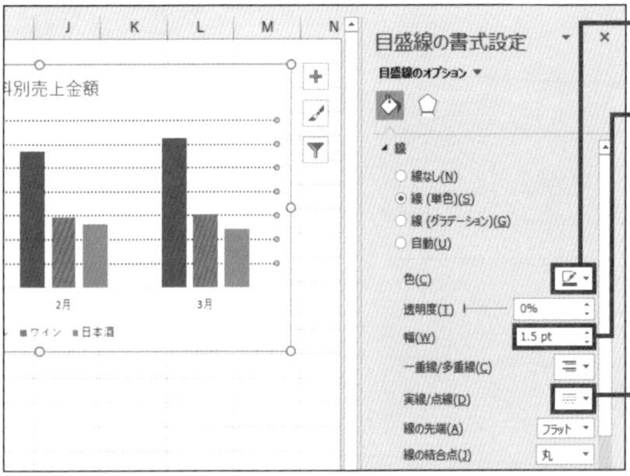

❷<色>の▼をクリックして目盛線の色を指定します。

❸<幅>を指定します。

❹<実線 / 点線>の▼をクリックして目盛線の種類を指定すると、

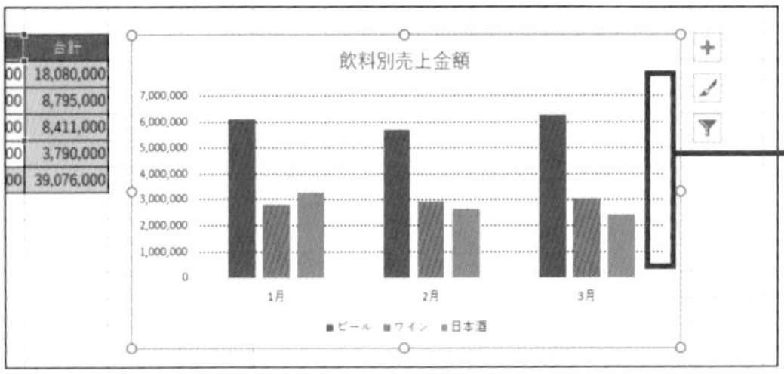

❺目盛線に書式が設定されます。

SECTION 160
グラフ基本

グラフのデザインを変更する

＜グラフスタイル＞を使うと、グラフ全体のデザインを瞬時に変更できます。グラフスタイルには、見栄えのするグラフデザインが何種類も用意されており、クリックするだけで、文字の大きさやグラフの背景の色などのデザインをまとめて設定できます。

グラフスタイルを設定する

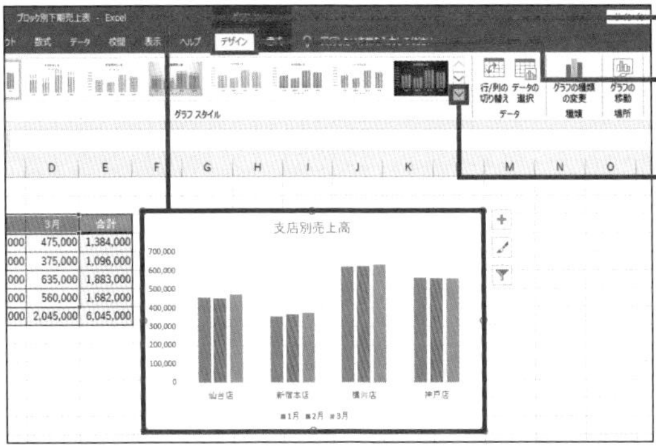

❶グラフをクリックします。

❷＜グラフツール＞－＜デザイン＞タブをクリックし、

❸＜グラフスタイル＞の＜その他＞をクリックします。

MEMO タブの名称

Microsoft 365では、手順❷で＜グラフのデザイン＞タブをクリックします。

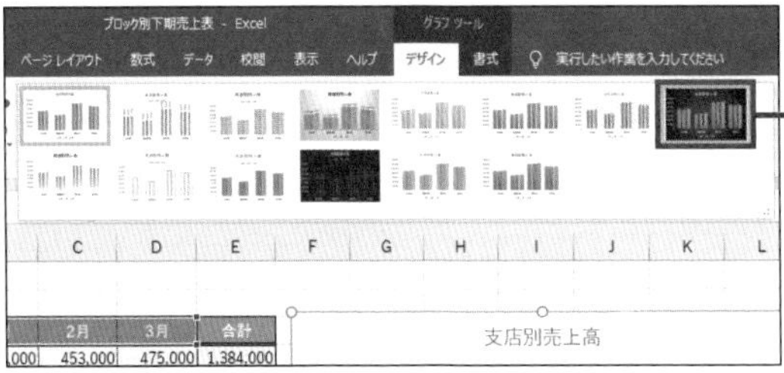

❹スタイル（ここでは「スタイル 8」）をクリックすると、

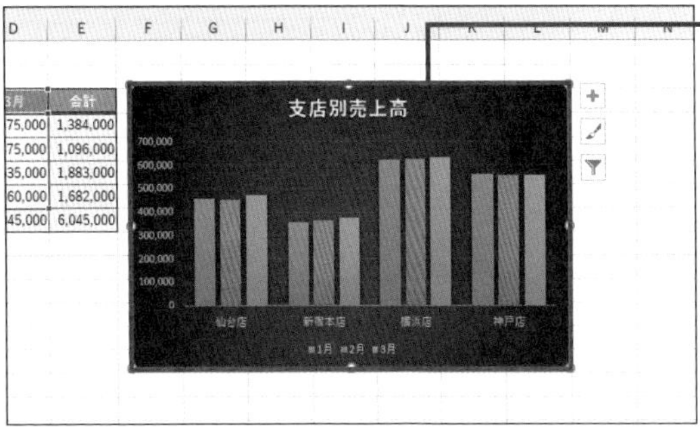

❺グラフのデザインが変わります。

MEMO グラフの色の変更

グラフの色合いを変更するには、＜デザイン＞タブの＜色の変更＞をクリックします。Sec.162の操作で、手動で色を変更することもできます。

SECTION
161
グラフ基本

グラフの文字の大きさを変更する

グラフのタイトルや項目名の文字の大きさを個別に変更するには、変更したい要素を選択してから文字の大きさを指定します。グラフ全体の文字の大きさをまとめて変更するには、グラフエリアを選択してから文字の大きさを指定します。

グラフ全体の文字を拡大する

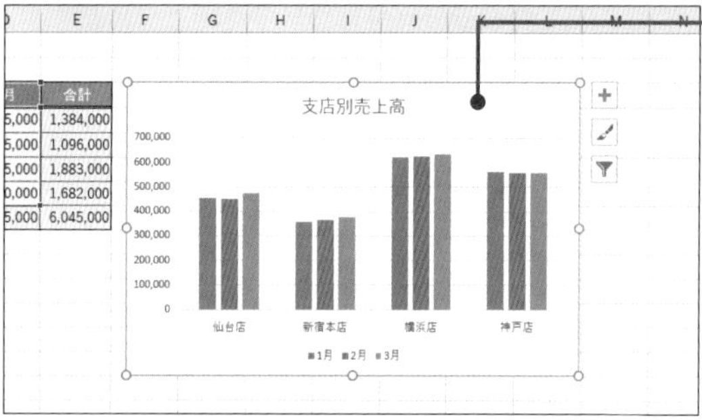

❶グラフの外枠をクリックします。

MEMO 変更したい要素をクリック

ここでは、グラフ全体の文字の大きさを変更します。グラフタイトルや項目軸の項目名、縦軸の目盛の文字の大きさなどを個別に変更する場合は、対象となる要素を個別にクリックします。

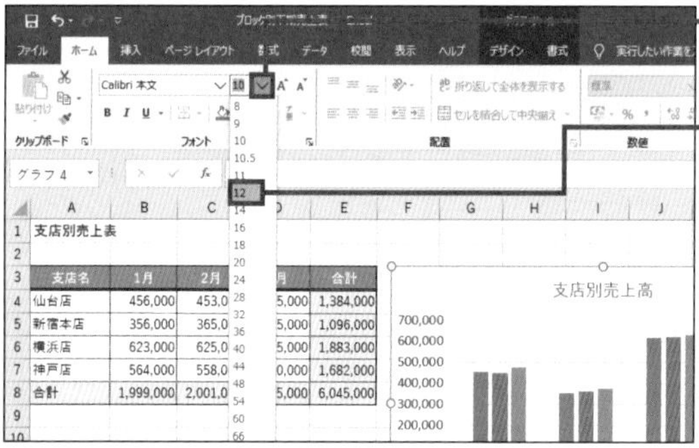

❷<ホーム>タブー<フォントサイズ>の▼をクリックし、

❸変更後のサイズをクリックすると、

MEMO フォントサイズの拡大・縮小

<ホーム>タブの<フォントの拡大>や<フォントの縮小>をクリックすると、一回りずつ文字サイズを拡大したり縮小したりできます。

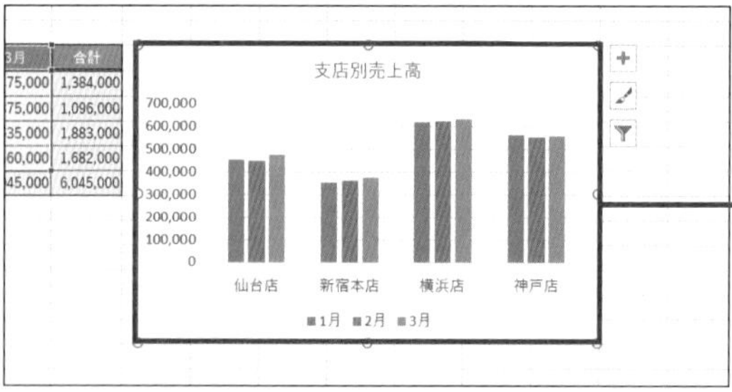

❹グラフ全体の文字の大きさが変わります。

SECTION
162
グラフ基本

データ系列の色を変更する

グラフを作成すると、データ系列ごとに色分けされて表示されますが、グラフの色は後から変更することもできます。同じデータ系列の色をまとめて変更するには、データ系列全体を選択してから色を指定します。ここでは、「ビール」の3本の棒の色を変更します。

データ系列の色を指定する

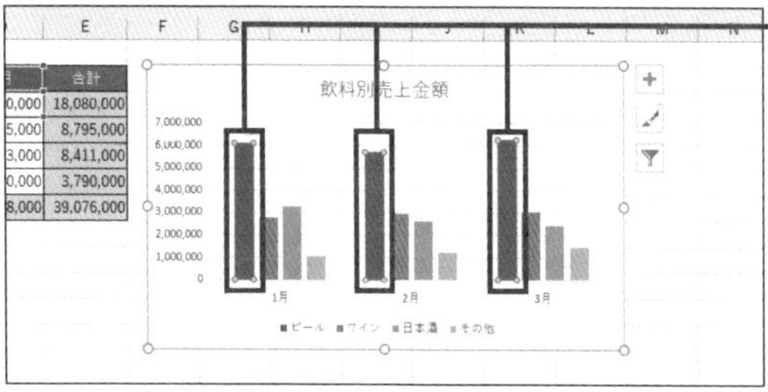

❶いずれかの青い棒をクリックします。

❷同じ系列の棒が全て選択されていることを確認します。

MEMO　データ系列

データ系列とは同じ系列の値で、棒グラフでは同じ色で表示される棒の集まりです。いずれかの棒をクリックすると、同じ系列の棒が全て選択されます。

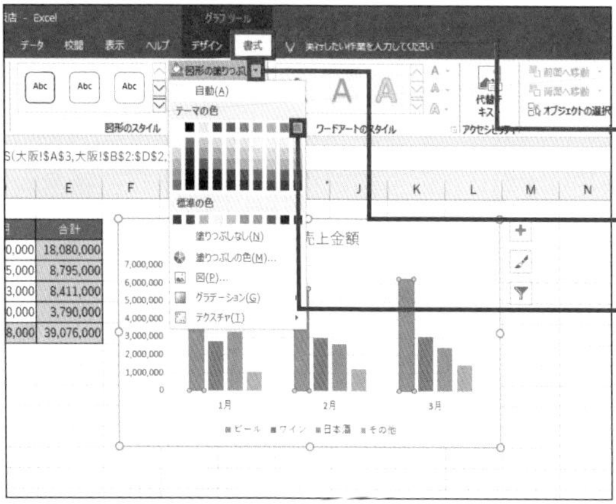

❸＜グラフツール＞－＜書式＞タブをクリックし、

❹＜図形の塗りつぶし＞の▼をクリックして、

❺変更後の色をクリックすると、

MEMO　タブの名称

Microsoft 365では、手順❸で＜書式＞タブをクリックします。

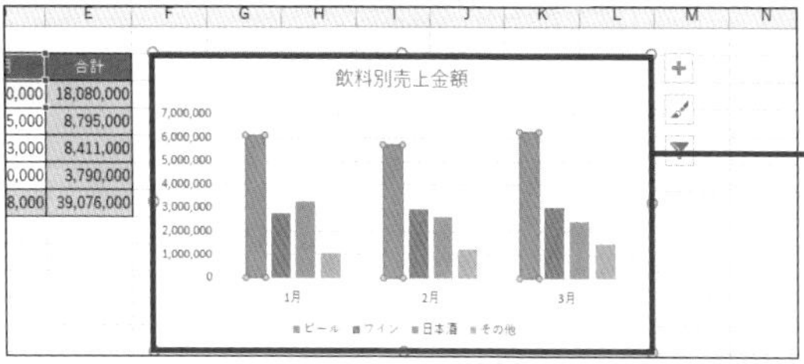

❻同じデータ系列の棒の色が青から緑に変わります。

SECTION 163 グラフ基本

グラフの一部を強調する

グラフの中で特に目立たせたい部分は、他と違う色を付けると効果的です。たとえば棒グラフで特定の1本の棒だけの色を変更して目立たせることができます。このとき、色を変更したい棒をゆっくり2回クリックして選択するのがポイントです。

特定の棒の色だけを変更する

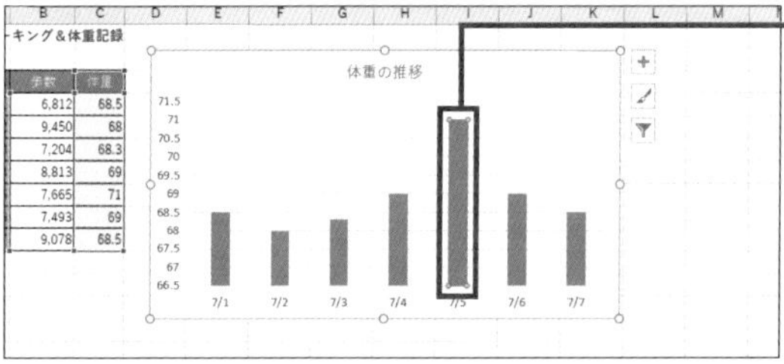

❶色を変更したい棒（ここでは7/5）をクリックすると、同じデータ系列のすべての棒が選択されます。

❷もう一度同じ棒をクリックすると、1 本だけ選択できます。

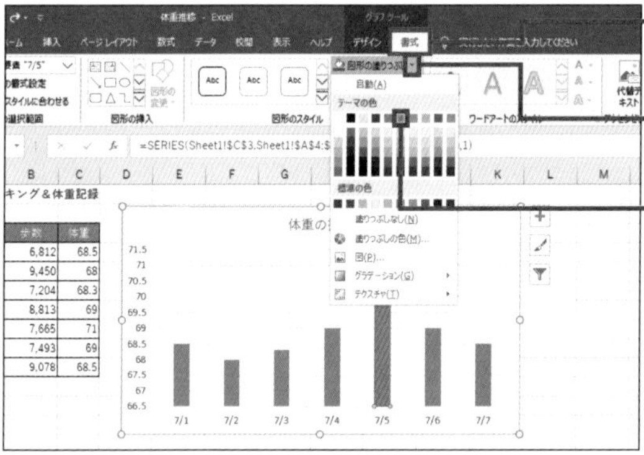

❸<グラフツール>－<書式>タブをクリックし、

❹<図形の塗りつぶし>の▼をクリックして、

❺変更後の色をクリックすると、

MEMO タブの名称

Microsoft 365では、手順❸で<書式>タブをクリックします。

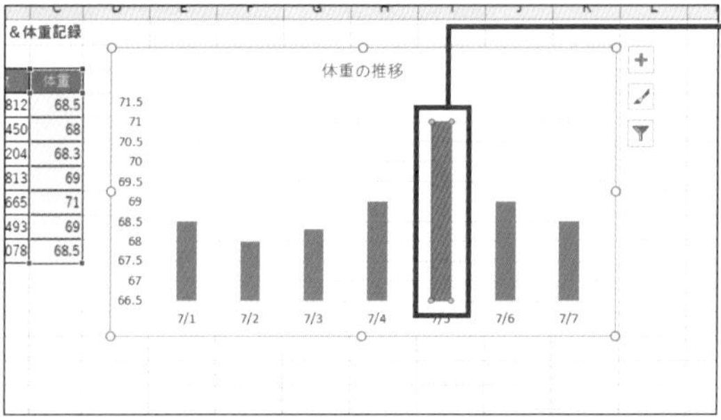

❻選択した棒の色だけが変わります。

MEMO 目立つ色を付ける

棒を目立たせるには、他の棒と区別しやすい色を付けるとよいでしょう。すべての棒をグレーなどの無彩色にして、目立たせたい棒だけに赤色を付けるのも効果的です。

SECTION
164
グラフ基本

棒グラフの太さを変更する

棒グラフの棒の太さが細いと弱々しい印象に見える場合があります。＜要素の間隔＞を使うと、棒の間隔を調整できます。間隔は0% ～ 500%の範囲で指定でき、0%にすると棒がくっついた状態になり、500%にすると棒が細くなります。

棒を太くする

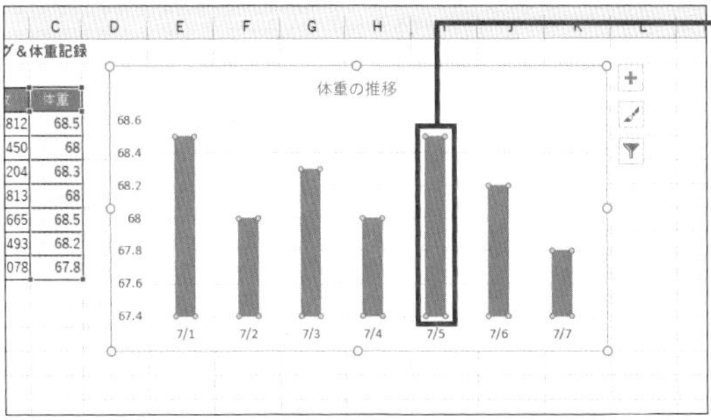

❶ いずれかの棒をダブルクリックします。

MEMO 右クリックで操作

帽を右クリックして表示されるメニューの<データ系列の書式設定>をクリックして、<データ系列の書式設定>画面を表示することもできます。

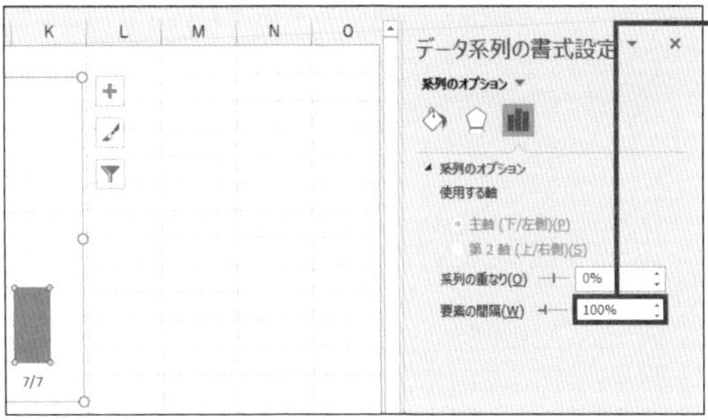

❷ <要素の間隔>に間隔を指定すると、

MEMO ここで操作する内容

ここでは、棒の間隔を100%にしています。間隔は、0% ～ 500%で指定します。

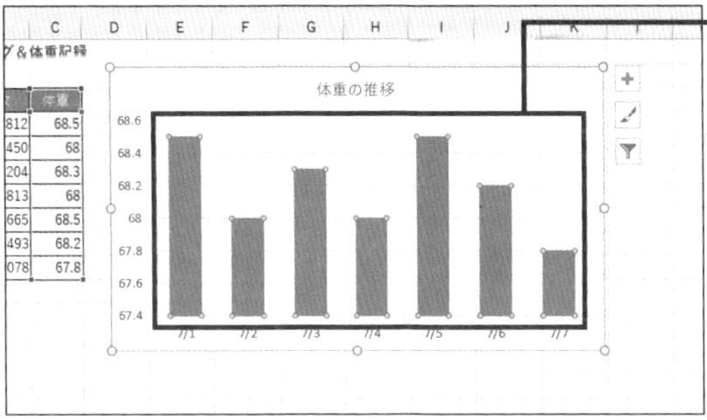

❸ 棒と棒の間隔が変更されて、棒が太くなります。

SECTION
165
グラフ基本

棒グラフを重ねて表示する

定員に対する参加者数や出荷数に対する実売数などを棒グラフで示すときに、データ系列の重なりを指定すると、比較対象の棒を重ねて表示できます。いつもの棒グラフとは少し異なる棒グラフが完成します。

系列の重なりを設定する

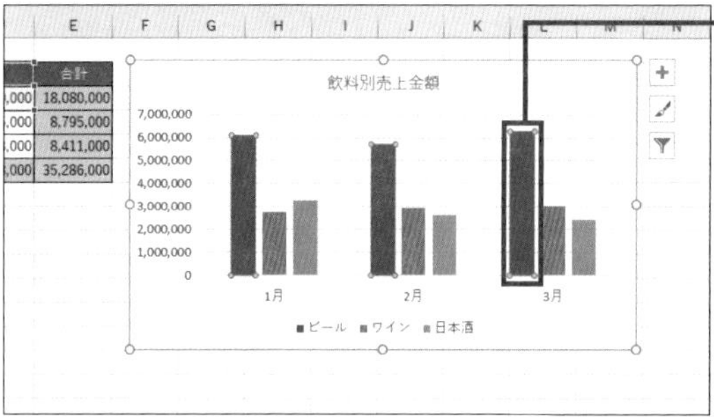

❶ いずれかの棒をダブルクリックします。

MEMO 右クリックで操作

帽を右クリックして表示されるメニューの<データ系列の書式設定>をクリックして、<データ系列の書式設定>画面を表示することもできます。

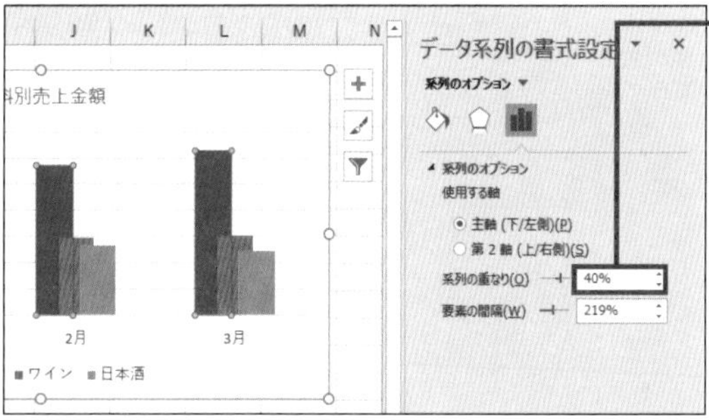

❷ <系列の重なり>を指定すると、

MEMO 系列の重なり

系列の重なりは、-100% ～ 100%の間で指定します。-100%は棒が一番離れた状態、100%は、棒が完全に重なった状態になります。

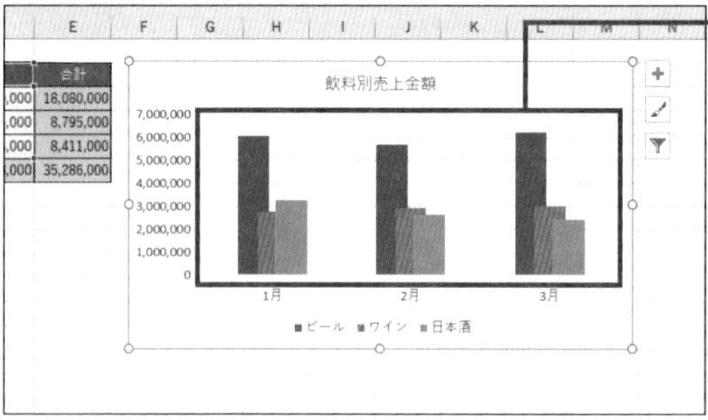

❸ 棒が重なって表示されます。

SECTION
166
積み上げグラフ

積み上げグラフを作成する

積み上げ棒グラフは、数値の大きさと割合を同時に表すことができるグラフです。棒の高さで数値全体の大きさを示し、棒を構成する色で合計内の割合を示します。さらに、100%積み上げグラフを利用すると、数値の割合を比較することもできます。

積み上げ縦棒グラフを作成する

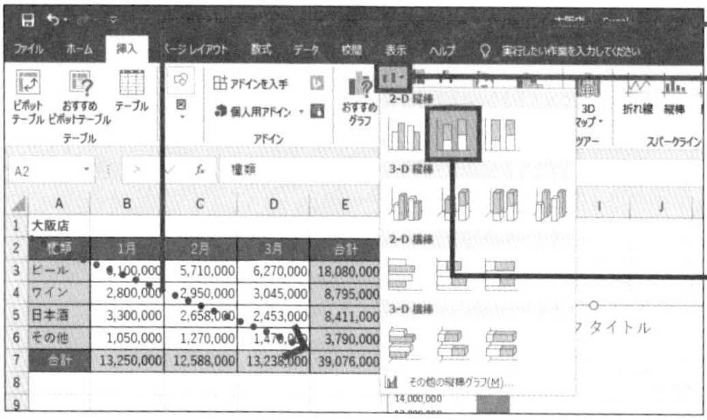

❶グラフの元になるセル（ここではA2セル～D6セル）をドラッグします。

❷＜挿入＞タブ－＜縦棒 / 横棒グラフの挿入＞をクリックし、

❸＜積み上げ縦棒＞をクリックすると、

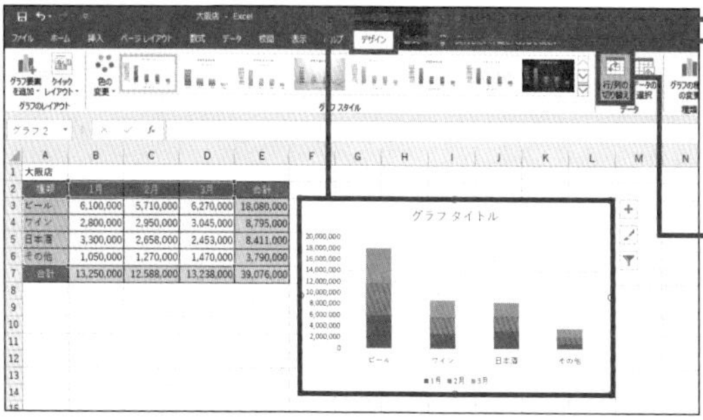

❹積み上げグラフが作成されます。

❺＜グラフツール＞－＜デザイン＞タブをクリックし、

❻＜行 / 列の切り替え＞をクリックすると（Sec.150参照）、

> **MEMO　タブの名称**
>
> Microsoft 365では、手順❷で＜グラフのデザイン＞タブをクリックします。

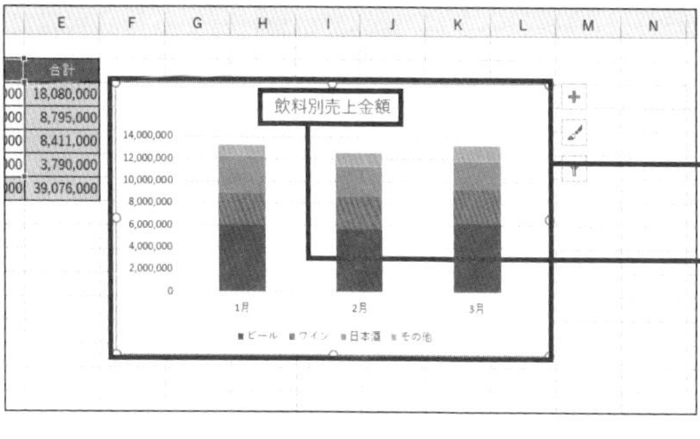

❼飲料別の売上金額を示す積み上げグラフが作成されます。

❽グラフタイトルを入力します。

SECTION 167 積み上げグラフ

積み上げグラフに区分線を表示する

積み上げグラフでは、グラフで示している項目の割合を比較しやすいように区分線を追加するとよいでしょう。こうすれば、区分線の角度によって、割合が上昇しているのか加工しているのかがひと目でわかります。

区分線を追加する

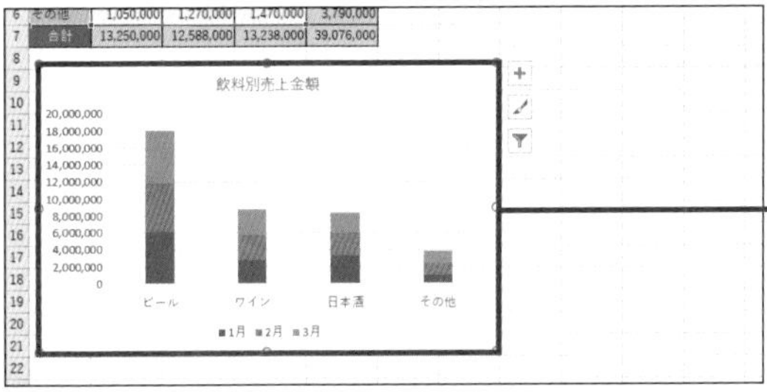

❶グラフをクリックします。

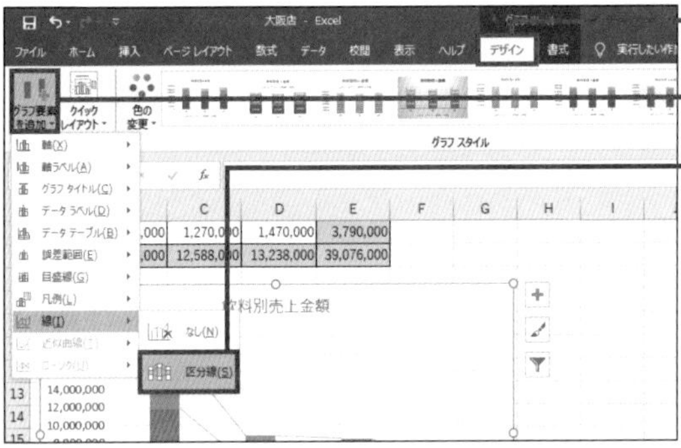

❷<グラフツール>－<デザイン>タブをクリックします。

❸<グラフ要素を追加>をクリックし、

❹<線>－<区分線>をクリックすると、

MEMO タブの名称

Microsoft 365では、手順❷で<グラフのデザイン>タブをクリックします。

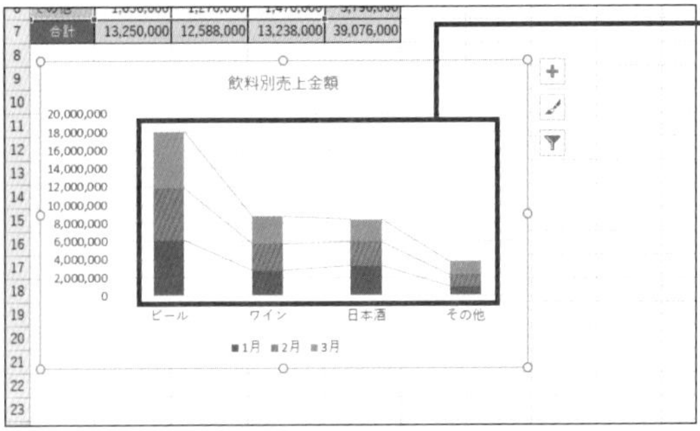

❺区分線が表示されます。

MEMO グラフの種類

区分線は積み上げ縦棒グラフや100%積み上げ縦棒グラフ、積み上げ横棒グラフや100%積み上げ横グラフに追加できますが、グラフの種類によっては追加できないものもあります。

SECTION 168 円グラフ

円グラフを作成する

構成比などの割合は円グラフにするとわかりやすく伝えられます。円グラフを作成するときは、項目名と値の2つの範囲を選択します。円グラフを作成したら、項目名や割合の%をグラフ内に表示するなどして見栄えを整えましょう。

構成比を円グラフで表す

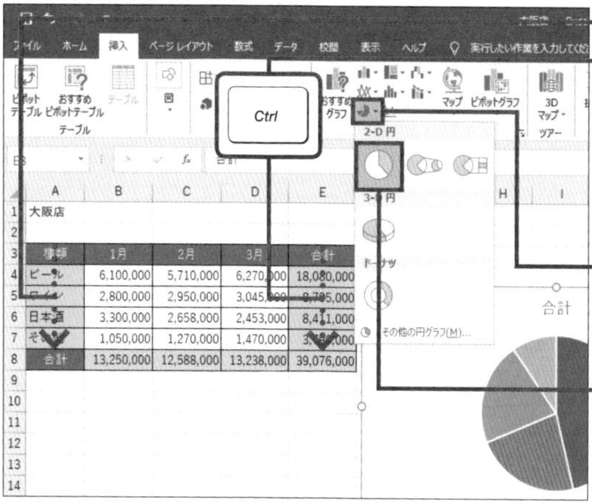

❶グラフの元になるセル範囲（ここではA3セル～A7セル）をドラッグします。

❷Ctrlキーを押しながら、E3セル～E7セルをドラッグします。

❸＜挿入＞タブ－＜円またはドーナツグラフの挿入＞をクリックし、

❹＜円＞をクリックすると、

MEMO 離れたセルを選択するには

表の離れたセルを選択するには、2つ目以降のセルをCtrlキーを押しながら選択します。

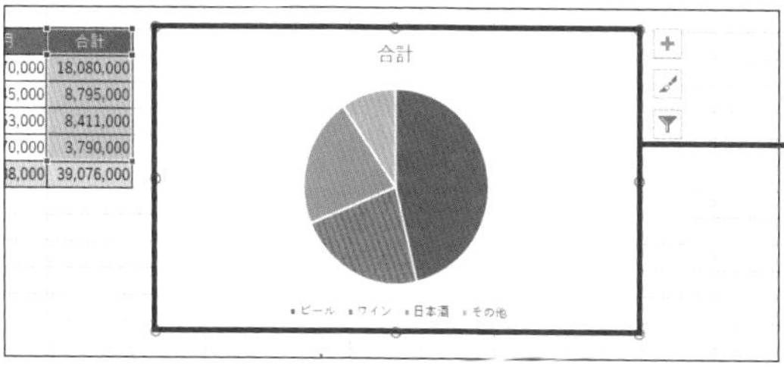

❺円グラフが表示されます。

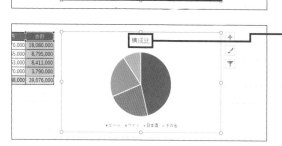

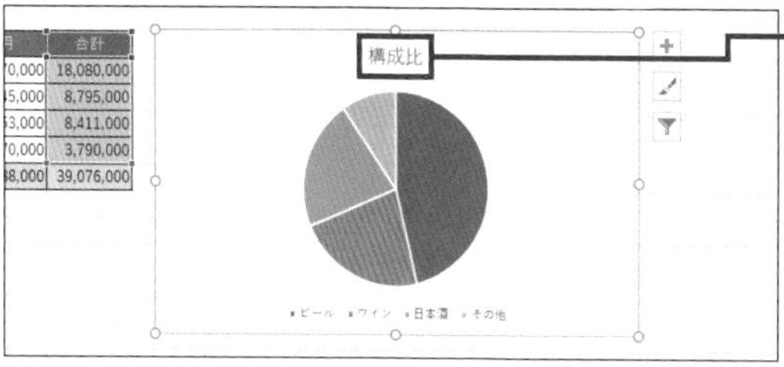

❻「合計」の文字をクリックし、グラフタイトルを上書きします。

❼Sec.145の操作を参考にして、グラフの大きさや位置を整えます。

SECTION
169
円グラフ

円グラフのサイズを変更する

円グラフ全体のサイズを変更するには、Sec.145の操作を行いますが、グラフ全体のサイズはそのままで、内側の円グラフの部分＝プロットエリアだけを拡大・縮小することもできます。

プロットエリアを拡大する

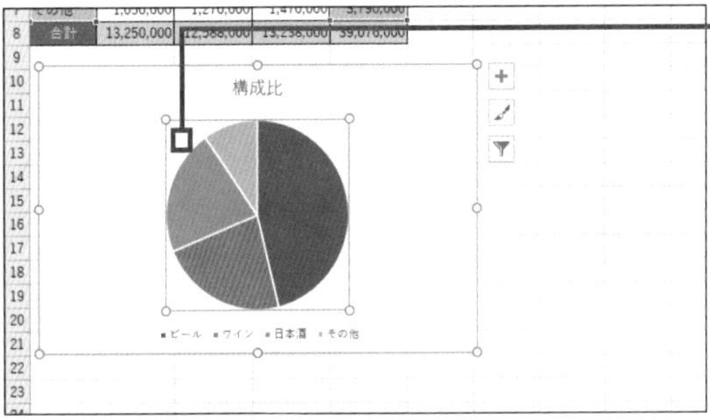

❶ ここをクリックして、<プロットエリア>を選択します。

MEMO 要素の名前

グラフ内でマウスポインターを動かすと、各要素の名前が表示されます。ここではプロットエリアの要素名が表示される場所をクリックします。

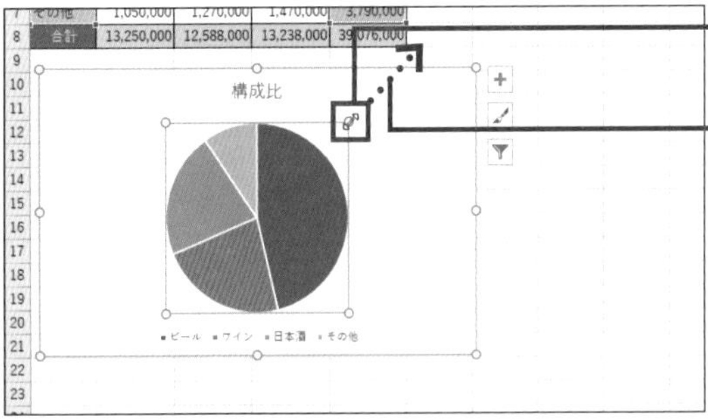

❷ プロットエリアの四隅にマウスポインターを移動し、

❸ マウスポインターの形状が変わったことを確認して外側にドラッグすると、

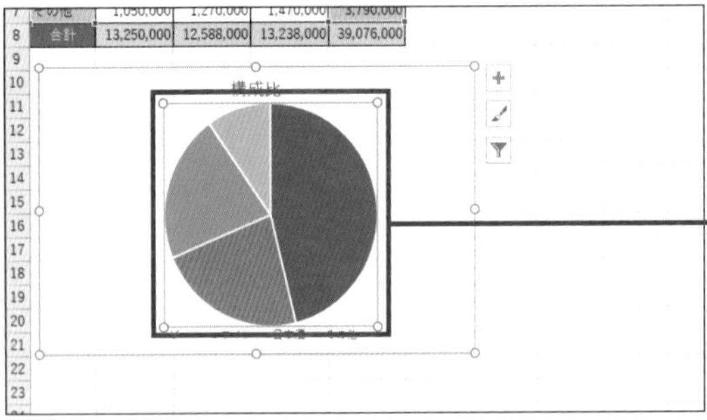

❹ <プロットエリア>が大きくなります。

SECTION 170 円グラフ

円グラフに%や項目を表示する

円グラフでは凡例を使わず、データラベルを使って、グラフの周囲に項目名や割合を示すパーセントを直接表示したほうがわかりやすいでしょう。データラベルの内容や位置を指定するには、<データラベルの書式設定>画面を使います。

データラベルを表示する

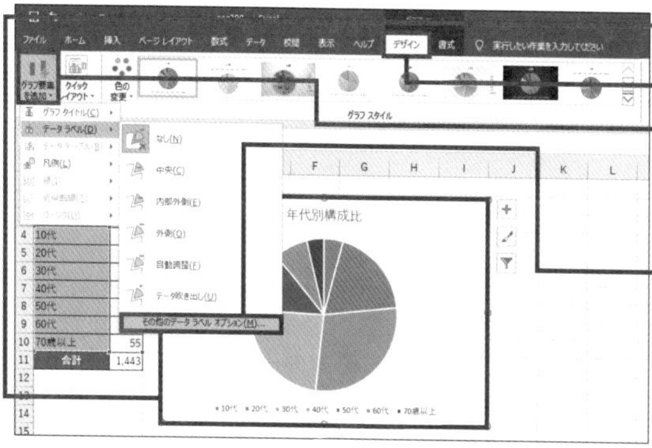

❶ グラフをクリックします。

❷ <グラフツール>－<デザイン>タブをクリックします。

❸ <グラフ要素を追加>をクリックし、

❹ <データラベル>－<その他のデータラベルオプション>をクリックします。

MEMO タブの名称

Microsoft 365では、手順❷で<グラフのデザイン>タブをクリックします。

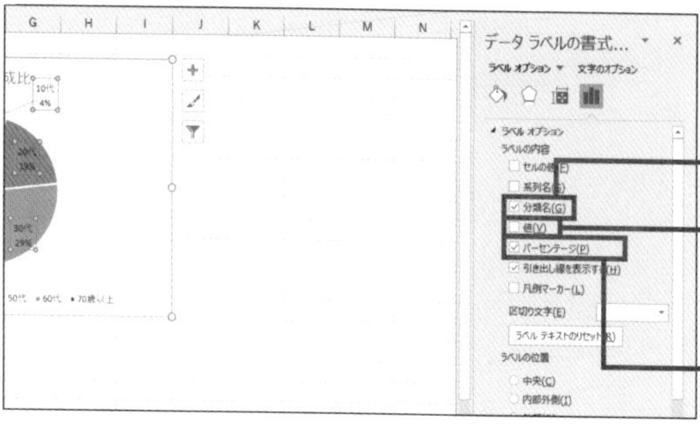

❺ <分類名>をクリックしてチェックを付け、

❻ <値>をクリックしてチェックをオフにします。

❼ <パーセンテージ>をクリックしてチェックを付けると、

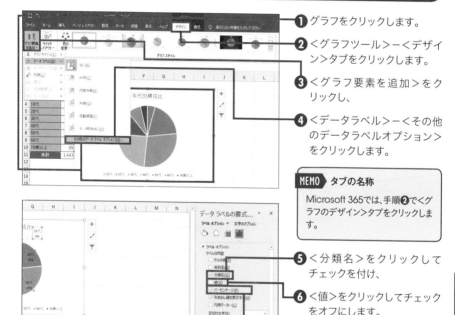

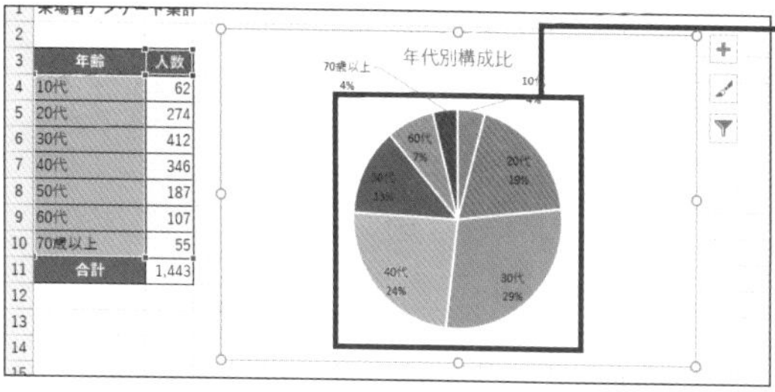

❽ データラベルが表示されました。

MEMO 凡例は不要

分類名のデータラベルを追加した場合は、Sec.156の操作で凡例を削除します。

SECTION 171 円グラフ

円グラフの一部を切り離す

円グラフの中でもとくに強調したい項目があるときは、一部の項目を切り離す方法があります。切り離す扇の部分を外側にドラッグするだけで、切り離すことができます。なお、扇の中にデータラベルが表示されている場合は、データラベルも一緒に移動します。

円の一部を切り離す

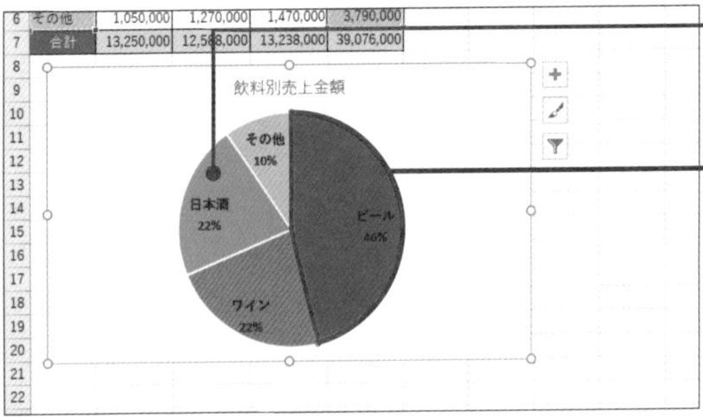

❶ 円グラフの円をクリックすると、円グラフ全体にハンドルが表示されます。

❷ 切り離す扇をクリックすると、扇形だけにハンドルが表示されます。

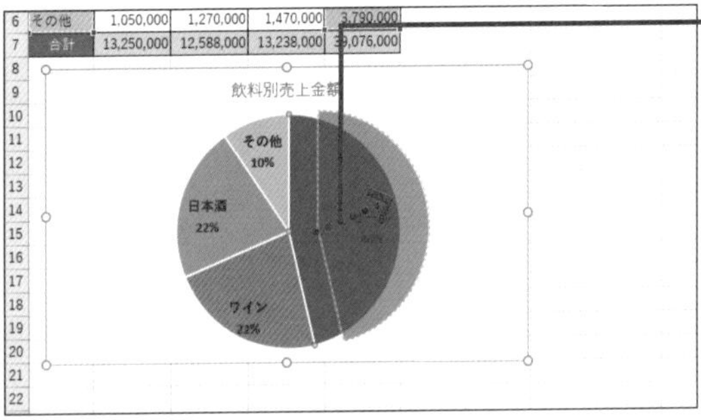

❸ 切り離す扇にマウスポインターを移動し、そのまま円の外側に向かってドラッグすると、

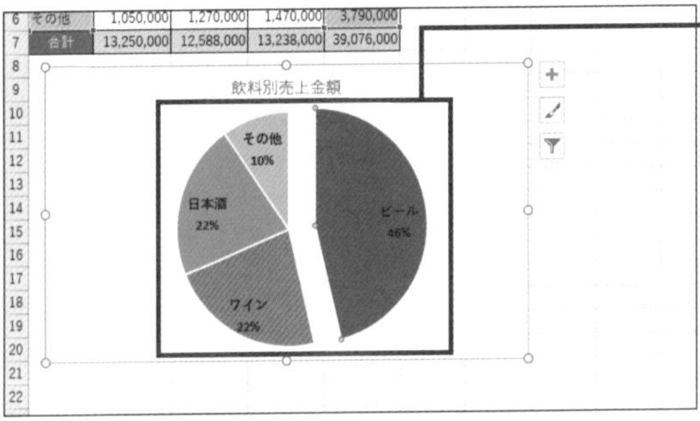

❹ ドラッグした分だけ円から切り離されます。

MEMO 複数の扇を切り離す

同じ操作を繰り返すと、複数の扇を次々と切り離すことができます。ただし、強調したい部分だけを切り離したほうが効果的です。

SECTION
172
折れ線グラフ

折れ線グラフの太さを変更する

折れ線グラフの線の色が薄いと、線がはっきりしない場合があります。線の幅を変更すると、折れ線グラフの線を太くすることができます。印刷した用紙やパソコン画面で線がはっきり見えるように太さを調整しましょう。

線の幅を指定する

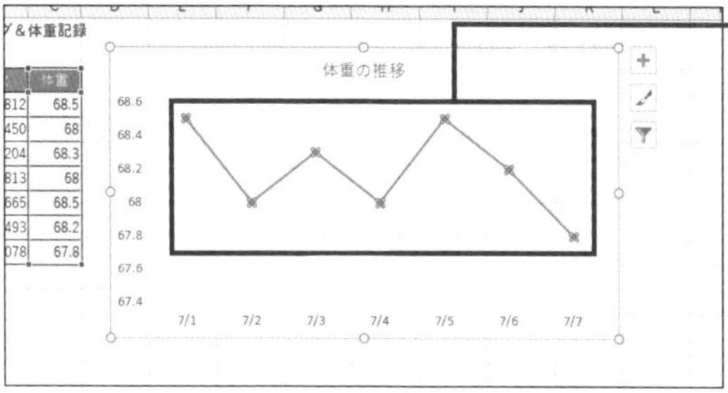

❶グラフの線上をダブルクリックします。

MEMO 右クリックで操作

線上を右クリックして表示されるメニューの<データ系列の書式設定>をクリックして、<データ系列の書式設定>画面を表示することもできます。

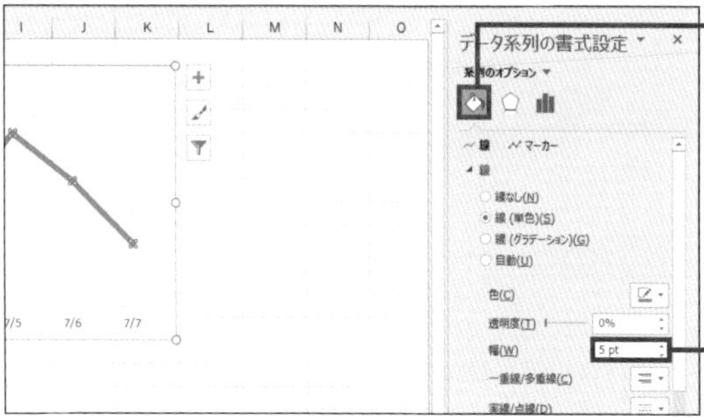

❷表示されるメニューで<塗りつぶしと線>をクリックし、

❸<幅>を指定します。

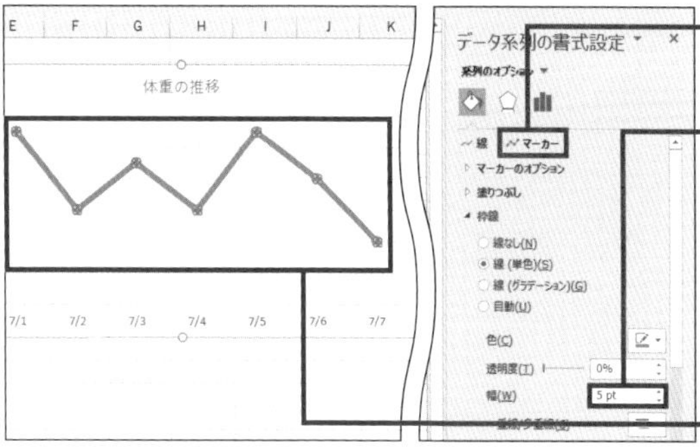

❹続けて、<マーカー>をクリックし、

❺<幅>を指定すると、

❻線の太さとマーカーの大きさが変わります。

SECTION 173

折れ線グラフ

途切れた線をつなげて表示する

折れ線グラフの元になる表に空白のセル（データが入力されていないセル）があると、途中で線が途切れてしまいます。空白セルの表示方法を変更すると、データがなくても線をつなげて表示できます。

空白セルの線をつなげて表示する

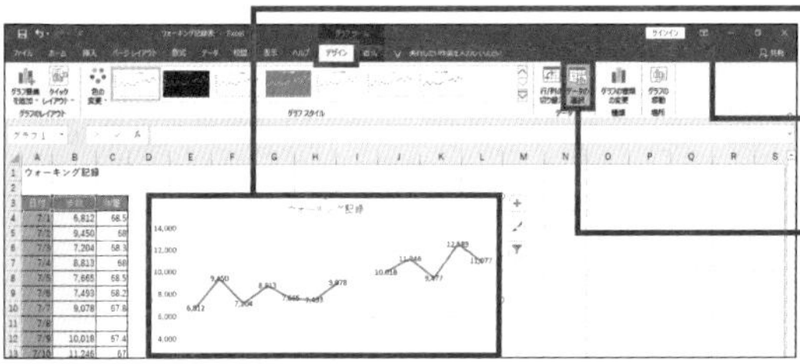

❶グラフをクリックします。

❷＜グラフツール＞－＜デザイン＞タブをクリックし、

❸＜データの選択＞をクリックして、

MEMO タブの名称

Microsoft 365では、手順❷で＜グラフのデザイン＞タブをクリックします。

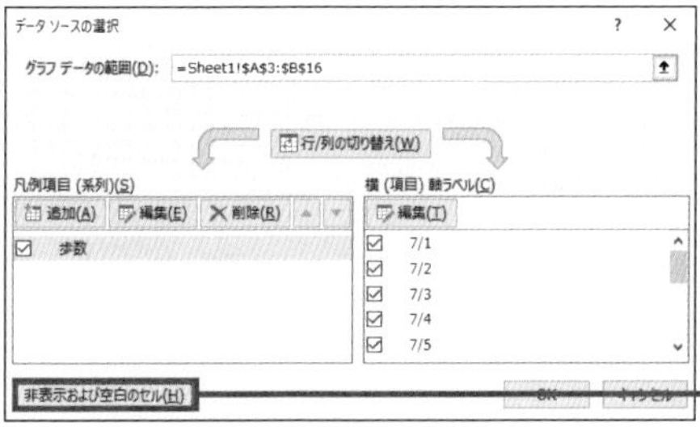

❹＜非表示および空白のセル＞をクリックします。

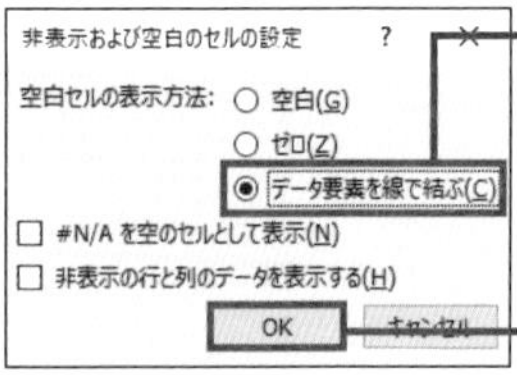

❺＜空白セルの表示方法＞の＜データ要素を線で結ぶ＞をクリックし、

❻＜OK＞－＜OK＞の順にクリックすると、

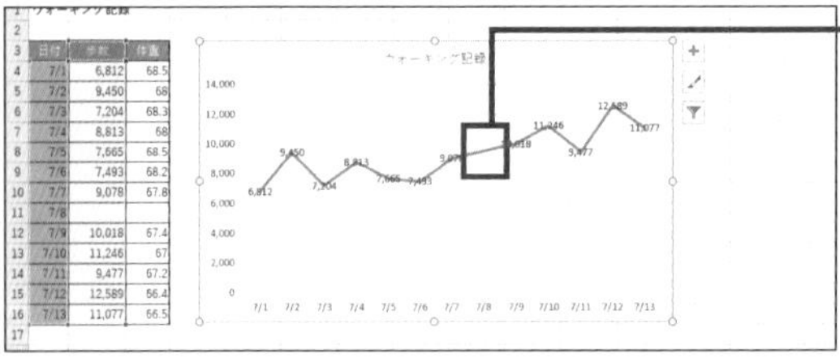

❼空白セルの部分が線でつながります。

SECTION
174
複合グラフ

複合グラフ(組み合わせグラフ)を作成する

複合グラフとは、棒グラフと折れ線グラフといった種類の異なるグラフを同じグラフに描くことです。数値の大きさを比較するのと同時に数値の推移を見たいときなどに利用します。ここでは、降水量を棒、気温を折れ線で表す複合グラフを作成します。

複合グラフを作成する

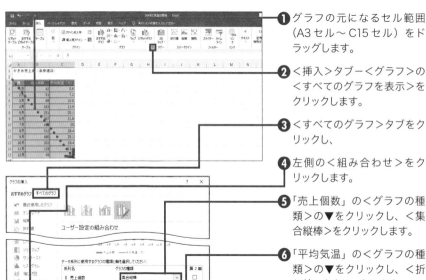

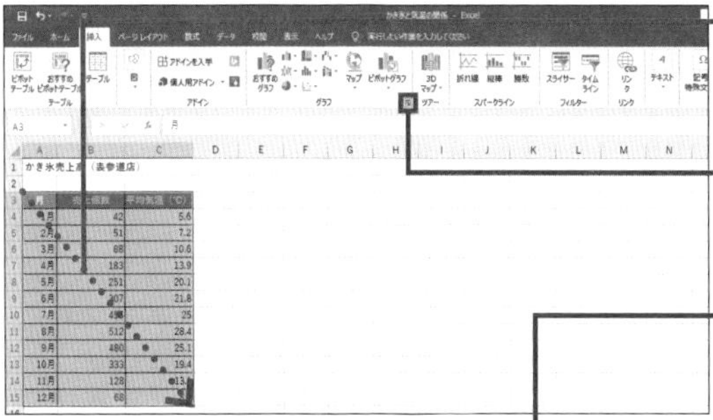

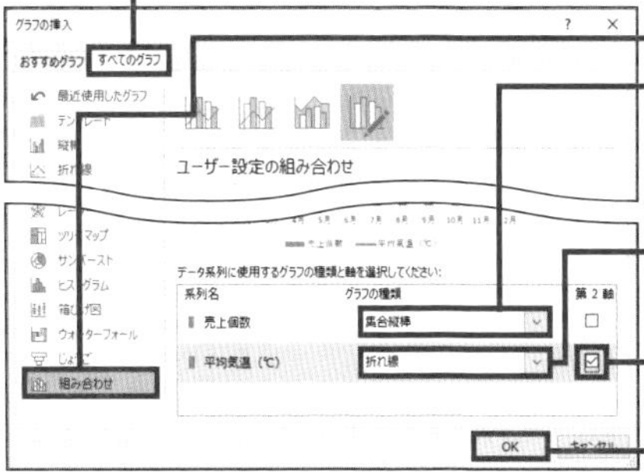

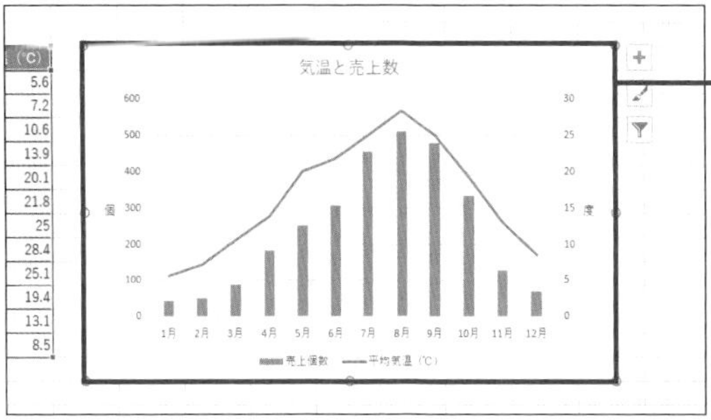

❶グラフの元になるセル範囲（A3 セル～ C15 セル）をドラッグします。

❷＜挿入＞タブー＜グラフ＞の＜すべてのグラフを表示＞をクリックします。

❸＜すべてのグラフ＞タブをクリックし、

❹左側の＜組み合わせ＞をクリックします。

❺「売上個数」の＜グラフの種類＞の▼をクリックし、＜集合縦棒＞をクリックします。

❻「平均気温」の＜グラフの種類＞の▼をクリックし、＜折れ線＞をクリックします。

❼「平均気温」の＜第 2 軸＞をクリックしてチェックを付け、

❽＜ OK ＞をクリックすると、

❾複合グラフが作成されます。

❿Sec.156 や Sec.157 の 操 作を参考にして、タイトルや軸ラベルを追加します。

SECTION 175

グラフ応用

セルの中にグラフを表示する

<スパークライン>を使うと、セルの中に簡易グラフを表示できます。表の数値を見ているだけでは、数値の大小や推移はわかりにくいものです。スパークラインは数値のすぐそばにグラフを表示できるため、数値の傾向を瞬時に把握するのに便利です。

スパークラインを表示する

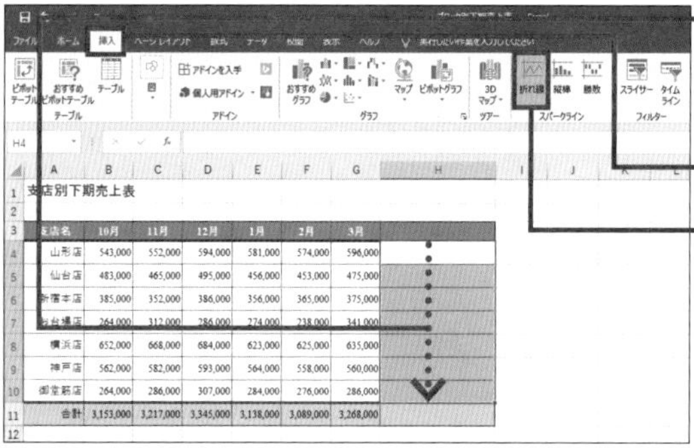

❶スパークラインを追加するセル（ここではH4セル～H10セル）をドラッグします。

❷<挿入>タブをクリックし、

❸<スパークライン>の<折れ線>をクリックします。

MEMO スパークラインの種類

スパークラインには、「折れ線」「縦棒」「勝敗」の3種類があります。縦棒は数値の大きさを棒の高さで表します。勝敗はプラスとマイナスの値を棒の表示位置と色の違いで表します。

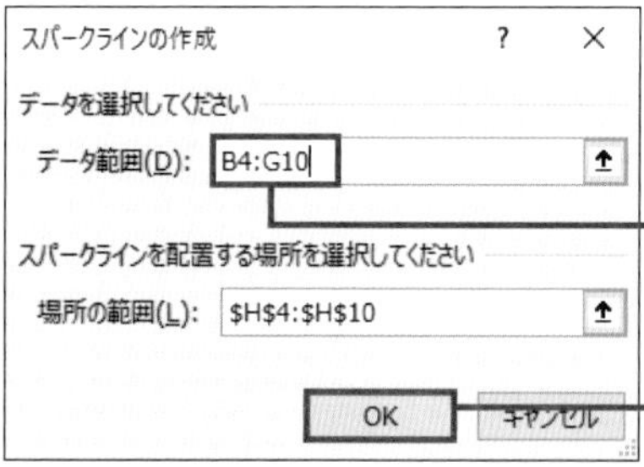

❹<データ範囲>欄に元になるセル（ここではB4セル～G10セル）を指定し、

❺< OK >をクリックすると、

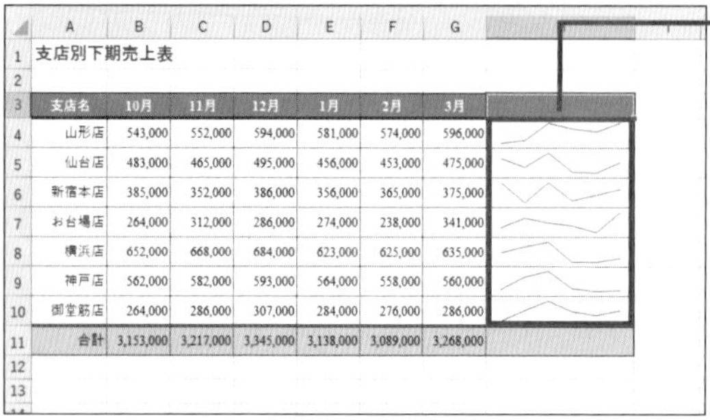

❻手順❹で指定した数値がスパークラインで表示されます。

MEMO スパークラインの削除

スパークラインは、表示されているセルを選択して[Delete]キーを押しても削除できません。スパークラインを削除するには、<スパークラインツール>－<デザイン>タブの<クリア>をクリックします。

第 6 章

Excel データベースのプロ技

SECTION
176
リスト

データ活用に適した表を作る

Excelのデータベース機能を利用すると、売上データを元に数値を集計したり、集計結果をグラフにして数値の傾向を見たりなど、データをいろいろな視点で分析できます。データベース機能を利用するには、ルールに沿ってデータを集める必要があります。

リスト作成のルールを知る

データベース機能を利用するには、リスト形式にデータを集めます。リスト形式とは、先頭行にフィールド名（見出し）を入力し、2 行目以降にデータを入力する形式のことで、1 件分のデータを 1 行で入力します。

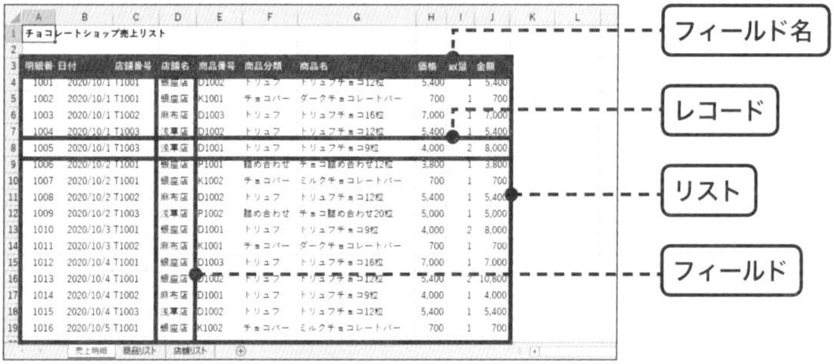

●先頭行にフィールド名を入力する

リストの先頭行にフィールド名を入力します。2 行目以降にデータを入力します。

●フィールド名には異なる書式を設定する

フィールド名の行に目立つ書式を設定します。すると、先頭行が見出しであることを Excel が自動的に認識します。

●空白行や空白列が無いようにする

リストの途中に空白行や空白列があると、リストの範囲が正しく認識されない場合があります。

●リストの周囲にデータを入力しない

リストに隣接したセルにデータが入力されていると、リストの範囲が正しく認識されない場合があります。

●表記を統一する

商品番号や商品名などの文字列は、大文字／小文字、全角／半角などの表記ゆれが混在しないようにしましょう。

MEMO フィールドとレコード

リストの各列を「フィールド」といいます。先頭行に「フィールド名」を入力します。また、1件分のデータを「レコード」といいます。1行に1件分のレコードを入力します。

MEMO 表記ゆれを修正する

表記ゆれがあると、同じ商品でも別々の商品として集計されてしまいます。表記がゆれている場合は、関数を使って全角／半角を統一したり（Sec.132参照）、データの置換機能（Sec.055参照）などを使用したりして、データの表記を統一してからデータベース機能を使います。

SECTION
177
テーブル

表をテーブルに変換する

テーブルとは、ほかのセルとは区切られた特別なセル範囲のことです。リスト形式に集めたデータをテーブルに変換すると、自動的に見やすい書式が付きます。さらに、並べ替えやデータの抽出などをかんたんに行えるようになります。

テーブルに変換する

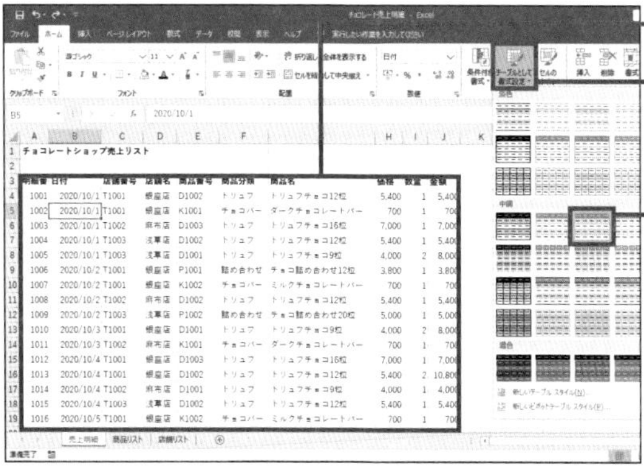

❶ リスト内をクリックします。

❷ <ホーム>タブー<テーブルとして書式設定>をクリックし、

❸ テーブルのスタイル（ここでは「オレンジ　テーブルスタイル（中間）3」）をクリックします。

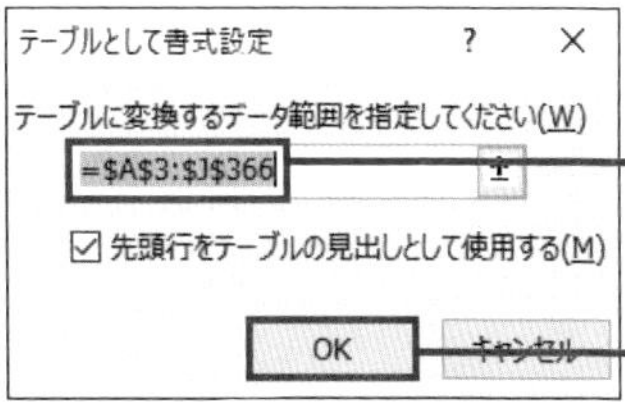

❹ リストの範囲を確認し、

❺ < OK >をクリックすると、

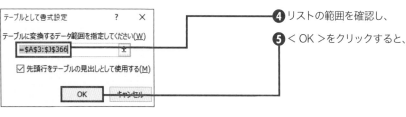

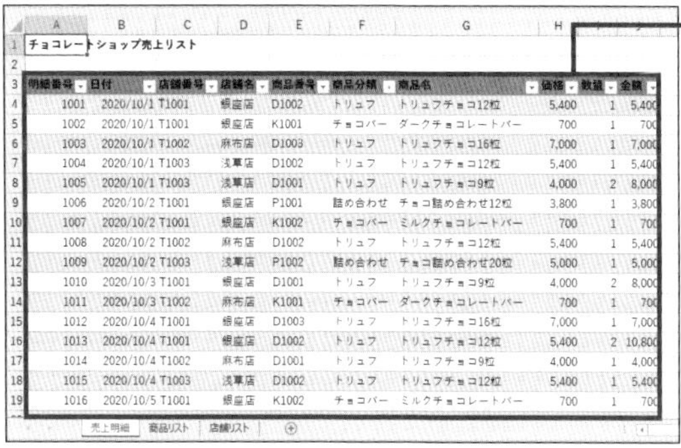

❻ リスト範囲全体がテーブルに変換されます。

MEMO　元の範囲に戻す

テーブルを元の範囲に変換するには、テーブル内をクリックし、<テーブルツール>ー<デザイン>タブ(Microsoft 365では<テーブルデザイン>タブ)ー<範囲に変換>をクリックします。

SECTION

178

テーブル

テーブルにデータを追加する

Sec.177の操作でリストをテーブルに変換すると、後からデータを追加したときに、自動的にテーブルの範囲が拡張されます。そのため、改めてテーブルを設定し直す手間が省けます。また、1行おきの色が付いているデザインでは、自動的に色が設定されます。

新しいデータを追加する

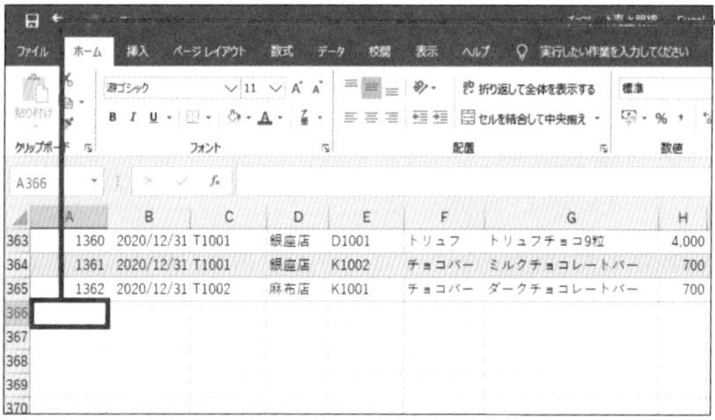

❶テーブルの最終行の下のセルをクリックします。

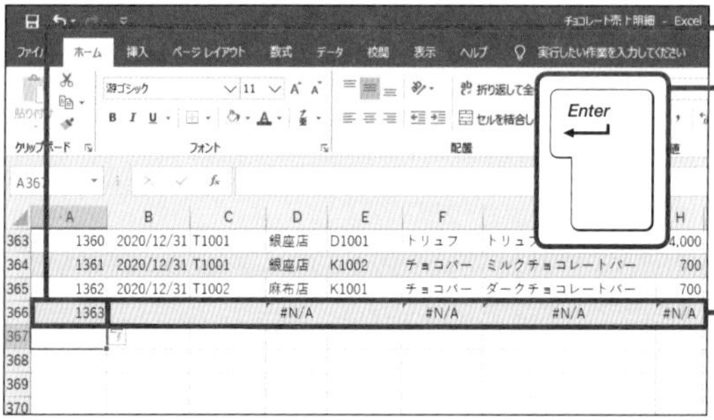

❷データを入力して、

❸Enter キーを押すと、

❹テーブルの範囲が自動的に拡張され、書式が引き継がれます。

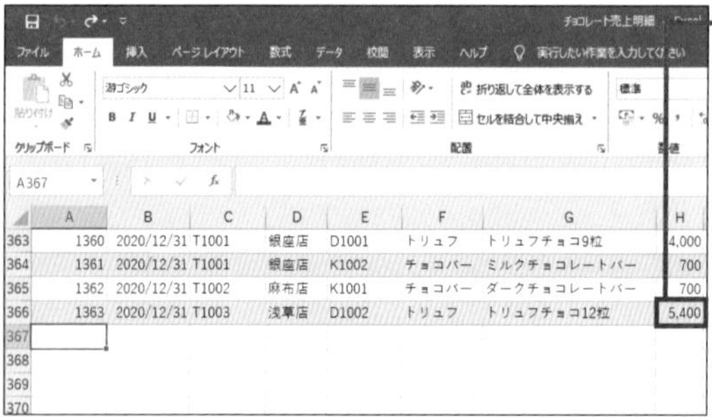

❺追加された行に新しいデータを入力すると、数式も自動的に引き継がれます。

MEMO テーブルの途中に追加

テーブルの途中に新しいデータを追加しても、自動的にテーブル範囲が拡張し、書式や数式が引き継がれます。

SECTION
179
テーブル

テーブルの範囲を変更する

テーブルにデータを追加すると、通常はテーブル範囲が自動的に拡張されて正しく認識されます。ただし、データを移動するなどの理由でテーブル範囲が正しく認識されない場合もあります。そのようなときは、手動でテーブル範囲を変更します。

テーブルのサイズを変更する

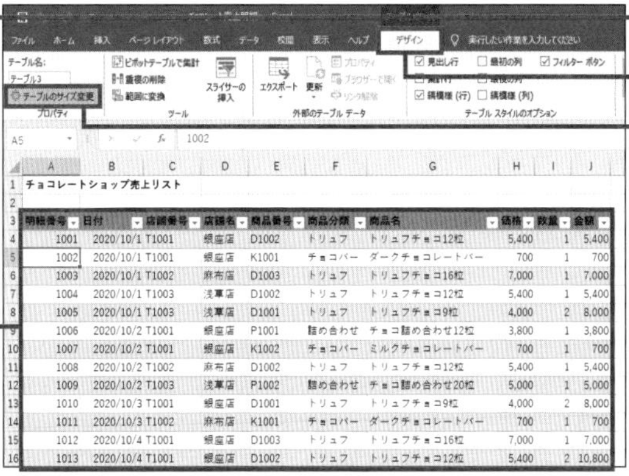

❶テーブル内をクリックします。

❷<テーブルツール>-<デザイン>タブをクリックし、

❸<テーブルのサイズ変更>をクリックします。

MEMO タブの名称

Microsoft 365では、手順❷で<テーブルデザイン>タブをクリックします。

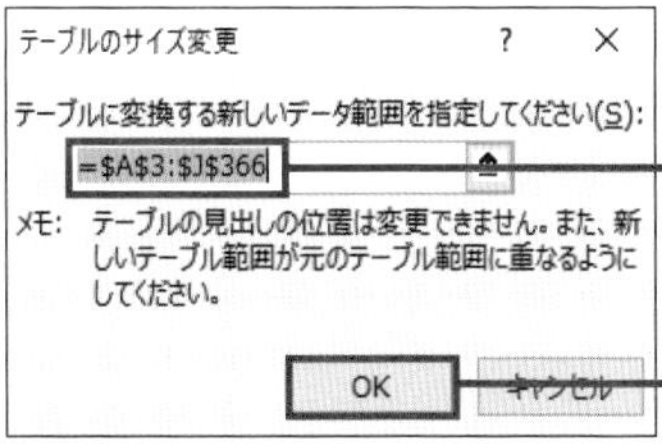

❹テーブルに変換する範囲をドラッグし直して、

❺< OK >をクリックすると、

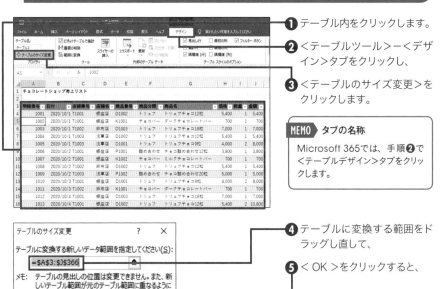

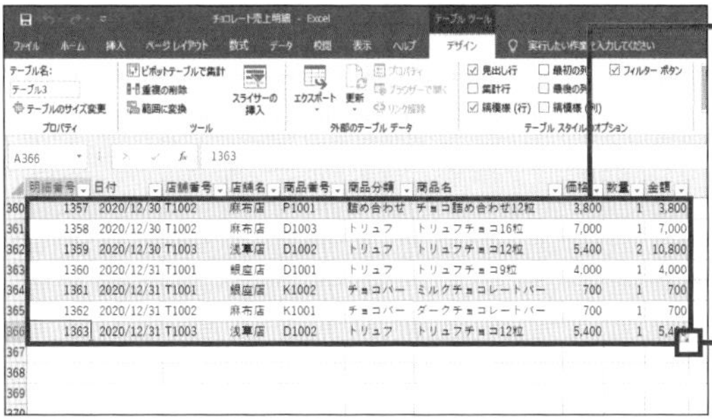

❻テーブルの範囲を変更できます。

❼テーブルの最終行の右隅に印が表示されます。

SECTION
180
テーブル

テーブルのデザインを変更する

<テーブルスタイル>を使うと、テーブルのデザインをかんたんに変更できます。テーブルスタイルには、テーブルのセルの背景の色や罫線、文字の色などのデザインが複数パターン用意されており、クリックするだけで変更できます。

テーブルスタイルを設定する

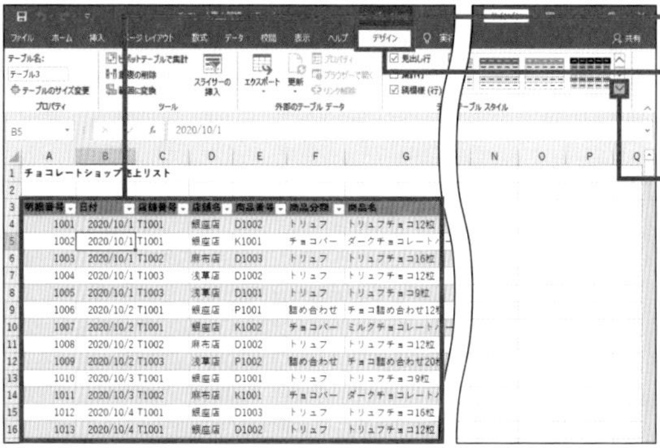

❶テーブル内をクリックします。

❷<テーブルツール>−<デザイン>タブをクリックし、

❸<テーブルスタイル>の<その他>をクリックします。

MEMO タブの名称

Microsoft 365では、手順❷で<テーブルデザイン>タブをクリックします。

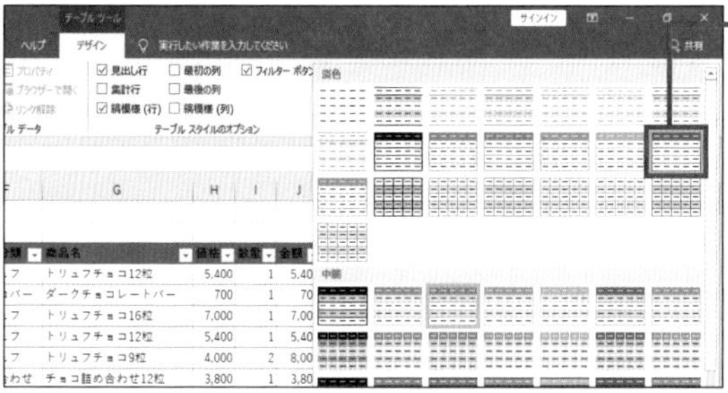

❹スタイル（ここでは「青、テーブルスタイル（淡色）13」）をクリックすると、

MEMO スタイルのオプション

<テーブルツール>−<デザイン>タブの<テーブルスタイルのオプション>の項目でデザインをカスタマイズできます。たとえば<見出し行>をクリックすると、見出しが強調されたスタイルに変更されます。

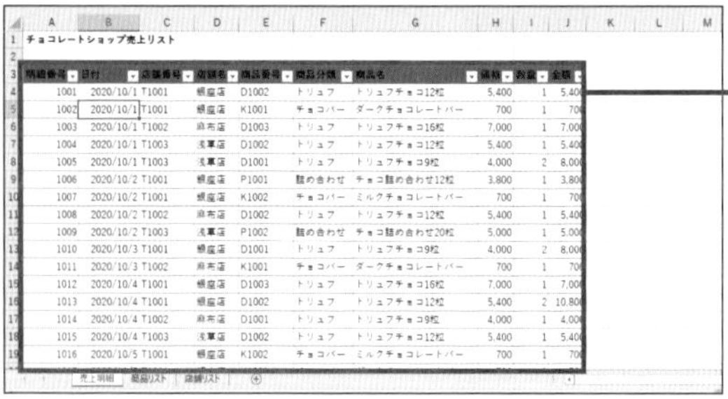

❺テーブルのスタイルが設定されます。

SECTION 181 テーブル

データを並べ替える

テーブルのデータを並べ替えるには、並べ替えの基準となるフィールド名の▼をクリックします。ここでは、「日付」の新しい順にデータを並べます。<昇順>または<降順>でデータを並べ替える方法を知りましょう。

並べ替えの条件を指定する

❶「日付」の▼をクリックして、

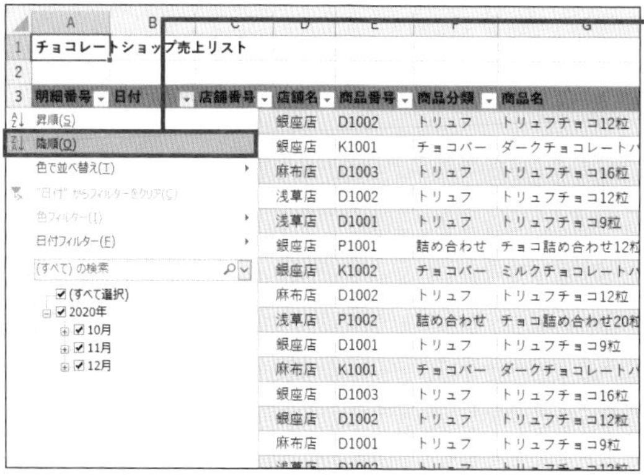

❷<降順>をクリックすると、

MEMO 昇順と降順

値の小さい順や日付の古い順、文字のあいうえお順にデータを並べるには、昇順で並べます。値の大きい順や日付の新しい順、文字のあいうえお順の逆は、降順で並べます。

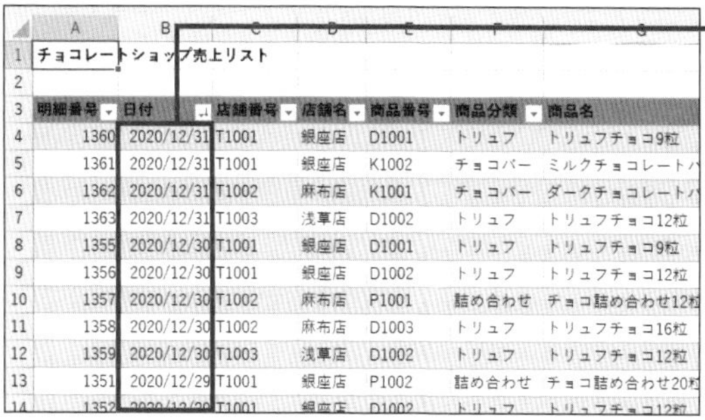

❸「日付」の新しい順にテーブル全体が並び替わります。

MEMO リストで並べ替え

テーブルに変換していないリストのデータの並べ替えや抽出を行うには、<データ>タブの<フィルター>をクリックして、フィールド名の右横に▼を表示します。

SECTION
182
テーブル

データを抽出する

テーブルのデータの中から、条件に合ったデータを抽出します。抽出条件を設定したいフィールド名の▼をクリックし、一覧から条件をクリックするだけで抽出できます。ここでは、「店舗名」が「浅草店」の売上データを抽出しましょう。

データを抽出する

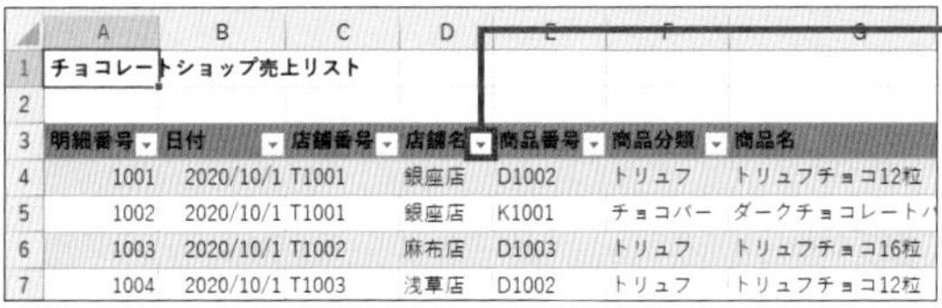

❶「店舗名」の▼をクリックし、

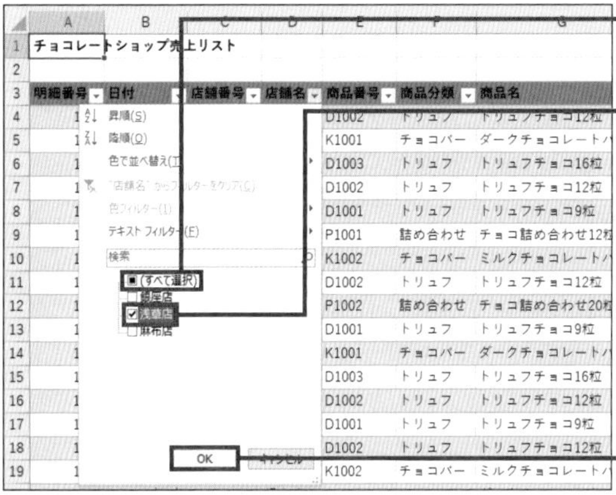

❷<すべて選択>をクリックしてオフにします。

❸<浅草店>をクリックしてオンにし、

❹< OK >をクリックすると、

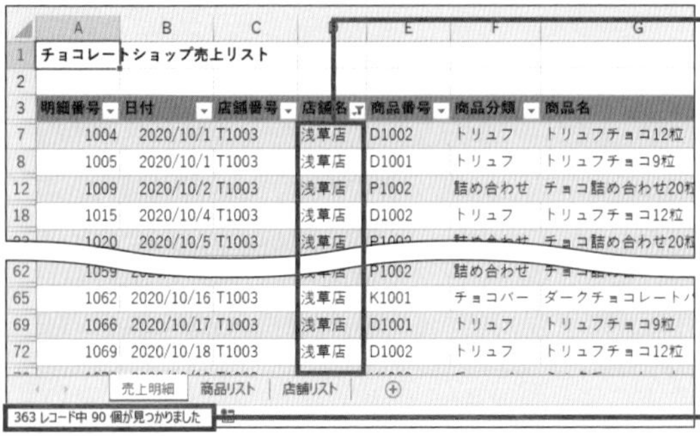

❺「浅草店」のデータだけが抽出され、

❻抽出件数が表示されます。

> **MEMO 条件の解除**
>
> データを抽出しているときは、フィールド名の▼がに変わります。条件を解除するには、をクリックし、<"フィールド名"からフィルターをクリア>をクリックします。

SECTION 183

テーブル

集計結果を表示する

テーブルに集計行を追加すると、テーブルのデータの合計やデータの個数などの集計結果を表示できます。最初は合計が表示されますが、後から平均や最大値などに変更できます。なお、集計行を表示した状態でデータを抽出すると、連動して集計結果も変わります。

集計行を表示する

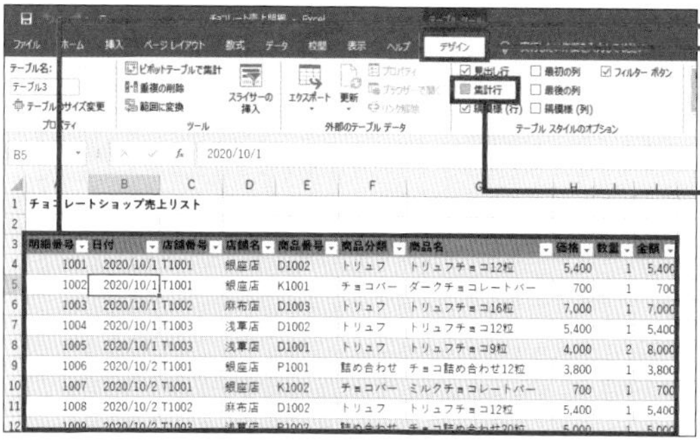

❶テーブル内をクリックします。

❷<テーブルツール>-<デザイン>タブをクリックし、

❸<集計行>をクリックします。

MEMO タブの名称

Microsoft 365では、手順❷で<テーブルデザイン>タブをクリックします。

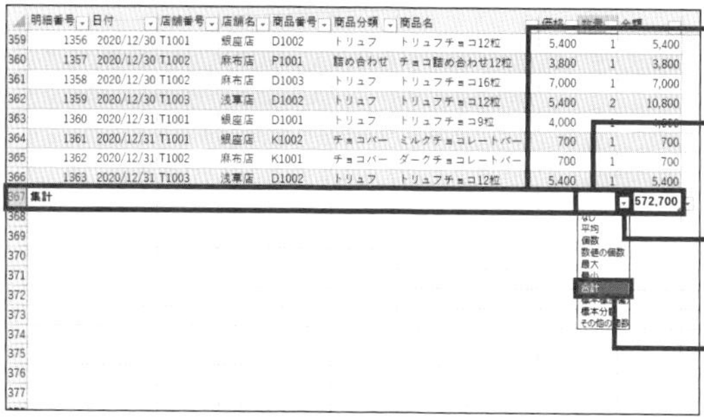

❹テーブルの末尾に集計行が表示され、「金額」の合計金額が集計されます。

❺「数量」の集計行をクリックし、

❻▼をクリックして、

❼<合計>をクリックすると、

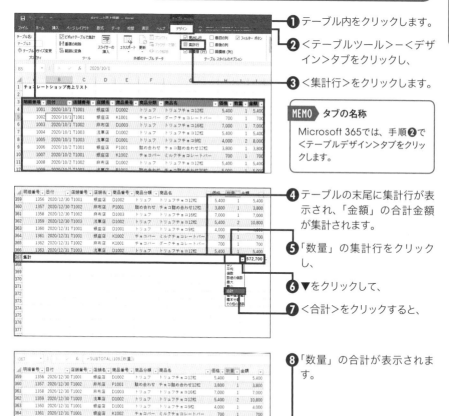

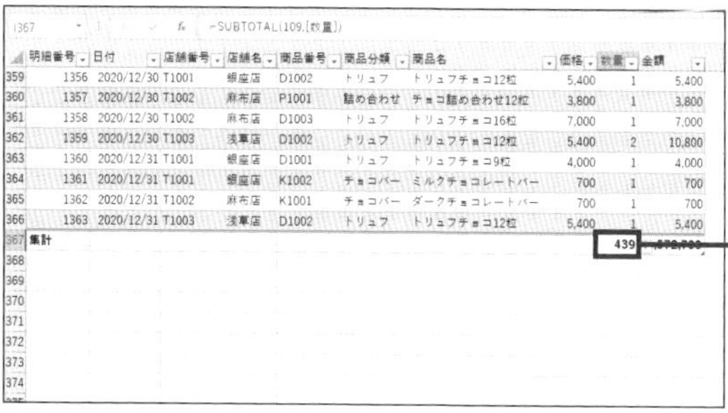

❽「数量」の合計が表示されます。

SECTION
184
並べ替え

複数の条件で並べ替える

表のデータを1つの条件で並べ替えるときには、＜データ＞タブの＜昇順＞や＜降順＞を直接クリックします。並べ替えの条件が複数あるときは、＜並べ替え＞ダイアログボックスで指定します。このとき、上側に設定した条件の優先度が高くなります。

複数の条件で並べ替える

❶ リスト内をクリックします。

❷ ＜データ＞タブ－＜並べ替え＞をクリックします。

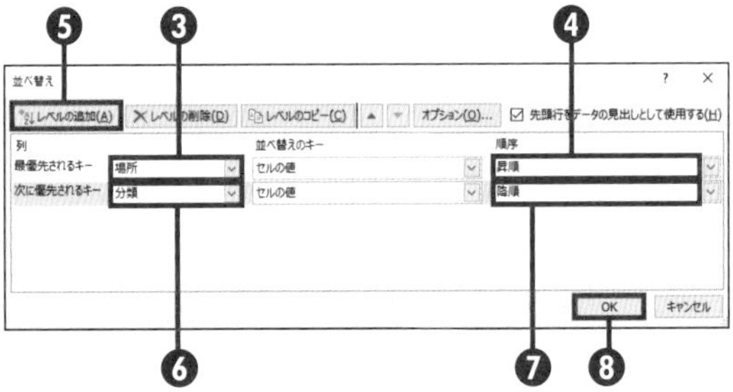

❸ ＜最優先されるキー＞の▼をクリックし、並べ替えの基準にするフィールド（ここでは「場所」）をクリックして、

❹ ＜昇順＞を選択します。

❺ ＜レベルの追加＞をクリックします。

❻ ＜次に優先されるキー＞の▼をクリックし、並べ替えの基準にするフィールド（ここでは「分類」）をクリックして、

❼ ＜降順＞を選択します。

❽ ＜ OK ＞をクリックすると、

> **MEMO キーとは**
>
> ＜最優先されるキー＞や＜次に優先されるキー＞のキーとは、並べ替えの条件のことです。

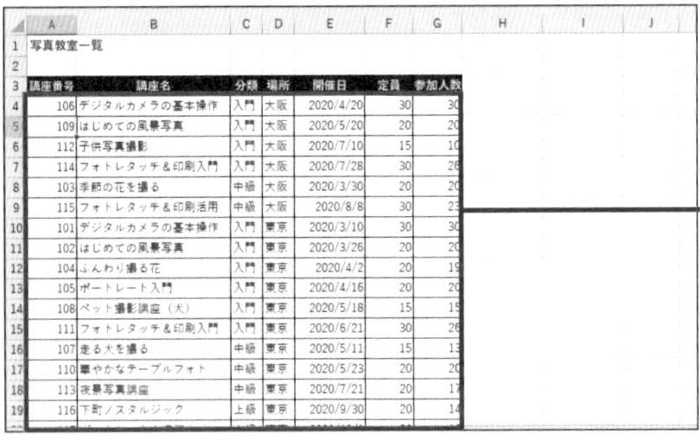

❾ D 列の「場所」の昇順で並べ変わり、「場所」が同じ場合は C 列の「分類」の降順で並べ変わります。

SECTION
185
並べ替え

セルや文字の色で並べ替える

データを色で区別しているときは、並べ替えの条件にセルの色や文字の色を指定することができます。それには、<並べ替え>ダイアログボックスの<並べ替えのキー>で<セルの色>や<フォントの色>を指定し、<順序>で条件となる色を指定します。

セルの色で並べ替える

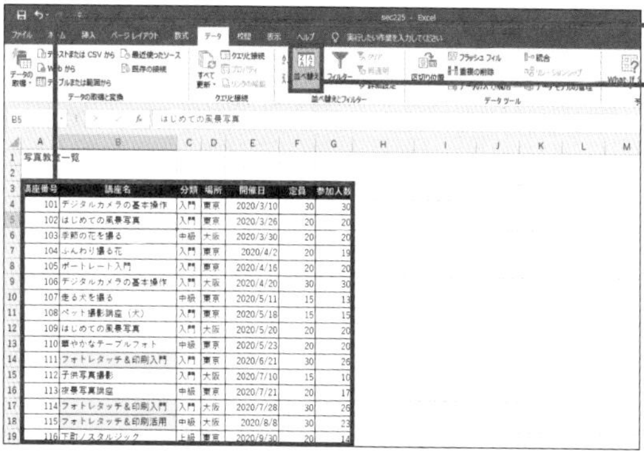

❶リスト内をクリックします。

❷<データ>タブー<並べ替え>をクリックします。

❸<最優先されるキー>の▼をクリックし、並べ替えの基準にするフィールド（ここでは「講座名」）をクリックして、

❹<並べ替えのキー>をクリックして、<セルの色>をクリックします。

❺<順序>の▼をクリックして、黄をクリックします。

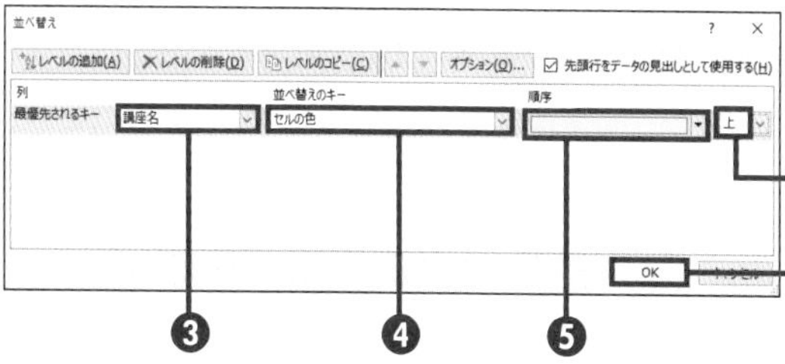

❻<上>と表示されていることを確認し、

❼< OK >をクリックすると、

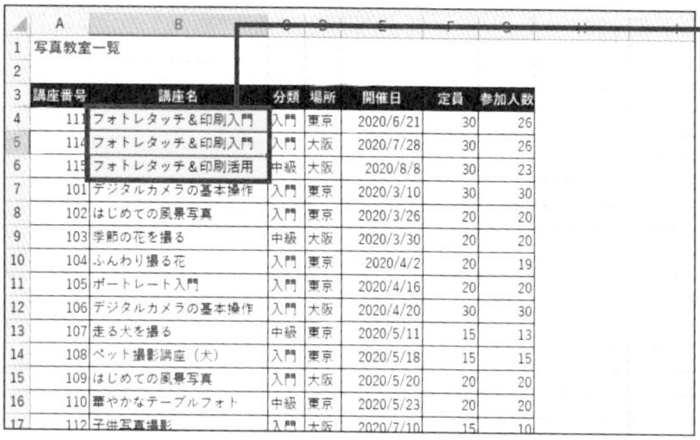

❽「講座名」のセルが黄色のデータが上に表示されます。

> **MEMO キーとは**
> <最優先されるキー>や<次に優先されるキー>のキーとは、並べ替えの条件のことです。

SECTION 186

抽出

オートフィルターで条件に一致するデータを抽出する

リストの中から条件に一致するデータを抽出するには、＜フィルター＞を利用します。フィルターを設定すると、フィールド名の横に▼が表示されます。▼をクリックして、抽出条件を指定します。

フィルターを設定する

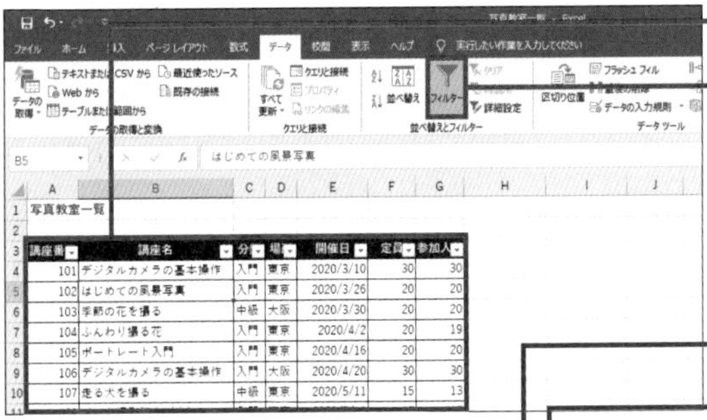

❶リスト内をクリックします。

❷＜データ＞タブ－＜フィルター＞をクリックすると、フィールド名の横に▼が表示されます。

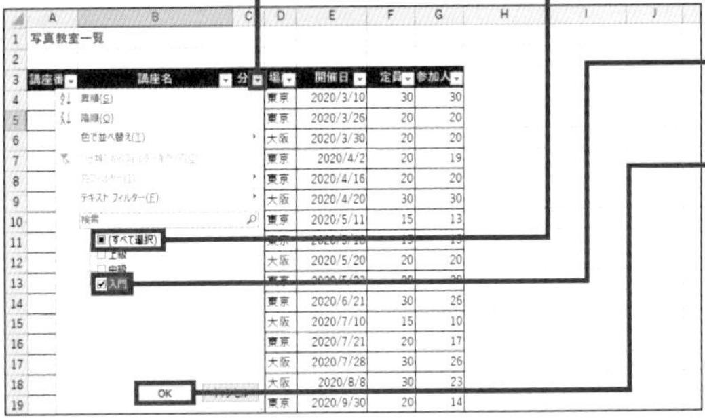

❸「分類」の▼をクリックし、

❹＜すべて選択＞をクリックしてオフにし、

❺＜入門＞をクリックしてオンにします。

❻＜ OK ＞をクリックすると、

MEMO テーブルの場合

リストをテーブルに変換している場合は、最初からフィールド名に▼が表示されています。

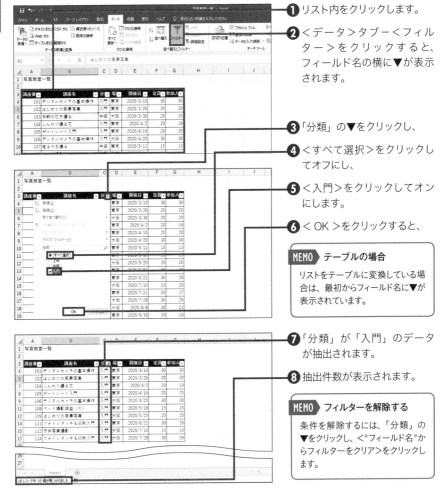

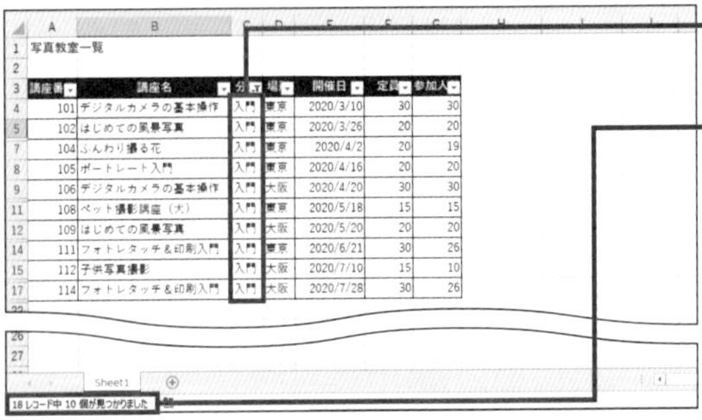

❼「分類」が「入門」のデータが抽出されます。

❽抽出件数が表示されます。

MEMO フィルターを解除する

条件を解除するには、「分類」の▼をクリックし、＜"フィールド名"からフィルターをクリア＞をクリックします。

SECTION 187 抽出

複数の条件に一致するデータを抽出する

複数の条件に一致したデータを抽出するには、フィールド名の横の▼をクリックして1つ目の条件を指定します。続いて、別のフィールド名の横の▼をクリックして2つ目の条件を指定します。この操作を繰り返すことで、次々とデータを絞り込めます。

フィルターで複数の条件を設定する

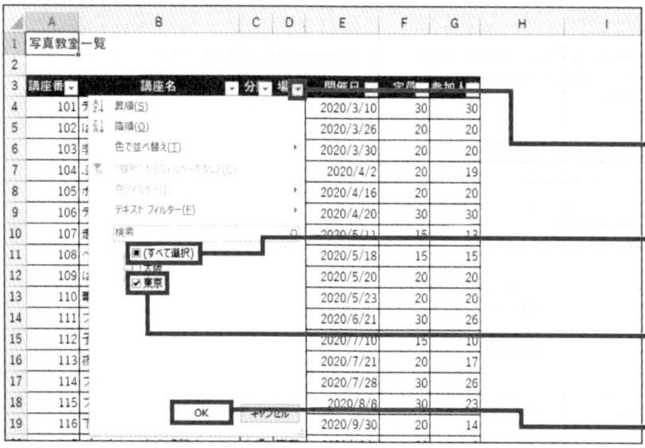

あらかじめ、Sec.186手順❶～❷の操作を行っておきます。

❶「場所」の▼をクリックします。

❷＜すべて選択＞をクリックしてオフにし、

❸＜東京＞をクリックしてオンにして、

❹＜ OK ＞をクリックします。

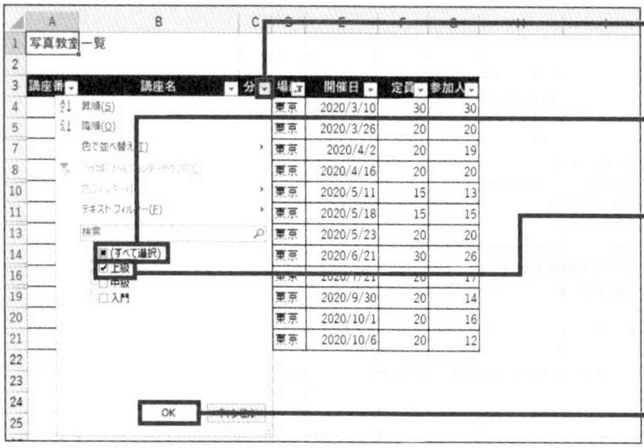

❺「分類」の▼をクリックします。

❻＜すべて選択＞をクリックしてオフにし、

❼＜上級＞をクリックしてオンにして、

❽＜ OK ＞をクリックすると、

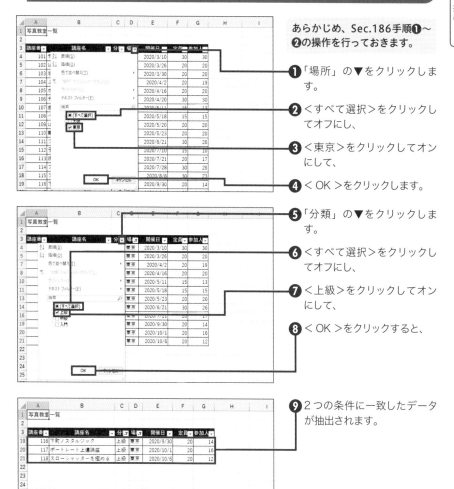

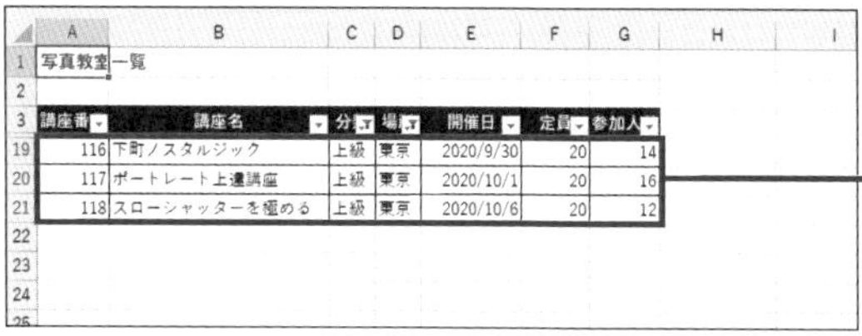

❾２つの条件に一致したデータが抽出されます。

SECTION 188 抽出

指定した値以上のデータを抽出する

数値データが入力されたフィールドでは、フィールド名の横の▼をクリックしたときに＜数値フィルター＞が表示されます。数値フィルターを使うと、「指定の値以上」「指定の値以下」「指定の範囲内」といったさまざまな条件を指定できます。

数値フィルターを設定する

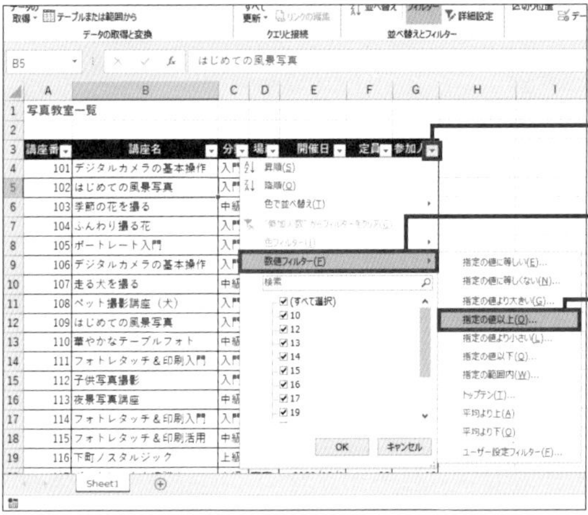

あらかじめ、Sec.186手順❶～❷の操作を行っておきます。

❶「参加人数」の▼をクリックします。

❷＜数値フィルター＞をクリックし、

❸＜指定の値以上＞をクリックして、

MEMO ここで操作する内容

ここでは、参加人数が20名以上のデータを表示します。

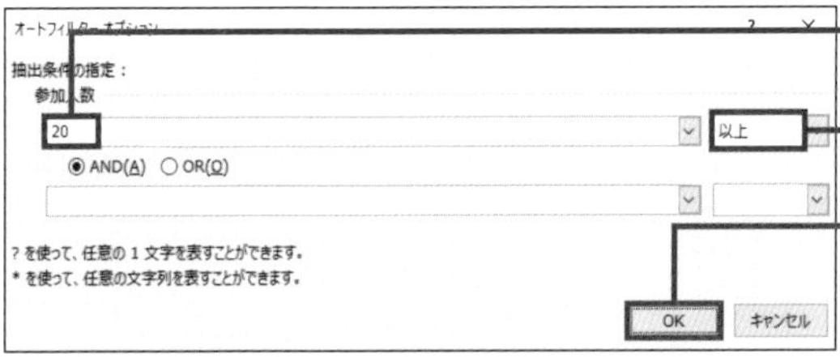

❹「20」と入力します。

❺＜以上＞と表示されていることを確認し、

❻＜ OK ＞をクリックすると、

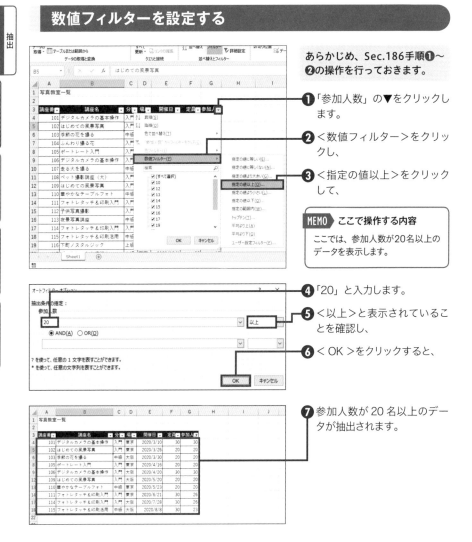

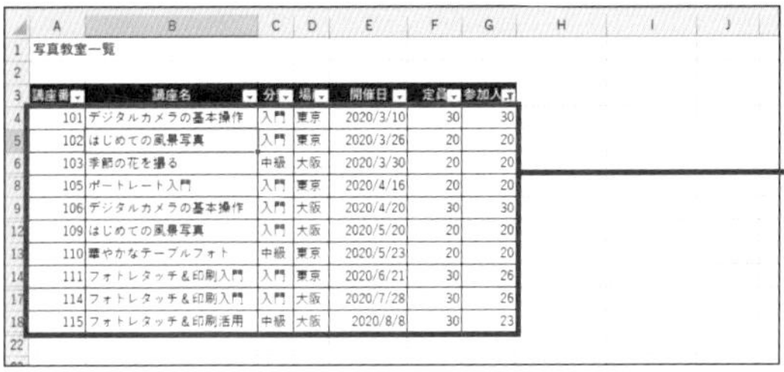

❼参加人数が 20 名以上のデータが抽出されます。

SECTION
189
抽出

上位または下位のデータを抽出する

売上金額のトップ10、評価のワースト3などのデータを抽出するには、＜数値フィルター＞の中にある＜トップテン＞を使います。名前はトップテンですが､上位や下位の項目数やパーセンテージなどを指定して、条件に一致したデータを抽出できます。

トップ3を抽出する

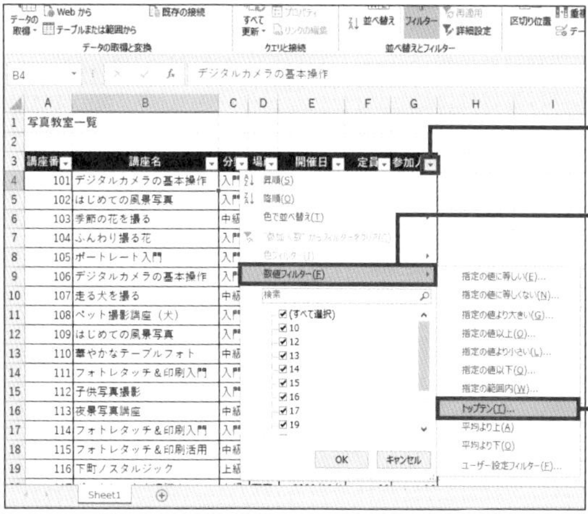

あらかじめ、Sec.186手順❶～❷の操作を行っておきます。

❶「参加人数」の▼をクリックします。

❷＜数値フィルター＞をクリックし、

❸＜トップテン＞をクリックして、

MEMO　ここで操作する内容

ここでは、参加人数のトップ3のデータを表示します。

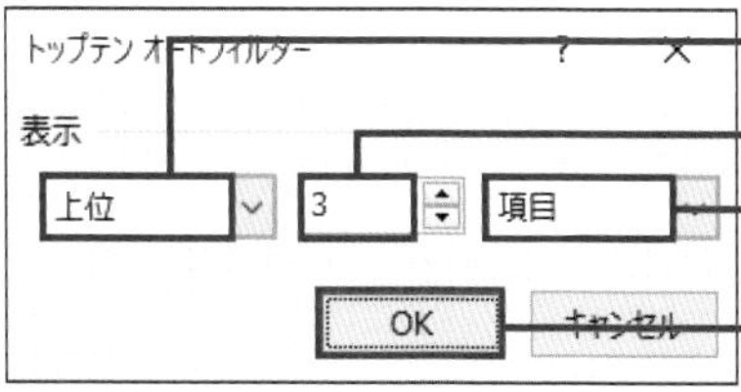

❹＜上位＞が表示されていることを確認し、

❺「3」と指定します。

❻＜項目＞が表示されていることを確認し、

❼＜ OK ＞をクリックすると、

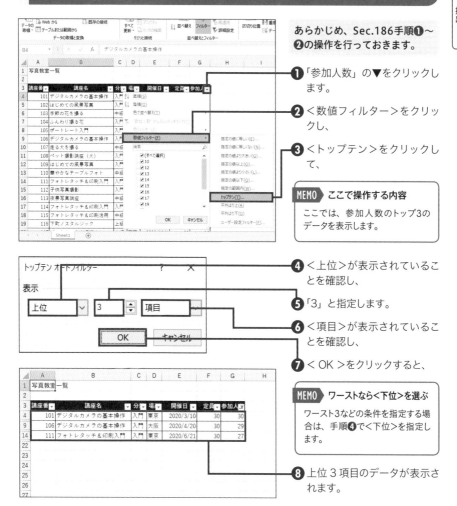

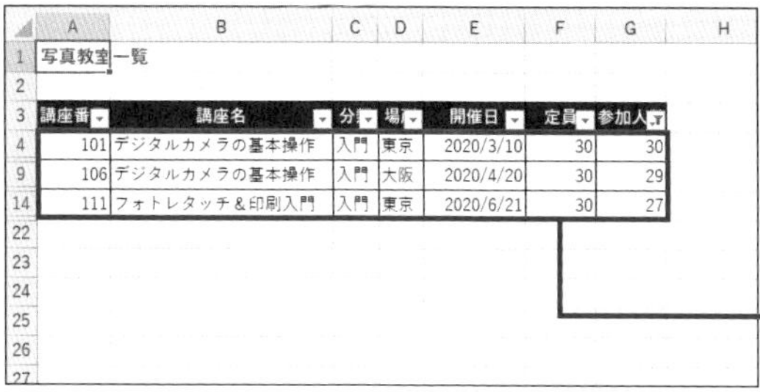

MEMO　ワーストなら＜下位＞を選ぶ

ワースト3などの条件を指定する場合は、手順❹で＜下位＞を指定します。

❽上位3項目のデータが表示されます。

SECTION 190

抽出

平均より上のデータを抽出する

売上金額や売上数、試験結果などの数値データを基準に、平均値より上や下のデータを抽出するには、＜数値フィルター＞の中にある＜平均より上＞や＜平均より下＞を利用します。事前に平均値を計算しなくても、かんたんに目的のデータを抽出できます。

平均より上のデータを抽出する

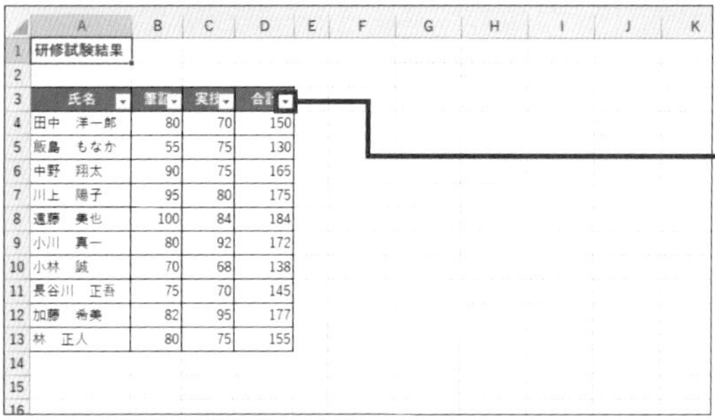

あらかじめ、Sec.186手順❶～❷の操作を行っておきます。

❶「合計」の▼をクリックします。

MEMO ここで操作する内容

ここでは、試験の点数の合計が平均より上のデータを抽出します。

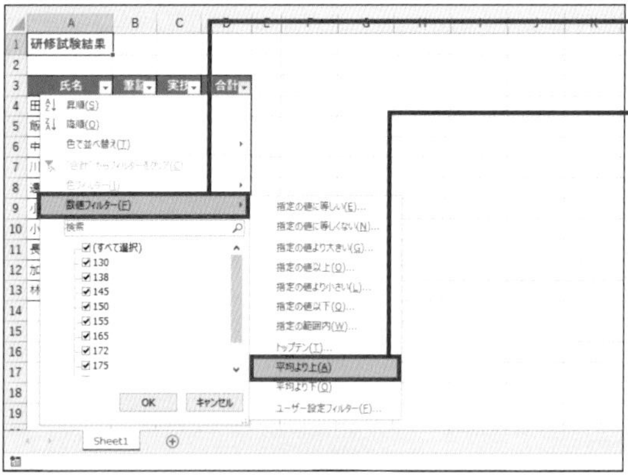

❷＜数値フィルター＞をクリックし、

❸＜平均より上＞をクリックすると、

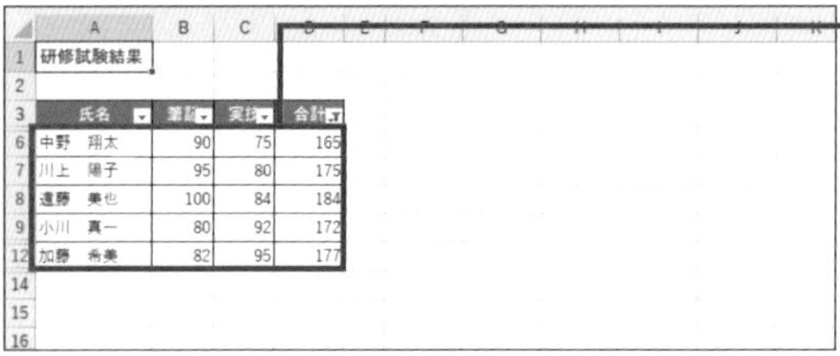

❹試験の合計点が平均より上のデータが表示されます。

SECTION
191
抽出

今月のデータを抽出する

日付データが入力されたフィールドでは、フィールド名の横の▼をクリックしたときに<日付フィルター>が表示されます。日付フィルターを使うと、「昨日」「今週」「今月」「昨年」といったさまざまな条件を指定できます。

日付フィルターを設定する

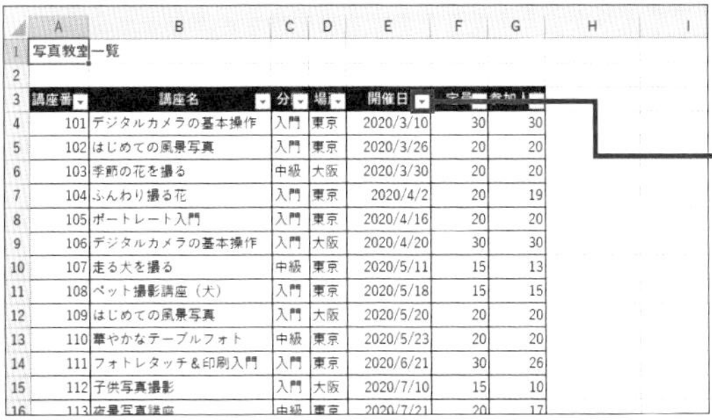

あらかじめ、Sec.186手順❶～❷の操作を行っておきます。

❶「開催日」の▼をクリックします。

MEMO　ここで操作する内容

ここでは、開催日が今月のデータを表示します。

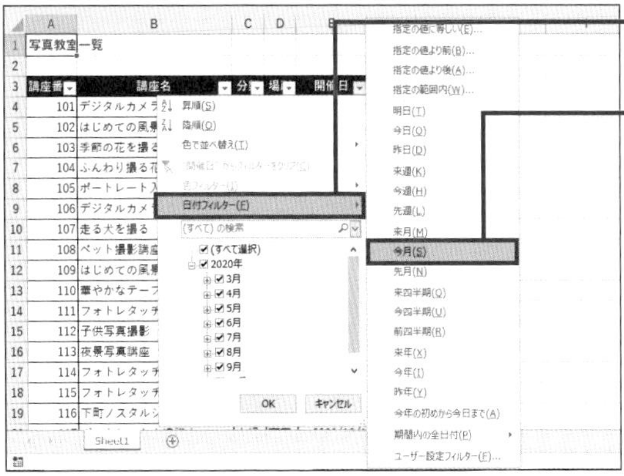

❷<日付フィルター>をクリックし、

❸<今月>をクリックすると、

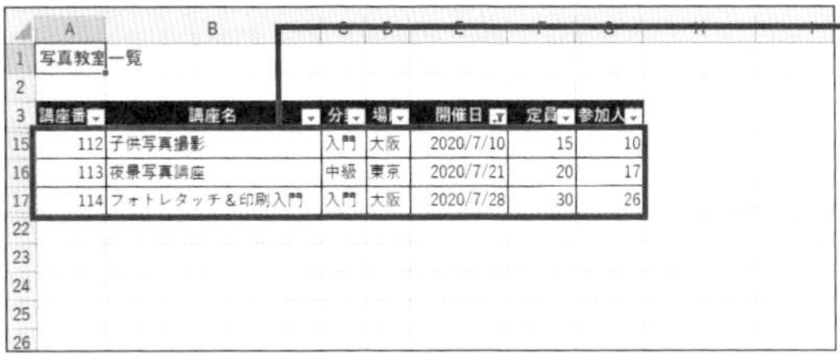

❹開催日が今月のデータが表示されます。

SECTION

192

抽出

指定した期間のデータを抽出する

Sec.190の＜数値フィルター＞やSec.191の＜日付フィルター＞を使うと、商品番号が「100から199まで」とか、受注日が「9/1から9/15まで」といったように、数値や日付の範囲を指定してデータを抽出できます。

指定した範囲のデータを抽出する

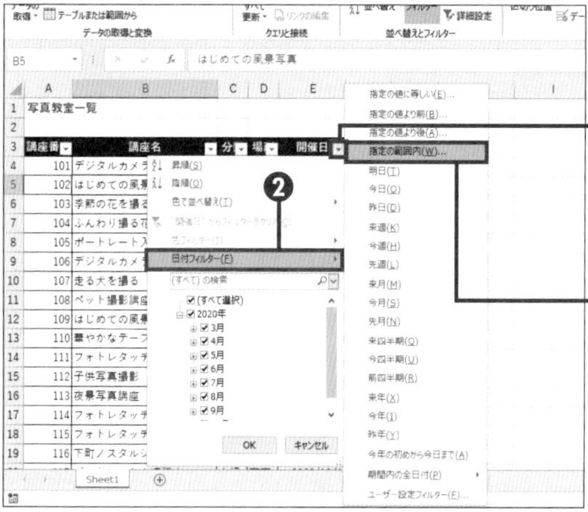

あらかじめ、Sec.186手順❶～❷の操作を行っておきます。

❶「開催日」の▼をクリックします。

❷＜日付フィルター＞をクリックし、

❸＜指定の範囲内＞をクリックします。

> **MEMO　ここで操作する内容**
>
> ここでは、開催日「2020/8/1～2016/10/31」のデータを表示します。

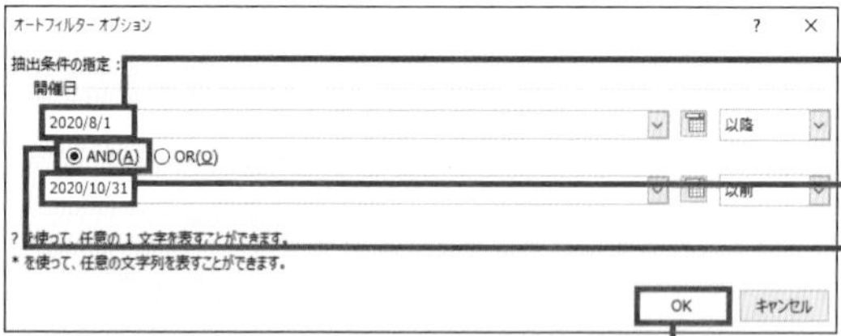

❹先頭の日付(ここでは「2020/8/1」)を入力し、

❺最後の日付(ここでは「2020/10/31」)を入力し、

❻＜AND＞が選ばれていることを確認して、

❼＜OK＞をクリックすると、

❽開催日が「2020/8/1～2020/10/31」のデータが表示されます。

> **MEMO　AND条件で指定する**
>
> ここでは、「2020/8/1以降」と「2020/10/31日前」の2つの条件をAND条件で指定します。

SECTION 193
抽出

指定した値を含むデータを抽出する

文字データが入力されたフィールドでは、フィールド名の横の▼をクリックしたときに<テキストフィルター>が表示されます。テキストフィルターを使うと、「指定の値で始まる」「指定の値で終わる」「指定の値を含む」といったさまざまな条件を指定できます。

テキストフィルターを設定する

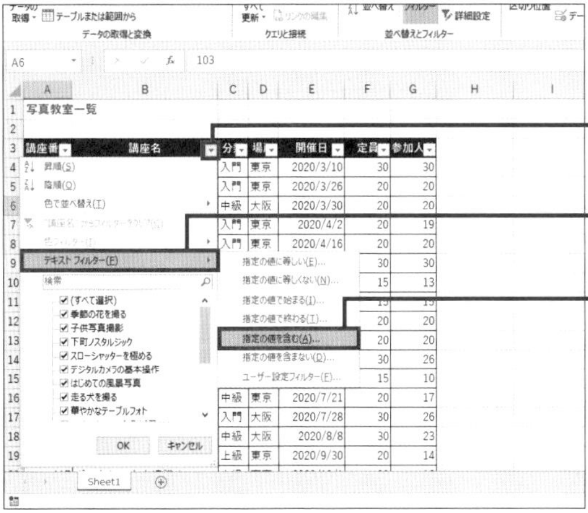

あらかじめ、Sec.186手順❶～❷の操作を行っておきます。

❶「講座名」の▼をクリックします。

❷<テキストフィルター>をクリックし、

❸<指定の値を含む>をクリックすると、

MEMO　ここで操作する内容

ここでは、講座名に「花」を含むデータを表示します。

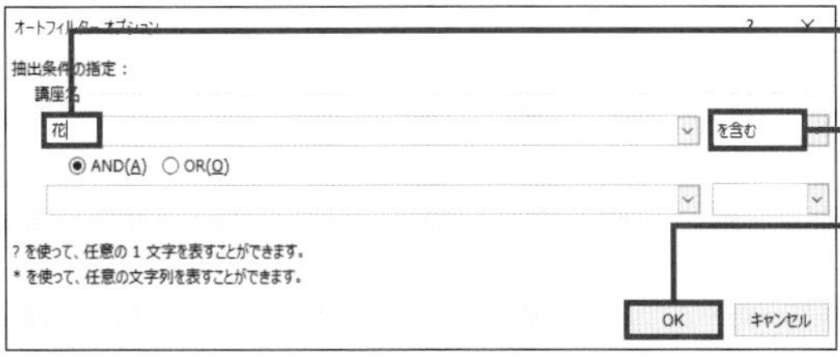

❹「花」と入力し、

❺<を含む>と表示されていることを確認し、

❻< OK >をクリックすると、

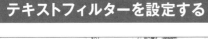

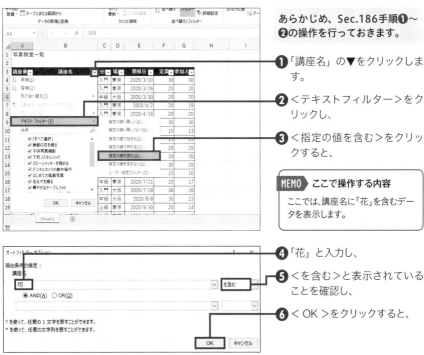

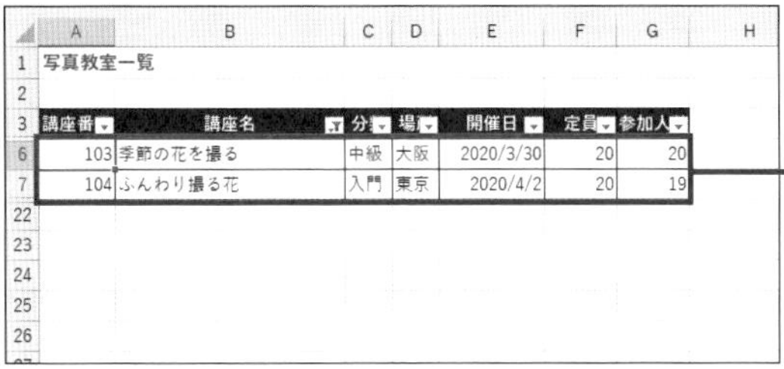

❼講座名に「花」を含むデータが表示されます。

SECTION
194
削除

重複したデータを削除する

複数メンバーでリストにデータを入力していると、誤って同じデータを入力してしまうことがあります。すると、実際の数値と集計結果に差異が生じてしまいます。<重複の削除>を使うと、重複データがあるかどうかをチェックして自動的に重複データを削除できます。

第6章 削除
第7章
第8章
第9章
第10章

重複データを削除する

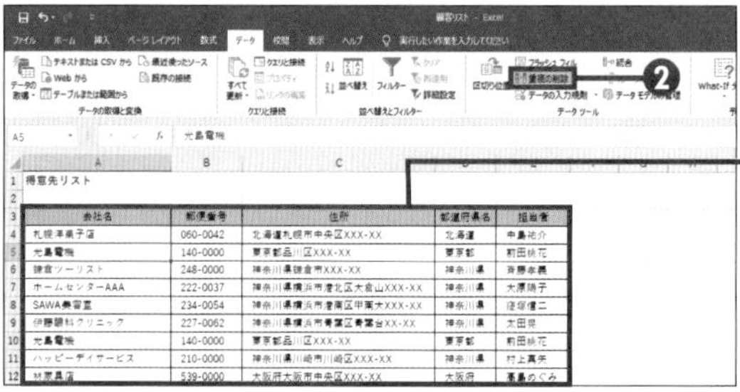

「光島電機」のデータが2件入力されています。

❶ リスト内をクリックします。

❷ <データ>タブ－<重複の削除>をクリックします。

❸ すべての列がオンになっていることを確認し、

❹ <先頭行をデータの見出しとして使用する>がオンになっていることを確認して、

❺ < OK >をクリックします。

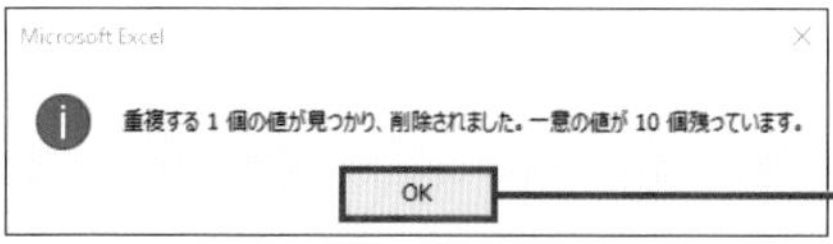

❻ < OK >をクリックすると、

❼ 重複データが削除されました。

SECTION
195 集計行を表示する

集計

<小計>を使うと、リストのデータを項目ごとに集計できます。ピボットテーブルはリストとは別に集計表を作成しますが、小計機能なら同じリスト内に集計結果を表示できます。最初に、集計したい項目で並べ替えておくのがポイントです。

リストを集計する

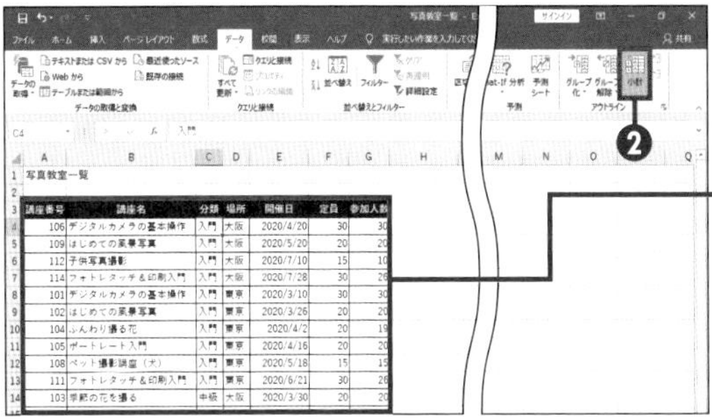

集計する項目（ここでは「分類」）でデータを並べ替えておきます（Sec.181）。

❶ リスト内をクリックします。

❷ <データ>タブー<小計>をクリックします。

> **MEMO　ここで操作する内容**
>
> ここでは、分類ごとの「参加人数」の合計を表示します。

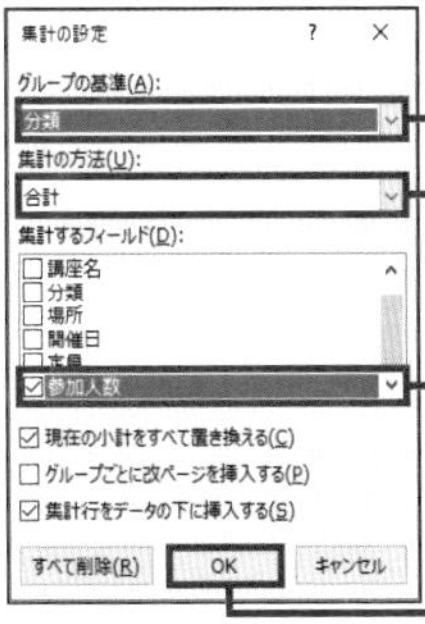

❸ <グループの基準>の▼をクリックし、<分類>をクリックします。

❹ <集計の方法>の▼をクリックし、<合計>をクリックします。

❺ <集計するフィールド>の<参加人数>をクリックしてオンにし、

❻ < OK >をクリックすると、

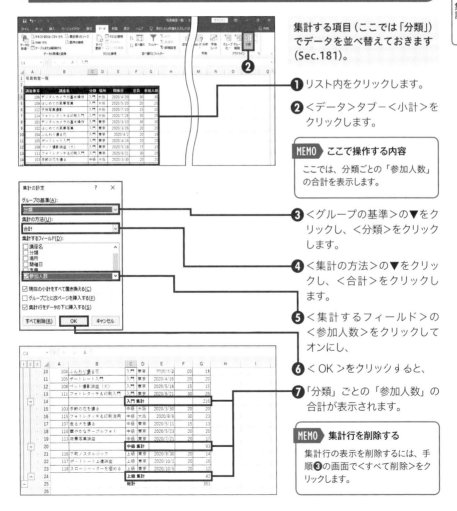

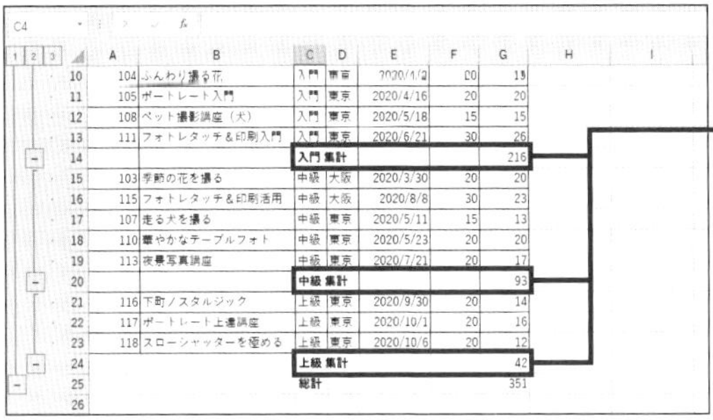

❼「分類」ごとの「参加人数」の合計が表示されます。

> **MEMO　集計行を削除する**
>
> 集計行の表示を削除するには、手順❸の画面で<すべて削除>をクリックします。

SECTION 196 インポート

テキストファイルを取り込む

他のソフトで作成したデータをExcelで利用するには、データをExcelに取り込みます。この操作を「インポート」と呼びます。ここでは、多くのソフトで汎用的に使用されているテキスト形式のファイル（文字だけのファイル）をExcelで開いてみましょう。

第6章 インポート
第7章
第8章
第9章
第10章

テキストファイルをインポートする

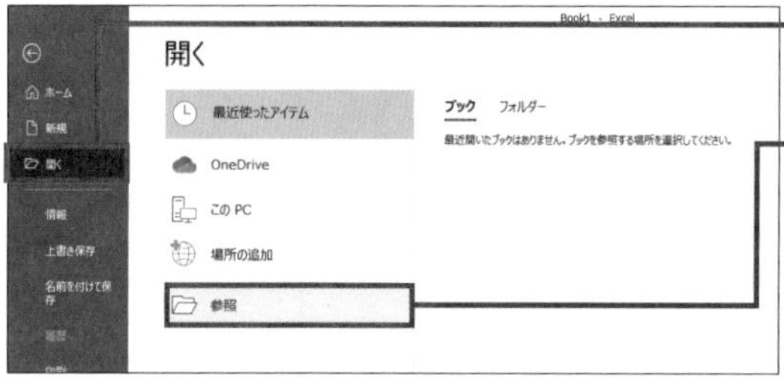

❶＜ファイル＞タブ－＜開く＞をクリックし、

❷＜参照＞をクリックします。

MEMO　ここで操作する内容

ここでは、カンマ記号で区切られたテキスト形式のファイルを取り込みます。事前にテキストファイルを開いてデータを確認しておきましょう。

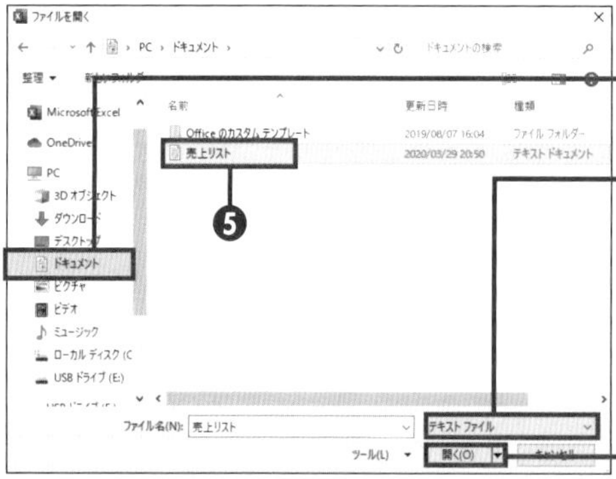

❸取り込むテキストファイルの保存先を指定し、

❹＜すべてのExcelファイル＞の▼をクリックして＜テキストファイル＞をクリックし、

❺テキストファイル名をクリックして、

❻＜開く＞をクリックします。

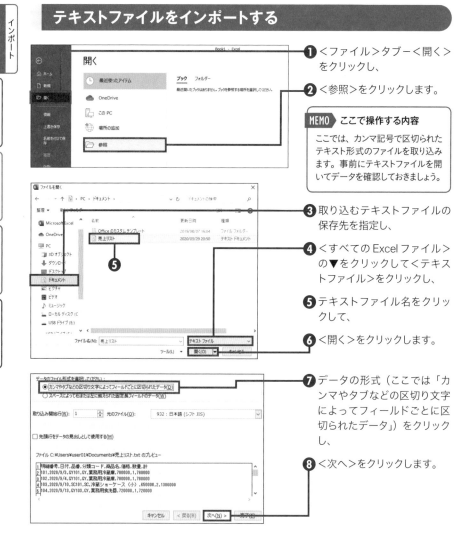

❼データの形式（ここでは「カンマやタブなどの区切り文字によってフィールドごとに区切られたデータ」）をクリックし、

❽＜次へ＞をクリックします。

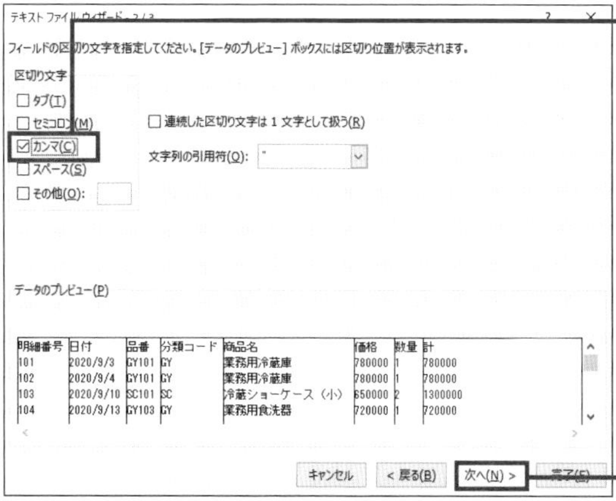

❾区切り文字（ここでは「カンマ」）をクリックしてオンにし、

❿＜次へ＞をクリックします。

⓫＜完了＞をクリックすると、

> **MEMO データの形式**
>
> テキストファイルを取り込むときは、数値や日付、文字データなどが自動的に認識されます。＜データのプレビュー＞欄で目的通りに表示されることを確認しましょう。

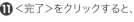

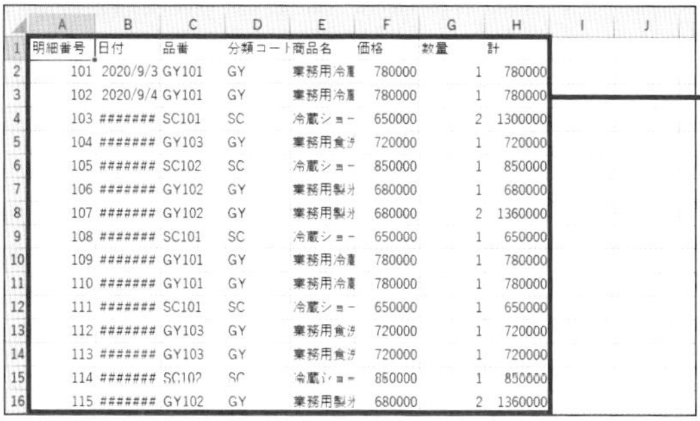

⓬テキストファイルが Excel に取り込まれます。見出しに書式を設定したり列幅を整えたりして見栄えを調整します。

COLUMN

Excelブックとして保存する

テキストファイルをインポートした後は、＜ファイルの種類＞を「Excelブック」に変更して保存します。

▶ COLUMN

Officeの種類やバージョンを確認するには

Wordには、いくつかの種類があります。多くの場合、Microsoft Officeというパッケージソフトに含まれているWordを利用していることでしょう。Microsoft Officeとは、WordやExcel、Outlookなどのアプリをセットした商品です。セットの内容によっていくつかの種類がありますが、Wordは、どのOfficeにも含まれています。また、Microsoft Officeを利用する方法にも、たとえば、次のような種類があります。どのOfficeを使っていてもWordの操作方法に大きな違いはありません。ただし、使用できる機能には、若干違いがあります。たとえば、「はがき宛名面印刷ウィザード」の機能は、Microsoft Storeアプリ版ではWordのバージョンによって利用できない場合があります。その場合は、デスクトップアプリを利用する方法があります。新たにアプリを購入しなくてもデスクトップアプリをインストールして利用できる場合もあります。詳細は、お使いのパソコンメーカーのホームページなどでご確認ください。

種類	内容
Microsoft 365	Officeを使用する権利を1年や1か月などの単位で取得するサブスクリプション版のOfficeです。常に新しいバージョンのOfficeを利用できます。個人向けや会社向けなどによっていくつかの種類があります。
デスクトップアプリ版	家電量販店などで販売されているOfficeの種類です。
Microsoft Store アプリ版（UWP版）	パソコンにあらかじめインストールされているプレインストール版のOfficeなどで使用されているOfficeの種類です。
Office Premium版	パソコンにあらかじめインストールされているプレインストール版のOfficeなどで使用されているOfficeの種類です。常に新しいバージョンのOfficeを利用できます。

お使いのOfficeがどの種類、どのバージョンのものかを確認するには、Backstageビューの<アカウント>を表示します。デスクトップアプリ版やMicrosoft Storeアプリは、Officeのバージョンによって種類が異なります。バージョンによって利用できる機能も異なります。

製品名：Officeの製品名が表示されます。
バージョン情報：Officeのバージョン、ビルド番号、インストールの種類などが表示されます。

第7章

Excel
シート・ブック・ファイル操作のプロ技

SECTION 197 シート

ワークシートを追加・削除する

新しいブックを開くと、最初は1枚のワークシートが表示されます。ワークシートの数が足りない場合は、後から何枚でも追加できます。また、不要になったワークシートは削除できます。

ワークシートを追加する

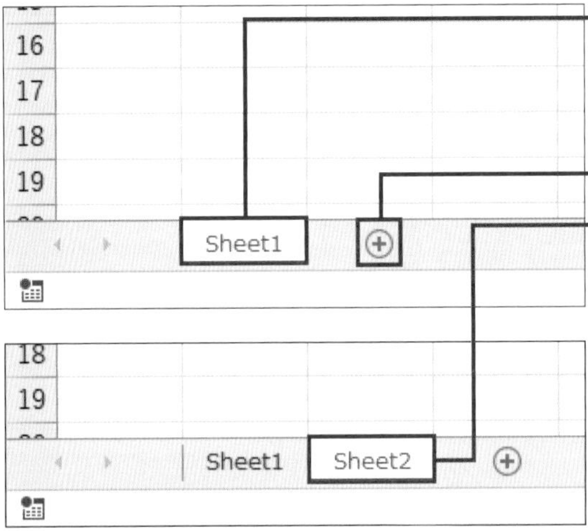

❶追加したい位置の左のワークシートのシート見出し（ここでは「Sheet1」）をクリックし、

❷＜＋＞をクリックすると、

❸手順❶でクリックしたシート見出しの右に新しいシート見出しが追加されます。

MEMO 隠れたシートの表示

ワークシートの数が増えて隠れてしまったシート見出しを選択するには、シート見出しの左右にある＜…＞をクリックします。

ワークシートを削除する

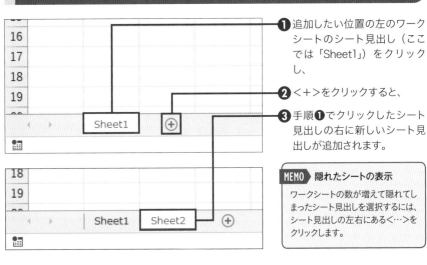

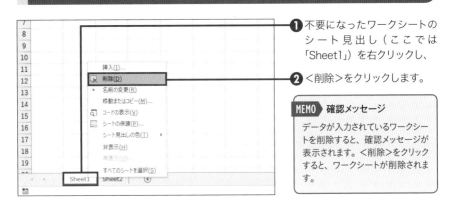

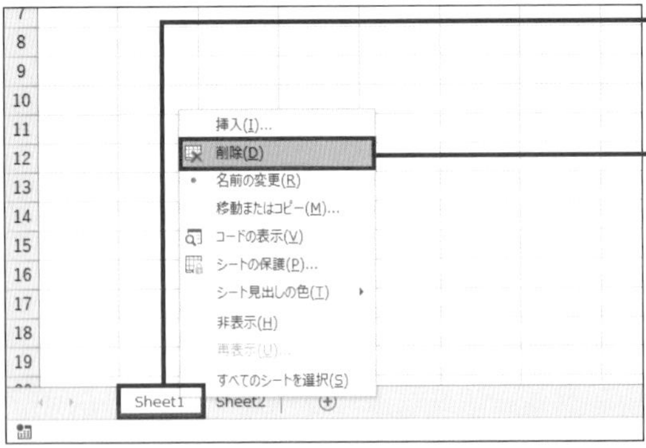

❶不要になったワークシートのシート見出し（ここでは「Sheet1」）を右クリックし、

❷＜削除＞をクリックします。

MEMO 確認メッセージ

データが入力されているワークシートを削除すると、確認メッセージが表示されます。＜削除＞をクリックすると、ワークシートが削除されます。

SECTION 198 シート

ワークシートの名前を変更する

ワークシートを追加すると、「Sheet2」「Sheet3」のような名前が自動的に表示されますが、後から名前を変更することができます。シート見出しの名前は31文字以内で指定します。「\」「:」「/」「?」「*」「[」「]」などの一部の記号は使用できません。

シート見出しの名前を変更する

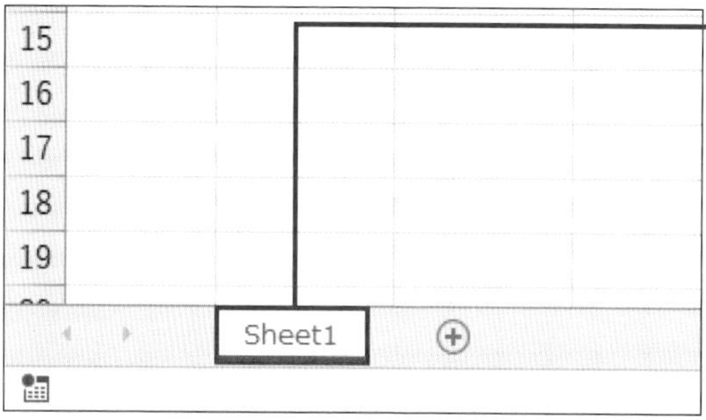

❶名前を変更するシート見出し（ここでは「Sheet1」）をダブルクリックすると、

MEMO 右クリックでの操作

シート見出しを右クリックしたときに表示されるメニューから、<名前の変更>をクリックして名前を変更することもできます。

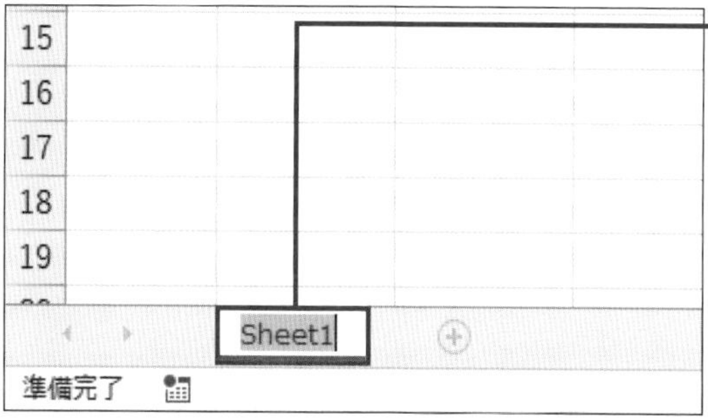

❷シート見出しの文字が反転します。

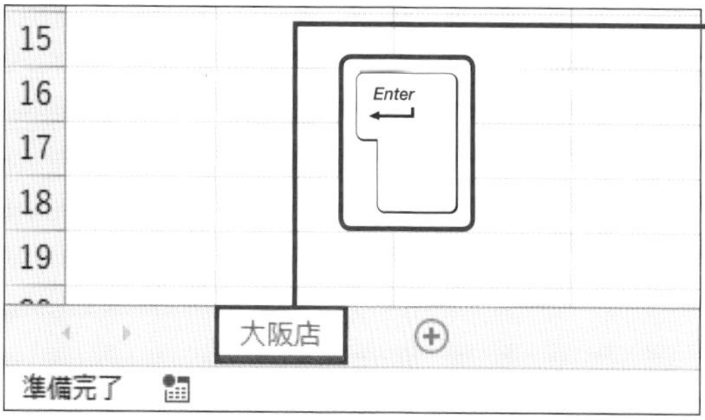

❸新しい名前を入力して、Enter キーを押します。

MEMO 同じ名前は付けられない

同じブックの中で、複数のシートに同じシート見出しの名前を付けることはできません。

SECTION 199

シート

シート見出しに色を付ける

Sec.198の操作のように、シート見出しに名前を付けるだけでなく、シート見出しに色を付けて、ワークシートを区別しやすくすることもできます。「赤のシート」とか「青のシート」と言えば、Excelに慣れていない人にも伝わりやすくなります。

シート見出しに色を付ける

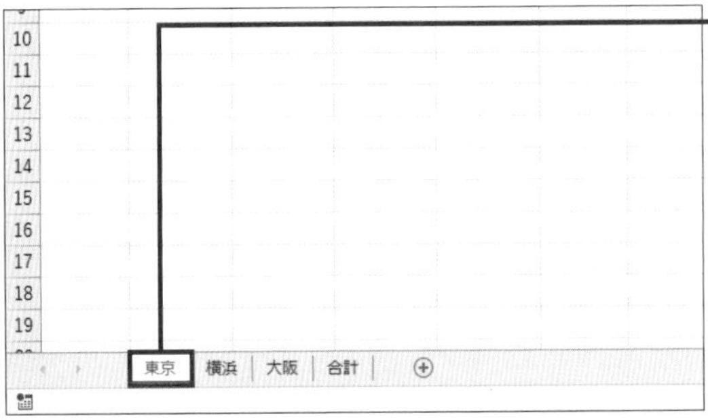

❶色を付けるシート見出し（ここでは「東京」）を右クリックします。

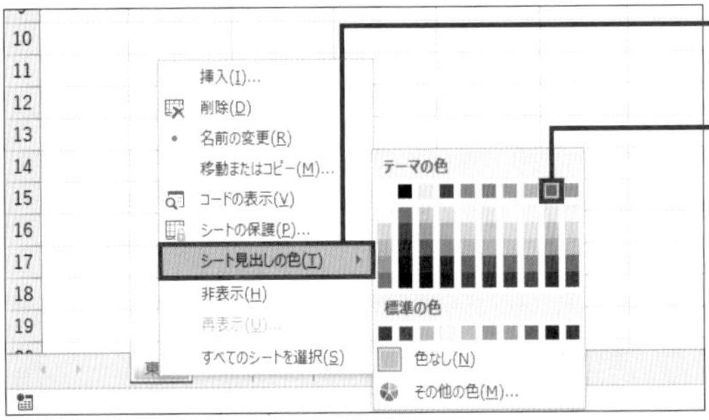

❷<シート見出しの色>をクリックし、

❸色をクリックすると、

> **MEMO 色を消す**
>
> シート見出しの色を消すには、色の一覧の下にある<色なし>をクリックします。

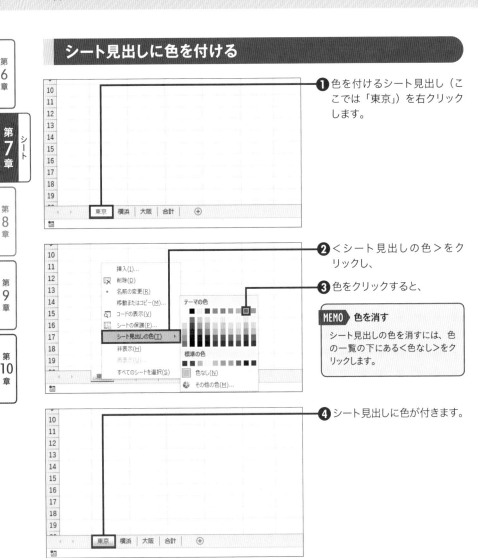

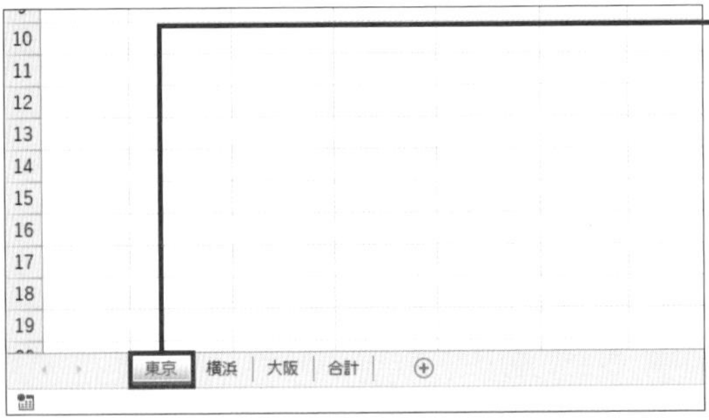

❹シート見出しに色が付きます。

SECTION
200
シート

ワークシートを非表示にする

相手に見せたくないワークシートや、一時的に隠しておきたいワークシートは＜非表示＞を使って折りたたんでおくとよいでしょう。非表示に設定したワークシートは、削除したわけではないので、必要なときに再表示できます。

ワークシートを非表示にする

❶非表示にするシート見出し（ここでは「合計」）を右クリックし、

❷＜非表示＞をクリックすると、

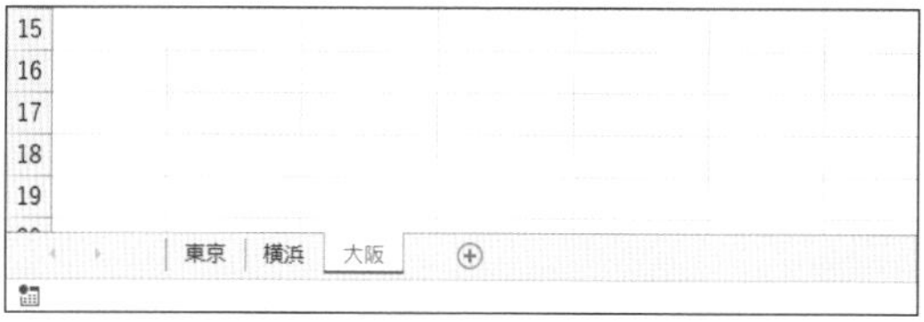

❸指定したシートが非表示になります。

COLUMN

シートを再表示する

シートを再表示するには、いずれかのシート見出しを右クリックして＜再表示＞をクリックします。＜再表示＞ダイアログボックスで再表示するシートをクリックし、＜OK＞をクリックします。

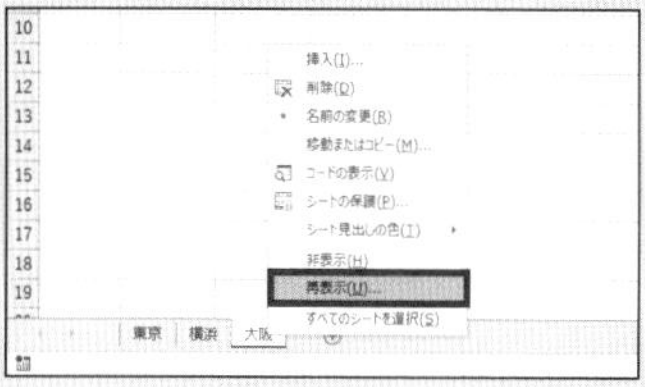

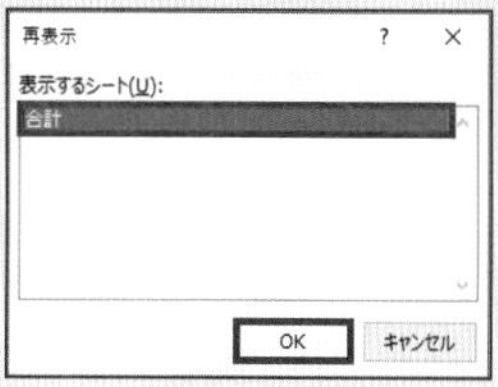

SECTION 201 シート

ワークシートを移動・コピーする

ワークシートの順番を入れ替えたり、ワークシートをコピーしたりして利用できます。同じブック内で移動・コピーする場合は、ドラッグ操作で行うとかんたんです。他のブックに移動・コピーする場合は、シート見出しを右クリックして表示されるメニューを利用します。

ワークシートを移動する

12 1009 2020/10/2 T1003 浅草店 P1002
13 1010 2020/10/3 T1001 銀座店 D1001
14 1011 2020/10/3 T1002 麻布店 K1001
15 1012 2020/10/4 T1001 銀座店 D1003
16 1013 2020/10/4 T1001 銀座店 D1002
17 1014 2020/10/4 T1002 麻布店 D1001
18 1015 2020/10/4 T1003 浅草店 D1002
19 1016 2020/10/5 T1001 銀座店 K1002
売上明細
商品リスト
店舗リスト

❶移動したいシート見出し（ここでは「売上明細」）にマウスポインターを移動し、

❷移動先に向かってドラッグすると、

MEMO ワークシートのコピー

シートをコピーするには、コピー元のシート見出しをCtrlキーを押しながらコピー先までドラッグします。

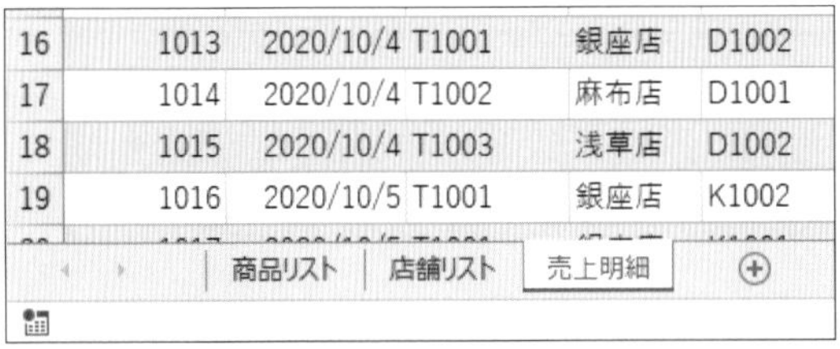

16 1013 2020/10/4 T1001 銀座店 D1002
17 1014 2020/10/4 T1002 麻布店 D1001
18 1015 2020/10/4 T1003 浅草店 D1002
19 1016 2020/10/5 T1001 銀座店 K1002
商品リスト
店舗リスト
売上明細

❸シートの順番を移動できます。

COLUMN

他のブックに移動・コピーする

他のブックにシートを移動・コピーするときは、シート見出しを右クリックして表示されるメニューの<移動またはコピー>をクリックします。続いて表示される画面で移動・コピー先のブックを選択します。コピーの場合は<コピーを作成する>をクリックして、<OK>をクリックします。

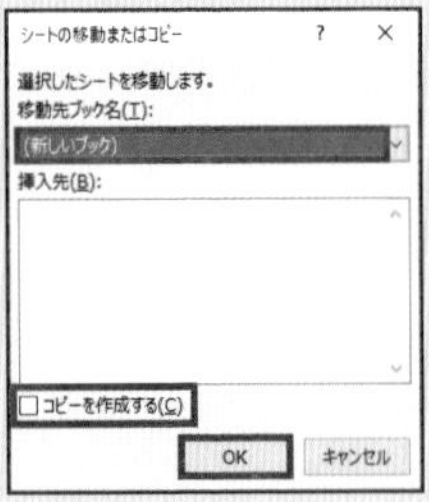

SECTION
202
シート

他のワークシートのセルを使って計算する

Excelでは、他のワークシートのセルの値を利用して数式を組み立てることができます。数式を作成する途中で、計算したいシート見出しをクリックして目的のセルをクリックします。他のワークシートのセルを指定すると、「=シート名!A1」と表示されます。

他のワークシートの値を参照する

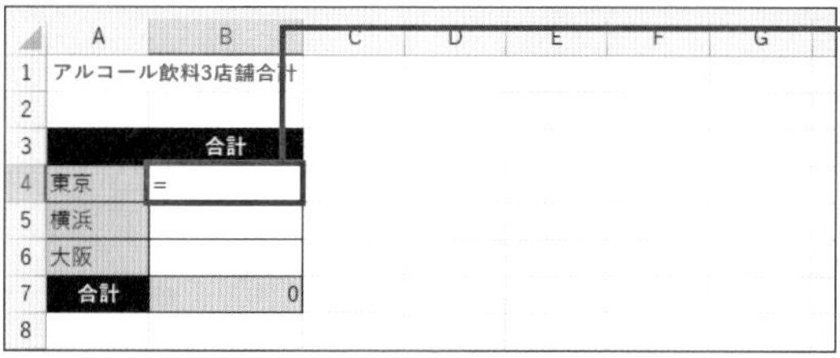

❶数式を入力するセル（ここでは「合計」シートの B4 セル）をクリックして、「=」を入力します。

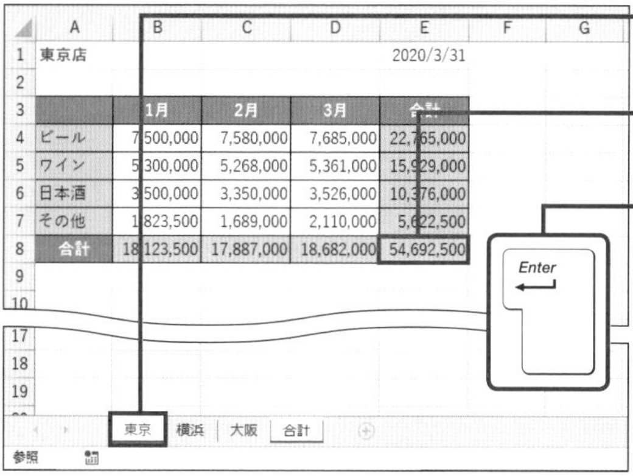

❷参照先のシート見出し（ここでは「東京」）をクリックし、

❸参照するセル（ここでは E8 セル）をクリックして、

❹Enter キーを押します。

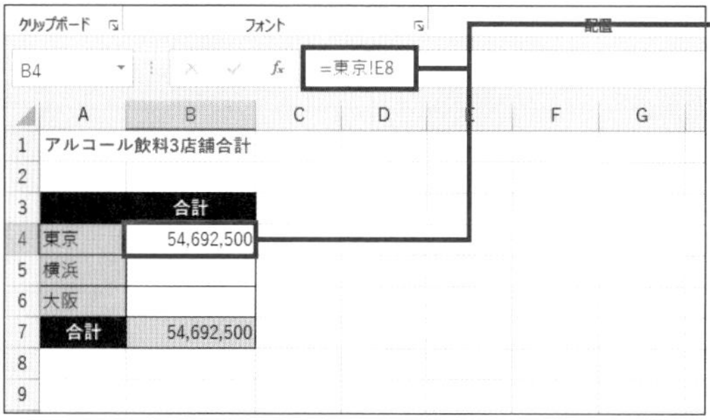

❺B4 セルをクリックして数式の内容を確認します。

MEMO ここで操作する内容

ここでは、<合計>シートのB4のセルに、<東京>シートのE8のセルの売上合計を参照する数式を作成しています。他のシートやブックのセルの値を参照することを「外部参照」といいます。

SECTION 203 シート

複数のワークシートをグループ化して操作する

＜シートのグループ＞を使うと、複数のワークシートを1つのワークシートのように扱うことができます。これにより、複数のワークシートに同時に表を作成したり、特定のセルの書式をまとめて変更したりといった操作が可能になります。

グループを設定する

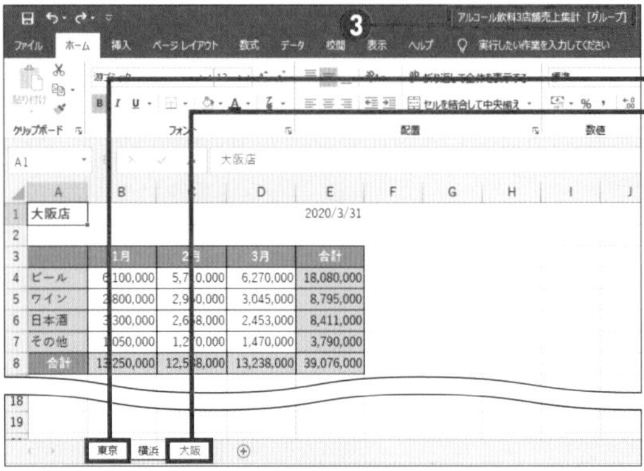

❶ ＜東京＞シートの見出しをクリックし、

❷ Shift キーを押しながら、＜大阪＞シートの見出しをクリックすると、

❸ タイトルバーに＜グループ＞と表示されます。

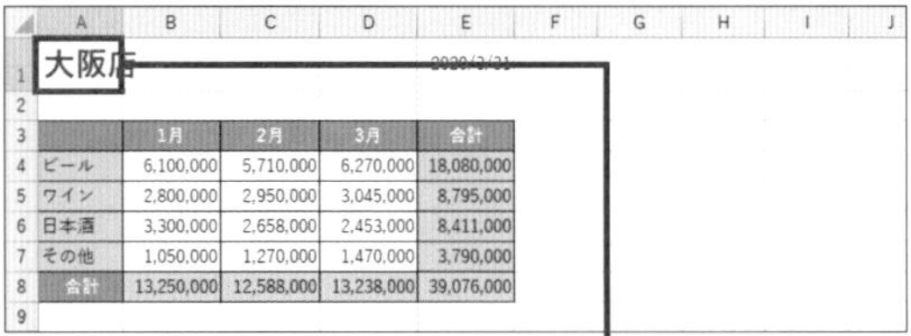

❹ A1セルをクリックしてフォントサイズを拡大します。

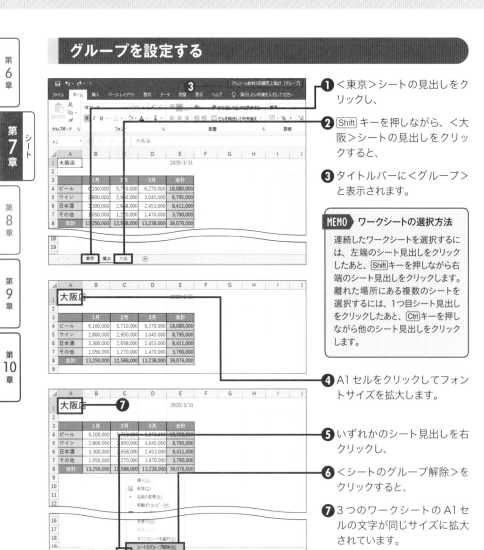

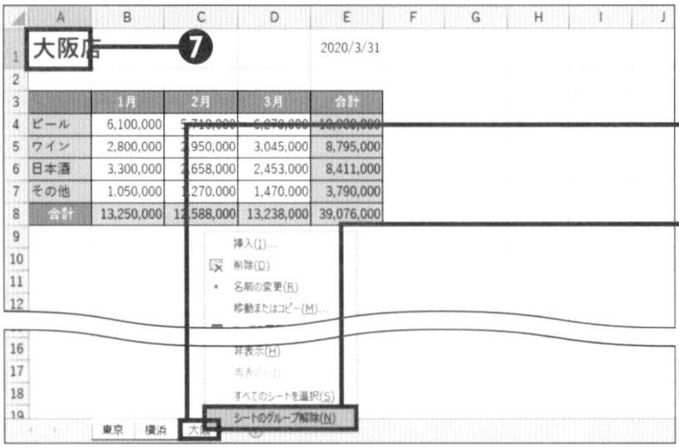

❺ いずれかのシート見出しを右クリックし、

❻ ＜シートのグループ解除＞をクリックすると、

❼ 3つのワークシートのA1セルの文字が同じサイズに拡大されています。

MEMO ワークシートの選択方法

連続したワークシートを選択するには、左端のシート見出しをクリックしたあと、Shiftキーを押しながら右端のシート見出しをクリックします。離れた場所にある複数のシートを選択するには、1つ目シート見出しをクリックしたあと、Ctrlキーを押しながら他のシート見出しをクリックします。

SECTION
204
表示

大きな表の離れた場所を同時に見る

画面に収まらない大きな表の離れたセルのデータを同時に見るには、＜分割＞を使います。縦方向に分割すると、左右の離れたセルを同じ画面に表示できます。また、横方向に分割すると上下の離れたセルを同じ画面に表示できます。

ウィンドウを分割する

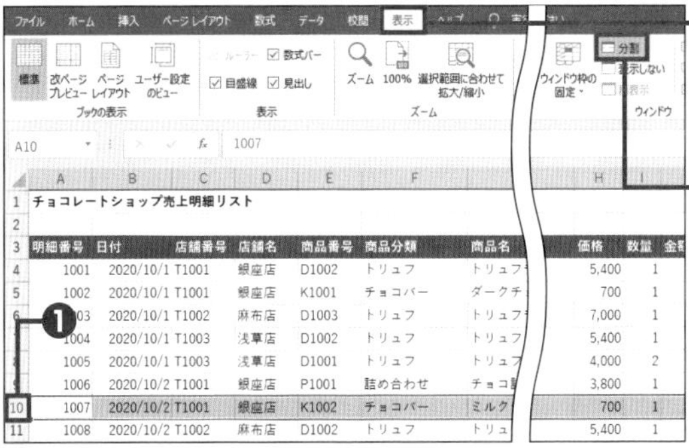

❶ 分割したい行番号（ここでは「10」）をクリックします。

❷ ＜表示＞タブをクリックし、

❸ ＜分割＞をクリックすると、

MEMO 縦方向に分割するには

縦に分割するときは、最初に列番号をクリックしてから＜分割＞をクリックします。また、特定のセルをクリックしてから＜分割＞をクリックすると、セルの左上を基準に4分割されます。

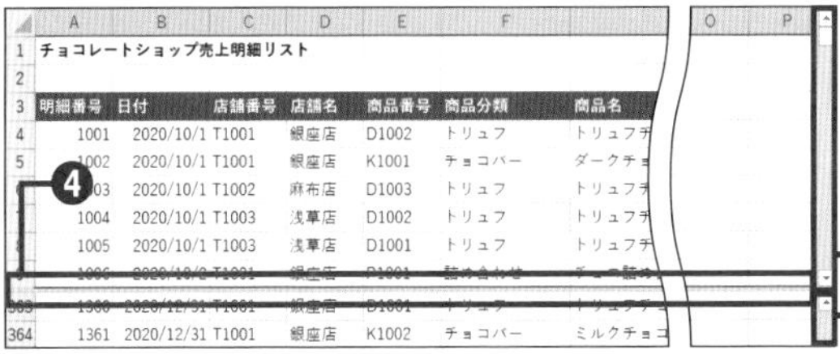

❹ 画面が２分割されて分割バーが表示されます。

❺ 上下のスクロールバーを使用して見たい箇所を表示します。

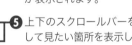

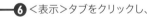

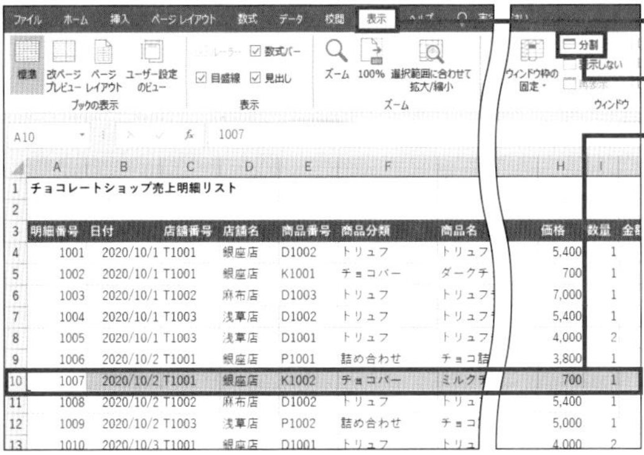

❻ ＜表示＞タブをクリックし、

❼ ＜分割＞をクリックすると、

❽ 分割が解除されます。

MEMO ダブルクリックで解除

分割バーをダブルクリックしても、分割を解除することができます。

SECTION 205 表示

表の見出しを常に表示する

画面に収まらない大きな表を下方向にスクロールすると、見出し行まで隠れてしまいます。<ウィンドウ枠の固定>を使うと、表の上端の見出しや左端の見出しを固定して、画面をスクロールしても、見出しを常に表示しておくことができます。

ウィンドウ枠を固定する

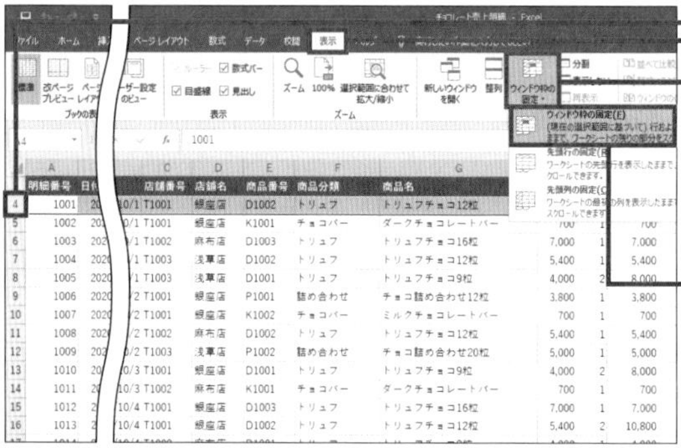

❶ 見出しの下の行番号（ここでは「4」）をクリックします。

❷ <表示>タブをクリックし、

❸ <ウィンドウ枠の固定>をクリックして、

❹ <ウィンドウ枠の固定>をクリックすると、

MEMO 左端の見出しを固定する

A列の見出しを固定するには、最初に列番号の「A」をクリックしておきます。

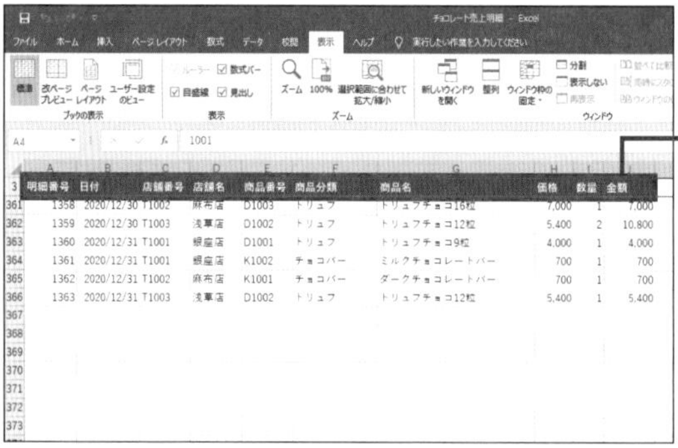

❺ 画面をスクロールしても、見出しが常に表示されます。

MEMO 固定の解除

ウィンドウ枠の固定を解除するには、<表示>タブ－<ウィンドウ枠の固定>－<ウィンドウ枠固定の解除>をクリックします。

COLUMN

上端と左端の見出しを同時に固定する

表の上端の見出しと左の見出しを固定するには、見出しが交差するセルの右下のセル（ここではB4セル）をクリックしてからウィンドウ枠を固定します。

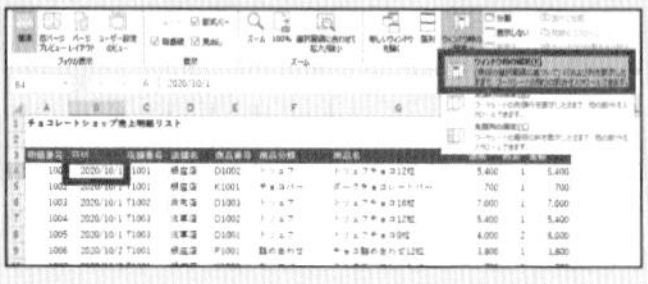

SECTION 206 表示

異なるブックを並べて表示する

商品一覧表のブックを見ながら請求書のブックにデータを入力するなど、異なるブックを同じ画面に表示するには＜整列＞を使います。＜整列＞を使うと、現在開いているすべてのブックが同じ画面に表示されます。

ブックを整列する

地区	支店名	第1四半期	第2四半期	第3四半期	第4四半期	合計
東日本	東京	5,580,000	5,820,000	6,650,000	6,212,000	24,262,000
	福島	3,320,000	2,810,000	4,360,000	4,861,200	15,351,200
	北海道	3,950,000	3,250,000	5,180,000	5,630,000	18,010,000
西日本	大阪	5,620,000	5,530,000	5,620,000	5,360,000	22,130,000
	高知	3,150,000	3,950,000	2,850,000	2,331,000	12,281,000
	鹿児島	4,570,000	4,850,000	3,150,000	2,500,100	15,070,100
合計		26,190,000	26,210,000	27,810,000	26,894,300	80,210,000

＜2020年売上実績＞ブックと＜2019年売上実績＞ブックを開いておきます。

❶＜表示＞タブをクリックし、

❷＜整列＞をクリックします。

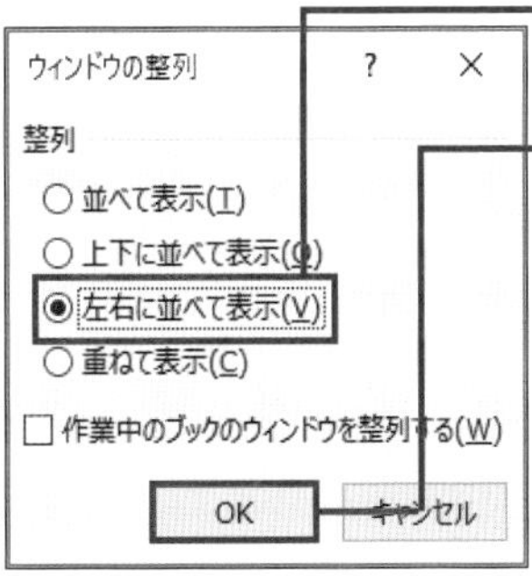

❸＜左右に並べて表示＞をクリックし、

❹＜OK＞をクリックすると、

❺2つのブックが左右に並んで表示されます。

MEMO 整列の解除

整列を解除するには、片方のブックの＜閉じる＞をクリックします。

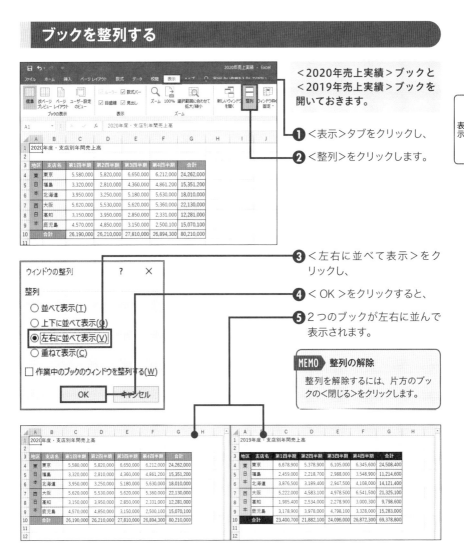

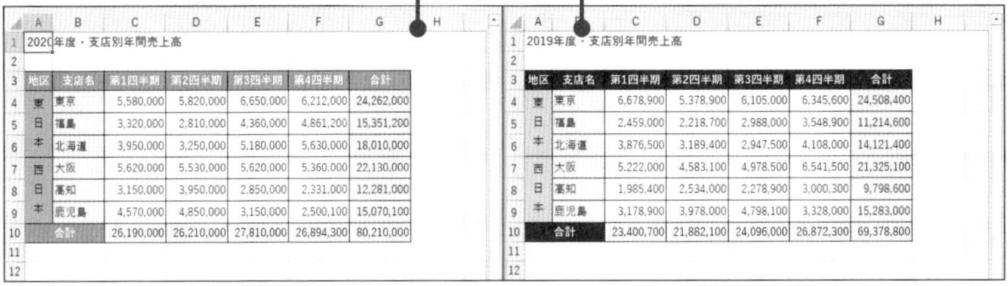

2020年度・支店別年間売上高

地区	支店名	第1四半期	第2四半期	第3四半期	第4四半期	合計
東日本	東京	5,580,000	5,820,000	6,650,000	6,212,000	24,262,000
	福島	3,320,000	2,810,000	4,360,000	4,861,200	15,351,200
	北海道	3,950,000	3,250,000	5,180,000	5,630,000	18,010,000
西日本	大阪	5,620,000	5,530,000	5,620,000	5,360,000	22,130,000
	高知	3,150,000	3,950,000	2,850,000	2,331,000	12,281,000
	鹿児島	4,570,000	4,850,000	3,150,000	2,500,100	15,070,100
合計		26,190,000	26,210,000	27,810,000	26,894,300	80,210,000

2019年度・支店別年間売上高

地区	支店名	第1四半期	第2四半期	第3四半期	第4四半期	合計
東日本	東京	6,678,900	5,378,900	6,105,000	6,345,600	24,508,400
	福島	2,459,000	2,218,700	2,988,000	3,548,900	11,214,600
	北海道	3,876,500	3,189,400	2,947,500	4,108,000	14,121,400
西日本	大阪	5,222,000	4,583,100	4,978,500	6,541,500	21,325,100
	高知	1,985,400	2,534,000	2,278,900	3,000,300	9,798,600
	鹿児島	3,178,900	3,978,000	4,798,100	3,328,000	15,283,000
合計		23,400,700	21,882,100	24,096,000	26,872,300	69,378,800

SECTION 207 セキュリティ

シートを保護する

請求書や申請書などで入力欄以外のセルの操作ができないようにするには、<シートの保護>を使います。シートを保護する手順は2段階です。最初に入力を許可するセルのロックを外し、次にシート全体に保護をかけます。

セルのロックを解除する

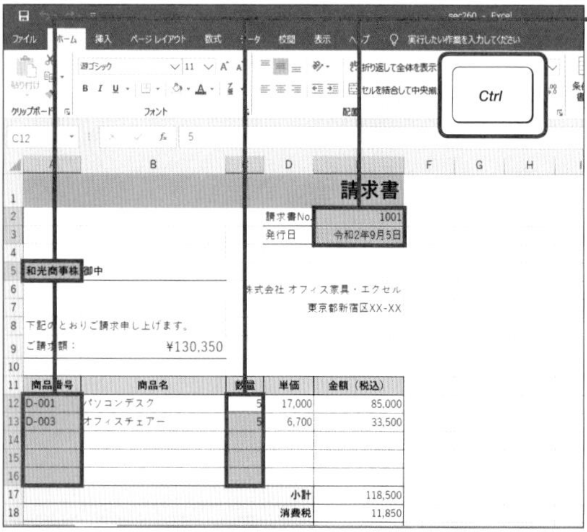

❶ Ctrl キーを押しながら、入力欄のセルを順番にクリックします。

MEMO ここで操作する内容

請求書を作成するときに入力する「請求書No」（E2セル）、「発行日」（E3セル）、「宛先」（A5セル）、「商品番号」（A12セル～A16セル）、「数量」（C12セル～C16セル）以外のセルは、データの変更や削除が行えないように保護します。

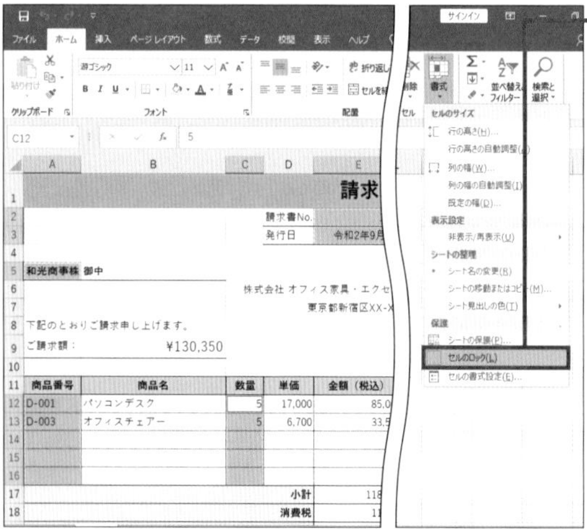

❷ <ホーム>タブ－<書式>－<セルのロック>をクリックすると、手順❶で選択したセルのロックが解除されます。

MEMO ロックとは

Excelでは、最初はすべてのセルにロックがかかっています。この状態でシートを保護すると、すべてのセルの操作ができなくなります。そのため、入力や編集を許可するセルのロックをオフにしておく必要があります。

シートを保護する

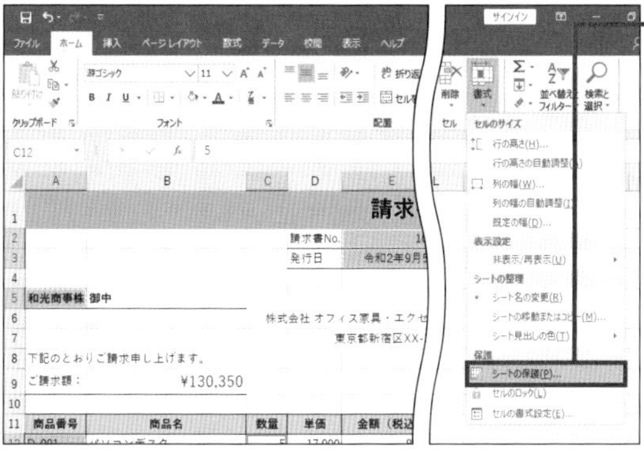

❶<ホーム>タブー<書式>ー<シートの保護>をクリックします。

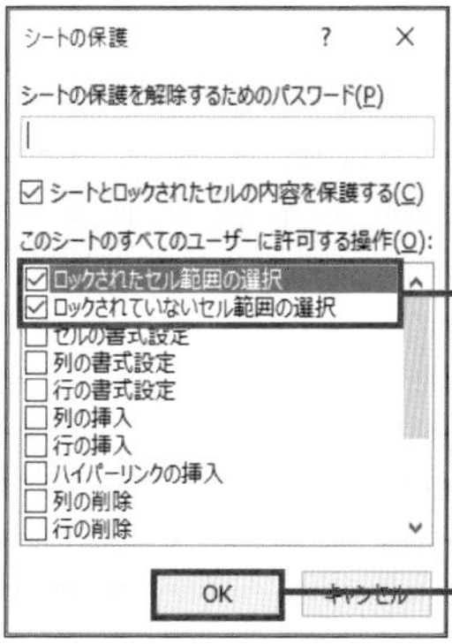

❷シートを保護したときに許可する操作を選択し、

❸<OK>をクリックすると、シートが保護されます。

MEMO パスワード

シート保護を解除するためのパスワードを設定できます。パスワードを指定すると、シート保護を解除するときにパスワードの入力を求められます。

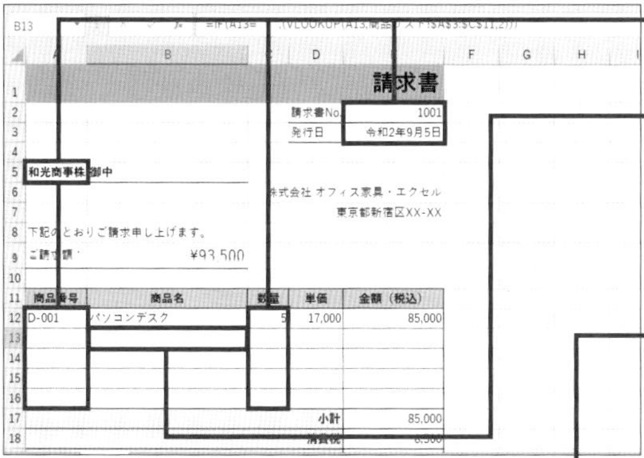

❹手順❶で選択したセルにはデータを入力できます。

❺入力欄以外のセルにデータを入力しようとすると、

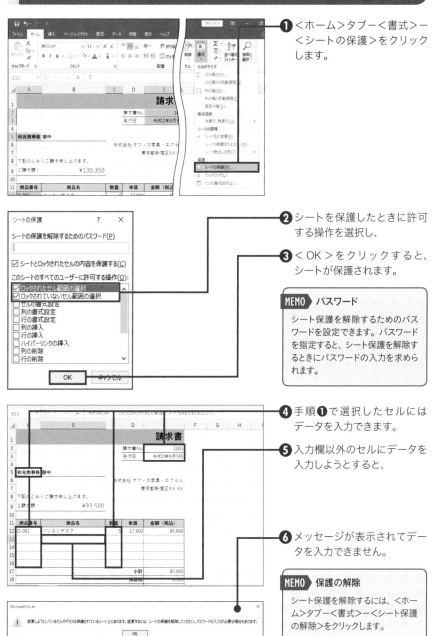

❻メッセージが表示されてデータを入力できません。

MEMO 保護の解除

シート保護を解除するには、<ホーム>タブー<書式>ー<シート保護の解除>をクリックします。

SECTION
208
セキュリティ

セル範囲にパスワードを設定する

<範囲の編集を許可>を使うと、パスワードを知っている人だけがセルの操作をできるように設定できます。これにより、むやみにデータを変更されることを防げます。ここでは、パスワードを入力しないとセルにデータを入力できないようにします。

セルを編集するためのパスワードを設定する

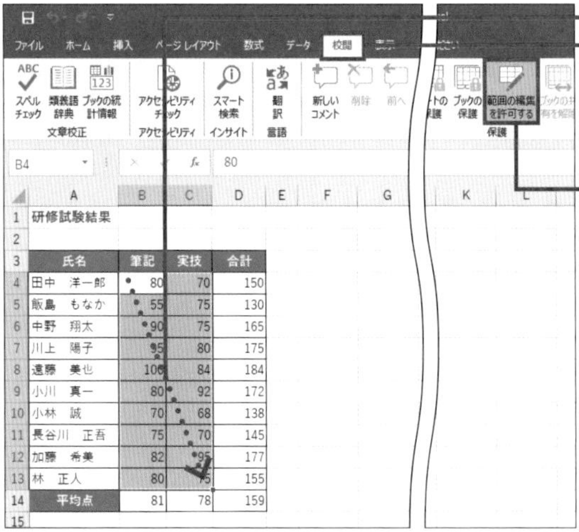

❶ パスワードを設定するセル（ここではB4セル～C13セル）をドラッグします。

❷ <校閲>タブをクリックし、

❸ <範囲の編集を許可する>をクリックします。

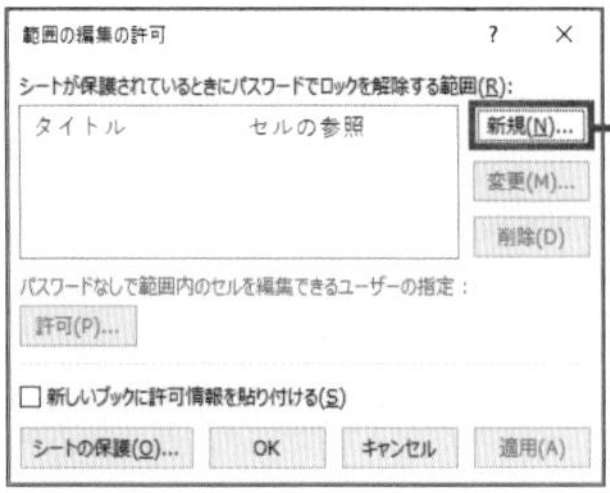

❹ <新規>をクリックして、

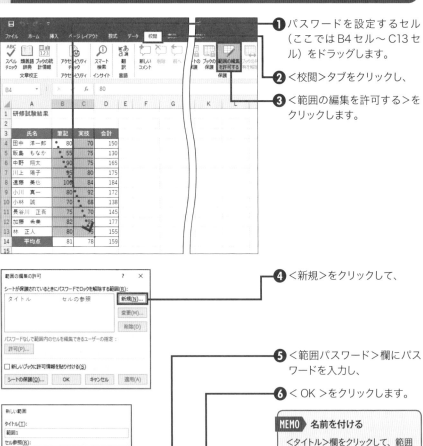

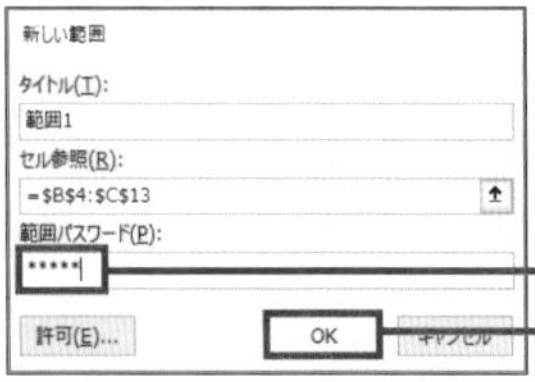

❺ <範囲パスワード>欄にパスワードを入力し、

❻ < OK >をクリックします。

MEMO　名前を付ける

<タイトル>欄をクリックして、範囲の編集を許可するセルに任意の名前を付けることもできます。ここでは、「範囲1」の名前をそのまま利用します。

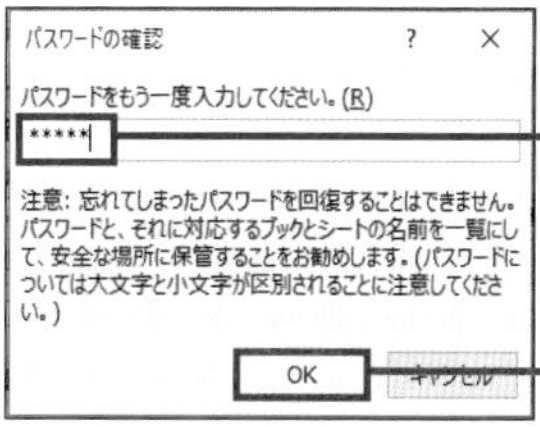

❼同じパスワードを入力し、

❽< OK >をクリックします。

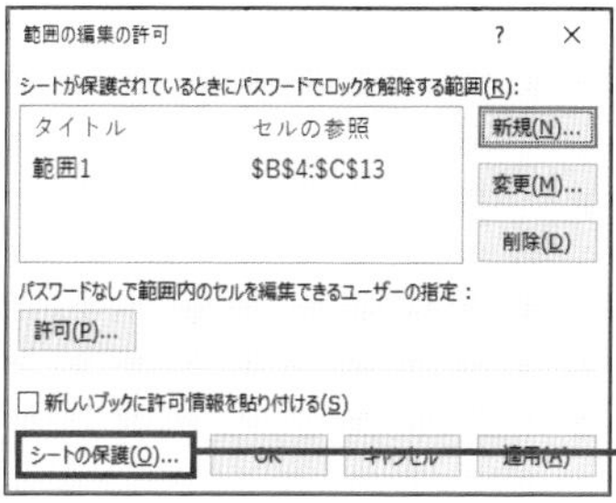

❾<シートの保護>をクリックして、

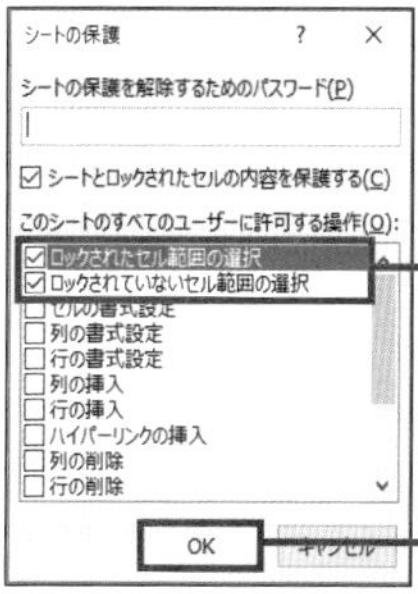

❿シートを保護したときに許可する操作を選択し、

⓫< OK >をクリックすると、シートが保護されます。

MEMO パスワード

シート保護を解除するためのパスワードを設定できます。パスワードを指定すると、シート保護を解除するときにパスワードの入力を求められます。

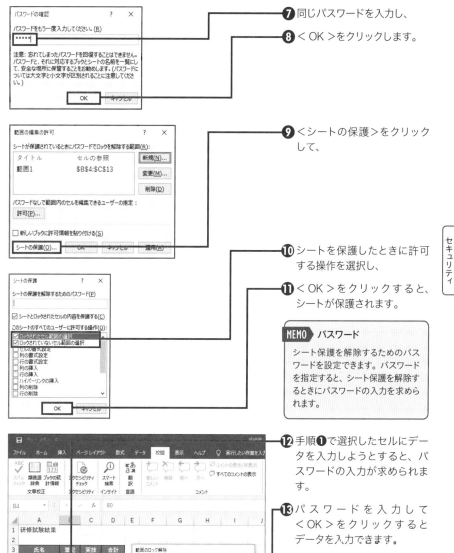

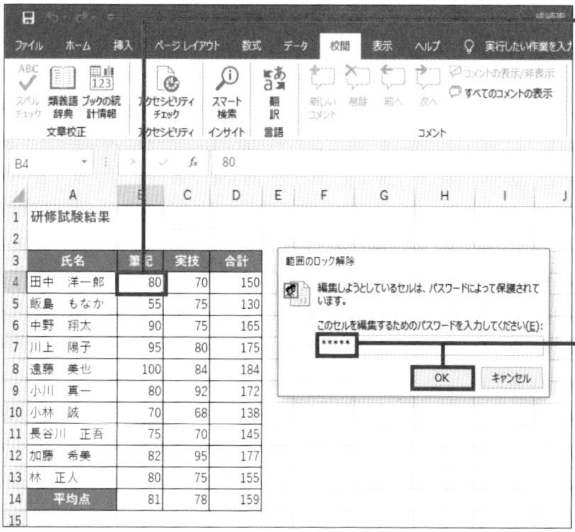

⓬手順❶で選択したセルにデータを入力しようとすると、パスワードの入力が求められます。

⓭パスワードを入力して< OK >をクリックするとデータを入力できます。

MEMO 保護の解除

シート保護を解除するには、<ホーム>タブ－<書式>－<シート保護の解除>をクリックします。

SECTION 209 セキュリティ

ワークシート構成を変更できないようにする

ワークシートの追加や削除、シート名の変更やシート見出しの色の変更など、現在のワークシートの構成を変更できないようにするには、＜ブックの保護＞を使ってブック全体を保護します。ブックを保護してもデータの入力や編集は可能です。

ブックを保護する

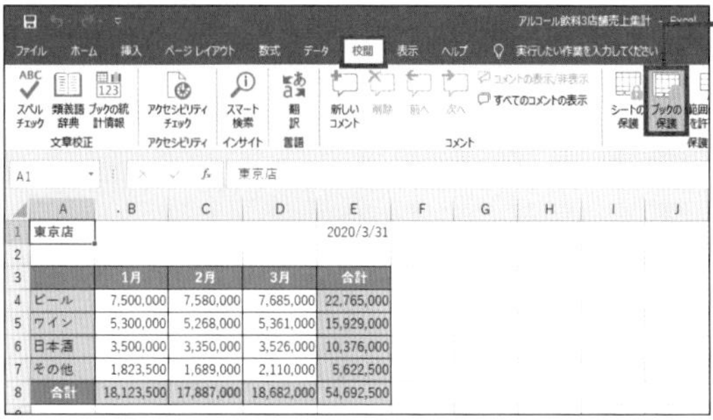

❶＜校閲＞タブ－＜ブックの保護＞をクリックします。

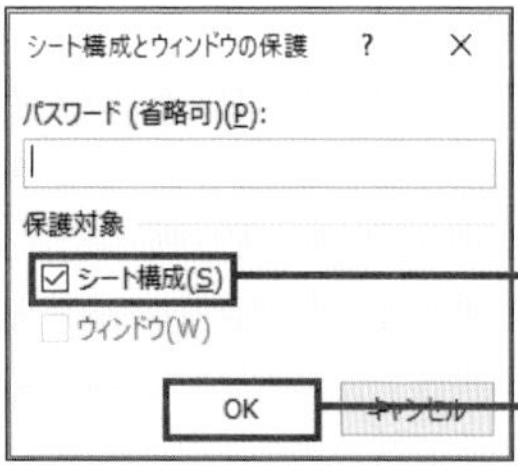

❷＜シート構成＞がオンになっていることを確認し、

❸＜ OK ＞をクリックすると、

MEMO パスワードの指定

パスワードを入力しないとブックの保護を解除できないようにするには、手順❷でパスワードを指定します。

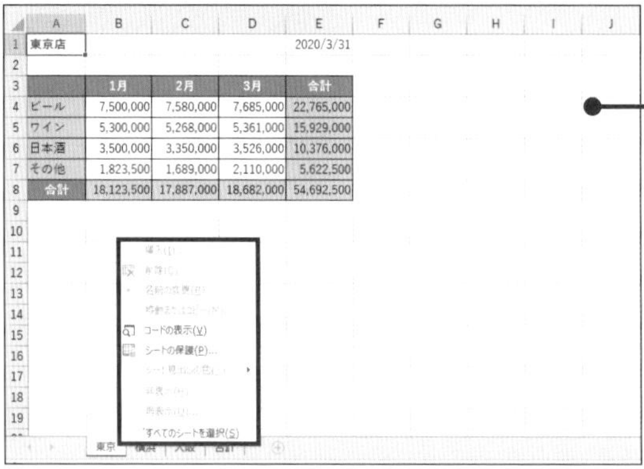

❹ブックが保護されてシート構成を変更できなくなります。

MEMO 選べないメニュー

ブックを保護した後に、シート見出しを右クリックすると、シート構成を変更する項目が選べなくなります。

SECTION 210
エクスポート

ファイルをCSV形式で保存する

顧客名簿や売上台帳など、エクセルで作成したリスト形式のデータを他のデータベースソフトで読み込めるようにするには、ファイルをCSV形式で保存します。CSV形式で保存すると、選択しているワークシートのデータが書式の付いていない状態で保存されます。

CSV形式で保存する

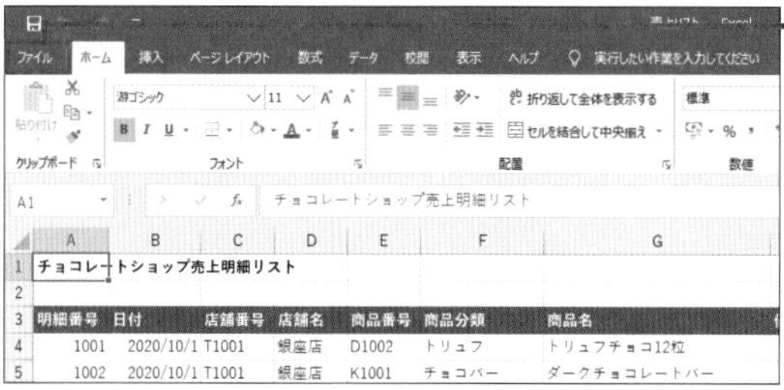

❶<ファイル>タブー<名前を付けて保存>（もしくは<コピーを保存>）ー<参照>の順にクリックします。

> **MEMO CSV形式とは**
>
> CSV形式とは、データがカンマで区切られ、1件分のデータが改行で区切られたファイルのことです。

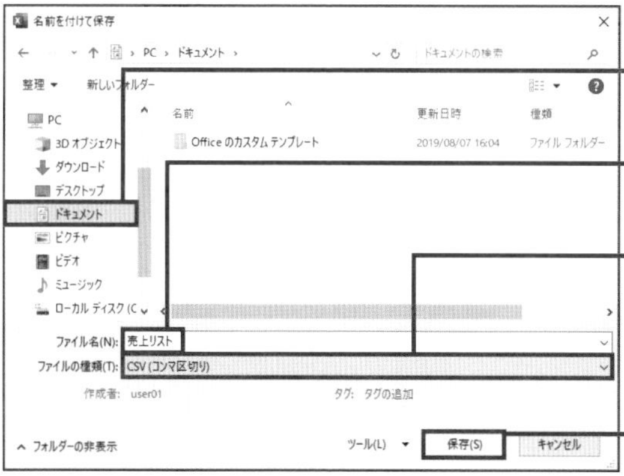

❷保存先（ここでは「ドキュメント」）を指定し、

❸ファイル名（ここでは「売上リスト」）を指定します。

❹<ファイルの種類>の▼をクリックして<CSV（コンマ区切り）>をクリックし、

❺<保存>をクリックします。確認メッセージが表示されたら<OK>をクリックします。

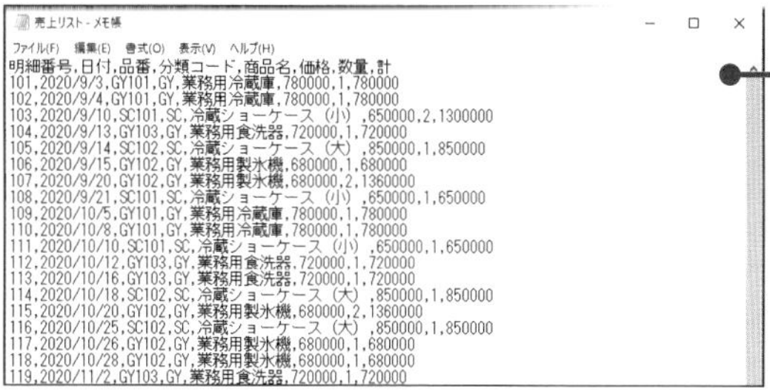

❻エクセルのファイルをCSV形式で保存できました。

> **MEMO CSV形式のファイルを開く**
>
> ここでは、CSV形式で保存したファイルを<メモ帳>アプリで開いています。

SECTION 211 印刷

印刷イメージを拡大して表示する

印刷イメージを表示すると、用紙全体のレイアウトを確認することができます、ただし、このままでは細かい文字をチェックするには不向きです。＜ページに合わせる＞を解除すると、印刷イメージを拡大して表示することができます。

印刷イメージを拡大する

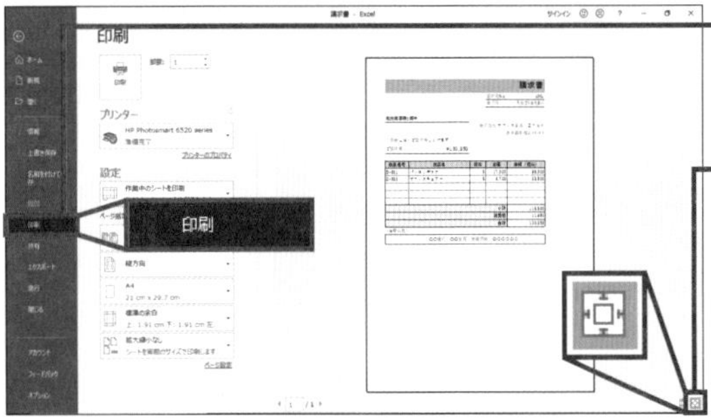

❶ ＜ファイル＞タブ－＜印刷＞をクリックして、印刷イメージを表示します。

❷ ＜ページに合わせる＞をクリックすると、

MEMO ページの切り替え

複数ページに分かれて印刷される場合は、印刷イメージの左下にある<次のページ>をクリックして2ページ目に切り替えます。<前のページ>をクリックすると、1ページずつ戻ります。

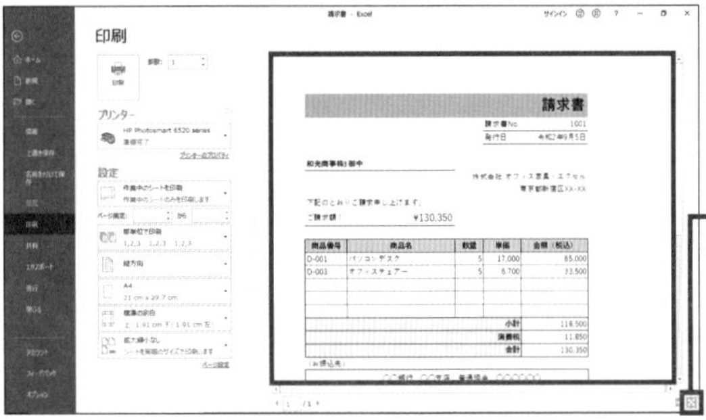

❸ 印刷イメージが拡大されます。

❹ もう一度＜ページに合わせる＞をクリックすると、

MEMO 全体を確認する

上下のスクロールバーをドラッグすると、拡大した状態で表示位置を変えながら印刷イメージを確認できます。

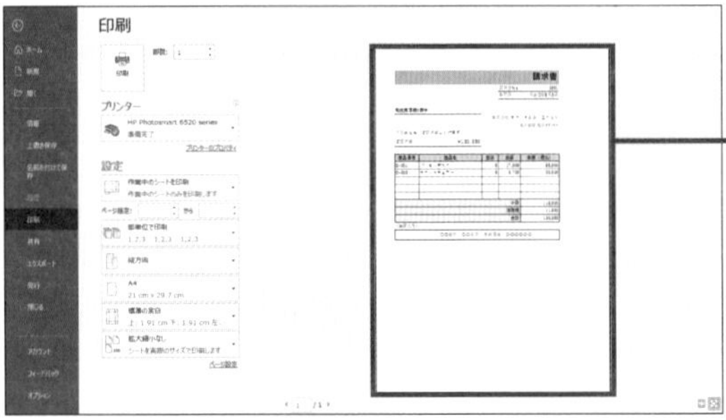

❺ 元の倍率に戻ります。

SECTION 212 印刷

印刷を実行する

印刷イメージを確認したら、いよいよ印刷を実行しましょう。パソコンとプリンターが接続されていること、プリンターに電源が入っていること、用紙がセットされていることを確認して<印刷>をクリックします。初期設定では、縦置きのA4用紙に印刷されます。

印刷を実行する

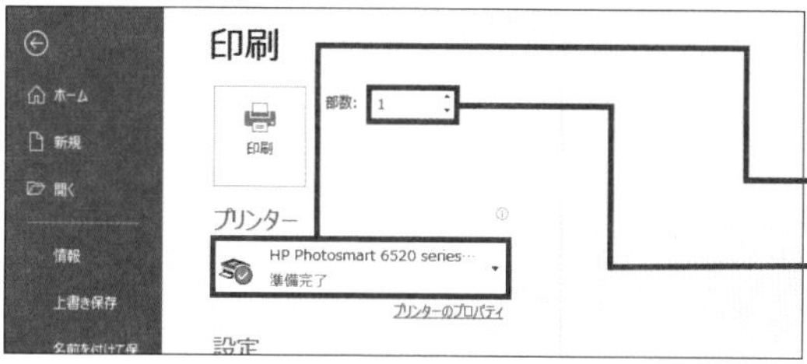

Sec.211の操作で、印刷イメージを表示します。

❶ <プリンター>に使用するプリンター名が表示されていることを確認し、

❷ <部数>を指定して

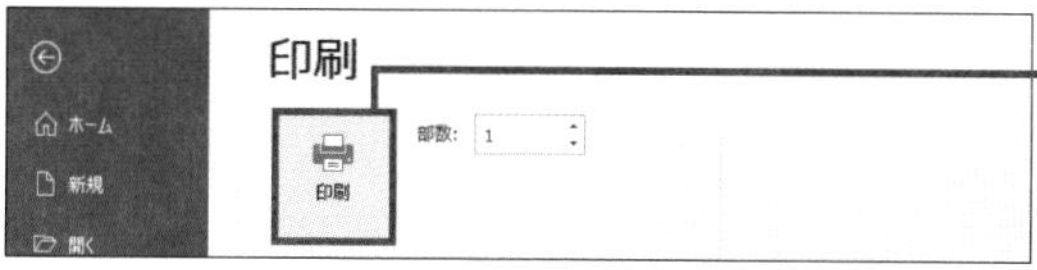

❸ <印刷>をクリックすると、印刷が開始されます。

COLUMN

クイックアクセスツールバーに印刷を追加する

印刷を実行するたびに<ファイル>タブから操作するのは少々面倒です。クイックアクセスツールバーに<印刷プレビューと印刷>を追加すると、ワンクリックで印刷画面を開けます。

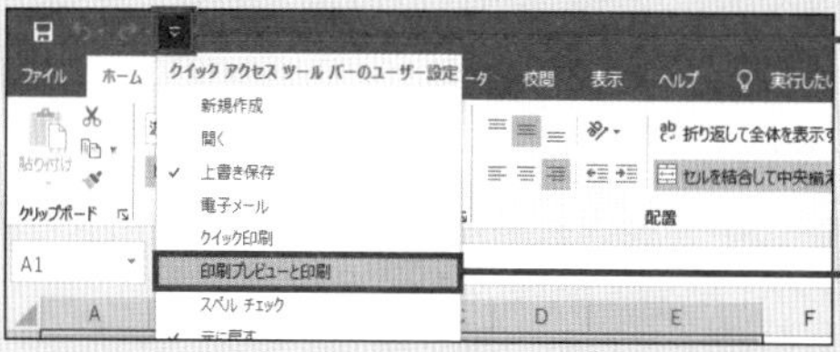

❶ <クイックアクセスツールバーのユーザー設定>をクリックし、

❷ <印刷プレビューと印刷>をクリックすると、

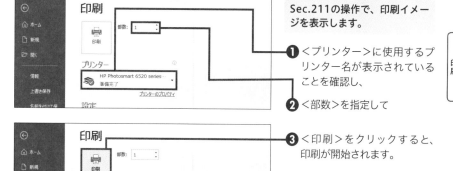

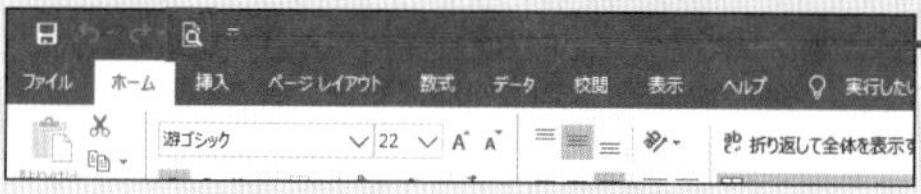

❸ <印刷プレビューと印刷>ボタンが追加されます。

第6章
印刷 第7章
第8章
第9章
第10章

SECTION 213 印刷

シートを指定して印刷する

印刷を実行すると、現在選択中のワークシートの内容が印刷されます。複数のワークシートに分けて管理している場合は、印刷する前に印刷したいシート見出しをクリックして、ワークシートを切り替えておく必要があります。

特定のシートを印刷する

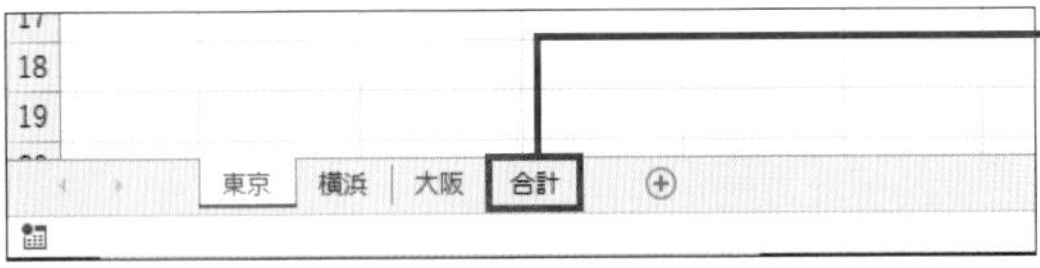

❶<合計>のシート見出しをクリックします。

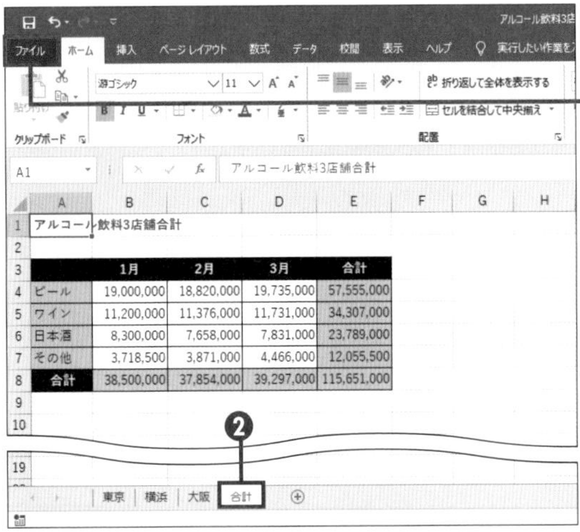

❷<合計>シートに切り替わりました。

❸<ファイル>タブをクリックします。

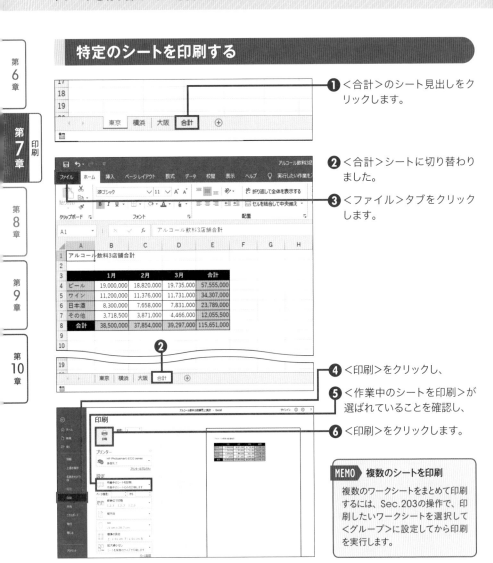

❹<印刷>をクリックし、

❺<作業中のシートを印刷>が選ばれていることを確認し、

❻<印刷>をクリックします。

MEMO 複数のシートを印刷

複数のワークシートをまとめて印刷するには、Sec.203の操作で、印刷したいワークシートを選択して<グループ>に設定してから印刷を実行します。

SECTION
214
印刷

すべてのシートを印刷する

複数のワークシートに分けて管理しているときに、すべてのワークシートを印刷するには＜ブック全体を印刷＞を使います。すると、左側のワークシートから順番に自動的に印刷されます。手動で1枚ずつ印刷するよりスピーディーに印刷できます。

ブック全体を印刷する

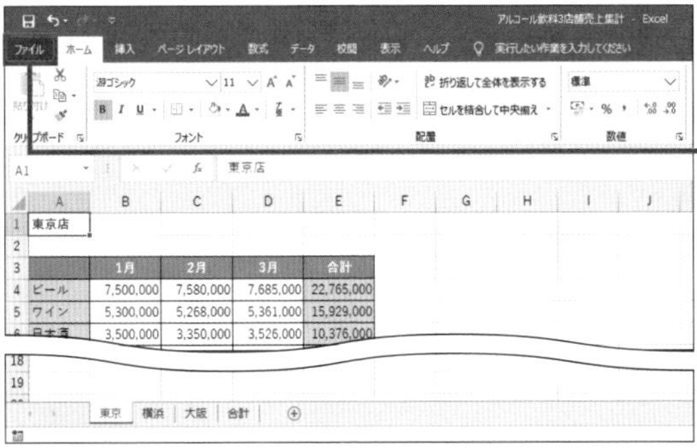

4枚のワークシートをまとめて印刷します。

❶＜ファイル＞タブをクリックします。

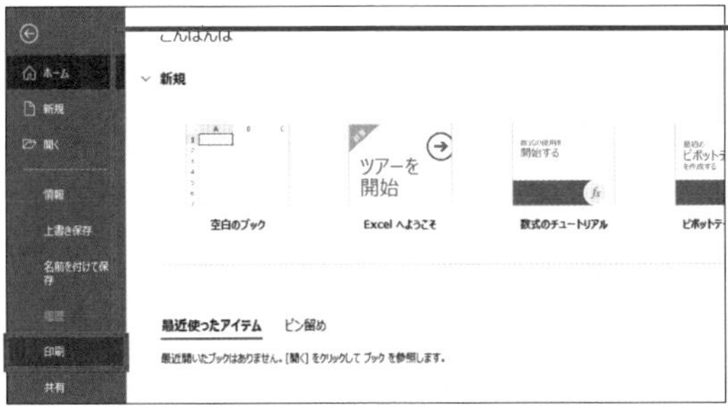

❷＜印刷＞をクリックします。

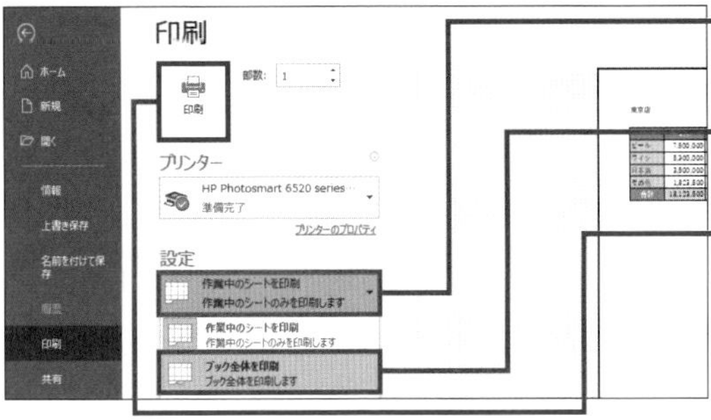

❸＜作業中のシートを印刷＞をクリックし、

❹＜ブック全体を印刷＞をクリックして、

❺＜印刷＞をクリックします。

SECTION 215 印刷

ページ単位で印刷する

会議などで配布する資料を印刷するときに、複数のシートを部数印刷する方法は2つあります。1つは、同じページを部数分連続して印刷する「ページ単位」、もう1つが、1セットずつ印刷する「部単位」です。印刷前に印刷画面で指定します。

ページ単位で印刷する

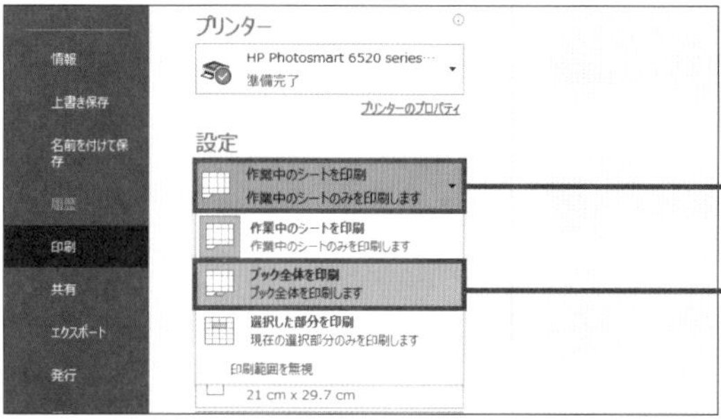

Sec.211の操作で、印刷イメージを表示します。

❶ <作業中のシートを印刷>をクリックし、

❷ <ブック全体を印刷>をクリックします。

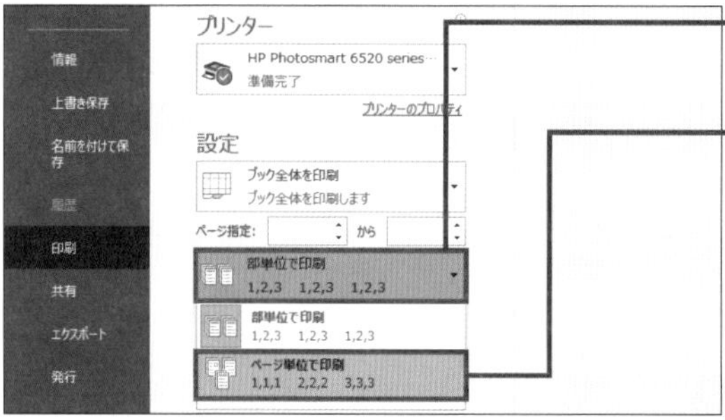

❸ <部単位で印刷>をクリックし、

❹ <ページ単位で印刷>をクリックします。

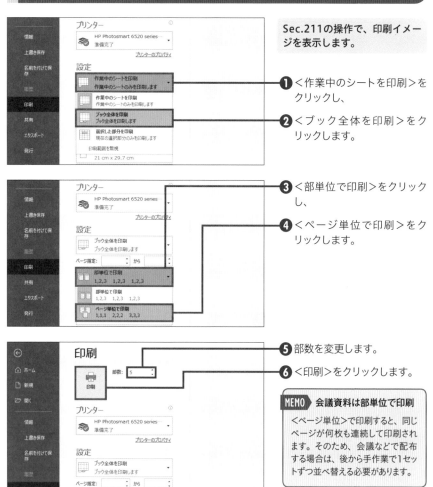

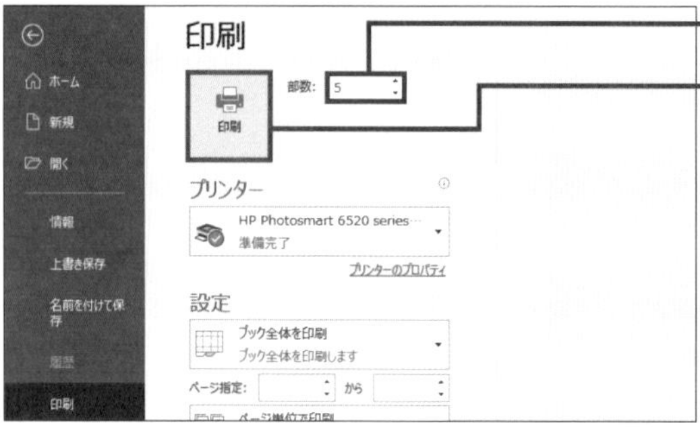

❺ 部数を変更します。

❻ <印刷>をクリックします。

MEMO 会議資料は部単位で印刷

<ページ単位>で印刷すると、同じページが何枚も連続して印刷されます。そのため、会議などで配布する場合は、後から手作業で1セットずつ並べ替える必要があります。

SECTION 216 印刷

2ページ目以降にも見出し行を印刷する

複数ページに分かれる大きな表を印刷するときは、どのページにも見出し行が印刷されるようにしておくと一覧性が高まります。<印刷タイトル>を使って、見出し行を指定すると、すべてのページに見出し行を印刷できます。

印刷タイトルを設定する

3行目を印刷タイトルに設定します。

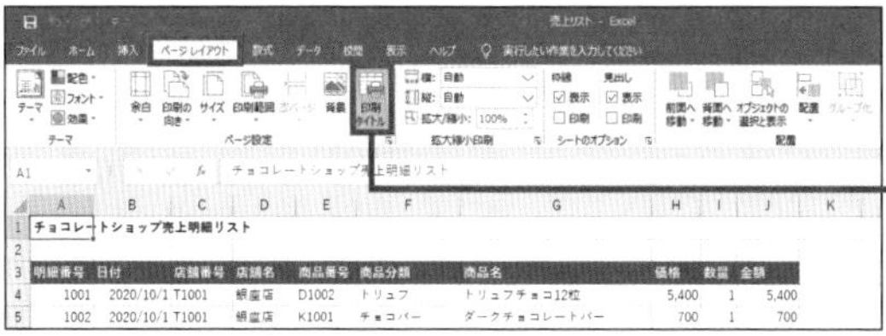

❶ <ページレイアウト>タブ－<印刷タイトル>をクリックします。

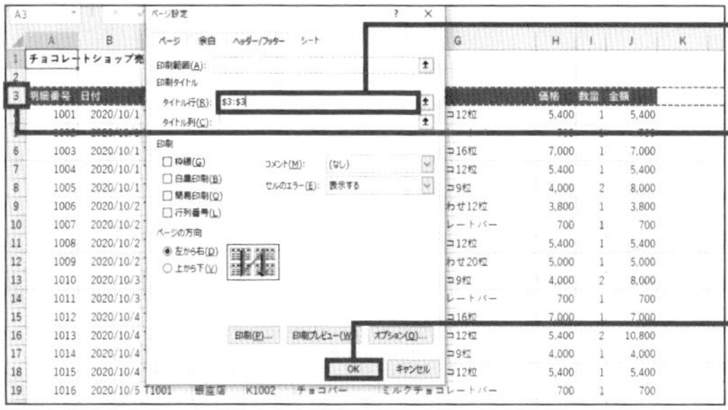

❷ <タイトル行>欄をクリックし、

❸ ワークシートの行番号の<3>をクリックすると、<タイトル行>欄に「$3:$3」と表示されます。

❹ < OK >をクリックします。

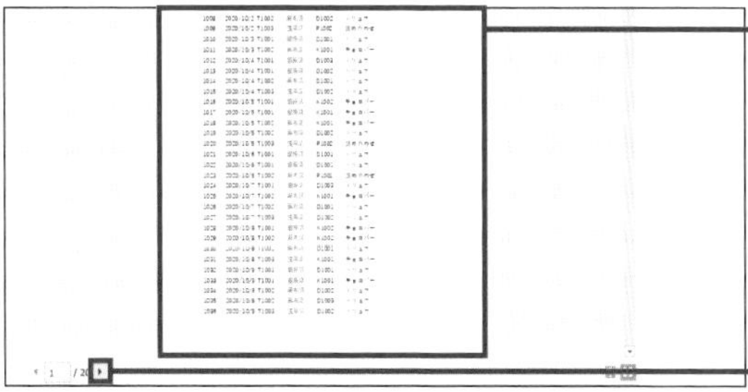

❺ Sec.211の操作で、印刷イメージを表示します。

❻ <次のページ>をクリックすると、

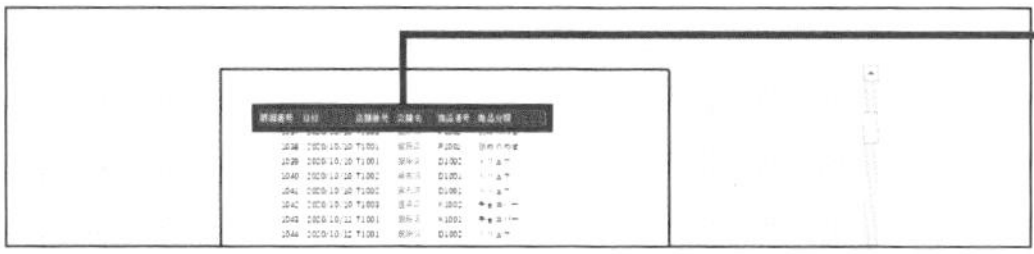

❼ 2ページ目にも見出し行が表示されています。

SECTION 217 印刷

コメントを印刷する

セルに挿入したコメントは、そのままでは印刷されません。表やグラフと一緒にコメントを印刷するには、<ページ設定>ダイアログボックスで<コメント>の印刷方法を設定します。画面通りに印刷する方法と、最後にコメントをまとめて印刷する方法があります。

第6章 第7章 印刷 第8章 第9章 第10章

コメントを印刷する

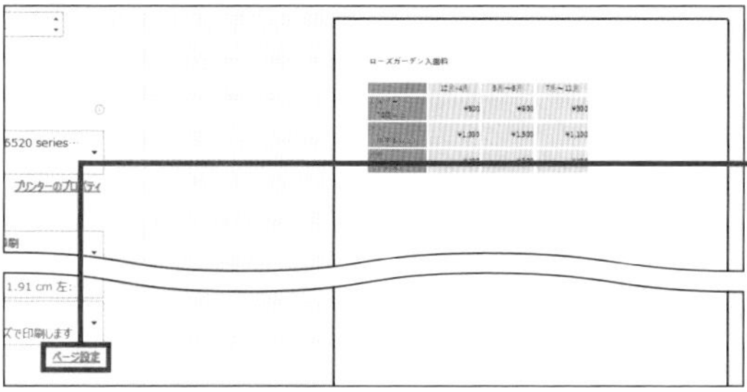

Sec.211の操作で、印刷イメージを表示します。

❶ <ページ設定>をクリックします。

MEMO コメントの表示

コメントを印刷する前に、<校閲>タブー<すべてのコメントの表示>をクリックして、コメントを表示しておきます。

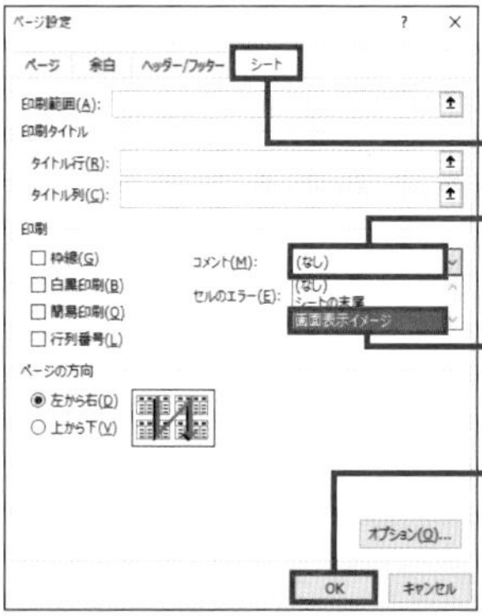

❷ <シート>タブをクリックし、

❸ <コメント>の<（なし）>をクリックします。

❹ <画面表示イメージ>をクリックし、

❺ < OK >をクリックすると、

MEMO シートの末尾に印刷

手順❹で<シートの末尾>をクリックすると、最終ページにコメントだけがまとめて印刷されます。

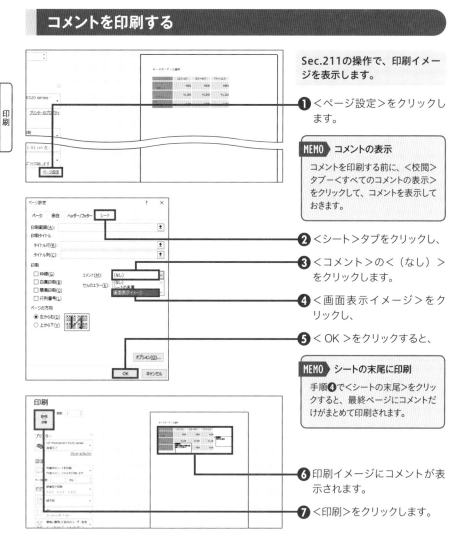

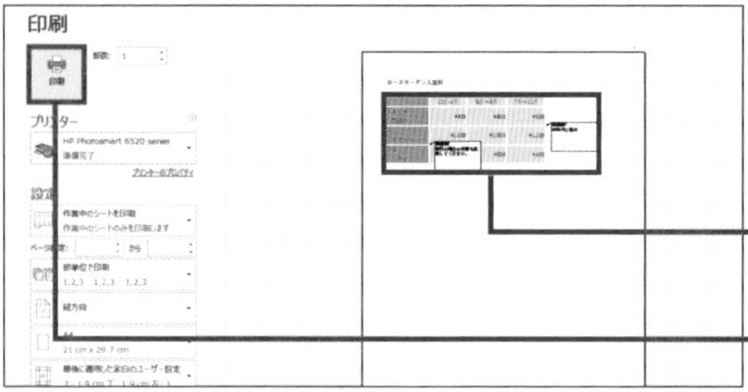

❻ 印刷イメージにコメントが表示されます。

❼ <印刷>をクリックします。

SECTION 218 印刷

セルの枠線を印刷する

ワークシートに最初から表示されているグレーの枠線は「グリッド線」といって、画面表示専用の枠線で印刷されません。ただし、＜ページ設定＞ダイアログボックスで＜枠線＞を印刷するように設定すると、グリッド線をそのまま印刷できます。

グリッド線を印刷する

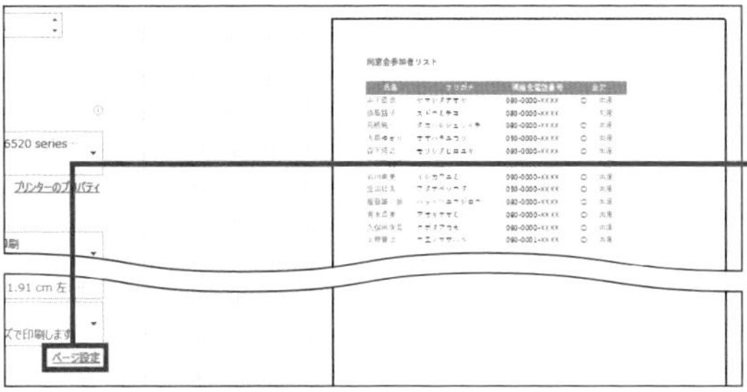

Sec.211の操作で、印刷イメージを表示します。

❶＜ページ設定＞をクリックします。

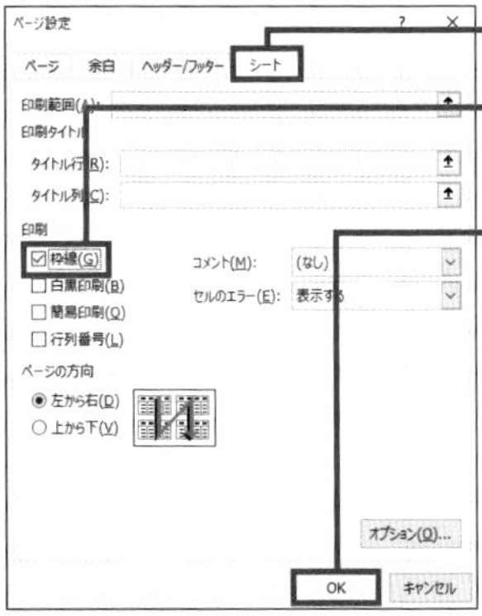

❷＜シート＞タブをクリックし、

❸＜枠線＞をクリックしてオンにし、

❹＜ OK ＞をクリックすると、

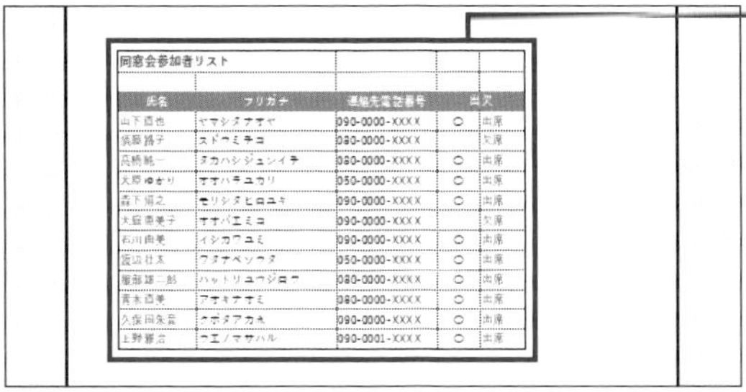

❺印刷イメージにグリッド線が表示されます。

MEMO 行番号・列番号の印刷

＜ページ設定＞ダイアログボックスの＜シート＞タブで、＜行列番号＞をクリックすると、英字の列番号と数字の行番号をそのまま印刷できます。

SECTION
219
印刷

エラー表示を消して印刷する

セルに何らかのエラーが表示されている状態でワークシートを印刷すると、エラーも印刷されます。本来はエラーの処理を正しく行う必要がありますが、＜ページ設定＞ダイアログボックスの＜セルのエラー＞を使って、印刷時にエラーを消すことができます。

セルのエラーを空白にして印刷する

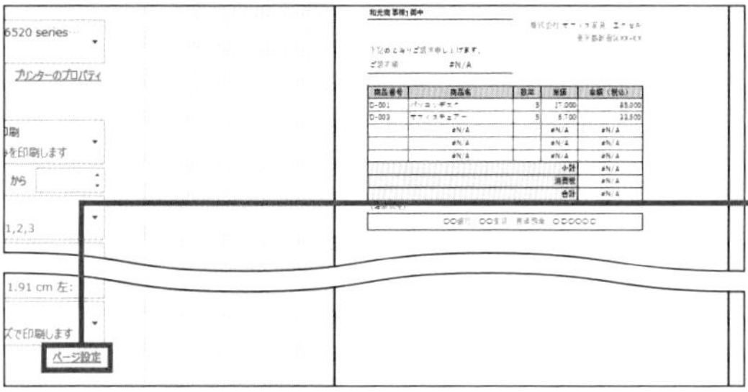

Sec.211の操作で、印刷イメージを表示して、エラーが印刷されることを確認します。

❶＜ページ設定＞をクリックします。

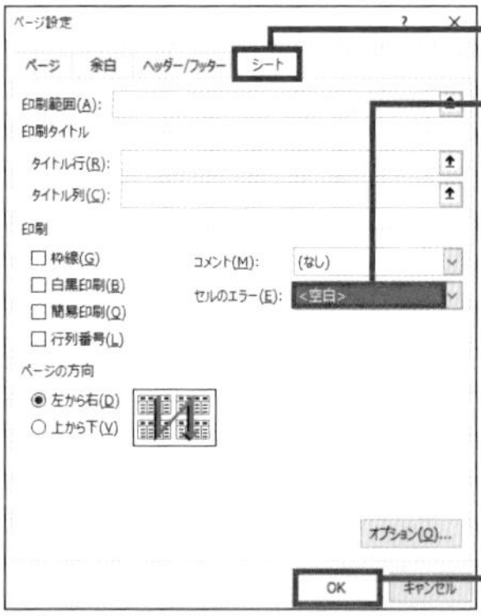

❷＜シート＞タブをクリックし、

❸＜セルのエラー＞をクリックして、＜空白＞をクリックします。

❹＜ OK ＞をクリックすると、

> **MEMO　記号の表示**
>
> 手順❸で＜--＞をクリックすると、エラーが表示されているセルに＜--＞記号を印刷できます。

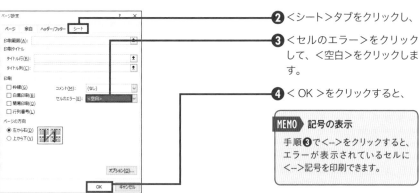

❺セルのエラーが非表示になります。

SECTION
220 グラフだけを印刷する

印刷

表とグラフを同じワークシートに作成したときは、ワークシートを印刷すると、表とグラフが一緒に印刷されます。グラフだけを印刷するには、グラフをクリックして選択してから印刷を実行します。すると、用紙いっぱいにグラフが大きく印刷されます。

グラフだけを印刷する

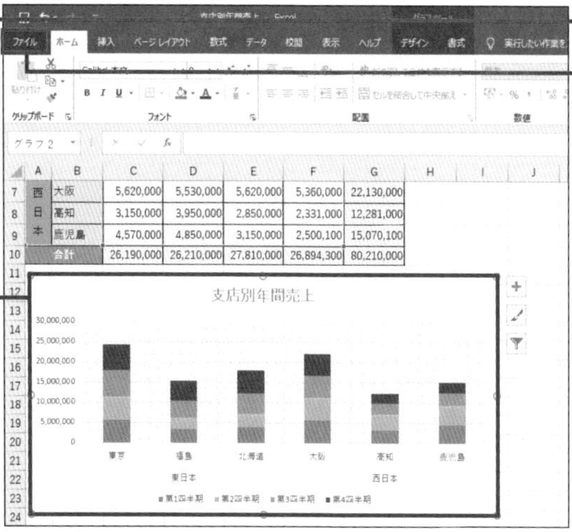

❶グラフをクリックします。

❷<ファイル>タブをクリックします。

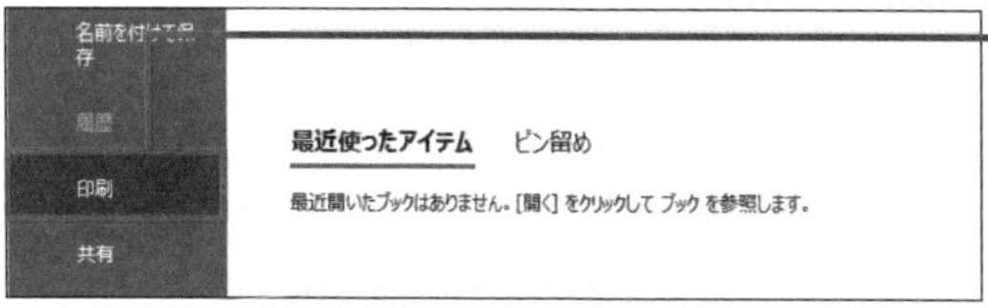

❸<印刷>をクリックすると、

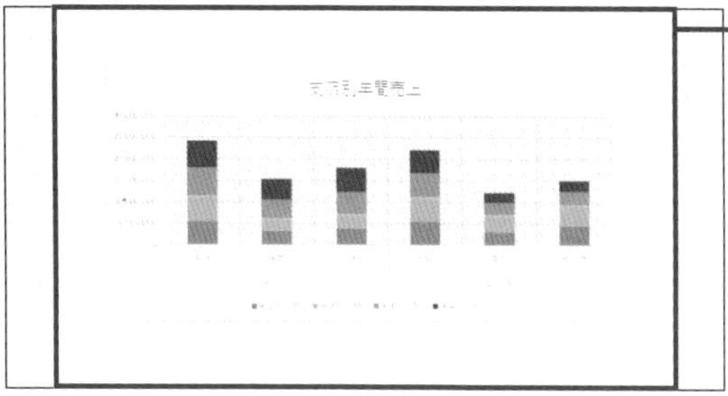

❹印刷イメージにグラフだけが表示されます。

MEMO 用紙を横置にする

横長のグラフを印刷するなら、用紙も横置きにするとよいでしょう。<縦方向>をクリックして表示されるメニューから<横方向>にします。

SECTION
221
印刷範囲

印刷する範囲を指定する

<印刷範囲>を使うと、ワークシートに作成した表の中で、印刷したいセル範囲だけを指定できます。印刷範囲に指定したセル範囲は登録されるので、次回以降は印刷を実行するだけでOKです。ここでは、2つある表の左側の表だけを印刷します。

印刷範囲を指定する

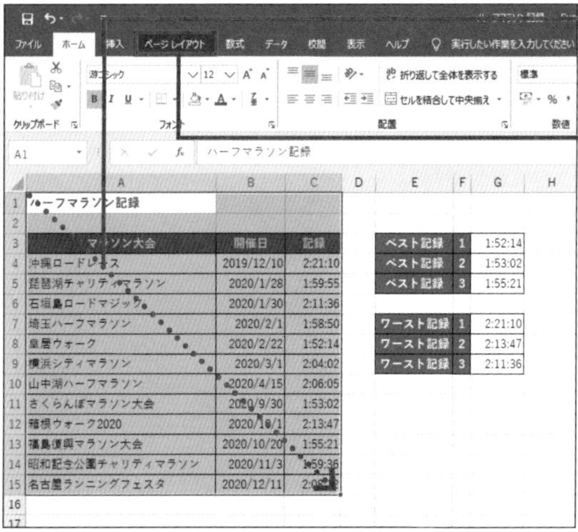

❶ 印刷したいセル範囲（ここでは、A1 セル～ C15 セル）をドラッグします。

❷ <ページレイアウト>タブをクリックします。

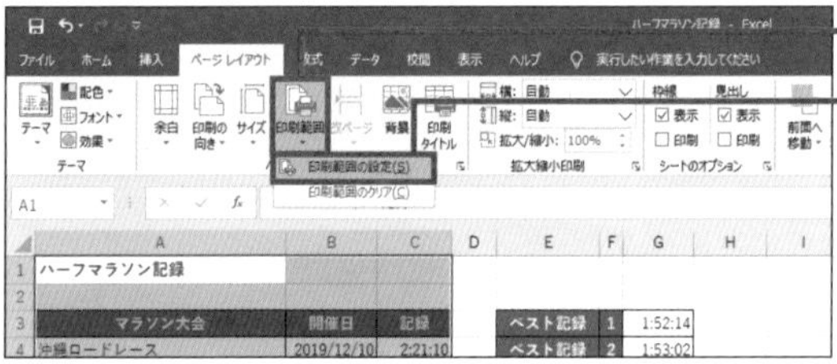

❸ <印刷範囲>をクリックし、

❹ <印刷範囲の設定>をクリックします。

❺ Sec.211 の操作で、印刷イメージを表示すると、手順❶でドラッグしたセルだけが表示されます。

MEMO　印刷範囲の解除

印刷範囲を解除するには、印刷範囲を設定したセルをドラッグし、<ページレイアウト>タブの<印刷範囲>から<印刷範囲のクリア>をクリックします。

SECTION 222

印刷範囲

選択している部分だけを印刷する

Sec.221の<印刷範囲の設定>では、印刷したいセル範囲を登録する操作を解説しました。常に同じセル範囲を印刷するわけではないときは、印刷範囲を登録せずに、選択したセルだけを一時的に印刷する方法が便利です。印刷が終わると、自動的に選択が解除されます。

一時的に選択したセルを印刷する

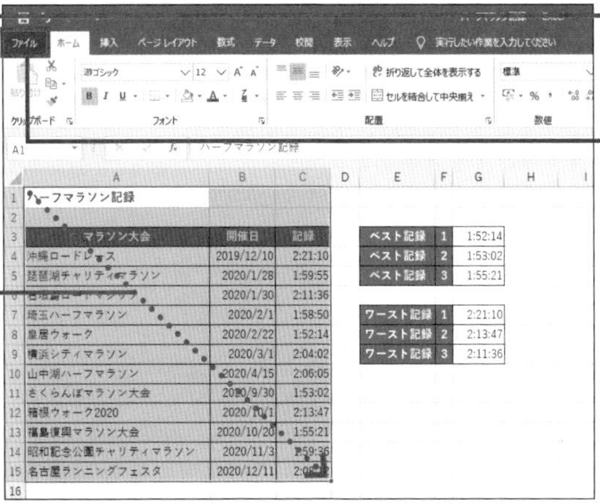

❶印刷したいセル範囲（ここでは、A1セル～C15セル）をドラッグします。

❷<ファイル>タブをクリックします。

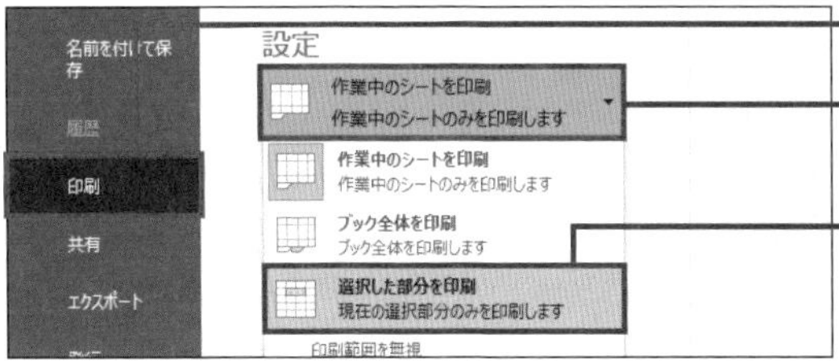

❸<印刷>をクリックします。

❹<作業中のシートを印刷>をクリックし、

❺<選択した部分を印刷>をクリックすると、

❻手順❶で選択したセルだけが表示されます。

MEMO セル範囲の解除

この方法で印刷を実行すると、手順❶でドラッグしたセル範囲は解除されます。そのため、印刷のたびに同じ操作を行う必要があります。

SECTION 223 改ページ

改ページ位置を調整する

1枚の用紙に収まらない大きな表を印刷するときに、区切りの悪い位置でページが切り替わると読みづらくなります。<改ページプレビュー>を使うと、画面上にページごとの切り替え線が表示され、どの位置でページを切り替えるかを手動で指定できます。

改ページプレビュー画面を表示する

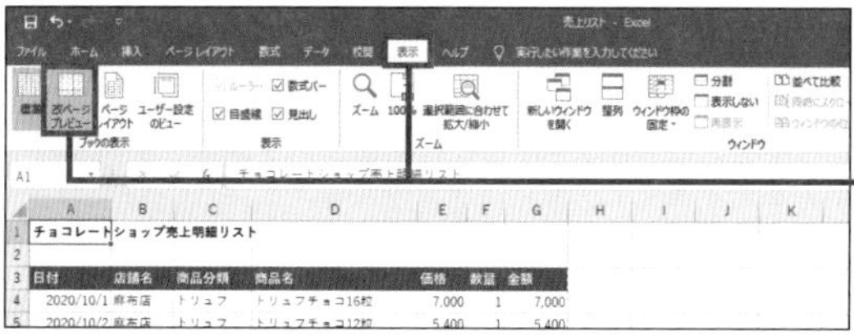

店舗ごとにページを分けて印刷します。

❶ <表示>タブー<改ページプレビュー>をクリックします。

❷ 1ページと2ページを区切る青い横線にマウスポインターを移動し、

❸ マウスポインターの形状が変化したら、そのまま上方向（麻布店と浅草店の区切りまで）にドラッグすると、

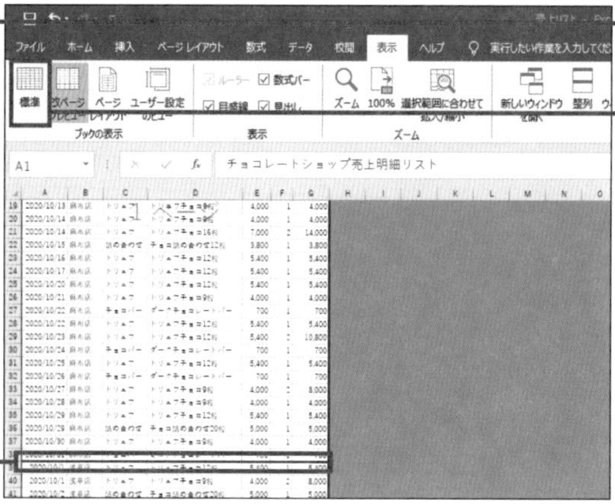

❹ 改ページ位置を調整できました。

❺ <標準>をクリックして元の画面に戻ります。

MEMO 縦方向の区切り位置

改ページプレビュー画面で縦方向に青い点線が表示される場合は、青い点線を左右にドラッグして改ページ位置を調整します。

SECTION 224

改ページ

改ページを追加する

複数ページにまたがる大きな表を印刷するときは、区切りのよい位置でページが分かれるように設定すると読みやすくなります。＜改ページ＞を使うと、強制的にページを区切る位置を設定できます。ここでは、店舗ごとに改ページされるように設定します。

改ページを追加する

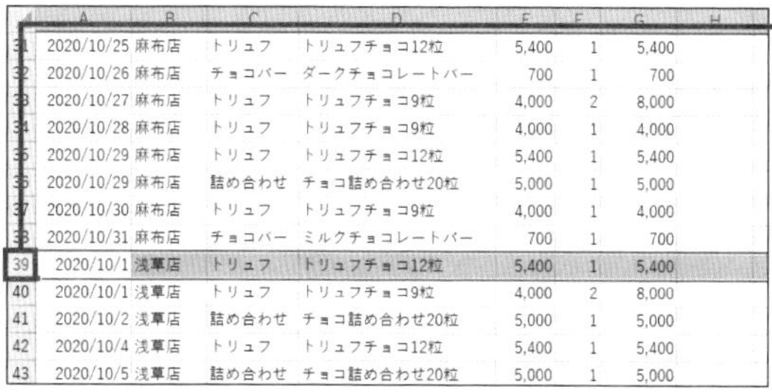

❶ 麻布店と浅草店の境となる行番号の＜ 39 ＞をクリックします。

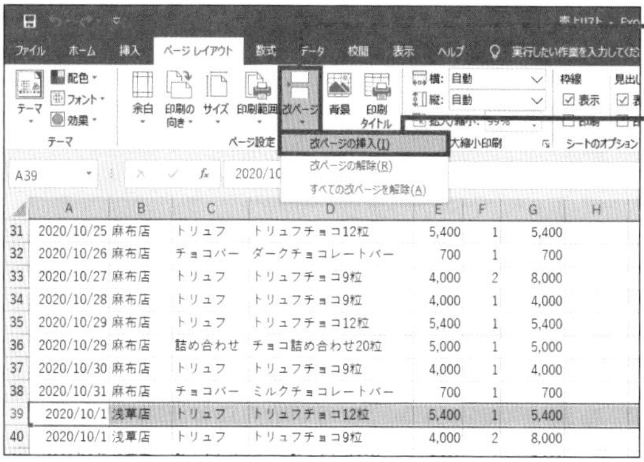

❷ ＜ページレイアウト＞タブ－＜改ページ＞をクリックし、

❸ ＜改ページの挿入＞をクリックすると、

❹ 39 行目の上側に改ページを示す線が表示されます。

MEMO　改ページの削除

改ページを削除するには、改ページを設定した行番号や列番号をクリックし、＜ページレイアウト＞タブの＜改ページ＞から＜改ページの解除＞をクリックします。

SECTION 225 余白

余白を調整する

ワークシートを印刷すると、自動的に上下左右に余白が設定されます。<余白>を使うと、余白の大きさを「標準」「広い」「狭い」の3つから変更できます。あるいは、<ユーザー設定の余白>を使って、余白の数値を直接指定することもできます。

余白のサイズを設定する

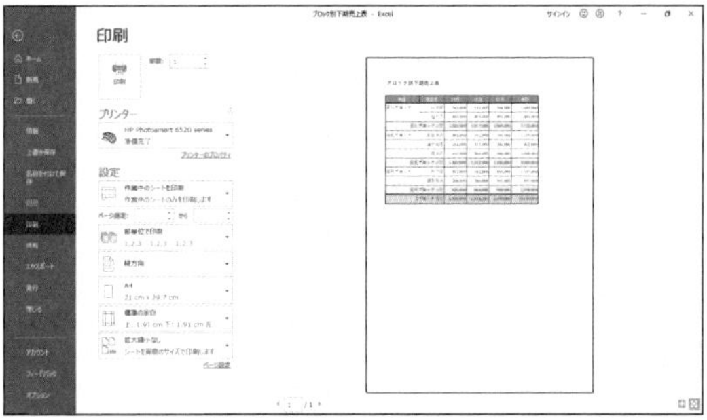

Sec.211の操作で、印刷イメージを表示します。

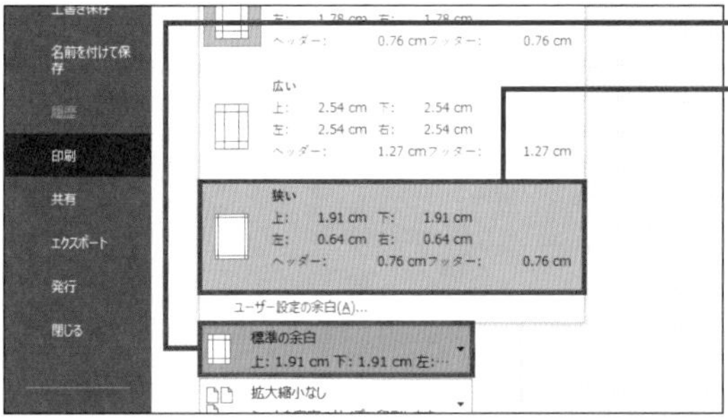

❶ <標準の余白>をクリックし、

❷ <狭い>をクリックすると、

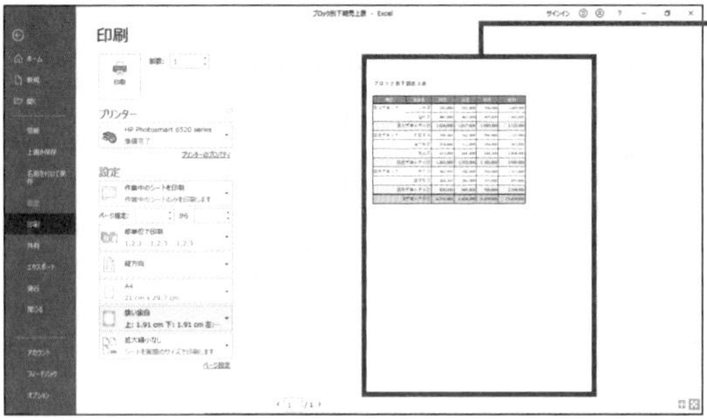

❸ 印刷イメージで、余白が狭まったことが確認できます。

> **MEMO ページレイアウトタブ**
>
> <ページレイアウト>タブの<余白>から、余白の大きさを変更することもできます。

SECTION 226 余白

印刷イメージを見ながら余白を調整する

Sec.225の操作で余白の大きさを変更することもできますが、印刷のたびに印刷イメージで変更結果を確認しなければなりません。＜余白の表示＞を使うと、印刷イメージを見ながら余白の大きさをドラッグ操作で直感的に調整できます。

余白のサイズを設定する

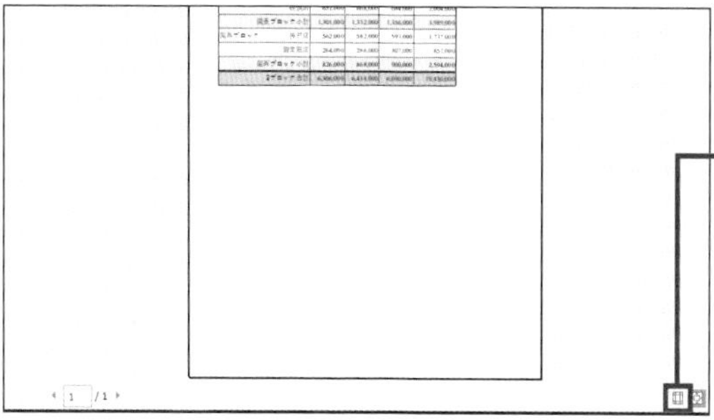

Sec.211の操作で、印刷イメージを表示します。

❶ ＜余白の表示＞をクリックすると、

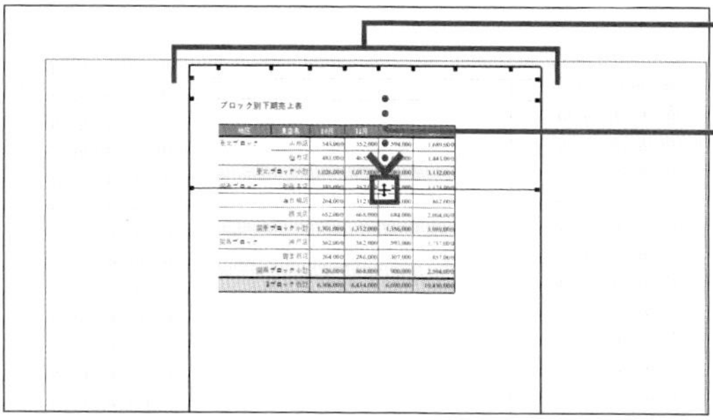

❷ 印刷イメージに、余白の領域を示す線が表示されます。

❸ 上部の下側の線にマウスポインターを移動し、マウスポインターの形状が変わったら、そのまま下方向にドラッグすると、

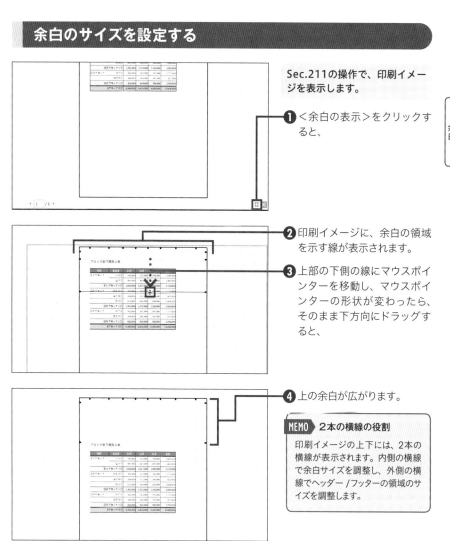

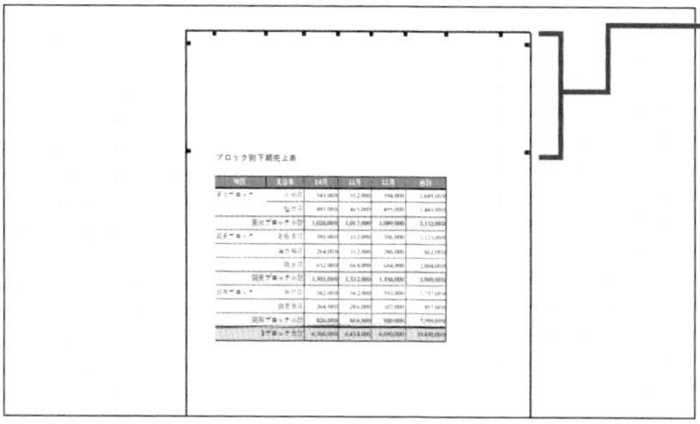

❹ 上の余白が広がります。

MEMO 2本の横線の役割

印刷イメージの上下には、2本の横線が表示されます。内側の横線で余白サイズを調整し、外側の横線でヘッダー／フッターの領域のサイズを調整します。

SECTION 227

余白

表を用紙の中央に印刷する

＜余白＞の＜ページ中央＞を使うと、表を用紙の中央に印刷できます。＜ページ中央＞には「水平」と「垂直」が用意されており、＜水平＞をクリックすると、用紙の横方向の中央、＜垂直＞をクリックすると、用紙の縦方向の中央に印刷できます。

ページ中央に印刷する

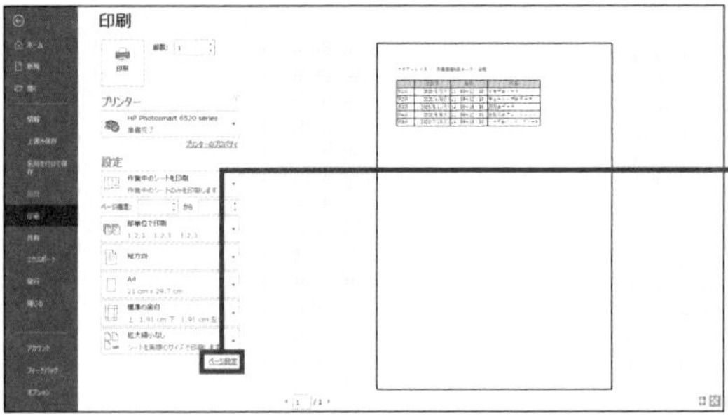

Sec.211の操作で、印刷イメージを表示します。

❶ ＜ページ設定＞をクリックし、

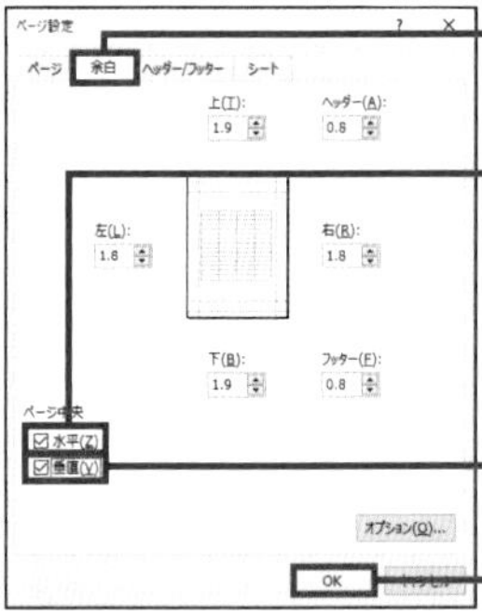

❷ ＜余白＞タブをクリックします。

❸ ＜水平＞をクリックしてオンにし、

❹ ＜垂直＞をクリックしてオンにし、

❺ ＜ OK ＞をクリックすると、

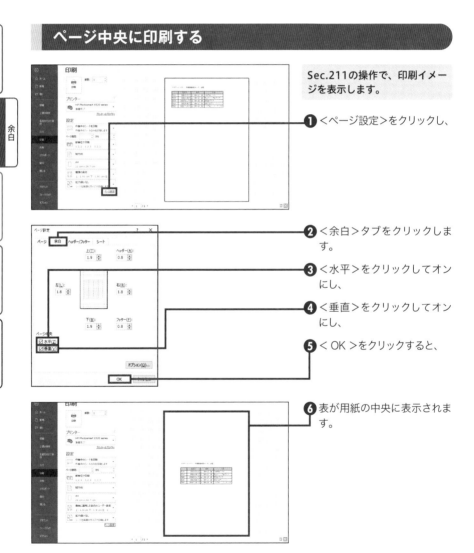

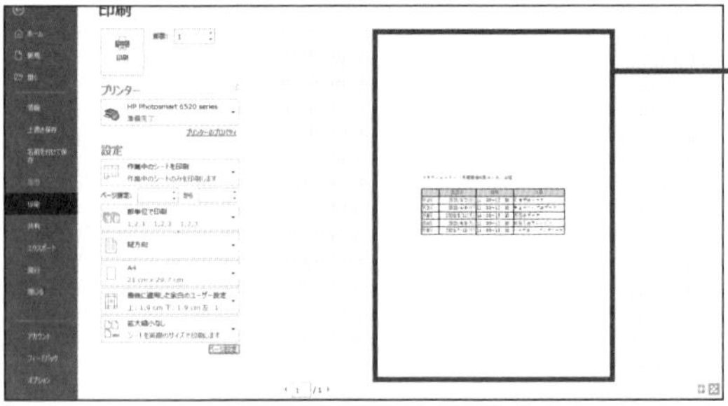

❻ 表が用紙の中央に表示されます。

SECTION 228 余白

表を用紙1枚に収めて印刷する

印刷イメージで確認すると、数行分や数列分だけが次のページにあふれてしまうことがあります。表を用紙1枚に収めて印刷するには、＜シートを1枚に収めて印刷＞を使います。すると、用紙1枚に収まるように自動的に表全体が縮小されます。

シートを１枚に収めて印刷する

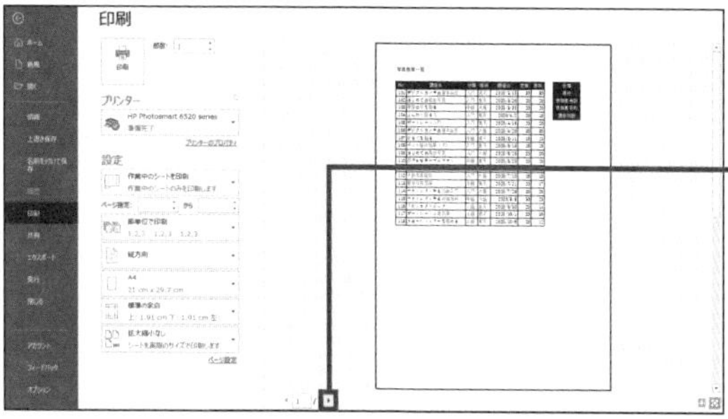

Sec.211の操作で、印刷イメージを表示します。

❶＜次のページ＞をクリックすると、

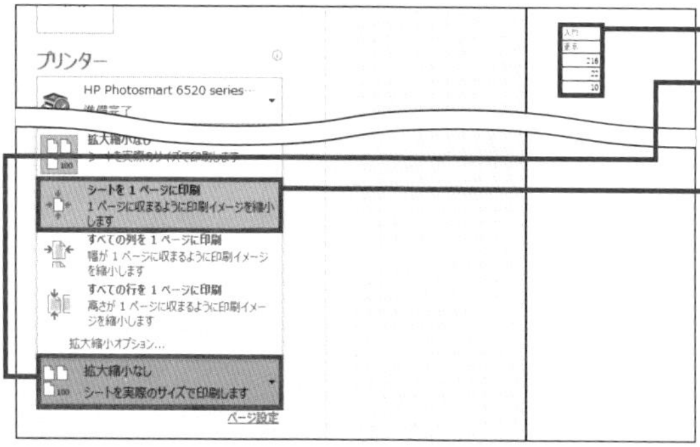

❷１列分があふれています。

❸＜拡大縮小なし＞をクリックし、

❹＜シートを１ページに印刷＞をクリックすると、

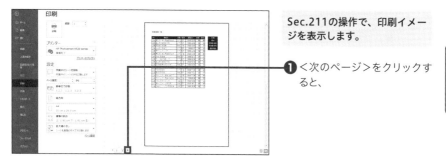

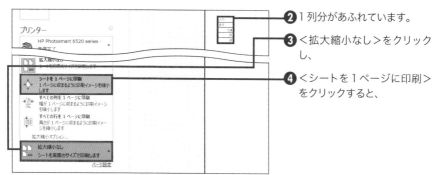

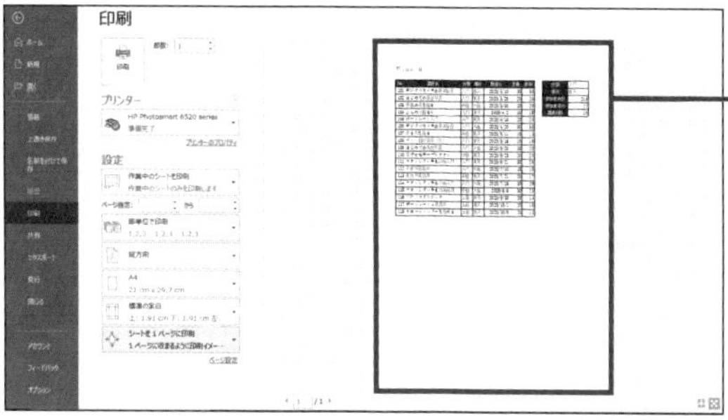

❺表全体が１ページに表示されます。

SECTION 229

ヘッダー・フッター

ヘッダーやフッターを表示する

ヘッダーは用紙の上余白の領域、フッターは用紙の下余白の領域のことです。ヘッダーやフッターに設定した情報は、すべてのページの同じ位置に同じ情報が表示されます。作成日や作成者、ページ番号など、すべてのページに共通の内容を表示するとよいでしょう。

ヘッダーやフッターを表示する

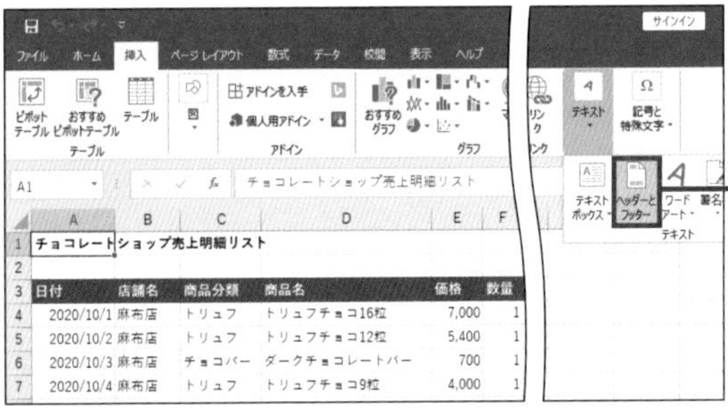

❶<挿入>タブー<テキスト>ー<ヘッダーとフッター>をクリックします。

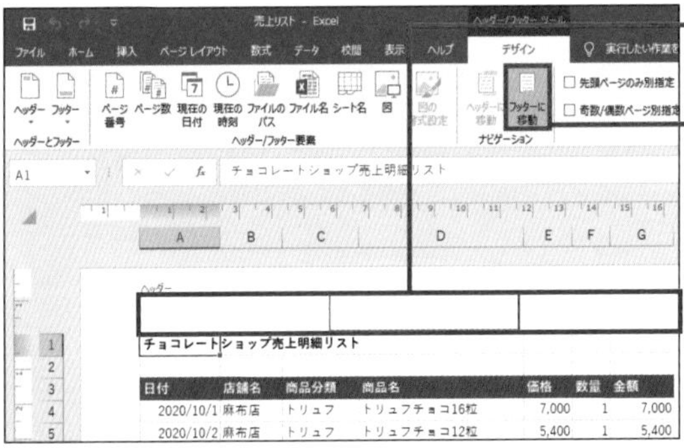

❷ヘッダー領域が表示されます。

❸<ヘッダー/フッターツール>ー<デザイン>タブー<フッターに移動>をクリックすると、

> **MEMO タブの名称**
>
> Microsoft 365では、手順❸で<ヘッダーとフッター>タブをクリックします。

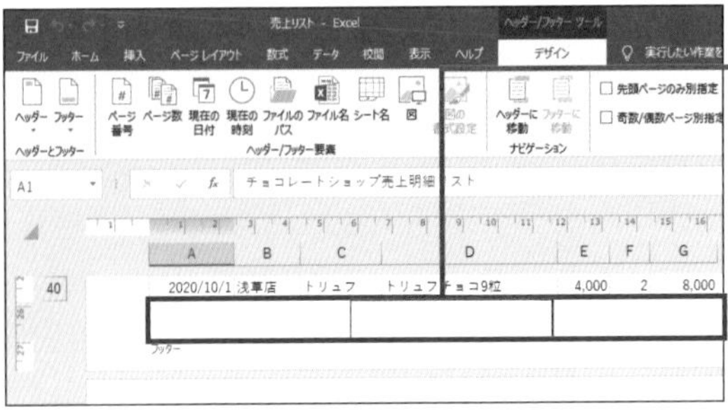

❹フッター領域が表示されます。

> **MEMO 元の画面に戻る**
>
> ヘッダーやフッター以外のセルをクリックし、<表示>タブの<標準>をクリックすると、元の画面モードに戻ります。

SECTION
230 ヘッダーやフッターに文字を表示する

ヘッダー・フッター

ヘッダーには表の作成日や作成者、プロジェクト名などを表示し、フッターにはページ番号を表示するケースが多いようです。ヘッダーやフッターには、それぞれ左、中央、右の3つの領域が用意されています。ここでは、ヘッダーの右側に作成者名を表示します。

ヘッダーに文字を設定する

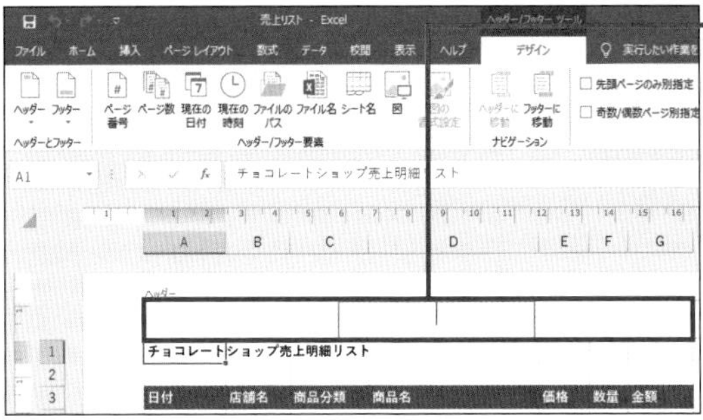

❶ Sec.229の操作で、ヘッダーを表示します。

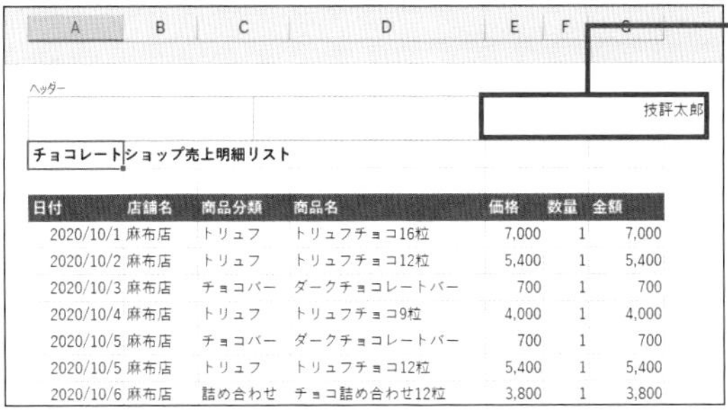

❷ ヘッダーの右側の領域をクリックし、作成者の名前（ここでは「技評太郎」）を入力します。

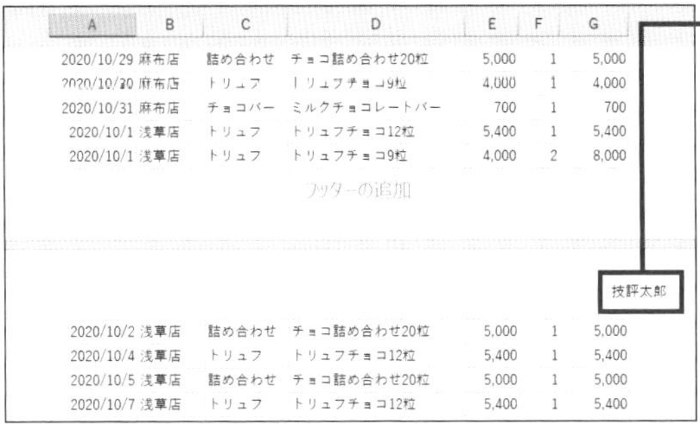

❸ スクロールバーで下方向に移動すると、2ページ目の同じ位置に同じヘッダーが表示されています。

MEMO 書式の設定

ヘッダーやフッターに入力した文字にも書式を付けることができます。文字をドラッグして選択し、<ホーム>タブから書式を設定します。

SECTION 231 ヘッダー・フッター

ヘッダーに日付と時刻を表示する

ヘッダーに本日の日付と時刻を表示します。このとき、キーボードから日付や時刻を入力すると、常に同じ日付と時刻が表示されます。ファイルを開いた時点の日付や時刻を表示する場合は、<現在の日付>や<現在の時刻>を使います。

ヘッダーに日時を設定する

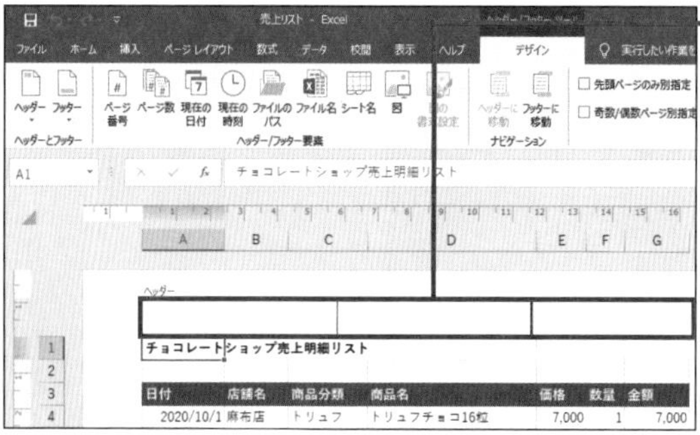

❶ Sec.229 の操作で、ヘッダーを表示します。

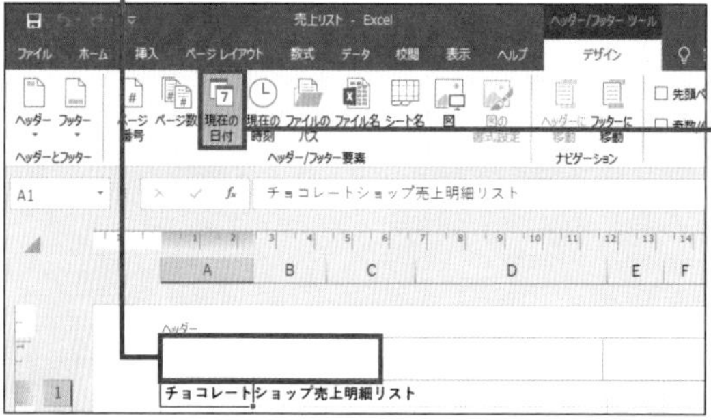

❷ ヘッダーの左側の領域をクリックし、

❸ <ヘッダー / フッターツール>－<デザイン>タブ－<現在の日付>をクリックすると、

MEMO タブの名称

Microsoft 365では、手順❸で<ヘッダーとフッター>タブをクリックします。

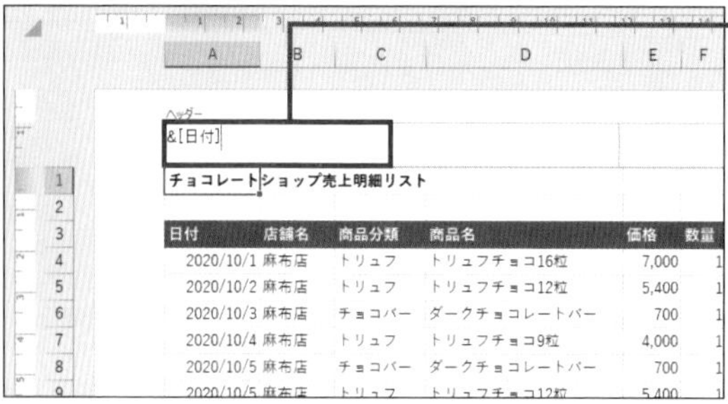

❹「& [日付]」と表示され、印刷を実行すると、現在の日付が印刷されます。

MEMO 現在の時刻の表示

<デザイン>タブの<現在の時刻>をクリックすると、「& [時刻]」と表示され、現在の時刻が印刷されます。

SECTION 232 ヘッダー・フッター

フッターにページ番号を表示する

用紙の下部の余白であるフッターには、ページ番号を表示することが多いでしょう。ヘッダー／フッター画面で＜ページ番号＞を使うと、1ページ目から始まる連番を表示できます。複数ページに分かれる表を印刷するときは、ページ番号を付けて印刷しましょう。

フッターにページ番号を設定する

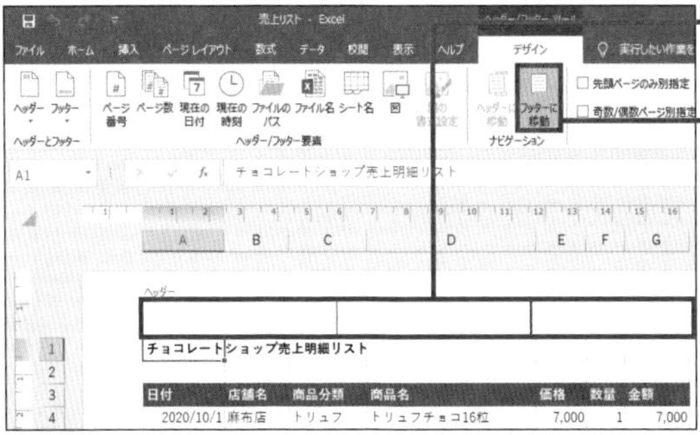

❶ Sec.229 の操作で、ヘッダーを表示します。

❷ ＜ヘッダー／フッターツール＞－＜デザイン＞タブ－＜フッターに移動＞をクリックすると、

MEMO タブの名称

Microsoft 365では、手順❷で＜ヘッダーとフッター＞タブをクリックします。

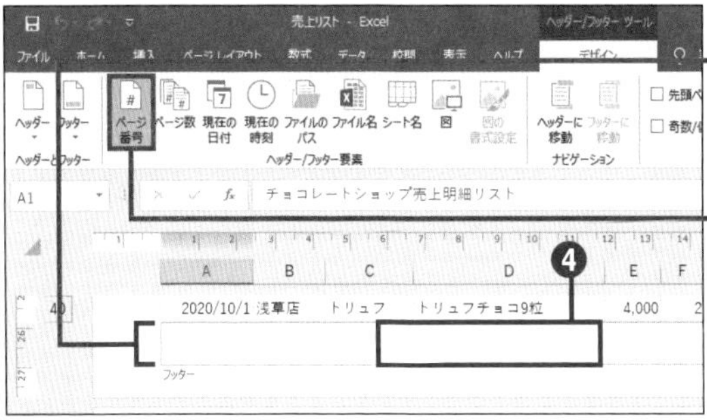

❸ フッター領域に移動します。

❹ フッターの中央の領域にカーソルがあることを確認し、

❺ ＜ヘッダー／フッターツール＞－＜デザイン＞タブ－＜ページ番号＞をクリックすると、

❻「& [ページ番号]」と表示され、印刷を実行すると、連番のページ番号が印刷されます。

MEMO 総ページ数の表示

1/3のように、現在のページと総ページ数を組み合わせて指定できます。手順❺の後で、/キーを入力し、続けて＜デザイン＞タブの＜ページ数＞をクリックします。

SECTION
233
ヘッダー・フッター

先頭ページの ページ番号を指定する

会議などで配布する資料にExcelで作成した表やグラフを添付する場合は、前のページから連続したページ番号を付ける必要があります。＜先頭ページ番号＞を使うと、Excelで印刷するときの先頭ページのページ番号を指定できます。

先頭ページ番号を指定する

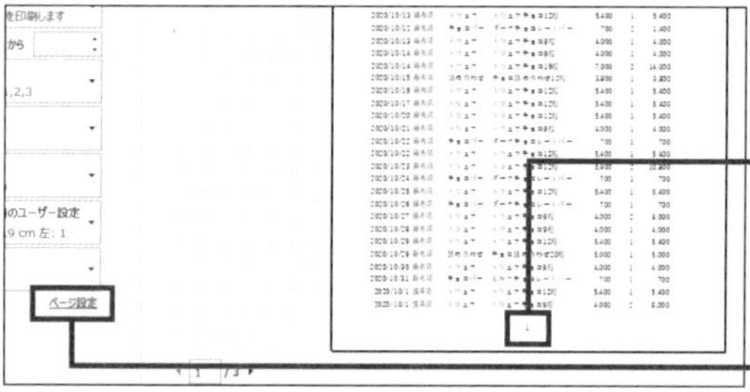

ここでは、先頭ページ番号を「3」にします。

❶ Sec.229の操作で、フッターにページ番号を設定しておきます。

❷ Sec.211の操作で、印刷イメージを表示して、＜ページ設定＞をクリックします。

❸ ＜ページ＞タブをクリックし、

❹ ＜先頭ページ番号＞の＜自動＞をクリックして Delete キーで文字を削除し、「3」と入力して、

❺ ＜ OK ＞をクリックすると、

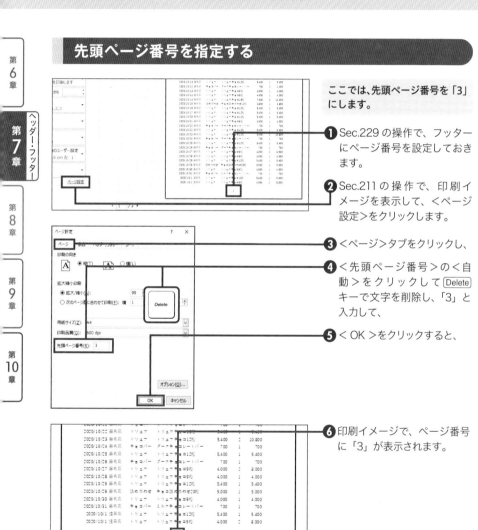

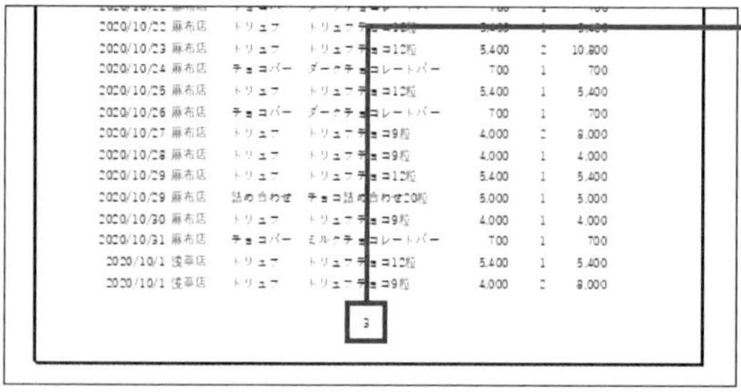

❻ 印刷イメージで、ページ番号に「3」が表示されます。

第6章
第7章 ヘッダー・フッター
第8章
第9章
第10章

第8章

Word
入力&文字書式のプロ技

SECTION 234 基本

元々ある文字を上書きして書き換える

文章の途中に文字を入力すると、通常は、文字カーソルの位置に文字が追加されて右にあった文字が右にずれます。この状態を挿入モードと言います。既存の文字を消しながら文字を上書きして修正するには、上書きモードに切り替えて文字を入力します。

上書きモードにする

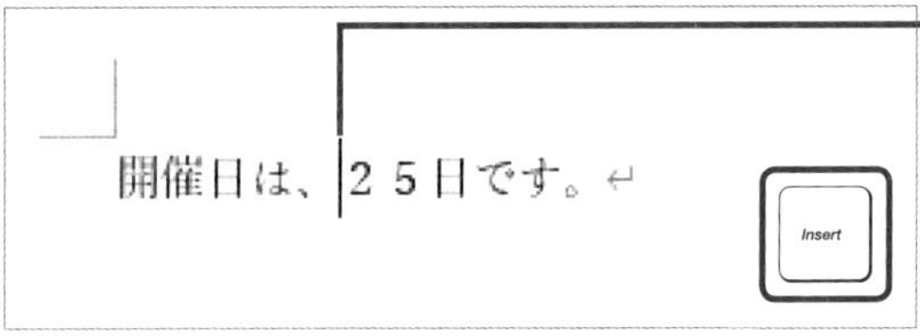

❶文字を入力する位置をクリックして文字カーソルを移動します。

❷ Insert キーを押します。

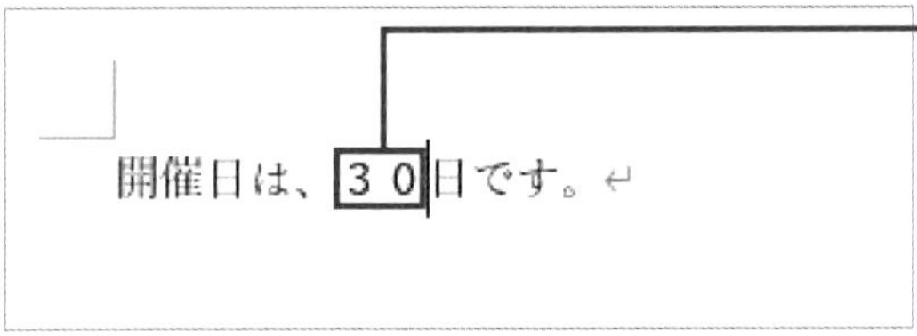

❸文字を入力すると、文字が上書きされます。

MEMO ステータスバー

ステータスバーに、現在の状態が上書きモードか挿入モードかを表示するには、ステータスバーを右クリックし、＜上書き入力＞をクリックしてチェックをオンにします。ステータスバーに表示される＜上書きモード＞や＜挿入モード＞をクリックすると、上書きモードと挿入モードを切り替えられます。

COLUMN

Insert キーで切り替わらないようにする

Insert キーで上書きモードと挿入モードを切り替えられないようにするには、＜Wordのオプション＞画面（P.055参照）を表示し、＜詳細設定＞で＜上書き入力モードの切り替えにInsキーを使用する＞のチェックをオフにします。また、上書き入力モードの状態に固定したい場合は、＜上書き入力モードで入力する＞のチェックをオンにします。

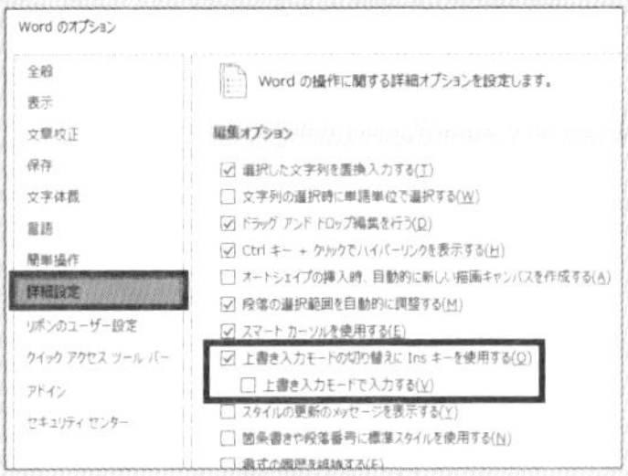

第6章
第7章
第8章 基本
第9章
第10章

SECTION 235

変換

変換対象の文字列の区切りを変更する

文字を入力するときは、単語単位ではなくある程度、複数の文節や短い文章の単位で入力すると効率的です。思うように変換されない場合は、変換対象の文節を移動したり、文節の区切りを変更したりしながら入力します。文字入力の基本を覚えておきましょう。

変換対象の文節の長さを指定する

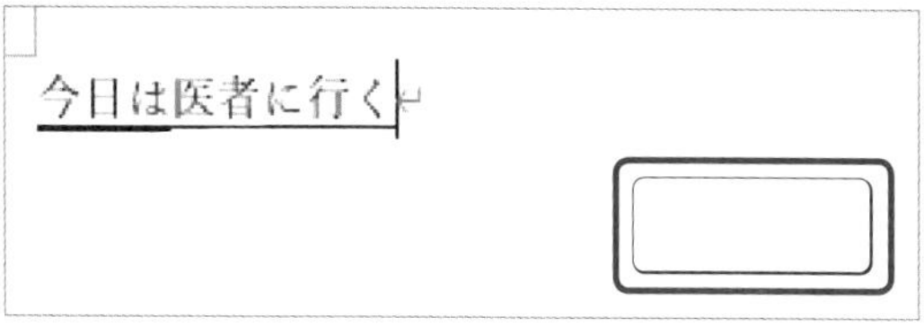

❶「きょうはいしゃにいく」と入力して スペース キーで変換します。ここでは、「今日は医者に行く」と変換されました。現在変換対象の文節の下に太い線が表示されます。

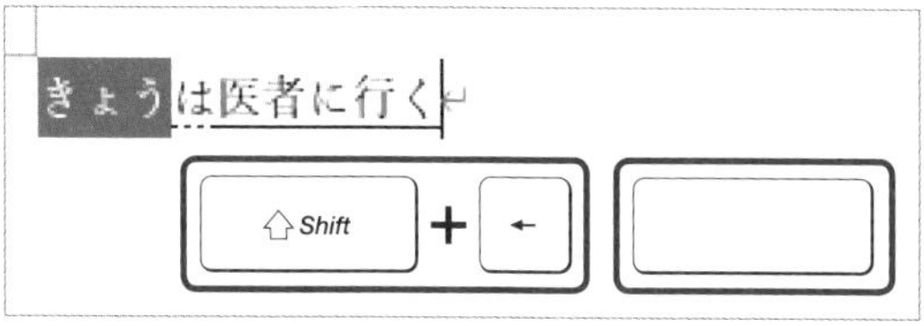

❷ Shift ＋ ← キーを押して変換対象の文節の区切りを短くします。変換対象が1文字短くなりました。

❸ スペース キーを押します。

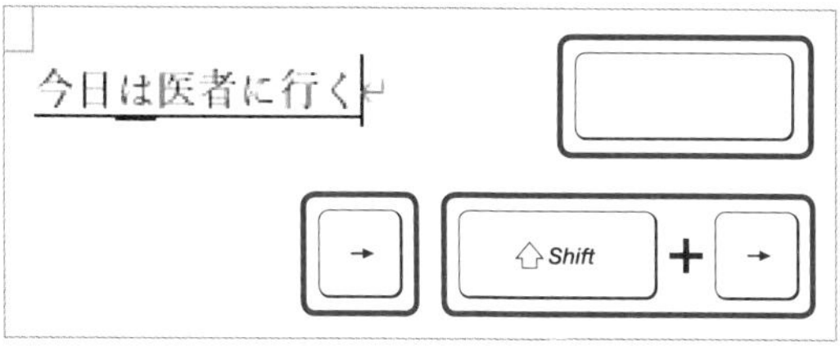

❹ 何度か スペース キーを押して「今日」に変換します。

❺ → キーを押して変換対象を移動します。

❻ Shift キーを押しながら → キーを2回押します。

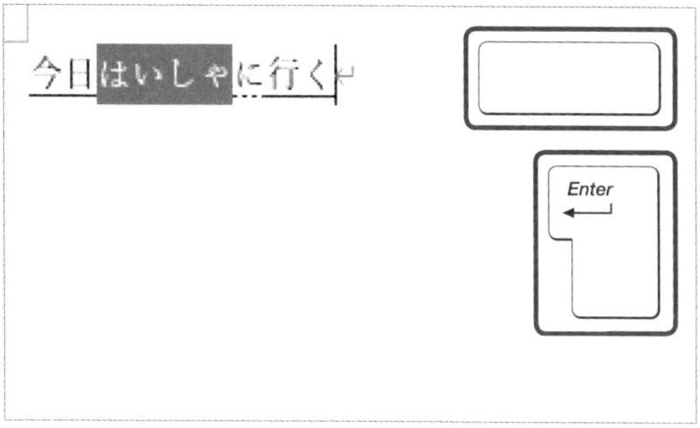

❼ スペース キーを押して「歯医者」に変換し、Enter キーを押して決定します。

MEMO 変換対象の文節を移動する

他の文節の文字を変換するには、→や←キーを押します。すると、変換対象の文節を示す太い線が移動します。

SECTION
236
変換

間違って入力した文字を再変換する

間違って入力した文字を修正する時、よみがなが正しい場合は、文字を入力し直す必要はありません。再変換して正しい文字を選びましょう。キー操作で再変換する方法の他、マウスで修正することもできます。場合によって使い分けましょう。

再変換するときの漢字の候補を表示する

❶間違って変換された単語内を右クリックします。

❷修正候補が表示されたら、修正する項目をクリックします。

MEMO 入力している内容

ここでは、「公園」と変換された文字を右クリックして他の漢字に変換しています。

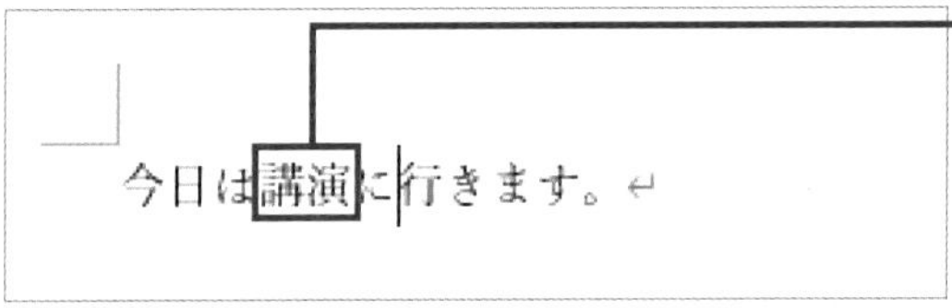

❸文字が修正されました。

COLUMN

変換キーを使う

キーボードを操作している場合は、修正したい文字内に文字カーソルを移動して変換キーを押します。表示される変換候補から修正する項目を選択します。

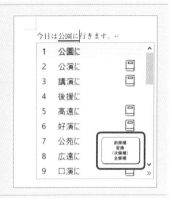

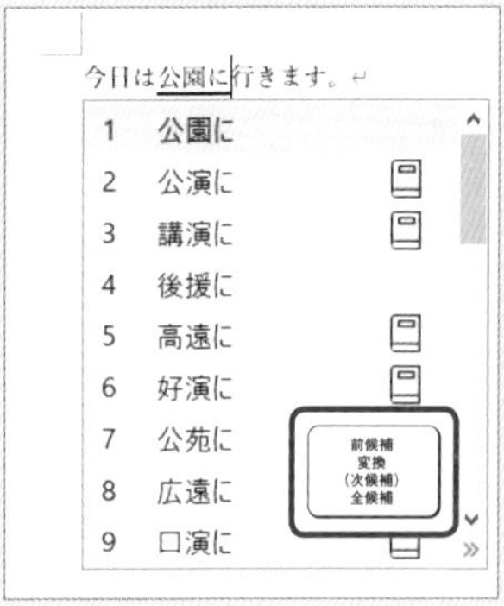

SECTION 237

特殊入力

よく使う記号を入力する

キーボードに表示されていない記号を入力するとき、記号の読み方を知っていれば簡単に入力できます。読みが分からない場合は、「きごう」の読みで変換する方法もあります。一覧から選択する方法は、P.287で紹介しています。

「ほし」を変換して「★」の記号を入力する

❶「ほし」と入力して変換します。

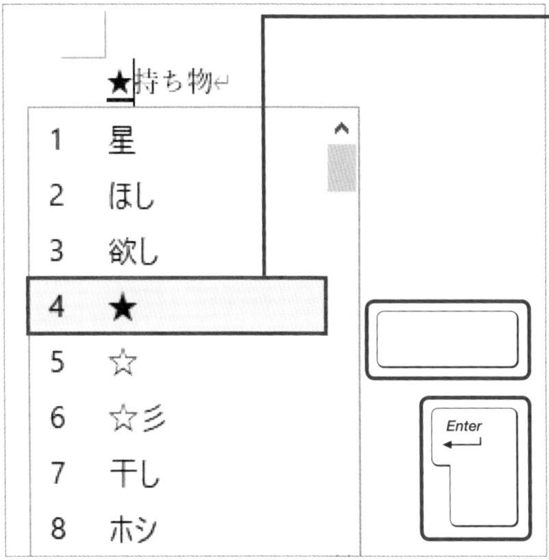

❷何度か スペース キーを押して目的の記号を青く反転させます。

❸ Enter キーを押すと記号が入力されます。

MEMO よく使う記号の読み方

よく使う記号は、次のような読みで変換すると入力できます。

読み	入力できる記号
まる	●○◎
しかく	□■◇◆
さんかく	▲△▼▽
いち	① ⑴
こめ	※
かっこ	【】 () «» 「」

COLUMN

「きごう」から変換する

「きごう」とよみを入力して変換しても、記号を入力できます。変換候補を多く表示するには、変換候補が表示されている状態で Tab キーを押します。

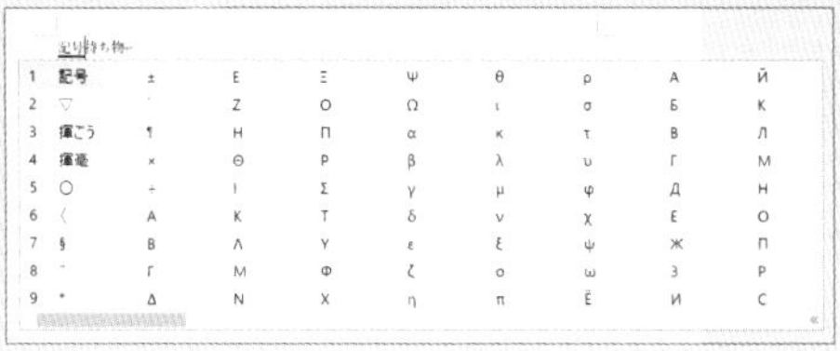

SECTION 238 特殊入力

読み方がわからない漢字を入力する

読み方がわからない漢字を入力するには、IMEパッドというツールを使って入力しましょう。マウスで漢字を書いて漢字を探して入力したり、漢字の画数や部首などを指定して漢字を探して入力したりする方法があります。ここでは、「菫」の文字を入力します。

手書きで書いた文字から漢字を探す

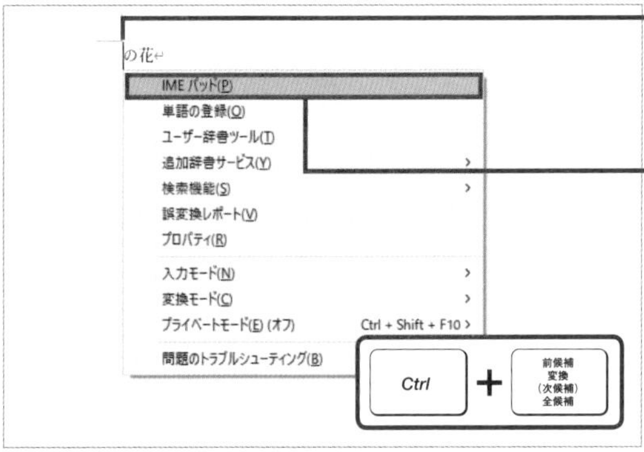

❶文字の入力箇所に文字カーソルを移動します。

❷ Ctrl ＋ 変換 キーを押します。

❸＜IMEパッド＞をクリックします。

MEMO タスクバー

タスクバーの入力モードアイコンを右クリックし、<IMEパッド>をクリックしても、IMEパッドを起動できます。

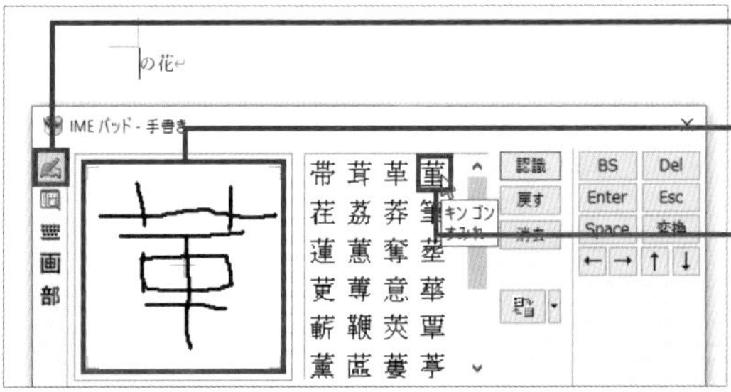

❹＜手書き＞が選択されていることを確認します。

❺入力したい漢字をマウスでドラッグして書きます。

❻表示された漢字をクリックすると、文字カーソルの位置に漢字が入力されます。

COLUMN

画数から検索する

漢字の画数から漢字を探すには、＜総画数＞を選択して画数ごとに表示された漢字を探してクリックします。また、＜部首＞を選択して漢字を探すには、＜部首＞をクリックして部首を選択して漢字を探してクリックします。

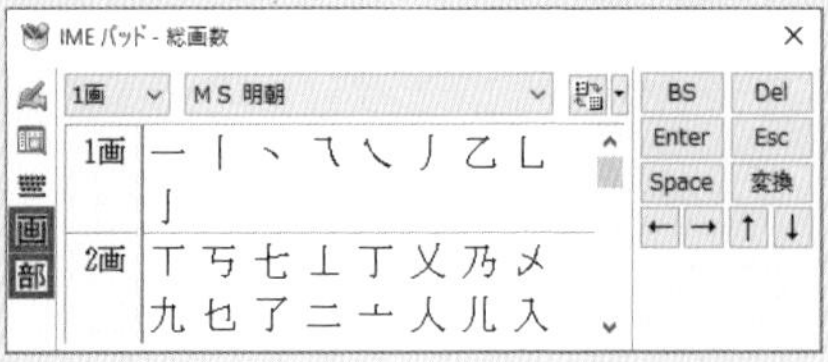

SECTION 239 特殊入力

®や™などの特殊文字を入力する

登録商標マークの「® 」、商標マークの「™」、コピーライトマークの「©」などの記号は、記号と特殊文字の一覧から選んで入力できます。また、文字を自動的に変換するオートコレクト機能（P.298参照）や、ショートカットキーで入力する方法もあります。

特殊文字の一覧から入力する文字を選ぶ

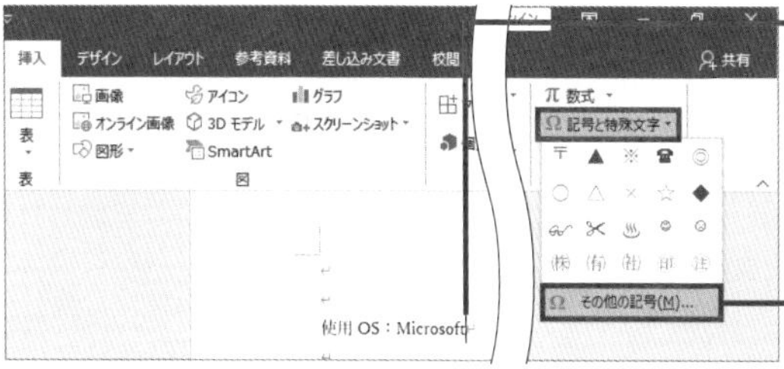

❶記号を入力する箇所に文字カーソルを移動します。

❷＜挿入＞タブの＜記号と特殊文字＞をクリックし、＜その他の記号＞をクリックします。

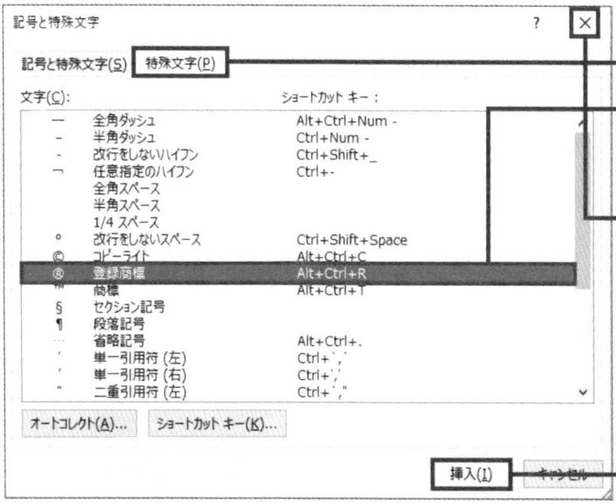

❸＜特殊文字＞タブをクリックします。

❹入力する記号をクリックします。

❺＜挿入＞をクリックします。

❻＜閉じる＞をクリックします。

MEMO オートコレクト

半角文字で「(c)」と入力すると「©」、「(r)」と入力すると「®」、「(tm)」と入力すると「™」と変換されます（P.298参照）。

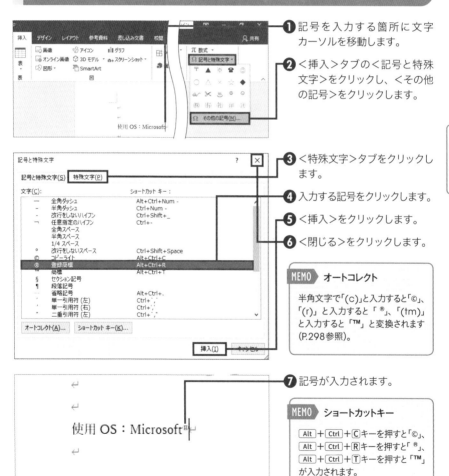

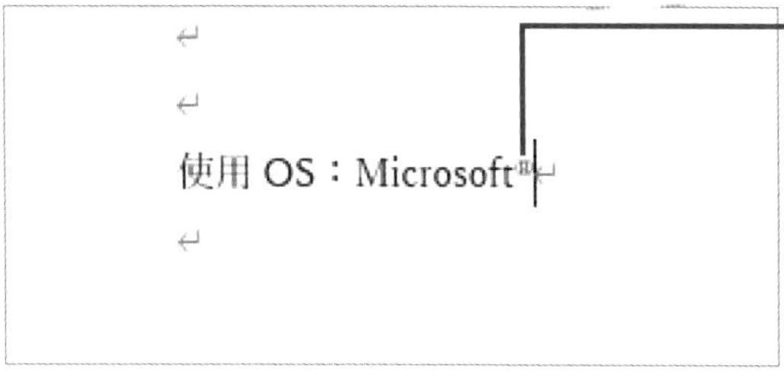

❼記号が入力されます。

MEMO ショートカットキー

Alt＋Ctrl＋Cキーを押すと「©」、Alt＋Ctrl＋Rキーを押すと「®」、Alt＋Ctrl＋Tキーを押すと「™」が入力されます。

SECTION 240 特殊入力

数式ツールで数式を入力する

円の面積や二次方程式の解の公式など、複雑な数式を入力するには、数式ツールを使って入力する方法があります。入力した数式の内容は、編集できます。また、数式を手書きで書いて入力する方法も用意されています。

数式の種類を選んで数式を入力する

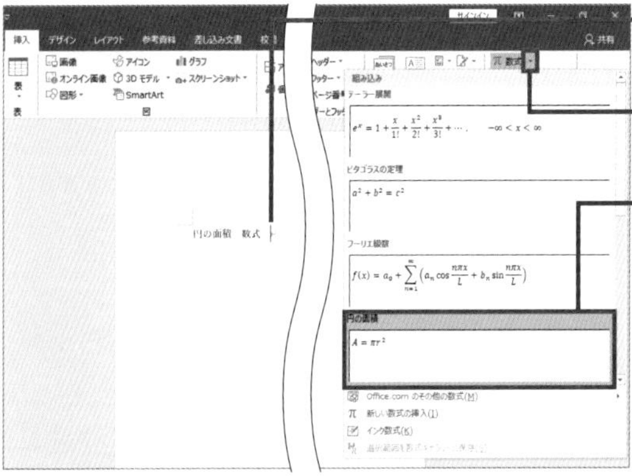

❶数式を入力する箇所に文字カーソルを移動します。

❷<挿入>タブの<数式>の<▼>をクリックします。

❸入力する数式、または<新しい数式の挿入>をクリックします。

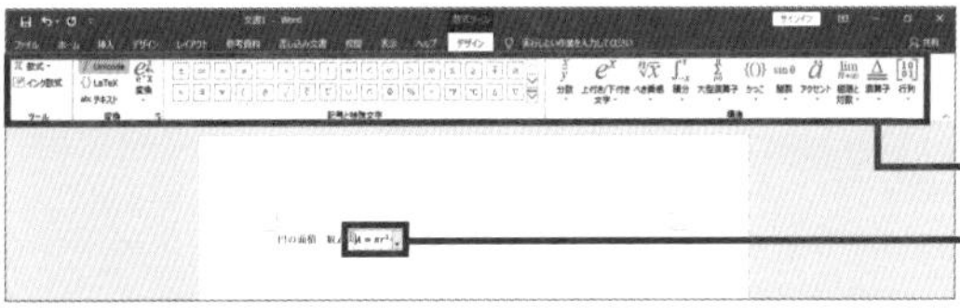

❹数式が入力されます。数式をクリックします。

❺<数式ツール>の<デザイン>タブが表示され、数式を編集できます。

COLUMN

手書きで入力する

手順❷の次に<インク数式>をクリックすると、手書きで数式を入力する画面が表示されます。数式を入力して<挿入>をクリックすると、数式が入力されます。

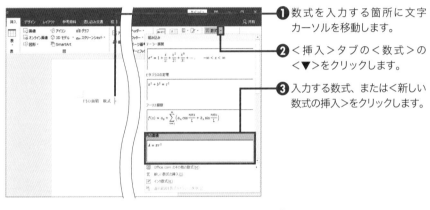

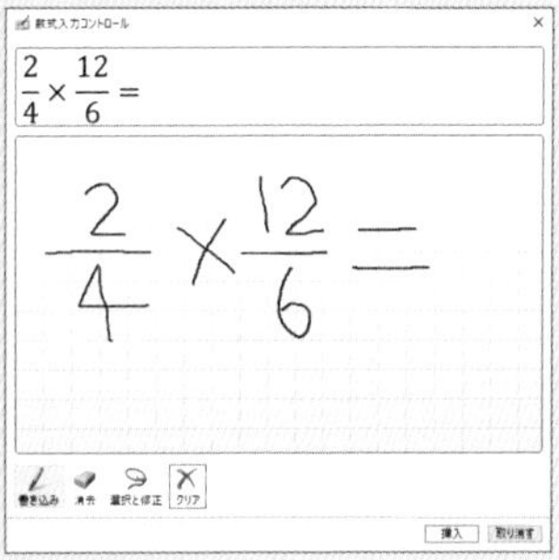

SECTION 241

自動入力

よく使う単語を登録して使う

頻繁に入力する会社名や商品名などの単語を短い読み方でかんたんに入力するには、あらかじめ単語を登録しておきましょう。ここでは、「SPRINGショッピングモール」という単語を「はる」の読み方で変換できるように単語を登録します。

長い文字列を単語として登録する

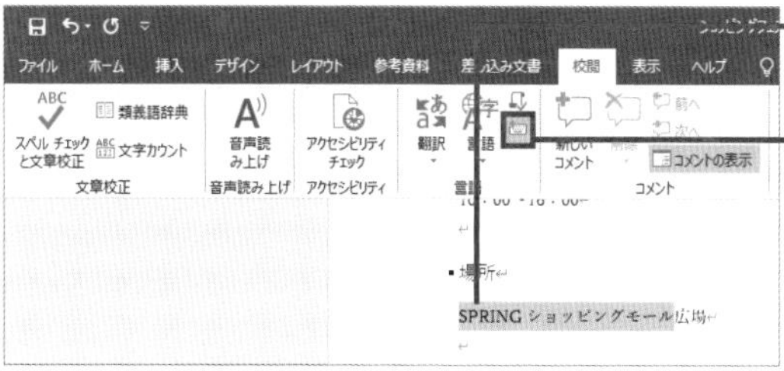

❶「SPRING ショッピングモール」の文字を選択します。

❷<校閲>タブの<日本語入力辞書への単語登録>をクリックします。

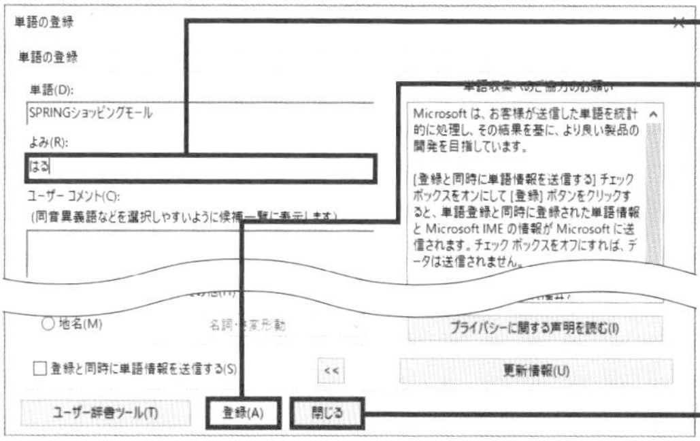

❸<よみ>を入力します。

❹<登録>をクリックします。

❺<閉じる>をクリックします。

MEMO 他のアプリ

日本語入力辞書へ登録した単語は、Word以外のアプリで文字を入力するときにも利用できます。

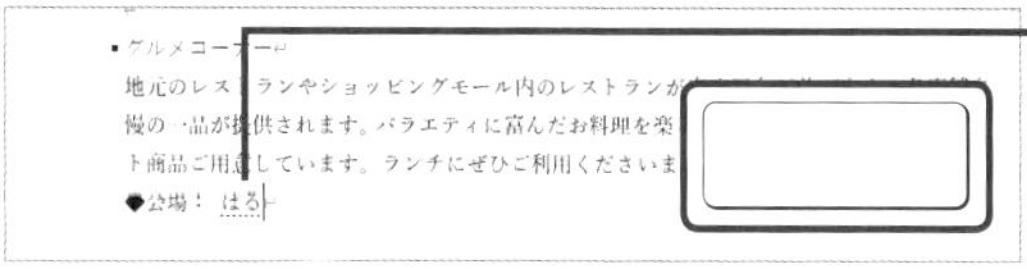

❻単語を入力するところで読み方を入力します。

❼ スペース キーを押して変換します。

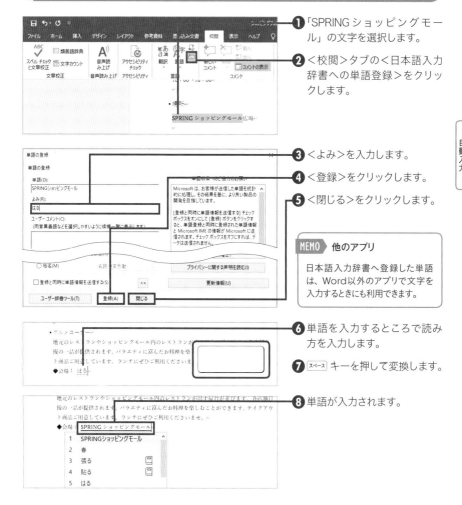

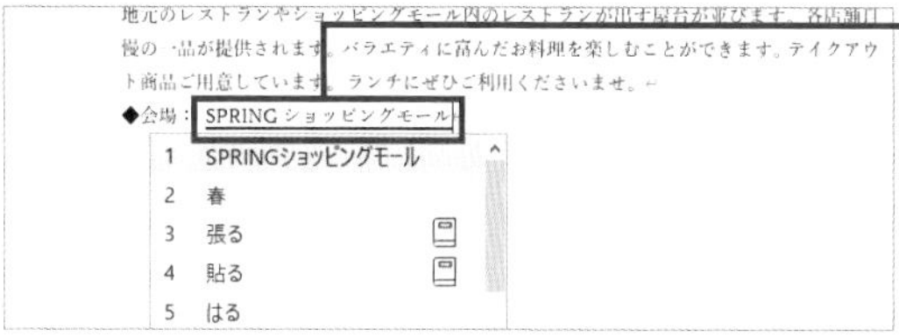

❽単語が入力されます。

SECTION
242
自動入力

よく使う署名や文章などを登録して使う

複数の行にわたる署名や文章などのまとまりを登録してかんたんに呼び出せるようにするには、内容を定型句として登録する方法があります。登録する内容は文字だけではなく、文字に設定された書式やロゴなどの画像、表などを含めることもできます。

ひとまとまりの文章などを定型句に登録する

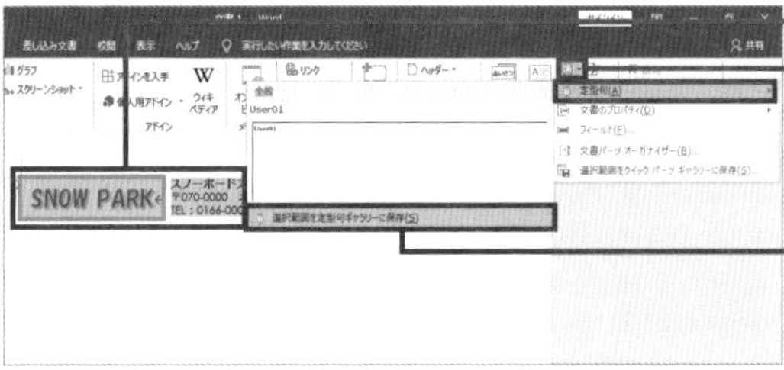

❶登録する内容を選択しておきます。

❷<挿入>タブの<クイックパーツの表示>をクリックし、

❸<定型句>の<選択範囲を定型句ギャラリーに保存>をクリックします。

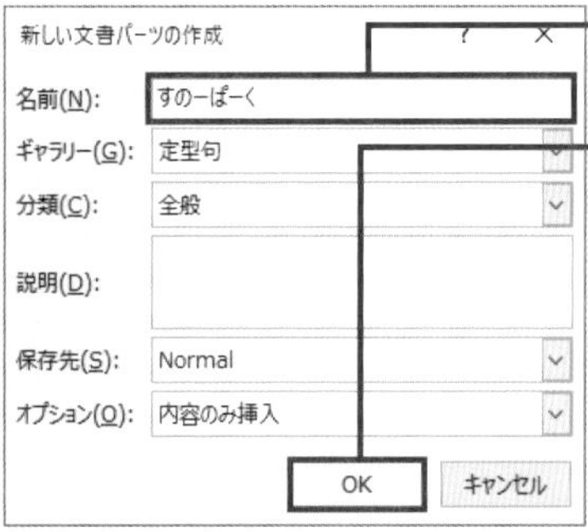

❹定型句を入力するときの名前を入力します。

❺< OK >をクリックします。

COLUMN

定型句を入力する

定型句を入力する箇所に文字カーソルを移動し、定型句の名前を入力します。定型句のヒントが表示されます。F3キーまたはEnterキーを押すと、定型句が入力されます。

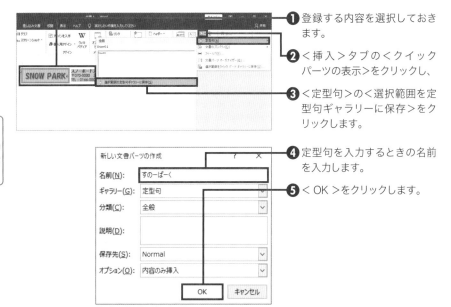

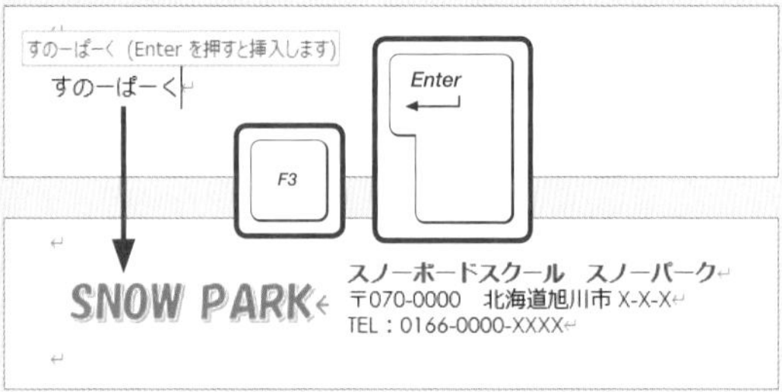

SECTION 243 自動入力

登録した文章を修正する

定型句に登録した内容を修正するには、修正したい内容を選択し、同じ名前で定型句を登録し直します。また、登録した名前を変更したい場合は、文書パーツの一覧の画面を表示して修正する方法があります。

定型句の登録内容を修正する

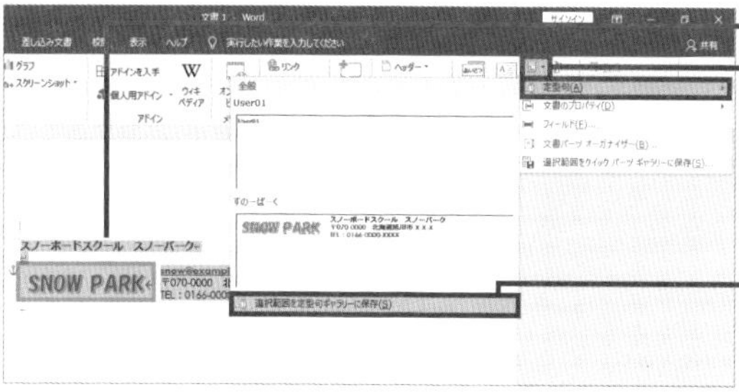

❶ P.290の方法で、登録した定型句を入力して、内容を修正し、選択します。

❷ <挿入>タブの<クイックパーツの表示>をクリックし、

❸ <定型句>の<選択範囲を定型句ギャラリーに保存>をクリックします。

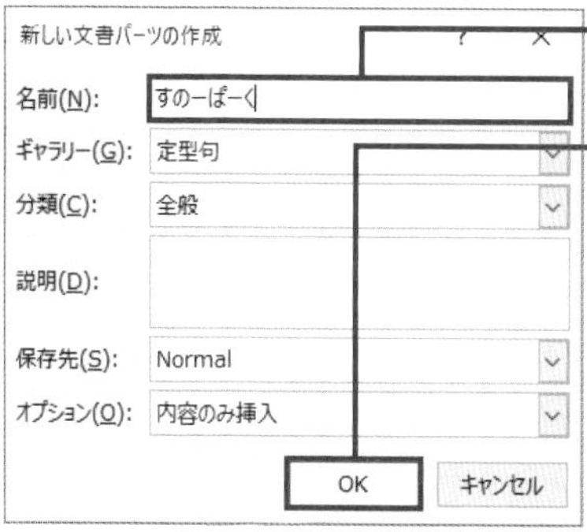

❹ 定型句を入力するときの名前を入力します。

❺ < OK >をクリックします。

MEMO 文書パーツ

Wordでは、テキストボックスやヘッダー、フッターなどのデザインのパターンを文書パーツとしてまとめて管理しています。定型句も文書パーツのひとつとして管理されます。

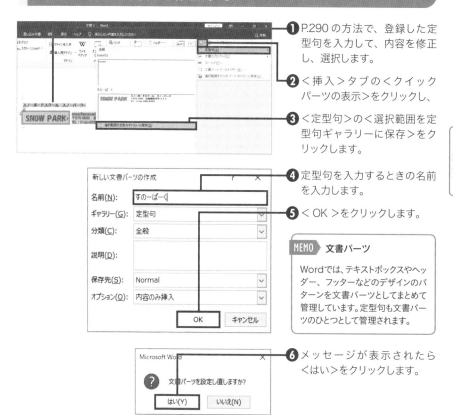

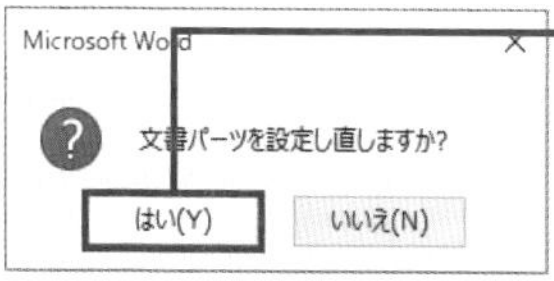

❻ メッセージが表示されたら<はい>をクリックします。

MEMO 登録名の変更

定型句の登録名を変更するには、手順❷で<文書パーツオーガナイザー>をクリックします。表示される画面で変更する定型句を選択して<プロパティの編集>をクリックします。表示される画面で<名前>を変更します。

SECTION 244

自動入力

ファイル名や作成者の情報を自動入力する

ファイルには、作成日や作成者など、プロパティというさまざまな情報が保存されています。それらのプロパティ情報は、文書に自動的に追加できます。プロパティの内容、また、文書に追加したプロパティ情報を変更すると、互いに変更が反映されます。

文書のプロパティ情報の「作成者」を入力する

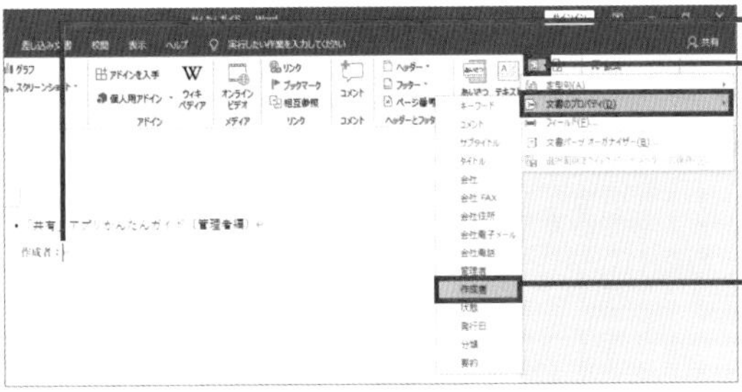

❶ プロパティ情報を追加する場所に文字カーソルを移動します。

❷ <挿入>タブの<クイックパーツの表示>をクリックし、

❸ <文書のプロパティ>から追加するプロパティの項目をクリックします。

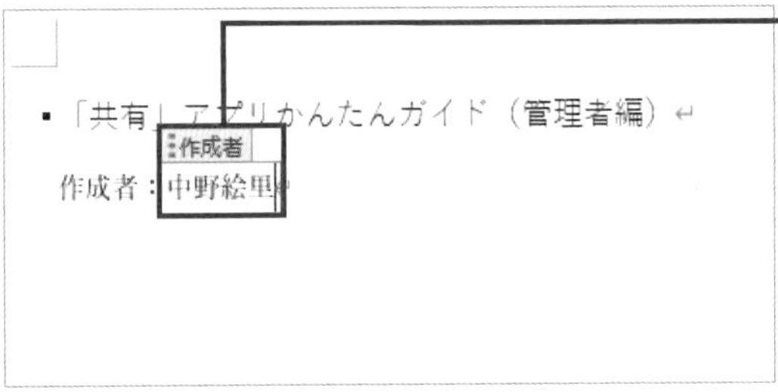

❹ プロパティの内容が表示されます。

> **MEMO　項目名**
>
> プロパティの内容を選択したときなどに表示される、「作成者」などのプロパティの項目名は、印刷されません。

COLUMN

プロパティ情報

ファイルのプロパティ情報は、Backstageビューの<情報>で確認、設定を行えます。

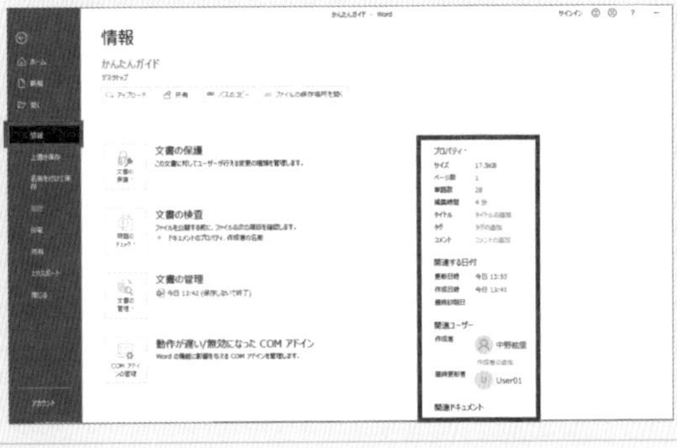

SECTION 245
自動入力

常に今日の日付を自動表示する

今日の日付やファイルのプロパティ情報などを自動的に入力するには、「○○の情報を表示しなさい」という命令文を入力する方法があります。Wordでは、このような命令文をフィールドと言います。フィールドの内容が変更された場合は、新しい内容に更新できます。

フィールドを追加して今日の日付を表示する

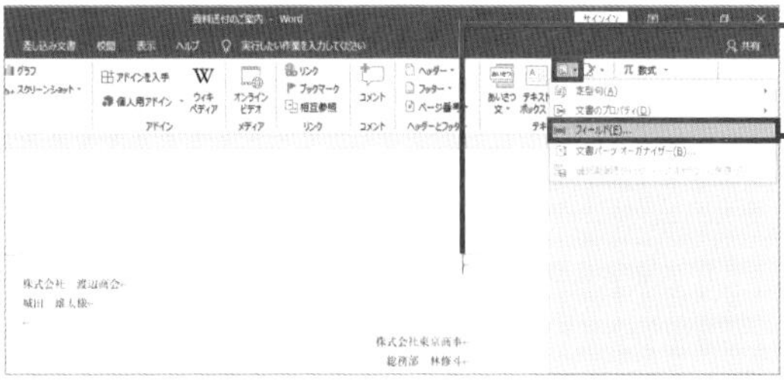

1. フィールドを追加する場所に文字カーソルを移動します。
2. <挿入>タブの<クイックパーツの表示>をクリックし、<フィールド>をクリックします。

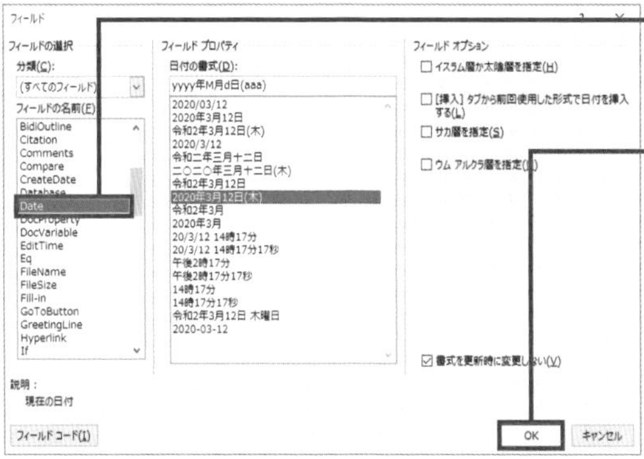

3. フィールドの内容（ここでは日付を示す<Date>）を選択します。
4. <OK>をクリックします。

> **MEMO　コードの表示**
>
> フィールドを追加すると、フィールドのデータが表示されます。フィールドコードという命令文と実際のデータの表示を切り替えるには、Alt + F9 キーを押します。

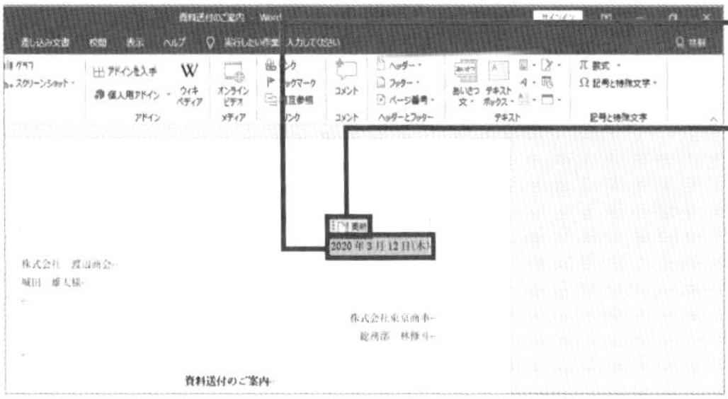

5. フィールドが追加されて今日の日付が表示されます。
6. フィールドの内容を更新するには、フィールドをクリックして<更新>をクリックします。

第6章
第7章
自動入力 第8章
第9章
第10章

SECTION
246
自動入力

ダミーの文章を入力する

文書のレイアウトを決めるときに、実際の文章がまだできていない場合は、ダミーの文章があると助かります。ここでは、適当な文章を用意したいときに知っておくと便利なワザを紹介します。入力する段落の数や、文の数なども指定できます。

指定した数の段落が含まれる文章を追加する

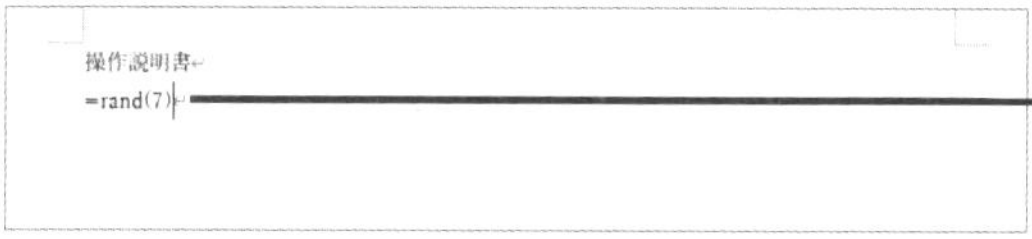
操作説明書
=rand(7)

❶ 文章を入力したい行の行頭に文字カーソルを移動し、「=rand(7)」と入力して Enter キーを押します。

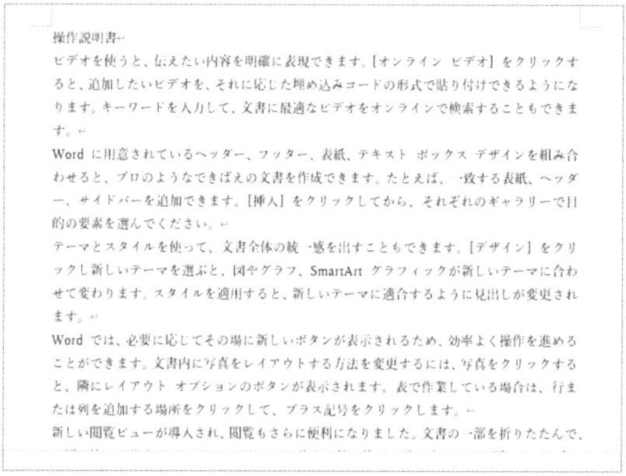
操作説明書
ビデオを使うと、伝えたい内容を明確に表現できます。[オンライン ビデオ] をクリックすると、追加したいビデオを、それに応じた埋め込みコードの形式で貼り付けできるようになります。キーワードを入力して、文書に最適なビデオをオンラインで検索することもできます。
Word に用意されているヘッダー、フッター、表紙、テキスト ボックス デザインを組み合わせると、プロのようなできばえの文書を作成できます。たとえば、一致する表紙、ヘッダー、サイドバーを追加できます。[挿入] をクリックしてから、それぞれのギャラリーで目的の要素を選んでください。
テーマとスタイルを使って、文書全体の統一感を出すこともできます。[デザイン] をクリックし新しいテーマを選ぶと、図やグラフ、SmartArt グラフィックが新しいテーマに合わせて変わります。スタイルを適用すると、新しいテーマに適合するように見出しが変更されます。
Word では、必要に応じてその場に新しいボタンが表示されるため、効率よく操作を進めることができます。文書内に写真をレイアウトする方法を変更するには、写真をクリックすると、隣にレイアウト オプションのボタンが表示されます。表で作業している場合は、行または列を追加する場所をクリックして、プラス記号をクリックします。
新しい閲覧ビューが導入され、閲覧もさらに便利になりました。文書の一部を折りたたんで、

❷ 7 つの段落の文章が入力されます。

MEMO 段落の数

「=rand()」の「()」の中には、入力する文章の段落の数を指定します。数を指定しない場合は、5つの段落を含む文章が入力されます。

COLUMN

段落と文の数を指定する

1つの段落に含まれる文の数を指定するには、「=rand(3,2)」のように、段落の指定の後に文の数を指定します。「=rand(3,2)」の場合は、3つの段落を含む文章が追加されます。各段落には、2つの文が入ります。

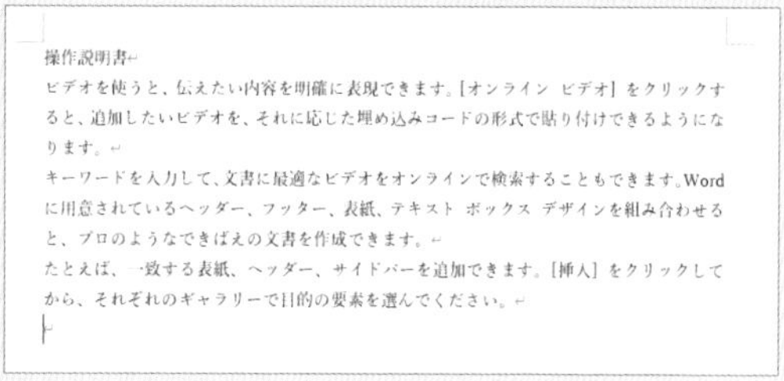
操作説明書
ビデオを使うと、伝えたい内容を明確に表現できます。[オンライン ビデオ] をクリックすると、追加したいビデオを、それに応じた埋め込みコードの形式で貼り付けできるようになります。
キーワードを入力して、文書に最適なビデオをオンラインで検索することもできます。Word に用意されているヘッダー、フッター、表紙、テキスト ボックス デザインを組み合わせると、プロのようなできばえの文書を作成できます。
たとえば、一致する表紙、ヘッダー、サイドバーを追加できます。[挿入] をクリックしてから、それぞれのギャラリーで目的の要素を選んでください。

SECTION
247
自動入力

よく使うあいさつ文を自動入力する

ビジネス文書を作成するときに、定番のあいさつ文を入力する場合は、あいさつ文を一覧から選んで入力する方法があります。また、月を選択して時候のあいさつを入力することもできます。時候のあいさつ、安否のあいさつ、感謝のあいさつを自動的に入力します。

12月の時候のあいさつなどを入力する

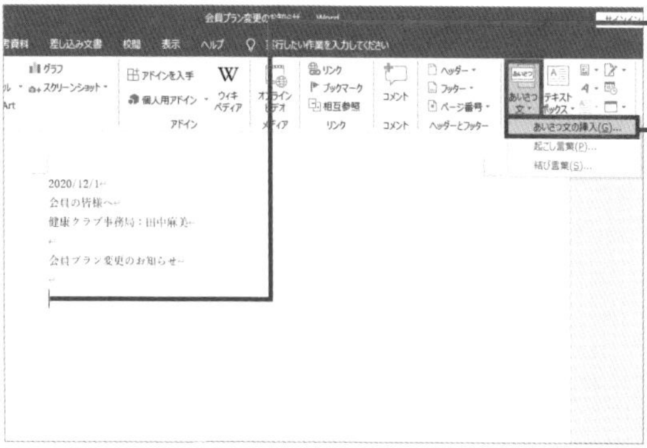

あいさつ文の挿入(G)...
起こし言葉(P)...
結び言葉(S)...
2020/12/1
会員の皆様へ
健康クラブ事務局：田中麻美
会員プラン変更のお知らせ

❶ あいさつ文を入力する箇所に文字カーソルを移動します。

❷ ＜挿入＞タブの＜あいさつ文＞-＜あいさつ文の挿入＞をクリックします。

MEMO　起こし言葉

手順❷で＜起こし言葉＞や＜結び言葉＞を選択すると、手紙の冒頭や末尾に書く文章を選んで入力できます。

月のあいさつ(G):
安否のあいさつ(S):
12
初冬の候、
ますます御健勝のこととお慶び申し上げます。
感謝のあいさつ(A)
平素は当店を御利用いただき御厚情のほど、心より御礼申し上げます。
OK
キャンセル

❸ 月とあいさつを選択します。

❹ ＜安否のあいさつ＞を選択します。

❺ ＜感謝のあいさつ＞を選択します。

❻ ＜ OK ＞をクリックします。

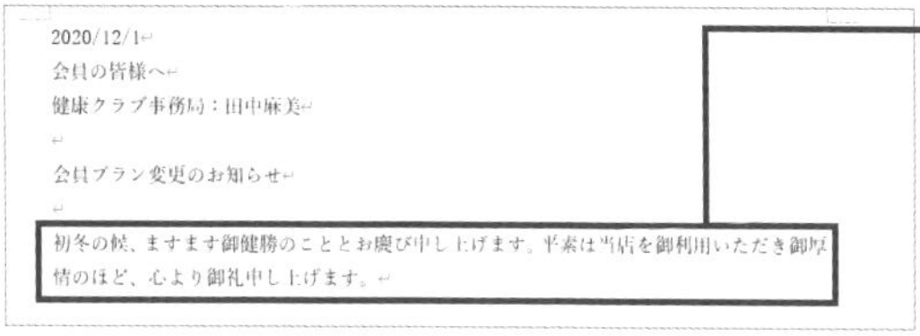

2020/12/1
会員の皆様へ
健康クラブ事務局：田中麻美
会員プラン変更のお知らせ
初冬の候、ますます御健勝のこととお慶び申し上げます。平素は当店を御利用いただき御厚情のほど、心より御礼申し上げます。

❼ あいさつ文が入力されます。

SECTION 248 自動入力

自動で入力される内容について知る

文字の入力中には、操作に応じてさまざまな入力支援機能が自動的に働きます。それらの機能の中でも、ここでは入力オートフォーマットについて紹介します。この機能を知っておくと、突然、文字が入力されてしまった場合なども、慌てずに対処できます。

入力オートフォーマットとは?

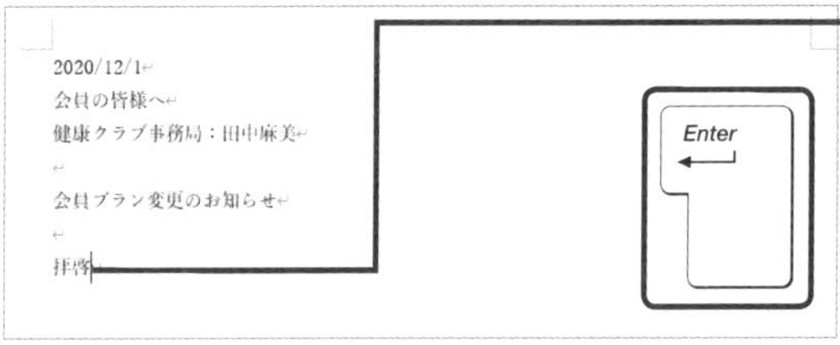

❶ 行の冒頭で「拝啓」と入力し、Enter キーを押します。

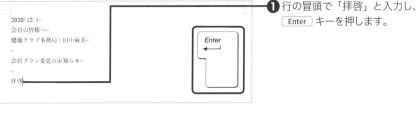

❷「敬具」の文字が自動的に入力されます。

MEMO 元に戻す

入力オートフォーマット機能が働いたときに、元の状態に戻すには、クイックアクセスツールバーの<元に戻す>をクリックします。

COLUMN

入力オートフォーマット

入力オートフォーマット機能には、次のようなものがあります。

入力例	表示される内容	説明
1.+(文字列)+ Enter キー	2.	箇条書きで項目を入力して Enter キーを押すと、次の行の行頭の記号や番号が表示されます。
test@example.com	test@example.com	URLやメールアドレスにリンクが設定されます。
「記」＋ Enter キー	「以上」の文字が右揃えで表示される	「記」に対応する「以上」が自動的に入力されます。
「拝啓」+ Enter キー	「敬具」の文字が右揃えで表示される	頭語に対応する結語が自動的に入力されます。

SECTION

249

自動入力

自動で入力される内容を指定する

入力オートフォーマットによって自動で入力される機能が不要な場合は、機能をオフにすることができます。どのような機能が不要なのか細かく設定できます。ここでは、頭語を入力して Enter キーを押したときに、結語が表示されないようにします。

入力オートフォーマットの設定を確認する

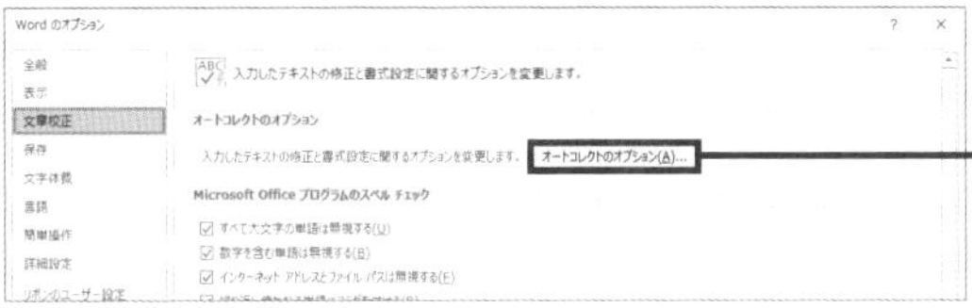

❶< Word のオプション>画面を表示します（P.045 参照）。

❷<文書校正>の<オートコレクトのオプション>をクリックします。

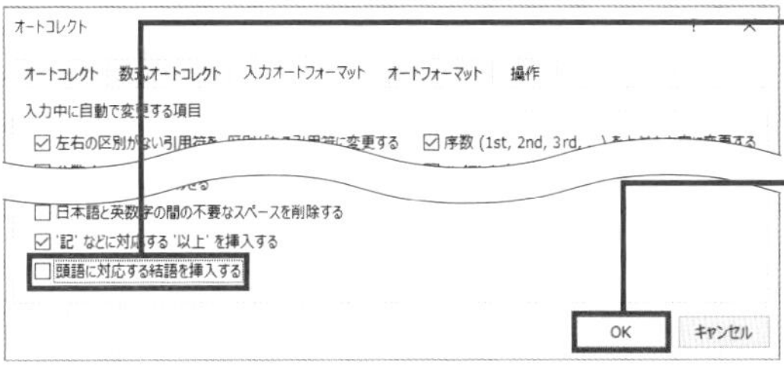

❸<入力オートフォーマット>タブの<頭語に対する結語を挿入する>をオフにします。

❹< OK >をクリックします。

❺< Word のオプション>画面の< OK >ボタンをクリックして閉じます。

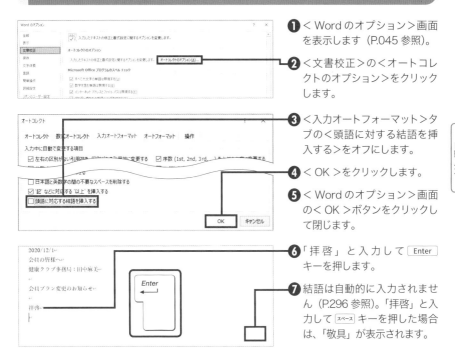

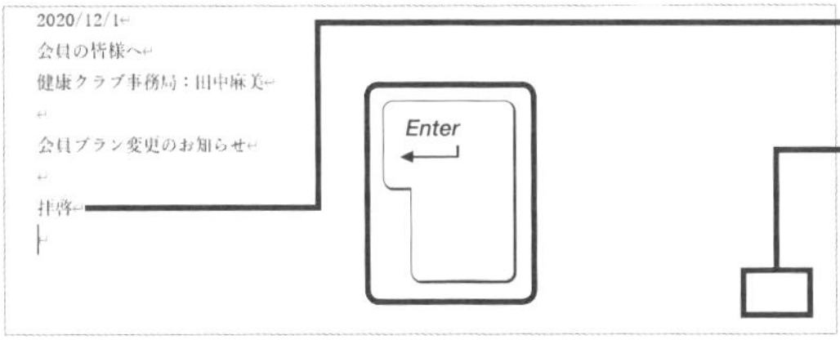

❻「拝啓」と入力して Enter キーを押します。

❼結語は自動的に入力されません（P.296 参照）。「拝啓」と入力して スペース キーを押した場合は、「敬具」が表示されます。

COLUMN

<オートフォーマット>タブ

<オートフォーマット>タブにも<入力オートフォーマット>と似たような項目が並んでいます。<入力オートフォーマット>タブで指定するのは、入力中に自動的に文字を入力したりするときに使う機能です。<オートフォーマット>は、<オートフォーマットを今すぐ実行>の機能を実行すると適用される内容です。<オートフォーマットを今すぐ実行>機能は、クイックアクセスツールバーなどにボタンを追加して実行できます（P.050参照）。

SECTION 250 修正

自動で修正される内容について知る

文字の入力中に、スペルミスや入力ミスなどが発生すると、自動的に修正する機能が働く場合があります。この機能をオートコレクトと言います。オートコレクトの中には、指定した記号を連続して入力することで、特殊な記号を入力するものもあります。

オートコレクトとは?

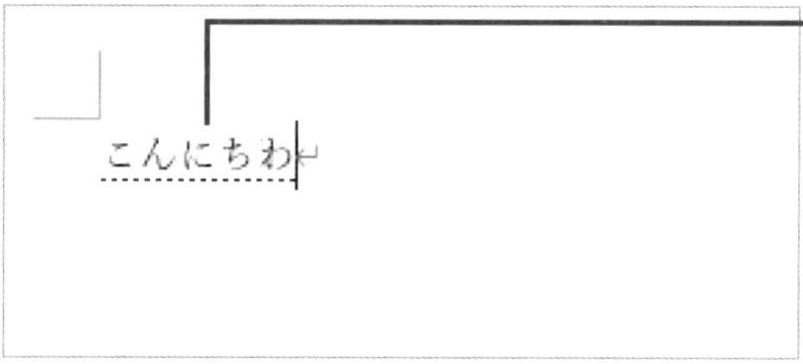

❶行の冒頭で「こんにちわ」と入力します。

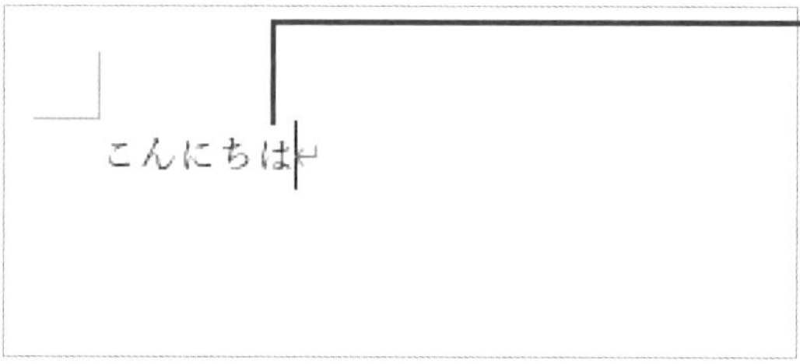

❷「こんにちは」と自動的に修正されます。

COLUMN

オートコレクト

オートコレクト機能で自動的に文字が修正されるものには、次のようなものがあります。

入力例	表示される内容	説明
monday + スペース キー	Monday	曜日を入力し、スペース キーを押すと、先頭文字が大文字になります。
(c)	©	指定した文字を入力すると、自動的に文字を変換します。
abbout	about	スペルミスと思われる単語を、自動的に修正します。
こんにちわ	こんにちは	入力ミスと思われる単語を、自動的に修正します。

SECTION
251
修正

自動で修正される内容を指定する

オートコレクト機能では、文字を自動的に修正する機能を利用するか選択できます。ここでは、英語を入力したときに、先頭文字が大文字に変換されないように設定を変更してみます。また、オートコレクト機能を利用して入力できる記号についても知りましょう。

オートコレクトの設定を確認する

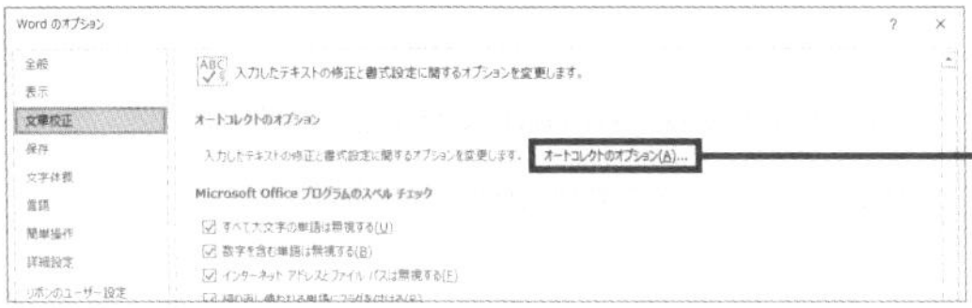

❶ < Word のオプション>画面を表示します（P.045 参照）。

❷ <文書校正>の<オートコレクトのオプション>をクリックします。

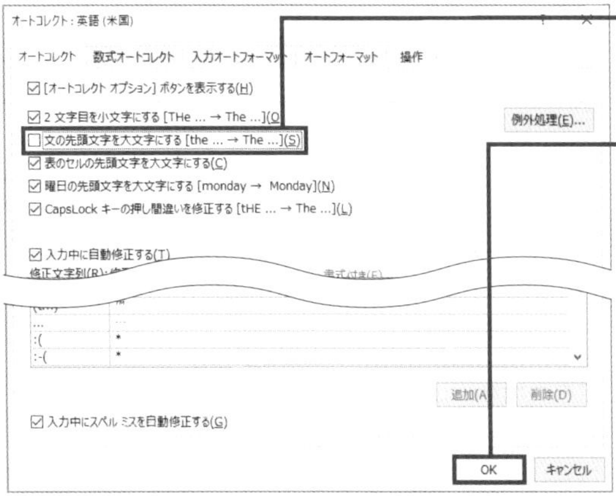

❸ <オートコレクト>タブの<文の先頭文字を大文字にする>をオフにします。

❹ < OK >をクリックします。

MEMO 記号の入力

<オートコレクト>ダイアログボックスの<オートコレクト>タブでは、入力中に自動修正する内容の一覧が表示されます。たとえば、「(c)」と入力すると「©」と入力されることがわかります。入力中に自動修正する内容は、追加したり削除したりもできます。

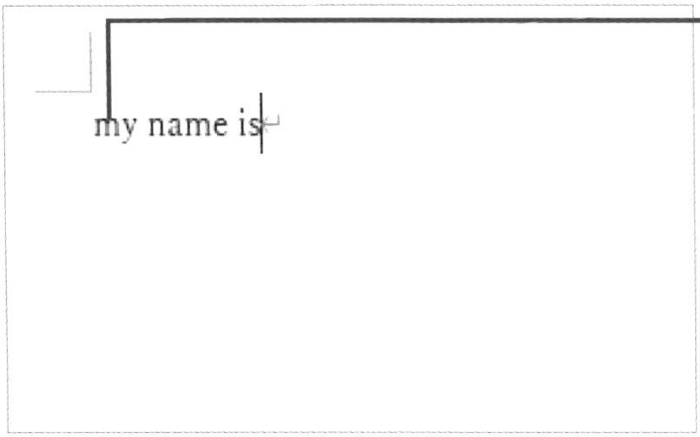

❺ 文の先頭に「my name is」と入力します。通常、先頭文字が大文字になりますが、設定を変更したため大文字にはなりません。

MEMO 元に戻す

設定を元に戻すには、<Wordのオプション>画面を表示して、手順❸で<文の先頭文字を大文字にする>をオンにします。

SECTION 252 選択

複数個所を同時に選択する

離れた位置にある複数の文章に同じ書式を設定したい場合などは、対象の文章を同時に選択して書式を設定すると一度にまとめて設定を行えます。編集作業を効率よく進められるように、複数個所の選択方法を知っておきましょう。

3つの場所を同時に選択する

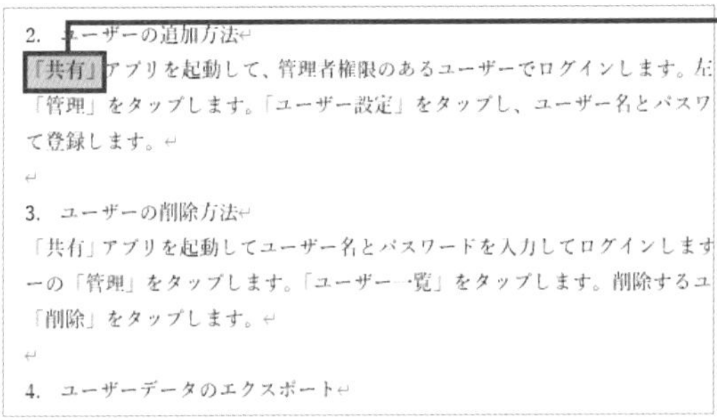

❶文字をドラッグして選択します。

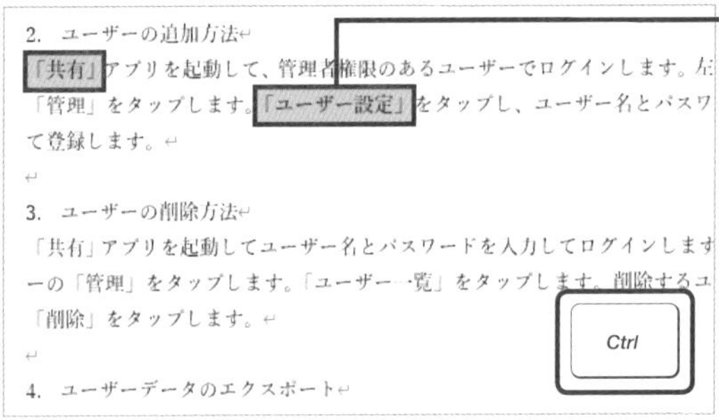

❷ Ctrl キーを押しながら、同時に選択する文字をドラッグします。

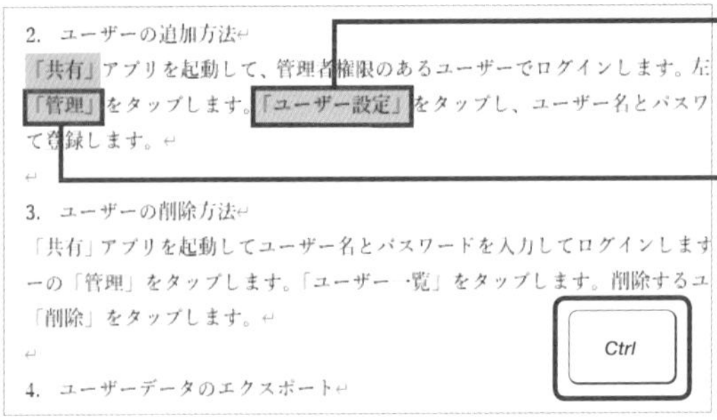

❸2つの箇所が選択されます。

❹ Ctrl キーを押しながら、同時に選択する文字をドラッグします。複数の文章が同時に選択されました。

SECTION 253 選択

行や段落を瞬時に選択する

行や段落を選択するとき、毎回文字列をドラッグ操作する必要はありません。単語や行、段落、文書全体などを瞬時に選択するコツを知っておきましょう。また、キー操作とマウス操作を組み合わせて広い範囲の文字を選択する方法などを覚えましょう。

行全体や単語を選択する

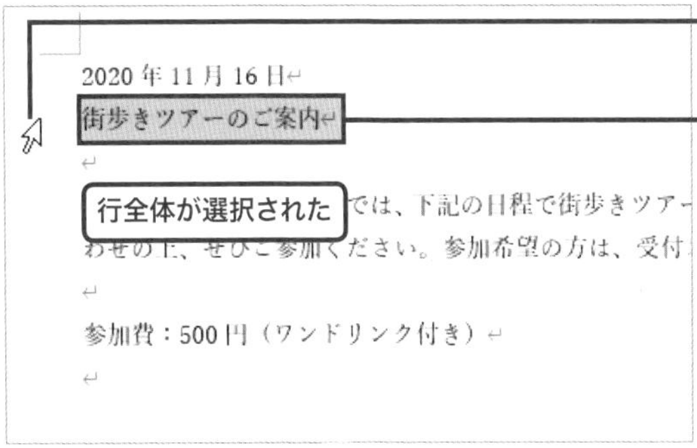
2020年11月16日
街歩きツアーのご案内
行全体が選択された
では、下記の日程で街歩きツアー
わせの上、ぜひご参加ください。参加希望の方は、受付
参加費：500円（ワンドリンク付き）

❶ 選択する行の左端をクリックします。

❷ 行全体が選択されます。

MEMO 段落や文書全体

選択する段落のいずれかの行の左端をダブルクリックすると、段落全体が選択されます。いずれかの行の左端をトリプルクリックすると、文書全体が選択されます。

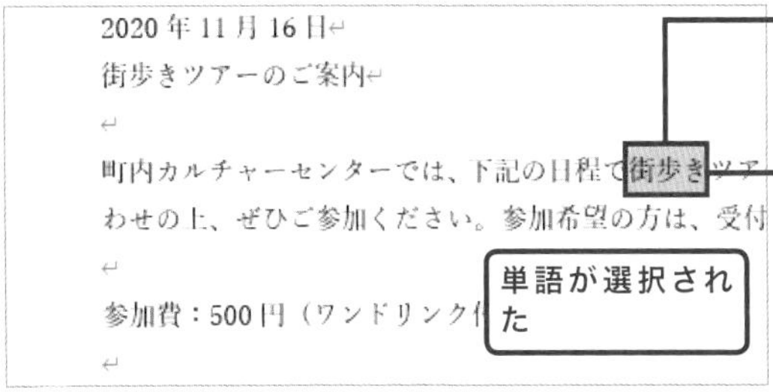
2020年11月16日
街歩きツアーのご案内
町内カルチャーセンターでは、下記の日程で街歩きツアー
わせの上、ぜひご参加ください。参加希望の方は、受付
参加費：500円（ワンドリンク付
単語が選択された

❸ 選択したい単語をダブルクリックします。

❹ 単語が選択されます。

MEMO 段落の選択

選択したい段落内でトリプルクリックすると、段落全体が選択されます。

COLUMN

指定した範囲の選択

指定した範囲の文章を選択するには、選択範囲の最初の場所をクリックして文字カーソルを移動します。続いて、選択範囲の最後の場所を Shift キーを押しながらクリックする方法があります。

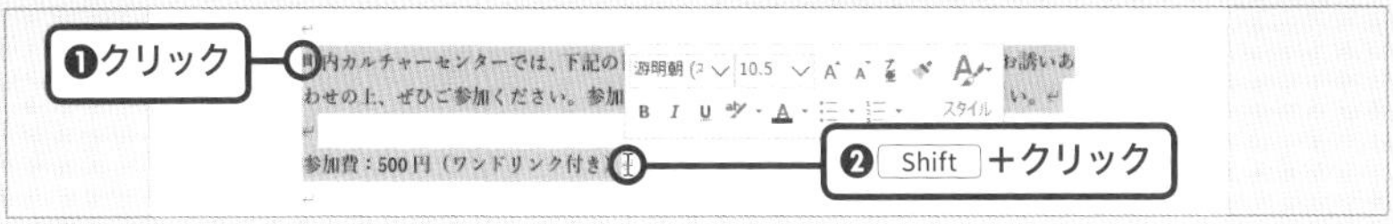
❶クリック
❷ Shift ＋クリック

SECTION 254 文字設定

文字の大きさやフォントを変更する

タイトルや重要項目などを目立たせるには、文字の大きさやフォントを変更したり、文字に飾りを付けたりする方法があります。文字に飾りを付けるときは、対象の文字を選択してから文字の飾りの種類を指定します。

文字の大きさを変更する

❶大きさを変更する文字を選択します。

❷<ホーム>タブの<フォントサイズ>のここをクリックします。

❸文字の大きさを選択します。

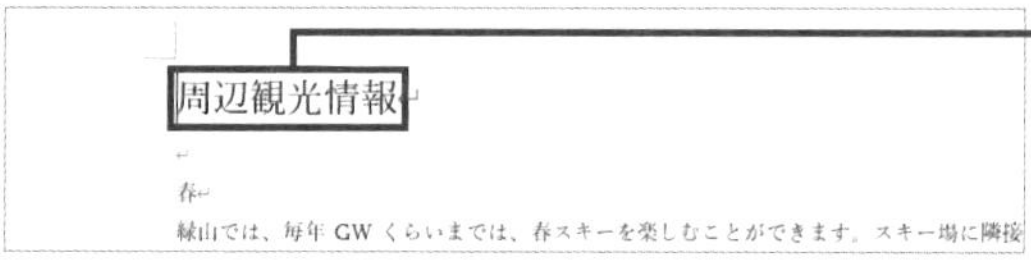

❹文字が大きくなります。

MEMO ショートカットキー

文字を選択してCtrl+Shift+Pキーや Ctrl+Shift+Fキーを押すと<フォント>ダイアログボックスが開きます。<フォント>タブが選択されていると、それぞれ、文字サイズ、フォントサイズを変更できる状態で開きます。

MEMO フォントの変更

文字のフォントを変更するには、<ホーム>タブの<フォント>からフォントを選択します。

COLUMN

少しずつ変更する

文字を少しずつ大きくするには、<ホーム>タブの<フォントサイズの拡大>をクリックするかCtrl+Shift+>キーを押します。小さくするには、<フォントサイズの縮小>をクリックするかCtrl+Shift+<キーを押します。大きさの異なる文字を複数選択している場合は、文字の大きさの違いを保ったまま文字の大きさが変わります。

SECTION
255
文字設定

行の高さを変えずに文字を大きく表示する

文字の大きさを変更すると、行の高さが調整されて文字が大きく表示されます。行の高さが変わることで文書全体の配置が崩れてしまう場合は、文字の幅を広くして大きく見せる方法を試してみましょう。この場合、行の高さは、変更されません。

文字の幅を1.5倍にする

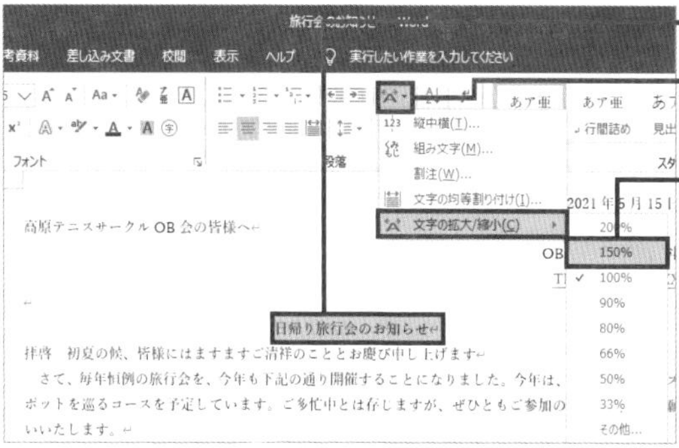

❶文字を選択します。

❷＜ホーム＞タブの＜拡張書式＞をクリックします。

❸＜文字の拡大／縮小＞から倍率を選択します。

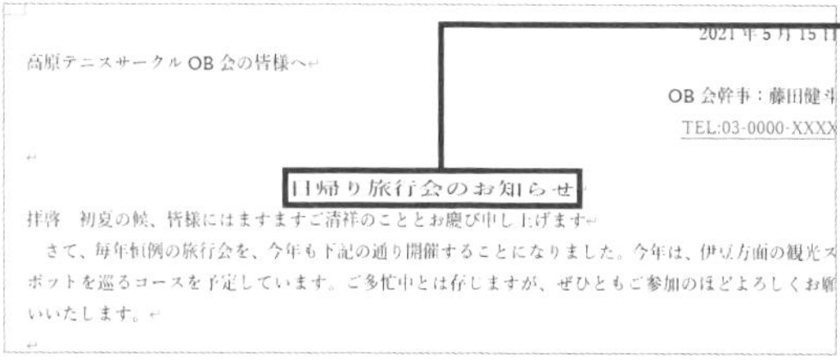

❹文字の幅が広がって文字が大きく見えます。

COLUMN

文字の間隔や表示位置の上下を変える

文字と文字の間隔を大きくするには、手順❷の＜文字の拡大／縮小＞から＜その他＞をクリックします。＜文字間隔＞と＜間隔＞を指定します。文字の下の位置を上げたり下げたりするには、＜位置＞を選び＜間隔＞を指定します。

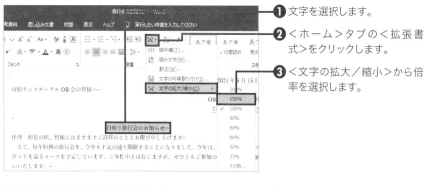

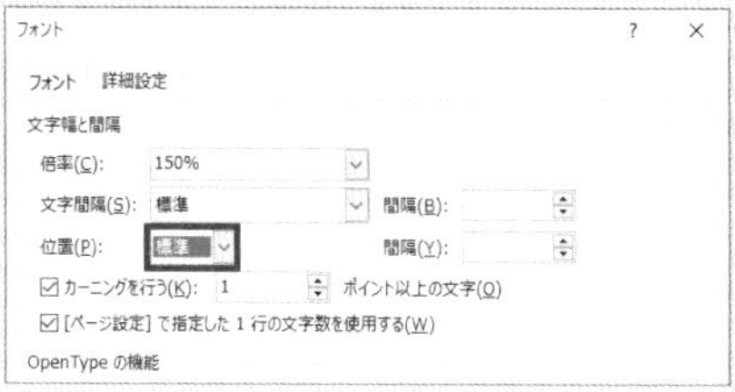

SECTION 256 文字設定

文字に太字などの基本的な飾りを付ける

文字に太字や下線などの基本的な飾りを付けます。よく使う飾りを設定するショートカットキーを覚えておくと便利です。Bold（ボールド）の「B」、Italic（イタリック）の「I」、Underline（アンダーライン）の「U」と覚えましょう。

太字や下線の飾りを付ける

❶文字を選択します。

❷ Ctrl ＋ B キーを押します。

MEMO <ホーム>タブ

<ホーム>タブの<太字><斜体><下線>をクリックしても文字に飾りを付けられます。

❸太字が設定されます。

❹ Ctrl ＋ U キーを押します。

CHALLENGE EVENT
新商品「ライフ」の販売を記念して、スポーツジム「SKY」と協賛の EV
EVENT に参加していただいた方には、「ライフ」割引券のプレゼン
公式サイト：https://www.example.com

❺下線が付きます。

MEMO ショートカットキー

太字の飾りを付けるには Ctrl ＋ B キー、斜体にするには Ctrl ＋ I キー、下線を付けるには Ctrl ＋ U キーを押します。

SECTION 257 文字設定

文字の色を一覧以外から選ぶ

文字の色は、一覧から選択できます。テーマの配色から選ぶには、＜テーマの色＞欄にある色を選びます。＜テーマの色＞欄の色を選んだ場合、テーマを変更すると文字の色も変わります。テーマを変えても文字の色を変えたくない場合は、＜標準の色＞欄の色を選びます。

テーマの色の一覧から色を選ぶ

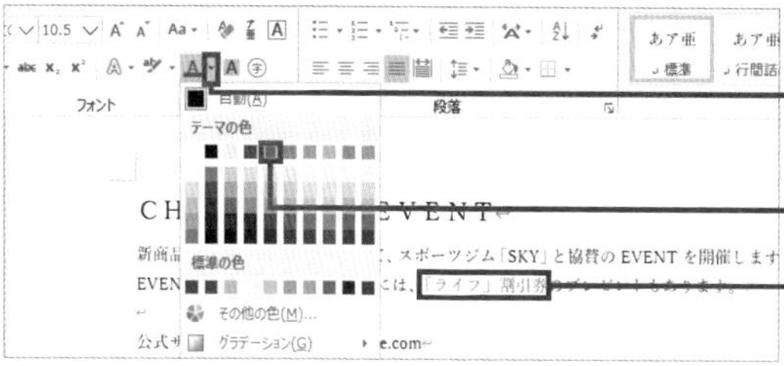

❶ 文字を選択します。

❷ ＜文字の色＞の＜▼＞をクリックします。

❸「テーマの色」から色を選びます。

CHALLENGE EVENT
新商品「ライフ」の販売を記念して、スポーツジム「SKY」と協賛の EV
EVENT に参加していただいた方には、「ライフ」割引券のプレゼン

❹ 文字の色が変わります。

MEMO 同じ色の設定

文字の色を変更すると、＜ホーム＞タブの＜文字の色＞のボタンの下の色が変わります。次に文字の色を設定するとき、同じ色を設定するときは、＜文字の色＞ボタンをクリックするだけで同じ色がつきます。

MEMO 標準の色

文字の色をテーマの配色とは関係ない色にするには、＜標準＞欄の色や＜その他の色＞から色を選びます。

COLUMN

グラデーション

タイトルなどの大きな文字に色を付けるとき、徐々に文字の色を濃くしたり薄くしたりするには、文字の色を変更した後に、さらに手順❷の次に＜グラデーション＞を選びます。続いて、グラデーションの種類を選びます。

SECTION
258
文字設定

下線の種類や色を表示する

文字を強調するときに下線を付けるとき、線の種類を二重線や波線にすることもできます。なお、文字の色を変えると、下線の色も文字と同じ色に自動的に変わります。文字と下線を別々の色にするには、下線の色を指定します。

文字に二重下線を表示する

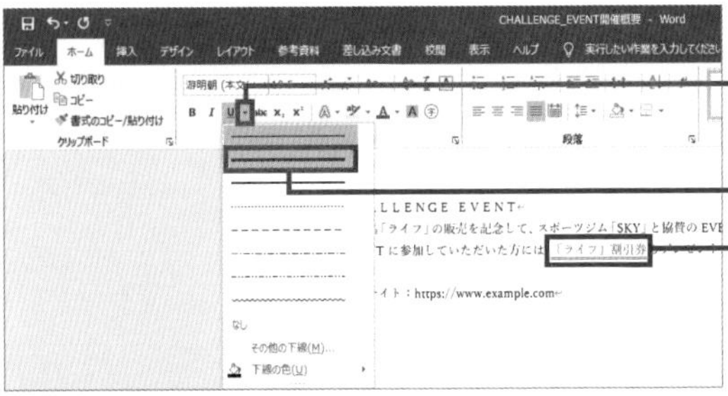

❶文字を選択します。

❷<ホーム>タブの<下線>の<▼>をクリックします。

❸下線の種類を選びます。

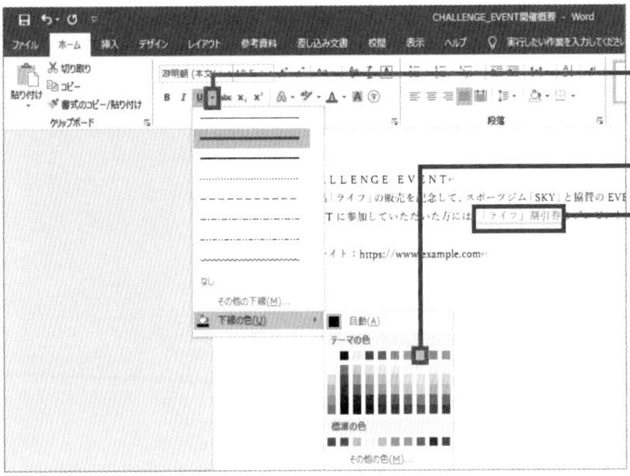

❹下線の種類が変わります。

❺<ホーム>タブの<下線>の<▼>をクリックします。

❻下線の色を選びます。

MEMO その他の下線

下線の種類をさらに多くの中から選ぶには、手順❷で<その他の下線>をクリックします。表示される画面の<下線>から下線の種類を選びます。

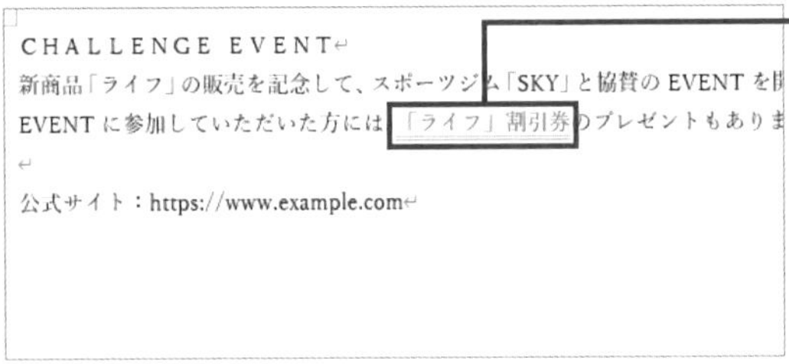

❼下線の色が変わります。

MEMO 文字と同じ色

下線の色を文字と同じ色にするには、下線の色の一覧から<自動>を選択しておきます。

SECTION 259 文字設定

文字に取り消し線を引く

修正した文字の上に取り消し線を引くと、修正箇所が強調されてわかりやすくなります。取り消し線は、一重線や二重線の線を引けます。文字の色を赤字にした場合などは、取り消し線の色も文字と同じ赤に変わります。

選択した文字に取り消し線を引く

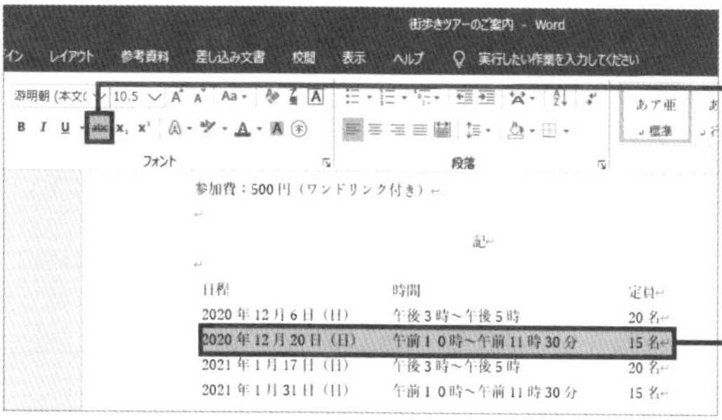

❶ 文字を選択します。

❷ ＜ホーム＞タブの＜取り消し線＞をクリックします。

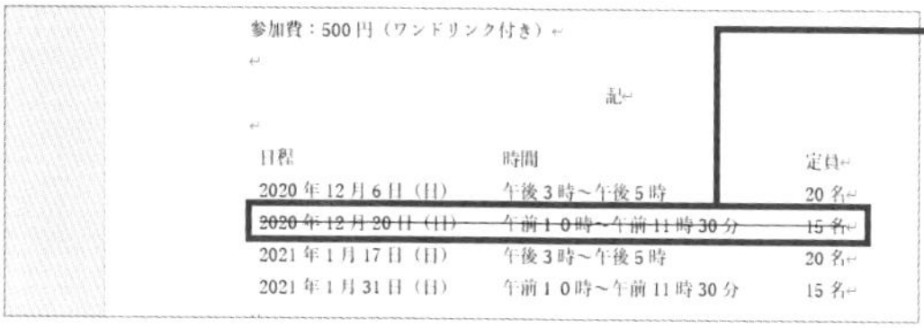

❸ 取り消し線が表示されます。

COLUMN

二重線にする

取り消し線を二重線にするには、文字を選択して Ctrl + D キーを押すか、＜ホーム＞タブの＜フォント＞グループの＜ダイアログボックス起動ツール＞をクリックします。表示される画面で＜二重取り消し線＞にチェックを付けます。

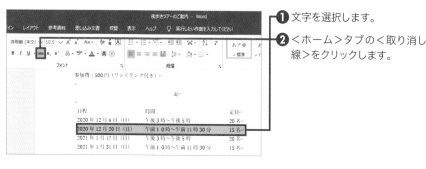

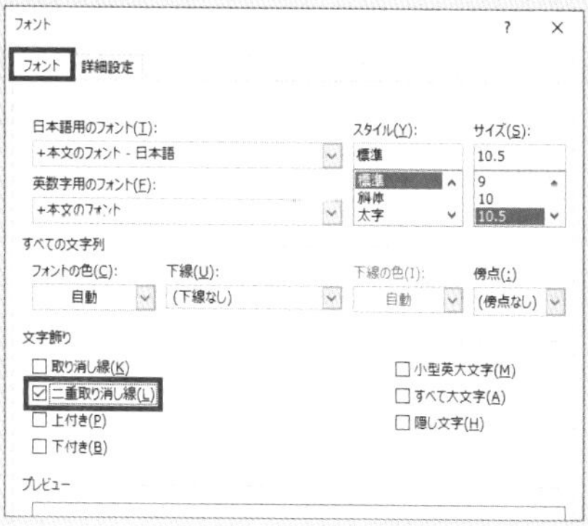

SECTION 260 文字設定

上付き／下付き文字を表示する

H_2OやCO_2の化学式や、3^2の数式などを入力するときは、上付き文字や下付き文字を指定して配置を整えます。実際の文字の大きさは変わりません。上付き文字や下付き文字を含む文字列の大きさを変えると、大きさの違いを保ったまま文字の大きさが変わります。

下付き文字を設定する

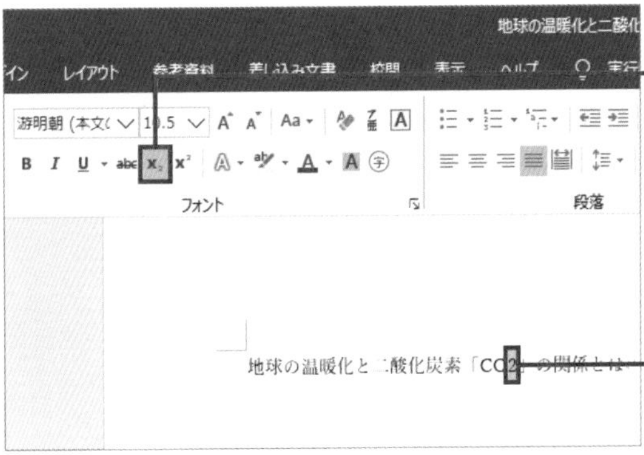

❶ 文字を選択します。

❷ ＜ホーム＞タブの＜下付き＞をクリックします。

MEMO 上付き文字

上付き文字を設定するには、隣の<上付き>をクリックします。

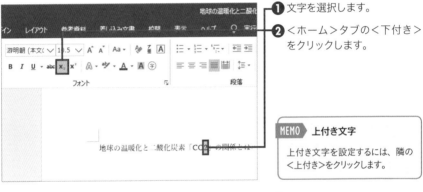

地球の温暖化と二酸化炭素「CO2」の関係と

❸ 文字が下付き文字になります。

COLUMN

数式や脚注の入力

数式を入力するとき、単純なべき乗の計算式などは、上付き文字や下付き文字を指定して表示できますが、分数やルートの計算、さまざまな方程式など、より複雑な計算式を表示するには、数式ツールを使って入力する方法があります（P.288参照）。また、文中に「1」や「※」などの印を表示して脚注を入れるときは、上付き文字や下付き文字を指定するのではなく、脚注を挿入する機能を使うとよいでしょう。脚注の記号と内容を連動させて効率よく管理できます。

SECTION
261
文字設定

文字にふりがなを振る

漢字の読み方がわかるようにふりがなを表示するには、対象の文字列を選択してふりがなの設定をします。ふりがなの内容や配置方法、文字の大きさなどを指定します。ふりがなを設定すると、漢字の読み仮名を表示しなさいという命令文が指定されます。

漢字によみがなを表示する

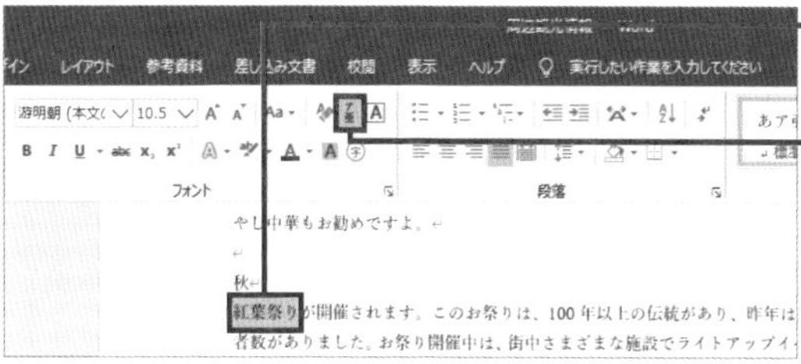

❶ふりがなを振る文字を選択します。

❷<ホーム>タブの<ルビ>をクリックします。

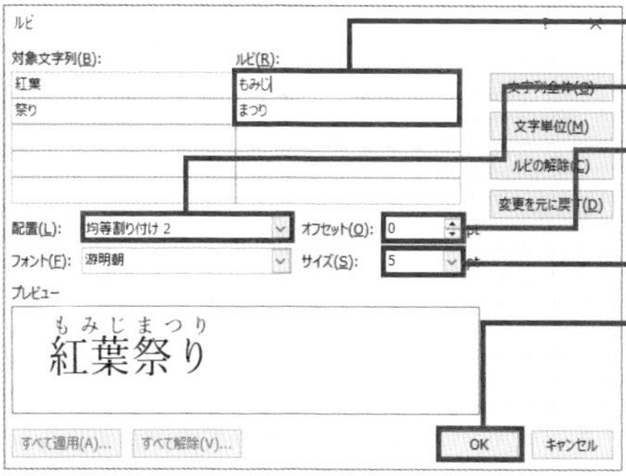

❸ふりがなを確認します。

❹配置を指定します。

❺漢字との距離を指定します。

❻ふりがなの大きさを指定します。

❼< OK >をクリックします。

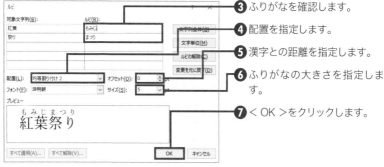

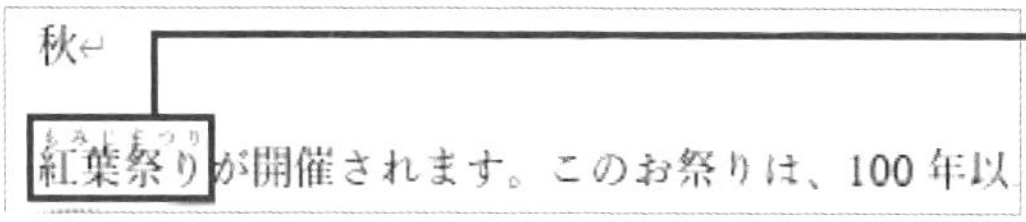

❽ふりがなが表示されます。

MEMO　文字の配置

単語にふりがなを振るときは、対象の文字列の幅を基準にふりがなが表示されます。文字ごとにふりがなを振るには、<ルビ>ダイアログボックスの<文字単位>をクリックします。また、<配置>欄でふりがなの配置を指定できます。<ルビ>ダイアログボックスの<プレビュー>欄で配置イメージを確認しながら指定します。

MEMO　ふりがなの解除

ふりがなを解除するには、ふりがなが設定されている文字を選択して、手順❷の方法で設定画面を表示して<ルビの解除>をクリックします。

SECTION 262 文字設定

同じ単語にふりがなをまとめて振る

読み方が分かりづらい単語や人名などに同じふりがなを表示するときは、ひとつひとつふりがなを設定する必要はありません。同じ単語にまとめてふりがなを振る機能を使いましょう。ふりがなを振る単語をひとつひとつ確認しながら設定することもできます。

同じ漢字に同じふりがなを振る

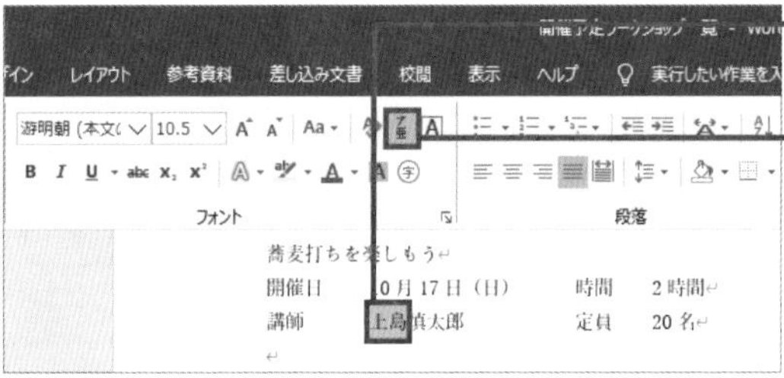

❶ふりがなを振る文字を選択します。

❷<ホーム>タブの<ルビ>をクリックします。

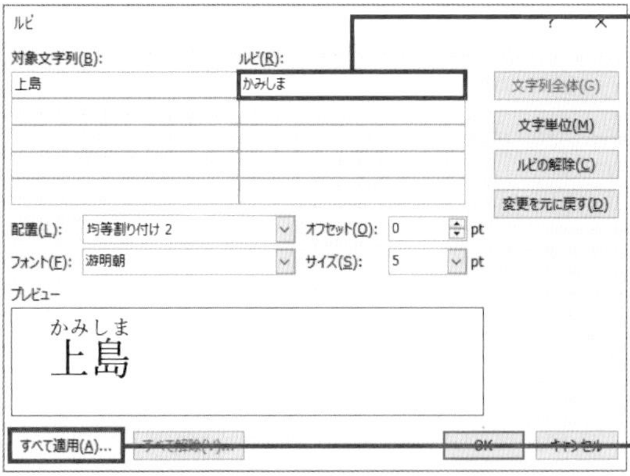

❸ふりがなを確認します。

❹<すべて適用>をクリックします。

MEMO 確認しながら操作する

手順❺の確認メッセージで<変更>をクリックすると、単語にふりがなが表示されて次の検索結果が表示されます。すべての単語が検索されるまで、<変更>をクリックすると、設定箇所を確認しながら操作を行えます。

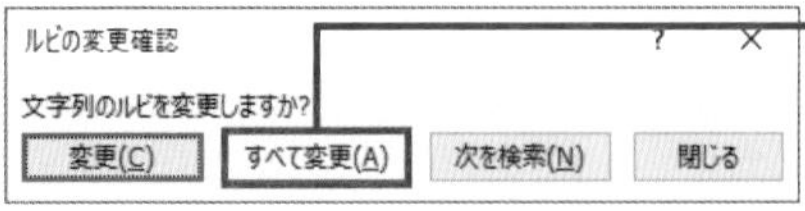

❺メッセージが表示されるので、すべて変更する場合は<すべて変更>をクリックします。

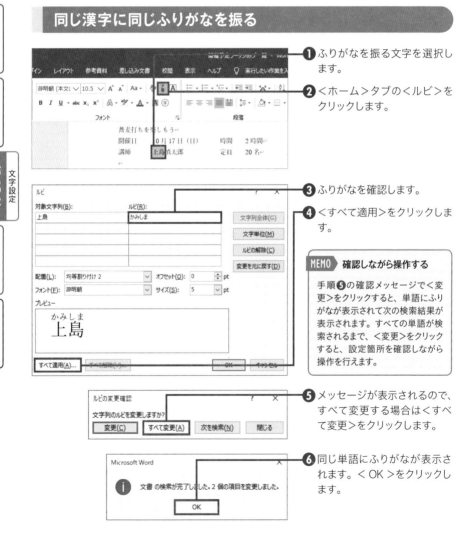

❻同じ単語にふりがなが表示されます。< OK >をクリックします。

SECTION 263 文字設定

㊞や㊟のように文字を○や□で囲む

文字を○や□などで囲って強調するには、囲い文字を設定する方法があります。なお、㊞や㊟、①②③などは、囲い文字ではなく、「ちゅう」や「いん」「1」などの文字を変換して記号として入力できます。記号として入力できる場合は、その方が手軽に扱えます。

選択した文字を○で囲む

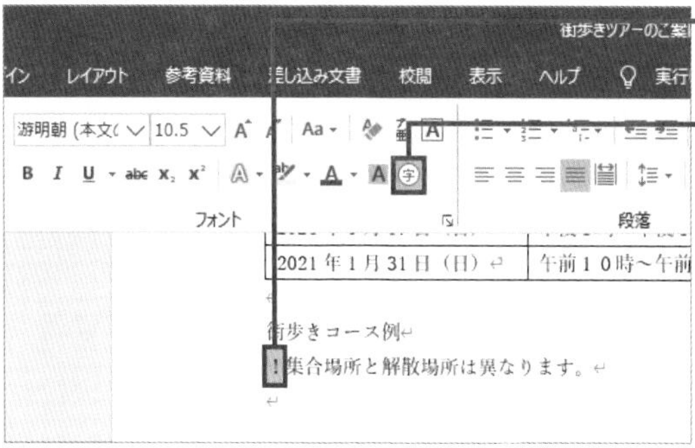

❶囲い文字を設定する文字を選択します。

❷<ホーム>タブの<囲い文字>をクリックします。

MEMO 文字を挿入する

囲い文字を挿入するには、挿入位置をクリックして選択し、手順❸の次に文字を選択します。

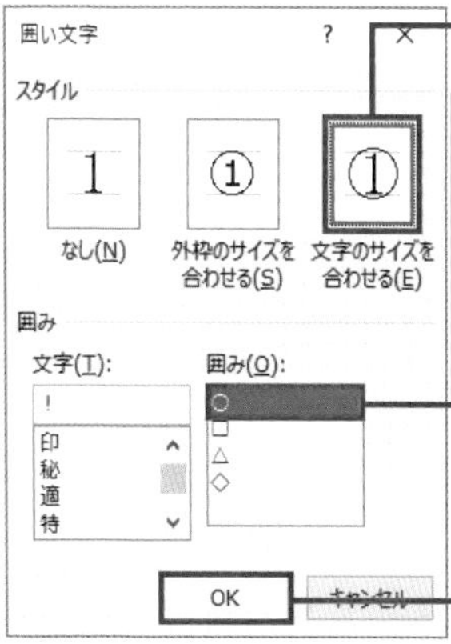

❸スタイルを選択します。

❹囲み記号を選択します。

❺< OK >をクリックします。

MEMO スタイル

囲い文字のスタイルを設定するとき、<文字のサイズを合わせる>をクリックすると、囲い文字が若干大きくなります。この場合、文字の大きさを後から変更すると、文字と記号のバランスが崩れてしまうことがあるので注意します。

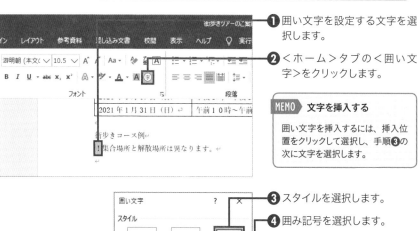

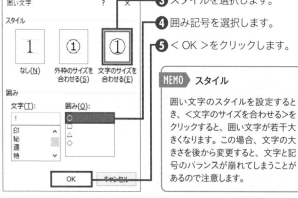

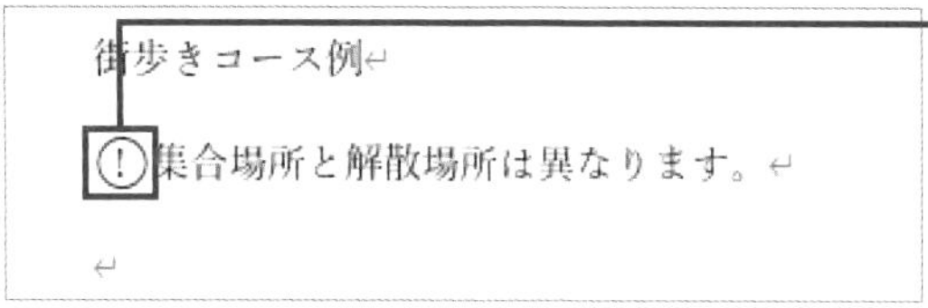

❻囲い文字が表示されます。

SECTION 264 文字設定

㍿、㌖のように1文字で複数文字を表示する

最大6文字までの文字を1文字分の大きさで表示するには、組み文字にする方法があります。なお、㍿の文字や㌖などの単位は、「かぶしき」や「キロメートル」の文字を変換して記号として入力できます。記号として入力できる場合は、その方が手軽に扱えます。

選択した文字を1文字分で表示する

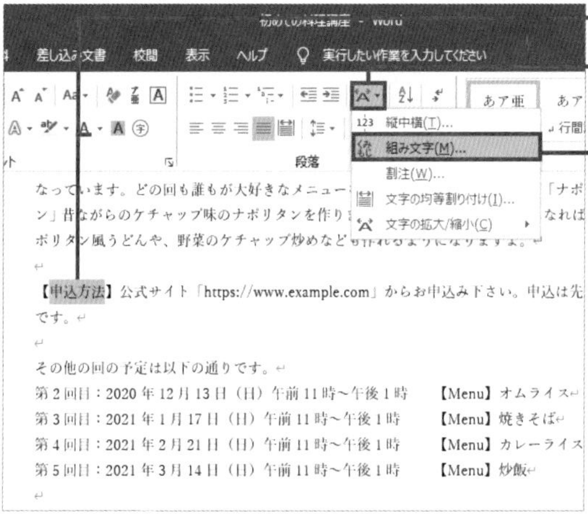

❶ 文字を選択します。

❷ <ホーム>タブの<拡張書式>をクリックします。

❸ <組み文字>をクリックします。

❹ 指定内容を確認します。

❺ < OK >をクリックします。

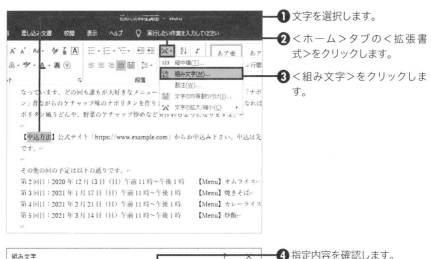

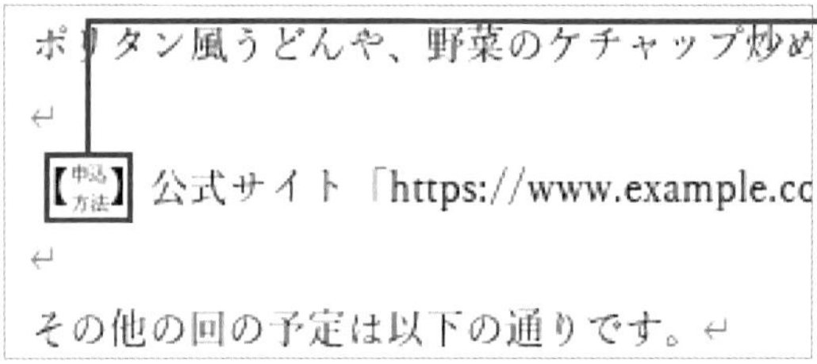

❻ 文字が1文字で表示されます。

MEMO 組み文字の解除

組み文字を解除するには、組み文字を選択して手順❸の方法で<組み文字>ダイアログボックスを表示し、<解除>をクリックします。

SECTION
265
文字設定

1行に2行分の説明を割注で表示する

短い補足説明などを入力するとき、割注を指定すると、1行に2行分の文字を入力できます。1行で長い文字列を表示するよりも、体裁よく文字を収められる場合があります。割注を指定するときは、文字列を括弧で囲むかどうか選択できます。

1行分に2行分の文字を表示する

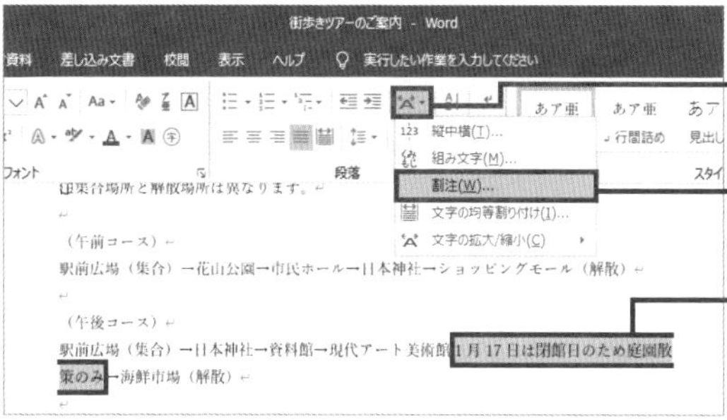

❶割注にする文字を選択します。

❷<ホーム>タブの<拡張書式>をクリックします。

❸<割注>をクリックします。

❹<括弧で囲む>をクリックします。

❺<OK>をクリックします。

> **MEMO 割注の解除**
>
> 割注を解除するには、割注の文字を選択して手順❸の次に表示される画面で<解除>をクリックします。

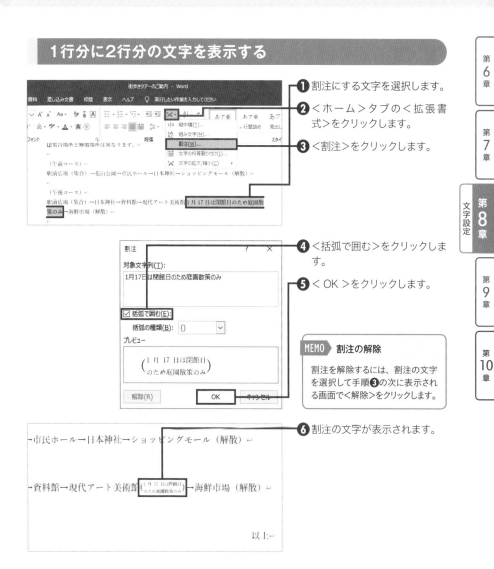

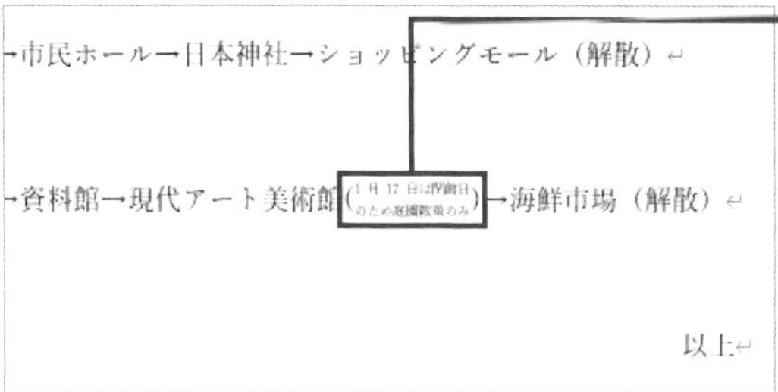

❻割注の文字が表示されます。

第6章
第7章
文字設定 第8章
第9章
第10章

SECTION **266** 文字設定

文字の輪郭に色を付ける

タイトルなどの大きな文字を派手に目立たせる方法は複数あります。ここでは、文字のフチの色を変更する方法を紹介します。フチの色以外にも、フチの枠線の太さや線の種類を選べます。文字の効果から設定します。

文字に縁取りの飾りを付ける

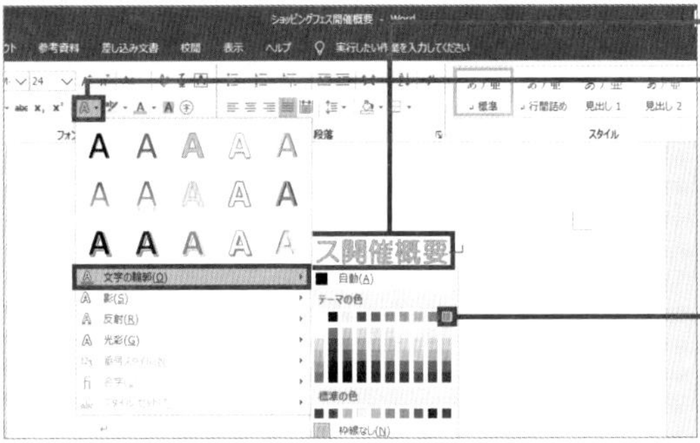

❶ 文字を選択します。

❷ ＜ホーム＞タブの＜文字の効果＞をクリックします。

❸ ＜文字の輪郭＞からフチの色を選びます。

MEMO フチの色を消す

文字のフチの色を消すには、色の一覧から<枠線なし>を選びます。

❹ 文字の輪郭に色が付きました。

COLUMN

太さや線の種類を変更する

文字のフチの太さを変更するには、手順❸で＜太さ＞から選択します。線の種類は、＜実線/点線＞から選択します。

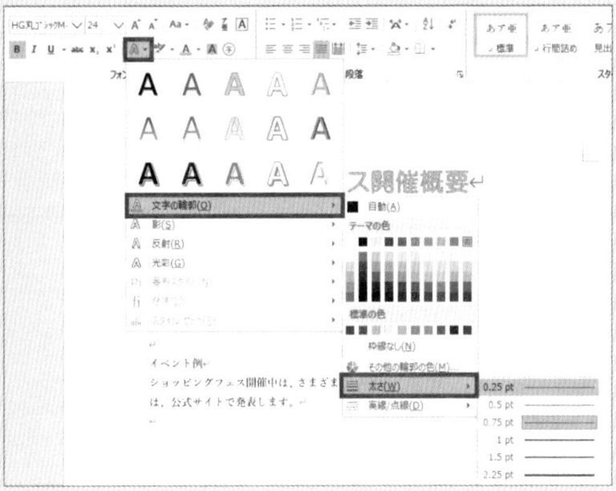

SECTION 267 文字設定

文字に影や光彩を付ける

文字に影を付けたり、文字を輝かせるような色を表示したりするには、文字の効果から飾りを指定します。これらの飾りは組み合わせて指定することもできます。タイトルなどの文字をかんたんに目立たせたいときに利用すると便利です。

光彩の飾りで文字の周囲に色を表示する

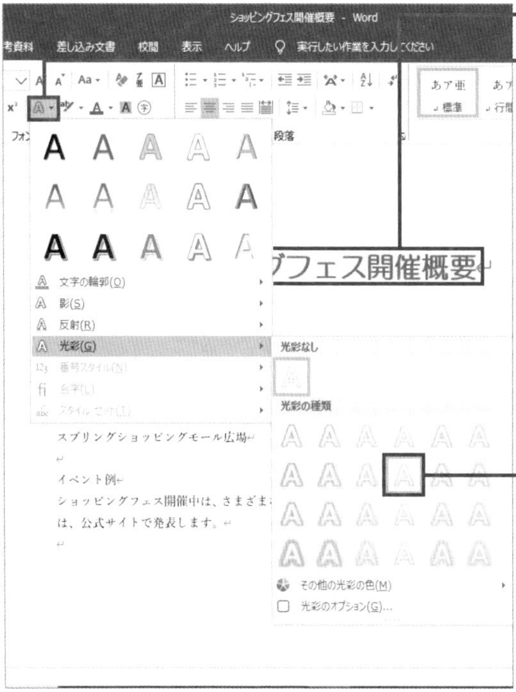

❶文字を選択します。

❷<ホーム>タブの<文字の効果>をクリックします。

❸<光彩>から光彩の種類を選びます。

MEMO 反射

文字に反射の効果を設定するには、手順❸で<反射>を選択して反射の種類を選びます。

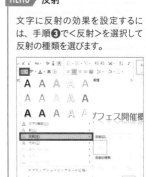

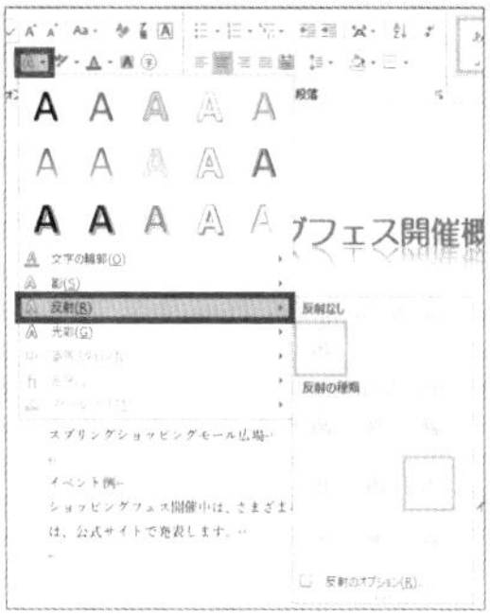

❹文字に光彩の飾りが付きました。

SECTION
268
文字設定

文字の背景に色を付ける

文字の背景に色を付けて目立たせる方法は、複数あります。単純にグレーの網掛けを設定する場合は、＜ホーム＞タブの＜網掛け＞で指定できます。指定した色を設定するには、塗りつぶしの機能を使って文字の背景の色を選択します。

文字の背景部分に色をつける

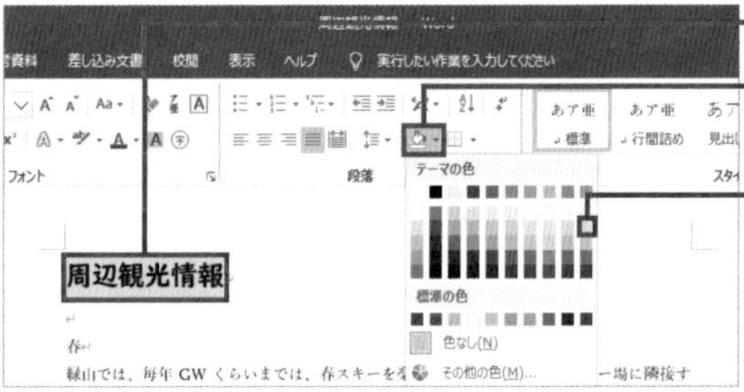

❶文字を選択します。

❷＜ホーム＞タブの＜塗りつぶし＞をクリックします。

❸塗りつぶしの色を選びます。

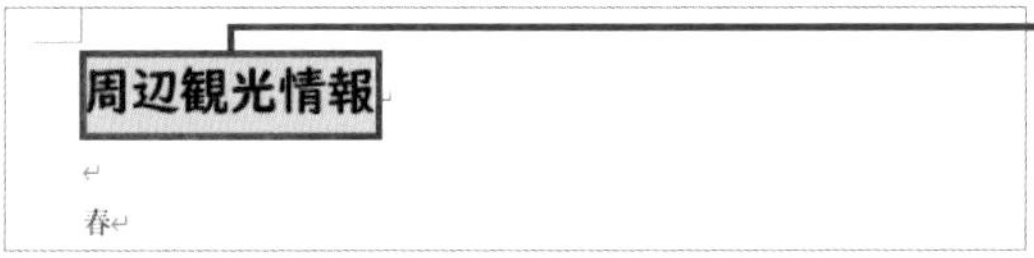

❹文字の背景に色が付きました。

MEMO　行全体に色を付ける

行全体に塗りつぶしの色を付けるには、＜線種とページ罫線と網掛けの設定＞ダイアログボックスで指定する方法があります(P.317参照)。

MEMO　網掛けの飾り

＜ホーム＞タブの＜網掛け＞をクリックすると、選択している文字にグレーの網掛けをかんたんに設定できます。

COLUMN

蛍光ペンで色を付ける

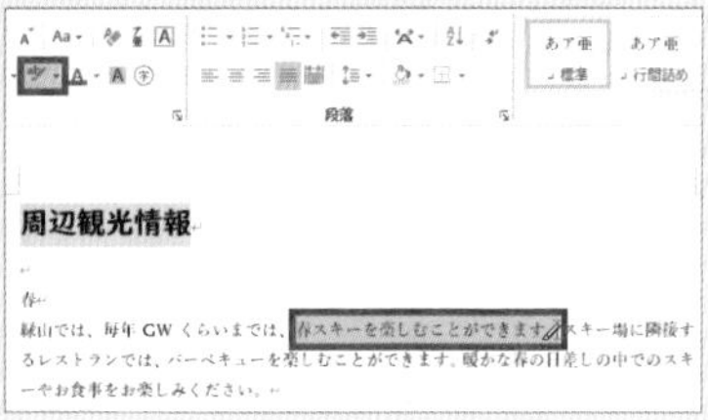

文字の背景に色を付けるには、蛍光ペンを使う方法もあります。蛍光ペンのついた箇所は、検索機能で順に確認したり、蛍光ペンを印刷するか指定したりできます。文書の見出しを目立たせるなど文書全体の見た目を整える場合は塗りつぶしの色、文書内の気になる箇所に印を付ける場合は蛍光ペンを指定するといった使い分けができます。蛍光ペンについては、P.389で紹介しています。

SECTION
269
文字設定

文字や文書を枠線で囲む

文字や段落に枠線を付けて飾るには、<線種とページ罫線と網掛けの設定>ダイアログボックスで指定します。設定の対象を文字にするか段落にするか確認して操作します。また、ページ全体を枠線で囲むこともできます。

選択した文字の周囲を線で囲む

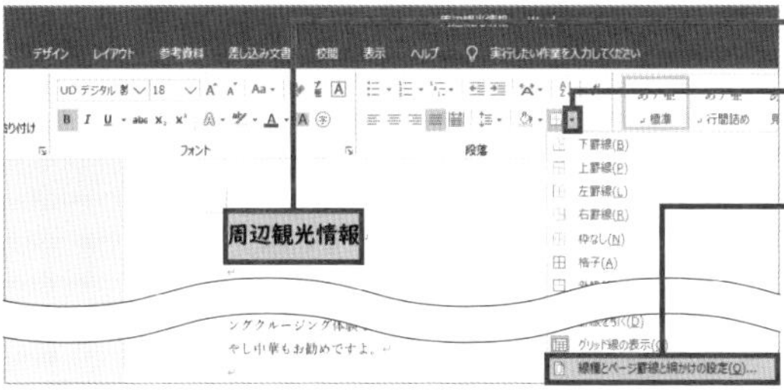

❶文字を選択します。

❷<ホーム>タブの<罫線>の<▼>をクリックします。

❸<線種とページ罫線と網掛けの設定>をクリックします。

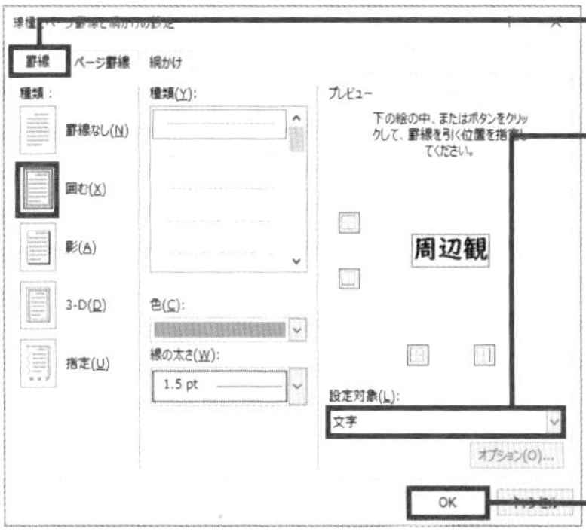

❹<罫線>タブで線の位置や種類、色や太さを選択します。

❺<設定対象>を確認します。

❻< OK >をクリックすると、文字に枠線が表示されます。

MEMO 網掛けの飾り

<ホーム>タブの<囲み線>をクリックすると、選択している文字を囲む線をかんたんに設定できます。

MEMO 行や段落全体に枠線や色を付ける

行や段落全体に枠線を付けるには、<線種とページ罫線と網掛けの設定>ダイアログボックスで右下の<設定対象>を<段落>にして設定を行います。また、行や段落全体に塗りつぶしの色を付けるには、行や段落を選択して<線種とページ罫線と網掛けの設定>ダイアログボックスを表示して<網掛け>タブをクリックします。右下の設定対象を<段落>にして、<背景の色>や<網掛け>の種類や色を指定します。

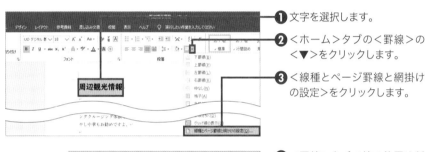

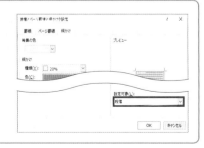

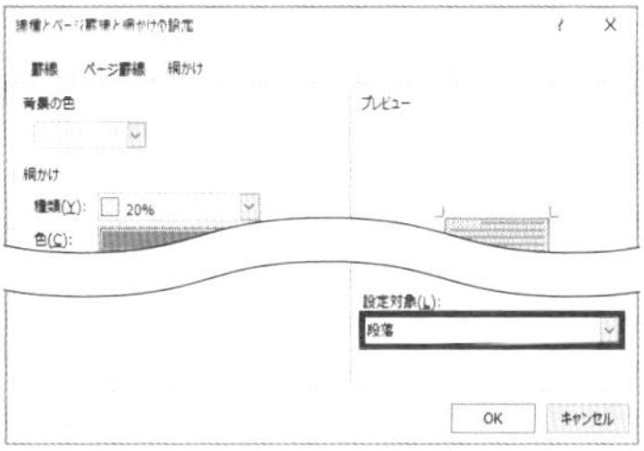

SECTION 270 文字設定

用意されたスタイルから書式を設定する

文字や段落に設定する飾りの組み合わせは、スタイルとして管理されています。スタイルには、さまざまな種類があります。ここでは、あらかじめ登録されているスタイルから文字に書式を設定する方法を紹介します。

組み込みのスタイルを適用する

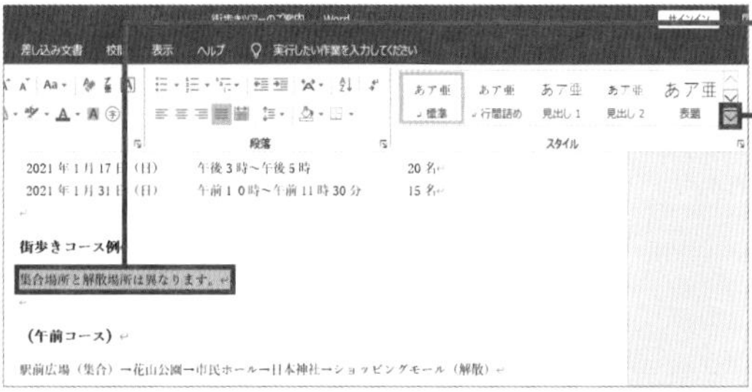

❶ スタイルを適用する文字を選択します。

❷ <ホーム>タブの<スタイル>の<その他>をクリックします。

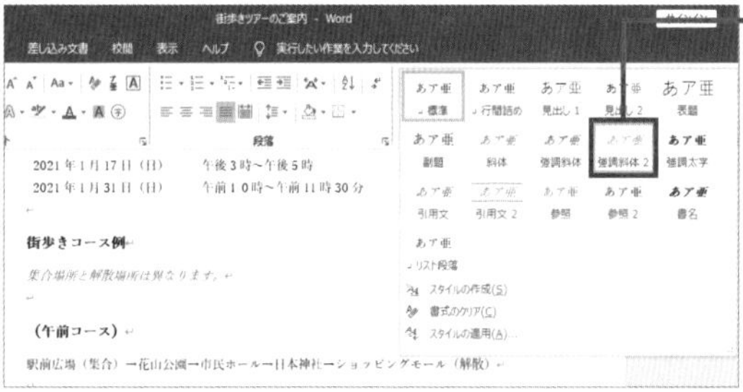

❸ スタイルを選択します。

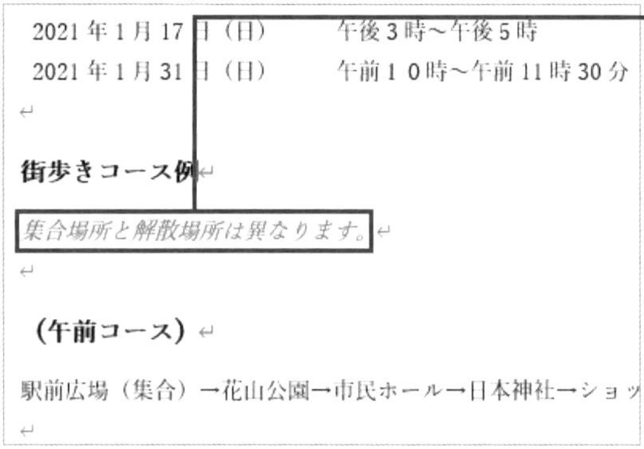

❹ 指定したスタイルの書式が設定されます。

MEMO 見出しスタイル

見出しのスタイルは、長文を作成するときに利用すると便利なスタイルです。

SECTION
271
文字設定

文字は残して書式だけをクリアする

文字に設定した複数の飾りなどの書式を削除するとき、ひとつずつ飾りを解除する必要はありません。複数の飾りの組み合わせをまとめて削除できます。書式を解除すると、＜標準＞スタイルが適用された状態の文字に戻ります。

書式をクリアして元の文字の状態に戻す

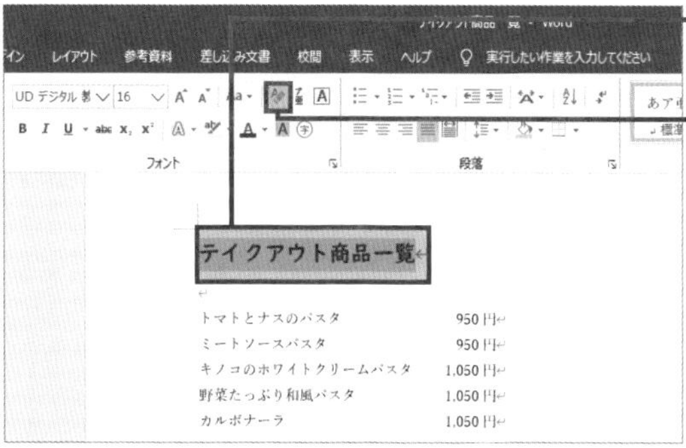

❶ 書式を削除する文字を選択します。

❷ ＜ホーム＞タブの＜すべての書式をクリア＞をクリックします。

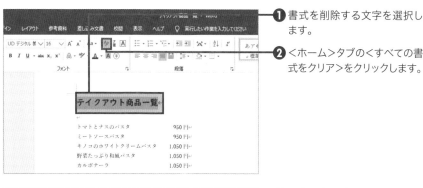

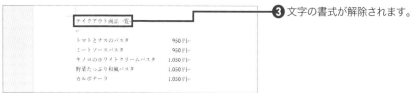

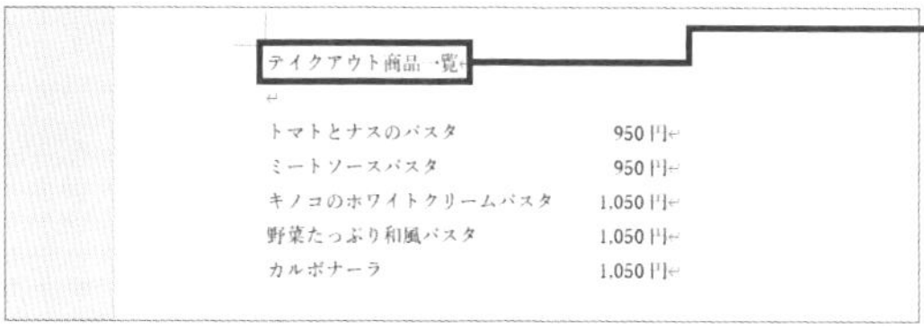

❸ 文字の書式が解除されます。

COLUMN

文字書式や段落書式だけを解除する

選択している文字列に文字書式と段落書式の両方を設定しているとき、文字書式、また段落書式のみ解除するには、次のショートカットキーを使うと便利です。たとえば、段落の配置などはそのままにして文字の飾りのみ解除したりできます。

ショートカットキー	内容
Ctrl ＋ Space キー	選択している文字の文字書式を解除します。
Ctrl ＋ Q キー	選択している段落の段落書式を解除します。
Ctrl ＋ Shift ＋ N キー	文字に＜標準＞スタイルを適用して元の状態に戻します。

SECTION
272
文字設定

文字は残して書式のみをコピーする

文字の内容は変えずに、文字の書式や段落の配置などの書式情報のみをコピーするには、書式のコピー機能を使います。書式のコピーを連続して行う場合は、書式のコピーのモードを継続するワザを使って効率よく作業を進めましょう。

書式情報だけを他の文字にコピーする

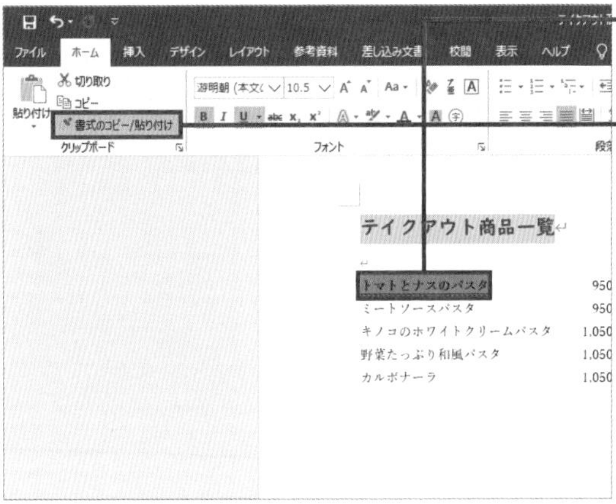

❶コピーしたい書式が設定されている文字を選択します。

❷<ホーム>タブの<書式のコピー/貼り付け>をダブルクリックします。

MEMO 1か所にだけコピーする

書式をコピーする箇所が1か所の場合は、<書式のコピー/貼り付け>をクリックしてコピー先を選択します。書式コピーが終わると、書式をコピーするモードが自動的に解除されます。

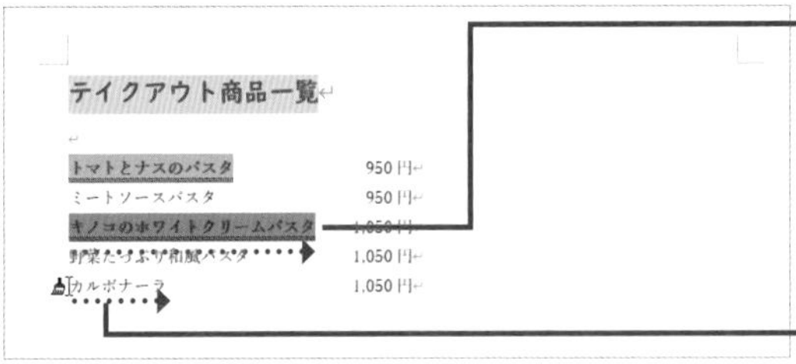

❸マウスポインターの形が変わり、書式をコピーするモードになります。書式をコピーしたい箇所をドラッグします。

❹続いて次のコピー先をドラッグします。

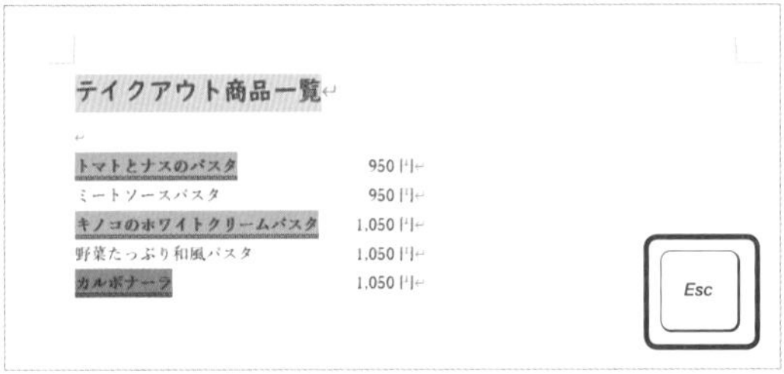

❺書式コピーの操作を終了するには、Esc キーを押します。マウスポインターの形が元に戻ります。

SECTION
273
ワードアート

ワードアートを追加する

チラシや広告などの文書を作るとき、派手な文字を文書内に散りばめて表示するには、ワードアートを利用すると便利です。文字にさまざまな飾りを設定する手順を省き、目立つ文字をかんたんに表示できます。ドラッグ操作で配置を整えられます。

ワードアートで派手な文字を追加する

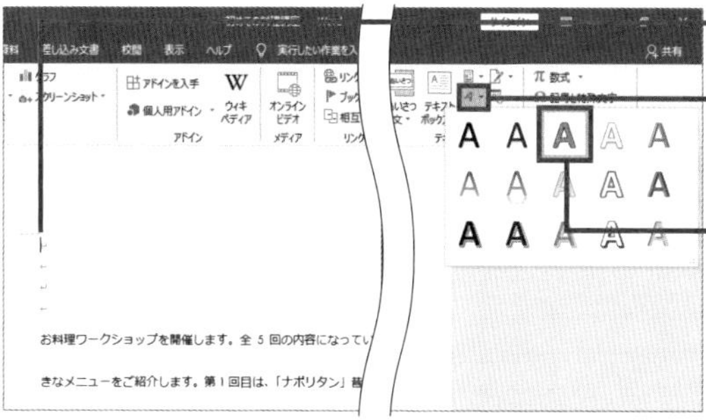
お料理ワークショップを開催します。全 5 回の内容になってい
きなメニューをご紹介します。第 1 回目は、「ナポリタン」昔

❶ワードアートを追加する場所をクリックします。

❷<挿入>タブの<ワードアートの挿入>をクリックします。

❸文字のデザインを選択します。

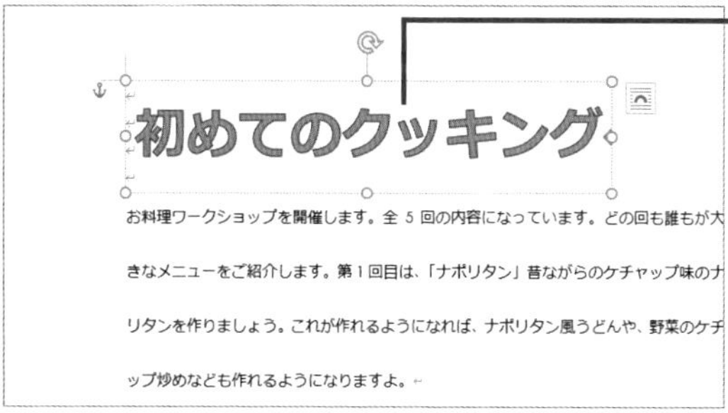
初めてのクッキング
お料理ワークショップを開催します。全 5 回の内容になっています。どの回も誰もが大
きなメニューをご紹介します。第 1 回目は、「ナポリタン」昔ながらのケチャップ味のナ
リタンを作りましょう。これが作れるようになれば、ナポリタン風うどんや、野菜のケチ
ップ炒めなども作れるようになりますよ。

❹表示する文字を入力すると、ワードアートが追加されます。

MEMO ワードアートの移動

ワードアートの外枠をドラッグすると、ワードアートを移動できます。うまく配置できない場合は、レイアウトオプションの設定が必要です(P.405参照)。

COLUMN

既存の文字をワードアートにする

入力済みの文字をワードアートにするには、対象の文字を選択して<挿入>タブの<ワードアートの追加>をクリックして文字のデザインを選択します。

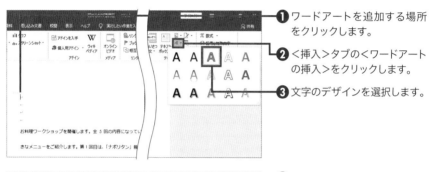

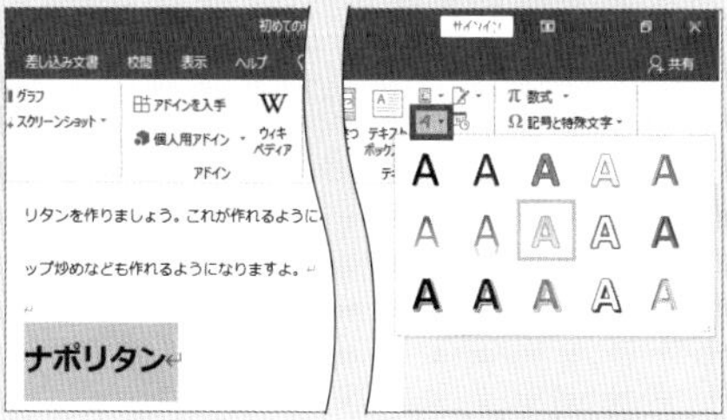
リタンを作りましょう。これが作れるように
ップ炒めなども作れるようになりますよ。
ナポリタン

第6章
第7章
ワードアート 第8章
第9章
第10章

SECTION 274 ワードアート

ワードアートの文字を変形する

ワードアートの文字列の形状などはあとから変更できます。円形に文字を配置したり、波線上に文字を配置したりしてみましょう。また、文字に影や光彩を表示すると、文字をさらに強調できます。文字をデザインしましょう。

第6章 第7章 第8章 ワードアート 第9章 第10章

ワードアートの文字を半円状に配置する

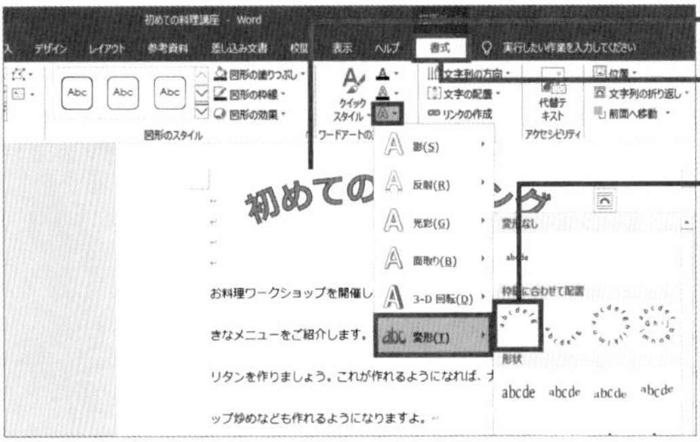
初めての料理講座 - Word
書式
影(S)
反射(R)
光彩(G)
面取り(B)
3-D 回転(D)
変形(T)
変形なし
枠線に合わせて配置
形状
お料理ワークショップを開催し
きなメニューをご紹介します。
リタンを作りましょう。これが作れるようになれば、
ップ炒めなども作れるようになりますよ。

❶ワードアートを選択します。

❷<描画ツール>の<書式>タブをクリックします。

❸<文字の効果>の<変形>をクリックして、文字の配置を選択します。

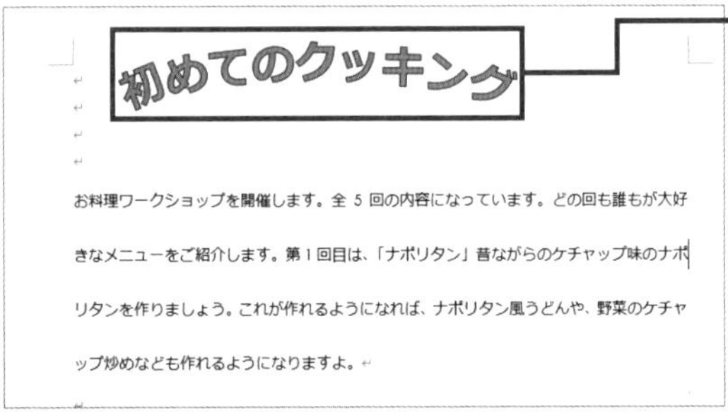
初めてのクッキング
お料理ワークショップを開催します。全 5 回の内容になっています。どの回も誰もが大好
きなメニューをご紹介します。第 1 回目は、「ナポリタン」昔ながらのケチャップ味のナポ
リタンを作りましょう。これが作れるようになれば、ナポリタン風うどんや、野菜のケチャ
ップ炒めなども作れるようになりますよ。

❹文字が変形されました。

> **MEMO 文字の大きさ**
>
> ワードアートの文字の大きさを変更するには、ワードアートの外枠をクリックしてワードアートを選択します。続いて、<ホーム>タブの<フォントサイズ>から大きさを選びます。

COLUMN

文字の色や輪郭を変更する

ワードアートの文字の色や輪郭の色などを変更するには、ワードアートを選択して、<描画ツール>の<書式>タブの<文字の塗りつぶし>や<文字の輪郭>をクリックして指定します。

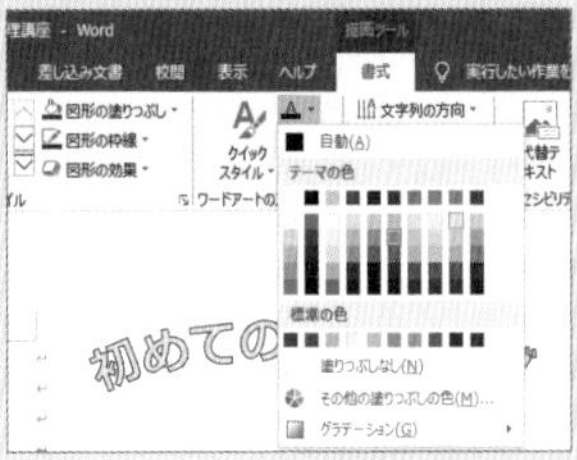
自動(A)
テーマの色
標準の色
塗りつぶしなし(N)
その他の塗りつぶしの色(M)...
グラデーション(G)

第9章

Word
段落書式のプロ技

SECTION 275 文字

文字を行の右、左、中央に揃える

文字の配置は、段落ごとに指定できます。日付や差出人を右に揃えたり、タイトルを中央に揃えたりして全体のバランスを整えましょう。文字の入力中に配置も調整する場合は、ショートカットキーを覚えておくとかんたんです。

文字の入力中に配置を指定する

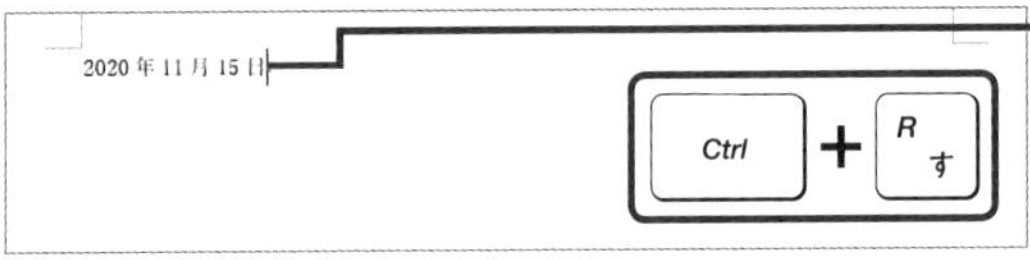

❶日付を入力します。

❷ Ctrl + R キーを押します。

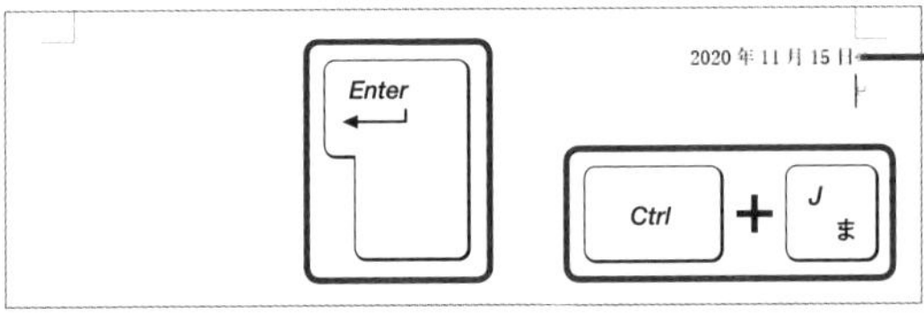

❸日付が右に揃います。

❹ Enter キーを押します。

❺ Ctrl + J キーを押します。

❻両端揃えの配置に戻ります。

MEMO <ホーム>タブ

<ホーム>タブの<段落>グループの<右揃え>ボタンをクリックしても、選択している段落を右揃えに配置できます。

COLUMN

左揃えと両端揃え

段落の配置の既定値は、両端揃えです。左揃えの場合、右端の位置は揃いませんが、両端揃えの場合は、文字に空白などが入って左端と右端が揃います。均等割り付けは、タイトルなどを行の幅いっぱいに割り付けて表示するときなどに利用できます。

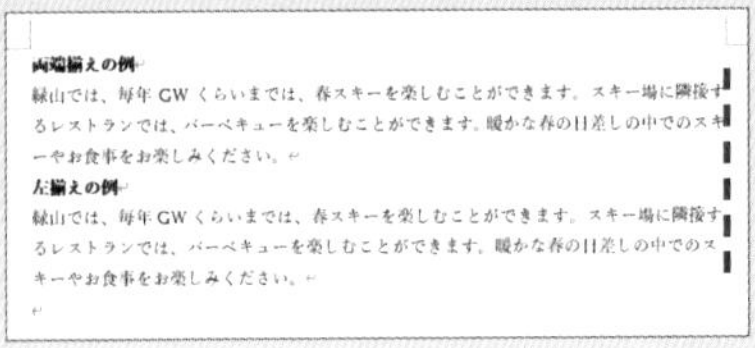

両端揃えの例

緑山では、毎年GWくらいまでは、春スキーを楽しむことができます。スキー場に隣接するレストランでは、バーベキューを楽しむことができます。暖かな春の日差しの中でのスキーやお食事をお楽しみください。

左揃えの例

緑山では、毎年GWくらいまでは、春スキーを楽しむことができます。スキー場に隣接するレストランでは、バーベキューを楽しむことができます。暖かな春の日差しの中でのスキーやお食事をお楽しみください。

MEMO ショートカットキー

段落の配置は、以下のショートカットキーで指定できます。

ショートカットキー	配置
Ctrl + L キー	左揃え
Ctrl + E キー	中央揃え
Ctrl + R キー	右揃え
Ctrl + J キー	両端揃え
Ctrl + Shift + J キー	均等割り付け

SECTION
276
文字

日付や場所の項目を均等に割り付ける

別記事項の日付や場所、参加費などの項目をそれぞれ4文字分の領域に均等に配置するには、文字の均等割り付けの機能を使います。文字は、0.5文字単位で調整できます。配置を整えたい複数の文字列を選択して操作しましょう。

「日時」や「集合場所」などの項目を均等に割り付ける

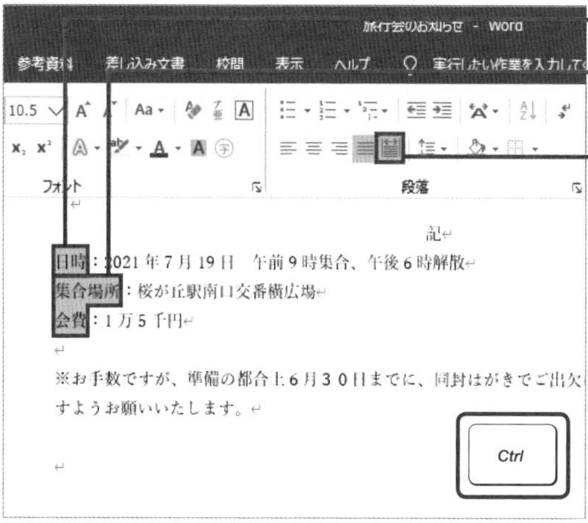

❶文字を選択します。

❷ Ctrl キーを押しながら、複数の文字を選択します。

❸＜ホーム＞タブの＜均等割り付け＞ボタンをクリックします。

MEMO ショートカットキー

文字を選択したあとに、Ctrl＋Shift＋Jキーを押しても均等割り付けを設定できます。

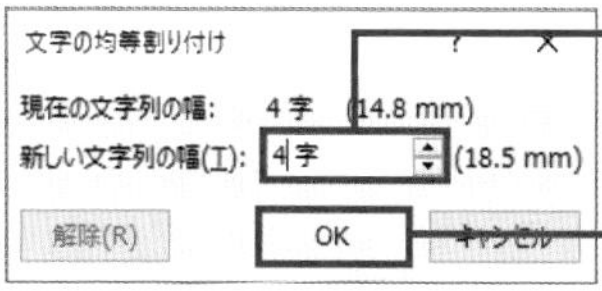

❹文字を割り付ける幅を指定します。

❺＜OK＞をクリックします。

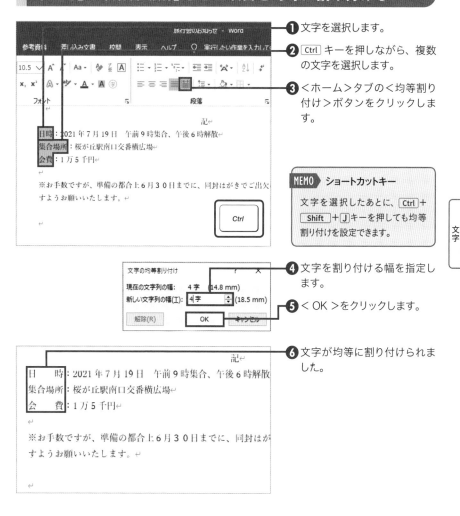

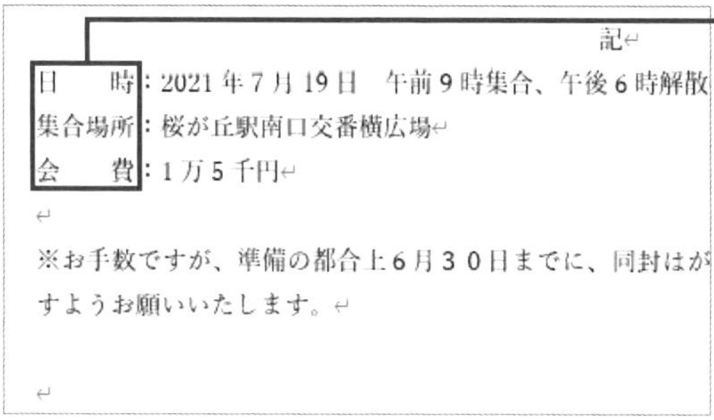

❻文字が均等に割り付けられました。

SECTION
277
箇条書き

箇条書きの行頭文字を指定する

箇条書きで項目を列記するときは、箇条書きの書式を設定するとよいでしょう。行頭に記号が付くので、項目の数や違いがわかりやすくなります。箇条書きの行頭の記号をまとめて変更したりすることもできます。

行頭に記号を表示する箇条書きの書式を設定する

❶箇条書きを設定する項目を選択します。

❷<ホーム>タブの<箇条書き>をクリックします。

MEMO　他の記号

<ホーム>タブの<箇条書き>の横の<▼>をクリックすると、行頭の記号を選択できます。

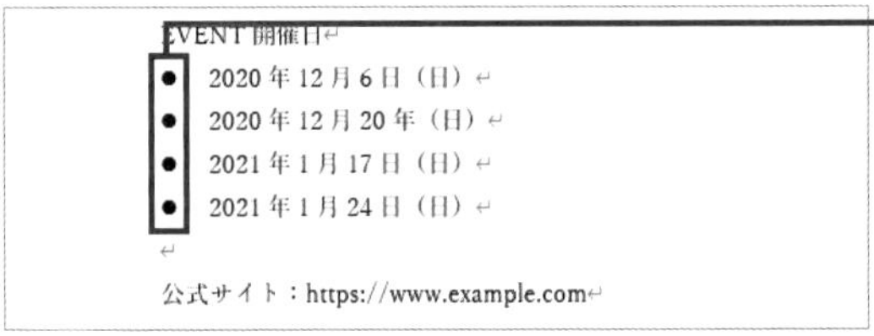

❸行頭に記号が付きました。

COLUMN

改行時に行頭の記号を削除する

箇条書きの項目の末尾で Enter キーを押すと、次の行の行頭にも箇条書きの記号が付きます。記号が不要な場合は、行頭に記号が付いた状態でもう一度 Enter キーを押します。

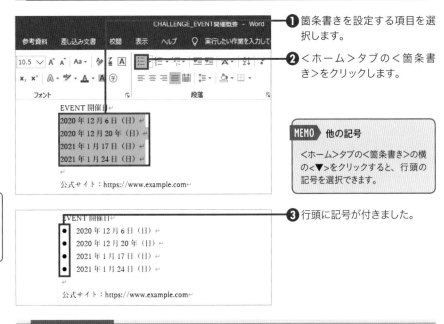

SECTION 278 箇条書き

行頭の記号の位置を調整する

箇条書きの行頭の記号の位置を少し右にずらすには、＜インデントを増やす＞ボタンを使うと手軽に設定できます。行頭の記号の位置、項目の文字の位置を細かく指定する場合は、ルーラーに表示されるインデントマーカーを使って調整するとよいでしょう。

箇条書き項目の行頭の位置を右にずらす

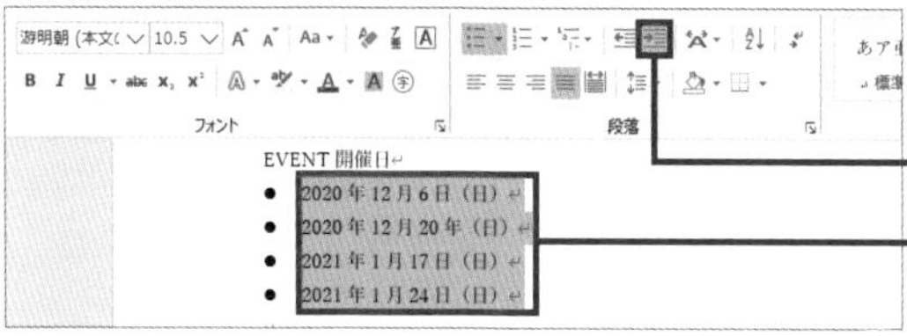

❶ 箇条書きの書式が設定されている項目を選択します。

❷ ＜ホーム＞タブの＜インデントを増やす＞ボタンをクリックします。

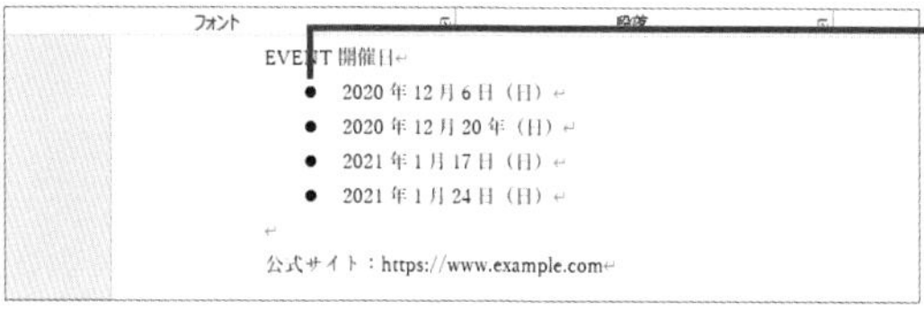

❸ 項目が右にずれます。

MEMO　行頭を右にずらす

＜インデントを増やす＞をクリックするたびに文字が右へ、＜インデントを減らす＞をクリックするたびに左にずれます。

COLUMN

記号や文字の位置を調整する

箇条書き書式の行頭の記号や文字の位置を調整するには、インデントマーカーを使います。＜表示＞タブの＜ルーラー＞をクリックして画面にルーラーを表示します。箇条書きの項目を選択して＜1行目のインデント＞＜ぶら下げインデント＞＜左インデント＞をドラッグします。

マーカー	内容
1行目のインデント	箇条書きの行頭の記号の左位置を指定します。
ぶら下げインデント	箇条書きの文字の左位置を指定します。
左インデント	＜1行目のインデント＞と＜ぶら下げインデント＞の間隔を保ったまま＜1行目のインデント＞と＜ぶら下げインデント＞の位置をずらします。

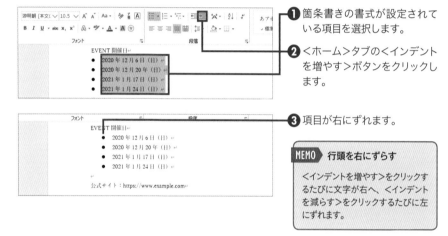

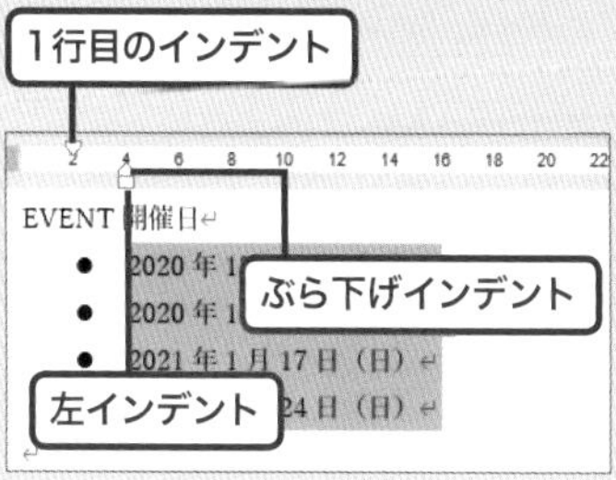

SECTION
279
箇条書き

行頭の記号を付けずに改行する

箇条書きの書式を設定して行頭に記号を表示すると、行末で改行すると、次の行の行頭にも記号がつきます。行頭の記号を消すには、箇条書きの書式を解除するか、同じ段落の中で強制的に改行する方法があります。

箇条書きの項目の途中で改行する

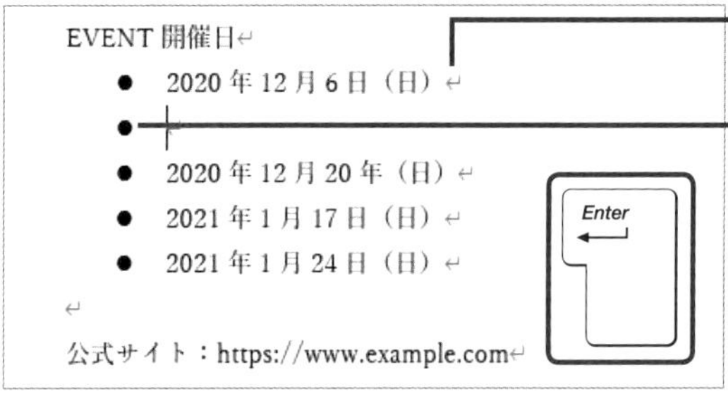

❶箇条書きの項目の行末で Enter キーを押します。

❷行頭に記号が付きます。

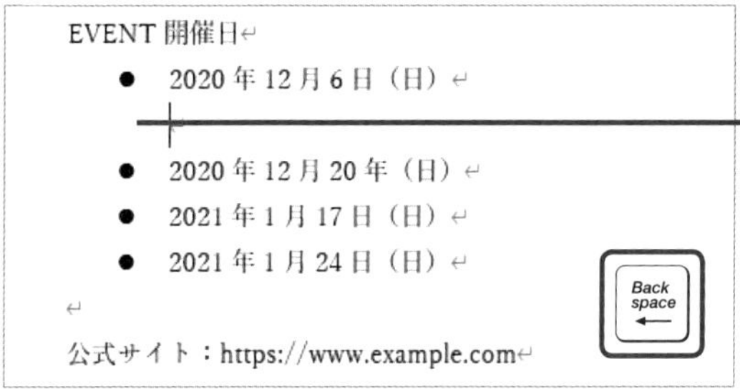

❸ Back space キーを押します。

❹箇条書きの書式が解除されて記号が消えます。

COLUMN

強制的に改行する

箇条書きの項目の途中で、Shift + Enter キーを押すと、段落内で改行されます。すると行区切りの指示が入って強制的に改行されます。この場合、次に Enter キーで改行するまでは、同じ段落のままとみなされます。

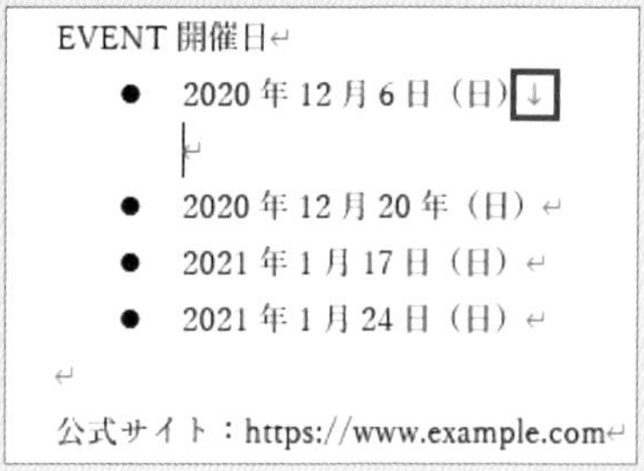

SECTION
280
箇条書き

箇条書きに連番を振る

箇条書きの項目に番号を振るには、段落番号の書式を設定します。番号の書式は「1.2.3.･･･」「①②③・・・」などの中から選択できます。段落番号の書式を設定しておくと、項目を後から追加したり削除したりした場合も、番号が自動的に調整されます。

箇条書きの項目に番号を振る

❶段落番号を設定する項目を選択します。

❷＜ホーム＞タブの＜段落番号＞をクリックします。

MEMO　他の記号

＜ホーム＞タブの＜段落番号＞の横の＜▼＞をクリックすると、行頭の記号を選択できます。

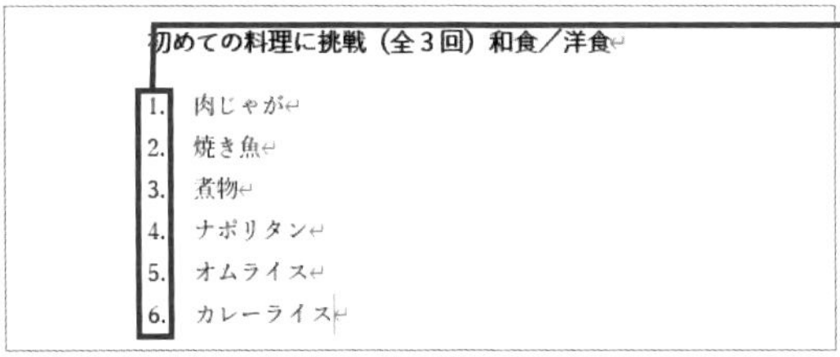

❸行頭に番号が付きました。

COLUMN

改行時に行頭の番号を削除する

箇条書きの項目の末尾でEnterキーを押すと、次の行の行頭にも番号が付きます。番号が不要な場合は、行頭に番号が付いた状態でもう一度Enterキーを押します。

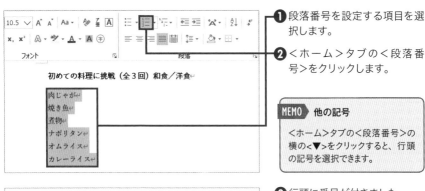

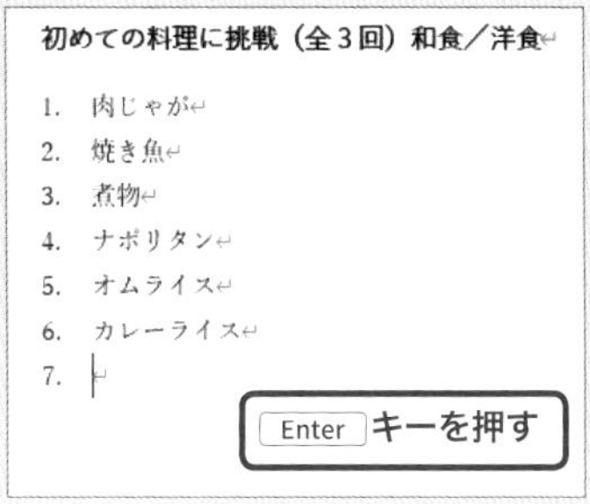

SECTION
281
段落番号

段落番号を1から振り直す

段落番号の書式を設定すると、通常は1から順に番号が振られます。途中の項目から番号を1から振り直すには、対象の項目の番号を右クリックして指示します。また、番号の設定を変更後、連番に戻すには、自動的に番号を振る設定にします。

箇条書きの項目の番号を1から振り直す

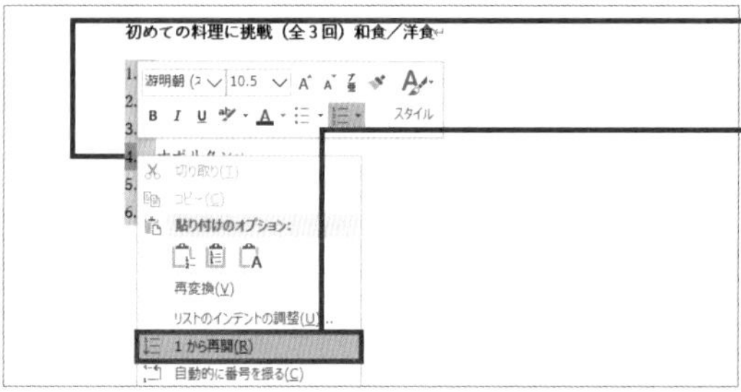

❶「1」を表示する項目の行頭の番号を右クリックします。

❷「1から再開」をクリックします。

❸番号が1から振り直されます。

COLUMN

段落内で番号を振る

段落番号の書式を設定するとき、項目を階層ごとに分類するには、「1」「1-1」「1-2」、「2」「2-1」「2-3」のように番号を振る方法があります。その場合は、段落番号を振る前に、まず、下のレベルの項目にインデントを設定し（P.332参照）ます。続いて、項目全体を選択して<ホーム>タブの<段落番号>をクリックしたあと、<アウトライン>の<▼>から番号の表示方法を指定します。また、長文を作成して「1章」「2章」など番号を表示する場合は、見出しスタイルを設定してアウトラインを作成します。

❶インデントを設定しておきます(P.332参照)。

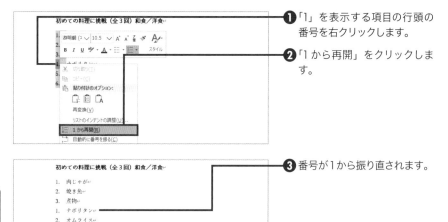

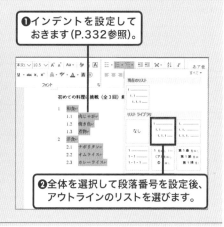

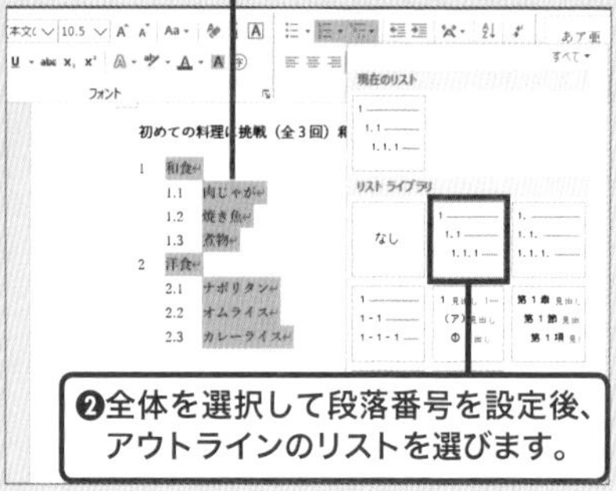

❷全体を選択して段落番号を設定後、アウトラインのリストを選びます。

SECTION 282 段落番号

段落番号を指定の番号から振り直す

段落番号の書式を設定して行末で Enter キーを押すと、同じリスト内で連続した番号が振られます。項目の途中から、指定の番号から順に番号を振り直すには、番号の設定を変更します。新しいリストを追加して、最初の番号を指定します。

箇条書きの項目の先頭の番号を指定する

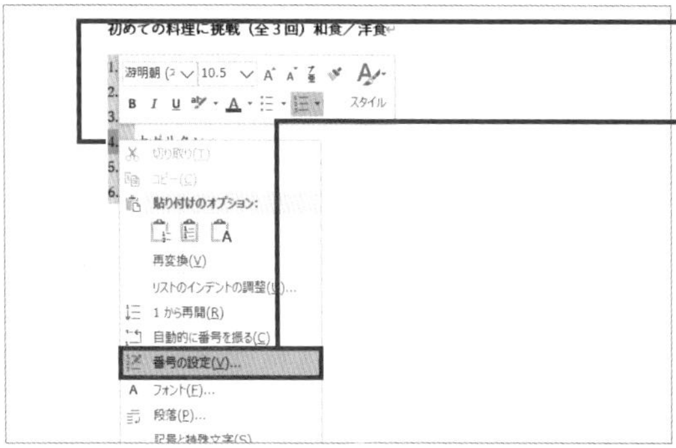

❶番号を振り直す行頭の番号を右クリックします。

❷「番号の設定」をクリックします。

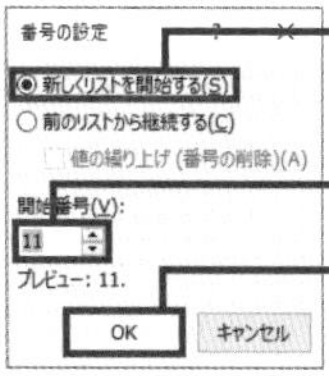

❸<新しくリストを追加する>をクリックします。

❹最初の番号を入力します。

❺< OK >をクリックします。

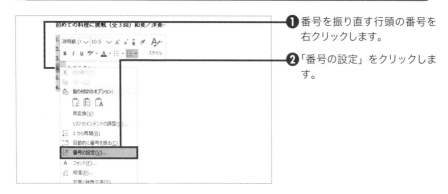

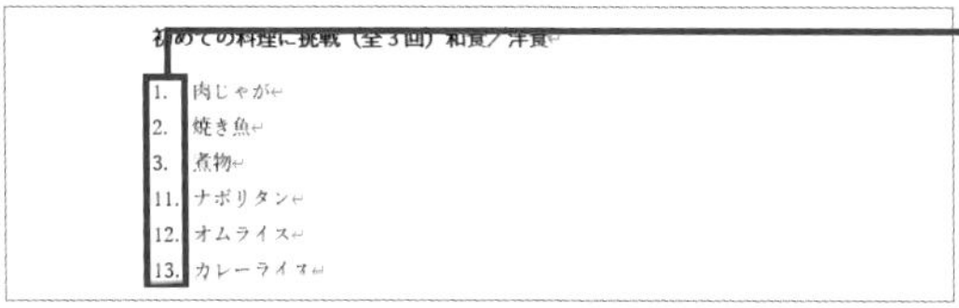

❻番号が振り直されます。

MEMO 指定した番号まで表示する

行頭の番号を、指定した番号の項目まで増やすには、<前のリストから継続する>をクリックして、<値>の繰り上げ(番号の削除)のチェックをオンにして、何番までの項目を表示するか指定します。

MEMO 元に戻す

番号を設定後、自動的に番号が振られるように設定を戻すには、変更した行頭の番号を右クリックして<自動的に番号を振る>をクリックします。

SECTION 283 インデント

文字の先頭位置を少し右にずらす

文字の先頭位置を右にずらすには、インデントの設定をします。<ホーム>タブの<インデントを増やす>を使うと、1文字ずつ文字を右にずらすことができます。右にずらした位置を左に戻すには、<インデントを戻す>を使います。

段落の先頭行の位置を1文字ずつずらす

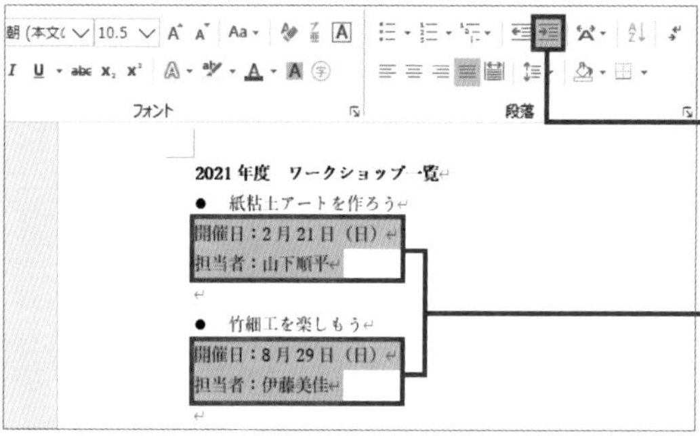

❶インデントを設定する段落を選択します。

❷<ホーム>タブの<インデントを増やす>を何度かクリックします。

MEMO さらに右にずらす

<インデントを増やす>をクリックすると、1文字ずつ文字が右にずれます。

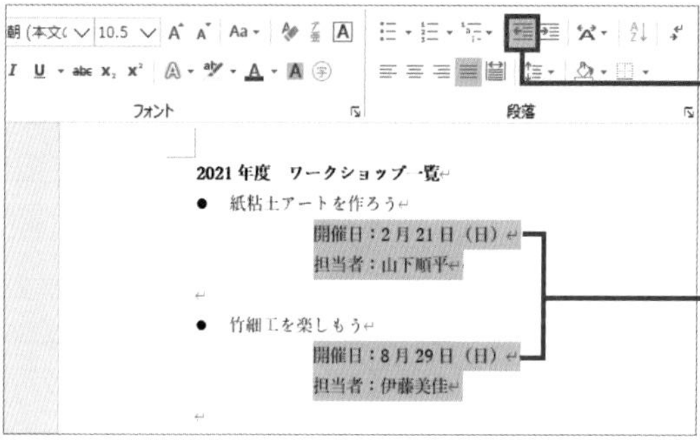

❸字下げが指定されました。

❹<インデントを減らす>をクリックします。

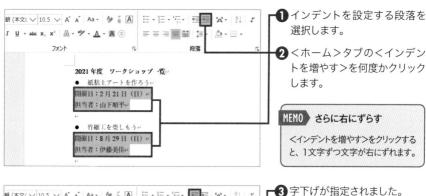

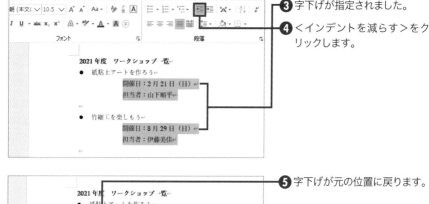

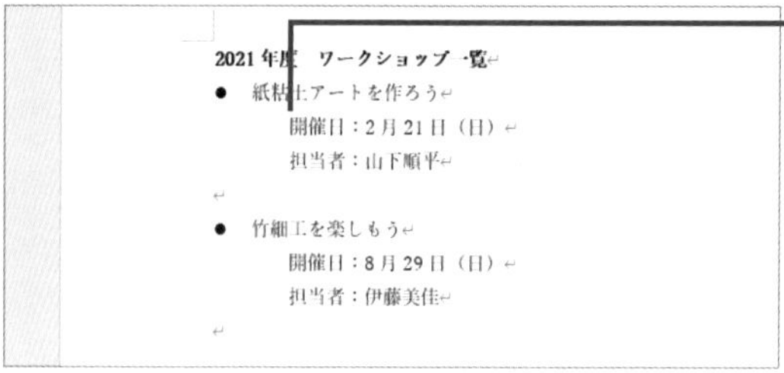

❺字下げが元の位置に戻ります。

SECTION
284
インデント

段落の左右の幅の位置を指定する

段落内の文字の左端と右端の位置を調整するには、インデントを設定します。インデントにはいくつかの種類があります。段落の左端の位置を調整するには左インデント、右端の位置は右インデントの位置を調整します。

段落の左右の幅を指定する

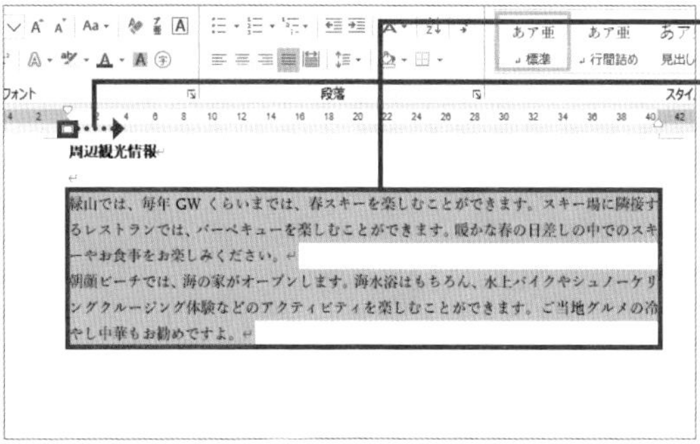
フォント
段落
標準
行間詰め
見出し
周辺観光情報
緑山では、毎年 GW くらいまでは、春スキーを楽しむことができます。スキー場に隣接す
るレストランでは、バーベキューを楽しむことができます。暖かな春の日差しの中でのスキ
ーやお食事をお楽しみください。
朝顔ビーチでは、海の家がオープンします。海水浴はもちろん、水上バイクやシュノーケリ
ングクルージング体験などのアクティビティを楽しむことができます。ご当地グルメの冷
やし中華もお勧めですよ。

❶ 段落を選択します。

❷ 左インデントマーカーをドラッグします。

MEMO ルーラー

文書ウィンドウの上のルーラーには、タブやインデントの設定などが表示されます。ルーラーを表示するには、<表示>タブの<ルーラー>をクリックします。

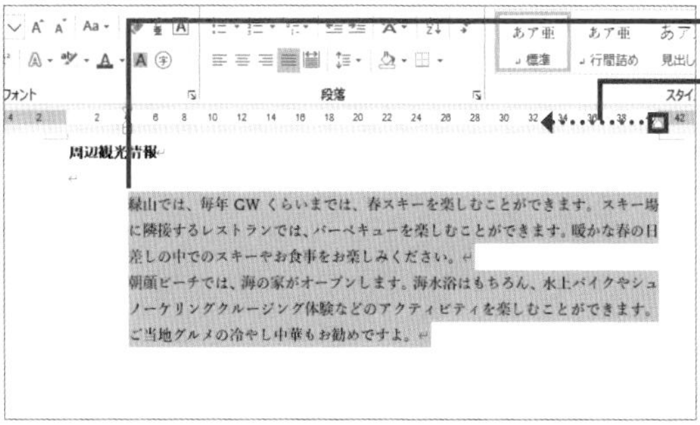
フォント
段落
標準
行間詰め
見出し
周辺観光情報
緑山では、毎年 GW くらいまでは、春スキーを楽しむことができます。スキー場
に隣接するレストランでは、バーベキューを楽しむことができます。暖かな春の日
差しの中でのスキーやお食事をお楽しみください。
朝顔ビーチでは、海の家がオープンします。海水浴はもちろん、水上バイクやシュ
ノーケリングクルージング体験などのアクティビティを楽しむことができます。
ご当地グルメの冷やし中華もお勧めですよ。

❸ 文字の左の位置が変わります。

❹ 右インデントマーカーをドラッグします。

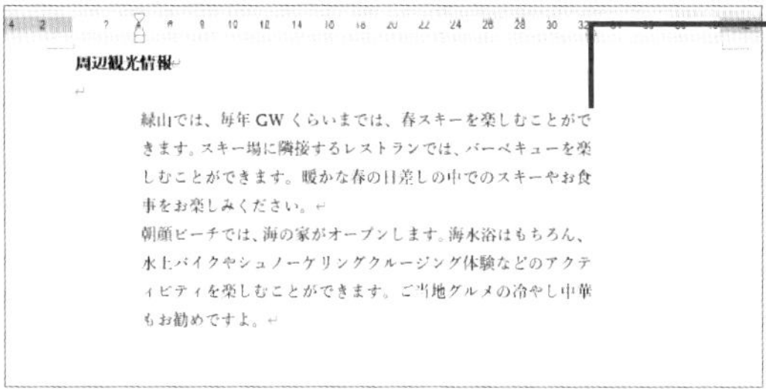
周辺観光情報
緑山では、毎年 GW くらいまでは、春スキーを楽しむことがで
きます。スキー場に隣接するレストランでは、バーベキューを楽
しむことができます。暖かな春の日差しの中でのスキーやお食
事をお楽しみください。
朝顔ビーチでは、海の家がオープンします。海水浴はもちろん、
水上バイクやシュノーケリングクルージング体験などのアクテ
ィビティを楽しむことができます。ご当地グルメの冷やし中華
もお勧めですよ。

❺ 文字の右の位置が変わります。

MEMO 余白位置

ルーラーの端のグレーの領域は、ページの余白を示しています。

SECTION 285 インデント

1行目だけ字下げする

複数行にわたる段落で、1行目の冒頭の文字の位置と、2行目以降の文字の位置を調整するには、インデントの設定を行います。ここでは、1行目のみ先頭文字を字下げします。<1行目のインデントマーカー>を操作します。

段落の先頭行のみ1文字分字下げする

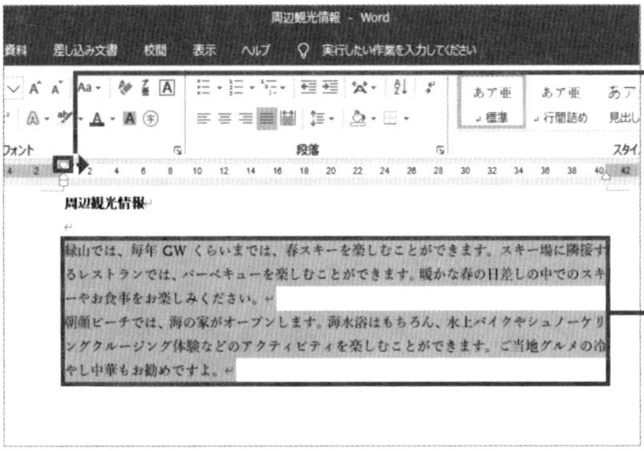
周辺観光情報 - Word
周辺観光情報
緑山では、毎年 GW くらいまでは、春スキーを楽しむことができます。スキー場に隣接するレストランでは、バーベキューを楽しむことができます。暖かな春の日差しの中でのスキーやお食事をお楽しみください。
朝顔ビーチでは、海の家がオープンします。海水浴はもちろん、水上バイクやシュノーケリングクルージング体験などのアクティビティを楽しむことができます。ご当地グルメの冷やし中華もお勧めですよ。

❶段落を選択します。

❷1行目のインデントマーカーをドラッグします。

> **MEMO 左インデントマーカー**
>
> <1行目のインデントマーカー>と<ぶら下げインデントマーカー>の間隔を保ったまま2つのマーカーの位置を変更するには、<左インデントマーカー>をドラッグします(P.327参照)。

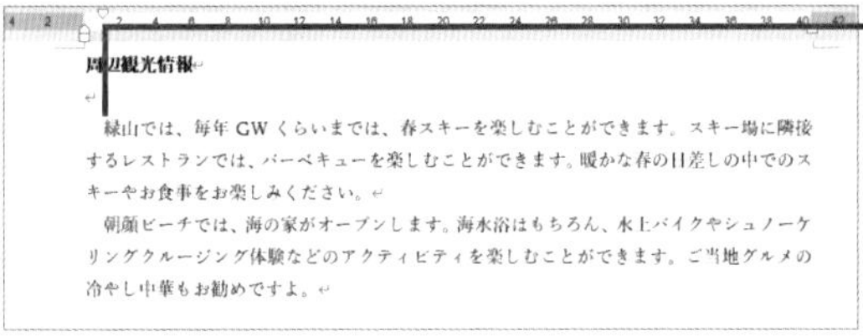
周辺観光情報
緑山では、毎年 GW くらいまでは、春スキーを楽しむことができます。スキー場に隣接するレストランでは、バーベキューを楽しむことができます。暖かな春の日差しの中でのスキーやお食事をお楽しみください。
朝顔ビーチでは、海の家がオープンします。海水浴はもちろん、水上バイクやシュノーケリングクルージング体験などのアクティビティを楽しむことができます。ご当地グルメの冷やし中華もお勧めですよ。

❸1行目の左端の文字の位置が変わります。

> **COLUMN**
>
> ### スペースで字下げする
>
> 入力オートフォーマットの設定(P.296参照)で、<行の始まりのスペースを字下げに変更する>がオンになっていると、1行目の冒頭でスペースキーを押して空白を入れて文字を入力して Enter キーを押すと、1行目の左端にインデントが設定されます。1行目のインデントが自動的に設定されます。

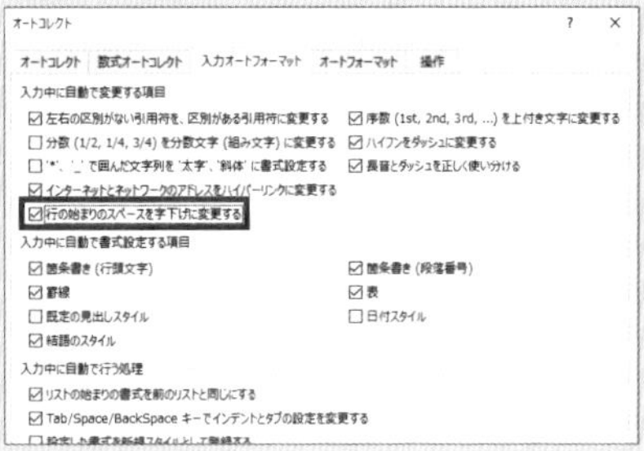
オートコレクト
オートコレクト
数式オートコレクト
入力オートフォーマット
オートフォーマット
操作
入力中に自動で変更する項目
行の始まりのスペースを字下げに変更する
入力中に自動で書式設定する項目
入力中に自動で行う処理

SECTION
286
インデント

2行目以降を字下げする

段落の2行目以降の文字の左位置を調整するには、ぶら下げインデントを設定します。箇条書きの書式を設定した場合などに、行頭文字を強調するため2行目以降の左位置を下げるときなどに使用します。段落を選択して操作します。

段落の2行目以降の行頭の位置を指定する

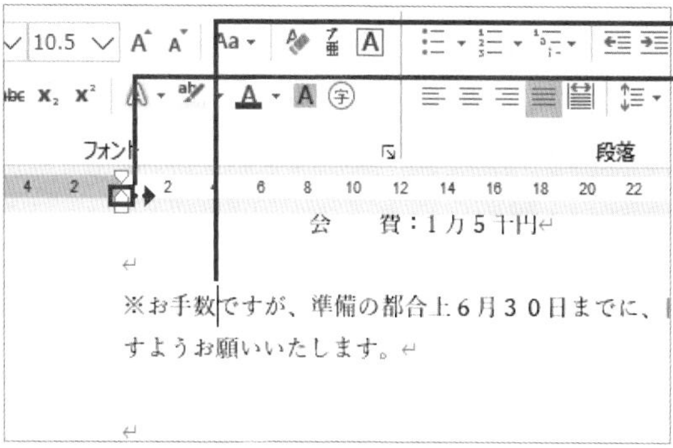

❶段落を選択します。

❷ぶら下げインデントマーカーをドラッグします。

MEMO 微妙に調整する

Alt キーを押しながらインデントマーカーをドラッグすると、文字数の目安の数字が表示されます。数字を見ながら位置を微妙に調整できます。

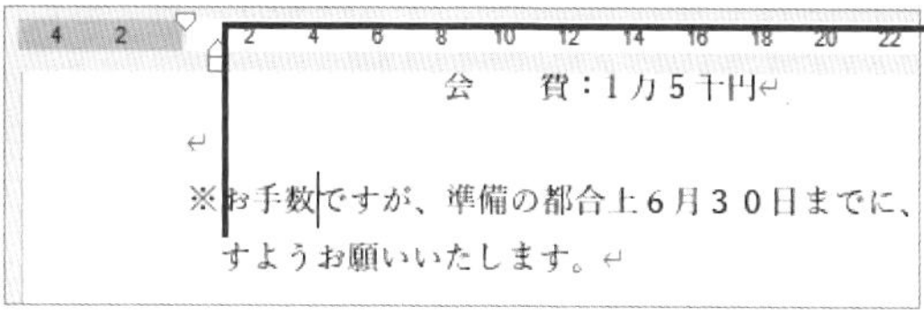

❸2行目以降の文字の位置が変わります。

MEMO ルーラーの表示単位

ルーラーの目盛の単位を文字数ではなく、センチやミリに変更するには、<Wordのオプション>画面の<詳細設定>の<表示>欄で<単位に文字幅を指定する>のチェックを外して<使用する単位>から表示する単位を選択します。

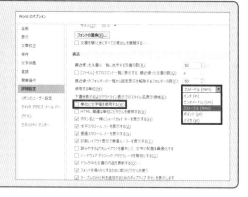

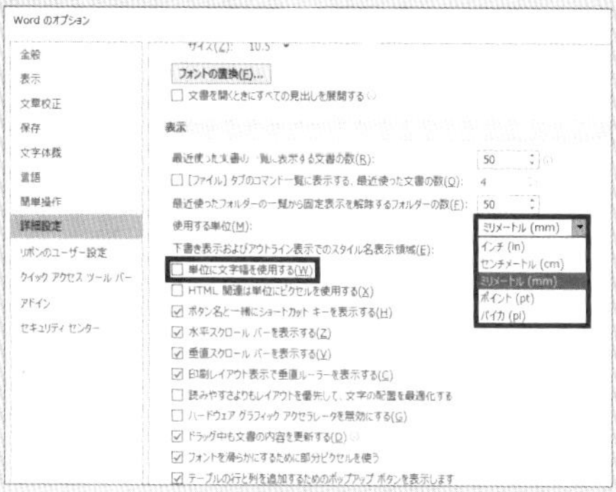

第6章
第7章
第8章
インデント 第9章
第10章

SECTION 287 行

行の間隔を指定する

Wordでは、行の下端から次の行の下端までの長さを行間と言います。特に指定しない場合は、行間は「1行」という設定になっています。行間が狭かったり広かったりする場合は、変更できます。数値で指定することもできます。

行と行の間隔を変更する

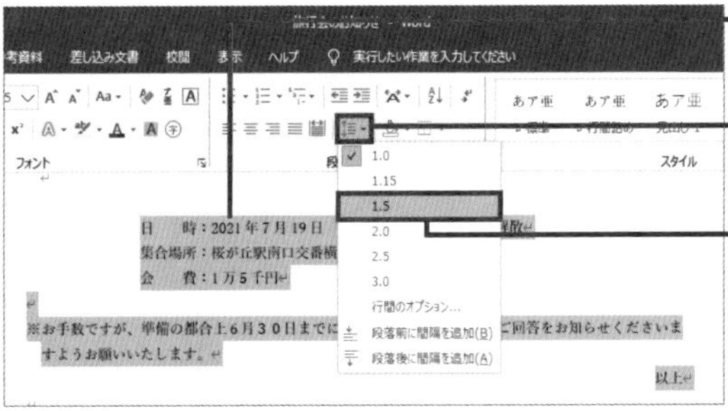

❶行間を変更する段落を選択します。

❷<ホーム>タブの<行間>をクリックします。

❸行間を選択します。

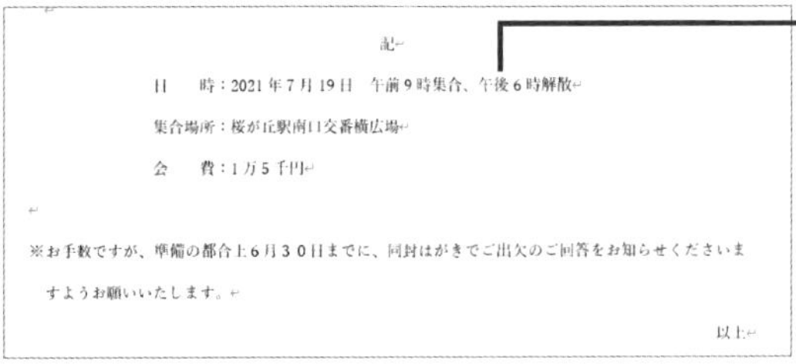

❹行間が変わりました。

COLUMN

全体の行の間隔を調整する

一部の段落の行間ではなく、文書全体の行の間隔を変更するには、用紙内の行数を変更する方法があります。<ページ設定>ダイアログボックスで指定します（P.350参照）。

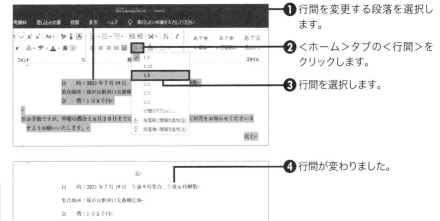

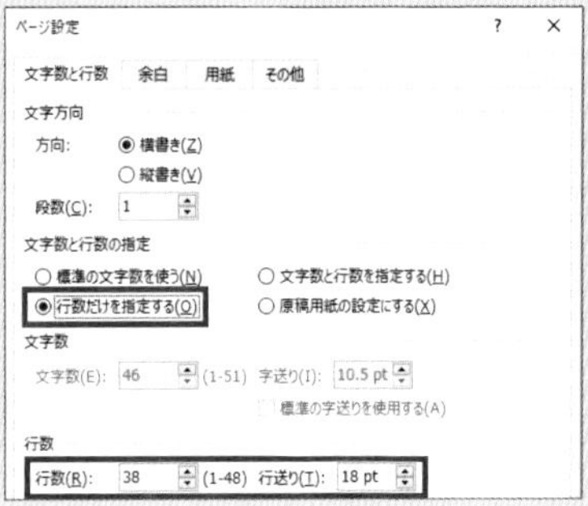

行間の位置を細かく指定する

段落内の行間の位置を細かく調整するには、段落に関する設定をする<段落>ダイアログボックスで行います。ここでは、指定した段落の行間を元の行間より25%狭い大きさに変更します。行間を倍数で指定します。

行間の大きさを調整して狭くする

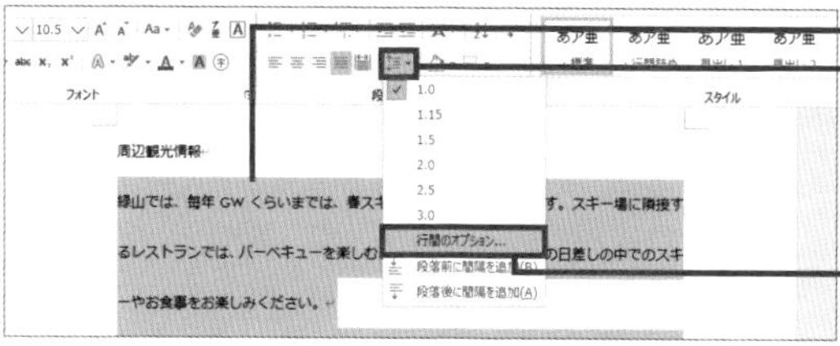

❶行間を変更する段落を選択します。

❷<ホーム>タブの<行間>をクリックします。

❸<行間のオプション>をクリックします。

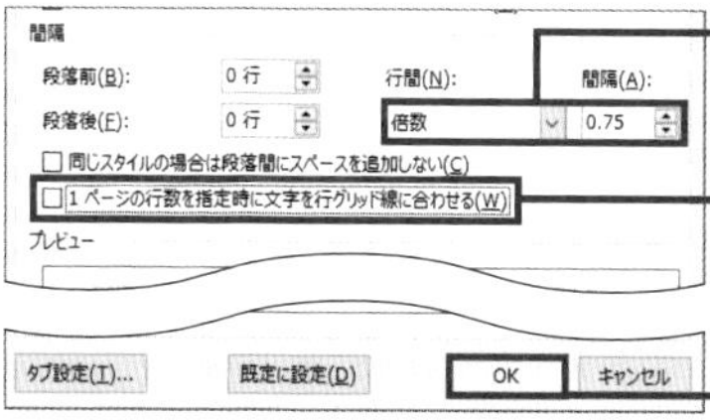

❹「行間」で<倍数>を選択し、<間隔>を指定します。

❺<1ページの行数を指定時に文字を行グリッド線に合わせる>のチェックをオフにします。

❻< OK >をクリックします。

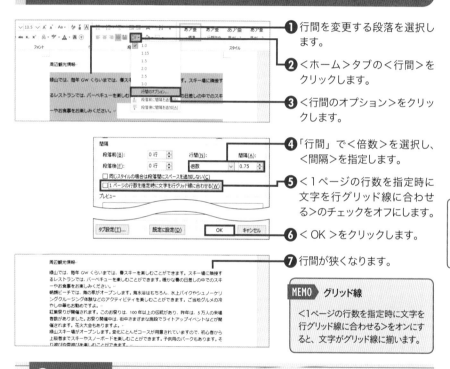

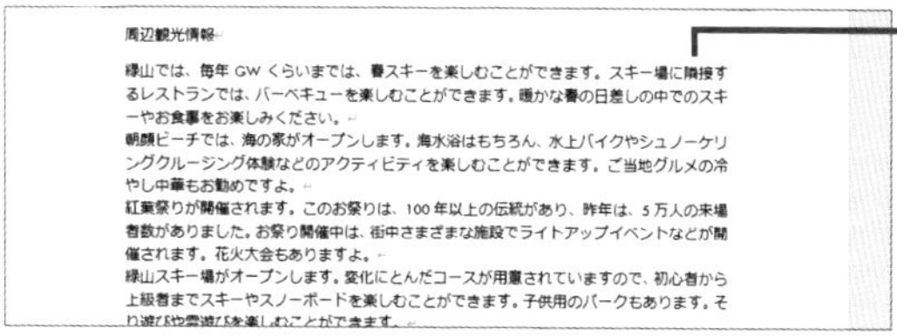

❼行間が狭くなります。

MEMO グリッド線

<1ページの行数を指定時に文字を行グリッド線に合わせる>をオンにすると、文字がグリッド線に揃います。

COLUMN

詳細を指定する

手順❹では、行間の大きさを次の項目から指定できます。「1行」は、既定値です。「1.5行」は1行の1.5倍、「2行は」1行の2倍です。「最小値」は<間隔>で間隔を指定します。行内の最大の文字が収まるように自動調整されます。「固定値」は<間隔>欄で間隔を指定します。文字の大きさによる調整は行われません。「倍数」は<間隔>欄で数値を指定します。「1行」を基準に、「1.25行」「1.5行」など「0.25」単位で指定できます。

SECTION 289 行

段落の前後の間隔を指定する

段落という文字のまとまりの上（前）や下（後）に適度な空白を入れて配置のバランスを整えるには、段落の前後の間隔を指定します。段落の前や後のいずれかに空白を入れることもできます。間隔の大きさは、行やポイント単位で指定できます。

段落の後に空間を表示する

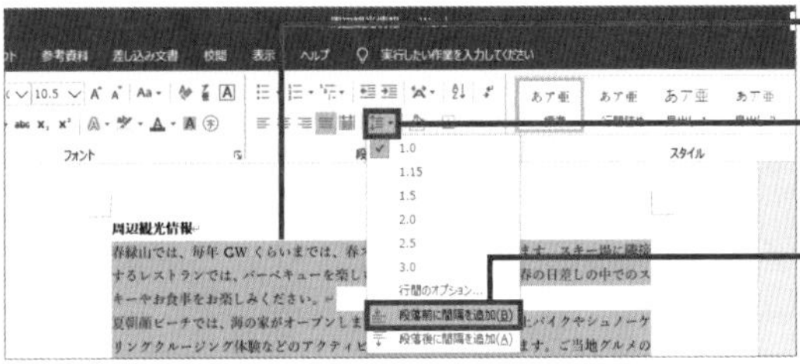

❶段落の前後の間隔を変更する段落を選択します。

❷＜ホーム＞タブの＜行間＞をクリックします。

❸＜段落前の間隔を追加＞をクリックします。

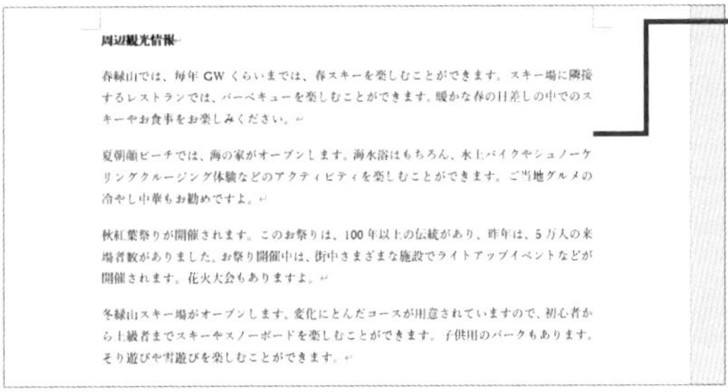

❹段落前の間隔が変わりました。

COLUMN

段落前や後の間隔を数値で指定する

段落前や段落後の間隔を細かく指定するには、手順❷で＜行間のオプション＞をクリックします。表示される画面で段落前や段落後の間隔を指定します。

SECTION 290 タブ

文字を行の途中から揃えて入力する

文字の位置を揃えるには、インデント以外にタブを使用する方法があります。Tab キーを押すと、通常4文字分文字カーソルが移動します。段落にタブを設定すると、Tab キーを押したときに、指定した箇所まで文字カーソルが移動します。

Tab キーで文字の位置を揃えながら文字を入力する

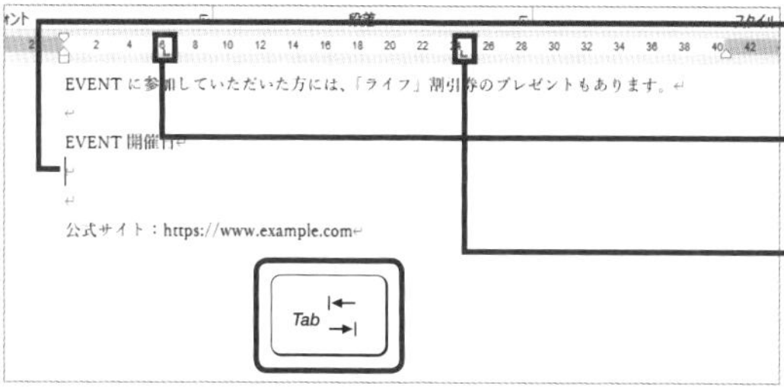
EVENT に参加していただいた方には、「ライフ」割引券のプレゼントもあります。
EVENT 開催日
公式サイト：https://www.example.com
Tab

❶タブを設定する段落を選択します。

❷ルーラー上のタブを配置する場所をクリックします。

❸同様に、タブを配置する場所をクリックします。

❹ Tab キーを押します。

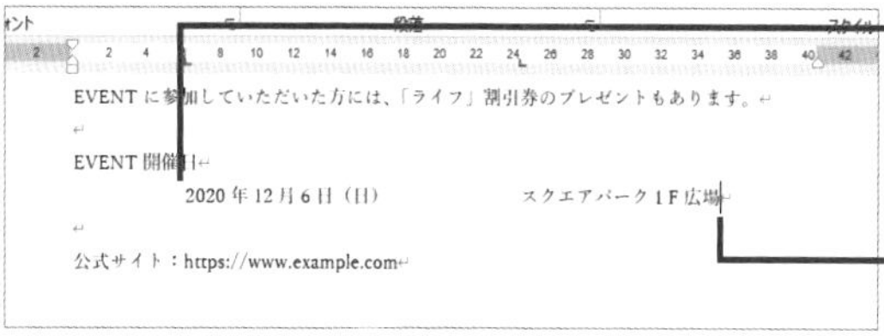
EVENT に参加していただいた方には、「ライフ」割引券のプレゼントもあります。
EVENT 開催日
2020 年 12 月 6 日（日）
スクエアパーク 1 F 広場
公式サイト：https://www.example.com

❺タブを追加した位置まで文字カーソルが移動するので、文字を入力して Tab キーを押します。

❻文字を入力して Enter キーを押します。

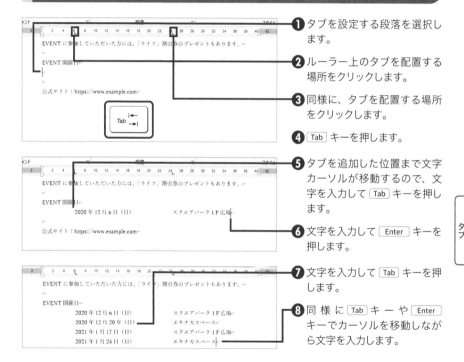

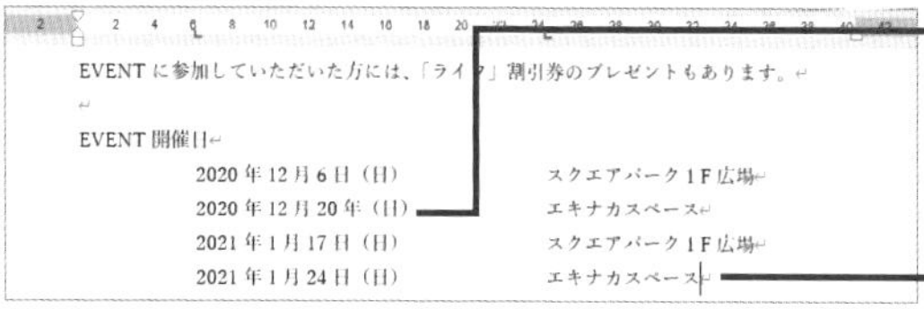
EVENT に参加していただいた方には、「ライフ」割引券のプレゼントもあります。
EVENT 開催日
2020 年 12 月 6 日（日） スクエアパーク 1 F 広場
2020 年 12 月 20 日（日） エキナカスペース
2021 年 1 月 17 日（日） スクエアパーク 1 F 広場
2021 年 1 月 24 日（日） エキナカスペース

❼文字を入力して Tab キーを押します。

❽同様に Tab キーや Enter キーでカーソルを移動しながら文字を入力します。

COLUMN

<タブとリーダー>ダイアログボックス

<ホーム>タブの<段落>の<ダイアログボックス起動ツール>をクリックし、<段落>ダイアログボックスの<タブ設定>をクリックすると、<タブとリーダー>ダイアログボックスが表示されます（P.341参照）。<タブとリーダー>ダイアログボックスでは、選択している段落に設定されているタブを確認できます。タブを追加したりタブ位置を変更したりもできます。

SECTION 291 タブ

文字の表示位置を表のように揃える

文字を決まったパターンで配置するには表を使うと便利ですが、タブを使って表のように文字の配置を整えることもできます。この場合、タブの使い方を知る必要がありますが、数行程度であれば、表を作成する手間を省き文字の配置をかんたんに整えられます。

タブを設定して文字の位置を揃える

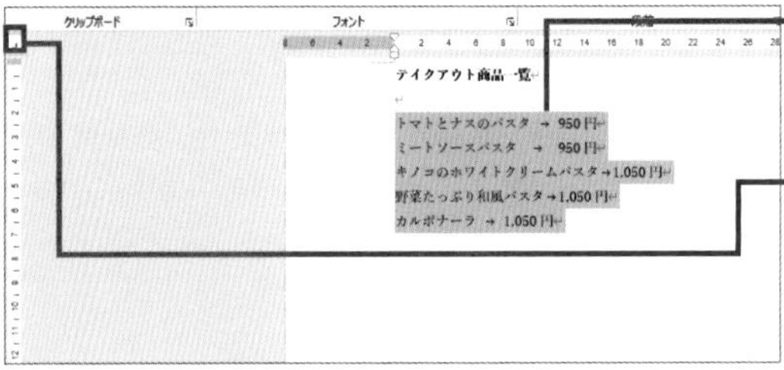

❶ Tab キーで区切りを入れながら文字を入力し、タブを設定する対象の段落を選択します。

❷ ルーラーのタブのアイコンを何度かクリックしてタブの種類（ここでは右揃え）を指定します。

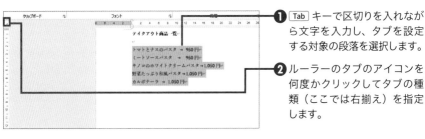

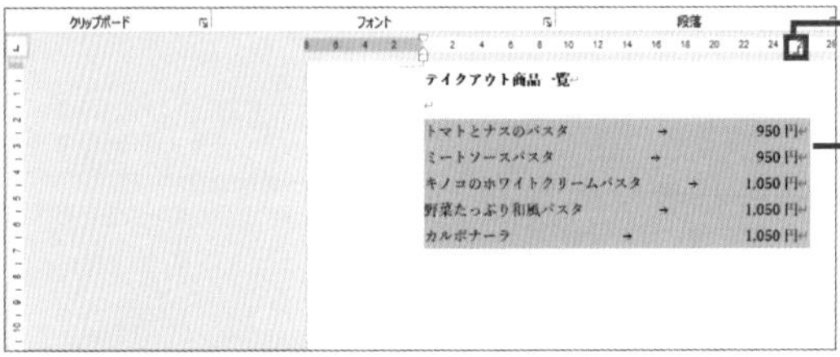

❸ 指定したタブを配置する場所をクリックします。

❹ タブ位置に文字が揃います。ここでは、文字の右側が指定した箇所に揃います。

COLUMN

タブの種類

タブには、次のような種類があります。ルーラーの左端のタブの印をクリックすると、タブの種類が変わります。タブの種類を指定後、ルーラー上をクリックすると指定したタブが追加されます。

タブ		内容
左揃え		既定のタブ。文字の先頭位置を揃えます。
中央揃え		文字列の中心位置を揃えます。
右揃え		文字列の右端の位置を揃えます。
小数点揃え		文字列内に小数点がある場合、小数点の位置を揃えます。
縦棒		文字の配置を揃える目的ではなく、文字列を区切る線を表示するときに使います。

SECTION
292
タブ

文字の末尾と文字の先頭位置を点線でつなぐ

タブ位置までの空白の箇所を点線で結ぶには、タブにリーダーを設定します。タブやリーダーの設定を確認する<タブとリーダー>ダイアログボックスを表示して設定します。点線を表示する場所のタブ位置を選択して指定します。

次のタブ位置まで点線を表示する

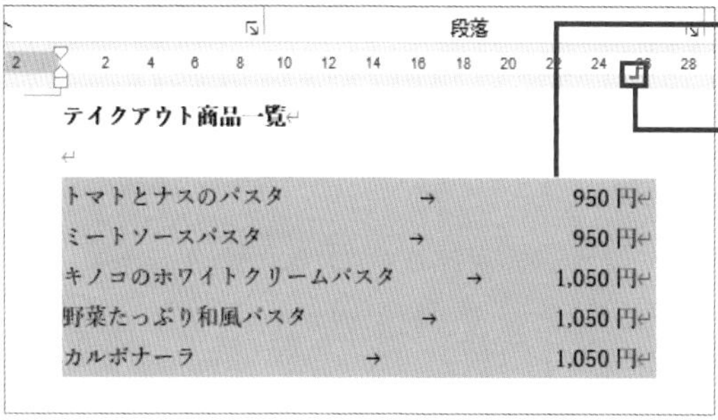

❶タブが設定されている段落を選択します。

❷ルーラー上のタブをダブルクリックします。

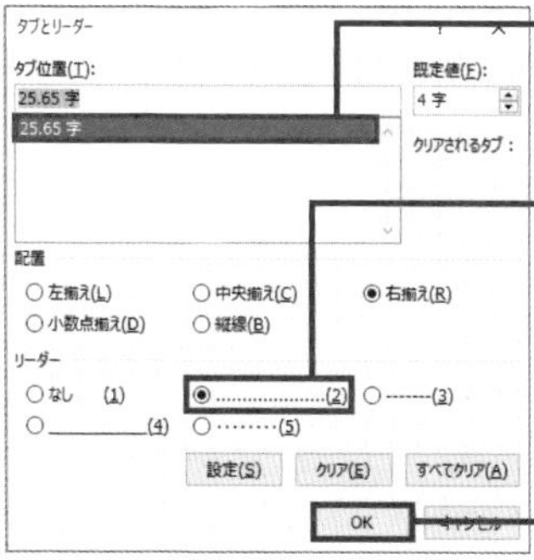

❸選択している段落に設定されているタブ一覧が表示されるので、タブ位置を選択します。

❹リーダー>から線の種類を選びます。

❺< OK >をクリックします。

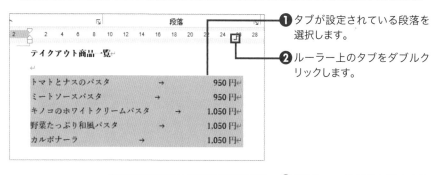

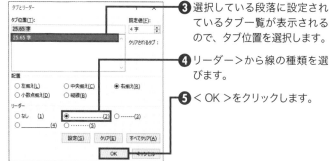

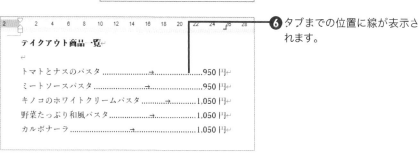

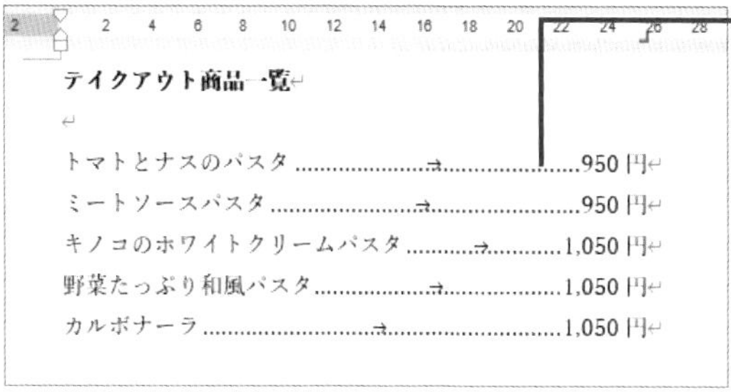

❻タブまでの位置に線が表示されます。

SECTION 293 段落

ページの途中から文字を入力する

ページの途中から文字を入力したい場合、Enterキーを何度も押して改行する必要はありません。文字を入力する箇所でダブルクリックして文字カーソルを移動します。マウスポインターの形に注意して操作します。

ダブルクリックで文字カーソルを移動する

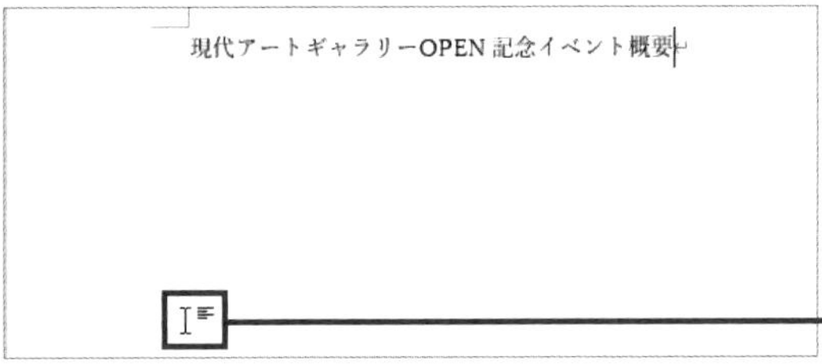

❶文字を入力したい箇所にマウスポインターを移動し、マウスポインターの形を確認し、ダブルクリックします。

❷文字カーソルが移動します。

COLUMN

マウスポインターの形

文字カーソルを表示するときに文書内をダブルクリックするときは、マウスポインターの形に注意します。ダブルクリックした位置に応じて文字の配置などが変わります。

マウスポインター	内容
	1行目のインデントがずれた形になります。
	左揃えのタブが入ります。
	中央揃えになります。
	右揃えになります。
	写真や表の横などに移動するとき、文字を左側に配置して折り返して表示します。
	写真や表の横などに移動するとき、文字を右側に配置して折り返して表示します。

SECTION
294
段落

段落の途中でページが分かれないようにする

・段落の途中でページが分かれてしまうのを防ぐには、文章が増減した場合でも、改ページ位置が自動的に調整される機能を使って設定します。同じ段落内で改ページされないようにしたり、次の段落と別れないようにしたり設定できます。

段落の途中で改ページされないようにする

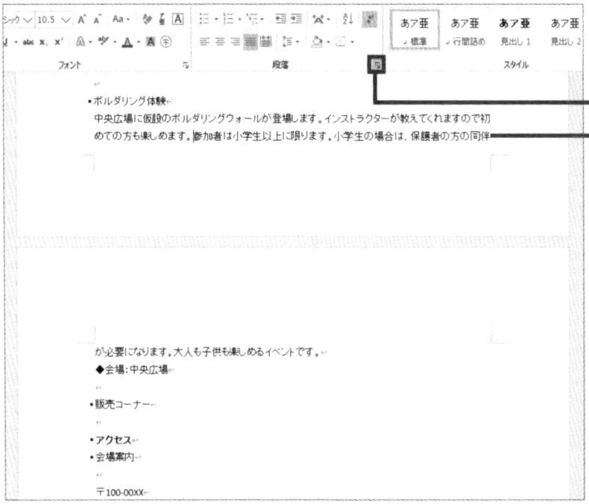

❶改ページ位置を調整する段落を選択します。

❷＜ホーム＞タブの＜段落＞の＜ダイアログボックス起動ツール＞をクリックします。

> **MEMO　見出しスタイル**
>
> 長文を作成するときなどは、見出しスタイルの段落に改ページ位置の指定をすることが多くあります。たとえば、見出し1の前で必ず改ページされるように指定したり、見出しの段落は次の段落と分割されないように指定したりできます。

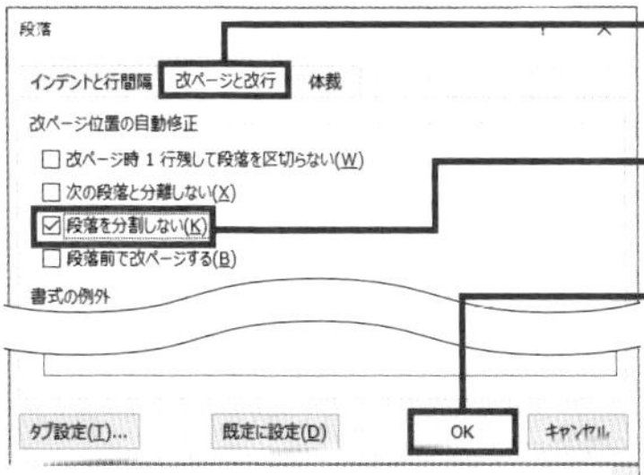

❸＜改ページと改行＞タブをクリックします。

❹＜段落を分割しない＞をクリックします。

❺＜ OK ＞をクリックします。

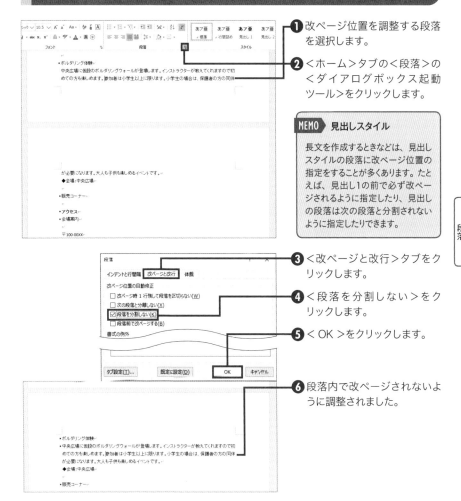

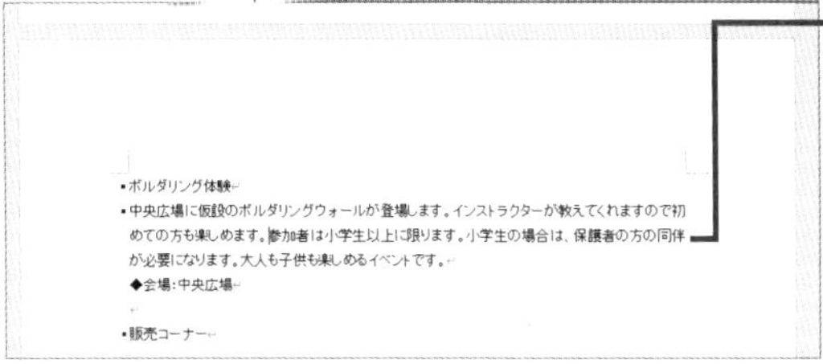

❻段落内で改ページされないように調整されました。

SECTION 295 段落

行頭の記号の前の半端なスペースを消す

行頭に「【」などの記号を表示すると、他の行と比べて、文字の左位置が右にずれて見えることがあります。文字の左端の位置を他の行と揃って見えるようにするには、行頭の記号の幅を半分にします。段落の設定で指定できます。

行頭の記号を半分のスペースで表示する

❶ 対象の段落を選択します。

❷ <ホーム>タブの<段落>の<ダイアログボックス起動ツール>をクリックします。

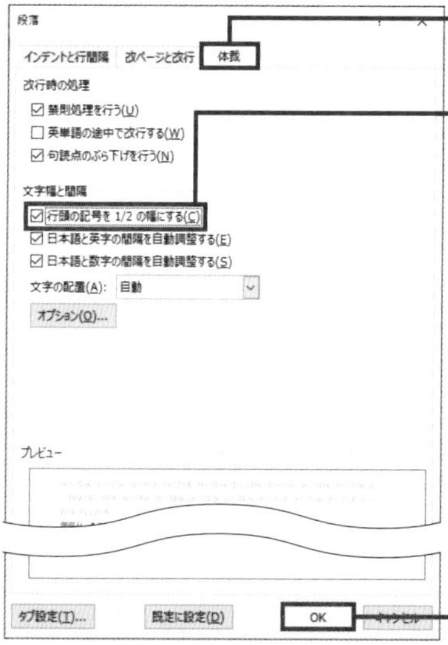

❸ <体裁>タブをクリックします。

❹ <行頭の記号を 1/2 の幅にする>をクリックします。

❺ < OK >をクリックします。

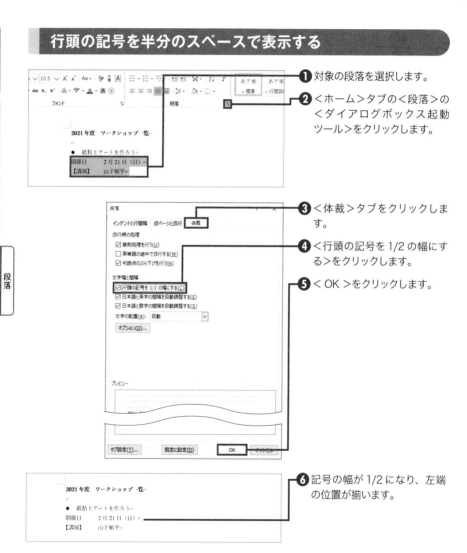

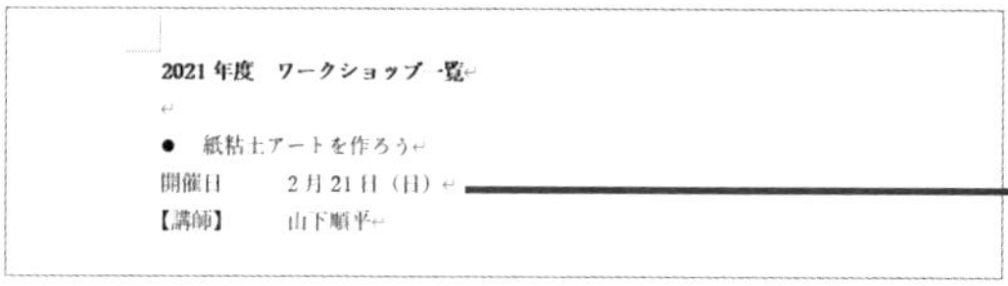

❻ 記号の幅が 1/2 になり、左端の位置が揃います。

第10章

Word レイアウトのプロ技

SECTION
296 ページの余白を変更する

余白

用紙の余白の大きさは、「狭い」「広い」などの中から選択できます。また、上下左右の余白の大きさを数値で指定することもできます。文書の内容が用紙に収まらない場合、余白の位置を狭くすると、きれいに収められることもあります。

余白の大きさを一覧から選択する

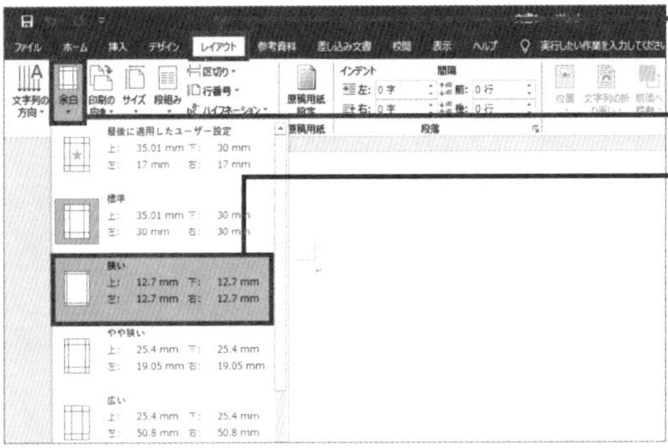

❶ <レイアウト>タブをクリックします。

❷ <余白>をクリックします。

❸ 余白の大きさを選択します。

❹ 余白の大きさが変わります。

COLUMN

見開きページでとじしろの位置を指定する

手順❸で<ユーザー設定の余白>を選ぶと、<ページ設定>ダイアログボックスが表示されます。<余白>タブでは余白の大きさを細かく指定できます。たとえば、複数ページ印刷するときに、両面印刷をしてページを綴じるときは、<印刷の形式>で<見開きページ>を選択し、<とじしろ>を指定すると、ページの内側に空白ができるため、見開きページの内側の文字が読みやすくなります。

SECTION 297

文書の向き

文書の向きやサイズを変更する

ビジネス文書を印刷するときは、A4用紙を縦にして印刷することが多いでしょう。用紙の向きやサイズは変更できます。写真を印刷したりはがきに印刷したりする場合などは、用紙の大きさを変更して文書を作成します。

用紙の向きやサイズを選択する

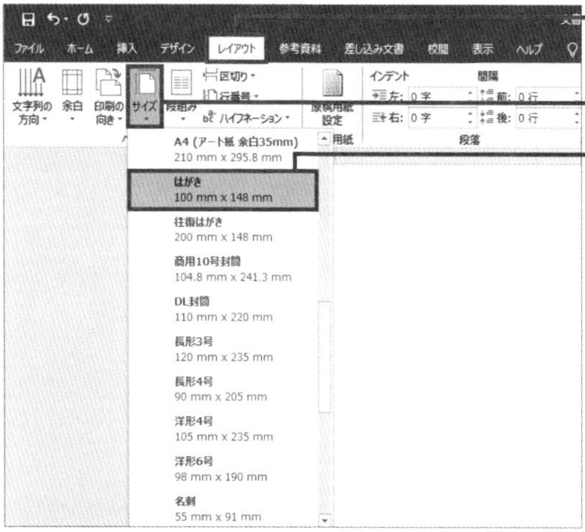

❶ <レイアウト>タブをクリックします。

❷ <サイズ>をクリックします。

❸ 用紙のサイズを指定します。

MEMO 指定したページだけサイズや向きを変える

用紙のサイズや向きは、セクション（P.357参照）ごとに指定できます。複数ページにわたる文書で指定したページだけ用紙のサイズや向きを変えるには、セクションを分けてから指定したセクションの用紙のサイズや向きを変更します。

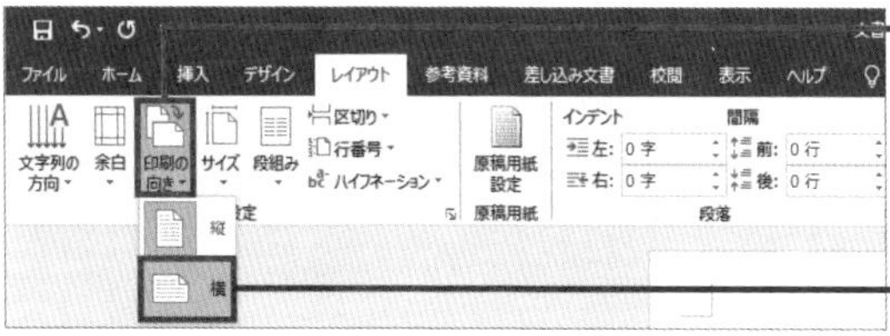

❹ 印刷の向き>をクリックします。

❺ 紙の向きを選択します。

❻ 紙のサイズや向きが変わりました。

SECTION
298
文書の向き

縦書きと横書きを切り替える

縦書きの文書を作成するときは、文字列の方向を変更します。なお、縦書きの文書では、英字が縦に並んだり、半角の英字や数字などが横向きになります。英字や数字を横に並べて表示する方法は、P.349で紹介しています。

横書きの文書を縦書きに変更する

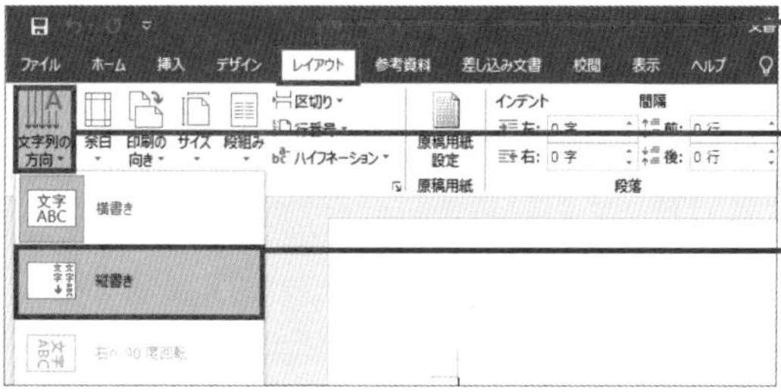

❶＜レイアウト＞タブをクリックします。

❷＜文字列の方向＞をクリックします。

❸＜縦書き＞をクリックします。

❹文字が縦書きの設定になります。

COLUMN

縦書きの原稿用紙を使う

縦書きの原稿用紙を用意して文書を作成するには、＜レイアウト＞タブの＜原稿用紙設定＞をクリックします。＜スタイル＞や＜文字数×行数＞などを指定し、＜印刷の向き＞を＜横＞にして＜OK＞をクリックすると、縦書きの原稿用紙が用意されます。

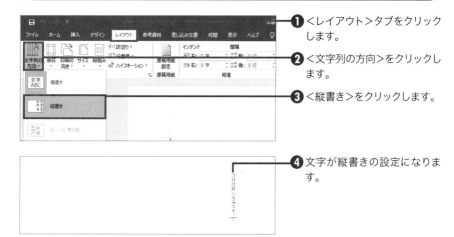

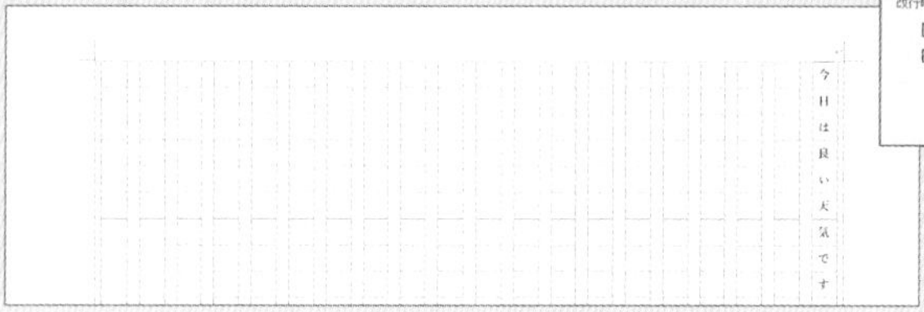

SECTION 299 文書の向き

縦書きの文書で数字を横に並べる

縦書きの文書では、全角の英字や数字が縦に並び、半角の英字や数字は横向きになってしまいます。縦に並んだ英字や数字を横に並べたり、半角の英字や数字の向きを変えて横に並べたりするには、文字を縦中横の設定に変更します。

縦書き文書で読みづらい数字の配置を整える

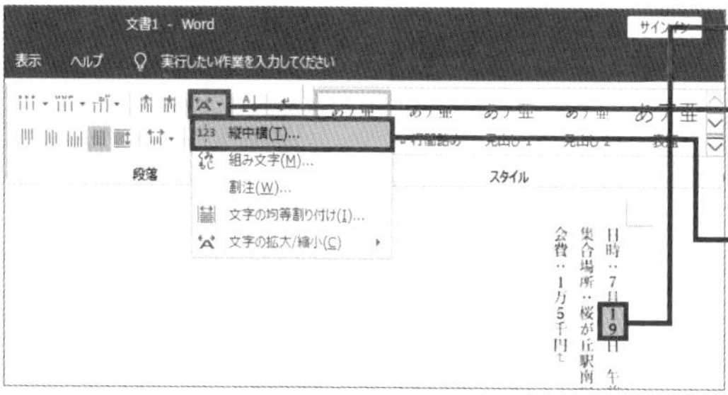

❶ 並べる英字や数字を選択します。

❷ ＜ホーム＞タブの＜拡張書式＞をクリックします。

❸ ＜縦中横＞をクリックします。

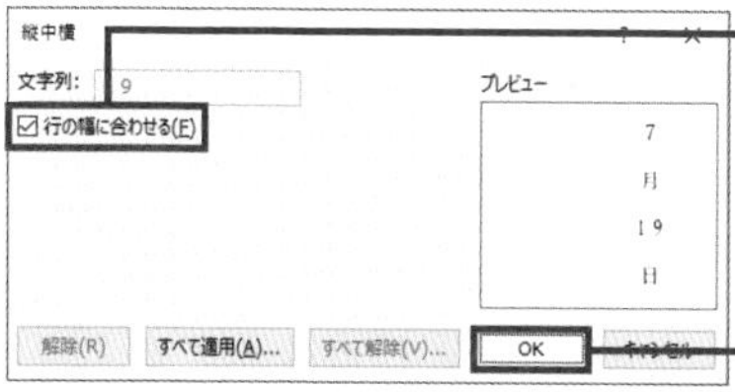

❹ ＜行の幅に合わせる＞にチェックを付けます。

❺ ＜OK＞をクリックします。

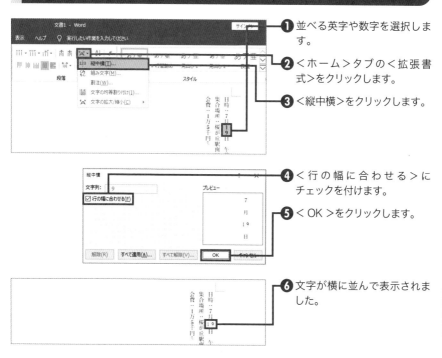

❻ 文字が横に並んで表示されました。

COLUMN

拡張書式が選べない場合

原稿用紙のスタイルに設定していると、拡張書式で設定できないものがあります。縦中横の設定ができないときは、＜レイアウト＞タブの＜原稿用紙設定＞をクリックすると表示される画面で＜スタイル＞から＜原稿用紙の設定にしない＞を選択して＜OK＞をクリックします。続いて、縦中横の設定を行う文字を選択して、文字に縦中横の設定を行います。続いて、＜レイアウト＞タブの＜原稿用紙設定＞をクリックして＜スタイル＞を元の原稿用紙のスタイルに戻す方法があります。

SECTION **300** 文字数

1ページあたりの文字数と行数を指定する

ページ内の行数や文字数を指定するには、＜ページ設定＞ダイアログボックスで行います。行数だけを指定したり、文字数と行数の両方を指定したりできます。なお、文字数や行数の指定に応じて、文字の間隔や行の間隔などが変わります。

1ページ内の行数や1行の文字数を指定する

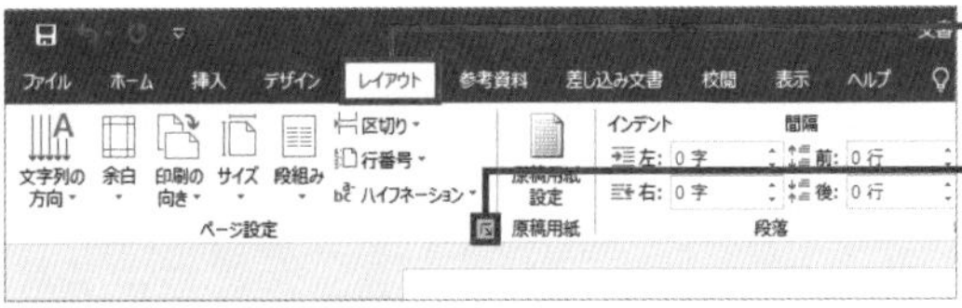

❶＜レイアウト＞タブをクリックします。

❷＜ページ設定＞の＜ダイアログボックス起動ツール＞をクリックします。

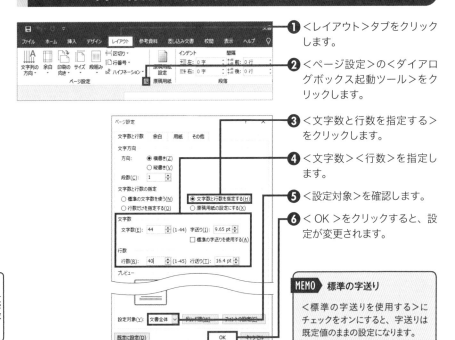

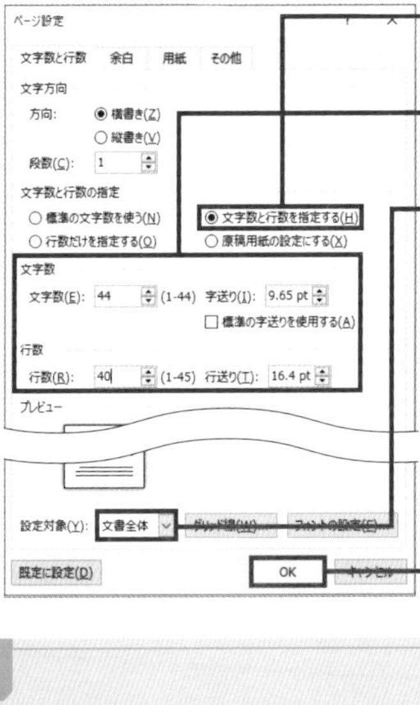

❸＜文字数と行数を指定する＞をクリックします。

❹＜文字数＞＜行数＞を指定します。

❺＜設定対象＞を確認します。

❻＜OK＞をクリックすると、設定が変更されます。

MEMO　標準の字送り

＜標準の字送りを使用する＞にチェックをオンにすると、字送りは既定値のままの設定になります。

COLUMN

行数が指定どおりにならない

游明朝などのフォントの場合、行数を指定しても指定した行数になりません。行数を正しく変更するには他のフォントに変更します。または、全段落を選択し、＜段落＞ダイアログボックスを表示して、＜行間＞を＜固定値＞にして、＜間隔＞欄に、手順❹の＜行数＞を指定すると表示される＜行送り＞の値を入力します。＜1ページの行数を指定時に文字を行グリッド線に合わせる＞のチェックを外して＜OK＞をクリックします。

SECTION
301
文字数

行の左端に行番号を自動表示する

行番号を表示すると、行の左端に連番が表示されます。文書全体を通して番号を表示したり、用紙ごとに番号を振り直したり指定できます。また、指定した段落には行番号を表示しないなど、段落ごとに設定できます。

行の左端に番号を表示する

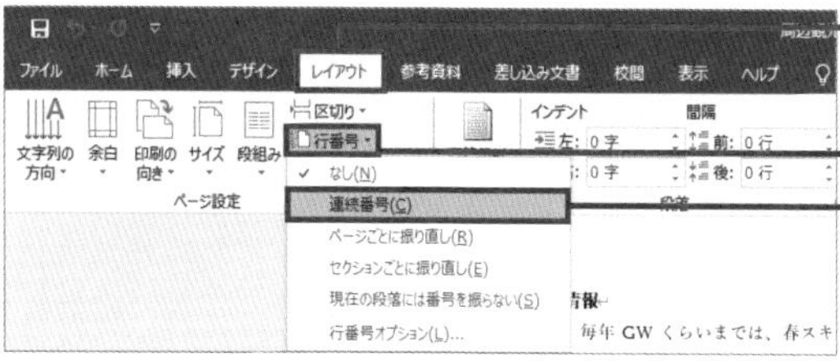

ファイル
ホーム
挿入
デザイン
レイアウト
参考資料
差し込み文書
校閲
表示
ヘルプ
文字列の方向
余白
印刷の向き
サイズ
段組み
ページ設定
区切り
行番号
なし(N)
連続番号(C)
ページごとに振り直し(R)
セクションごとに振り直し(E)
現在の段落には番号を振らない(S)
行番号オプション(L)...
インデント
間隔
左: 0 字
前: 0 行
後: 0 行
段落

❶ <レイアウト>タブをクリックします。

❷ <行番号>をクリックします。

❸ <連続番号>をクリックします。

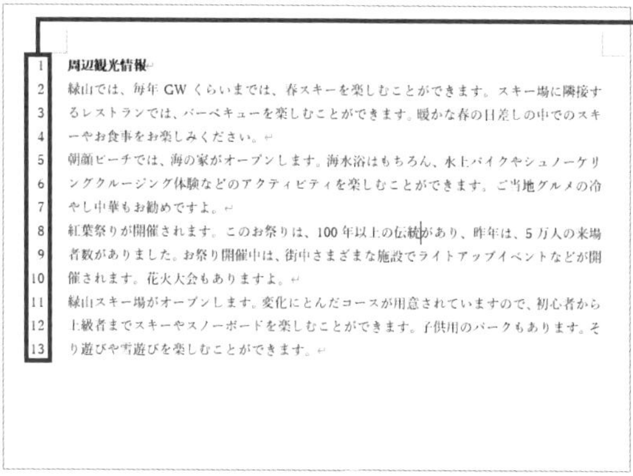

1 周辺観光情報
2 緑山では、毎年 GW くらいまでは、春スキーを楽しむことができます。スキー場に隣接す
3 るレストランでは、バーベキューを楽しむことができます。暖かな春の日差しの中でのスキ
4 ーやお食事をお楽しみください。
5 朝顔ビーチでは、海の家がオープンします。海水浴はもちろん、水上バイクやシュノーケリ
6 ングクルージング体験などのアクティビティを楽しむことができます。ご当地グルメの冷
7 やし中華もお勧めですよ。
8 紅葉祭りが開催されます。このお祭りは、100 年以上の伝統があり、昨年は、5 万人の来場
9 者数がありました。お祭り開催中は、街中さまざまな施設でライトアップイベントなどが開
10 催されます。花火大会もありますよ。
11 緑山スキー場がオープンします。変化にとんだコースが用意されていますので、初心者から
12 上級者までスキーやスノーボードを楽しむことができます。子供用のパークもあります。そ
13 り遊びや雪遊びを楽しむことができます。

❹ 行番号が表示されます。

MEMO　現在の段落

行番号を表示しているとき、選択している段落には行番号を表示したくない場合は、手順❸で<現在の段落には番号を振らない>をクリックします。設定を変更すると、この段落を選択して<段落>ダイアログボックス（P.343参照）を表示したときに<改ページと改行>タブの<行番号を表示しない>のチェックがオンになります。

COLUMN

行番号の表示の詳細を指定する

手順❸で<行番号のオプション>をクリックし、表示される画面の<行番号>をクリックすると、行番号の表示方法の詳細を指定する画面が表示されます。<開始番号>で先頭行の番号を指定することができ、<行番号の増分>で何行ごとに行番号を表示するかなどを指定できます。

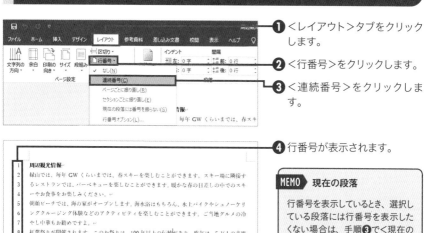

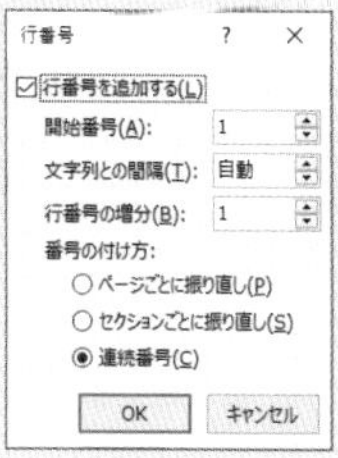

行番号
行番号を追加する(L)
開始番号(A): 1
文字列との間隔(T): 自動
行番号の増分(B): 1
番号の付け方:
ページごとに振り直し(P)
セクションごとに振り直し(S)
連続番号(C)
OK
キャンセル

SECTION 302 設定

指定した部分のみ文字数や行数を変更する

文書の一部のみ、1行辺りの文字数や用紙内の行数を変更するには、文書にセクション区切りを追加して文書を複数のセクションに分割します。続いて、文字数や行数を指定します。文書全体ではなくセクションに対して設定します。

文書の前半部分の文字数や行数を指定する

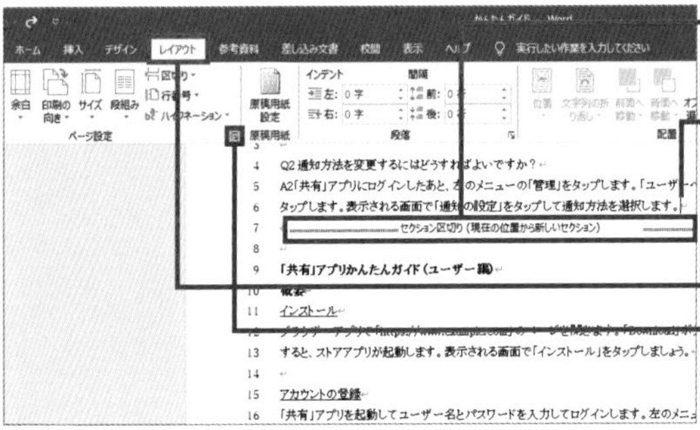

❶ セクション区切りを追加しておきます（P.357 参照）。

❷ 文字数などを変更するセクション内をクリックします。

❸ <レイアウト>タブをクリックします。

❹ <ページ設定>の<ダイアログボックス起動ツール>をクリックします。

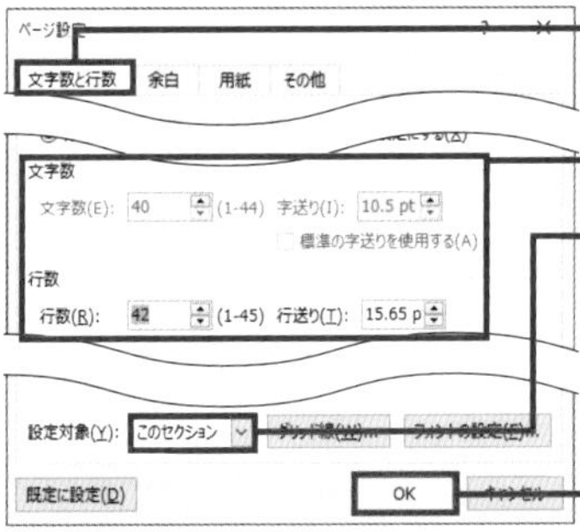

❺ <文字数と行数>タブをクリックします。

❻ 文字数や行数を指定します。

❼ 設定対象を指定します。

❽ < OK >をクリックします。

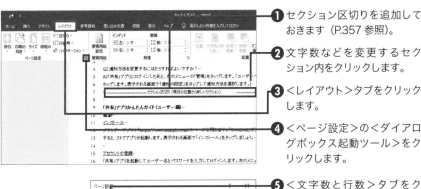

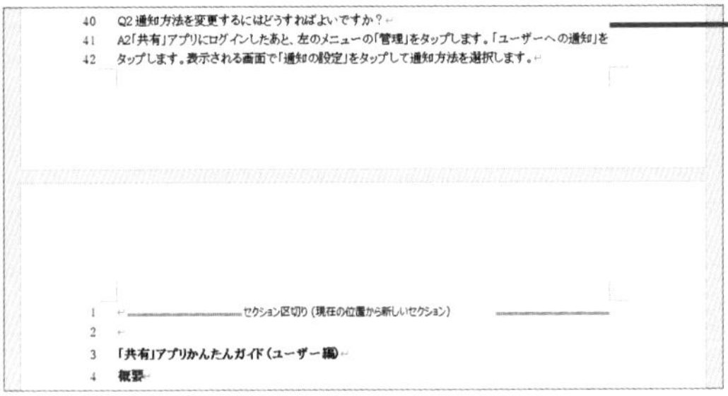

❾ 選択したセクションの文字数や行数が変わりました。

MEMO　行数が変わらない

行数が指定どおりにならない場合は、P.350のCOLUMNを参照してください。

SECTION
303
設定

英単語の途中で改行できるようにする

英語の文章や、日本語に英単語が混じった文書を入力するとき、行末に長い英単語がくるケースがあります。通常は、英単語の途中で改行されないように自動的に調整されます。ハイフンで区切って改行を入れるにはハイフネーションを指定します。

単語の途中で改行されるように設定する

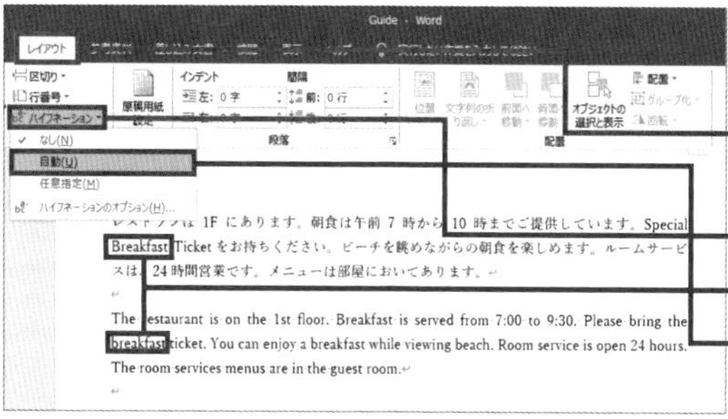

Guide - Word
レイアウト
区切り
行番号
ハイフネーション
なし(N)
自動(U)
任意指定(M)
ハイフネーションのオプション(H)...
原稿用紙設定
インデント
間隔
段落
オブジェクトの選択と表示
配置
The restaurant is on the 1st floor. Breakfast is served from 7:00 to 9:30. Please bring the
breakfast ticket. You can enjoy a breakfast while viewing beach. Room service is open 24 hours.
The room services menus are in the guest room.

❶前の行には収まらない単語が次の行に表示されています。

❷＜レイアウト＞タブをクリックします。

❸＜ハイフネーション＞をクリックします。

❹＜自動＞をクリックします。

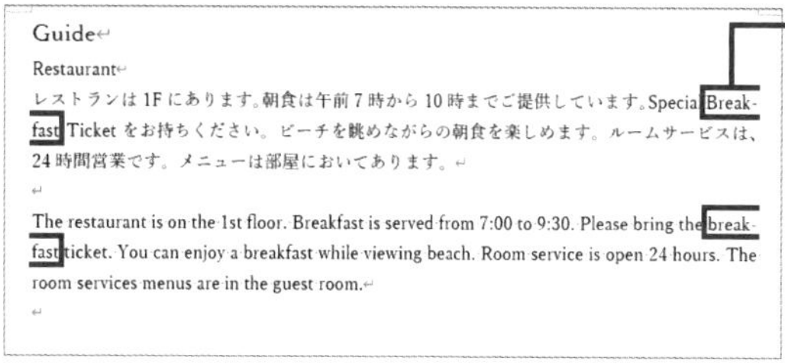

Guide
Restaurant
レストランは 1F にあります。朝食は午前 7 時から 10 時までご提供しています。Special Break-
fast Ticket をお持ちください。ビーチを眺めながらの朝食を楽しめます。ルームサービスは、
24 時間営業です。メニューは部屋においてあります。
The restaurant is on the 1st floor. Breakfast is served from 7:00 to 9:30. Please bring the break-
fast ticket. You can enjoy a breakfast while viewing beach. Room service is open 24 hours. The
room services menus are in the guest room.

❺単語がハイフンで区切って表示されます。

COLUMN

ハイフネーションの詳細を指定する

手順❹で＜ハイフネーションのオプション＞をクリックすると、ハイフネーションの詳細設定ができます。ハイフネーションを行うには、＜単語を自動的に区切る＞のチェックをオンにします。ハイフンで行を区切るパターンが連続するときに、最大連続行数を指定できます。また、＜任意指定＞をクリックすると、区切りの位置を指定する画面が表示されます。区切り位置を指定して＜はい＞をクリックすると、ハイフンの位置が調整されます。

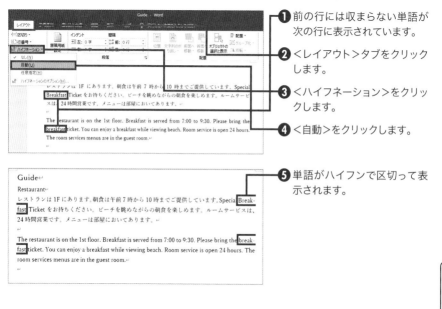

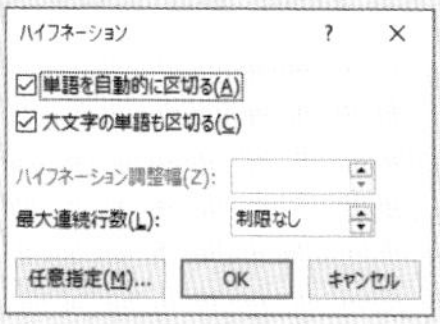

ハイフネーション
単語を自動的に区切る(A)
大文字の単語も区切る(C)
ハイフネーション調整幅(Z):
最大連続行数(L):
制限なし
任意指定(M)...
OK
キャンセル

SECTION 304 設定

行頭に「っ」「ょ」などが表示されないようにする

Wordで文章を入力すると、行頭や行末にあると読みづらい記号などの位置が調整されます。この機能を禁則処理と言います。「っ」や「ょ」の文字などが行頭にこないようにするには、禁則処理を行うときの禁則文字の設定を変更します。

第6章
第7章
第8章
第9章
第10章 設定

行の先頭に特定の文字がこないようにする

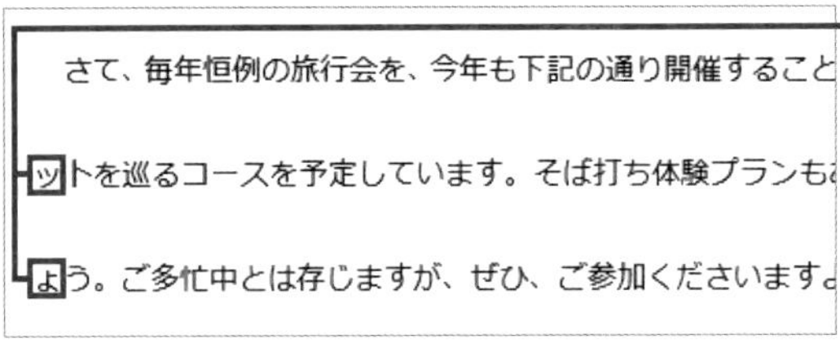

さて、毎年恒例の旅行会を、今年も下記の通り開催すること
ットを巡るコースを予定しています。そば打ち体験プランも
ょう。ご多忙中とは存じますが、ぜひ、ご参加くださいます

❶先頭に「ッ」や「ょ」の文字が表示されています。

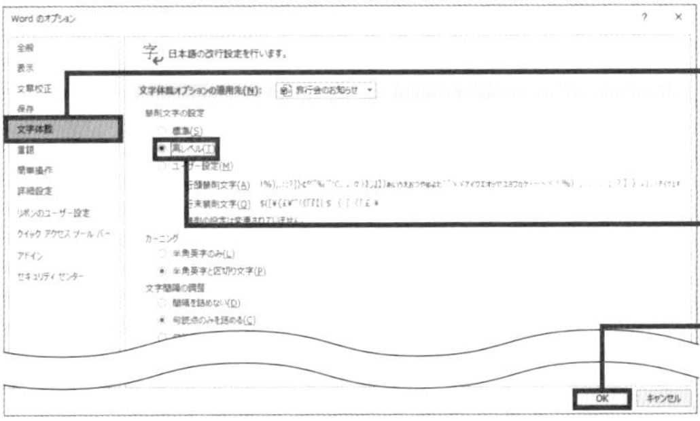

❷P.045の方法で、<Wordのオプション>画面を表示します。

❸<文字体裁>をクリックします。

❹<高レベル>をクリックします。

❺<OK>をクリックします。

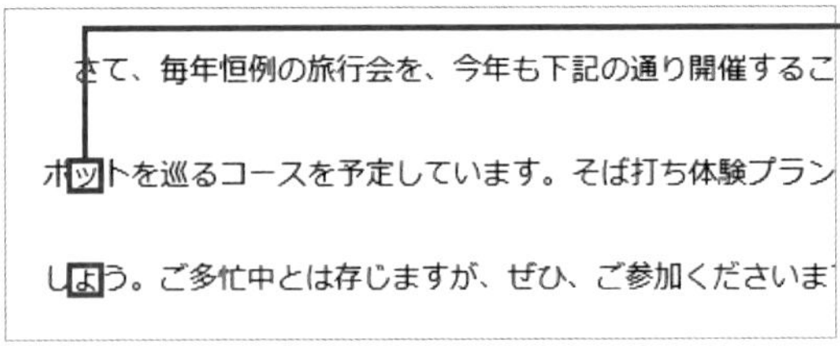

さて、毎年恒例の旅行会を、今年も下記の通り開催するこ
ポットを巡るコースを予定しています。そば打ち体験プラン
しょう。ご多忙中とは存じますが、ぜひ、ご参加くださいま

❻行頭に「っ」などが配置されなくなります。

MEMO 禁則文字

禁則処理を行うときに、禁則文字と見なされる文字は、指定できます。通常、「)」や「々」などの文字は行頭に配置されないように、「(」や「¥」などの文字は行末に配置されないようになっています。

MEMO 禁則処理が行われない

段落の書式を設定する<段落>ダイアログボックスの<体裁>タブでは、禁則処理を行うかを指定できます。通常は、チェックがオンになっています。

SECTION 305 設定

既定の文字サイズやフォントを変更する

文書の既定の文字のサイズやフォントを指定します、使用している文書のみに適用するか、文書を新規に作成するときの「標準のテンプレート」の設定を変更するか選択できます。ここでは、使用中の文書の設定を変更します。

既定の文字のフォントやサイズを指定する

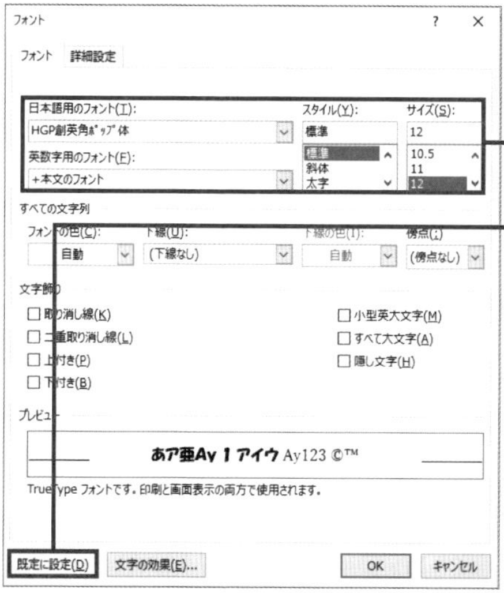

❶ 文字を選択して Ctrl ＋ D キーを押し、＜フォント＞ダイアログボックスを表示します。

❷ ＜フォント＞や＜サイズ＞を選択します。

❸ ＜既定に設定＞をクリックします。

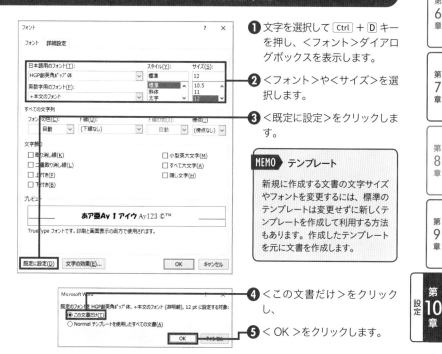

❹ ＜この文書だけ＞をクリックし、

❺ ＜ OK ＞をクリックします。

MEMO　テンプレート

新規に作成する文書の文字サイズやフォントを変更するには、標準のテンプレートは変更せずに新しくテンプレートを作成して利用する方法もあります。作成したテンプレートを元に文書を作成します。

COLUMN

標準のテンプレート(Normal.dotm)

新規に文書を作成するときに使用される標準テンプレートは、Normal.dotmという名前です。通常は、「C:¥Users¥<ユーザー名>¥AppData¥Roaming¥Microsoft¥Templates」の中にあります。Normal.dotmの内容を変更すると、今後作成する新規文書に影響を及ぼすため、変更には注意する必要があります。Normal.dotmを元の状態に戻すには、Normal.dotmを削除します。すると、次回新しく文書を作成するときに、Normal.dotmが自動的に作成されます。

SECTION
306
ページ

ページの途中で改ページする

ページの途中で改ページして次のページから文字を入力するには、改ページの指示を追加します。改ページの指示を消すには、改ページの指示を示す印を消します。通常の文字と同様に Delete キーや Back space キーで削除できます。

改ページの指示をして次のページを表示する

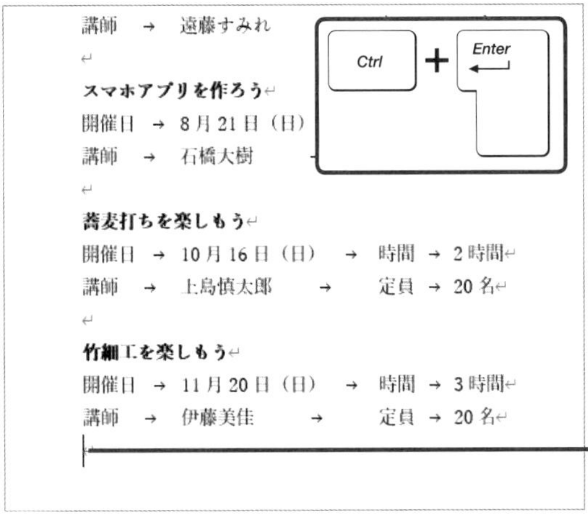

❶ 改ページを入れる場所をクリックします。

❷ Ctrl ＋ Enter キーを押します。

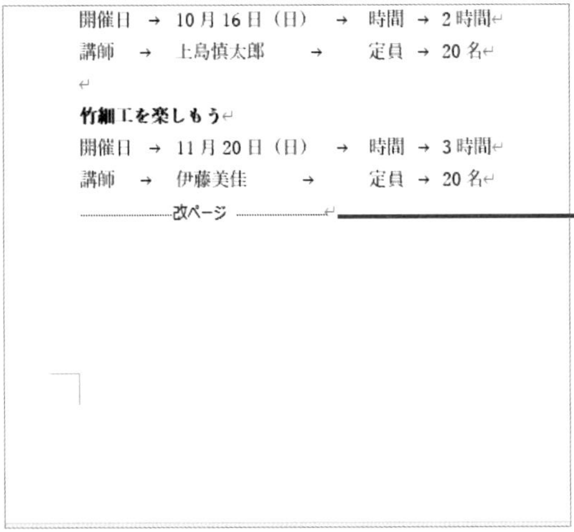

❸ 改ページされました。

MEMO 編集記号

改ページの指示を示す編集記号を表示するには、編集記号の表示方法を切り替えます（P.378参照）。

MEMO <レイアウト>タブ

<レイアウト>タブの<区切り>をクリックして、<改ページ>をクリックしても改ページの指示を入れられます。

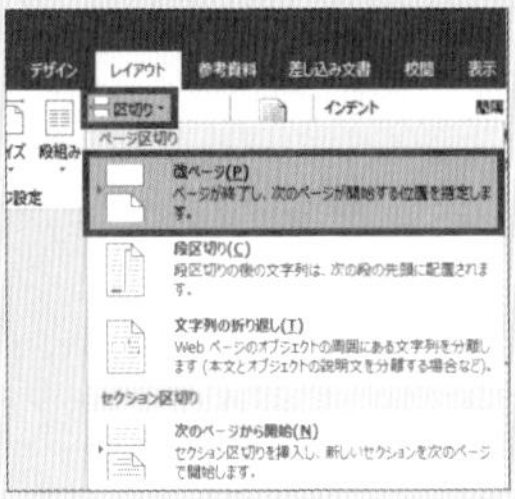

SECTION 307 セクション

複雑なレイアウトを可能にするセクションを知る

セクションとは、文書に追加する区切りの1つです。セクションごとにさまざまな書式を設定できます。たとえば、ページの向きや段組の設定などは、セクションごとに指定できます。セクションの区切り方の種類を選択しましょう。

文書にセクションの区切りを入れる

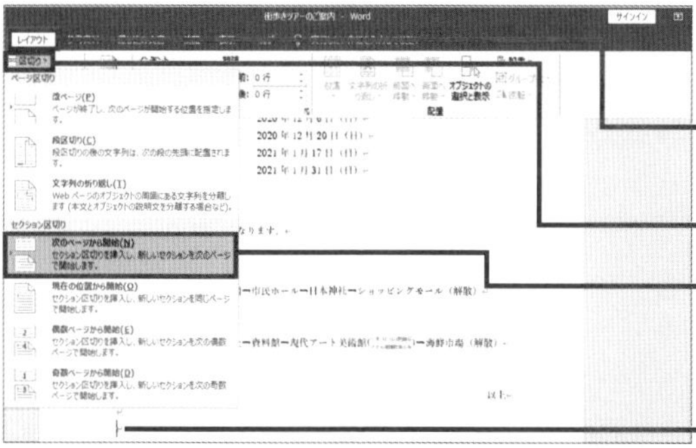

❶セクションの区切りを入れる箇所をクリックします。

❷<レイアウト>タブをクリックします。

❸<区切り>をクリックします。

❹どこからセクションを区切るか指定します。

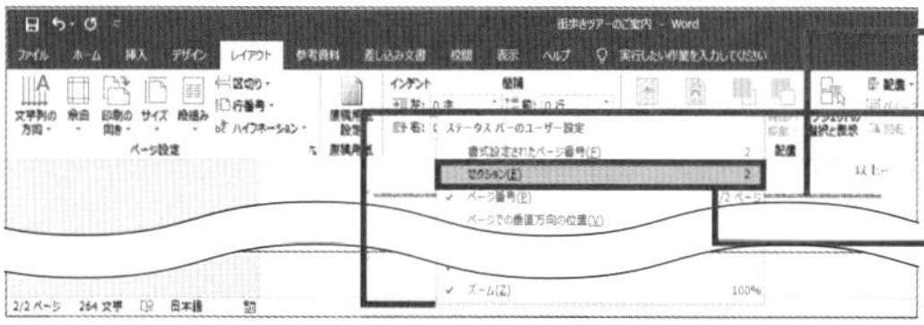

❺セクションの区切りが入ります。

❻ステータスバーを右クリックします。

❼<セクション>をクリックします。

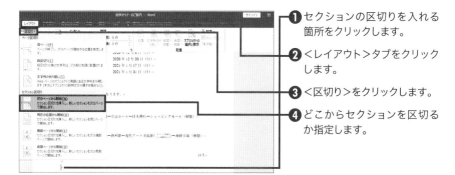

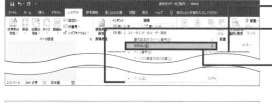

❽選択している箇所のセクションの番号が表示されます。

COLUMN

セクションの区切りについて

セクションの区切りの種類は次のとおりです。どこから新しいセクションにするか指定します。

セクションの区切り	内容
次のページから開始	セクション区切りを追加した次のページから次のセクションになります。
現在の位置から開始	セクション区切りを追加した位置から次のセクションになります。
偶数ページから開始	セクション区切りを追加した位置の次の偶数ページから次のセクションになります。
奇数ページから開始	セクション区切りを追加した位置の次の奇数ページから次のセクションになります。

SECTION

308

セクション

用紙サイズの異なるページを追加する

用紙のサイズや向きは、セクションごとに指定できます。たとえば、最終ページに用紙サイズの異なるページを付けるには、セクションを区切って指定します。ここでは、あらかじめセクション区切りを入れた状態で操作します。

セクションごとに用紙サイズを指定する

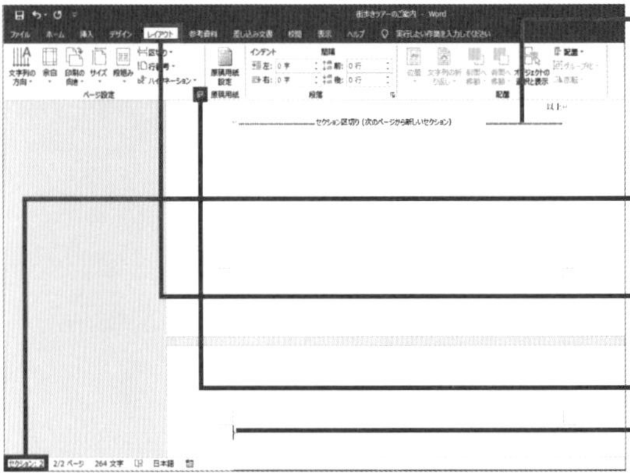

❶ P.357 の方法で、セクション区切りを追加しておきます。

❷ 用紙サイズを変更するセクション内をクリックします。

❸ セクション番号を確認しておきます。

❹ ＜レイアウト＞タブをクリックします。

❺ ＜ページ設定＞の＜ダイアログボックス起動ツール＞をクリックします。

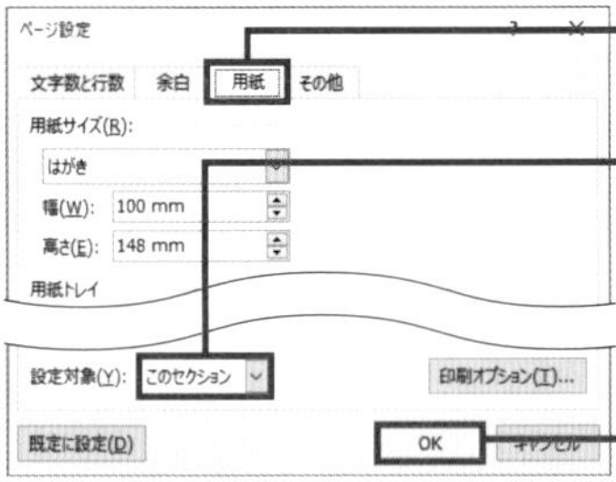

❻ ＜用紙＞タブで用紙のサイズを指定します。

❼ ＜設定対象＞を選択します。

❽ ＜ OK ＞をクリックします。

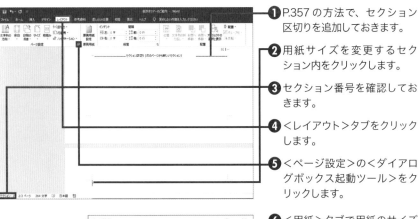

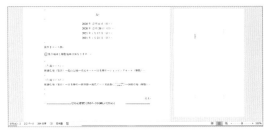

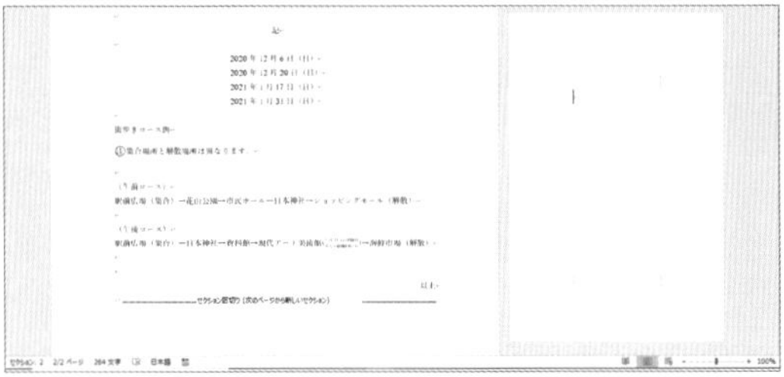

❾ 選択したセクションの用紙のサイズが変わります。

MEMO セクション区切りの表示

セクション区切りを示す印が表示されない場合は、編集記号を表示します（P.378参照）。

SECTION 309

段組み

文章を2段組みにする

雑誌などでよく見かけるような、1行に複数の列を用意して文字を表示するには、段組みの設定を行います。段組みの設定は、セクションごとに指定できます。ここでは、あらかじめセクション区切りを入れた状態で操作します。

セクション内の文字を2段組みにする

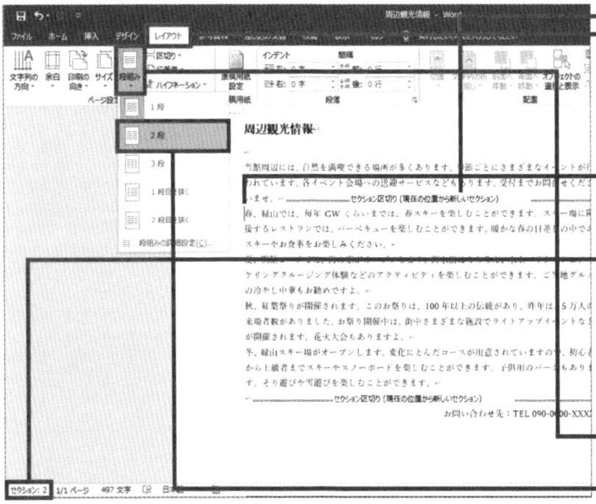

❶ P.357 の方法で、セクション区切り（現在の位置から新しいセクション）を追加しておきます。

❷ 段組みのレイアウトを設定するセクション内をクリックします。

❸ セクション番号を確認しておきます。

❹ <レイアウト>タブをクリックします。

❺ <段組み>をクリックします。

❻ 段数を選択します。

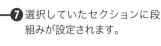

❼ 選択していたセクションに段組みが設定されます。

COLUMN

セクションの区切りを削除した場合

セクションの区切りを削除すると、前のセクションと同じセクションになります。そのため、段組みのレイアウトが前のセクションにも反映されて文書全体のレイアウトが崩れてしまうことがあります。間違えてセクションの区切りを消してしまった場合は、操作を元に戻すか、もう一度セクションの区切りを設定し直して、それぞれのセクションの段組みの設定を再度行います。

SECTION 310 段組み

文章の途中に2段組みの文章を入れる

文書の一部分だけを段組みの設定にするとき、あらかじめセクション区切りを入れなくても段組みの設定とセクション区切りの追加を同時に行う方法があります。段組みにする文字の範囲を選択してから操作します。

選択範囲の文字を2段組みに設定する

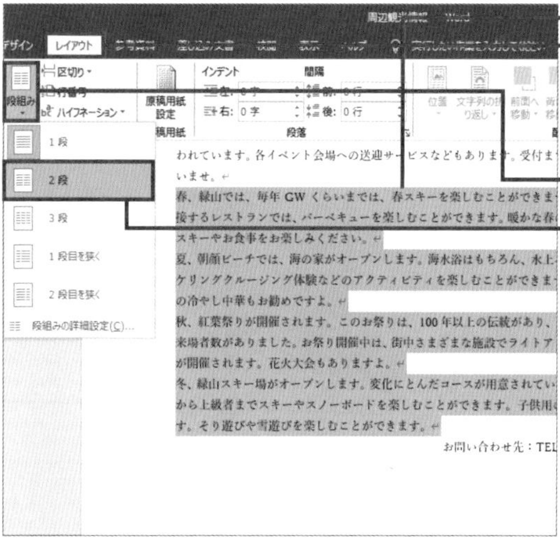

❶段組みのレイアウトを設定する文字の範囲を選択します。

❷＜レイアウト＞タブをクリックします。

❸＜段組み＞をクリックします。

❹段数を選択します。

MEMO 段の数

段の数を指定するには、手順❹で＜段組みの詳細設定＞をクリックして＜段数＞を指定します。設定できる数は、用紙サイズや余白の大きさなどによって異なります。

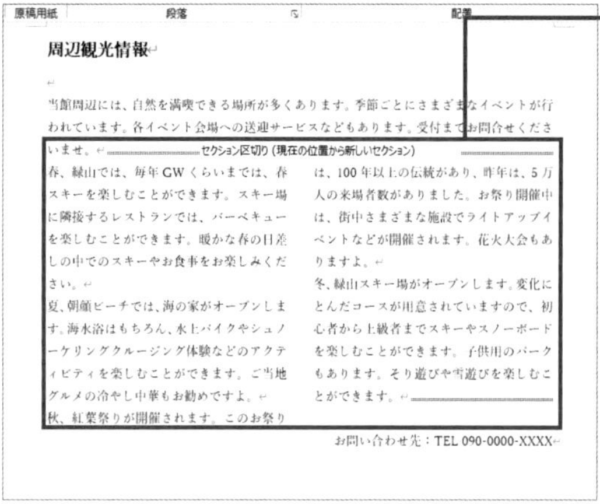

❺選択していた範囲が段組みのレイアウトになり、選択していた範囲の前後にセクション区切りが追加されます。

MEMO 元に戻す

段組みの設定を元に戻すには、＜レイアウト＞タブの＜段組み＞をクリックして＜1段＞を選択します。ただし、セクション区切りの設定は残ったままになります。セクション区切りが不要な場合は、セクション区切りの指示を Delete キーや Back space キーで削除します。

SECTION 311 段組み

段組みの段の間隔を変更する

段組みのレイアウトで、段の幅や段と段の間隔は、あとから変更することができます。それには、<段組み>ダイアログボックスを使います。左端の段落が「1」の段落です。ここでは、段と段の間隔を少し広げて表示します。

段組みのレイアウトの段の間隔を指定する

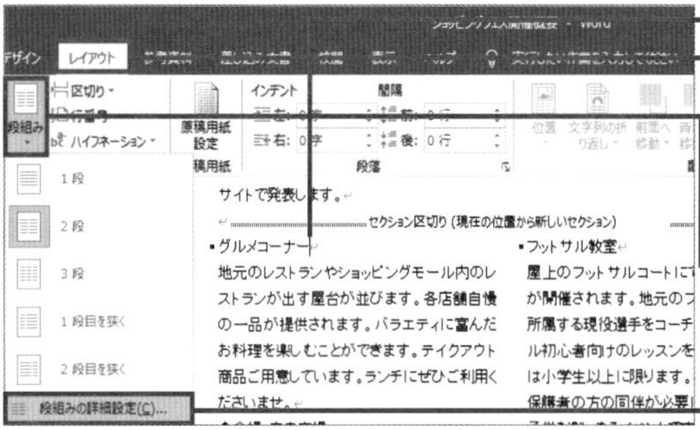
レイアウト
区切り
ハイフネーション
段組み
原稿用紙設定
インデント
間隔
段落
1 段
2 段
3 段
1 段目を狭く
2 段目を狭く
段組みの詳細設定(C)...
サイトで発表します。
セクション区切り (現在の位置から新しいセクション)
• グルメコーナー
• フットサル教室
地元のレストランやショッピングモール内のレストランが出す屋台が並びます。各店舗自慢の一品が提供されます。バラエティに富んだお料理を楽しむことができます。テイクアウト商品ご用意しています。ランチにぜひご利用くださいませ。

❶ 段組みのレイアウトが設定されているセクションをクリックします。

❷ <レイアウト>タブをクリックします。

❸ <段組み>をクリックします。

❹ <段組みの詳細設定>をクリックします。

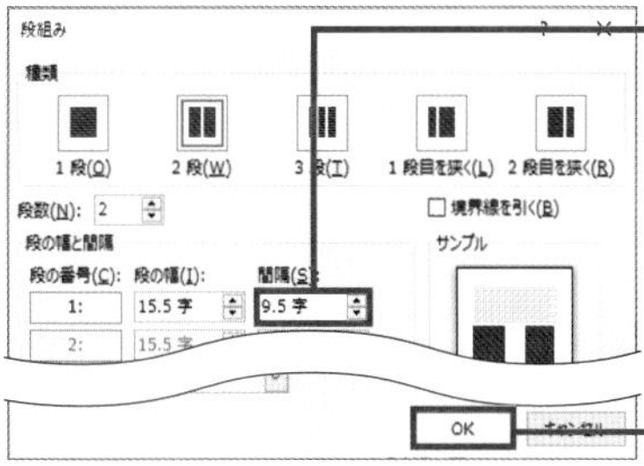
段組み
種類
1 段(O)
2 段(W)
3 段(T)
1 段目を狭く(L)
2 段目を狭く(R)
段数(N): 2
境界線を引く(B)
段の幅と間隔
段の番号(C):
段の幅(I):
間隔(S):
1:
15.5 字
9.5 字
2:
15.5 字
サンプル
OK

❺ 段の間隔を指定します。

❻ < OK >をクリックします。

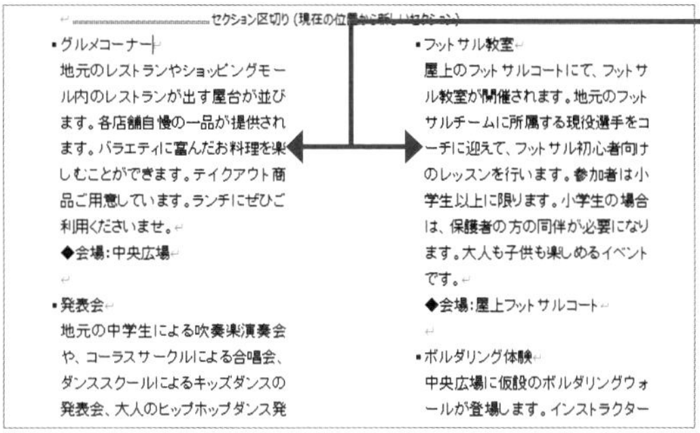
セクション区切り (現在の位置から新しいセクション)
• グルメコーナー
地元のレストランやショッピングモール内のレストランが出す屋台が並びます。各店舗自慢の一品が提供されます。バラエティに富んだお料理を楽しむことができます。テイクアウト商品ご用意しています。ランチにぜひご利用くださいませ。
◆会場: 中央広場
• 発表会
地元の中学生による吹奏楽演奏会や、コーラスサークルによる合唱会、ダンススクールによるキッズダンスの発表会、大人のヒップホップダンス発
• フットサル教室
屋上のフットサルコートにて、フットサル教室が開催されます。地元のフットサルチームに所属する現役選手をコーチに迎えて、フットサル初心者向けのレッスンを行います。参加者は小学生以上に限ります。小学生の場合は、保護者の方の同伴が必要になります。大人も子供も楽しめるイベントです。
◆会場: 屋上フットサルコート
• ボルダリング体験
中央広場に仮設のボルダリングウォールが登場します。インストラクター

❼ 間隔が広がりました。

> **MEMO 段の幅**
>
> 段の幅を変更するには、<段の幅>に文字数を入力します。段の幅をそれぞれ指定するには、<段の幅をすべて同じにする>のチェックをオフにしてから<段の幅>を指定します。左端の段が「1」の段です。

SECTION 312

段組み

段組みの段を線で区切る

段組みのレイアウトで、段と段の間に線を表示するには、＜段組み＞ダイアログボックスで指定します。複数の段を表示している場合は、それぞれの段を区切る線が表示されます。線を表示すると、段と段の区切りがより明確になります。

段と段の間に線を引く

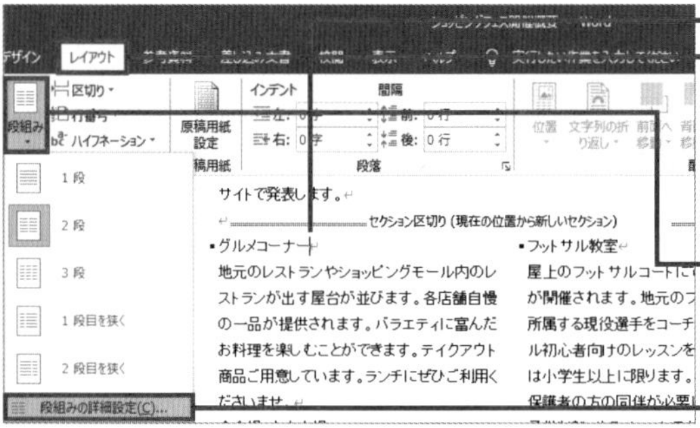

レイアウト
区切り
段組み
ハイフネーション
原稿用紙設定
インデント
間隔
段落
1 段
2 段
3 段
1 段目を狭く
2 段目を狭く
段組みの詳細設定(C)...
サイトで発表します。
セクション区切り (現在の位置から新しいセクション)
▪グルメコーナー
▪フットサル教室

❶段組みのレイアウトが設定されているセクションをクリックします。

❷＜レイアウト＞タブをクリックします。

❸＜段組み＞をクリックします。

❹＜段組みの詳細設定＞をクリックします。

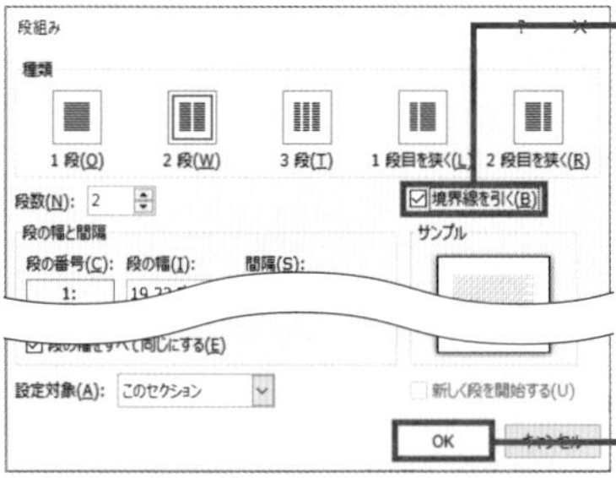

段組み
種類
1 段(O)
2 段(W)
3 段(T)
1 段目を狭く(L)
2 段目を狭く(R)
段数(N): 2
境界線を引く(B)
段の幅と間隔
サンプル
段の番号(C):
段の幅(I):
間隔(S):
段の幅をすべて同じにする(E)
設定対象(A): このセクション
新しく段を開始する(U)
OK
キャンセル

❺＜境界線を引く＞のチェックをオンにします。

❻＜ OK ＞をクリックします。

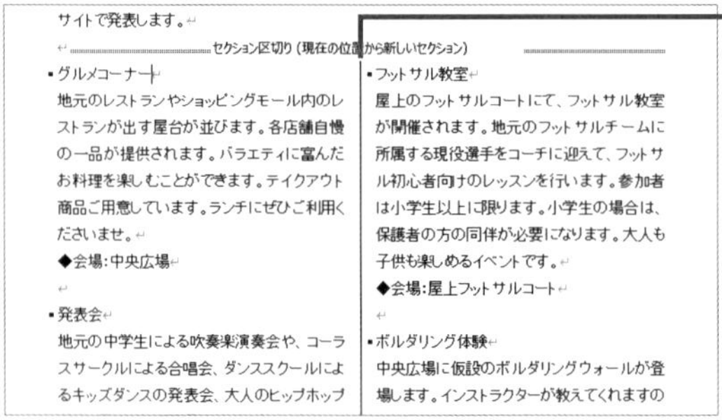

サイトで発表します。
セクション区切り (現在の位置から新しいセクション)
▪グルメコーナー
地元のレストランやショッピングモール内のレストランが出す屋台が並びます。各店舗自慢の一品が提供されます。バラエティに富んだお料理を楽しむことができます。テイクアウト商品ご用意しています。ランチにぜひご利用くださいませ。
◆会場:中央広場
▪発表会
地元の中学生による吹奏楽演奏会や、コーラスサークルによる合唱会、ダンススクールによるキッズダンスの発表会、大人のヒップホップ
▪フットサル教室
屋上のフットサルコートにて、フットサル教室が開催されます。地元のフットサルチームに所属する現役選手をコーチに迎えて、フットサル初心者向けのレッスンを行います。参加者は小学生以上に限ります。小学生の場合は、保護者の方の同伴が必要になります。大人も子供も楽しめるイベントです。
◆会場:屋上フットサルコート
▪ボルダリング体験
中央広場に仮設のボルダリングウォールが登場します。インストラクターが教えてくれますの

❼線が表示されます。

> **MEMO　チェックできない場合**
>
> 段数が「1」の場合、＜境界線を引く＞の項目はグレーになります。線を引くには、段数を「2」以上にします。

SECTION 313 段組み

段の途中で次の段に文字を表示する

段組みのレイアウトを設定すると、文章が自動的に複数の段に分かれて配置されます。段の途中で文章を右の段に送るには、段区切りを入れます。縦書きの場合は、段の途中で文章を下の段に送ることができます。

指定した文字以降は次の段に送る

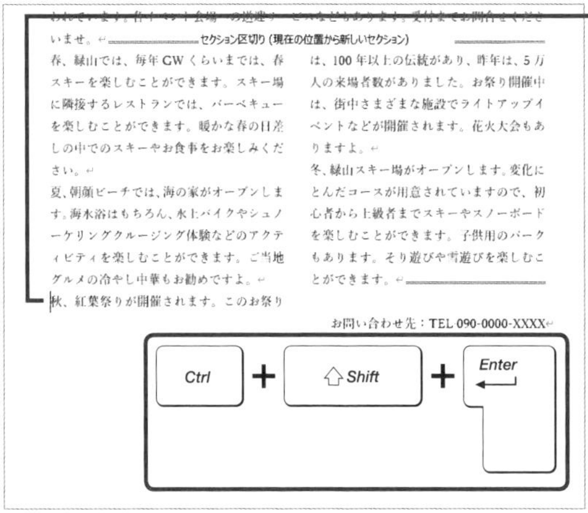

いませ。セクション区切り (現在の位置から新しいセクション)
春、緑山では、毎年GWくらいまでは、春スキーを楽しむことができます。スキー場に隣接するレストランでは、バーベキューを楽しむことができます。暖かな春の日差しの中でのスキーやお食事をお楽しみください。
夏、朝顔ビーチでは、海の家がオープンします。海水浴はもちろん、水上バイクやシュノーケリングクルージング体験などのアクティビティを楽しむことができます。ご当地グルメの冷やし中華もお勧めですよ。
秋、紅葉祭りが開催されます。このお祭り
は、100年以上の伝統があり、昨年は、5万人の来場者数がありました。お祭り開催中は、街中さまざまな施設でライトアップイベントなどが開催されます。花火大会もありますよ。
冬、緑山スキー場がオープンします。変化にとんだコースが用意されていますので、初心者から上級者までスキーやスノーボードを楽しむことができます。子供用のパークもあります。そり遊びや雪遊びを楽しむことができます。
お問い合わせ先：TEL 090-0000-XXXX
Ctrl
+
Shift
+
Enter

❶段区切りを入れる箇所をクリックします。

❷ Ctrl + Shift + Enter キーを押します。

> **MEMO <レイアウト>タブ**
>
> <レイアウト>タブの<区切り>の<段区切り>をクリックしても、段区切りを入れられます。

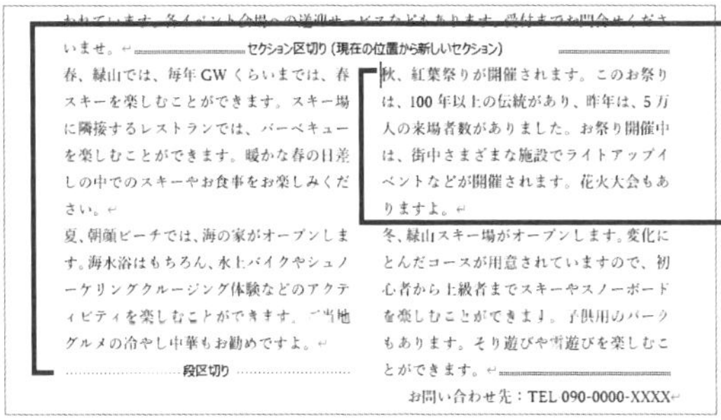

いませ。セクション区切り (現在の位置から新しいセクション)
春、緑山では、毎年GWくらいまでは、春スキーを楽しむことができます。スキー場に隣接するレストランでは、バーベキューを楽しむことができます。暖かな春の日差しの中でのスキーやお食事をお楽しみください。
夏、朝顔ビーチでは、海の家がオープンします。海水浴はもちろん、水上バイクやシュノーケリングクルージング体験などのアクティビティを楽しむことができます。ご当地グルメの冷やし中華もお勧めですよ。
段区切り
秋、紅葉祭りが開催されます。このお祭りは、100年以上の伝統があり、昨年は、5万人の来場者数がありました。お祭り開催中は、街中さまざまな施設でライトアップイベントなどが開催されます。花火大会もありますよ。
冬、緑山スキー場がオープンします。変化にとんだコースが用意されていますので、初心者から上級者までスキーやスノーボードを楽しむことができます。子供用のパークもあります。そり遊びや雪遊びを楽しむことができます。
お問い合わせ先：TEL 090-0000-XXXX

❸段区切りが指定されました。

❹指定した箇所から右の段に表示されます。

> **COLUMN**
>
> **段区切りを消す**
>
> 段区切りを消すには、段区切りの印を Delete キーや Back space キーで削除します。

SECTION 314 段組み

段組みを終了するための区切りを入れる

段組みの設定は、セクションごとに行います。段組みのレイアウトを終了して、段組みのあとに普通に文字を入力するには、セクションの区切りを入れてから次のセクションの段組みの設定を「1」に戻します。

セクションの区切りを追加する

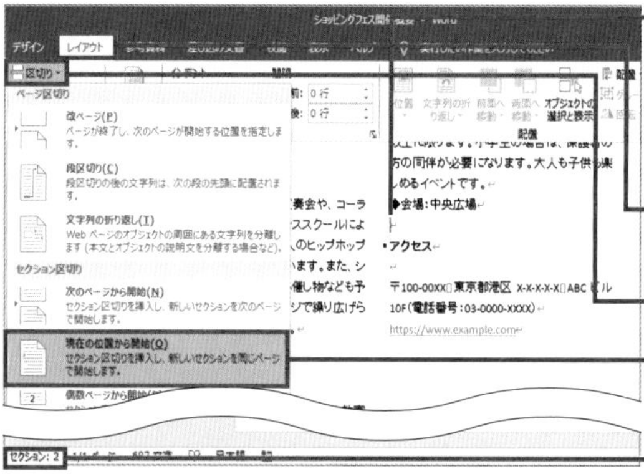

❶セクション区切りを入れる箇所をクリックします。
❷セクションの番号を確認します。
❸<レイアウト>タブをクリックします。
❹<区切り>をクリックします。
❺<現在の位置から開始>をクリックします。

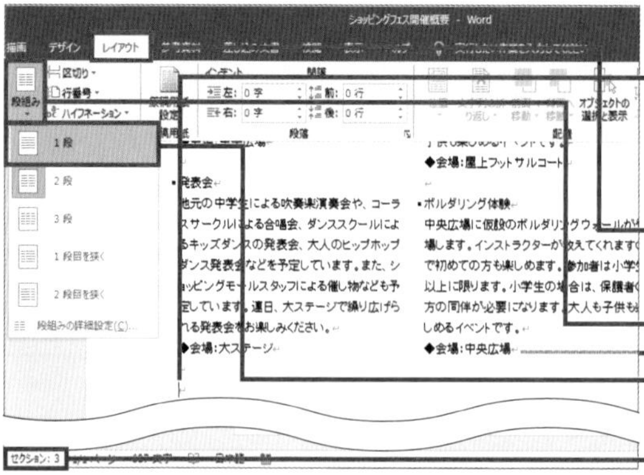

❻セクション区切りが入ります。
❼次のセクションをクリックします。
❽セクションの番号を確認します。
❾<レイアウト>タブをクリックします。
❿<段組み>をクリックします。
⓫<1段>をクリックします。

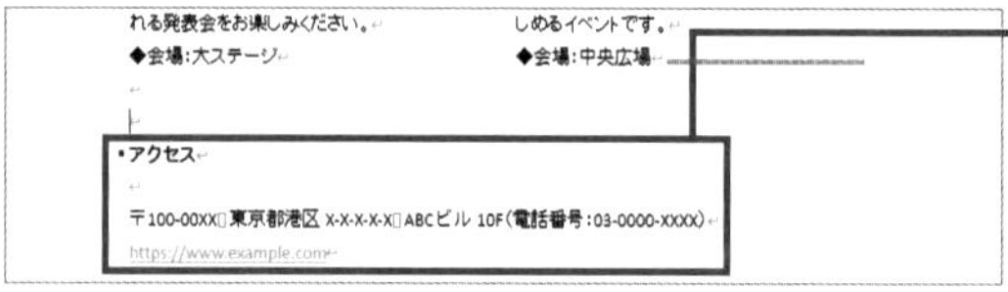

⓬段組みレイアウトが解除されます。

SECTION 315 テキストボックス

既存の文章をテキストボックスに入れる

テキストボックスとは、四角形の枠の中に文字を入力して表示するものです。テキストボックスには、縦書きと横書きの2種類があります。テキストボックスの位置は自由に移動できるので、文書のレイアウトを自由に整えられて便利です。

選択した文字をテキストボックスに入れる

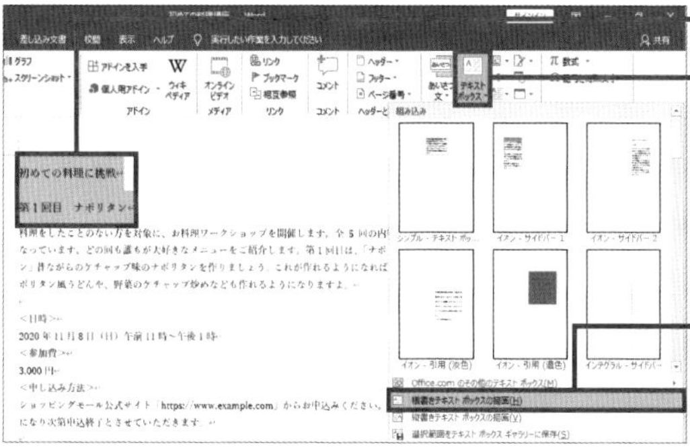

❶テキストボックスに入れる文字を選択します。

❷＜挿入＞タブをクリックします。

❸＜テキストボックス＞をクリックします。

❹＜横書きテキストボックスの描画＞をクリックします。

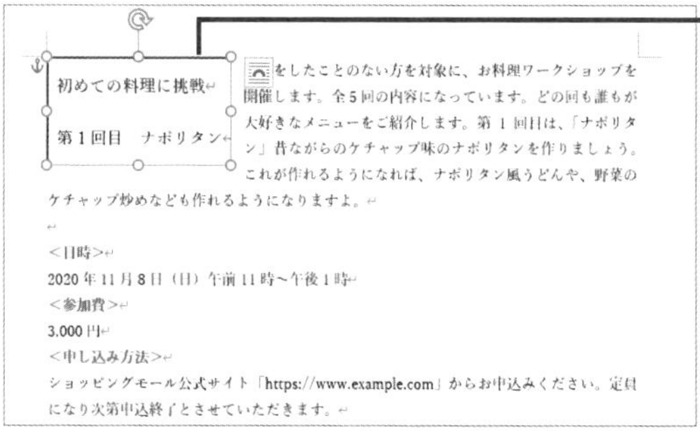

初めての料理に挑戦
第1回目　ナポリタン
をしたことのない方を対象に、お料理ワークショップを開催します。全5回の内容になっています。どの回も誰もが大好きなメニューをご紹介します。第1回目は、「ナポリタン」昔ながらのケチャップ味のナポリタンを作りましょう。これが作れるようになれば、ナポリタン風うどんや、野菜のケチャップ炒めなども作れるようになりますよ。
＜日時＞
2020年11月8日（日）午前11時～午後1時
＜参加費＞
3,000円
＜申し込み方法＞
ショッピングモール公式サイト「https://www.example.com」からお申込みください。定員になり次第申込終了とさせていただきます。

❺テキストボックスが表示されます。

MEMO 組み込み

手順❹で＜組み込み＞のテキストボックスを選択すると、あらかじめデザインされたテキストボックスが追加されます。テキストボックスを選択して文字を入力すると、テキストボックスに文字が表示されます。

COLUMN

テキストボックスを追加する

テキストボックスを追加するには、＜挿入＞タブの＜図形＞の＜横書きテキストボックス＞（＜縦書きテキストボックス＞）を選択して文書内をドラッグします。テキストボックスを選択して文字を入力すると、文字がテキストボックスに入ります。

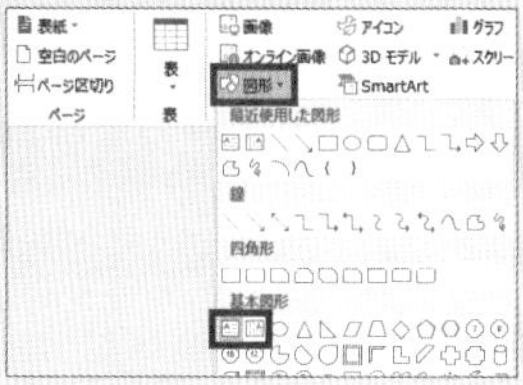

SECTION 316
テキストボックス

テキストボックスの配置を変更する

テキストボックスの大きさや位置は、自由に変更できます。マウスポインターの形に注意しながら配置を整えましょう。また、テキストボックスの背景の色や文字の色を変更したりして見栄えを整えましょう。

テキストボックスを移動する

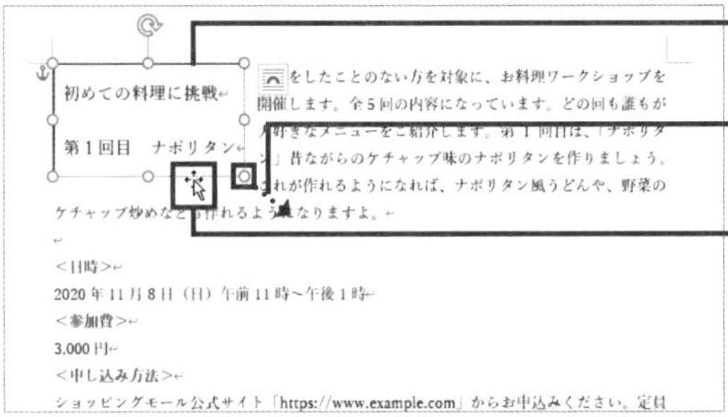

❶テキストボックスの外枠をクリックします。

❷周囲のハンドルをドラッグすると大きさを調整できます。

❸外枠をドラッグすると、テキストボックスが移動します。

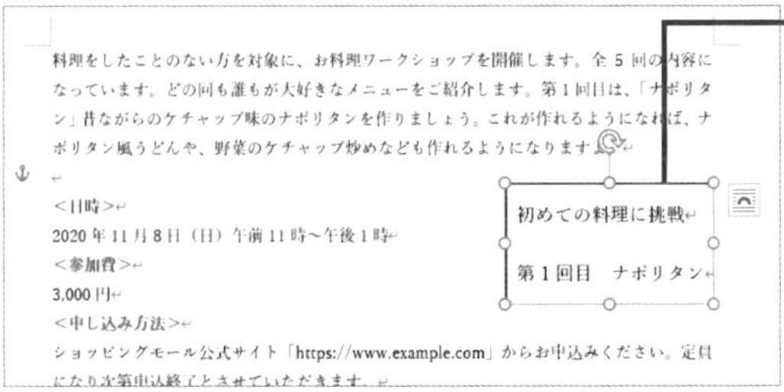

❹テキストボックスが移動しました。

COLUMN

テキストボックスの書式を変更する

テキストボックスを選択すると、<描画ツール>の<書式>タブが表示されます。<書式>タブの<図形のスタイル>で図形の色などを変更できます。また、テキストボックス内の文字は通常の文字と同様に文字飾りなどの書式を設定できます。

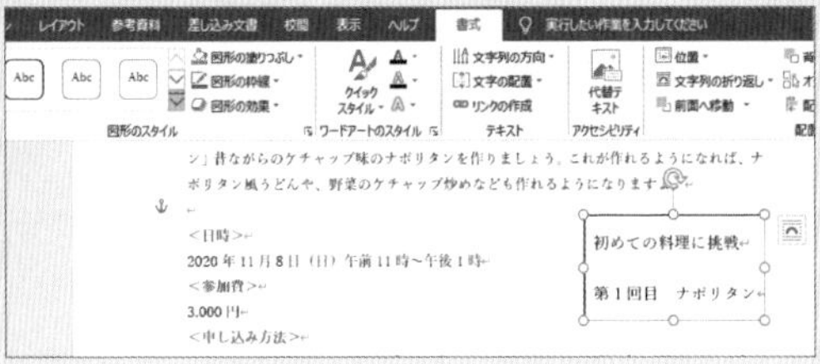

SECTION 317 テーマ

文書全体のテーマを指定する

文書全体のデザインを変更するには、テーマを選択する方法があります。テーマとは、フォントや文書内で使用する色の組み合わせ、図形の質感などのデザインの組み合わせが登録されたものです。気に入ったテーマを選びます。

デザインを左右するテーマを選ぶ

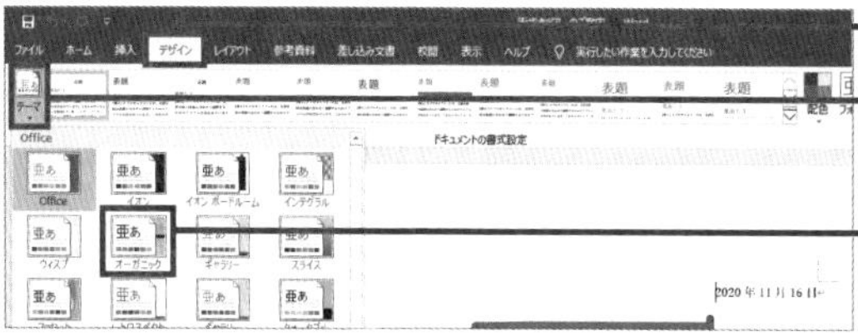

❶ <デザイン>タブをクリックします。

❷ <テーマ>をクリックします。

❸ 気に入ったテーマにマウスポインターを移動します。

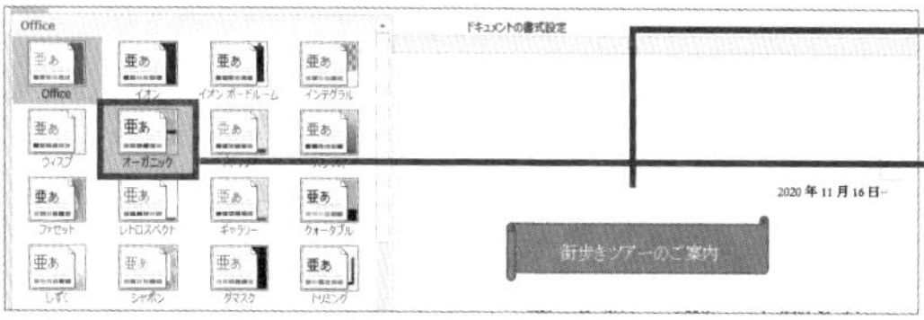

❹ テーマを変更したときの文書のイメージを確認します。

❺ 気に入ったテーマをクリックします。

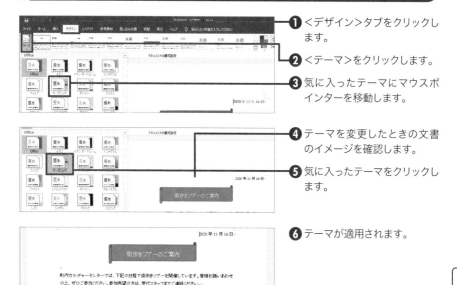

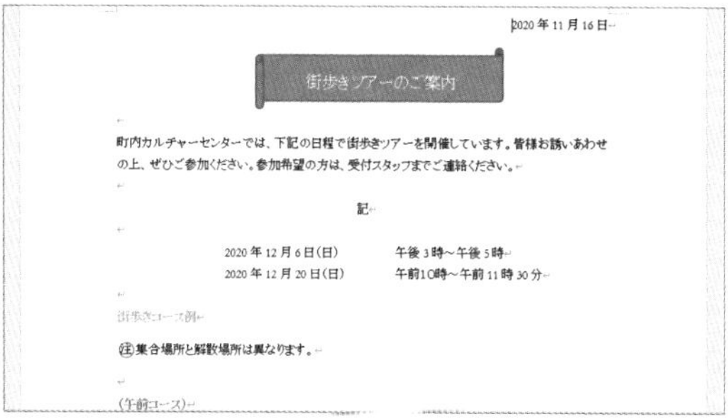

2020年11月16日
街歩きツアーのご案内
町内カルチャーセンターでは、下記の日程で街歩きツアーを開催しています。皆様お誘いあわせの上、ぜひご参加ください。参加希望の方は、受付スタッフまでご連絡ください。
記
2020年12月6日(日)　午後3時～午後5時
2020年12月20日(日)　午前10時～午前11時30分
㊟集合場所と解散場所は異なります。

❻ テーマが適用されます。

COLUMN 行間を狭くする

選んだテーマによっては、フォントや行間などが変わるため、文書全体のレイアウトが崩れてしまうことがあります。そのため、テーマは、なるべく早いうちに決めましょう。また、広がった行間を狭くする方法は、P.336を参照してください。

SECTION

318

テーマ

配色やフォントのテーマを指定する

テーマを選択すると、文書内で使用する色の組み合わせやフォント、図形の質感などを決める効果のデザインが変わります。これらの内容は一部を変更できます。たとえば、指定したテーマの色の組み合わせだけを変更することなどができます。

文書で使用するフォントや配色のテーマを選ぶ

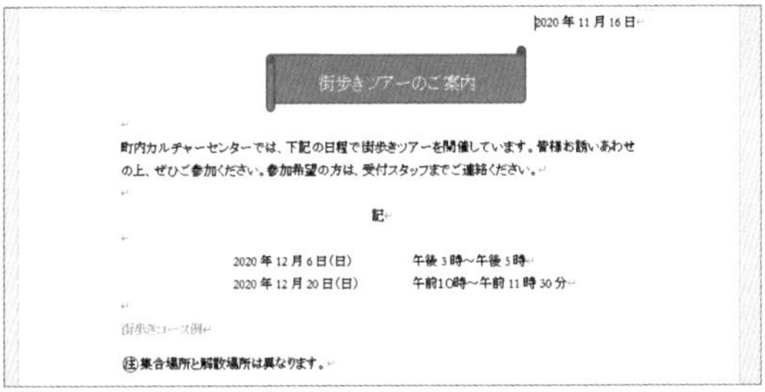
2020 年 11 月 16 日
街歩きツアーのご案内
町内カルチャーセンターでは、下記の日程で街歩きツアーを開催しています。皆様お誘いあわせの上、ぜひご参加ください。参加希望の方は、受付スタッフまでご連絡ください。
記
2020 年 12 月 6 日(日)　午後 3 時～午後 5 時
2020 年 12 月 20 日(日)　午前10時～午前 11 時 30 分
街歩きコース例
㊟集合場所と解散場所は異なります。

❶ P.367 の方法で、テーマを選択します。

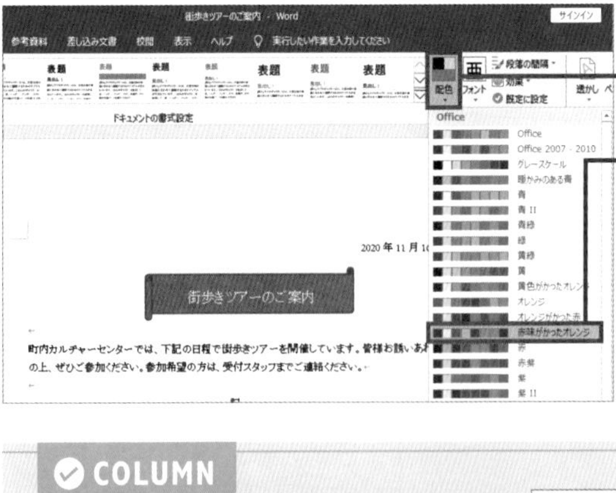
街歩きツアーのご案内 - Word
サインイン
参考資料
差し込み文書
校閲
表示
ヘルプ
実行したい作業を入力してください
段落の間隔
効果
既定に設定
透かし
配色
フォント
ドキュメントの書式設定
Office
Office
Office 2007 - 2010
グレースケール
暖かみのある青
青
青 II
青緑
緑
黄緑
黄
黄色がかったオレンジ
オレンジ
オレンジがかった赤
赤味がかったオレンジ
赤
赤紫
紫
紫 II
2020 年 11 月 16
街歩きツアーのご案内
町内カルチャーセンターでは、下記の日程で街歩きツアーを開催しています。皆様お誘いあわ
の上、ぜひご参加ください。参加希望の方は、受付スタッフまでご連絡ください。

❷ <デザイン>タブをクリックします。

❸ <配色>をクリックします。

❹ 色の組み合わせを指定すると、色の組み合わせが変わります。

COLUMN

テーマの色から色を選択する

文字の色や図形の色などを変更するときなどに表示される一覧には、テーマによって決められた配色が表示されます。テーマの色の中から色を選んだ場合、あとからテーマを変更すると色が自動的に変わります。

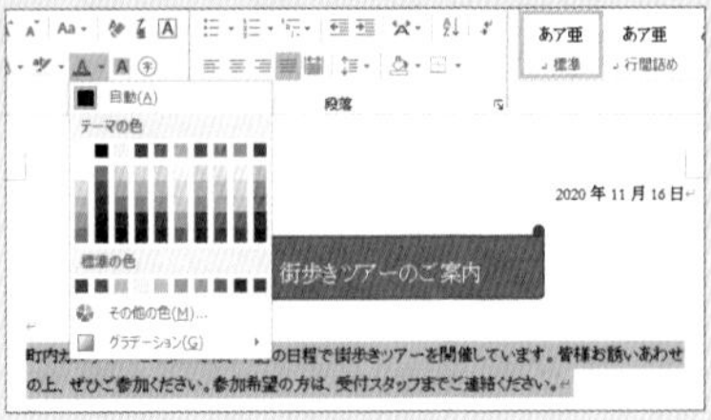
あア亜
標準
あア亜
行間詰め
段落
自動(A)
テーマの色
標準の色
その他の色(M)...
グラデーション(G)
2020 年 11 月 16 日
街歩きツアーのご案内
の日程で街歩きツアーを開催しています。皆様お誘いあわせ
の上、ぜひご参加ください。参加希望の方は、受付スタッフまでご連絡ください。

SECTION
319
デザイン

ページの色を指定する

ページの背景は、通常は白になります。ページの背景に色を付けるには、ページの色を指定します。ただし、ページの色を変更すると、画面では色が表示されますが、印刷はされません。印刷時に色を印刷するには、設定を変更します（P.399参照）。

ページ全体の背景の色を選択する

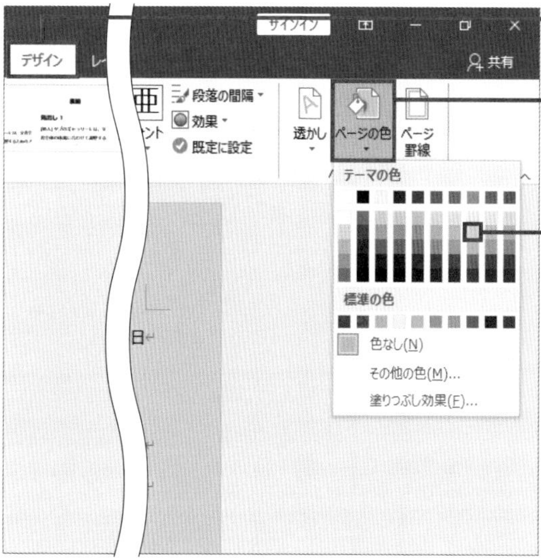
デザイン
共有
段落の間隔
効果
既定に設定
透かし
ページの色
ページ罫線
テーマの色
標準の色
色なし(N)
その他の色(M)...
塗りつぶし効果(F)...

❶ <デザイン>タブをクリックします。

❷ <ページの色>をクリックします。

❸ 色を選択します。

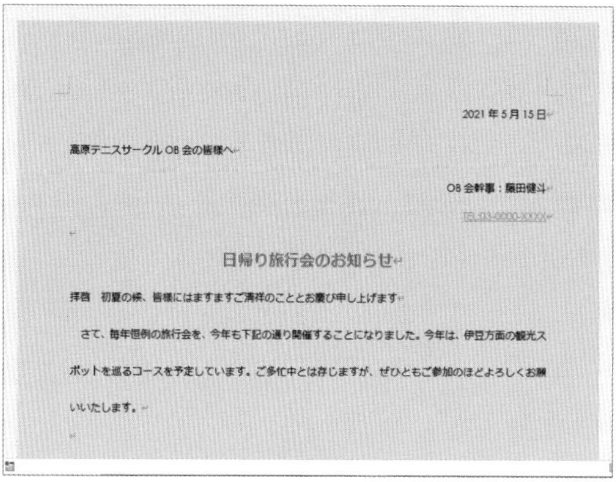
2021 年 5 月 15 日
高原テニスサークル OB 会の皆様へ
OB 会幹事：藤田健斗
TEL:03-0000-XXXX
日帰り旅行会のお知らせ
拝啓　初夏の候、皆様にはますますご清祥のこととお慶び申し上げます
さて、毎年恒例の旅行会を、今年も下記の通り開催することになりました。今年は、伊豆方面の観光スポットを巡るコースを予定しています。ご多忙中とは存じますが、ぜひともご参加のほどよろしくお願いいたします。

❹ ページ全体の背景に色が付きます。

MEMO　ページの色を消す

ページの色を元の白に戻すには、手順❸で<色なし>を選択します。

SECTION

320 ページ番号を入れる

フッター

用紙の上余白のヘッダーや下余白のフッター部分に表示する内容を指定します。ここでは、フッターにページ番号を追加します。ページ番号の表示方法を選択しましょう。ヘッダーやフッターの内容は、ヘッダーやフッター領域をダブルクリックすると編集できます。

第6章
第7章
第8章
第9章
第10章 フッター

フッターにページ番号を振る

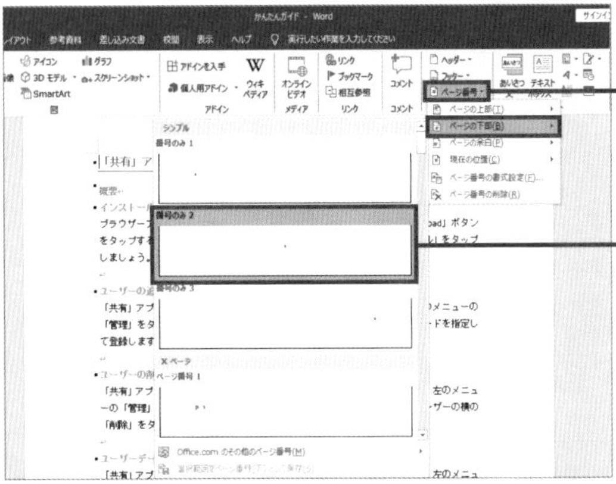

❶＜挿入＞タブをクリックします。

❷＜ページ番号＞をクリックします。

❸＜ページの下部＞欄からページ番号の表示方法を選んでクリックします。

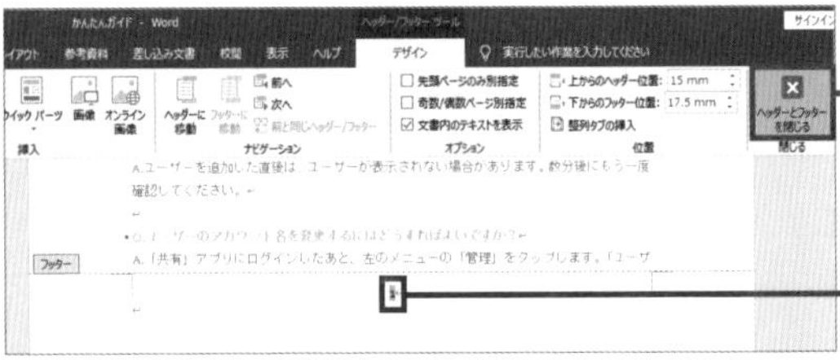

❹ページ番号が表示されました。

❺＜ヘッダーとフッターを閉じる＞をクリックします。

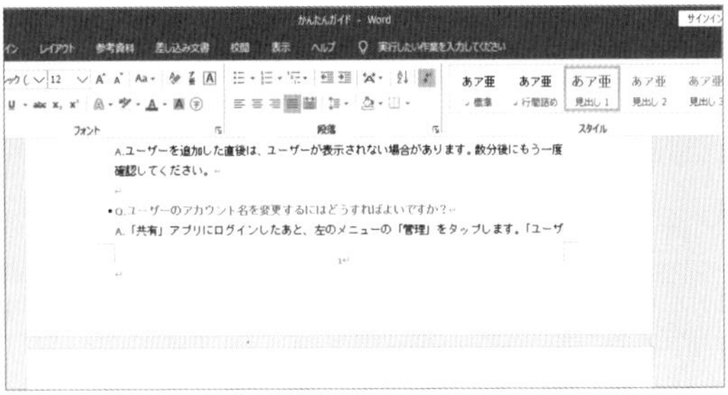

❻元の画面に戻ります。

MEMO ヘッダーやフッターの編集

ヘッダーやフッターの領域をダブルクリックすると、ヘッダーやフッター欄に文字カーソルが表示されます。ヘッダーやフッターの内容を編集できます。

SECTION

321

フッター

文書の総ページ数を表示する

文書のページ数を表示するとき、「1」「2」「3」・・・のようなページ番号だけでなく「1/3」「2/3」「3/3」のように総ページ数を表示するには、ページ数の表示方法を指定するときに<X/Yページ>欄からページの表示方法を選択します。

フッターに「ページ番号／総ページ数」を表示する

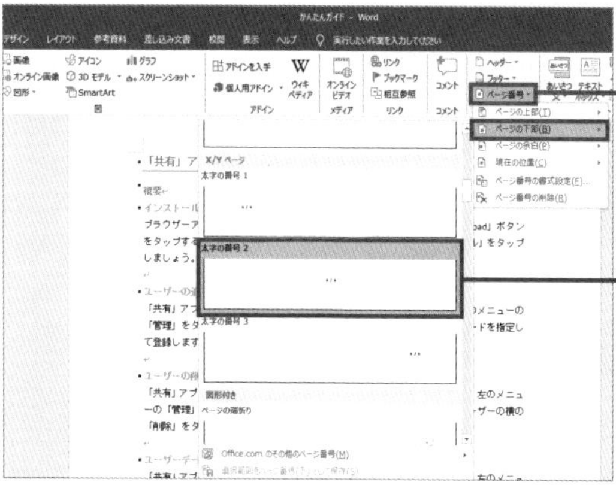

❶ <挿入>タブをクリックします。

❷ <ページ番号>をクリックします。

❸ <ページの下部>の<X/Yページ>欄からページの表示方法をクリックします。

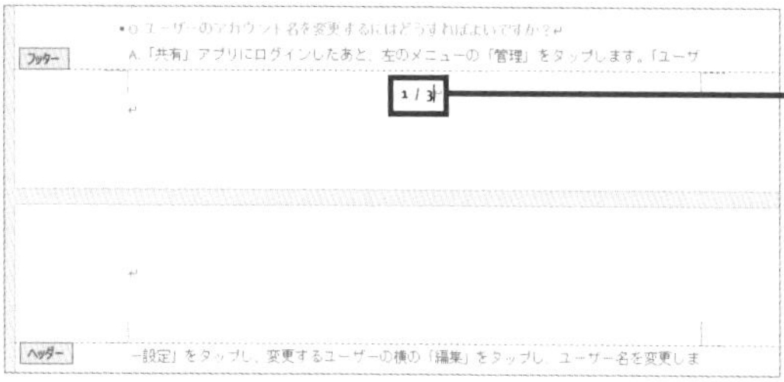

❹ ページ番号と総ページ数が表示されました。

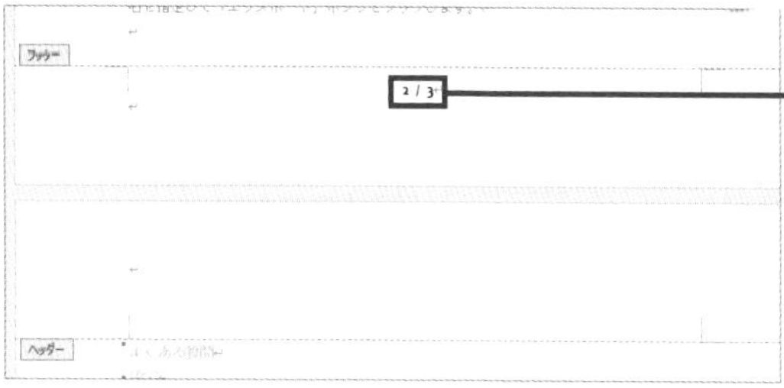

❺ 次のページのフッターを表示してページ番号と総ページ数を確認します。

SECTION
322
フッター

表紙にページ番号を表示しない

ヘッダーやフッターの内容は、特に指定しない限り、すべてのページ共通の内容になります。ここでは、先頭ページのみ別指定の設定を行い、表紙にはページ番号が表示されないようにします。また、2ページ目に「1」から番号が振られるように修正します。

2ページ目以降に「1」から順にページ番号を表示する

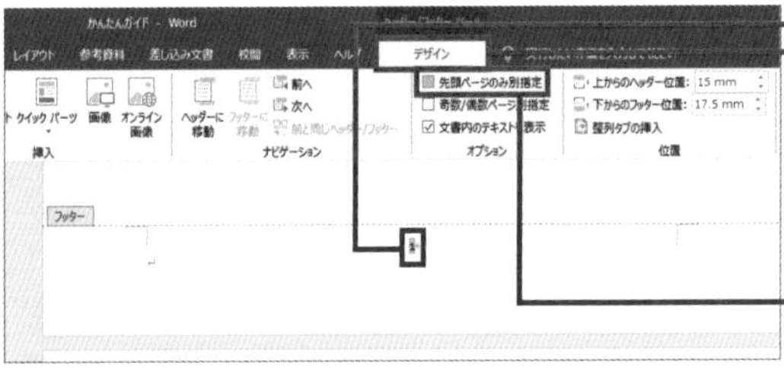

❶ 1 ページ目のフッターをダブルクリックします。

❷ ＜ヘッダー／フッターツール＞の＜デザイン＞タブをクリックします。

❸ ＜先頭ページのみ別指定＞をクリックします。

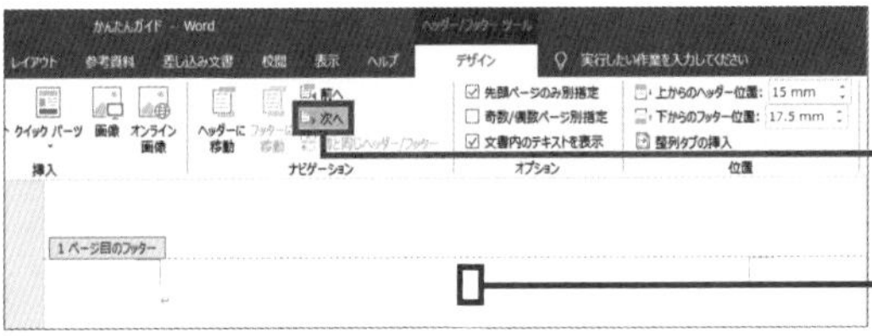

❹ 先頭ページのフッターのページ番号が消えます。

❺ ＜次へ＞をクリックします。

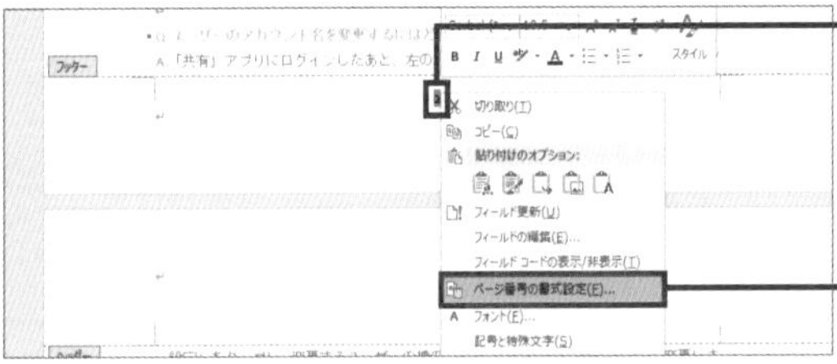

❻ 2 ページ目のページ番号を右クリックします。

❼ ＜ページ番号の書式設定＞をクリックします。

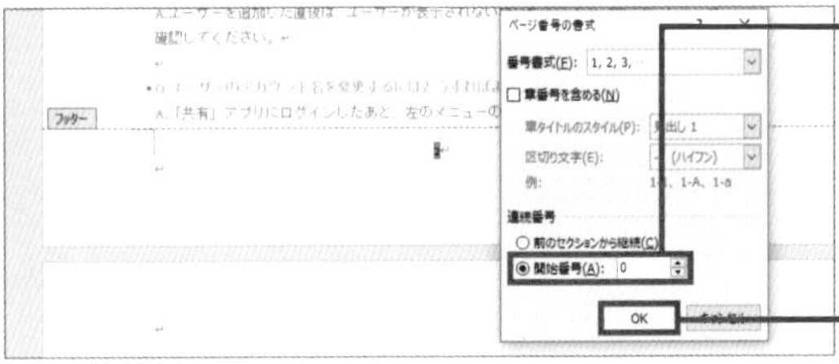

❽ ＜ページ番号の書式＞ダイアログボックスが表示されるので、＜開始番号＞に「0」を入力します。

❾ ＜ OK ＞をクリックすると、2 ページ目が「1」になります。

SECTION
323
フッター

任意の数から ページ番号を振る

ページ番号を表示すると、通常は先頭ページから順に「1」「2」「3」・・・のように番号が振られます。任意の数字から番号を振るには、開始番号を指定します。なお、ヘッダーやフッターの設定は、セクションごとに指定できます。

ページ番号の開始番号を指定する

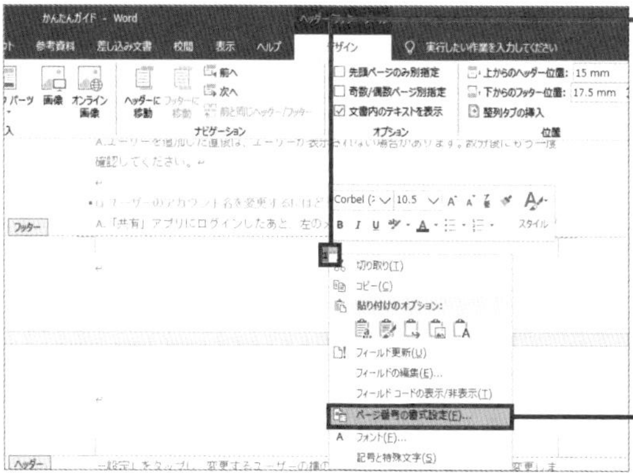

❶ 1 ページのフッターをダブルクリックします。

❷ <ページ番号の書式設定>をクリックします。

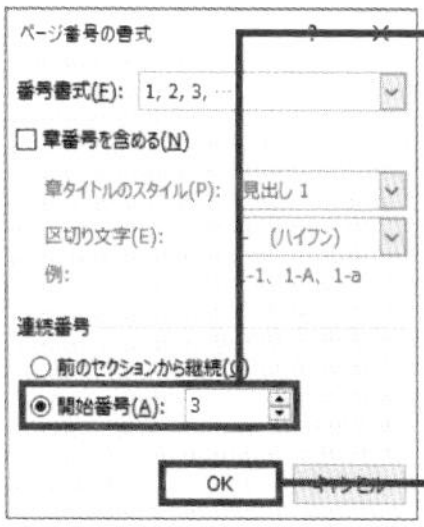

❸ <開始番号>を指定します。

❹ < OK >をクリックします。

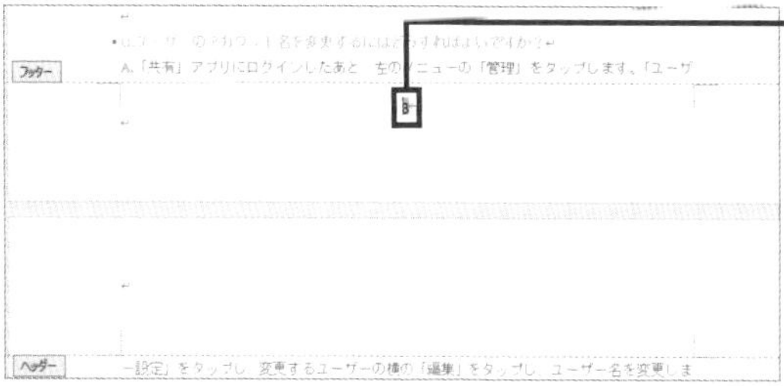

❺ 開始番号が指定した番号に変更されます。

SECTION 324

フッター

途中からページ番号を1から振り直す

ヘッダーやフッターの内容は、セクションごとに指定できます。文書の途中からページ番号を1から振り直すには、文書の途中にセクションの区切りを入れて、指定したセクションのページ番号の書式を変更します。セクション番号を確認して操作しましょう。

指定したセクションのページ番号を振り直す

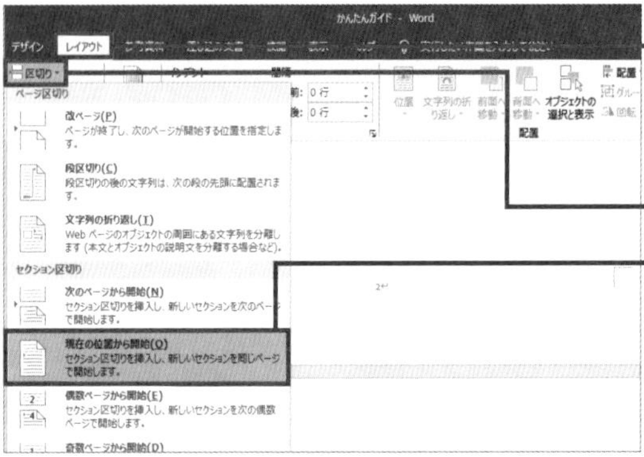

❶ページ番号を振り直すページの先頭をクリックします。

❷<レイアウト>タブをクリックします。

❸<区切り>をクリックします。

❹<現在の位置から開始>をクリックします。

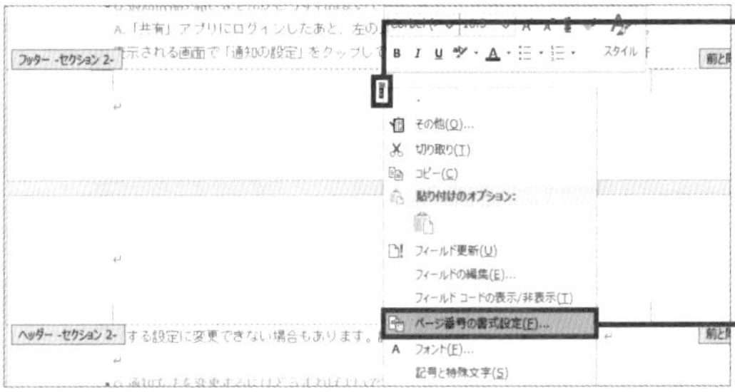

❺セクション区切りが追加されます。ここでは、セクション2のページ番号をダブルクリックします。

❻ページ番号を右クリックして<ページ番号の書式設定>をクリックします。

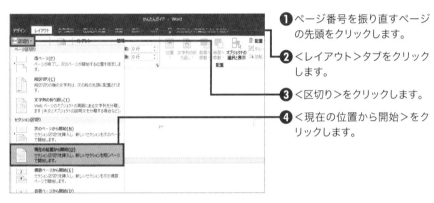

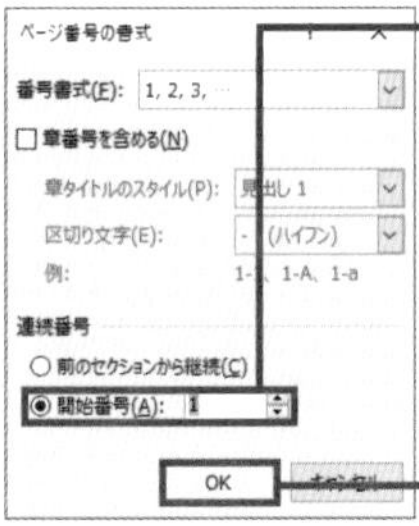

❼<開始番号>欄に番号を指定します。

❽< OK >をクリックします。

SECTION 325 ヘッダー

先頭ページのヘッダーの内容を変える

ヘッダーやフッターを設定すると、通常はすべてのページに同じ内容が表示されます。ただし、いくつか例外があります。たとえば、先頭ページのみ別に指定できます。また、セクションごとに別々の内容を指定することもできます。

先頭ページのみ別のヘッダーを表示する

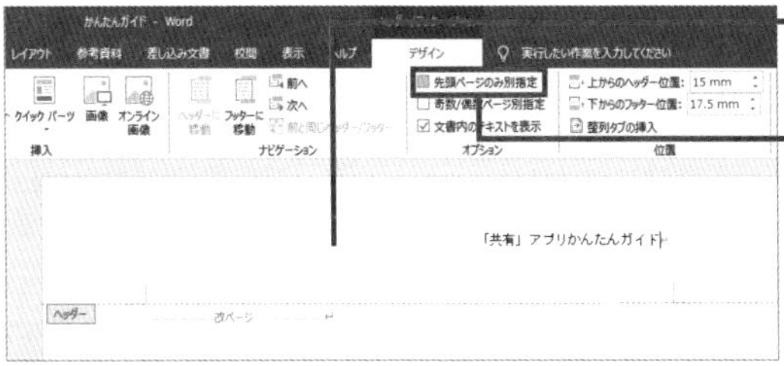

❶ヘッダー領域をダブルクリックします。

❷＜ヘッダー／フッターツール＞の＜デザイン＞タブの＜先頭ページのみ別指定＞をクリックします。

❸先頭ページのヘッダーやフッターの内容を変更します。

❹＜次へ＞をクリックします。

❺次のページのヘッダーが表示されるので、先頭ページとは異なる内容を指定します。

COLUMN

前のセクションと違う内容を表示する

セクション区切りを入れて文書を複数のセクションで区切っても、通常は、すべてのセクションに同じヘッダーやフッターの内容が入ります。指定したセクションのヘッダーやフッターの内容を変更する場合は、対象のセクションのヘッダーやフッターの編集画面で＜ヘッダー／フッターツール＞タブの＜デザイン＞タブの＜前と同じヘッダー／フッター＞をオフにして、ヘッダーやフッターの内容を指定します。

SECTION
326
ヘッダー

奇数と偶数ページでヘッダーの内容を変える

複数ページにわたる文書を印刷して冊子を作るときは、両面印刷をして左側を綴じることがあります。このようなケースでは、冊子を開いたときにヘッダーやフッターの内容が外側に表示されるようにすると見やすくなります。

ヘッダーの内容を左右に振り分ける

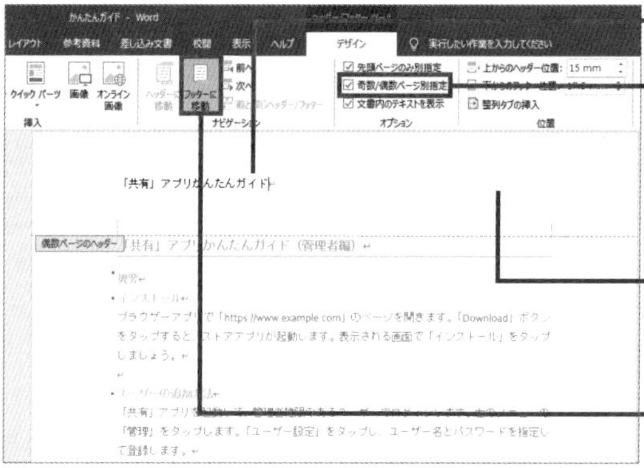

❶ヘッダー領域をダブルクリックします。

❷＜ヘッダー／フッターツール＞の＜デザイン＞タブの＜奇数／偶数ページ別指定＞をクリックします。

❸偶数ページのヘッダー領域をクリックしてヘッダーの内容を指定します。

❹＜フッターへ移動＞をクリックします。

❺偶数ページのフッター領域でフッターの内容を指定します。

❻奇数ページのヘッダー領域でヘッダーの内容を指定します。

❼＜フッターへ移動＞をクリックします。

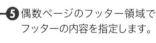

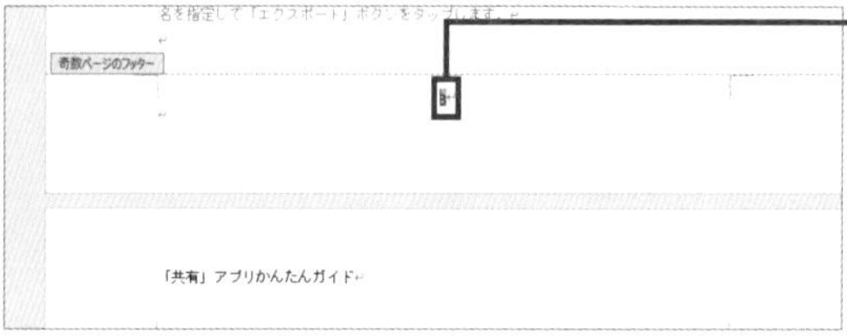

❽奇数ページのフッター領域を表示してフッターの内容を指定します。

第 11 章

Word
校正&印刷のプロ技

SECTION
327
表示

スペースやタブなどの編集記号を表示する

複雑なレイアウトの文書を作成しているときは、セクション区切りやタブなどの編集記号を画面に表示しておくとよいでしょう。文書のどこにどんな指示をしているかひと目で分かるので便利です。ここでは、すべての編集記号を表示します。

編集記号を表示する

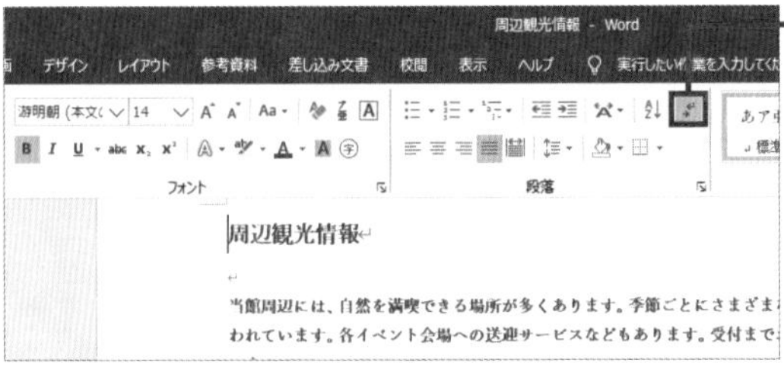
周辺観光情報 - Word
デザイン
レイアウト
参考資料
差し込み文書
校閲
表示
ヘルプ
フォント
段落
周辺観光情報
当館周辺には、自然を満喫できる場所が多くあります。季節ごとにさまざま
われています。各イベント会場への送迎サービスなどもあります。受付まで

❶＜ホーム＞タブの＜編集記号＞をクリックします。

MEMO 段落記号

編集記号を表示していなくても、段落記号は通常表示されます（下のCOLUMN参照)。

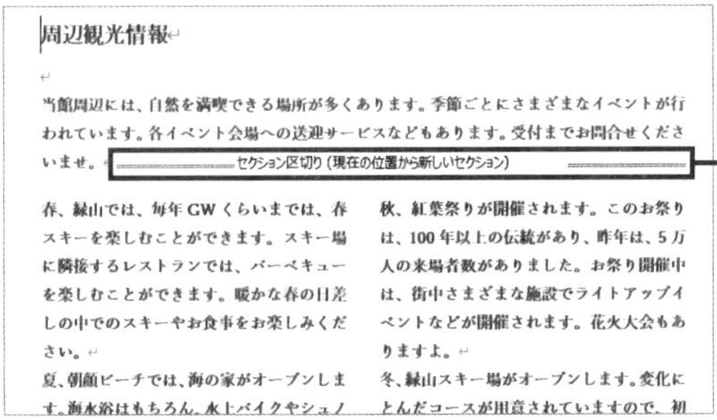
周辺観光情報
当館周辺には、自然を満喫できる場所が多くあります。季節ごとにさまざまなイベントが行われています。各イベント会場への送迎サービスなどもあります。受付までお問合せくださいませ。
セクション区切り（現在の位置から新しいセクション）
春、緑山では、毎年GWくらいまでは、春スキーを楽しむことができます。スキー場に隣接するレストランでは、バーベキューを楽しむことができます。暖かな春の日差しの中でのスキーやお食事をお楽しみください。
夏、朝顔ビーチでは、海の家がオープンします。
秋、紅葉祭りが開催されます。このお祭りは、100年以上の伝統があり、昨年は、5万人の来場者数がありました。お祭り開催中は、街中さまざまな施設でライトアップイベントなどが開催されます。花火大会もありますよ。
冬、緑山スキー場がオープンします。

❷編集記号が表示されます。

COLUMN

常に表示する編集記号を指定する

＜ホーム＞タブの＜編集記号＞をクリックしなくても、指定した編集記号を常に表示するには、＜Wordのオプション＞画面で指定します。＜表示＞の＜常に画面に表示する編集記号＞を指定します。＜ホーム＞タブの＜編集記号＞をクリックしていないのに余計な編集記号が表示されているという場合は、ここを確認しましょう。

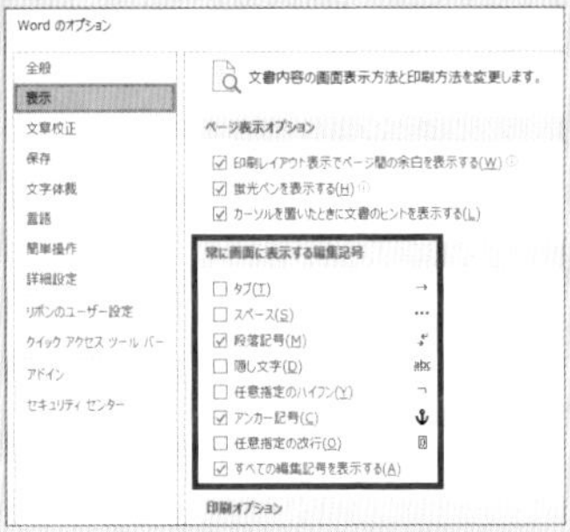
Word のオプション
全般
表示
文章校正
保存
文字体裁
言語
簡単操作
詳細設定
リボンのユーザー設定
クイック アクセス ツール バー
アドイン
セキュリティ センター
文書内容の画面表示方法と印刷方法を変更します。
ページ表示オプション
常に画面に表示する編集記号
タブ(T)
スペース(S)
段落記号(M)
隠し文字(D)
任意指定のハイフン(Y)
アンカー記号(C)
任意指定の改行(O)
すべての編集記号を表示する(A)
印刷オプション

SECTION
328 指定した文字を検索する
編集

文書内の特定のキーワードを検索するには、検索機能を使います。簡単な条件で検索するには、ナビゲーションウィンドウを使うと手軽に検索できます。より詳細の検索条件を指定するには、<検索と置換>画面を表示します。

ナビゲーションウィンドウで検索する

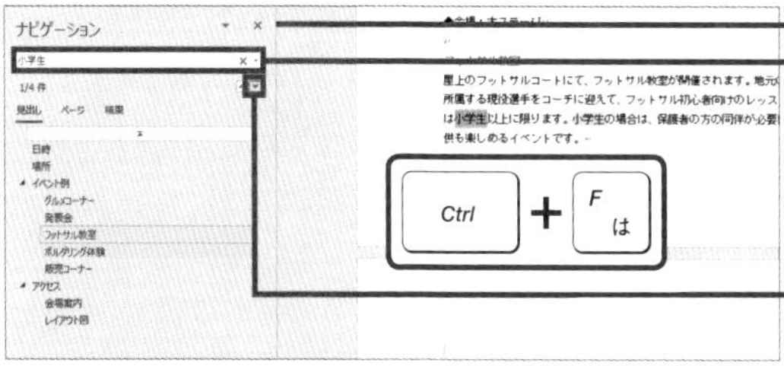

❶ Ctrl ＋ F キーを押すと、ナビゲーションウィンドウが表示されます。

❷ 検索キーワードを入力すると、検索結果が表示されます。

❸ ▼をクリックすると次の検索結果が表示されます。

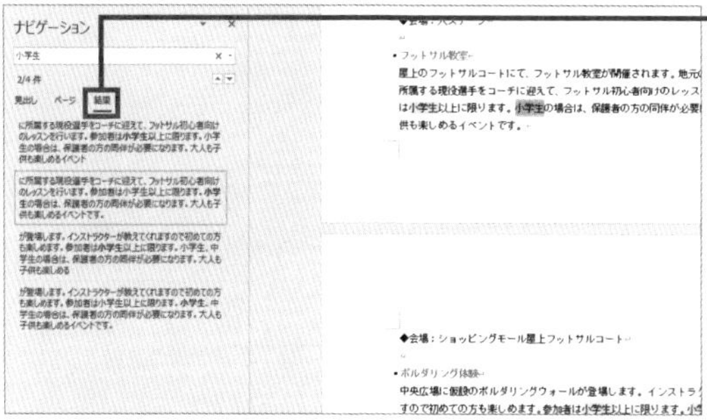

❹ <結果>をクリックすると、前後の文字を含めた検索結果を確認できます。

MEMO　次の結果を表示する

検索されたキーワードを順に確認するには、検索ボックスの右下の▲▼をクリックします。

COLUMN　検索条件を細かく指定する

大文字と小文字を区別して検索するなど、検索条件を細かく指定するには、<ホーム>タブの<検索>の<▼>をクリックして<高度な検索>をクリックします。表示される画面の<オプション>をクリックし、<検索オプション>を指定します。<検索する文字列>に検索キーワードを入力して<次の検索>をクリックして検索します。

SECTION 329 編集

指定した文字を別の文字に置き換える

検索した文字を別の文字に置き換えるには、置換機能を使います。<検索する文字列>と<置換後の文字列>を指定して文字を置き換えます。検索する文字や置換後の文字の書式を指定したい場合はP.381を参照してください。

検索された文字を別の文字に置き換える

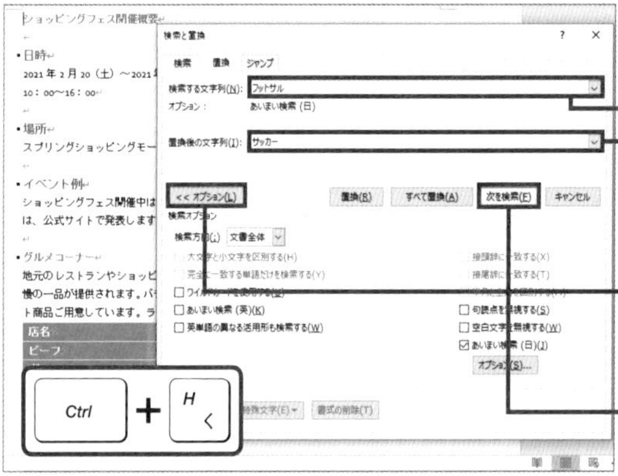

1. Ctrl + H キーを押すと、<検索と置換>画面が表示されます。
2. <検索する文字列>を入力します。
3. <置換後の文字列>を入力します。
4. <オプション>をクリックして<検索オプション>を指定します。
5. <次を検索>をクリックします。

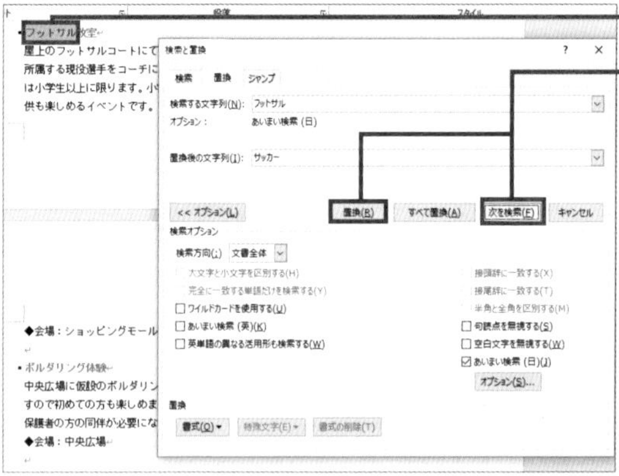

6. 検索結果が表示されます。
7. 置き換える場合は<置換>、次を検索するには、<次を検索>をクリックする操作を繰り返します。

MEMO すべて置換

検索結果を確認せずにすべて置き換えるには<すべて置換>をクリックします。

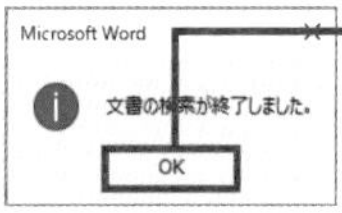

8. 検索が終了するとメッセージが表示されるので、< OK >をクリックします。

SECTION
330
編集

指定した文字を検索して赤字にする

文字を検索したり置き換えたりするときに、文字や段落に設定されている書式を、検索や置換の条件として指定できます。たとえば、文書内で赤字の文字を検索する、検索された文字を赤字に置き換えるなどのように指定できます。

検索した文字を赤字に置き換える

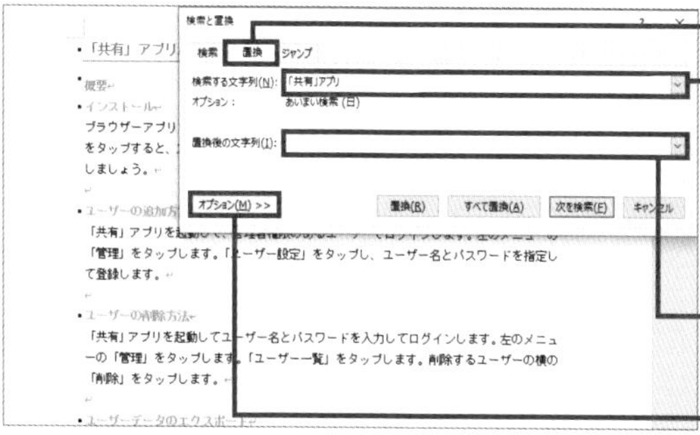

❶ P.380 の方法で＜検索と置換＞画面を表示し、＜置換＞タブをクリックします。

❷ ＜検索する文字列＞をクリックして、検索するキーワードを入力します。

❸ ＜置換後の文字列＞欄をクリックします。

❹ ＜オプション＞をクリックします。

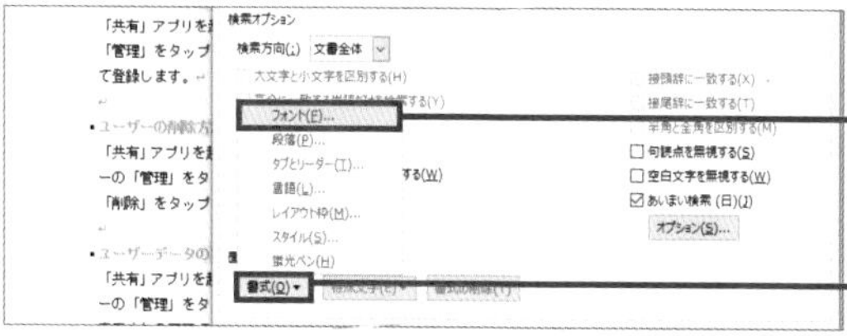

❺ ＜書式＞をクリックします。

❻ ＜フォント＞をクリックします。

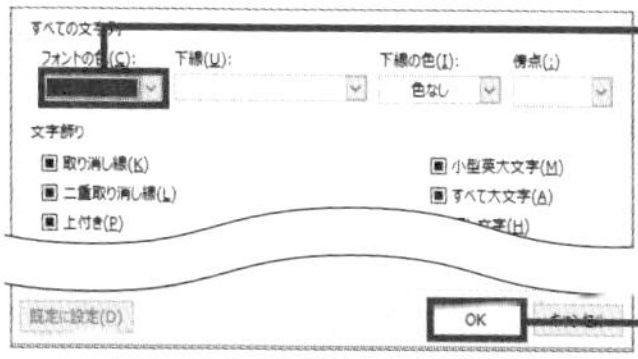

❼ ＜フォントの色＞から赤を指定します。

❽ ＜ OK ＞をクリックします。

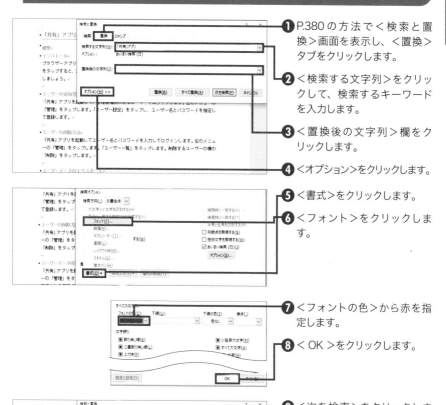

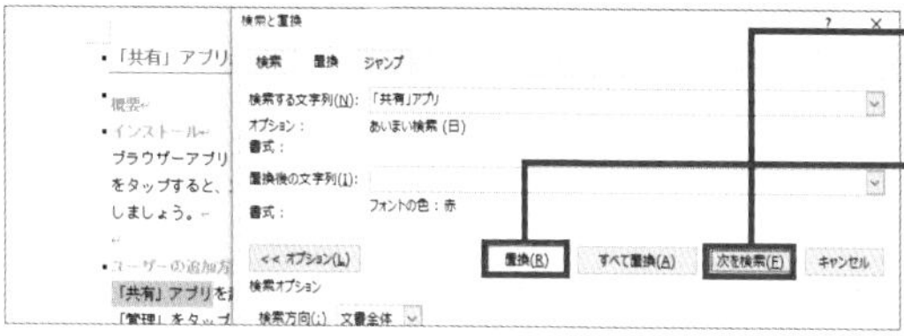

❾ ＜次を検索＞をクリックします。

❿ 検索結果が表示されるので、＜置換＞をクリックすると、文字が赤字に置き換わります。

SECTION
331
編集

コピー貼り付けをした文章の改行の記号を削除する

ほかのアプリから文字をコピーして貼り付けたような場合、文字の折り返し位置で改行されてしまうケースがあります。その場合、段落記号をひとつずつ削除する必要はありません。置換機能を使用すると、指定した編集記号をまとめて削除したりできます。

第11章 編集
第12章
第13章
第14章

余計な改行を削除して文章を表示する

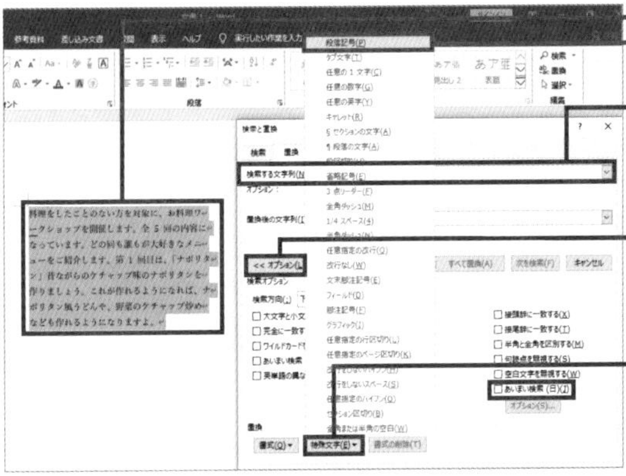

❶段落記号を削除したい範囲を選択します。

❷P.380の方法で＜検索と置換＞画面を表示し、＜検索する文字列＞をクリックします。

❸＜オプション＞をクリックし、＜あいまい検索＞のチェックを外します。

❹＜特殊文字＞をクリックします。

❺＜段落記号＞をクリックします。

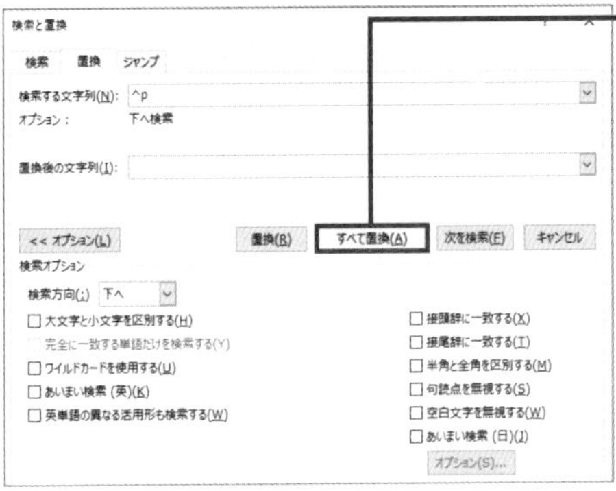

❻＜すべて置換＞をクリックします。この後、文書を検索するかメッセージが表示されたら＜いいえ＞をクリックします。

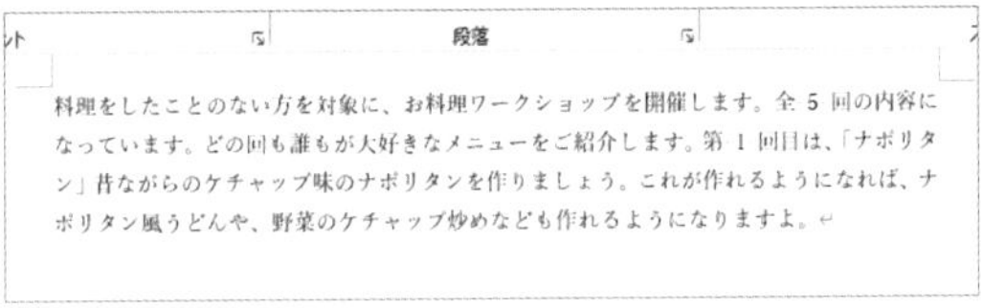

段落
料理をしたことのない方を対象に、お料理ワークショップを開催します。全 5 回の内容になっています。どの回も誰もが大好きなメニューをご紹介します。第 1 回目は、「ナポリタン」昔ながらのケチャップ味のナポリタンを作りましょう。これが作れるようになれば、ナポリタン風うどんや、野菜のケチャップ炒めなども作れるようになりますよ。

❼段落記号が削除されました。

SECTION
332
校正

文書校正を行い間違いがないかチェックをする

文章に文法上の間違いがあったりスペルミスや表記ゆれがあったりすると、Wordが自動的に間違いの可能性を指摘してくれます。ここでは、＜スペルチェックと文章校正＞を使って文章の間違いを探して修正する方法を紹介します。

文法上の間違いなどをチェックする

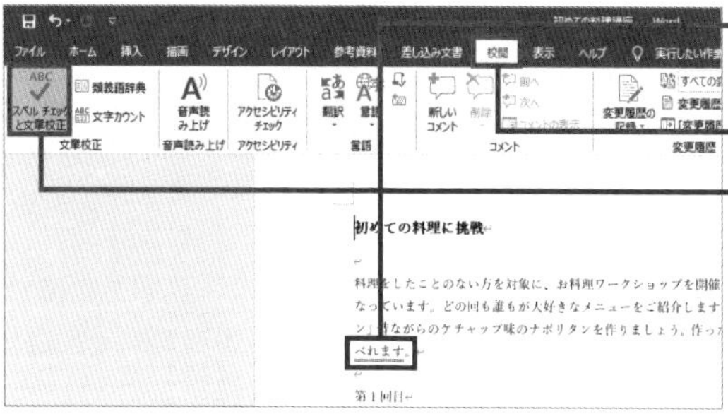

❶ 間違いの可能性のある箇所には線が表示されます。

❷ ＜校閲＞タブをクリックします。

❸ ＜スペルチェックと文章校正＞をクリックします。

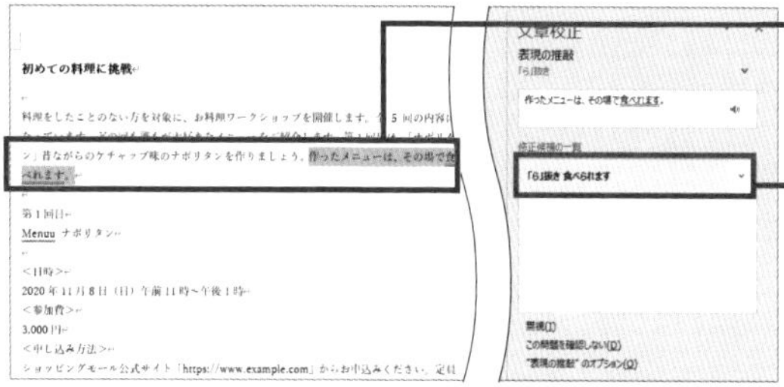

❹ 間違いの可能性がある箇所が選択され、＜文章校正＞ウィンドウが表示されます。

❺ 修正候補から修正する場合は、修正項目をクリック、無視する場合は＜無視＞をクリックします。次の修正候補が表示されたら同様に操作します。

COLUMN

再度チェックをし直す場合

文書の内容をチェックしたあとに、修正をせずに無視した内容をもう一度チェックするには、＜Wordのオプション＞画面の＜文章校正＞をクリックして＜再チェック＞をクリックします。その後、手順❶から操作をやり直します。

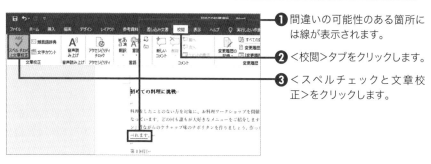

SECTION 333 校正

表記のゆれをチェックして統一する

「プリンター」や「プリンタ」、「ブロッコリー」と「ブロッコリ」など、同じ意味の単語でも表記ゆれがある場合は、Wordが自動的にチェックして印を付けてくれます。ここでは、表記ゆれをまとめて確認します。どちらの表記に統一するか指定しましょう。

表記ゆれがあるかチェックする

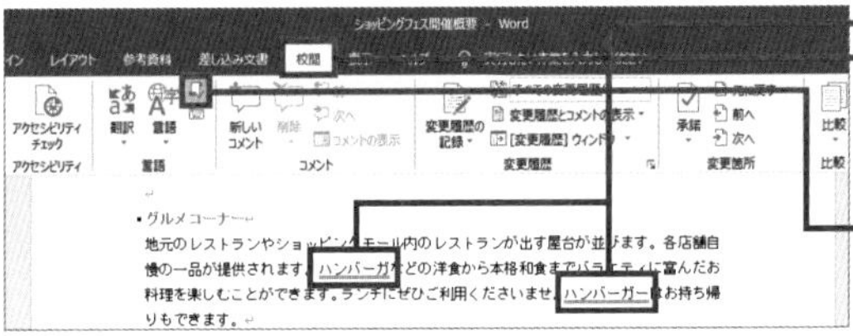
ショッピングフェス開催概要 - Word
校閲
・グルメコーナー
地元のレストランやショッピングモール内のレストランが出す屋台が並びます。各店舗自慢の一品が提供されます。ハンバーガなどの洋食から本格和食までバラエティに富んだお料理を楽しむことができます。ランチにぜひご利用くださいませ。ハンバーガーはお持ち帰りもできます。

❶ 表記ゆれの箇所には線が表示されます。

❷ <校閲>タブをクリックします。

❸ <表記ゆれチェック>をクリックします。

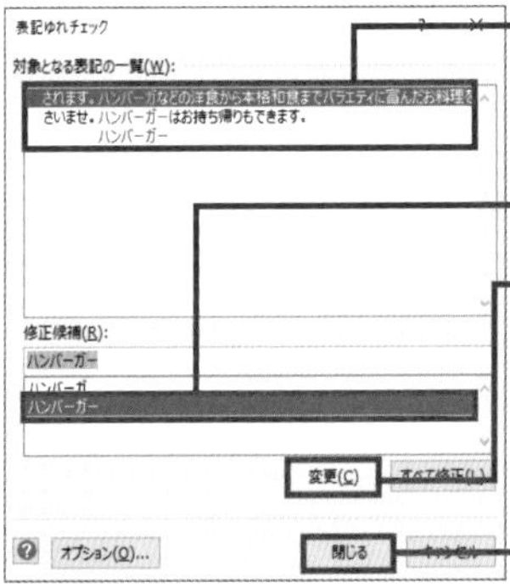
表記ゆれチェック
対象となる表記の一覧(W):
修正候補(R):
ハンバーガー
ハンバーガ
ハンバーガー
変更(C)
オプション(O)...
閉じる

❹ 表記ゆれがある箇所が表示されるので、表示された項目をクリックします。

❺ 修正候補をクリックします。

❻ <変更>をクリックします。

❼ 同様に表記ゆれの箇所を修正し、<閉じる>をクリックします。この後、メッセージが表示されたら< OK >をクリックします。

COLUMN

「申し込み」と「申込」などの表記

「申し込み」と「申込」などの送り仮名の表記ゆれをチェックするには、手順❹の画面で<オプション>をクリック。続いて、<Wordのオプション>画面の<文書校正>の<設定>をクリックし、<文章校正の詳細設定>の<表記の揺れ>の<揺らぎ(送り仮名)>のチェックをオンにします。その後、表記ゆれのチェックをします。

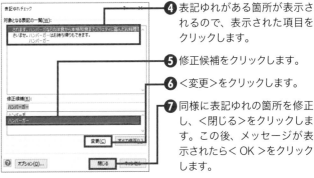

SECTION
334
校正

文書内にコメントを入れる

文書を複数の人でチェックをするようなときに、かんたんなメッセージのやり取りをするにはコメントを利用すると便利です。また、文書を具体的に書き換えたりして、誰が何を変更したのかがわかるようにするには、変更履歴を残す方法があります（P.387参照）。

コメントを入れてメッセージを表示する

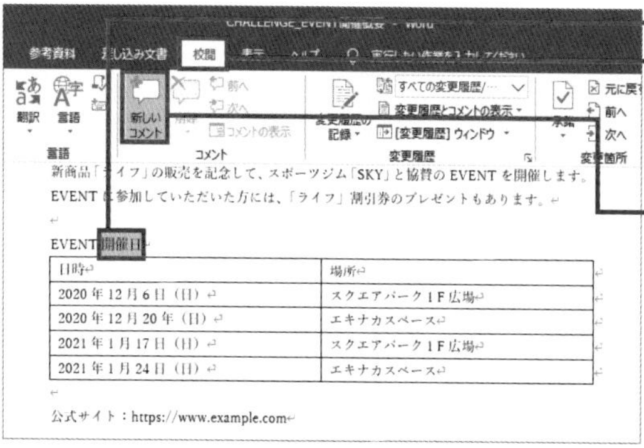

❶コメントを追加する箇所を選択します。

❷＜校閲＞タブをクリックします。

❸＜新しいコメント＞をクリックします。

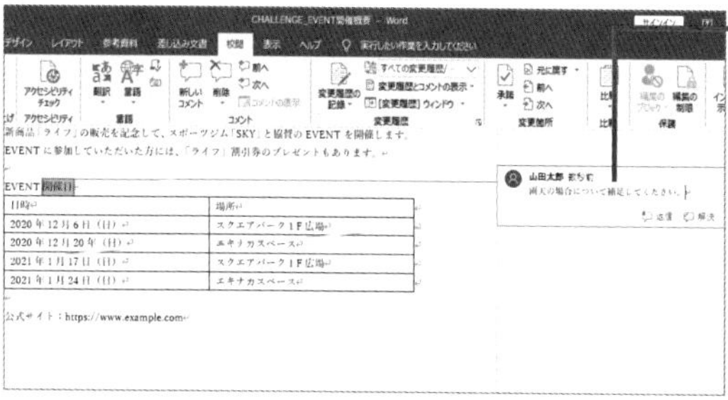

❹コメントの内容を入力します。

> **MEMO　コメントの名前**
>
> コメントを追加したときの名前は、＜Wordのオプション＞画面の＜全般＞の＜ユーザー名＞に指定されているものが表示されます。

COLUMN

コメントを削除する

コメントを削除するには、コメントをクリックして＜校閲＞タブの＜削除＞をクリックします。

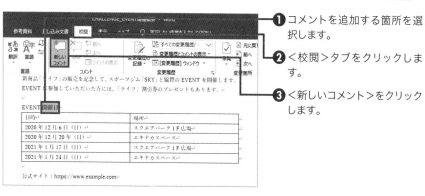

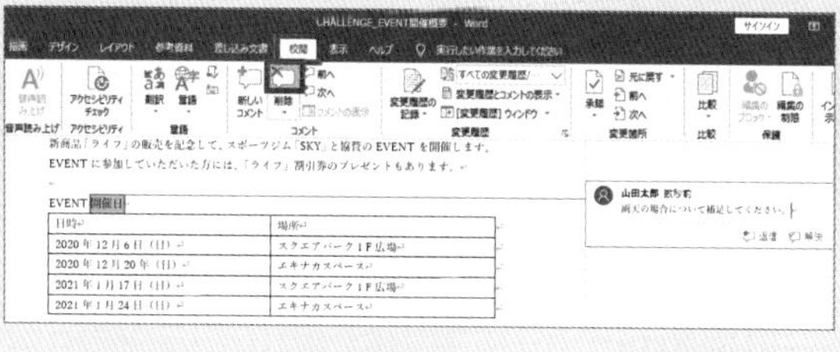

SECTION 335 校正

コメントに返信する

P.385で紹介したように、文書にコメントを追加すると、付箋でメモを付けるような感覚でメッセージを伝えられます。メッセージには、返信することもできます。メッセージのやり取りに必要な基本操作を紹介します。

コメントに返信を書く

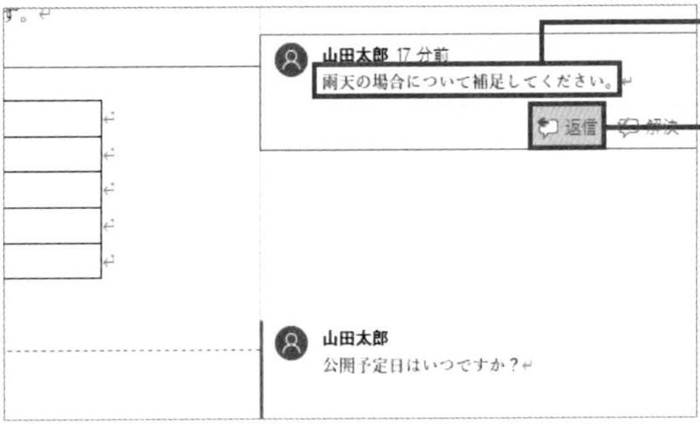
山田太郎 17 分前
雨天の場合について補足してください。
返信
解決
山田太郎
公開予定日はいつですか？

❶ コメントをクリックします。

❷ <返信>をクリックします。

MEMO コメントを表示する

コメントの一覧を確認するには、<校閲>タブの<コメントの表示>をクリックします。表示できない場合は、<すべての変更履歴／コメント>となっているか確認します。

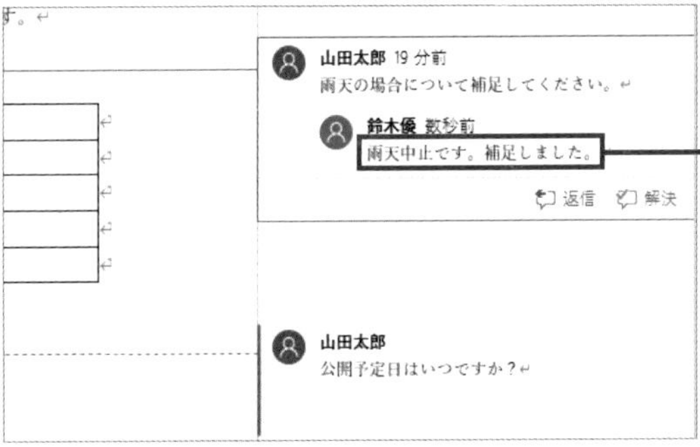
山田太郎 19 分前
雨天の場合について補足してください。
鈴木優 数秒前
雨天中止です。補足しました。
返信
解決
山田太郎
公開予定日はいつですか？

❸ 内容を入力します。

MEMO コメントを確認する

コメントの内容を順に確認するには、<校閲>タブの<前へ><次へ>をクリックします。

COLUMN

コメントを解決に設定する

コメントでメッセージのやり取りをしたあと、問題が解決した場合は、<解決>をクリックします。すると、コメントの内容がグレーで表示されます。解決したものを再び解除するには、<もう1度開く>をクリックします。

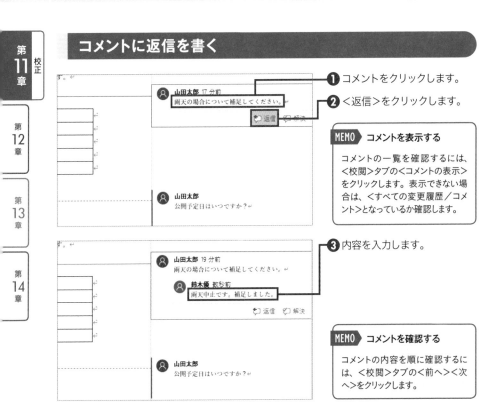

山田太郎
鈴木優
返信
もう一度開く

SECTION
336
校正

変更履歴を残すように設定する

文書を複数の人数でチェックするような場合は、誰がどこを編集したのかわかるようにしておくとよいでしょう。責任者は、最終的に修正を反映させるかどうかを指定して文書を完成させられます。この機能を使うには、まず、文書に変更履歴を残す設定にします。

変更履歴を残す準備をする

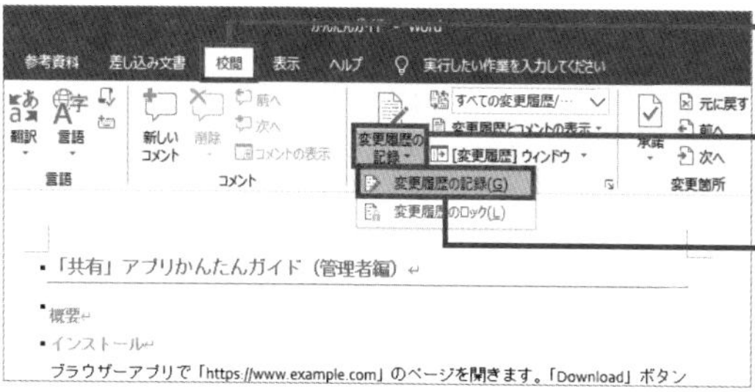
参考資料
差し込み文書
校閲
表示
ヘルプ
実行したい作業を入力してください
翻訳
言語
新しいコメント
削除
前へ
次へ
コメントの表示
コメント
変更履歴の記録
すべての変更履歴/...
変更履歴とコメントの表示
[変更履歴] ウィンドウ
変更履歴の記録(G)
変更履歴のロック(L)
承諾
元に戻す
前へ
次へ
変更箇所
「共有」アプリかんたんガイド（管理者編）
概要
インストール
ブラウザーアプリで「https://www.example.com」のページを開きます。「Download」ボタン

❶ ＜校閲＞タブをクリックします。

❷ ＜変更履歴の記録＞をクリックします。

❸ ＜変更履歴の記録＞をクリックします。

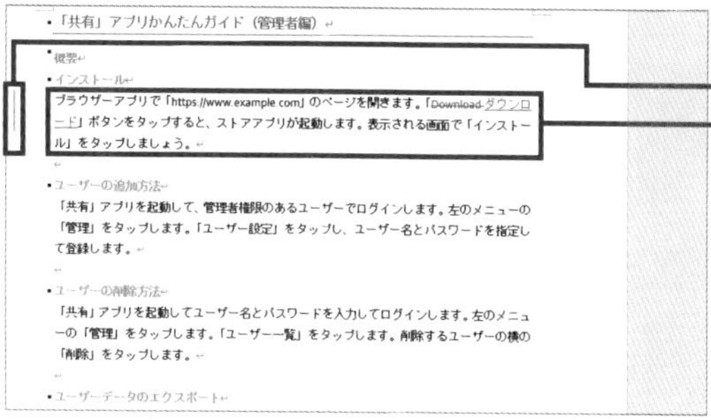
「共有」アプリかんたんガイド（管理者編）
概要
インストール
ブラウザーアプリで「https://www.example.com」のページを開きます。「Download ダウンロード」ボタンをタップすると、ストアアプリが起動します。表示される画面で「インストール」をタップしましょう。
ユーザーの追加方法
「共有」アプリを起動して、管理者権限のあるユーザーでログインします。左のメニューの「管理」をタップします。「ユーザー設定」をタップし、ユーザー名とパスワードを指定して登録します。
ユーザーの削除方法
「共有」アプリを起動してユーザー名とパスワードを入力してログインします。左のメニューの「管理」をタップします。「ユーザー一覧」をタップします。削除するユーザーの横の「削除」をタップします。
ユーザーデータのエクスポート

❹ 文書の内容を修正します。

❺ 修正箇所が表示されます。

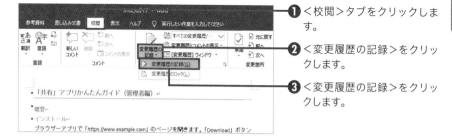

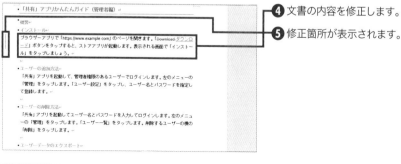

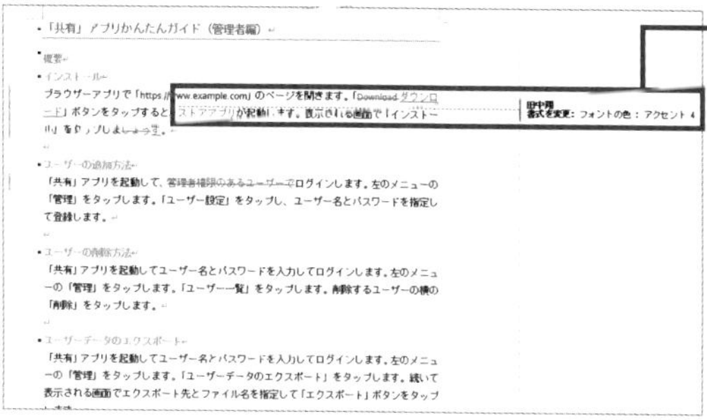
「共有」アプリかんたんガイド（管理者編）
書式を変更: フォントの色 : アクセント 4

❻ 書式を変更したりしても変更履歴が残ります。

SECTION
337
校正

変更箇所を確認して適用する

変更履歴を残す機能を使って複数の人によって編集された文書を完成させるには、変更箇所を反映するかどうかを確認します。内容を確認しながら、<承諾>か<元に戻す>かを選択しましょう。確認後は、変更履歴を残す機能をオフにします。

変更箇所を反映させるか元に戻すか選ぶ

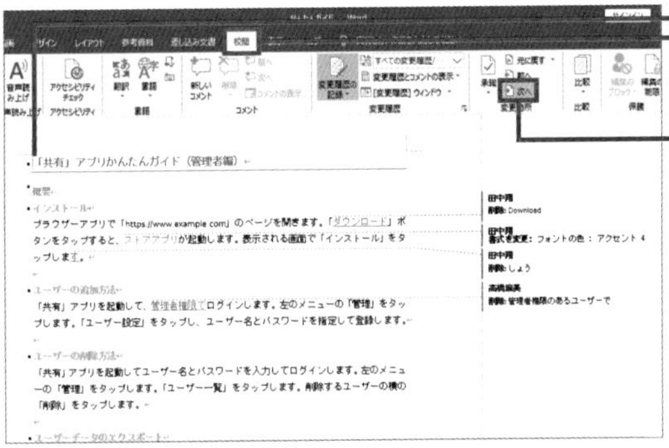

❶文書の先頭をクリックします。

❷<校閲>タブをクリックします。

❸<次へ>をクリックします。

MEMO 変更を確認する

変更を反映させるには<承諾>、反映させない場合は<元に戻す>をクリックします。また、それぞれの<▼>をクリックして操作を選ぶこともできます。

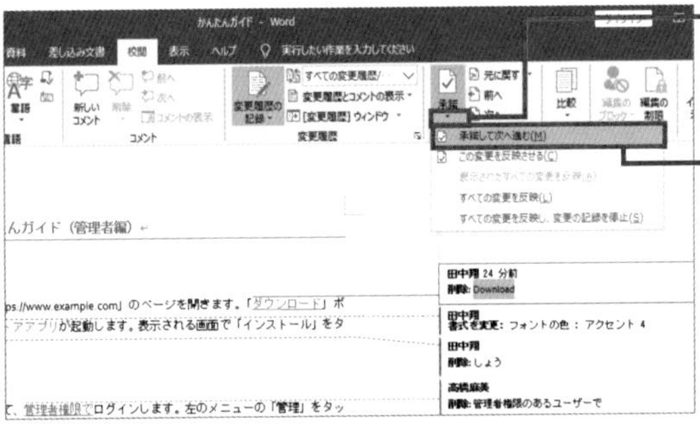

❹変更箇所が表示されたら<承諾>の<▼>をクリックします。

❺<承諾して次へ進む>か<元に戻す>をクリックします。手順❸からの操作を繰り返してすべての変更箇所を確認します。

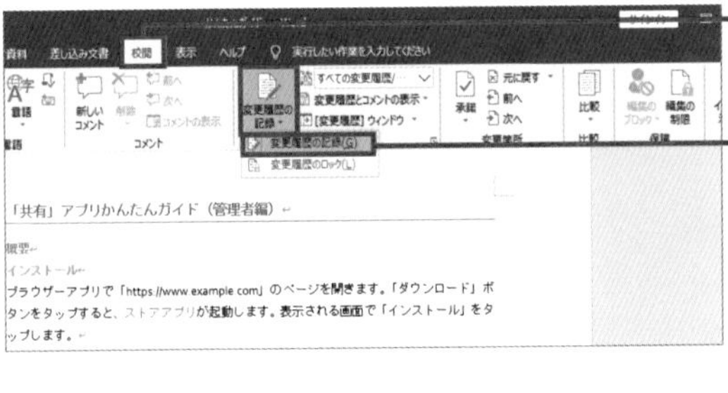

❻<校閲>タブをクリックします。

❼<変更履歴の記録>をクリックし、<変更履歴の記録>をクリックして変更履歴を残す機能をオフにします。

SECTION 338 校正

気になる箇所にマーカーを引く

文書内の気になる箇所に印を付けるには、蛍光ペンで文字をなぞるようにして印を付けましょう。蛍光ペンを引いた箇所は、検索対象にもなります。蛍光ペンの箇所を、あとからまとめてチェックしたりできて便利です。

蛍光ペンで印を付ける

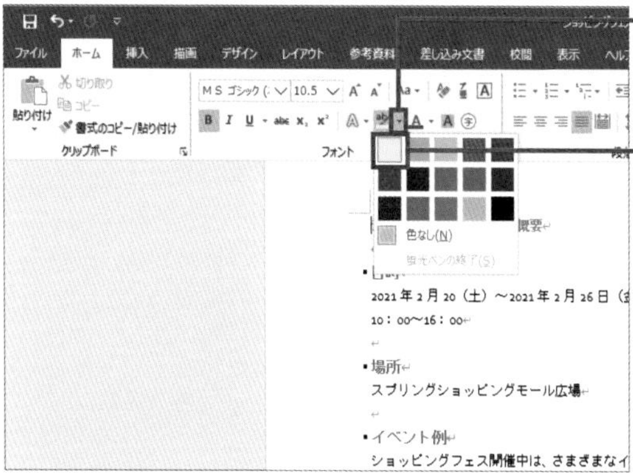

❶ ＜ホーム＞タブの＜蛍光ペン＞の＜▼＞をクリックします。

❷ 色を選択します。

MEMO 蛍光ペンを表示する

＜Wordのオプション＞画面の＜表示＞メニューの＜蛍光ペンを表示する＞のチェックをオフにすると、蛍光ペンの印を画面に表示するか指定できます。非表示にした場合、印刷した場合も蛍光ペンは表示されません。

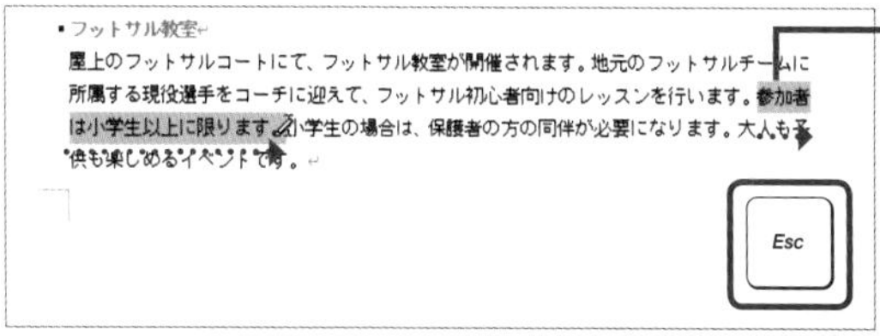

❸ マウスポインターの形が変わるので、気になる箇所をドラッグします。続いて、気になる箇所をドラッグします。

❹ Esc キーを押すと、蛍光ペンを引くモードが解除されます。

COLUMN

蛍光ペンの箇所を検索する

蛍光ペンで印を付けた箇所を検索するには、P.380の方法で＜検索と置換＞画面を表示して＜検索＞タブの＜検索する文字列＞欄をクリック。＜書式＞をクリックし、＜蛍光ペン＞をクリックして検索条件を指定します。＜検索する文字列＞は空欄のままでも構いません。あとは、P.379の方法で検索を実行します。

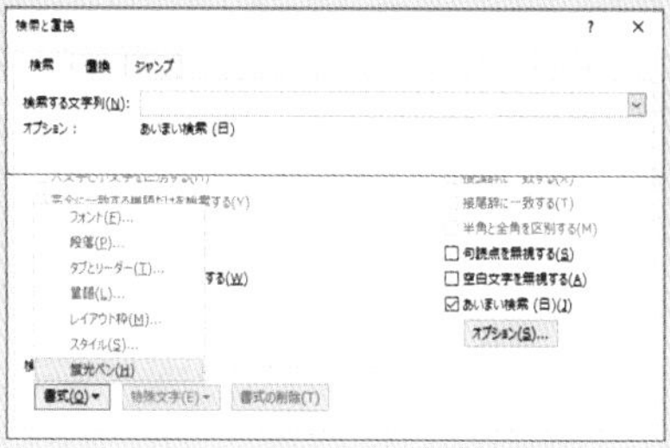

SECTION
339
校正

手書きのメモや図形を追加する

タッチパネル対応のパソコンなどで、画面をタッチして手書きのメモなどを追加するには、<描画>タブを使います（2016以降のみ対応）。ペンの種類を選択してメモを追加しましょう。追加した内容は、ナビゲーションウィンドウからも確認できます。

手書きのメモを書く

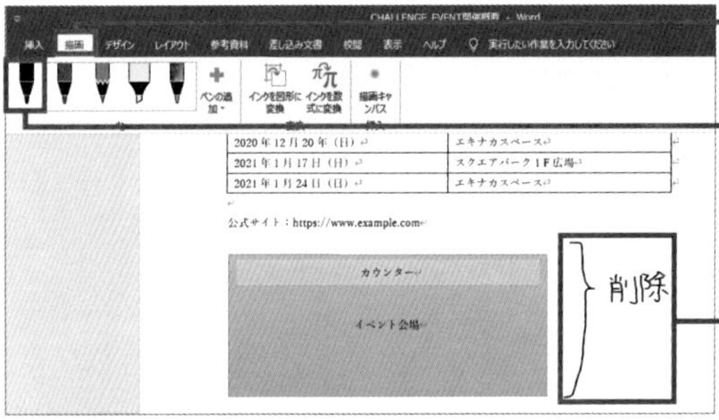

❶<描画>タブをクリックします。

❷ペンの種類を選びクリックします。

❸ドラッグしてメモを追加します。

MEMO <描画>タブ

<描画>タブが表示されていない場合は、タブを右クリックして<リボンのユーザー設定>から有効にしましょう。

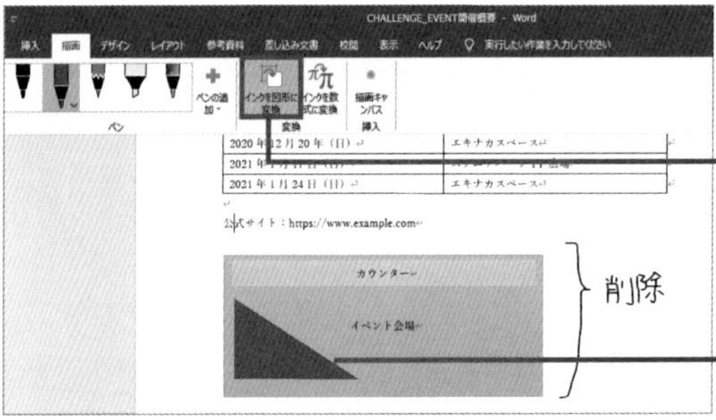

❹<インクを図形に変換>をクリックします。

❺手書きで三角形や四角形などの図形を描くと、図形に変換されます。

COLUMN

手書きメモや図形を検索する

ナビゲーションウィンドウの<検索>ボックス横の<▼>をクリックすると、検索対象として表やグラフィックスなどを指定できます。<グラフィックス>を選択して<▼><▲>をクリックして内容を確認します。

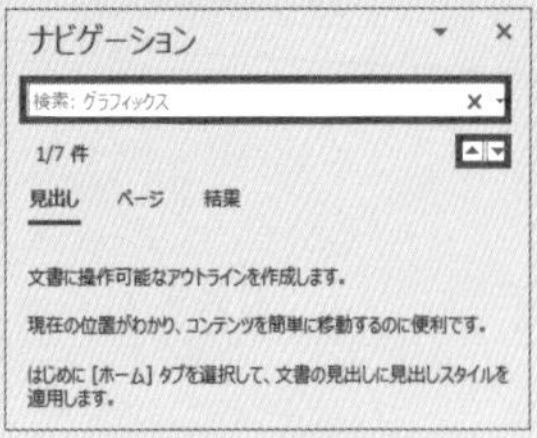

SECTION 340 校正

文書の冒頭と末尾の内容を同時に確認する

同じ文書の冒頭と末尾の離れたページを見比べたい場合、方法はいくつかあります。ここでは、文書ウィンドウを分割する方法を紹介します。そのほか、同じ文書を複数のウィンドウで開き、それぞれ見たいページを表示する方法もあります。

ウィンドウを分割して文書を表示する

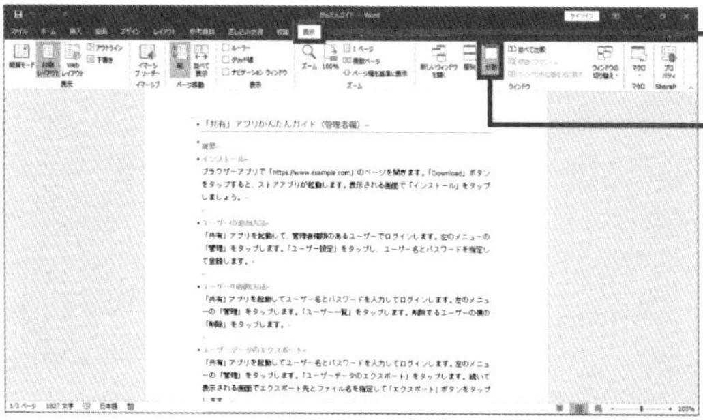

❶＜表示＞タブをクリックします。

❷＜分割＞をクリックします。

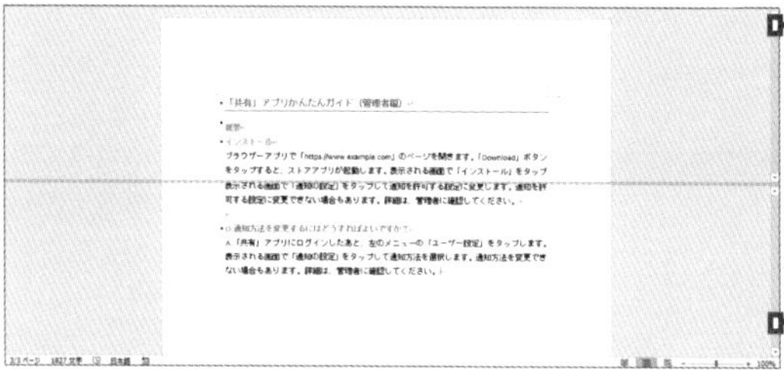

❸文書ウィンドウが分割されるので、右に表示されるスクロールバーを使用して見たいページをそれぞれ指定します。

COLUMN

新しいウィンドウで開く

同じ文書を別のウィンドウで開くには、＜表示＞タブの＜新しいウィンドウを開く＞をクリックします。すると、同じ文書が新しいウィンドウで開き、タイトルバーに「ファイル名2」のように表示されます。ウィンドウを並べると文書内の異なるページなどを同時に確認できます。

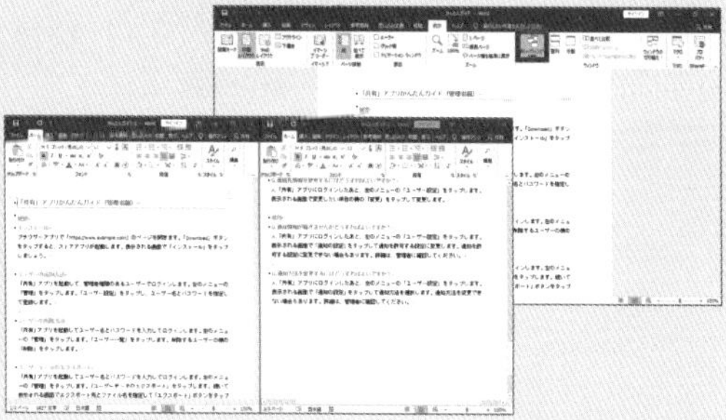

SECTION 341 校正

複数の文書を並べて表示する

開いている複数の文書を並べて見比べる方法はいくつかあります。ここでは、ウィンドウを自動的に整列させる方法を紹介します。なお、似たような文書を同時にスクロールして上から順に見比べるには、これよりも＜並べて表示＞を使うと便利です。

複数のウィンドウを並べて表示する

❶複数の文書を開いた状態で、いずれかの文書の＜表示＞タブをクリックします。

❷＜整列＞をクリックします。

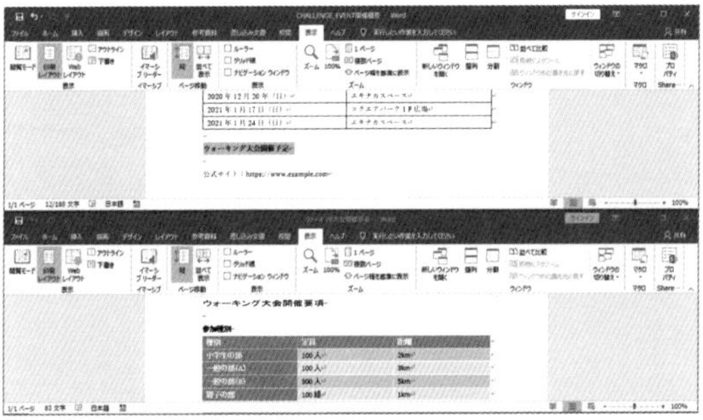

❸ウィンドウが整列します。

MEMO 左右に並べる

ウィンドウを左右に並べるには、手順❷で＜ページ移動＞の＜並べて表示＞を使うと便利です。

COLUMN

後ろに隠れている文書に切り替える

文書を並べて表示するのではなく、後ろに隠れている文書に表示を切り替えるには、＜表示＞タブの＜ウィンドウの切り替え＞をクリックして文書を選択します。または、タスクバーのWordのアイコンにマウスポインターを移動して、切り替えたい文書をクリックします。

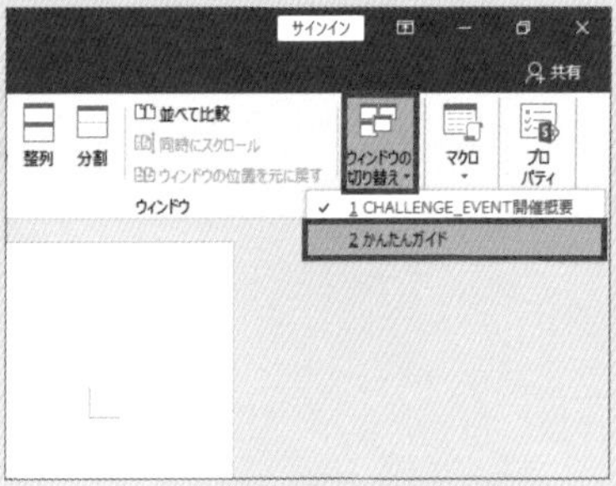

SECTION 342

校正

文書の一部のみ編集できるようにする

ほかの人に文書を編集してもらうとき、編集できる機能や範囲に制限を付けることができます。この機能を使うと、編集が必要な個所以外を間違って書き換えてしまったりするのを防げます。保護を解除するためのパスワードも設定できます。

文書に編集制限をかける

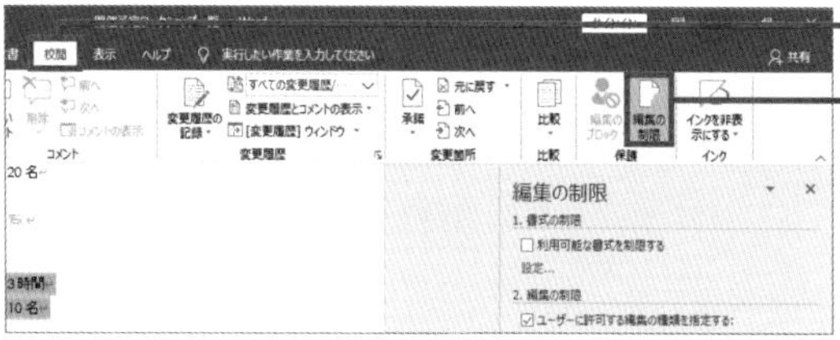

❶ ＜校閲＞タブをクリックします。

❷ ＜編集の制限＞をクリックします。

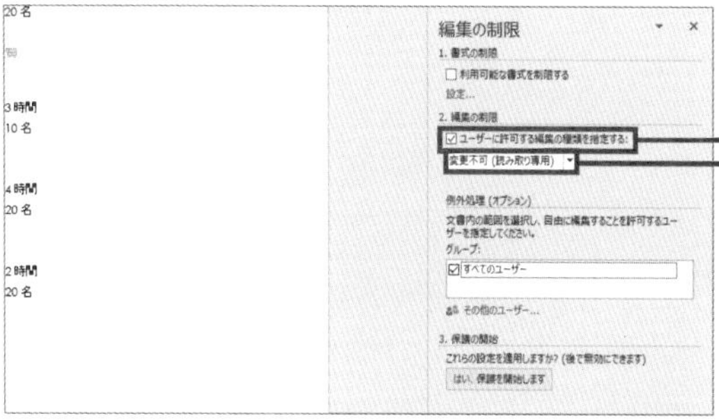

❸ ＜編集の制限＞ウィンドウが表示されます。

❹ ＜ 2. 編集の制限＞の＜ユーザーに許可する編集の種類を指定する＞をクリックしてオンにします。

❺ ここでは、許可する操作として＜変更不可（読み取り専用）＞を選択します。

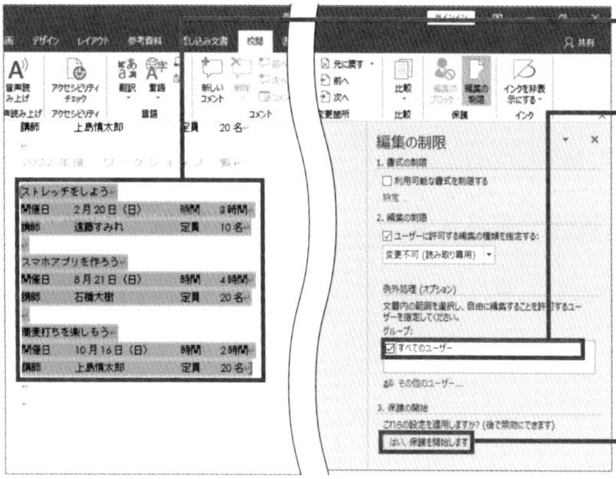

❻ 編集を許可する範囲を選択します。

❼ ＜例外処理（オプション）＞の自由に編集することを許可するユーザーとして＜すべてのユーザー＞をクリックします。

❽ ＜はい、保護を開始します＞をクリックします。

校正 第11章
第12章
第13章
第14章

SECTION
343
印刷

印刷イメージを確認する

文書を完成させて印刷をするときは、事前に印刷イメージを確認しましょう。ページ全体を表示して余白やヘッダーやフッターの表示内容やレイアウトなどを確認します。複数ページにわたる文書を印刷するときは、ページを切り替えて確認します。

印刷イメージの表示画面に切り替える

❶ 印刷する文書を開いた状態で Ctrl ＋ P キーを押します。

MEMO Backstageビューの表示

Backstageビューの<印刷>をクリックしても、印刷イメージを確認できます。

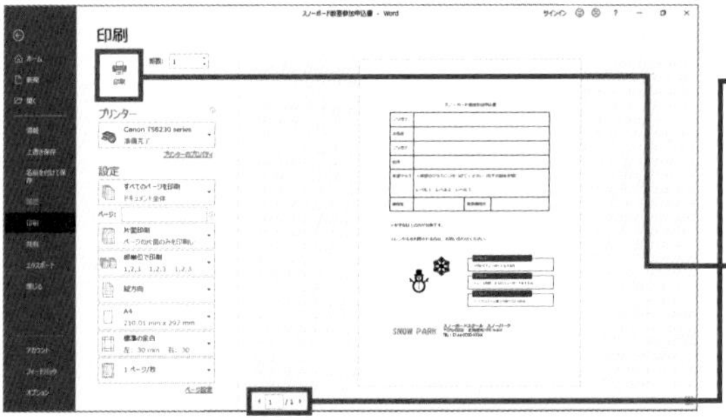

❷ 印刷イメージが表示されます。

❸ ページ数が表示されます。複数のページがある場合、<▶>をクリックすると、ページが切り替わります。

❹ 印刷をするには、<印刷>をクリックします。

COLUMN

クイックアクセスツールバーにボタンを表示する

クイックアクセスツールバーに印刷イメージに切り替えるボタンを表示するには、クイックアクセスツールバーの横のボタンをクリックして<印刷プレビューと印刷>をクリックします。

SECTION
344 ページ単位や部単位で印刷する

印刷

3ページにわたる文書を10部印刷するときは、一般的に部単位で、「1～3」ページのセットが10部印刷されます。印刷物を机に並べて必要なページだけを持って行ってもらう場合など、「1」「2」「3」をそれぞれ10枚印刷する場合は、ページ単位で印刷します。

複数ページの文書の印刷順を指定する

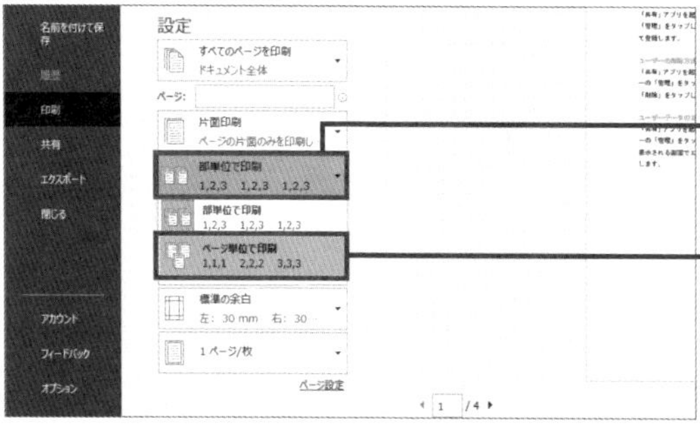

❶ P.394の方法で、印刷イメージを表示します。

❷ <部単位で印刷>をクリックします。

❸ <ページ単位>を選択します。

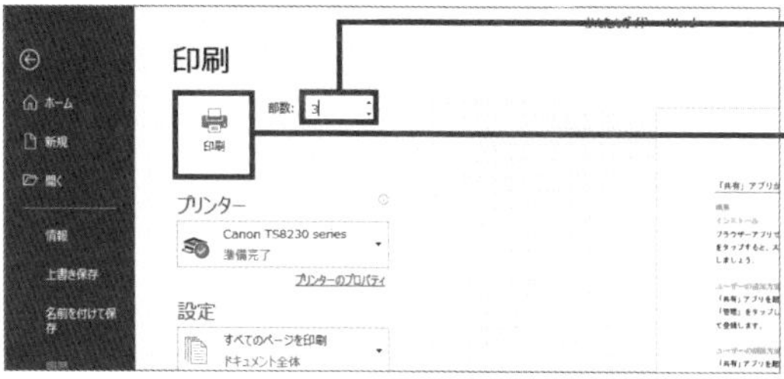

❹ <部数>を入力します。

❺ <印刷>をクリックすると、印刷が実行されます。

COLUMN

最終ページから印刷する

複数ページにわたるページを印刷すると、一般的には、最終ページから順に印刷されます。印刷する順番を逆にするには、<Wordのオプション>画面の<詳細設定>の<ページの印刷順序を逆にする>の設定を変更します。思うように印刷されない場合は、プリンター側の設定も確認しましょう。

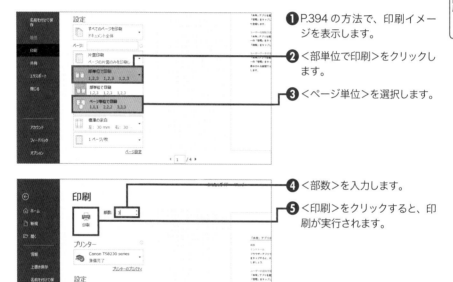

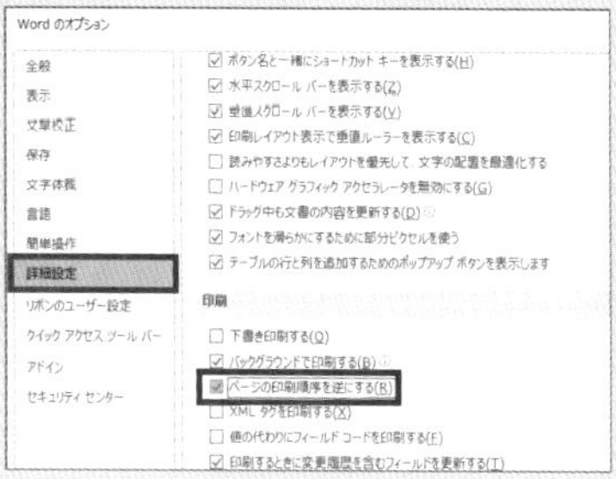

SECTION
345
印刷

用紙の中央に印刷する

用紙の上端に入力した文字を用紙の高さに対して中央や下などに印刷するには、ページの垂直方向の配置位置を指定する方法があります。この方法を使うと、用紙の上下の余白位置を調整しなくても印刷する位置を調整できて便利です。

文書を用紙の高さに対して中央に配置する

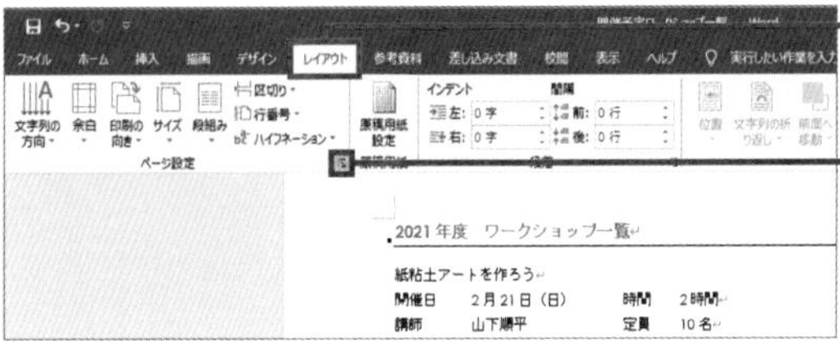

❶＜レイアウト＞タブをクリックします。

❷＜ページ設定＞の＜ダイアログボックス起動ツール＞をクリックします。

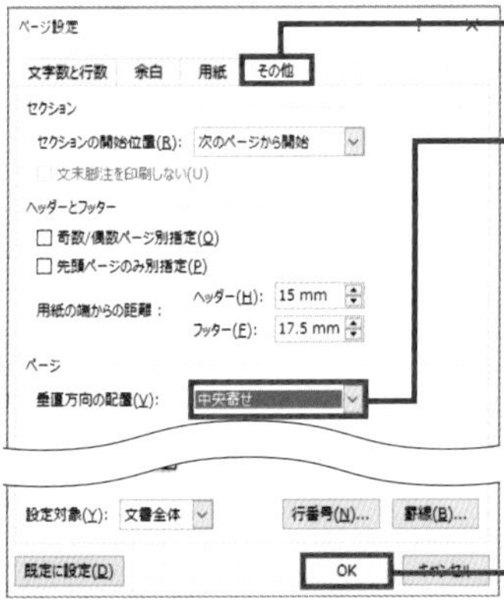

❸＜その他＞タブをクリックします。

❹＜垂直方向の配置＞を指定します。

❺＜ OK ＞をクリックします。

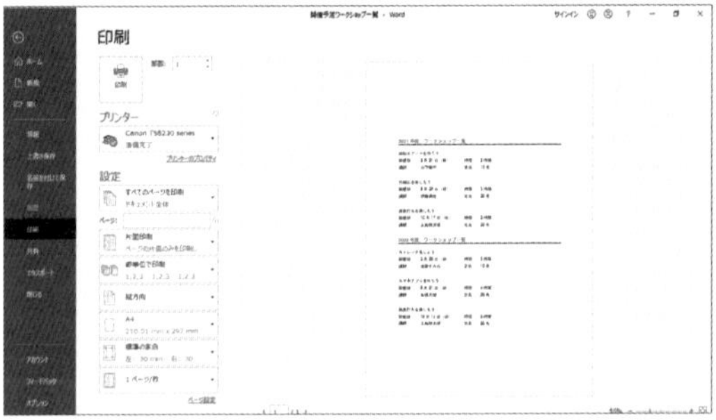

❻文字の配置が変わります。文書の印刷イメージを確認します（P.394 参照）。必要に応じて印刷を行います。

MEMO 左右の余白

用紙の左右の余白位置を調整するには、P.346の方法で指定します。

SECTION 346 印刷

1枚に数ページ分印刷する

用紙を節約して印刷するには、用紙1枚に複数ページを割り当てたり、両面印刷の設定をしたりする方法があります。これらの設定をプリンター側で行っている場合は、Word側での設定は不要です。なお、プリンターによって設定できる内容は異なります。

用紙1枚に2ページ分印刷する

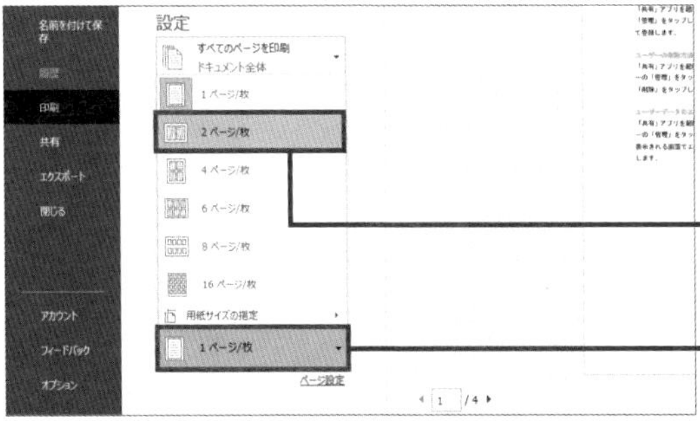

❶ P.394の方法で、印刷イメージを表示します。

❷ <1ページ/枚>をクリックします。

❸ 印刷するページ数を指定します。

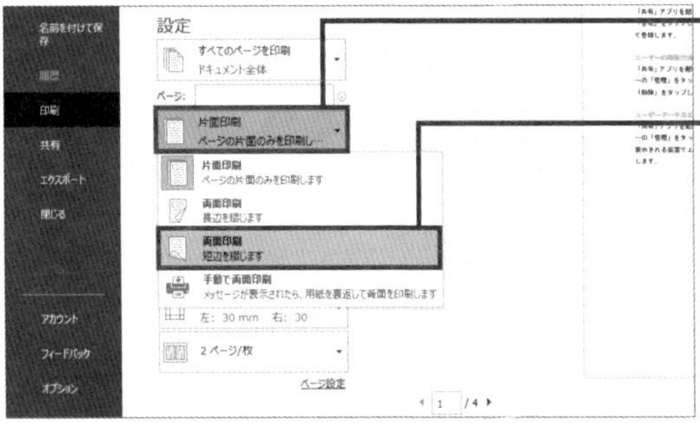

❹ 両面印刷にする場合は、<片面印刷>をクリックします。

❺ 両面印刷で用紙の長辺短辺どちらを綴じるか指定します。必要に応じて印刷を行います。

COLUMN

プリンターのプロパティ

印刷画面で<プリンターのプロパティ>をクリックすると、プリンターのプロパティ画面が表示されます。表示された画面でプリンター側の設定を行えます。

SECTION 347 印刷

指定したページのみ印刷する

複数ページにわたる文書を印刷するとき、指定したページや、指定した範囲のページだけを印刷するには、印刷時に指定します。2ページ目と4ページ目だけを印刷するには「2,4」、2ページ目～4ページ目を印刷するには、「2-4」のように指定します。

印刷するページを指定する

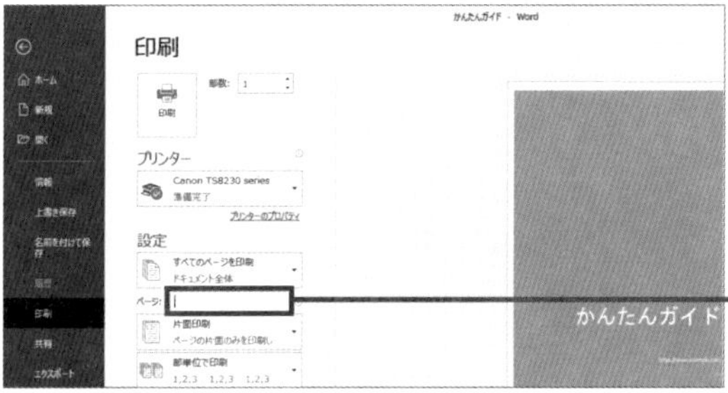

❶ P.394の方法で、印刷イメージを表示します。

❷ <ページ>をクリックします。

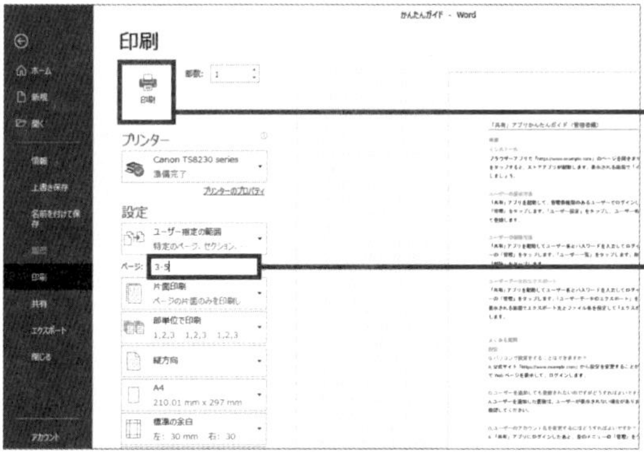

❸ ページを入力すると、印刷対象の指定が変わります。

❹ <印刷>をクリックすると、印刷が実行されます。

MEMO　その他の指定

2ページ目と4ページ目、6ページ目～8ページ目までを印刷する場合は、「2,4,6-8」のように指定します。また、「P1S1,P3S1」(セクション1のP1とP3)、のように指定することもできます。

COLUMN

現在のページを印刷

印刷イメージを表示している画面で、<すべてのページを印刷>をクリックすると、印刷する内容などを指定できます。たとえば、<現在のページのみ>をクリックすると、右に表示されているページだけを印刷できます。

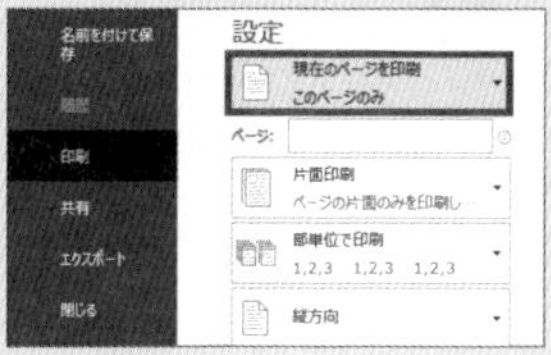

SECTION 348 印刷

文書の背景の色などを印刷する

ページの背景に色を付けたり（P.369）背景に画像を指定している場合、画面上では背景の色や画像が見えます。しかし、文書を印刷すると、通常は、背景の色や画像は印刷されません。背景の色や画像を印刷したい場合は、設定を変更します。

ページの色を印刷するか指定する

❶ <デザイン>タブの<ページの色>からページの色を指定しておきます。

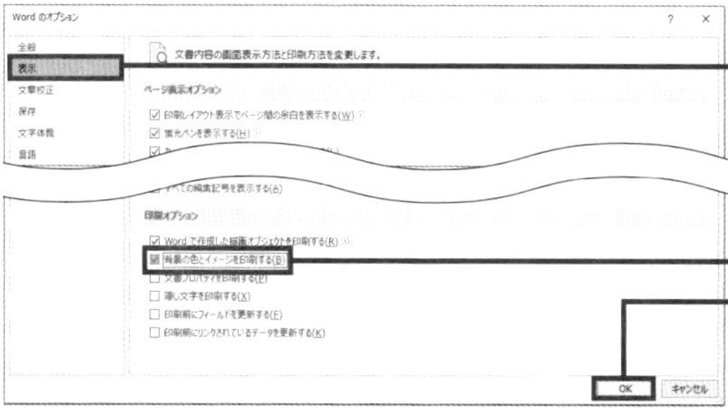

❷ P.045の方法で、<Wordのオプション>画面を表示します。

❸ <表示>をクリックします。

❹ <背景の色とイメージを印刷する>のチェックをオンにします。

❺ < OK >をクリックします。

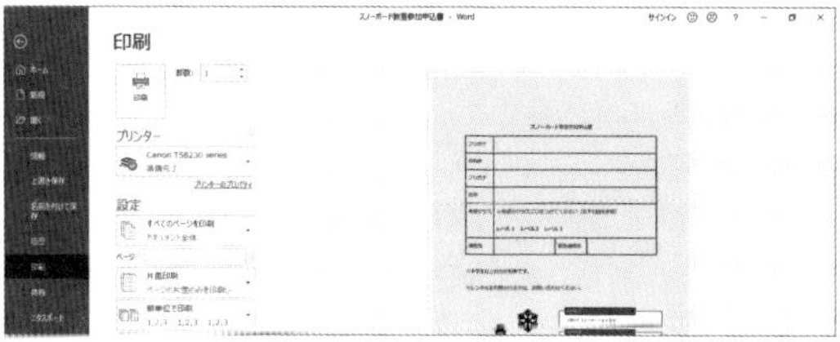

❻ P.394の方法で印刷イメージを表示すると、背景の色が表示されます。必要に応じて印刷を行います。

COLUMN 背景の色や画像を指定する

ページの背景の色を指定するには、P.369の方法で操作します。背景に画像を指定するには、ページの色を指定するときに<塗りつぶし効果>を選択し、<図>タブで表示する図を指定します。なお、ページの背景ではなくて文書に追加した画像は、ここで紹介した設定に関わらず、通常は印刷されます。

▶ COLUMN

プリンターの設定を確認しよう

文書のレイアウトを整えるときは、事前に用紙のサイズや向き、余白位置などを指定しましょう。用紙サイズや余白位置などによって設定できる段組みの段の数などは異なります。なお、使用しているプリンターによっては、印刷できる用紙のサイズや設定可能な余白位置などが異なります。お使いのプリンターで選択できる用紙サイズなどを確認するには、プリンターのプロパティを確認します。
プリンターのプロパティ画面を表示するには、Windows10の設定画面で<デバイス>、<プリンターとスキャナー>の順にクリックし、使用しているプリンターをクリックして<管理>をクリックします。<プリンターのプロパティ>をクリックすると、プリンター名や共有の設定などを確認できます。<印刷設定>をクリックすると、用紙サイズや印刷品質など、実際に印刷をするときのさまざまな設定を行えます。なお、プリンターのプロパティ画面の内容は、お使いのプリンターによって異なります。

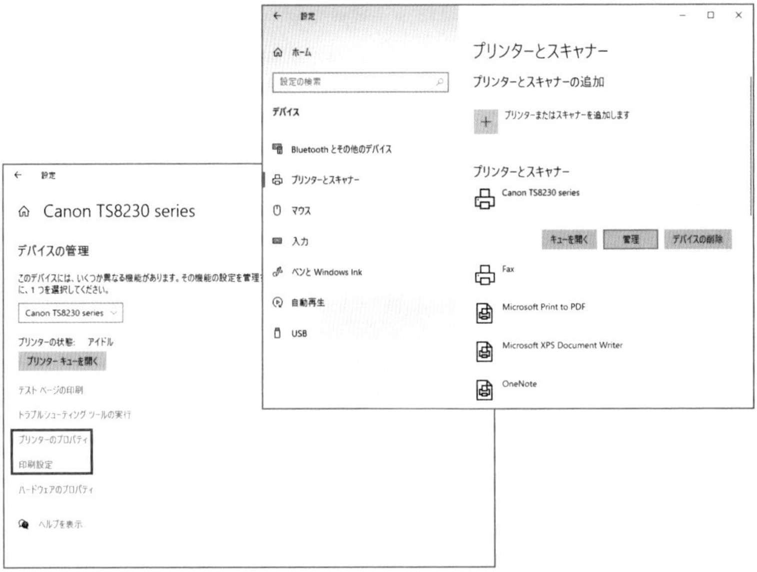

第 12 章

Word
写真・図形・SmartArt
のプロ技

SECTION
349
画像

写真などの画像を挿入する

文書に写真やイラストなどの画像ファイルを追加します。パソコンに保存されている画像ファイルを追加したり、インターネット上の画像ファイルを検索して追加したりすることができます。ここでは、パソコンに保存されている画像ファイルを追加します。

文書に写真を表示する

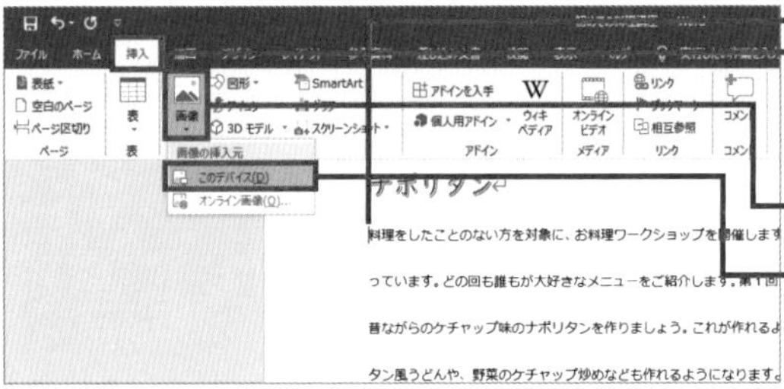

❶画像を追加する場所をクリックします。

❷<挿入>タブをクリックします。

❸<画像>をクリックします。

❹<このデバイス>をクリックします。

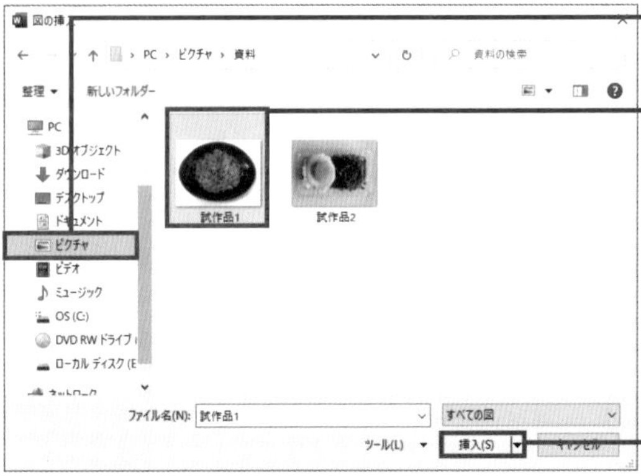

❺画像ファイルの保存先を指定します。

❻追加する画像ファイルをクリックします。

❼<挿入>をクリックします。

MEMO 画像の差し替え

画像を選択して<図ツール>の<書式>タブの<図の変更>をクリックします。<ファイルから・・・>をクリックすると、保存してある画像から選択することができます。

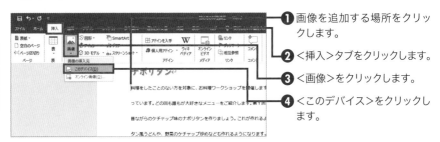

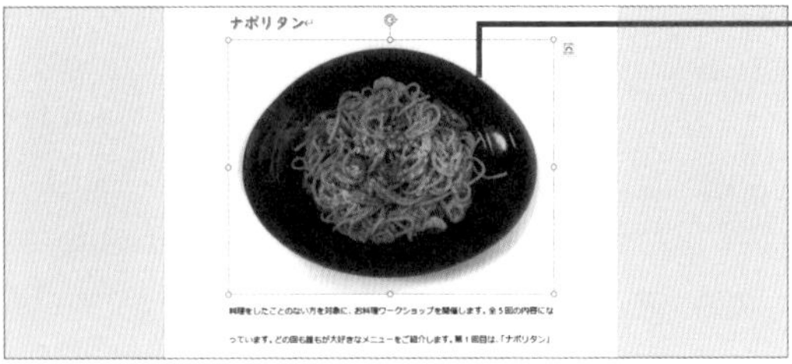

❽画像ファイルが追加されました。

MEMO オンライン画像

インターネット上の画像ファイルを検索して追加する場合は、<オンライン画像>をクリックします。

画像を拡大／縮小表示する

追加した画像の大きさを調整します。画面を見ながらドラッグ操作で調整したり、「mm」単位の数値で指定したりすることができます。写真の大きさを変更するときは、縦横比を変更せずに大きさを調整しましょう。

写真を小さく表示する

ナポリタン
料理をしたことのない方を対象に、お料理ワークショップを開催します。全5回の内容にな

❶ 画像をクリックして選択します。

❷ 四隅のハンドルのいずれかをドラッグします。

MEMO 縦や横だけ変更する

画像の高だけ変更する場合は画像の上下のハンドル、幅だけを変更する場合は左右のハンドルをドラッグします。

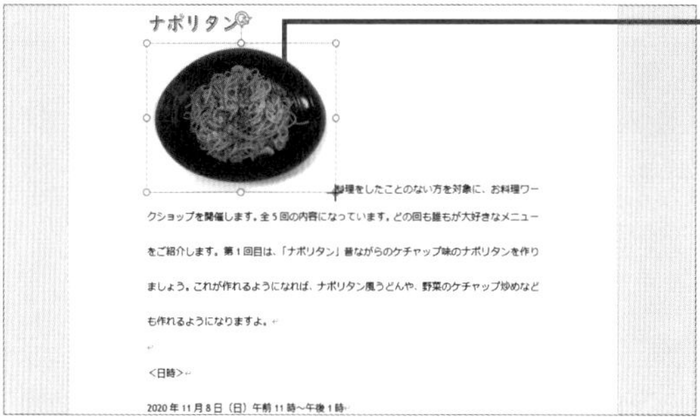
ナポリタン
料理をしたことのない方を対象に、お料理ワー
クショップを開催します。全5回の内容になっています。どの回も誰もが大好きなメニュー
をご紹介します。第1回目は、「ナポリタン」昔ながらのケチャップ味のナポリタンを作り
ましょう。これが作れるようになれば、ナポリタン風うどんや、野菜のケチャップ炒めなど
も作れるようになりますよ。
<日時>
2020年11月8日（日）午前11時～午後1時

❸ 縦横比を保ったまま大きさが変わります。

MEMO 数値で指定

画像をクリックし、<図ツール>の<書式>タブの<サイズ>グループでは、画像の大きさを数値で指定できます。複数の図形の大きさを揃えるには、複数の図形を選択した状態で操作します（P.429参照）。

COLUMN

倍率を指定する

画像の大きさを変更するとき、画像をクリックし、<図ツール>の<書式>タブの<サイズ>グループの<ダイアログボックス起動ツール>をクリックすると、<レイアウト>画面が表示されます。ここでは、画像の大きさをパーセントで指定したりできます。

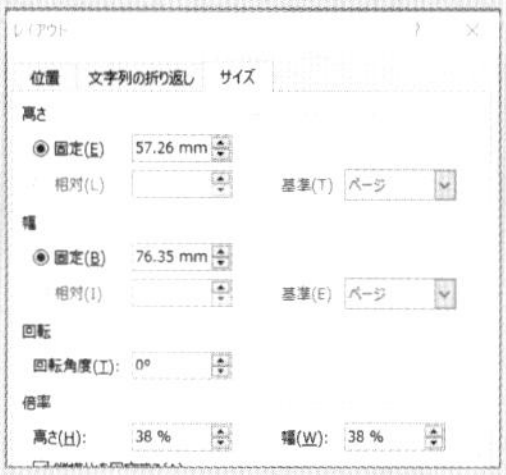
レイアウト
位置
文字列の折り返し
サイズ
高さ
固定(E)
57.26 mm
相対(L)
基準(T)
ページ
幅
固定(B)
76.35 mm
相対(I)
基準(E)
ページ
回転
回転角度(T):
0°
倍率
高さ(H):
38 %
幅(W):
38 %

SECTION 351 画像

画像の飾り枠を設定する

画像の周囲に枠線をつけたり、ぼかし効果を設定したりして加工するには、図のスタイルから飾りを選択します。文書内に複数の画像を追加している場合は、同じ効果を設定しておくと統一感が保たれます。ここでは、対角が丸い白枠のついた効果を設定します。

写真の周囲に白枠を付ける

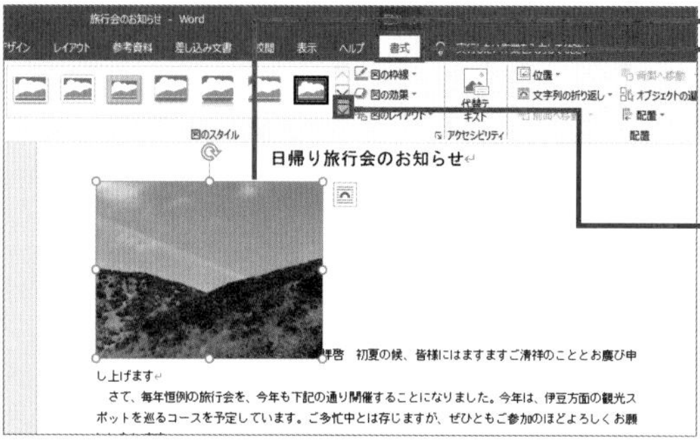
旅行会のお知らせ - Word
デザイン
レイアウト
参考資料
差し込み文書
校閲
表示
ヘルプ
書式
図の枠線
図の効果
図のレイアウト
代替テキスト
アクセシビリティ
位置
文字列の折り返し
配置
図のスタイル
日帰り旅行会のお知らせ
拝啓　初夏の候、皆様にはますますご清祥のこととお慶び申し上げます。
さて、毎年恒例の旅行会を、今年も下記の通り開催することになりました。今年は、伊豆方面の観光スポットを巡るコースを予定しています。ご多忙中とは存じますが、ぜひともご参加のほどよろしくお願

❶画像をクリックして選択します。

❷<図ツール>の<書式>タブをクリックします。

❸<図のスタイル>の<その他>をクリックします。

旅行会のお知らせ - Word
デザイン
レイアウト
参考資料
差し込み文書
校閲
表示
ヘルプ
書式
実行したい作業を入力してください
図の枠線
図の効果
図のレイアウト
代替テキスト
アクセシビリティ
位置
文字列の折り返し
オブジェクトの選
配置
行会のお知らせ

❹飾りの種類にマウスポインターを移動します。

❺飾りを適用したイメージが表示されます。気に入った飾りをクリックします。

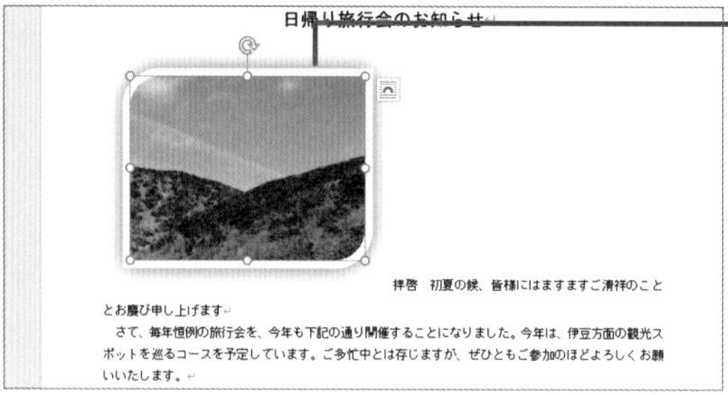
日帰り旅行会のお知らせ
拝啓　初夏の候、皆様にはますますご清祥のこととお慶び申し上げます。
さて、毎年恒例の旅行会を、今年も下記の通り開催することになりました。今年は、伊豆方面の観光スポットを巡るコースを予定しています。ご多忙中とは存じますが、ぜひともご参加のほどよろしくお願いいたします。

❻飾りが適用されます。

MEMO 画像の回転

画像を選択すると上部に表示されるハンドルを左右にドラッグすると、画像を回転させられます。

SECTION 352 画像

画像と文字の配置を調整する

画像を追加すると、通常は文字と同様に扱われます。画像をドラッグ操作で自由に移動できるようにするには、文字列の折り返しの設定を行います。文字と画像が重なったときに、文字をどのように表示するか指定します。

写真の周囲に文字を折り返して表示する

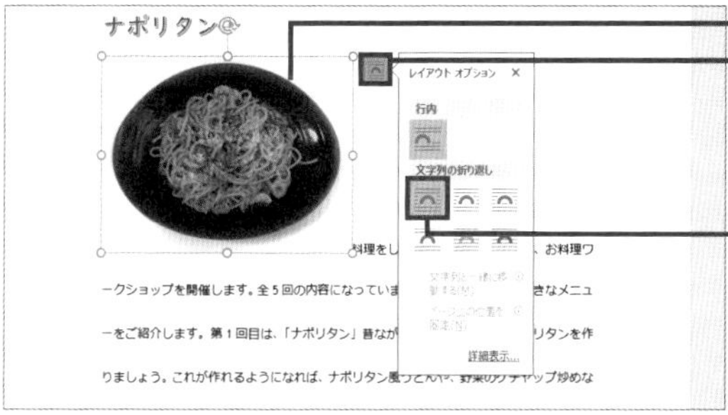
ナポリタン
レイアウト オプション
行内
文字列の折り返し
詳細表示...

❶ 画像をクリックして選択します。

❷ ＜レイアウトオプション＞をクリックします。

❸ ＜文字列の折り返し＞から折り返し位置を指定します。

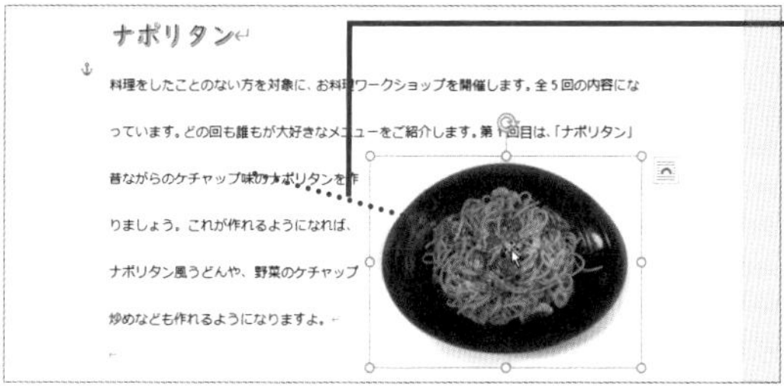
ナポリタン
料理をしたことのない方を対象に、お料理ワークショップを開催します。全5回の内容になっています。どの回も誰もが大好きなメニューをご紹介します。第1回目は、「ナポリタン」
昔ながらのケチャップ味のナポリタンを作りましょう。これが作れるようになれば、
ナポリタン風うどんや、野菜のケチャップ
炒めなども作れるようになりますよ。

❹ 画像を配置したい場所にドラッグすると、画像が移動します。

COLUMN

文字列の折り返しの設定について

画像と文字列の折り返し位置の設定は、次のとおりです。文字と画像が重なったときの見え方が異なります。＜狭い＞と＜内部＞は、＜内部＞の方がより文字が写真の内側に表示されます。なお、この例では、写真の背景を削除して透明にしています（P.411参照）。背景が白く見えても透明でない場合は、写真の周囲の文字の折り返し位置が思うようにならないので注意します。

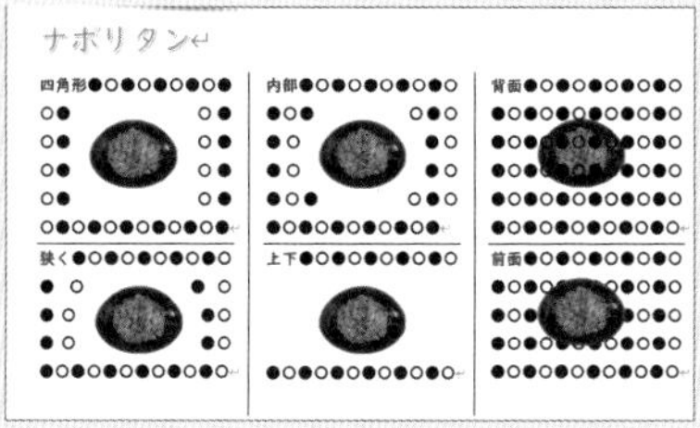
ナポリタン
四角形
内部
背面
狭く
上下
前面

SECTION
353
画像

画像の位置をページに固定する

P.405の方法で画像と文字列との配置を変更すると、画像より上の位置に文字を入力した場合、それによって画像の位置が移動します。文字を入力しても画像の位置が変わらないようにするには、画像をページに固定する方法があります。

文字を追加しても画像が動かないように固定する

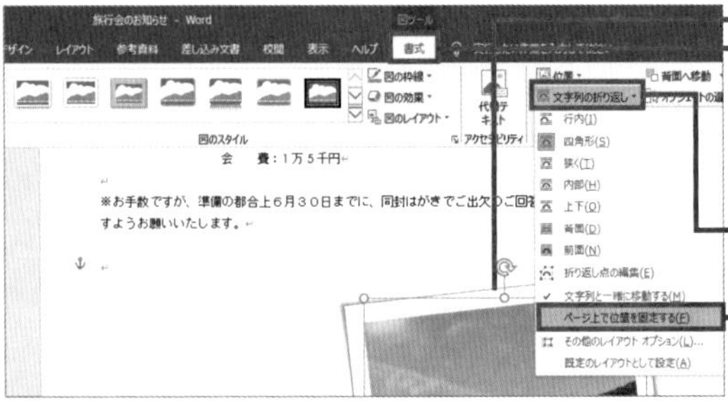

❶画像をクリックして選択します。

❷<図ツール>の<書式>タブをクリックします。

❸<文字列の折り返し>をクリックします。

❹<ページ上で位置を固定する>をクリックします。

❺画像の上で改行したり文字を入力したりしても、画像の表示位置は変わりません。

MEMO 項目の選択

<ページ上で位置を固定する>を選択できない場合は、画像と文字列の折り返しの設定を行います(P.405参照)。

COLUMN

文字列と一緒に移動する

画像と文字の折り返し位置を変更した直後は、画像が文字列と一緒に移動する設定になります。この場合、画像の上に文字を入力すると画像の位置が下がります。

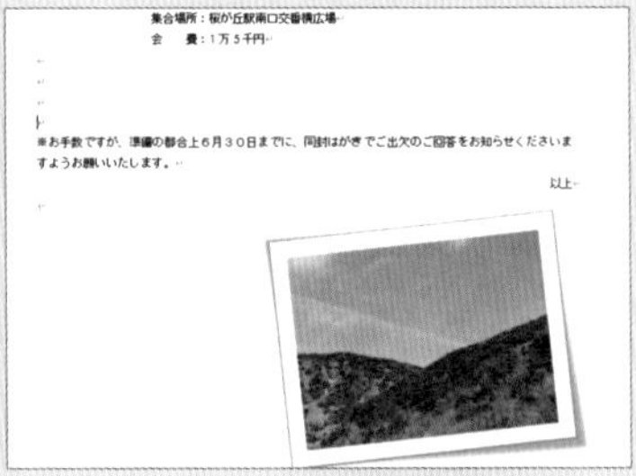

SECTION 354 画像の編集

画像の色や風合いを加工する

画像ファイルにアート効果を適用すると、写真を鉛筆画や線画、水彩画のようなイメージに変えられます。また、複数の写真を追加する場合、写真の色合いを合わせると、統一感を保つことができます。写真をかんたんに加工する方法を知っておきましょう。

写真を線画のように加工する

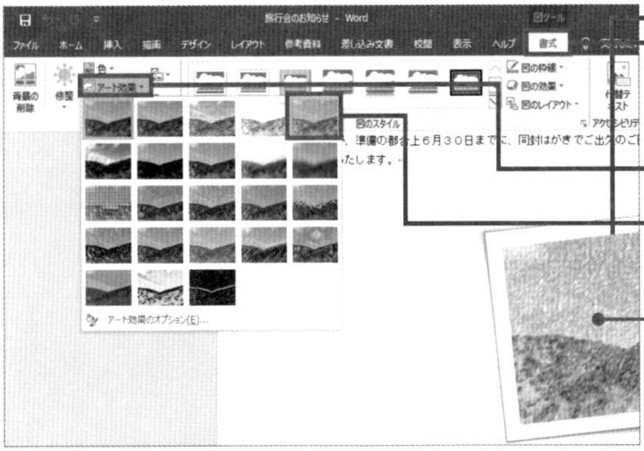

❶画像をクリックして選択します。

❷＜図ツール＞の＜書式＞タブをクリックします。

❸＜アート効果＞をクリックします。

❹気になる効果にマウスポインターに移動します。

❺画像にアート効果を適用したときのイメージが表示されるので、気に入った効果をクリックします。

❻アート効果が適用されました。

COLUMN

色合いを変更する

写真を白黒やセピア色に加工して表示するには、画像をクリックし、＜図ツール＞の＜書式＞タブの＜色＞をクリックし、色合いを選択します。＜色の彩度＞＜色のトーン＞＜色の変更＞を選択できます。＜色の変更＞では、＜グレースケール＞や＜セピア＞など選択できます。

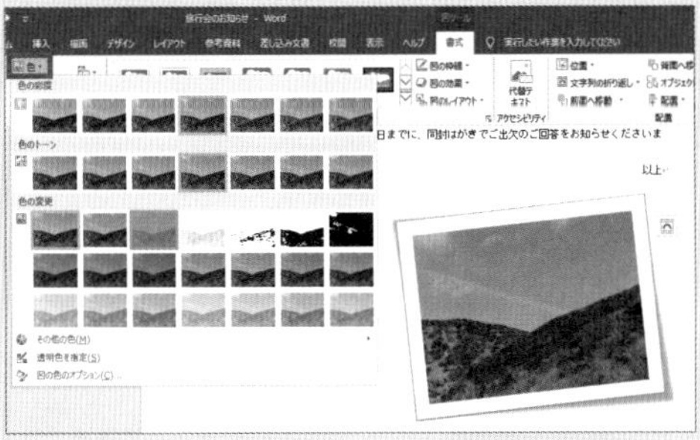

SECTION
355
画像の編集

画像をトリミングして一部だけを残す

写真の不要な部分を削除して必要な部分のみを残すには、トリミングという処理をします。写真の周囲の枠を操作して必要な部分だけを残します。間違って必要な個所を削除してしまった場合は、元に戻して操作をやり直しましょう。

画像の余計なところを切り取る

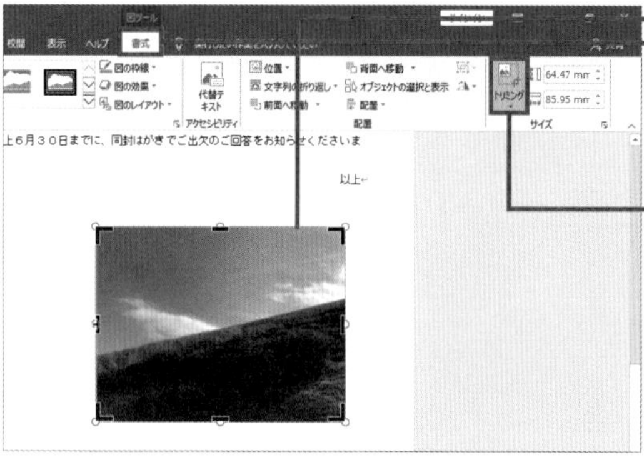

❶ 画像をクリックして選択します。

❷ <図ツール>の<書式>タブをクリックします。

❸ <トリミング>をクリックします。

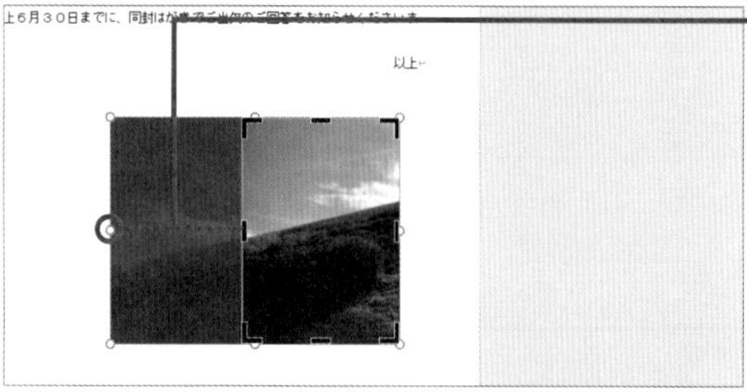

❹ 写真の周囲に表示されるトリミングハンドルを内側にドラッグします。

> **MEMO 削除した部分を戻す**
>
> トリミングする範囲を間違えてしまった場合は、トリミングハンドルを外側にドラッグして元に戻します。

❺ 写真以外の箇所をクリックします。

❻ 写真がトリミングされます。写真の大きさを変えたり見栄えを整えたりします。

SECTION 356

画像の編集

画像を図形の形にトリミングする

写真をトリミングするときに、丸やハートなどの形で切り抜くには、図形の形にトリミングする方法があります。P.408の方法で、あらかじめ写真の被写体部分のみ表示されるようにトリミングしてから操作するとよいでしょう。

第11章
画像の編集 第12章
第13章
第14章

写真を図形の形に切り抜く

❶画像をクリックして選択します。

❷＜図ツール＞の＜書式＞タブをクリックします。

❸＜トリミング＞の＜▼＞をクリックします。

❹＜図形に合わせてトリミング＞を選択し、切り抜きたい図形を選びクリックします。

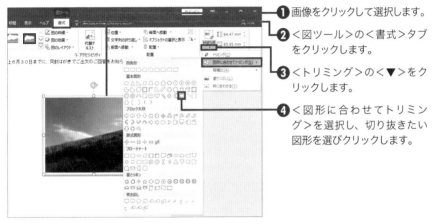

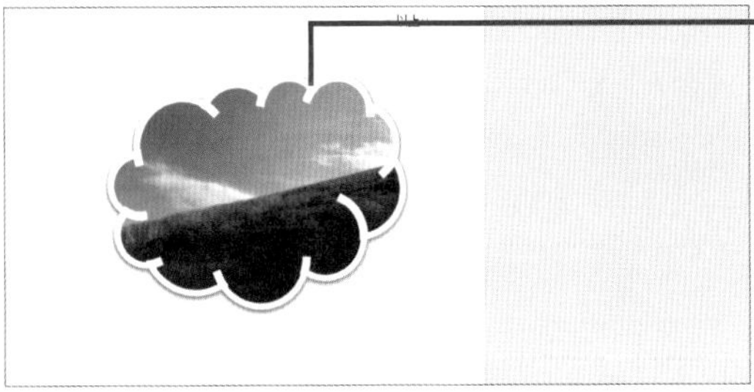

❺写真が図形の形にトリミングされます。

MEMO 縦横比の変更

写真を正方形で表示したい場合などは、手順❹で＜縦横比＞をクリックして縦と横の比率を選択します。

COLUMN

トリミングと写真の周囲の加工について

図形の形にトリミングした後に図のスタイルを変更すると、トリミングした状態が元に戻ってしまいます。写真の周囲に枠を付けるなど図のスタイルを設定する場合は、図形の形にトリミングをする前に行います。

SECTION 357
画像の編集

図をリセットして元の状態に戻す

画像ファイルの大きさを変更したり図のスタイルを変更したりしたあとに、それらの設定をすべてリセットするには、ひとつずつ飾りを解除する必要はありません。図のリセット機能を使って一気に取り消します。

第11章
第12章 画像の編集
第13章
第14章

画像に設定した書式やサイズを元に戻す

❶ 画像をクリックして選択し、画像の大きさを変えたり、書式を変更したりします。

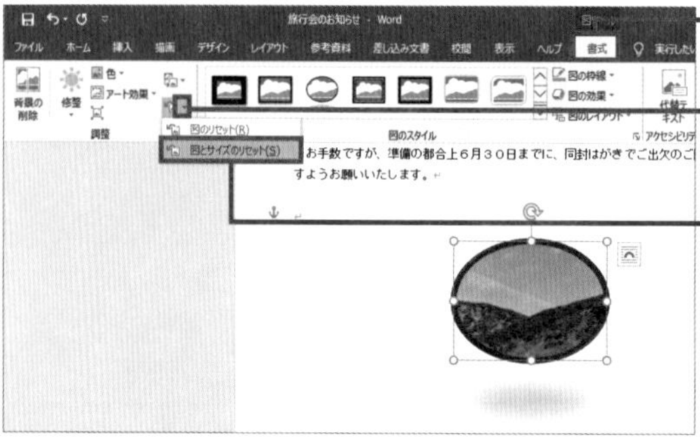

❷ <図ツール>の<書式>タブをクリックします。

❸ <図のリセット>の横の<▼>をクリックします。

❹ <図とサイズのリセット>をクリックします。

❺ 画像ファイルが元の状態に戻ります。

MEMO 書式をリセット

画像に設定した書式を元に戻すには、<図ツール>の<書式>タブの<図のリセット>をクリックします。

SECTION **358** 画像の編集

画像の背景を透明にする

多くの画像編集アプリには、写真の被写体以外の背景部分を透明にする機能があります。Wordでも背景部分を透明にする編集機能があります。被写体と背景部分が明確な場合はかんたんに処理できます。写真を選択して操作します。

写真の被写体以外の背景を削除する

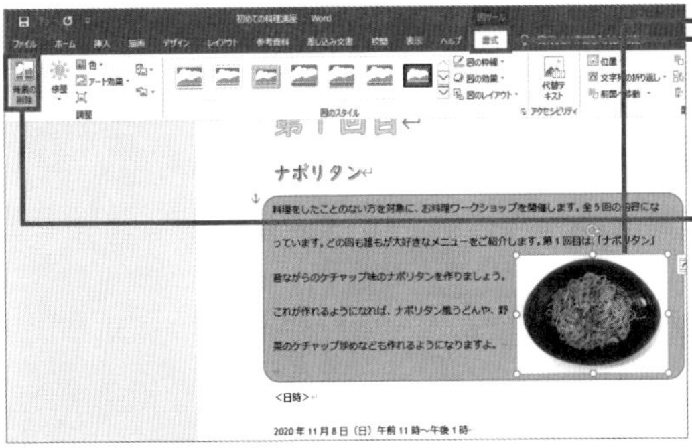
ナポリタン
料理をしたことのない方を対象に、お料理ワークショップを開催します。全5回の内容にな
っています。どの回も誰もが大好きなメニューをご紹介します。第1回目は「ナポリタン」
昔ながらのケチャップ味のナポリタンを作りましょう。
これが作れるようになれば、ナポリタン風うどんや、野
菜のケチャップ炒めなども作れるようになりますよ。
<日時>
2020年11月8日（日）午前11時～午後1時

❶ 画像をクリックして選択します。

❷ ＜図ツール＞の＜書式＞タブをクリックします。

❸ ＜背景の削除＞をクリックします。

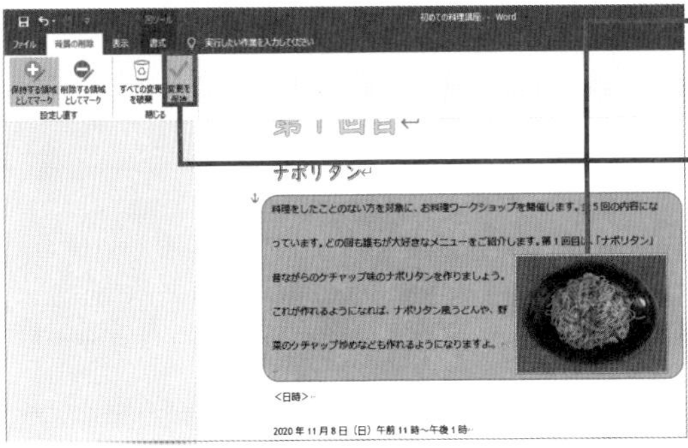
ナポリタン
料理をしたことのない方を対象に、お料理ワークショップを開催します。全5回の内容にな
っています。どの回も誰もが大好きなメニューをご紹介します。第1回目は「ナポリタン」
昔ながらのケチャップ味のナポリタンを作りましょう。
これが作れるようになれば、ナポリタン風うどんや、野
菜のケチャップ炒めなども作れるようになりますよ。
<日時>
2020年11月8日（日）午前11時～午後1時

❹ P.412 ～ P.413 を参考に背景部分を指定して背景を紫色にします。

❺ ＜背景の削除＞タブの＜変更を保持＞をクリックします。

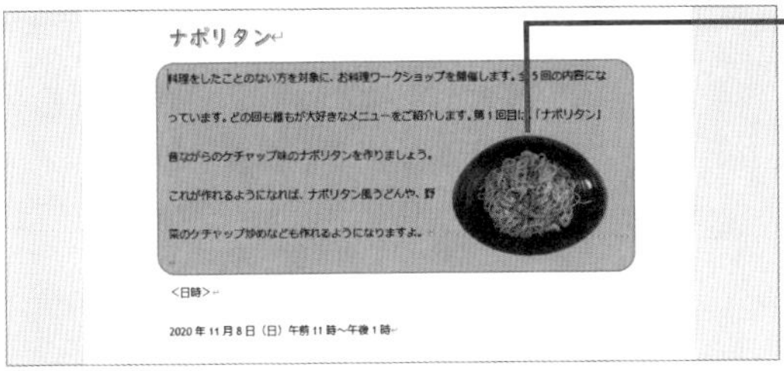
ナポリタン
料理をしたことのない方を対象に、お料理ワークショップを開催します。全5回の内容にな
っています。どの回も誰もが大好きなメニューをご紹介します。第1回目は「ナポリタン」
昔ながらのケチャップ味のナポリタンを作りましょう。
これが作れるようになれば、ナポリタン風うどんや、野
菜のケチャップ炒めなども作れるようになりますよ。
<日時>
2020年11月8日（日）午前11時～午後1時

❻ 背景部分が透明になりました。

SECTION 359 画像の編集

画像の背景の削除部分を指定する

P.411の方法で画像の背景部分を削除しようとしても、背景部分が背景としてうまく認識されない場合があります。背景は紫色になります。背景なのに背景として認識されない場合は、<削除する領域としてマーク>を指定します。すると背景として認識されます。

背景と認識されない部分を削除する

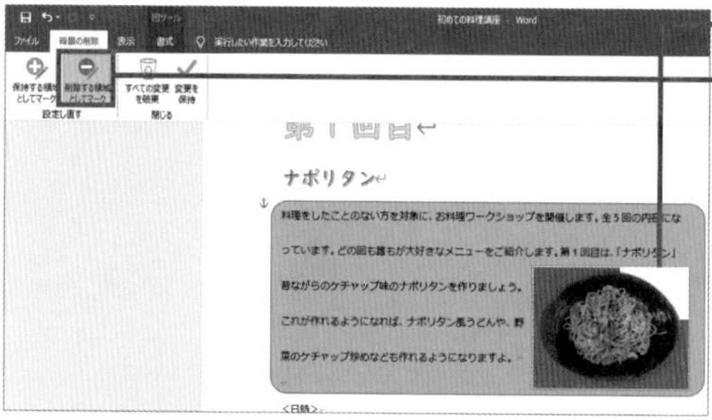
ナポリタン
料理をしたことのない方を対象に、お料理ワークショップを開催します。全5回の内容になっています。どの回も誰もが大好きなメニューをご紹介します。第1回目は、「ナポリタン」
昔ながらのケチャップ味のナポリタンを作りましょう。
これが作れるようになれば、ナポリタン風うどんや、野菜のケチャップ炒めなども作れるようになりますよ。

❶ P.411の方法で、画像の背景を削除します。背景と認識されない背景部分が残っています。

❷ <背景の削除>タブの<削除する領域としてマーク>をクリックします。

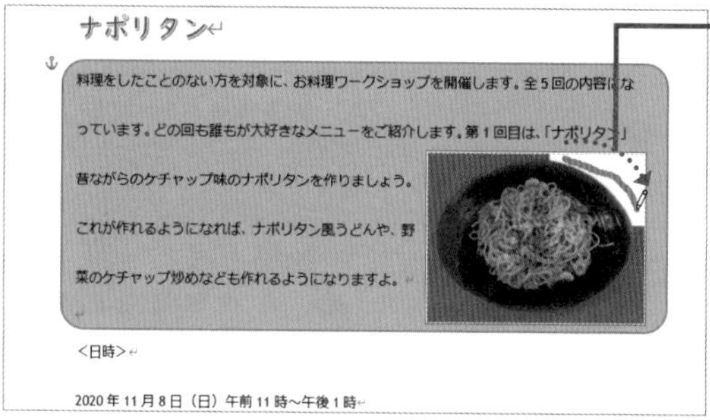
ナポリタン
料理をしたことのない方を対象に、お料理ワークショップを開催します。全5回の内容になっています。どの回も誰もが大好きなメニューをご紹介します。第1回目は、「ナポリタン」
昔ながらのケチャップ味のナポリタンを作りましょう。
これが作れるようになれば、ナポリタン風うどんや、野菜のケチャップ炒めなども作れるようになりますよ。
<日時>
2020年11月8日（日）午前11時～午後1時

❸ 削除する箇所をクリック、またはドラッグします。

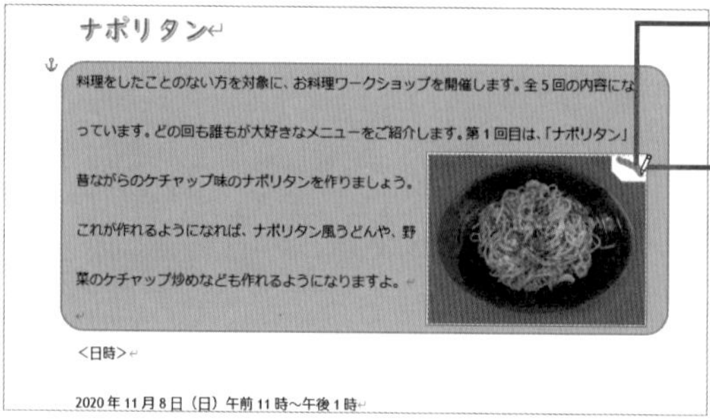
ナポリタン
料理をしたことのない方を対象に、お料理ワークショップを開催します。全5回の内容になっています。どの回も誰もが大好きなメニューをご紹介します。第1回目は、「ナポリタン」
昔ながらのケチャップ味のナポリタンを作りましょう。
これが作れるようになれば、ナポリタン風うどんや、野菜のケチャップ炒めなども作れるようになりますよ。
<日時>
2020年11月8日（日）午前11時～午後1時

❹ 背景として認識されました。同様に、背景にしたい箇所を指定します。

❺ P.411の方法で変更を反映させます。

SECTION 360
画像の編集

画像の背景と認識された部分を残す

P.411の方法で画像の背景部分を削除しようとしても、背景部分が背景としてうまく認識されない場合があります。背景は紫色になります。背景ではないのに背景として認識されてしまう場合は、＜保持する領域としてマーク＞を指定します。必要な部分が残ります。

背景と認識されてしまった部分を残す

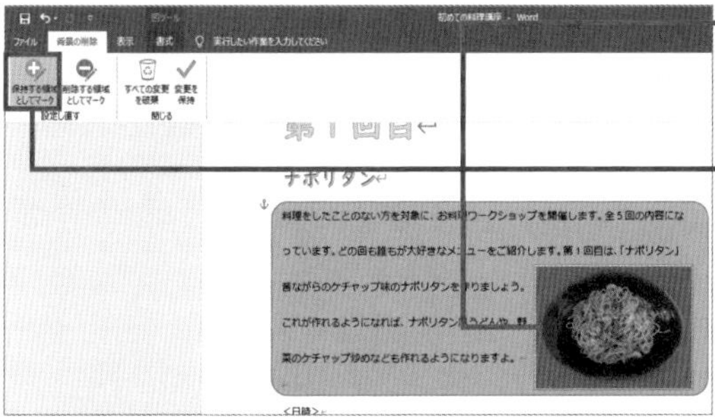
ファイル
背景の削除
表示
書式
保持する領域としてマーク
削除する領域としてマーク
すべての変更を破棄
変更を保持
設定し直す
閉じる
ナポリタン

❶ P.411 の方法で、画像の背景を削除します。背景ではないのに背景と認識されています。

❷ ＜背景の削除＞タブの＜保持する領域としてマーク＞をクリックします。

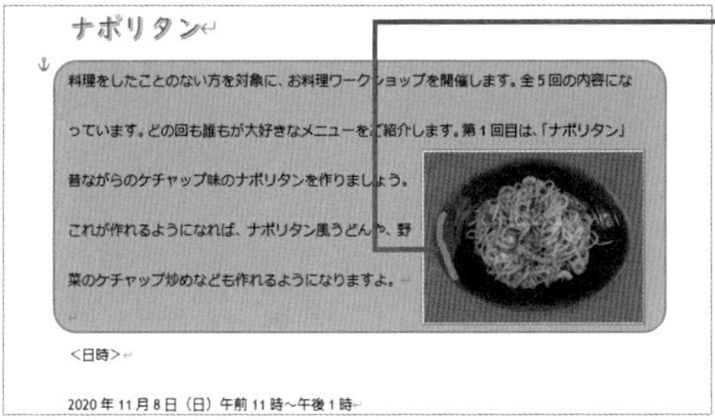
ナポリタン
料理をしたことのない方を対象に、お料理ワークショップを開催します。全5回の内容になっています。どの回も誰もが大好きなメニューをご紹介します。第1回目は、「ナポリタン」
昔ながらのケチャップ味のナポリタンを作りましょう。
これが作れるようになれば、ナポリタン風うどんや、野菜のケチャップ炒めなども作れるようになりますよ。
＜日時＞
2020年11月8日（日）午前11時～午後1時

❸ 残したい部分をクリック、またはドラッグします。

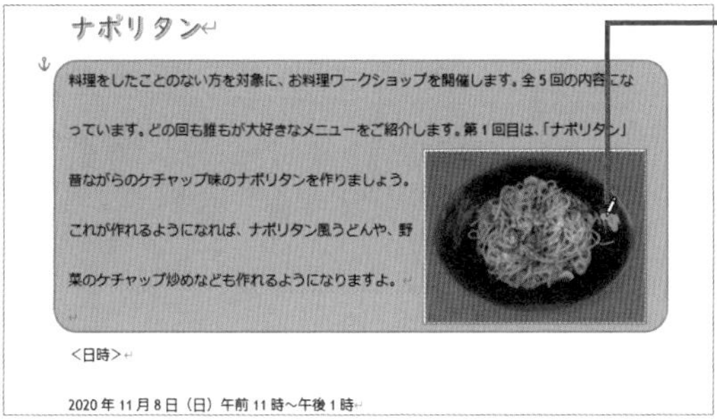
ナポリタン
料理をしたことのない方を対象に、お料理ワークショップを開催します。全5回の内容になっています。どの回も誰もが大好きなメニューをご紹介します。第1回目は、「ナポリタン」
昔ながらのケチャップ味のナポリタンを作りましょう。
これが作れるようになれば、ナポリタン風うどんや、野菜のケチャップ炒めなども作れるようになりますよ。
＜日時＞
2020年11月8日（日）午前11時～午後1時

❹ 残したい部分が表示されます。同様に、残したい部分を指定します。

❺ P.411 の方法で変更を反映させます。

SECTION 361 画像の編集

画像を圧縮してサイズを小さくする

文書に写真を多く追加すると、文書のファイルサイズがかなり大きくなってしまうことがあります。その場合は、画像の画質を落としてファイルサイズを小さくする方法があります。個々の写真に対して設定できるほか、すべての写真に設定することもできます。

写真を圧縮してファイルサイズを小さくする

❶ 画像をクリックして選択します。

❷ <図ツール>の<書式>タブをクリックします。

❸ <図の圧縮>をクリックします。

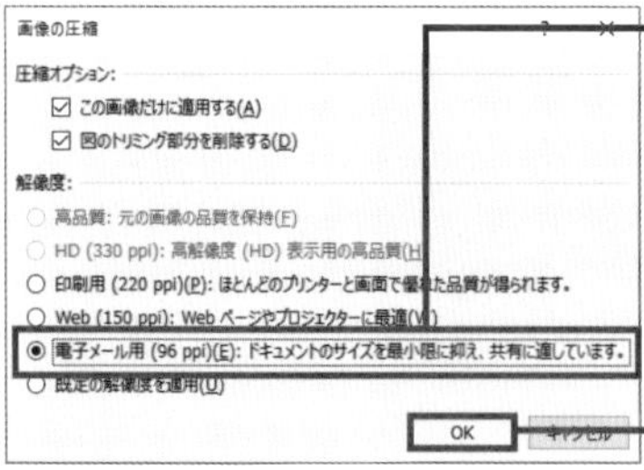

❹ <解像度>を選択します。

❺ < OK >をクリックします。

MEMO その他の設定

すべての画像に対して同じように画像を圧縮するには、<この画像だけに適用する>のチェックを外して操作します。

COLUMN

ファイルサイズを確認する

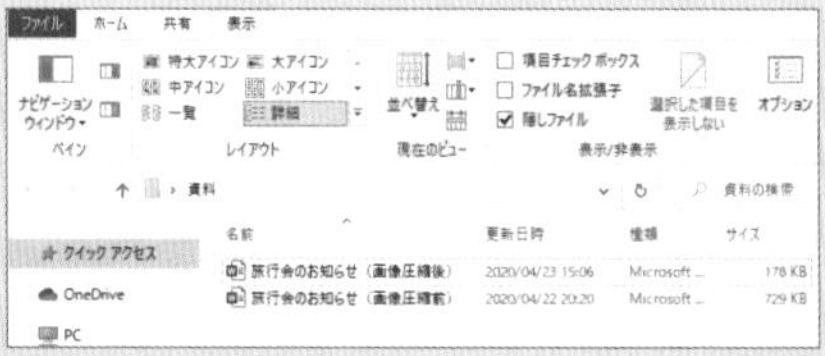

画像の圧縮を行っても、画面上は違いがわからないこともあるでしょう。また、画像を圧縮してファイルを保存して閉じた場合、設定によっては後から画像の状態を元に戻すことができません。そのため、画像の圧縮を行う前には、元のファイルをコピーしておくとよいでしょう。圧縮前と圧縮後のファイルサイズの違いを比較できます。また、元のファイルがあれば、万が一、元の状態に戻したい場合にも対応できて便利です。

SECTION
362
アイコン

イラストのような アイコンを追加する

人やパソコン、車などのマークを表示するには、アイコンを利用すると手軽に追加できます。アイコンを選択する画面には、アイコンが種類ごとに並んでいます。まずは、種類を選択して使いたいアイコンを探します。キーワードで検索することもできます。

文書に車や人のアイコンを追加する

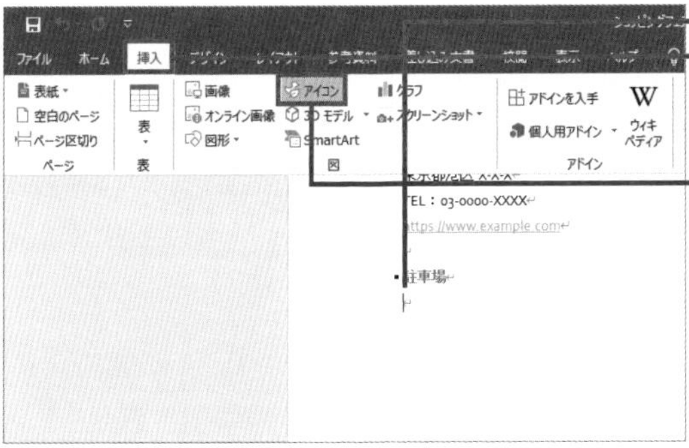

❶ アイコンを追加する場所をクリックします。

❷ <挿入>タブをクリックします。

❸ <アイコン>をクリックします。

MEMO　アイコンについて

アイコンは、Word 2019やMicrosoft 365のOfficeで利用できます。また、アイコンのデザインは異なる場合があります。

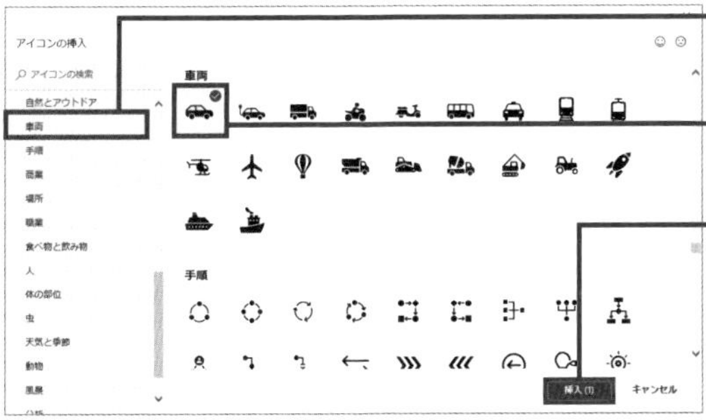

❹ アイコンを選択する画面で種類をクリックします。

❺ 追加するアイコンをクリックします。

❻ <挿入>をクリックします。

MEMO　複数のアイコン

複数のアイコンを追加したい場合は、追加するほかのアイコンをすべて選択して<挿入>をクリックします。

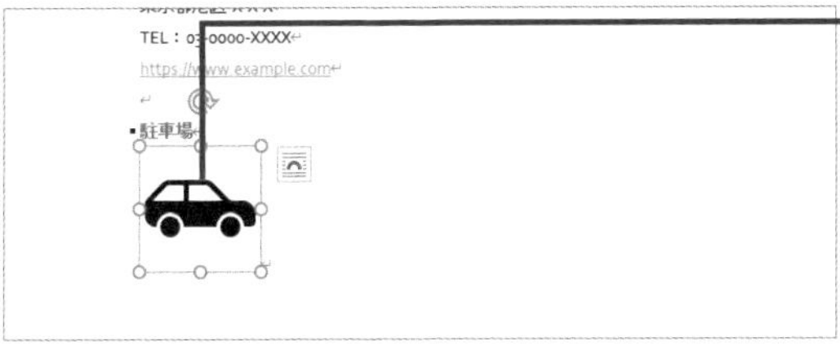

❼ アイコンが追加されました。

MEMO　アイコンの色

アイコンの色などのスタイルは、図形と同様に変更できます（P.420参照）。

SECTION 363 図形

正方形や正円、45度の直線を描く

文書に図形を追加します。なお、ほとんどの図形は、図形の中に文字を入力できます。図形の中にタイトルなどの文字を入力して文書を飾ったり、複数の図形を組み合わせてかんたんな図を作成したりできます。ここでは、基本的な図形を描いてみましょう。

ドラッグ操作で正円を描く

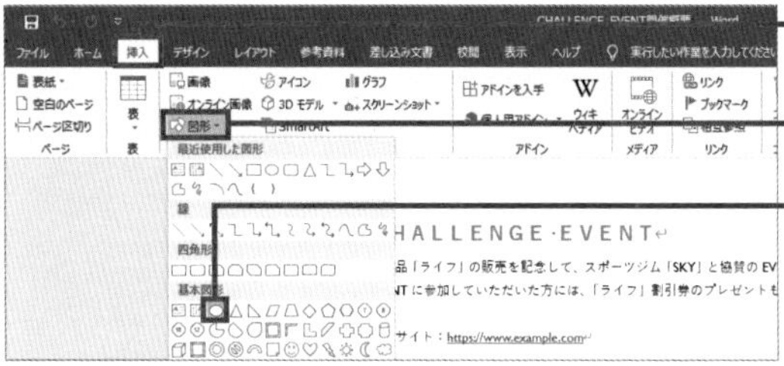

❶ ＜挿入＞タブをクリックします。

❷ ＜図形＞をクリックします。

❸ 描きたい図形をクリックします。

❹ 斜めの方向にドラッグすると、図形が表示されます。

COLUMN

ドラッグ操作で図形を描く

図形はドラッグ操作でかんたんに描けます。キー操作と組み合わせて操作すると次のような図形を描けます。

操作	内容
左上から右下に向けてドラッグ	図形の左上の位置から右下の位置を指定しながら図形を描けます。
Ctrl キーを押しながらドラッグ	図形の中心位置を基準に図形を描けます。
Shift キーを押しながらドラッグ	四角形や三角、丸、線を書くとき、Shift キーを押しながらドラッグすると正方形、正三角形、正円、直線や45度の線を描けます。
Ctrl キー＋ Shift キー＋ドラッグ	図形の中心位置を基準に正方形や正三角形、正円を描けます。

SECTION 364 図形

同じ図形を続けて書けるようにロックする

同じ形の図形を連続して描くには、図形を描くモードをロックして描く方法を使いましょう。ロックを解除するまでは、描きたい図形を選択する手間を省いて同じ形の図形を次々と描けます。全く同じ大きさの図形を描く場合は、図形をコピーするとよいでしょう。

図形を連続して描けるようにロックする

❶ P.416 手順❶～❷の後に、描きたい図形を右クリックします。

❷ ＜描画モードのロック＞をクリックします。

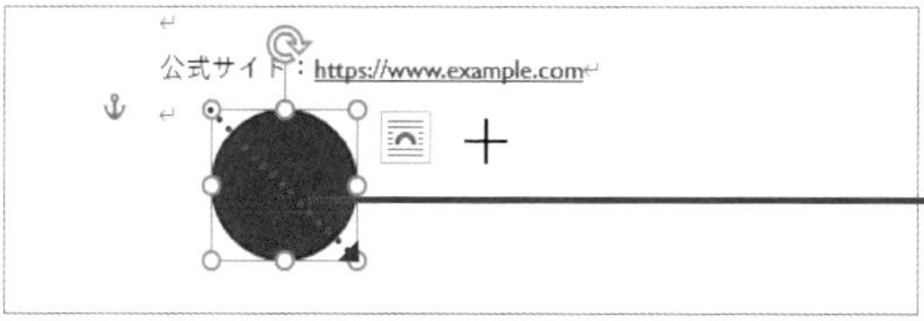

❸ ドラッグして図形を描きます。

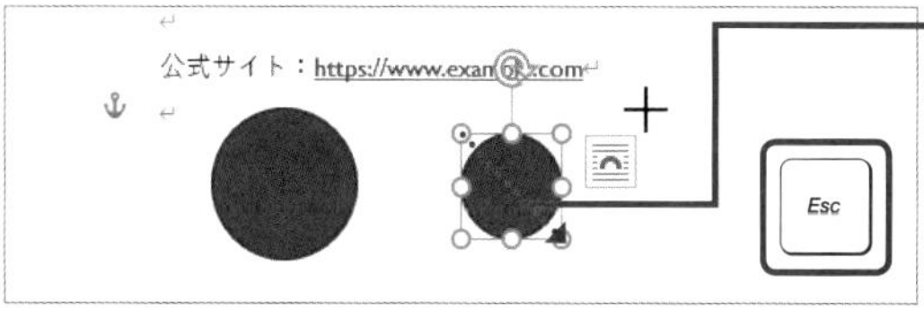

❹ 続いてドラッグして図形を描きます。

❺ Esc キーを押すと、図形を描くモードが解除されます。

COLUMN

図形をコピーする

図形をコピーするには、Ctrl キーを押しながらコピーしたいドラッグをコピー先に向かってドラッグします。

第11章
図形 第12章
第13章
第14章

SECTION 365 図形の編集

図形と図形を繋ぐ伸び縮みする線を引く

図形を組み合わせてかんたんな図を作成するような場合、図形と図形とを線で結ぶことがあります。そのような場合は、図形に接続した線を描くと良いでしょう。図形をあとから移動したりサイズを変更したりしたときに、線だけがとり残されてしまうのを防げます。

図形と図形を結ぶ線を描く

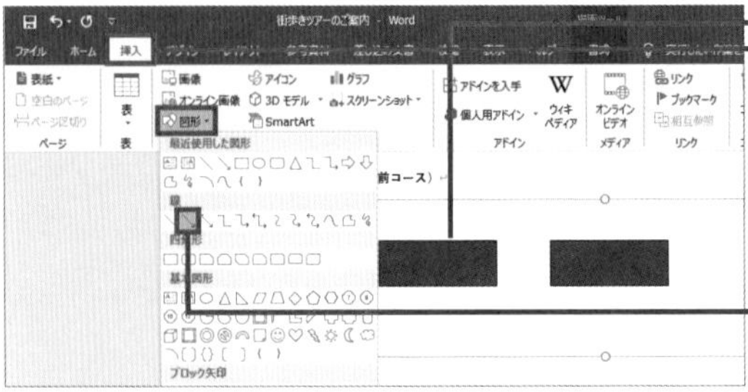

❶<挿入>タブの<図形>から<新しい描画キャンバス>をクリックして描画キャンバスを追加し、その中に図形を描きます。

❷<挿入>タブをクリックします。

❸<図形>をクリックして、<線>から線の種類を選びます。

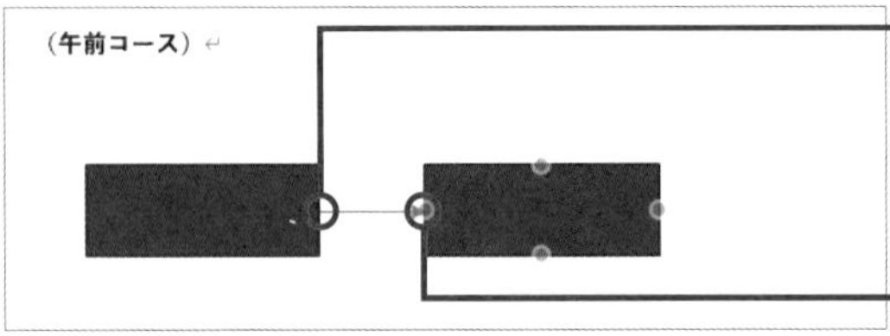

❹一方の図形の近くにマウスポインターを移動すると接続ポイントが表示されるので、接続ポイントをクリックします。

❺もう一方の図形の接続ポイントをクリックします。

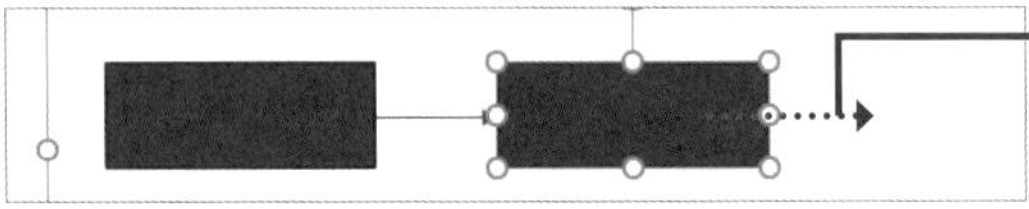

❻図形と図形が線で繋がります。図形を移動します。

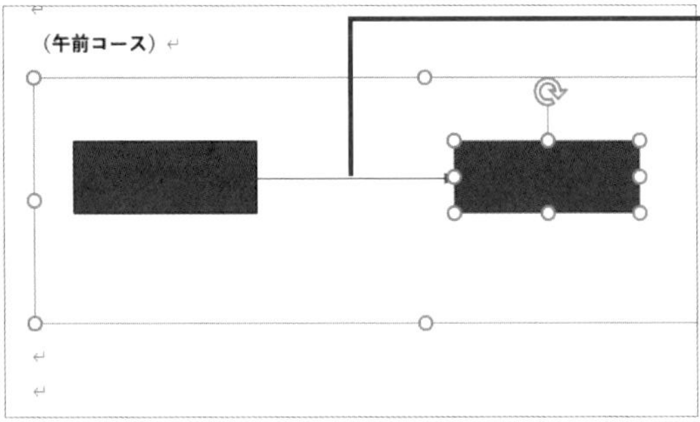

❼図形を結ぶ線が図形にくっついて伸び縮みします。

MEMO 描画キャンバス

図形と図形とを接続ポイントを介して繋げるには、描画キャンバスに描いた図形を繋げます。描画キャンバス以外に描かれた図形は、接続ポイントが表示されないので注意しましょう。

SECTION 366 図形の編集

図形の色や枠線の種類を変更する

図形を描くと、通常は文書のテーマによって既定の飾りがついた図形が表示されます。図形の色や枠線のスタイルなどは変更できます。図形を選択して色や枠線の太さや色などを指定しましょう。図形の書式はコピーすることもできます。

図形のデザインを変更する

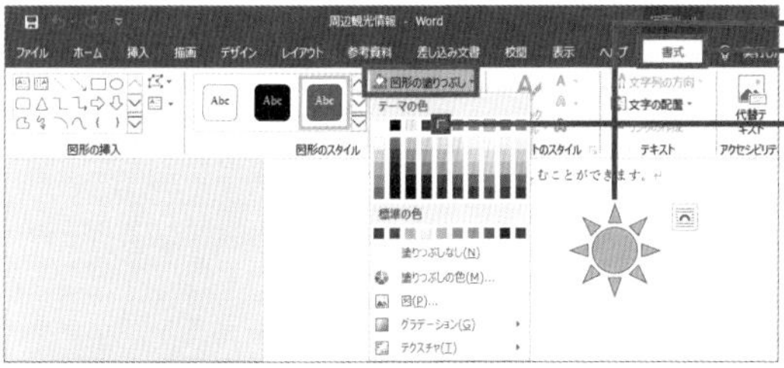

❶ 図形を選択します。

❷ <描画ツール>の<書式>タブをクリックします。

❸ <図形の塗りつぶし>をクリックして色を選択します。

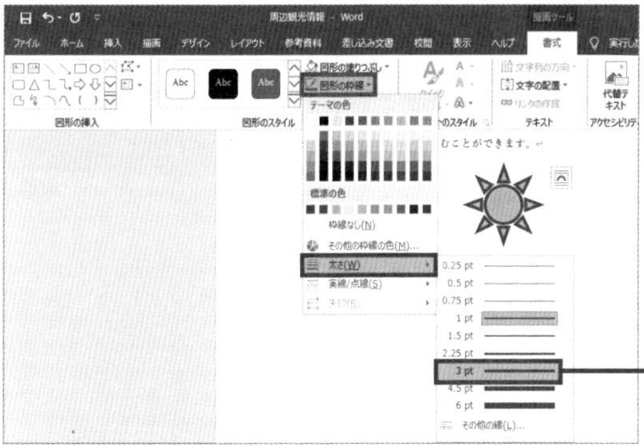

❹ <図形の枠線>をクリックし、<太さ>から枠線の太さを選びます。

MEMO テーマの色

図形の色を選ぶときにテーマの色の中から色を選ぶと、あとからテーマを変更すると図形の色も変わります（P.367参照）。

COLUMN

図形の書式をコピーする

図形の書式をコピーするには、コピー元の図形を選択して<ホーム>タブの<書式のコピー/貼り付け>をダブルクリックします。続いて、書式のコピー先の図形を順にクリックします。書式コピーが終わったら Esc キーを押して書式コピーの状態を解除します。

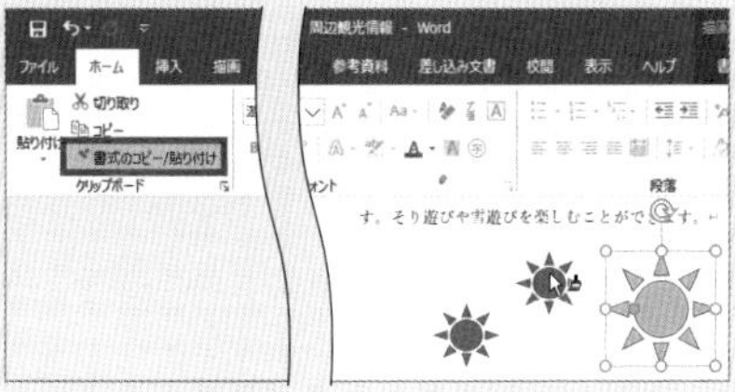

図形の色や飾り枠の組み合わせスタイルを変更する

図形全体のデザインを変更するには、図形のスタイルを選択します。すると、図形の色や飾りの枠、文字の色などの書式の組み合わせが変わります。なお、スタイルの一覧に表示されるデザインは、テーマによって異なります（P.367参照）。

図形のスタイルを選択する

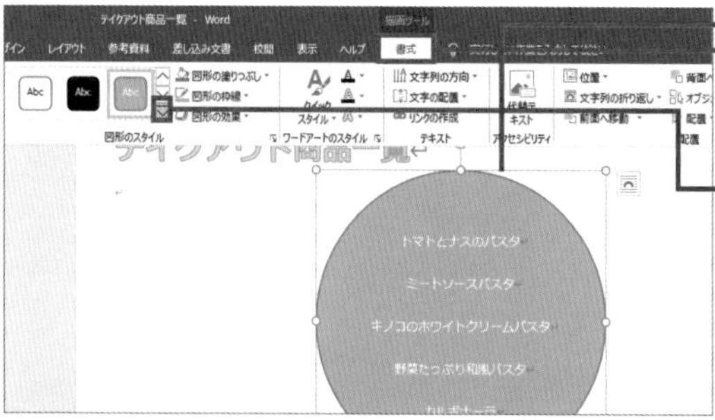

❶図形を選択します。

❷＜描画ツール＞の＜書式＞タブをクリックします。

❸＜図形のスタイル＞の＜その他＞をクリックします。

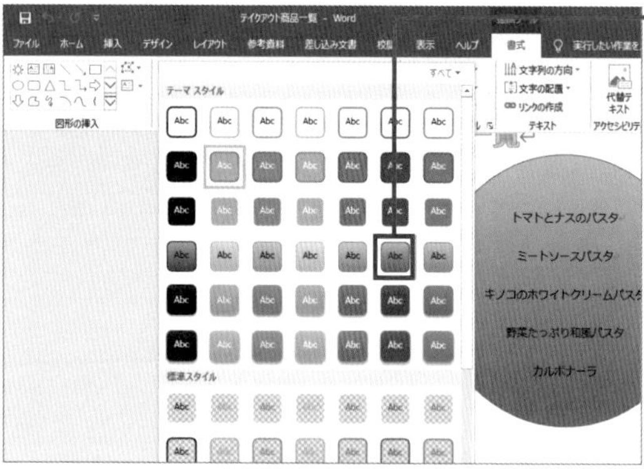

❹図形のスタイルを選んでクリックします。

> **MEMO　図形を透明にする**
>
> 図形の塗りつぶしの色を透明にするには、図形のスタイルの一覧の<標準スタイル>にあるスタイルを選択します。透明のスタイルが見つからない場合は、<描画ツール>の<書式>タブの<図形の塗りつぶし>をクリックして<塗りつぶしなし>を選択します。

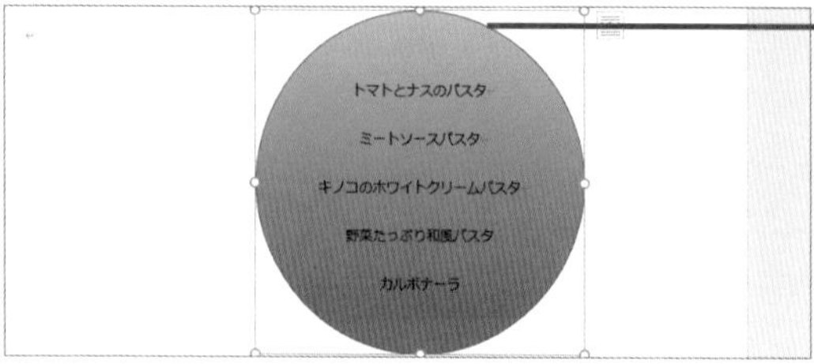

❺図形のスタイルが変わります。

SECTION 368 図形の編集

図形に文字を入力する

線の図形などを除き、ほとんどの図形には文字を入力できます。図形内の文字は、通常の文字と同様に飾りをつけたり大きさを変更したりして目立たせることができます。また、文字の配置を調整することもできます。

図形の中に文字を表示する

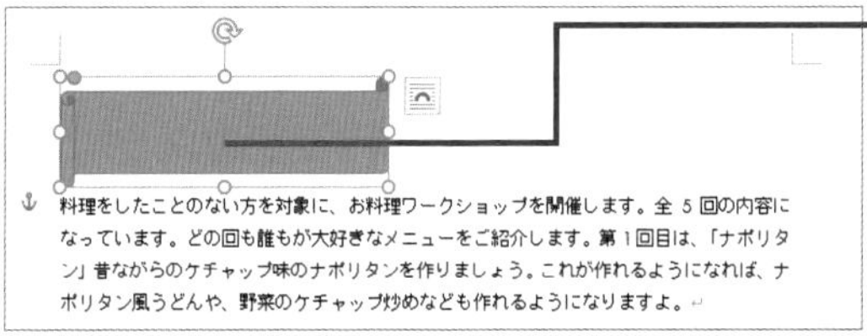

料理をしたことのない方を対象に、お料理ワークショップを開催します。全 5 回の内容になっています。どの回も誰もが大好きなメニューをご紹介します。第 1 回目は、「ナポリタン」昔ながらのケチャップ味のナポリタンを作りましょう。これが作れるようになれば、ナポリタン風うどんや、野菜のケチャップ炒めなども作れるようになりますよ。

❶図形を選択し、文字を入力します。

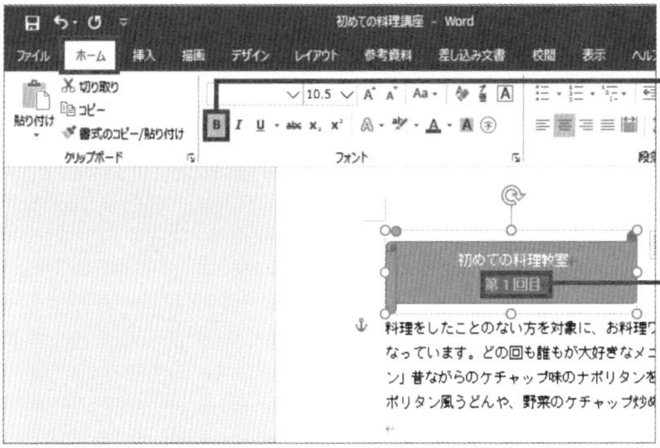

❷文字を選択します。

❸<ホーム>タブの<太字>をクリックすると、文字が太字になります。

MEMO 文字の配置

図形内の段落の配置を変更するには、段落を選択し<ホーム>タブの<右揃え>や<左揃え>などをクリックします。

COLUMN

図形の余白位置を変更する

図形の左や上などの余白を数値で指定するには、図形を右クリックして<図形の書式設定>をクリックします。続いて表示される画面で、<文字のオプション>の<レイアウトとプロパティ>を選択し、<左余白><上余白>などを指定します。

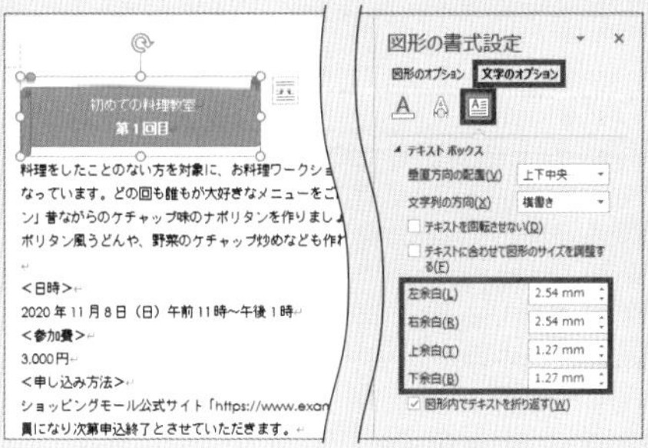

SECTION 369 図形の編集

図形内の文字の向きを変更する

縦長の図形などに文字を入力するとき、図形内の文字を縦書きにするには、文字列の方向を指定します。文字を入力する前でも入力後でも文字列の方向を指定できます。ここでは、入力済みの文字の方向を変更します。

図形の文字を縦書きにする

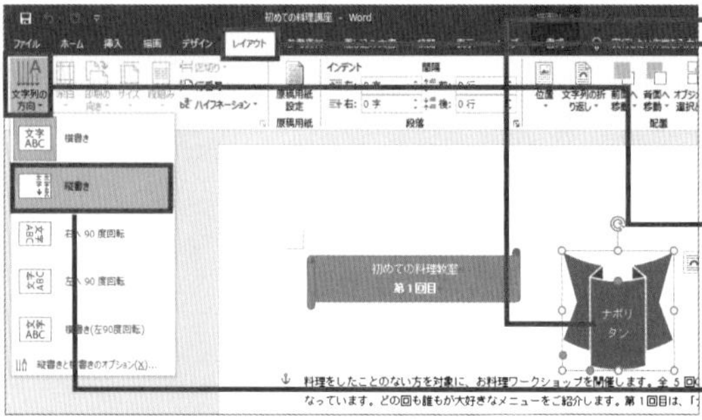
初めての料理講座 - Word
横書き
縦書き
右へ 90 度回転
左へ 90 度回転
横書き(左90度回転)
初めての料理教室
第1回目
ナポリタン

❶図形をクリックして選択し、文字を入力します。

❷＜レイアウト＞タブをクリックします。

❸＜文字列の方向＞をクリックします。

❹＜縦書き＞をクリックします。

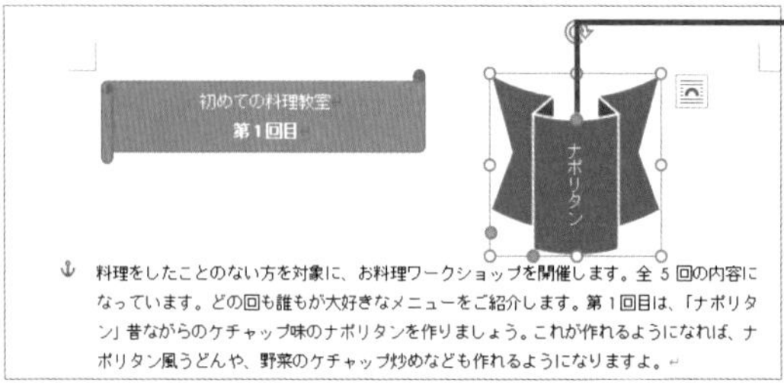
初めての料理教室
第1回目
ナポリタン
料理をしたことのない方を対象に、お料理ワークショップを開催します。全 5 回の内容になっています。どの回も誰もが大好きなメニューをご紹介します。第 1 回目は、「ナポリタン」昔ながらのケチャップ味のナポリタンを作りましょう。これが作れるようになれば、ナポリタン風うどんや、野菜のケチャップ炒めなども作れるようになりますよ。

❺文字列が縦書きになります。

MEMO　文字を横向きに表示する

文字を横に寝かせて下から上に向かって表示するなど、文字の向きを回転させるには＜レイアウト＞タブの＜文字列の方向＞から文字を回転する方向を選択します。

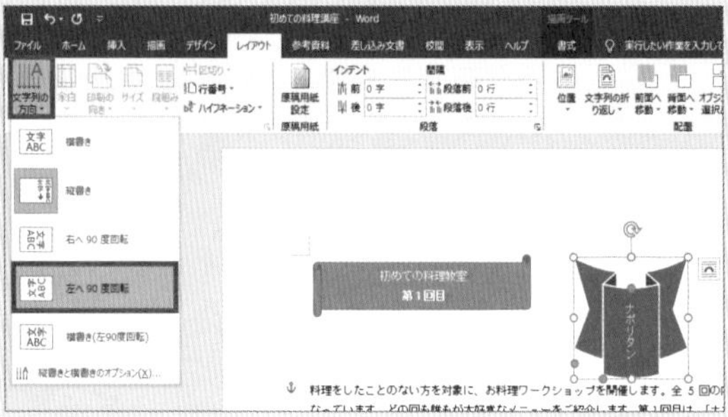
横書き
縦書き
右へ 90 度回転
左へ 90 度回転
横書き(左90度回転)
初めての料理教室
第1回目
ナポリタン

SECTION 370
図形の編集

図形の角度を指定する

矢印などの図形は、図形を回転させて向きを変えて使います。図形を選択すると表示される回転ハンドルをドラッグして角度を指定します。また、右に90度回転させたり、回転する角度を数値で指定したりすることもできます。

図形を回転させる

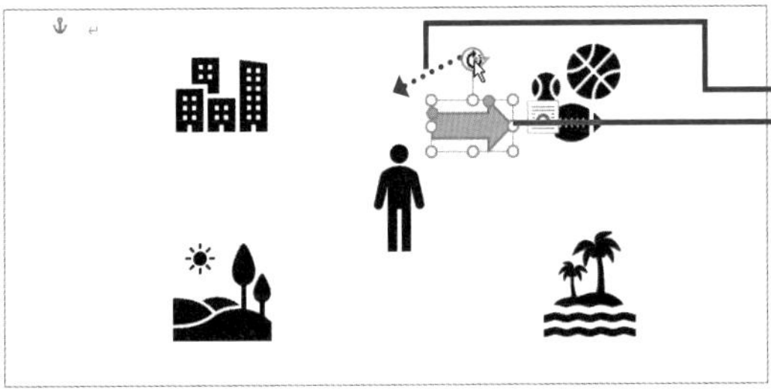

❶ 図形を選択します。

❷ 回転ハンドルをドラッグします。

MEMO 15度ずつ回転させる

Shift キーを押しながら回転ハンドルをドラッグすると、図形を15度ずつ回転させられます。

❸ 図形が回転しました。

COLUMN

回転する角度を指定する

図形を選択し、＜描画ツール＞の＜書式＞タブの＜オブジェクトの回転＞をクリックし、＜その他の回転オプション＞をクリックすると、＜レイアウト＞画面が表示されます。＜回転＞欄の＜回転角度＞で角度を指定できます。

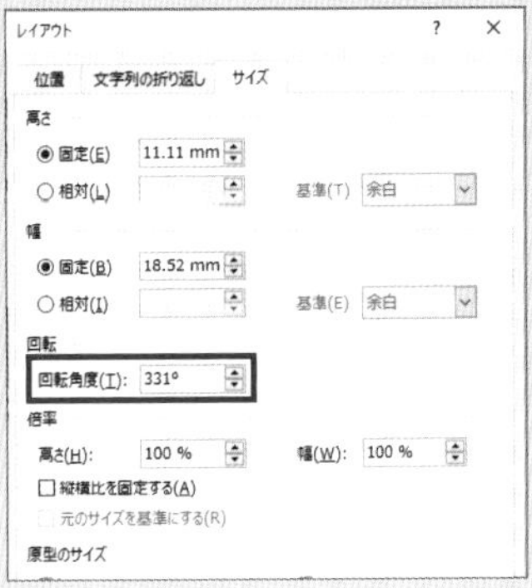

SECTION
371
図形の編集

図形を上下、左右に反転する

図形は上下、左右に反転させて使えます。ここでは、矢印を例に紹介します。なお、イラストなどの画像も同様に操作できます。たとえば、車のイラストの進行方向を逆にしたいような場合、イラストを回転させるのではなく、左右反転して使います。

図形を反転させて表示する

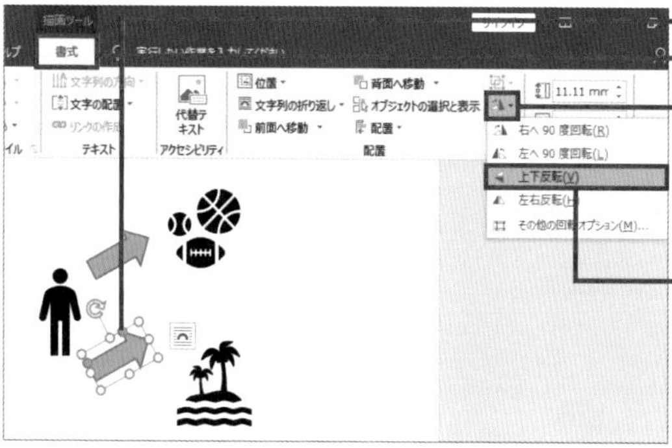

❶図形を選択します。

❷<描画ツール>の<書式>タブをクリックします。

❸<オブジェクトの回転>をクリックします。

❹<上下反転>をクリックします。

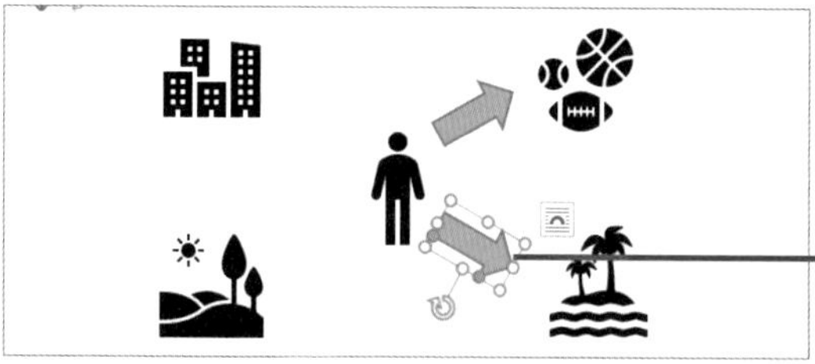

❺図形が上下反転して表示されます。

COLUMN

左右反転させる

図形の左右を反転させて逆さにするには、<左右反転>をクリックします。

SECTION 372

図形の編集

図形を変形させる

吹き出しの図形などは、図形を選択すると黄色のハンドルが表示されます。黄色のハンドルをドラッグすると吹き出し口の位置などを調整できます。また、図形の頂点を表示して頂点をドラッグすることで図形の形を微妙に変えることもできます。

図形の形を調整する

❶ 図形を選択します。

❷ 黄色いハンドルをドラッグします。

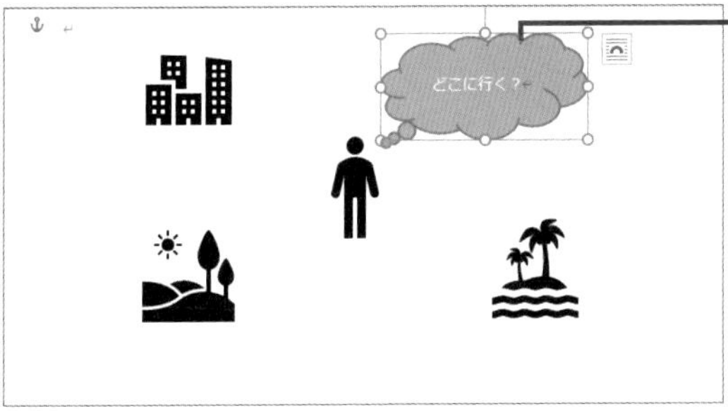

❸ 図形の形が変わります。

MEMO 図形の変更

図形をほかの図形に変更するには、図形を選択し、＜描画ツール＞の＜書式＞タブの＜図形の編集＞をクリックし、＜図形の変更＞から変更したい図形を選択します。

COLUMN

図形の頂点を変更する

図形を右クリックして＜頂点の編集＞をクリックすると、図形の周囲に頂点を示す黒いハンドルが表示されます。頂点をドラッグすると図形の形が変わります。また、頂点をドラッグすると表示される白いハンドルをドラッグすると頂点と頂点の間を曲線に変更したりできます。頂点を追加するには、追加する場所を右クリックして＜頂点の追加＞をクリックします。頂点の編集を終了するときは、図形を右クリックして＜頂点編集の終了＞をクリックします。

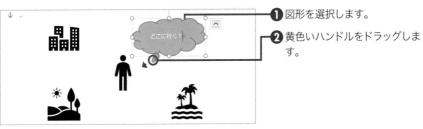

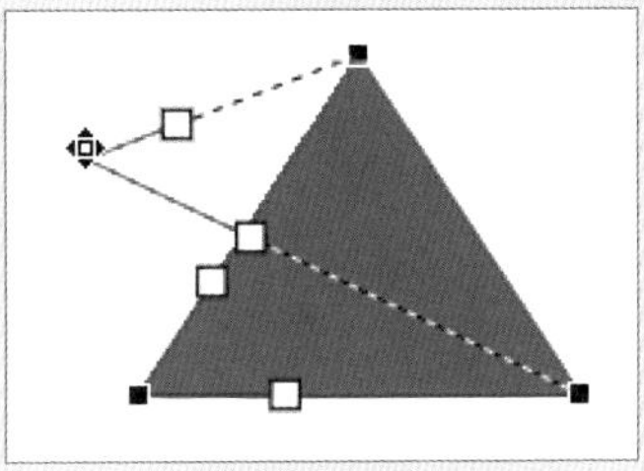

SECTION 373 図形の編集

図形の質感などの効果を指定する

図形の質感などを示す図形の効果は、選択しているテーマによって異なります。ただし、図形の効果を個別に指定することもできます。たとえば、図形に影を付けたり、図形の周囲をぼかしたり色をつけたりすることができます。

図形が立体的に見えるようにする

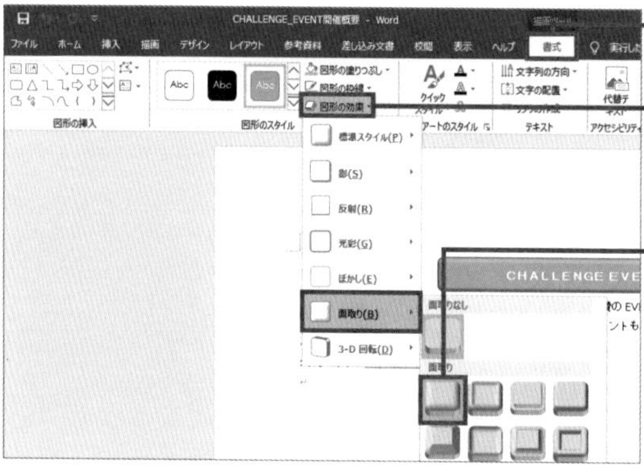

❶図形を選択し、＜描画ツール＞の＜書式＞タブをクリックします。

❷＜図形の効果＞をクリックします。

❸効果を選び、種類を選択します。

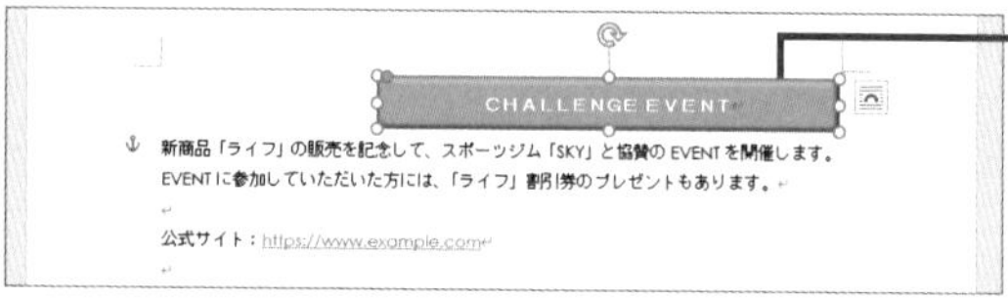

❹図形の効果が変更されました。

COLUMN

詳細を指定する

図形の効果を選択するとき、詳細の設定をするには、効果を選択するときのメニューの一番下の＜○○のオプション＞をクリックします。続いて表示される画面で各項目の設定を行います。

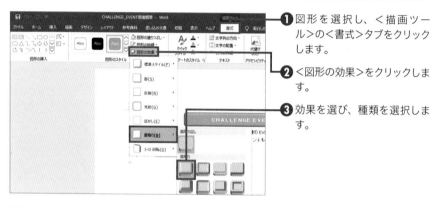

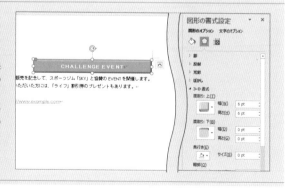

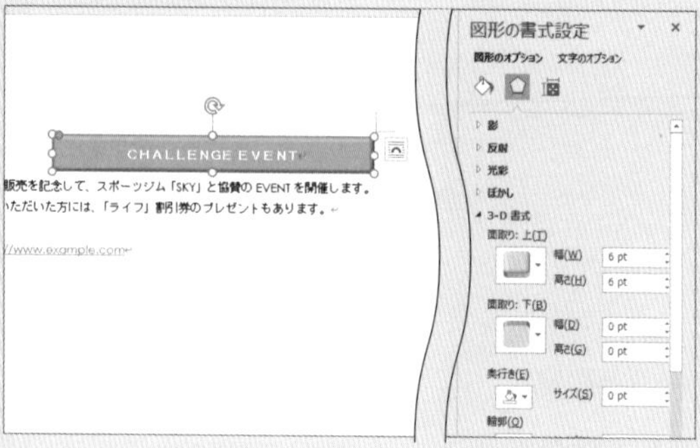

第11章
第12章 図形の編集
第13章
第14章

SECTION
374
図形の編集

図形を重ねる順番を変更する

図形の上に図形を重ねるように描くと、後から描いた図形が既存の図形の上に重なります。図形の背景に図形を表示したい場合などは、必要に応じて図形の重ね順を変更します。選択した図形を前面（上）にするか背面（下）にするか指定します。

下に隠れた図形を上に重ねる

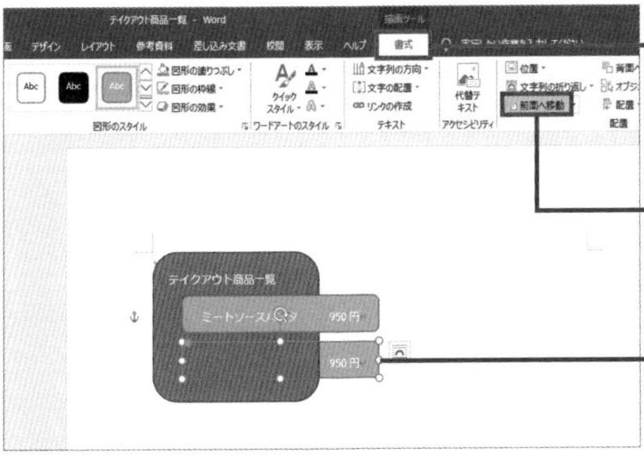

❶ 重なった図形のいずれかの図形を選択します。

❷ ＜描画ツール＞の＜書式＞タブをクリックします。

❸ ＜前面へ移動＞をクリックします。

MEMO 背面へ移動

選択した図形を重なった図形の下に移動するには＜背面へ移動＞をクリックします。

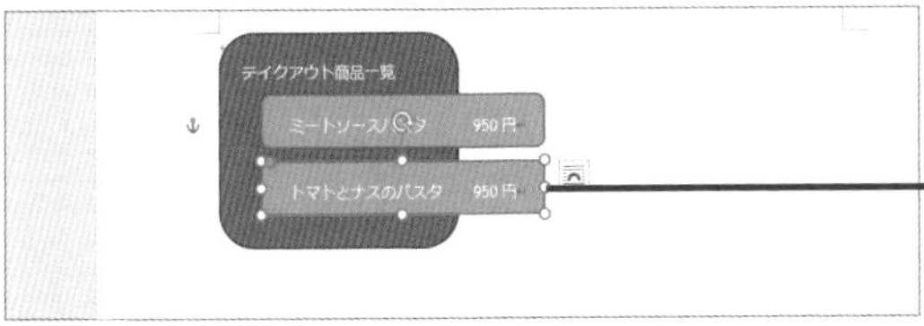

❹ 図形の重なり順が変わりました。

MEMO 図形が選択できない

図形が図形の下に隠れて選択できない場合は、P.432を参照してください。

COLUMN

複数の図形や文字との重ね順を指定する

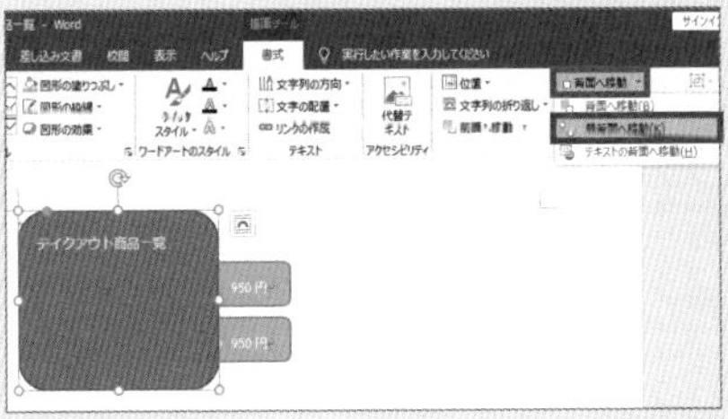

3つ以上の図形が重なっているとき図形の重ね順を指定するには順番をひとつずつ指定する必要はありません。一番上に表示したり一番下に表示したりできます。それには、＜前面へ移動＞の＜▼＞の＜最前面へ移動＞、＜背面へ移動＞の＜▼＞の＜最背面へ移動＞をクリックします。また、文字列の上や下に移動するには＜テキストの前面へ移動＞＜テキストの背面へ移動＞をクリックします。

SECTION 375 図形の編集

図形を横や縦にまっすぐ移動する

図形を移動したりコピーしたりするときに、図形を水平、垂直に動かすには、Shiftキーを押しながら図形をドラッグします。また、Ctrl+Shiftキーを押しながらドラッグするとコピーできます。また、配置ガイドを使う方法もあります。

図形を水平や垂直に移動する

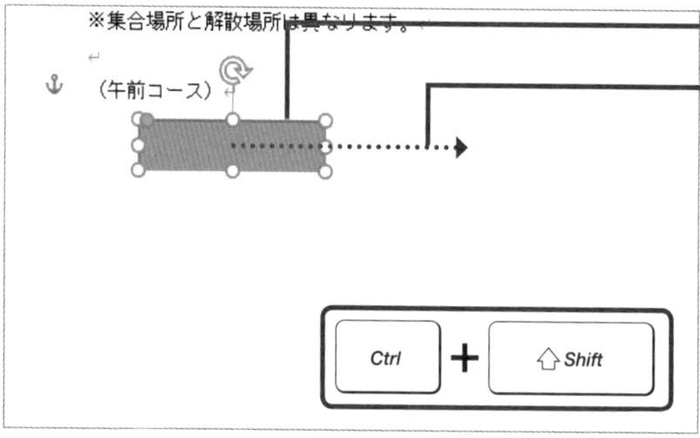

1. 図形を選択します。
2. Ctrl+Shiftキーを押しながら図形を横方向にドラッグします。

MEMO 図形の移動

図形をまっすぐ移動するには、Shiftキーを押しながら図形をドラッグします。

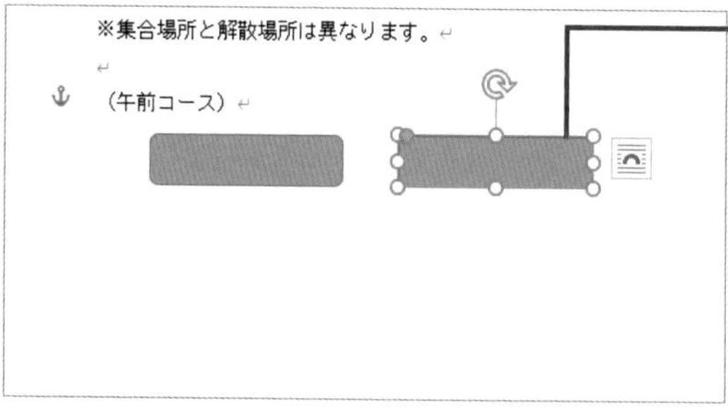

3. 図形が真横にコピーされました。

COLUMN

配置ガイドを表示する

図形を選択し、<描画ツール>の<書式>タブの<配置>をクリックし、<配置ガイドの使用>をクリックすると、図形を移動したりコピーしたりしたときに用紙の端や中央に緑色の線が表示されます。緑の線を基準に図形を用紙の端や中央にぴったり揃えて配置できます。

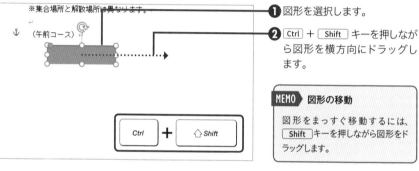

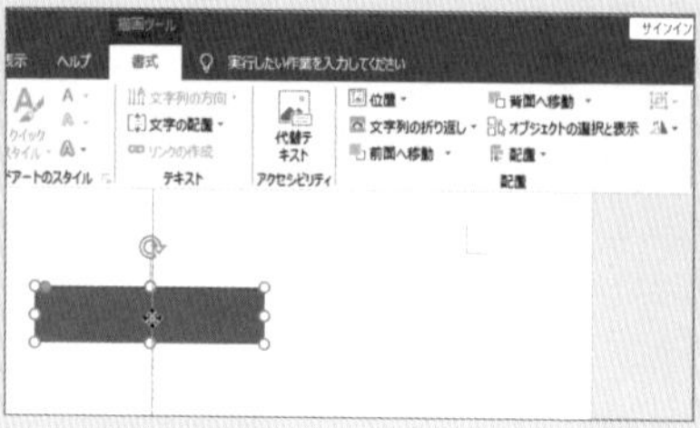

SECTION
376
図形の編集

複数の図形をきれいに並べる

複数の図形の端の位置をぴったり揃えたり等間隔に配置したりするには、図形の配置を指定する機能を使いましょう。揃えたい複数の図形をすべて選択してから配置を整える場所を指定します。複数の図形の大きさを変更する方法は、P.403を参照してください。

図形の上端をぴったり揃える

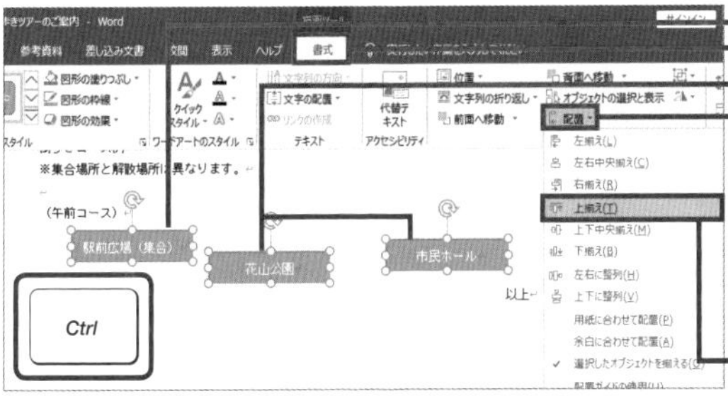

❶図形をクリックして選択します。

❷ Ctrl キーを押しながら複数の図形を選択します。

❸<描画ツール>の<書式>タブをクリックし、

❹<配置>をクリックし、

❺<上揃え>をクリックします。

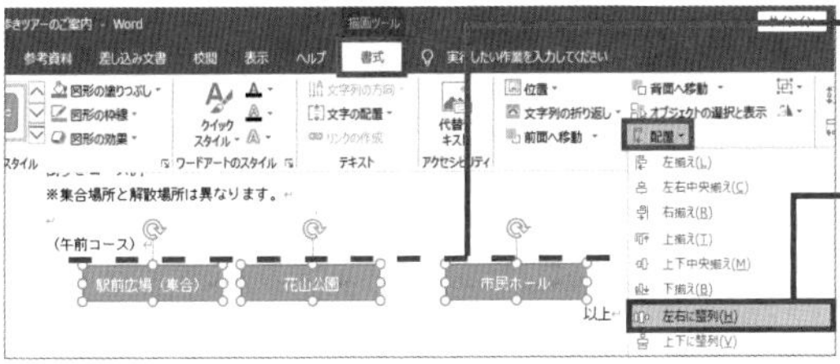

❻一番の上の図形の上の位置に選択した図形の上の位置が揃います。

❼<描画ツール>の<書式>タブの<配置>をクリックし、<左右に整列>をクリックします。

❽図形が等間隔に揃います。

COLUMN

複数の図形を選択する

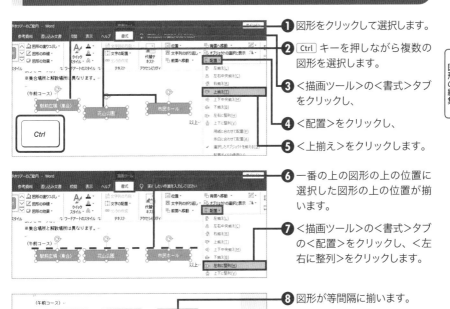

複数の図形を選択するには、ひとつ目の図形を選択したあと Ctrl または Shift キーを押しながら2つ目以降の図形をクリックします。また、<ホーム>タブの<選択>をクリックして<オブジェクトの選択>をクリックすると、オブジェクトを選択するモードになります。この場合、図形が配置されている箇所を斜めの方向に囲むようにドラッグすると、その中に含まれる図形をすべて選択できます。オブジェクトを選択するモードを解除するには、Esc キーを押します。

SECTION 377 図形の編集

複数の図形をひとつのグループにまとめる

複数の図形をひとつにまとめて扱うには、描画キャンバスを使う方法があります。既存の図形をひとまとめにして扱うには、図形をグループ化する方法があります。図形をグループ化しても個々の図形を選択して扱えます。

図形をグループ化する

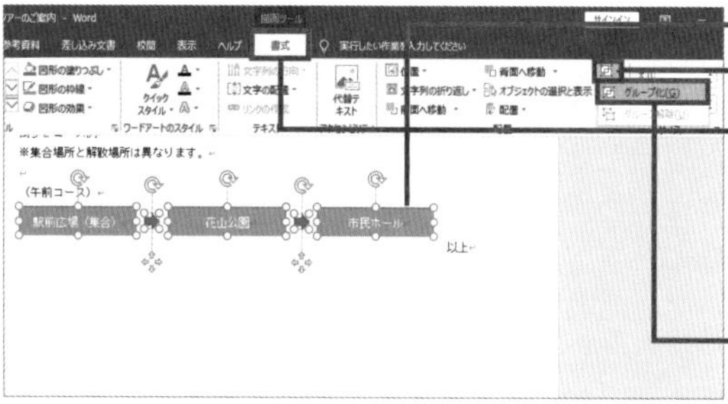

❶ P.429 の方法でグループ化する複数の図形を選択します。

❷ ＜描画ツール＞の＜書式＞タブをクリックします。

❸ ＜オブジェクトのグループ化＞をクリックします。

❹ ＜グループ化＞をクリックします。

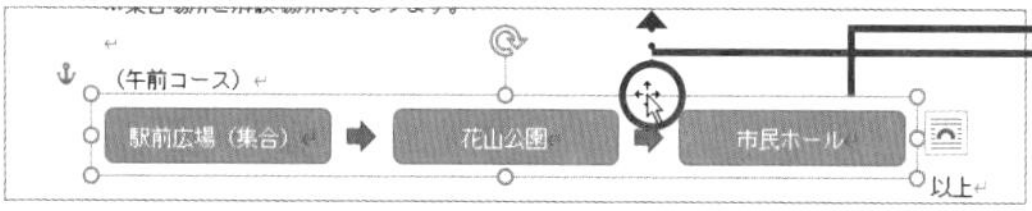

❺ 図形がグループ化されます。

❻ グループ化された図形の枠をドラッグします。

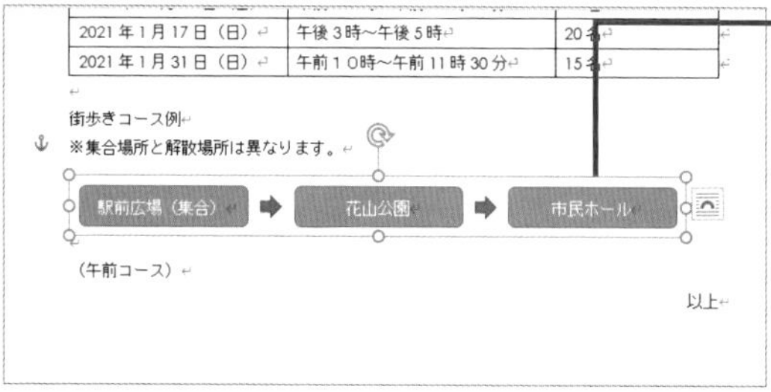

❼ 図形がまとめて移動します。

MEMO グループ化の解除

図形のグループ化を解除するには、グループ化された図形を選択し、＜描画ツール＞の＜書式＞タブの＜オブジェクトのグループ化＞をクリックし、＜グループ解除＞をクリックします。

COLUMN

個々の図形を扱うには

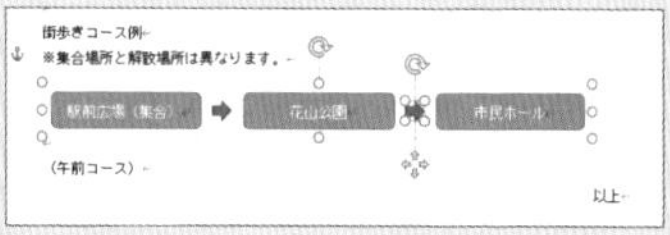

図形をグループ化すると、グループ化された図形の周囲に枠が表示されます。枠をドラッグすると複数の図形をまとめて移動できます。個々の図形を移動するには、個々の図形を選択してドラッグします。個々の図形を選択して図形の書式を変更することもできます。

SECTION 378 図形の編集

図形の表示／非表示を切り替える

＜選択＞ウィンドウを表示すると、表示されている図形や図の一覧が表示されます。一覧から図形を表示するかどうかを指定できます。図形を重ねて図を作成するときなどに、特定の図形を一時的に隠して編集したりするときに便利です。

図形を一時的に非表示にする

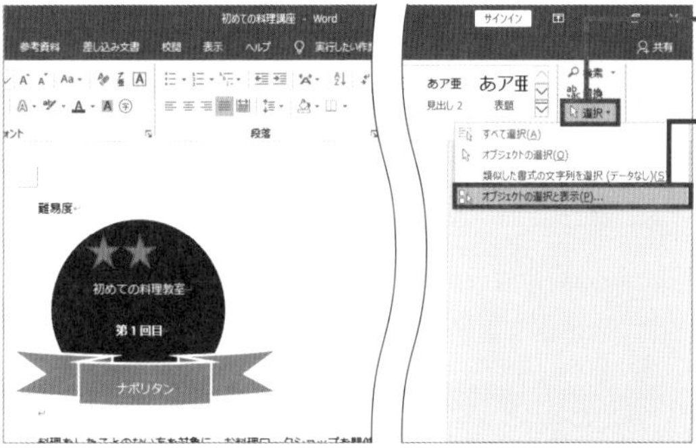

❶＜ホーム＞タブの＜選択＞をクリックします。

❷＜オブジェクトの選択と表示＞をクリックします。

MEMO ショートカットキー

Alt ＋ F10 キーを押してもく選択>ウィンドウを表示できます。

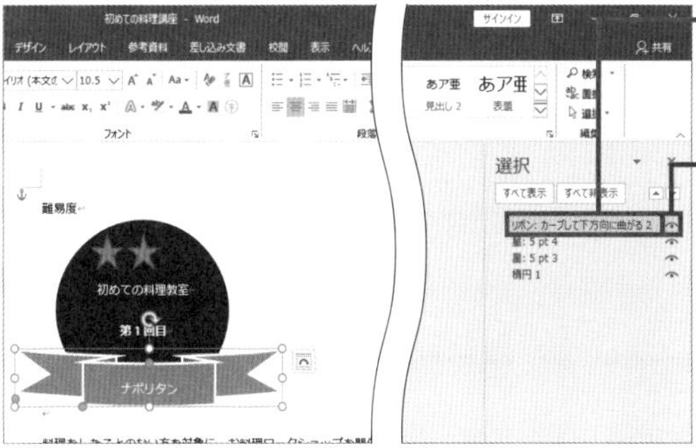

❸＜選択＞ウィンドウが表示され、選択している図形が青く反転します。

❹項目の横の印をクリックします。

❺選択していた図形が非表示になります。

MEMO 再表示する

非表示にした図形を再び表示するには、図形の項目の横の印をクリックします。

SECTION 379 図形の編集

隠れている図形を選択する

複数の図形を重ねて扱うときなどは、<選択>ウィンドウを表示しておくと便利です。<選択>ウィンドウでは、隠れている図形を選択したり、図形の表示／非表示を切り替えたり、図形の重ね順を変更したりできます。

下に隠れている図形を選択する

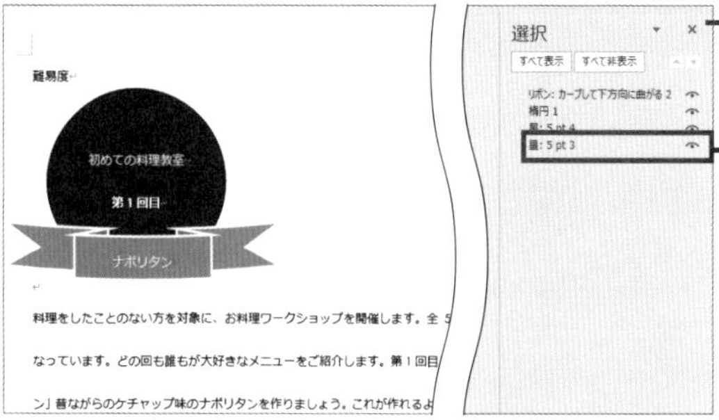

❶ P.431 の方法で<選択>ウィンドウを表示します。

❷ 選択する図形の項目をクリックします。

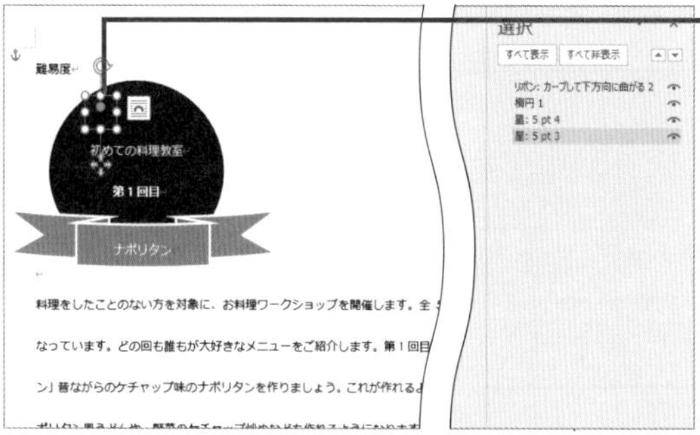

❸ 下に隠れている図形が選択されます。

MEMO 重ね順の変更

図形の重ね順を変更するには、図形の項目を選択して<選択>ウィンドウの右上の<▲><▼>をクリックします。

COLUMN

項目の名前を変更する

<選択>ウィンドウには、図形の項目名が表示されます。図形が区別しづらい場合は、項目名を変更できます。項目名をゆっくり2回クリックして名前を入力します。

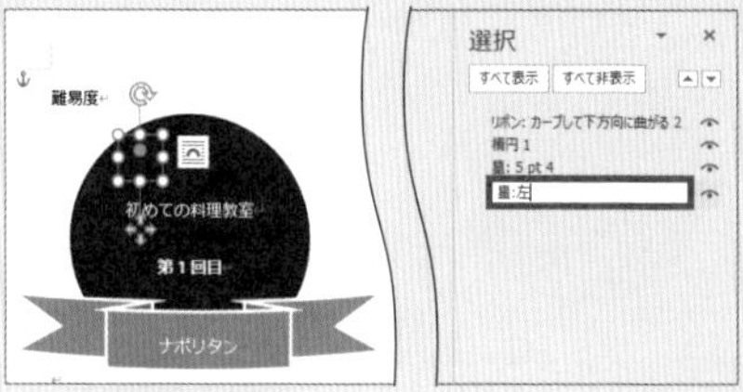

SECTION 380 SmartArt

SmartArtで図を作成する

SmartArtを利用すると、一般的によく利用されるタイプのさまざまな図をかんたんに描くことができます。図形を描く必要もありません。図で示したい内容を箇条書きで入力するだけで図が完成します。項目に階層を付けられるタイプのものもあります。

手順を示す図を作成する

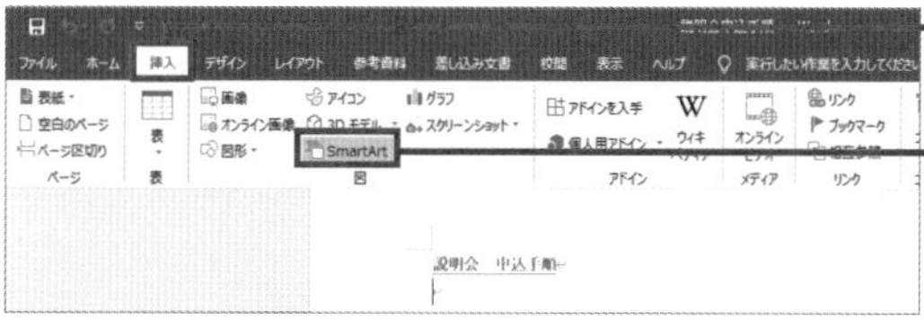

❶ SmartArtを追加する場所をクリックし、<挿入>タブをクリックします。

❷ < SmartArt >をクリックします。

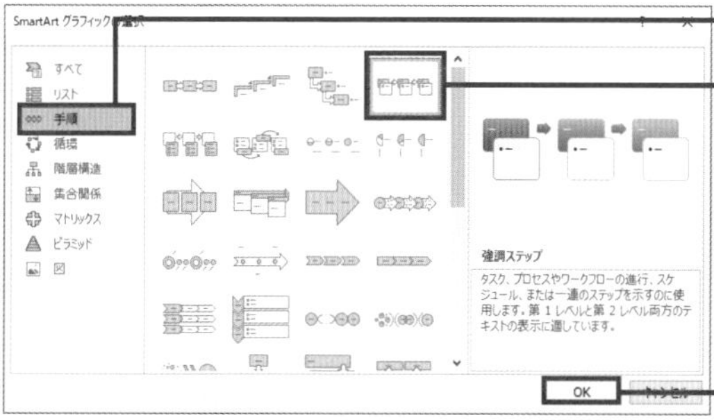

❸ 図の分類をクリックします。

❹ 描きたい図を選択します。

❺ < OK >をクリックします。

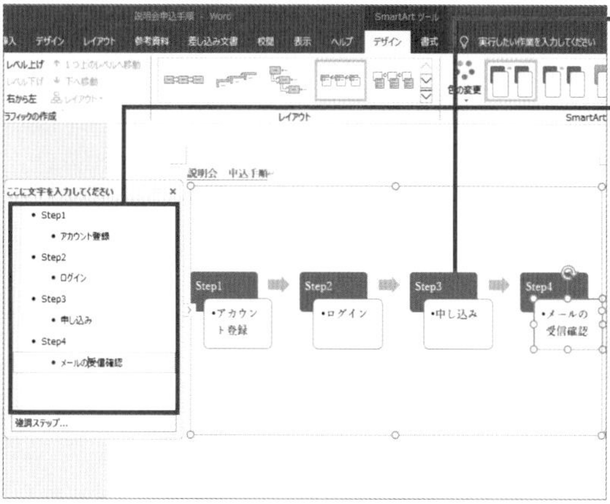

❻ SmartArtの図が表示されます。

❼ <テキストウィンドウ>に図で示す内容を入力します。

MEMO テキストウィンドウ

<テキストウィンドウ>が表示されない場合は、SmartArtを選択し、<SmartArtツール>の<デザイン>タブの<テキストウィンドウ>をクリックします。また、テキストウィンドウ内で項目のレベルを下げるには Tab キー、レベルを上げるには Shift + Tab キーを押します。

第11章
第12章 SmartArt
第13章
第14章

SECTION
381
SmartArt

SmartArtの図の内容を変更する

SmartArtの図の内容を変更するには、テキストウィンドウで内容を編集する方法の他、図形を選択して図形の順番を入れ替えたり、レベルを変更したりする方法があります。図の種類を変更する方法は、P.436を参照してください。

第11章
第12章 SmartArt
第13章
第14章

手順の項目の順番を変更する

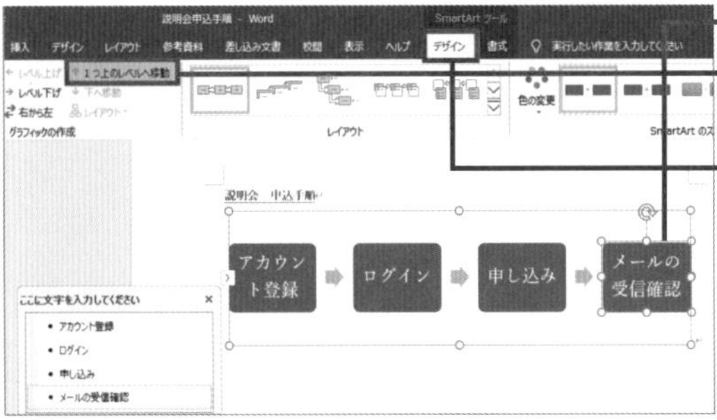

❶ SmartArt をクリックして選択し、順番を変更したい図形をクリックして選択します。

❷ ＜SmartArt ツール＞の＜デザイン＞タブをクリックします。

❸ ＜1つ上のレベルへ移動＞をクリックします。

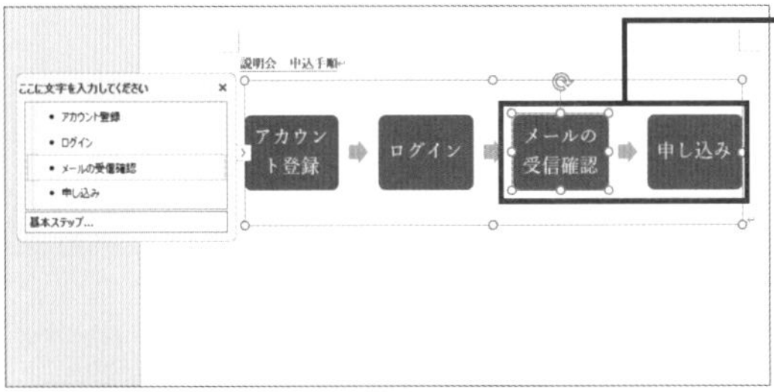

❹ 図形の順番が変わります。

MEMO レベル変更

項目の階層のレベルを変更するには、図形を選択して<SmartArtツール>の<デザイン>タブの<レベル上げ><レベル下げ>をクリックします。

COLUMN

左右の方向を変更する

図形を配置する方向を逆にするには、SmartArtを選択して<SmartArtツール>の<デザイン>タブの<右から左>をクリックします。

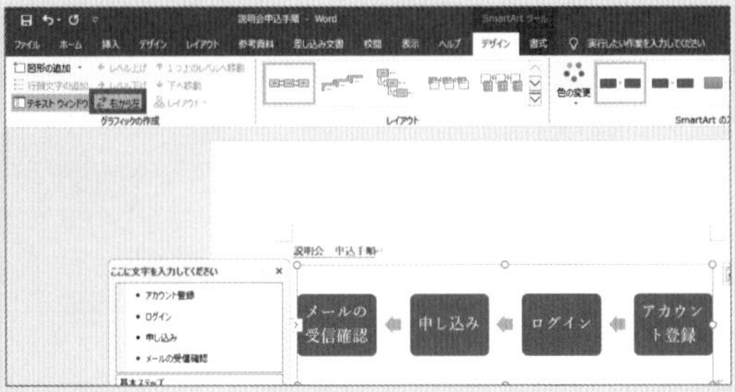

SECTION 382 SmartArt

SmartArtのスタイルを変更する

SmartArtを追加すると、通常は、選択しているテーマによって指定されたデザインの図が表示されます。ただし、デザインはあとから変更できます。スタイルの一覧から気に入ったものを選択するだけで、図形を立体的に表示したりできます。

SmartArtを立体的に表示する

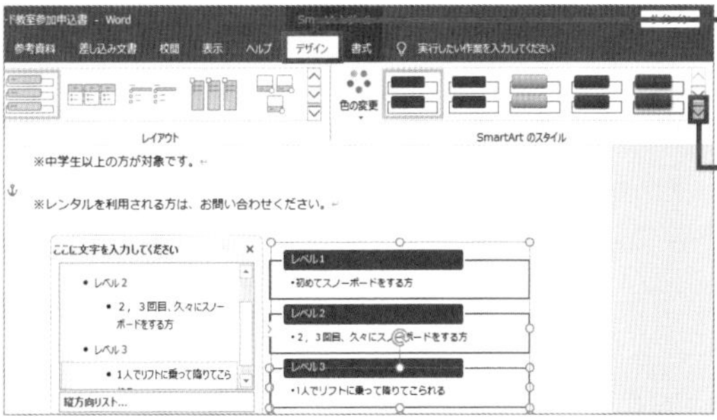

❶ SmartArt を選択し、＜SmartArt ツール＞の＜デザイン＞タブをクリックします。

❷ ＜SmartArt のスタイル＞の＜その他＞をクリックします。

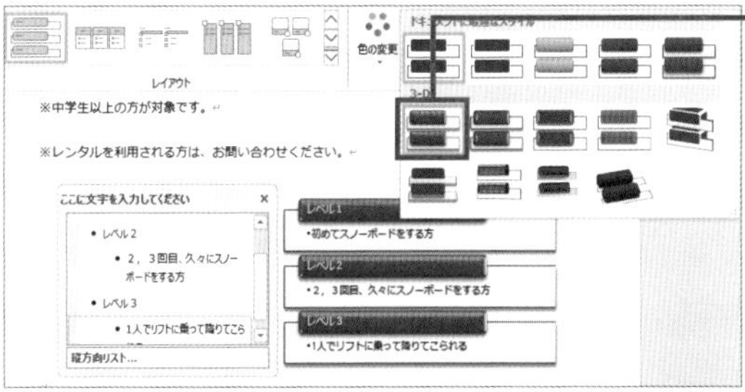

❸ スタイルを選びクリックします。

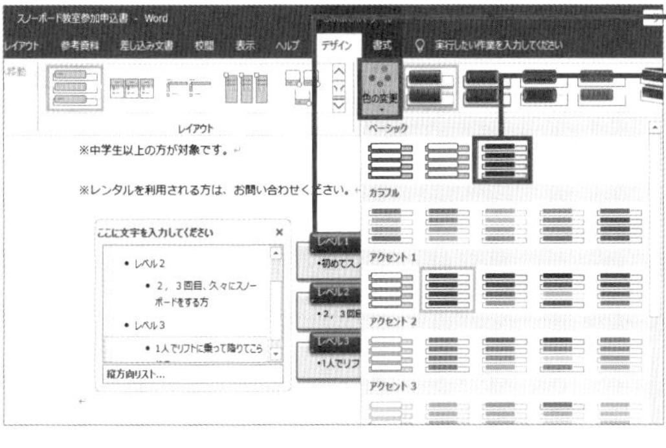

❹ スタイルが変わりました。

❺ ＜色の変更＞をクリックして色合いを選択します。

MEMO 書式の解除

SmartArtに設定した書式を解除するには、SmartArtを選択し、＜SmartArtツール＞の＜デザイン＞タブの＜グラフィックのリセット＞をクリックします。

第11章
第12章 SmartArt
第13章
第14章

SECTION
383
SmartArt

SmartArtの図の種類を変更する

SmartArtの図の種類を変更したい場合、SmartArtを作り直す必要はありません。SmartArtのレイアウト一覧を表示して変更したい図の種類を選択しましょう。図の種類を変更しても、図に表示されていた文字はそのまま残ります。

SmartArtの図のレイアウトを変更する

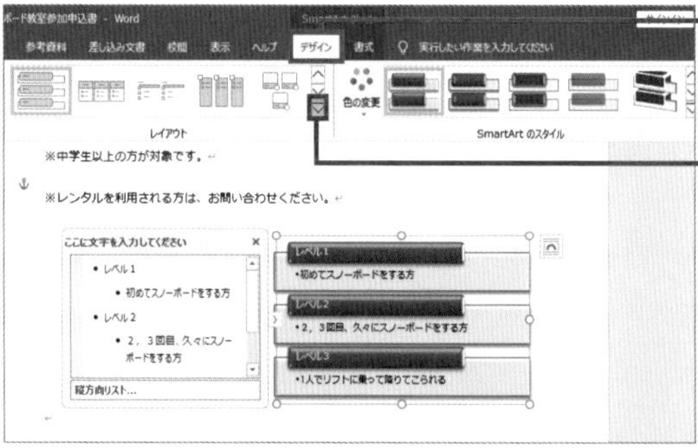

❶ SmartArtを選択し、<SmartArtツール>の<デザイン>タブをクリックします。

❷ <レイアウト>の<その他>をクリックします。

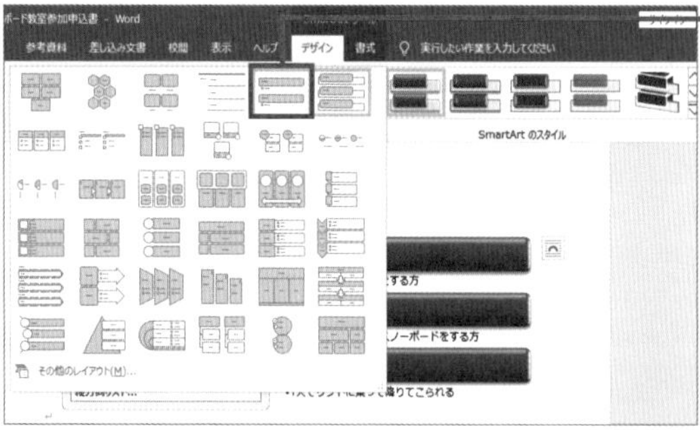

❸ レイアウトを選びクリックします。

MEMO その他のレイアウト

レイアウトの一覧には、選択したSmartArtの種類に近いレイアウトが表示されます。別のレイアウトを選択したい場合は、<その他のレイアウト>を選択してレイアウトを指定します。

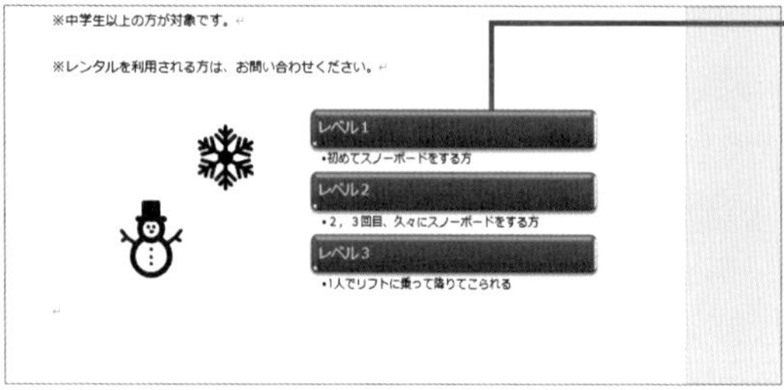

❹ レイアウトが変わりました。

第13章

Word
表作成のプロ技

SECTION 384 表の作成

表を作成する

表を作成する方法はいくつかあります。ここでは、表を作成するときに行や列の数を指定します。表の行や列はあとから自由に変更できます。また、表に文字を入力するときは、行を追加しながら入力できます。

文書内に表を作成する

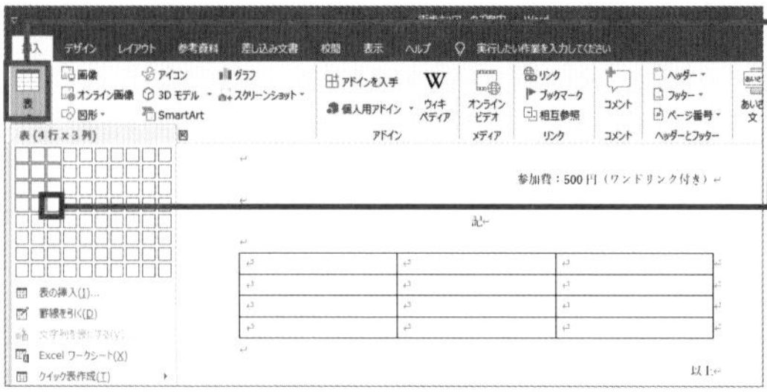

❶表を追加する場所をクリックし、<挿入>タブの<表>をクリックします。

❷作成する表の行と列を示すマス目をクリックすると、指定した列数、行数を含む表が作成されます。

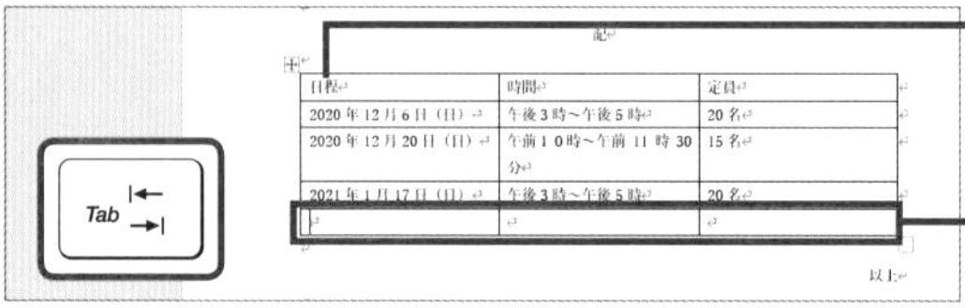

❸表の中をクリックして文字を入力します。

❹右下のセルに文字を入力後、Tab キーを押すと、次の行が表示されます。

MEMO セルの移動

表のマス目をセルと言います。表に文字を入力するとき、Tab キーを押すと、次のセルに文字カーソルを移動できます。右下のセルに文字を入力後 Tab キーを押すと行が追加されます。

MEMO 表の幅

列数と行数を指定して表を追加すると、表が用紙の幅いっぱいに表示されて、列幅は均等になります。表の幅や列幅は変更できます。

COLUMN

「表の挿入」画面

手順❷で<表の挿入>をクリックすると、「表の挿入」画面が表示されます。列数や行数などを指定して表を追加できます。

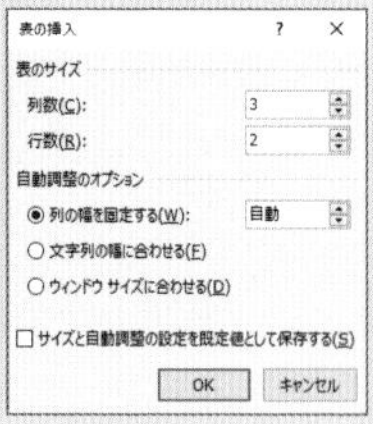

SECTION
385
表の作成

文字列を表に変換する

文字列をタブやカンマなどで区切って配置した情報は、表に変換することができます。表に変換するときに、表に変換する文字列がどの記号で区切られているか、その記号を指定します。すると、表の列数などが自動的に調整されます。

タブや記号で区切った文字列を表にする

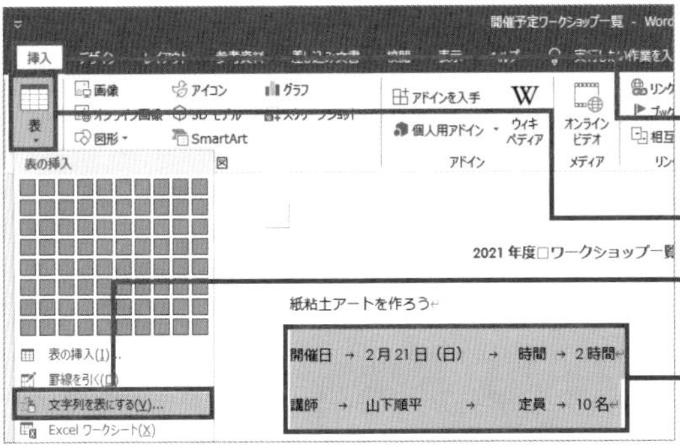

❶ 表に変換する文字列を選択します。

❷ ＜挿入＞タブをクリックします。

❸ ＜表＞をクリックします。

❹ ＜文字列を表にする＞をクリックします。

❺ 文字を区切っている記号を指定します。

❻ ＜ OK ＞をクリックします。

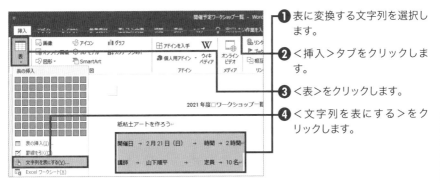

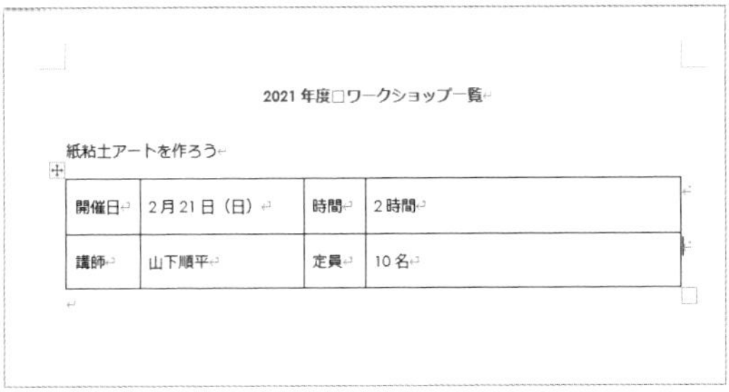

❼ 文字列が表に変換されました。

MEMO 表を解除する

表を解除して文字列だけを残すには、表を選択して<表ツール>の<レイアウト>タブの<表の解除>をクリックします。続いて表示される画面で文字を区切る記号を選択して<OK>をクリックします。

SECTION
386
表の作成

表の1行目に
タイトルを入力する

表の1行目に表のタイトルなどの文字列を入力したくても、表が用紙の一番上に配置されている場合、入力するスペースがありません。そのようなときは、表の上に行を追加してタイトルを入力しましょう。表の表示位置を1行下にずらします。

第11章

第12章

第13章　表の作成

第14章

表の前に行を追加する

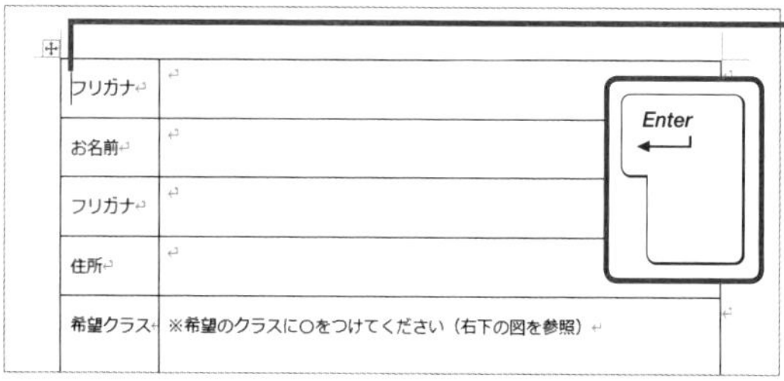

❶ 表の1行目の左端をクリックします。

❷ Enter キーを押します。

フリガナ	
お名前	
フリガナ	
住所	
希望クラス	※希望のクラスに○をつけてください（右下の図を参照）

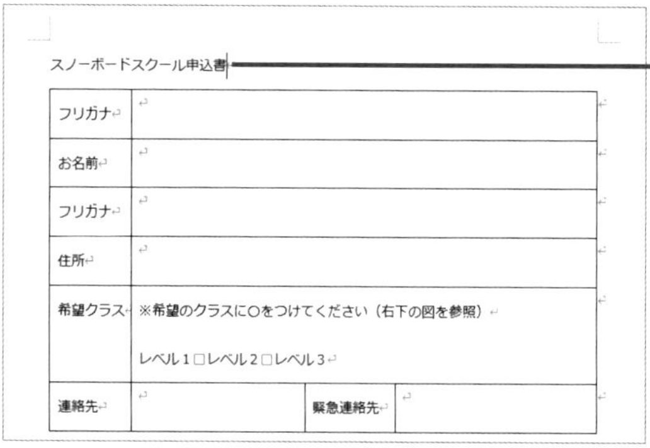

❸ 行が追加されるので、タイトルを入力します。

スノーボードスクール申込書

フリガナ			
お名前			
フリガナ			
住所			
希望クラス	※希望のクラスに○をつけてください（右下の図を参照） レベル1 □レベル2 □レベル3		
連絡先		緊急連絡先	

✅ COLUMN

2ページ目以降の場合

2ページ目以降の先頭に表が配置されているとき、先頭行の右端をクリックして Enter キーを押すと、表の中で改行されてしまいます。この場合、表の先頭行をクリックして＜表ツール＞の＜レイアウト＞タブの＜表の分割＞をクリックします。すると、先頭に文字を入力する行が表示されます。

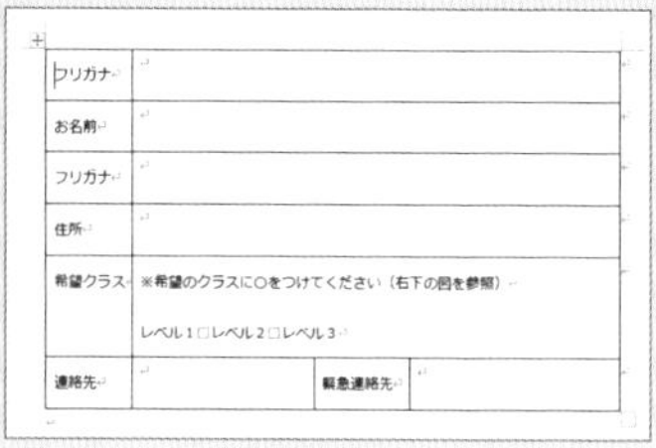

SECTION
387
表のスタイル

表の線の種類を変更する

表を作成したあと、全体のデザインを整えるには、表のスタイルを変更する方法を使うとよいでしょう。表の見出しの行や列などを自動的に強調させることができます。また、表を選択して行や列の罫線の色を個別に指定することもできます。

表のスタイルを選択する

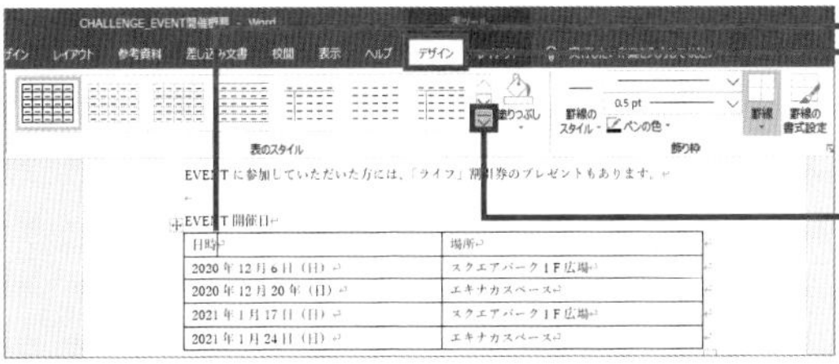

❶表の中をクリックします。

❷＜表ツール＞の＜デザイン＞タブをクリックします。

❸＜表のスタイル＞の＜その他＞をクリックします。

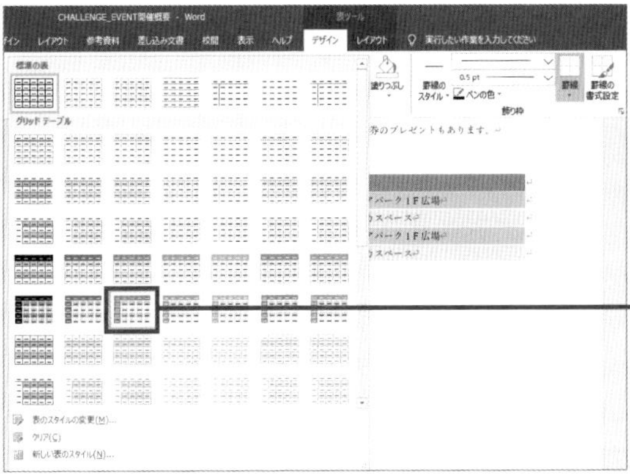

❹スタイルを選んでクリックします。

MEMO　表スタイルのオプション

＜表ツール＞の＜デザイン＞タブの＜表スタイルのオプション＞では、左端の列や上端の行などを強調するかどうか指定できます。たとえば、＜最初の列＞や＜最後の列＞などのチェックをオンにします。

COLUMN

罫線の色などを指定する

表の罫線の色などを変更したい場合は、表の中をクリックして＜表ツール＞の＜デザイン＞タブの＜飾り枠＞から罫線の色などを選択します。続いて、表全体、または変更したい行や列を選択し、＜表ツール＞の＜デザイン＞タブの＜罫線＞から罫線を引く場所をクリックします。

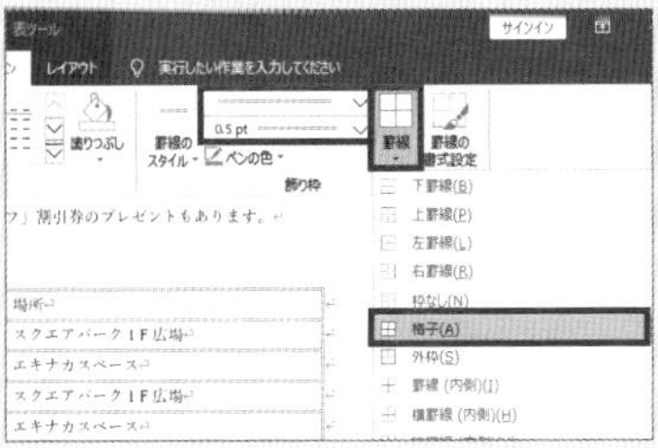

SECTION 388

表のスタイル

表のスタイルを登録する

表のスタイルには、オリジナルのスタイルを登録できます。ここでは、表の背景を薄い緑色にして緑の罫線を引き、見出しの背景にはオレンジ色を指定して、スタイルとして登録します。オリジナルのスタイルを既定のスタイルに指定することもできます。

表のスタイルを作成する

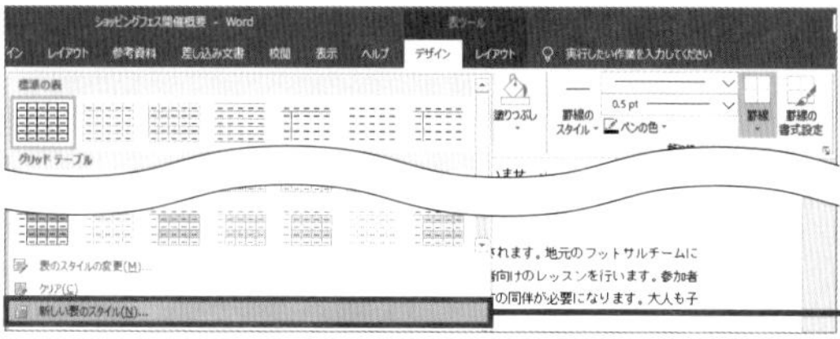

❶ P.441の方法で、表のスタイルを選択する画面を開き、<新しい表のスタイル>をクリックします。

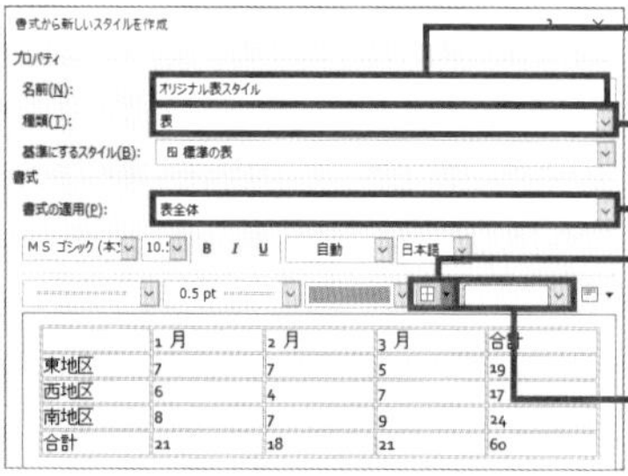

❷ <名前>を指定します。

❸ 罫線の種類を選択します。

❹ <書式の適用>から<表全体>をクリックします。

❺ 罫線を引く箇所を選択します。

❻ 塗りつぶしの色などを指定します。

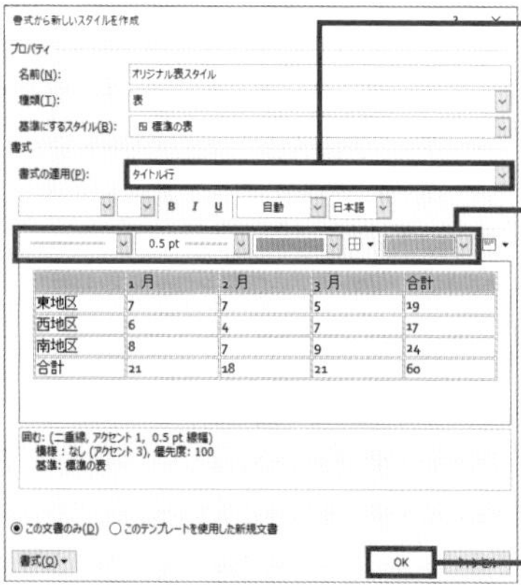

❼ <書式の適用>から<タイトル行>をクリックします。

❽ 塗りつぶしの色などを指定します。

❾ < OK >をクリックします。

MEMO スタイルの適用

登録したスタイルは、表のスタイルの一覧から選んで指定できます(P.441参照)。

SECTION 389 表のスタイル

表の既定のスタイルを設定する

表を作成するときに適用する既定のスタイルをオリジナルのスタイルに変更してみましょう。ここでは、P.442で登録したスタイルを指定します。使用中の文書にのみ適用するか、すべての文書を対象に適用するか選択できます。

既定の表として設定する

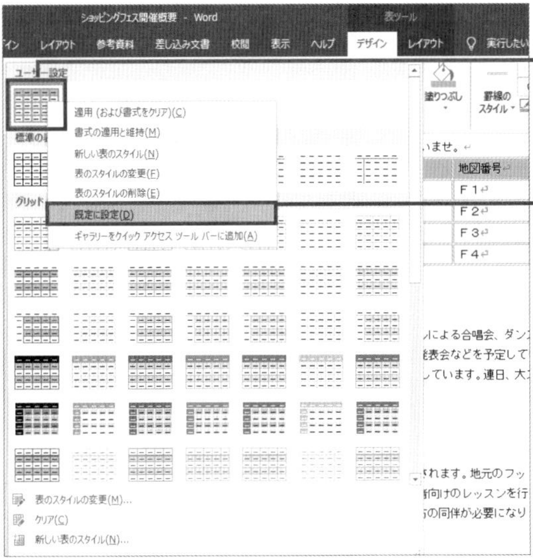

❶表の中をクリックします。

❷P.441の方法で表のスタイル一覧を表示し、既定のスタイルにするスタイルを右クリックします。

❸＜既定に設定＞をクリックします。

> **MEMO スタイルを適用する**
>
> 選択している表に＜ユーザー設定＞のスタイルを適用するには、適用したいスタイルをクリックします。

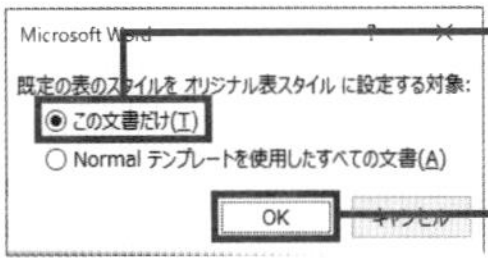

❹＜この文書だけ＞をクリックします。

❺＜OK＞をクリックします。

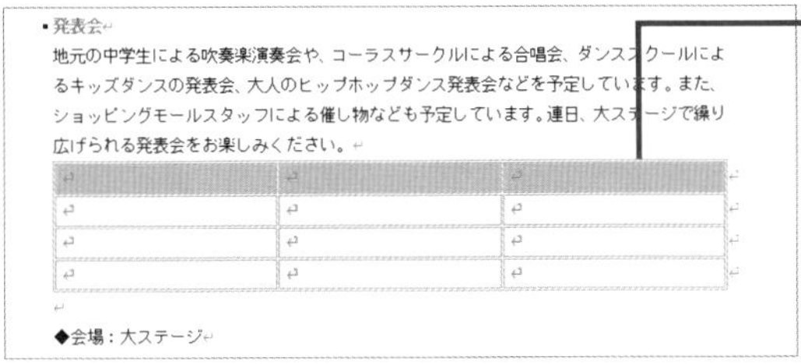

・発表会
地元の中学生による吹奏楽演奏会や、コーラスサークルによる合唱会、ダンススクールによるキッズダンスの発表会、大人のヒップホップダンス発表会などを予定しています。また、ショッピングモールスタッフによる催し物なども予定しています。連日、大ステージで繰り広げられる発表会をお楽しみください。
◆会場：大ステージ

❻次に表を作成すると（P.438参照）、既定のスタイルが適用されます。

SECTION
390
表の編集

行や列を移動する

行や列を移動するには、行や列を選択して移動先にドラッグします。行や列の選択方法を知りましょう。また、移動するときは、マウスポインターの形と移動先を示す線に注目して操作します。うまくいかなかった場合は、元に戻してやり直します（P.042参照）。

第11章
第12章
第13章 表の編集
第14章

列を入れ替えて移動する

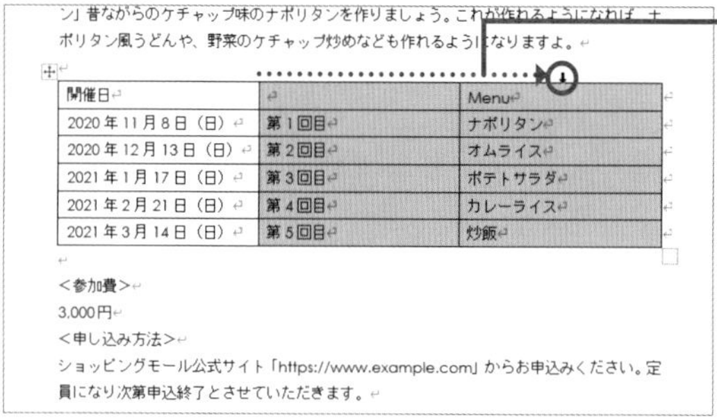

ン」昔ながらのケチャップ味のナポリタンを作りましょう。これが作れるようになれば、ナポリタン風うどんや、野菜のケチャップ炒めなども作れるようになりますよ。

開催日		Menu
2020年11月8日（日）	第1回目	ナポリタン
2020年12月13日（日）	第2回目	オムライス
2021年1月17日（日）	第3回目	ポテトサラダ
2021年2月21日（日）	第4回目	カレーライス
2021年3月14日（日）	第5回目	炒飯

＜参加費＞
3,000円
＜申し込み方法＞
ショッピングモール公式サイト「https://www.example.com」からお申込みください。定員になり次第申込終了とさせていただきます。

❶ 移動する列の上端にマウスポインターを移動して左右にドラッグして選択し、選択した列内にマウスポインターを移動します。

MEMO 行の選択

行を選択するときは、行頭にマウスポインターを移動して移動する行を上下にドラッグして選択します。

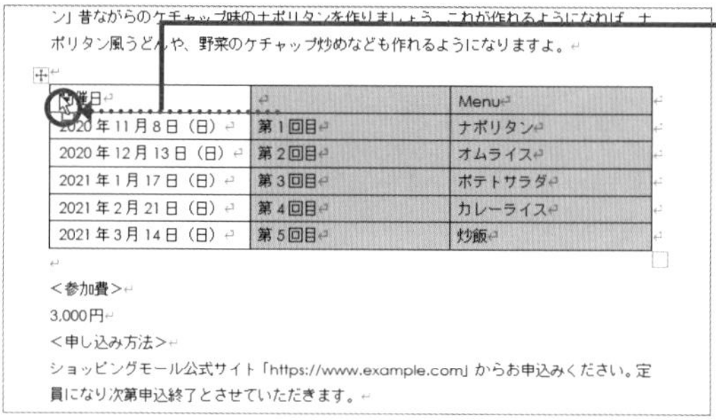

ン」昔ながらのケチャップ味のナポリタンを作りましょう。これが作れるようになれば、ナポリタン風うどんや、野菜のケチャップ炒めなども作れるようになりますよ。

開催日		Menu
2020年11月8日（日）	第1回目	ナポリタン
2020年12月13日（日）	第2回目	オムライス
2021年1月17日（日）	第3回目	ポテトサラダ
2021年2月21日（日）	第4回目	カレーライス
2021年3月14日（日）	第5回目	炒飯

＜参加費＞
3,000円
＜申し込み方法＞
ショッピングモール公式サイト「https://www.example.com」からお申込みください。定員になり次第申込終了とさせていただきます。

❷ 移動先の列の上端の左端にドラッグします。

MEMO 行の移動

行を移動するには、移動先の行の左端にドラッグします。

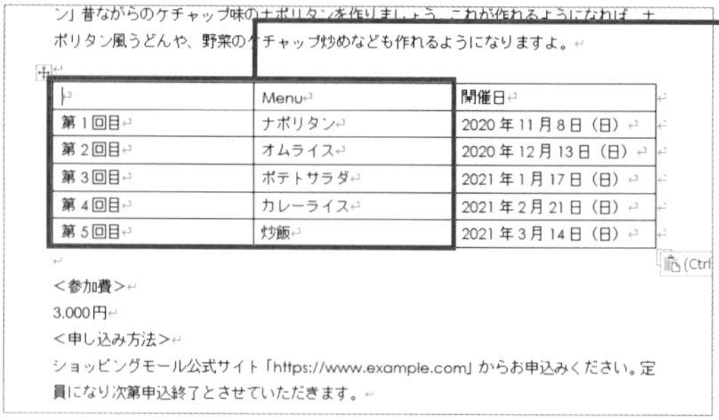

ン」昔ながらのケチャップ味のナポリタンを作りましょう。これが作れるようになれば、ナポリタン風うどんや、野菜のケチャップ炒めなども作れるようになりますよ。

	Menu	開催日
第1回目	ナポリタン	2020年11月8日（日）
第2回目	オムライス	2020年12月13日（日）
第3回目	ポテトサラダ	2021年1月17日（日）
第4回目	カレーライス	2021年2月21日（日）
第5回目	炒飯	2021年3月14日（日）

(Ctrl)

＜参加費＞
3,000円
＜申し込み方法＞
ショッピングモール公式サイト「https://www.example.com」からお申込みください。定員になり次第申込終了とさせていただきます。

❸ 列が移動しました。

SECTION
391
表の編集

行や列を追加／削除する

行や列を追加したり、不要な行や列を削除したりする方法を知っておきましょう。行や列を削除するときは、対象の行や列内をクリックし＜表ツール＞の＜レイアウト＞タブで操作します。表の文字列を削除する場合は、行や列を選択して Delete キーを押します。

表の途中に列を追加する・行を削除する

初めての料理に挑戦
料理をしたことのない方を対象に、お料理ワークショップを開催します。全 5 回の内容になっています。どの回も誰もが大好きなメニューをご紹介します。第 1 回目は、「ナポリタン」昔ながらのケチャップ味のナポリタンを作りましょう。これが作れるようになれば、ナポリタン風うどんや、野菜のケチャップ炒めなども作れるようになりますよ。
開催日
Menu
第 1 回目　2020 年 11 月 8 日（日）　ナポリタン
第 2 回目　2020 年 12 月 13 日（日）　オムライス
第 3 回目　2021 年 1 月 17 日（日）　ポテトサラダ
第 4 回目　2021 年 2 月 21 日（日）　カレーライス
第 5 回目　2021 年 3 月 14 日（日）　炒飯
＜参加費＞
3,000 円
＜申し込み方法＞

❶表の上部にマウスポインターを移動し、追加したい場所に表示される＜＋＞をクリックします。

MEMO　行の追加

行を追加する場合は、表の左端にマウスポインターを移動し、追加したい場所に表示される＜＋＞をクリックします。

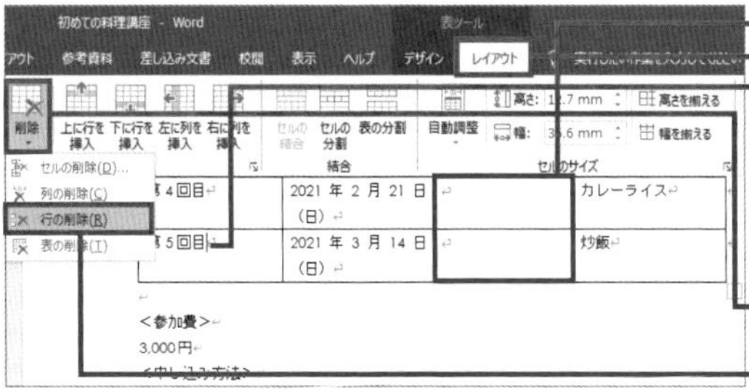

❷列が追加されました。

❸削除したい行や列のセルをクリックします。

❹＜表ツール＞の＜レイアウト＞タブをクリックします。

❺＜削除＞をクリックします。

❻＜行の削除＞をクリックします。

❼行が削除されました。

SECTION
392
表の編集

セルを追加する

表の途中にセルを追加する場合は、追加したいセルの数だけセルを選択して追加します。すると、セルを追加したときにその場所にあったセルをどちら側にずらすのかを指定します。下方向にずらした場合は、その分の行が追加されます。

第11章
第12章
第13章 表の編集
第14章

表の途中にセルを追加して行をずらす

❶追加したい場所にあるセルを選択します。

❷<表ツール>の<レイアウト>タブをクリックします。

❸<行と列>の<ダイアログボックス起動ツール>をクリックします。

MEMO セルを選択する

セルを選択するには、セルの左端にマウスポインターを移動します。マウスポインターの形が ↗ になったら、選択するセルをクリック、またはドラッグして選択します。

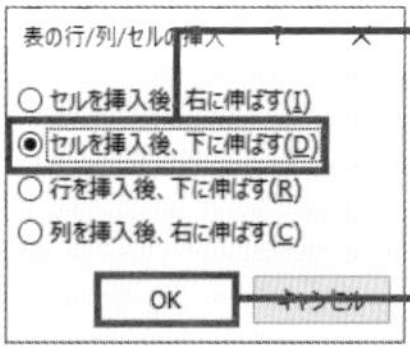

❹ここでは、<セルを挿入後、下に伸ばす>をクリックします。

❺< OK >をクリックします。

❻セルが追加されました。

MEMO 行や列の挿入

選択したセルを含む行や列を挿入する場合は、<行を挿入後、下に伸ばす><列を挿入後、右に伸ばす>をクリックします。

SECTION **393** 表の編集

表全体を削除する

ここでは、表全体を削除する方法を紹介します。表と表の中の文字をまとめて削除します。表の文字だけを消すには、表を選択して Delete キーを押します。また、逆に、表を解除して文字だけを残すこともできます（P.439 MEMO参照）。

表を削除する

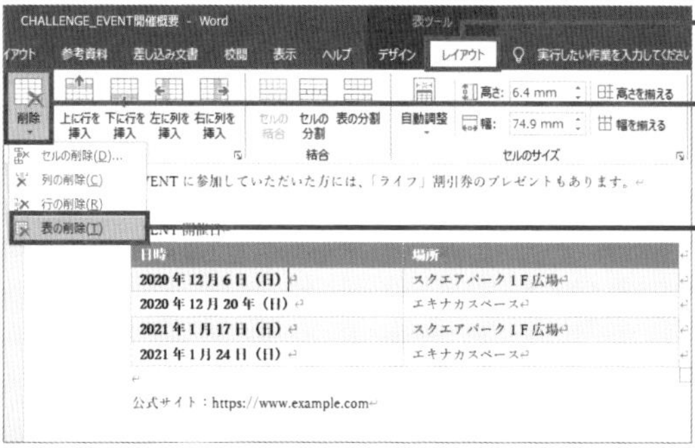

❶ 表の中をクリックし、＜表ツール＞の＜レイアウト＞タブをクリックします。

❷ ＜削除＞をクリックします。

❸ ＜表の削除＞をクリックします。

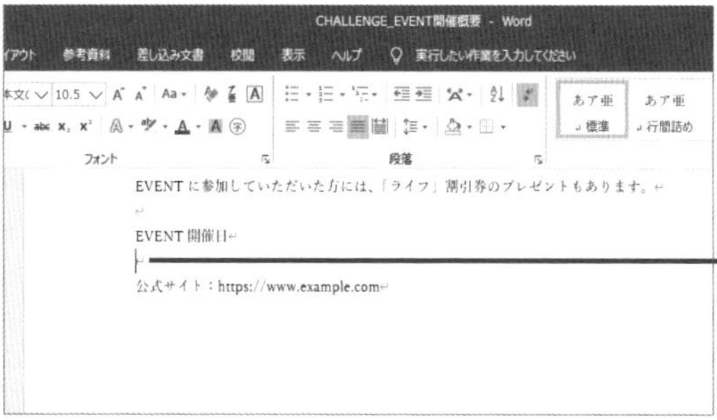

❹ 表が削除されました。

COLUMN

表の文字を消す

表の中にマウスポインターを移動して表を選択するハンドルをクリックすると、表全体が選択されます。この状態で Delete キーを押すと、表の文字が削除されます。

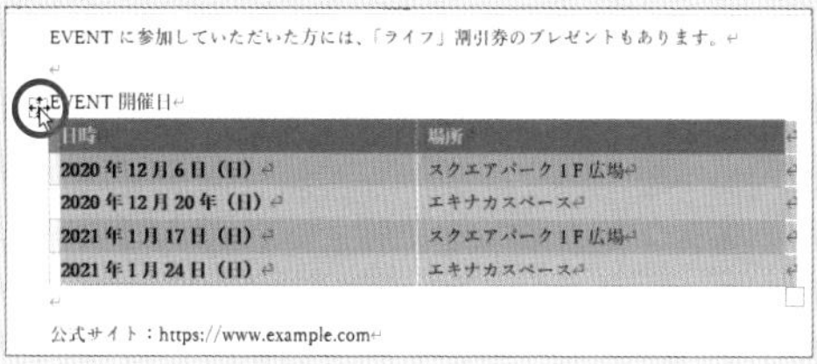

SECTION 394

表の編集

表を2つに分割する

縦長の表を上下2つに分割するには、表を分割する機能を使います。まずは、分割する行のいずれかのセルをクリックします。続いて表を分割します。すると、文字カーソルがある位置の行が新しい表の先頭行になります。

縦長の表を2つに分割する

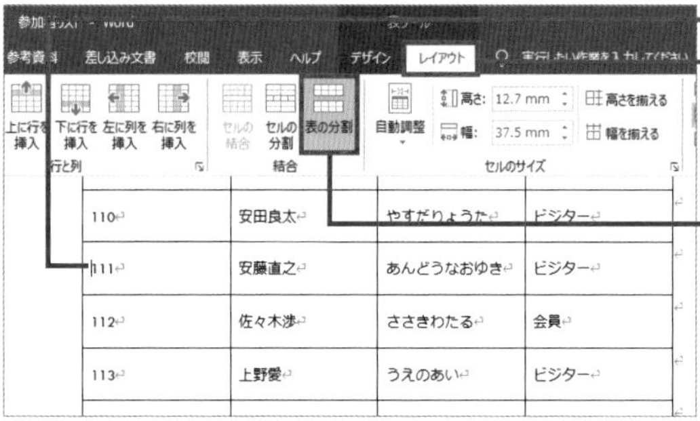

❶分割したい場所の行内のセルをクリックします。

❷<表ツール>の<レイアウト>タブをクリックします。

❸<表の分割>をクリックします。

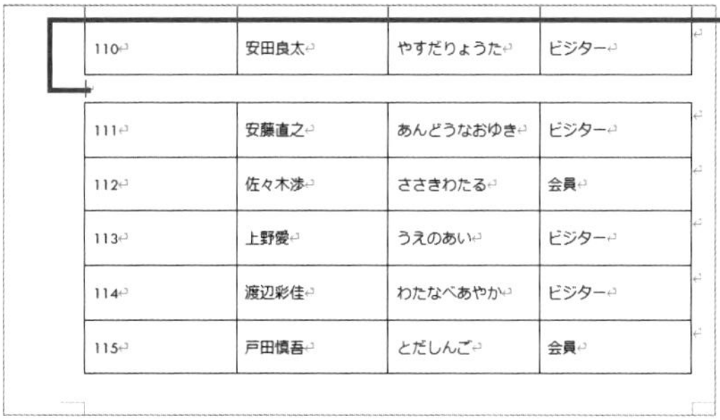

110 安田良太 やすだりょうた ビジター
111 安藤直之 あんどうなおゆき ビジター
112 佐々木渉 ささきわたる 会員
113 上野愛 うえのあい ビジター
114 渡辺彩佳 わたなべあやか ビジター
115 戸田慎吾 とだしんご 会員

❹選択していたセルの位置で表が分割されました。

COLUMN

再び結合する

分割した表を再び結合するには、分割した位置に文字カーソルをクリックして Delete キーを押します。うまく結合できない場合は、分割した位置にある空白の行全体を選択して Delete キーを押します。

SECTION 395

表の編集

表のデータを昇順や降順で並べ替える

表形式で作成したリストのデータを並べ替えて整理するには、並べ替えの機能を使います。並べ替え条件を複数指定するときは、優先順位に注意します。ここでは、申込者の一覧データを種別番号の順で並べます。同じ種別の場合は、さらにふりがな順で並べます。

表のデータを並べ替える

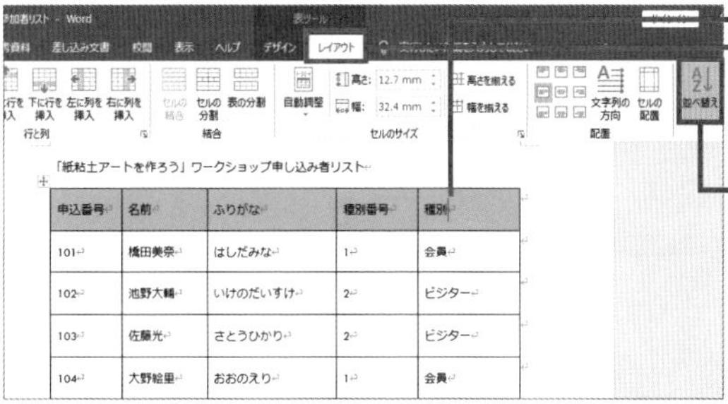

❶表の中をクリックします。

❷<表ツール>の<レイアウト>タブをクリックします。

❸<並べ替え>をクリックします。

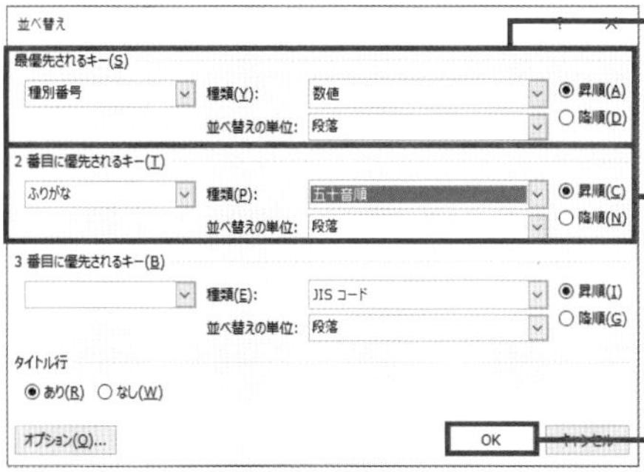

❹<最優先されるキー>と並べ替えの基準を指定します。

❺<2番目に優先されるキー>と並べ替えの基準を指定します。

❻< OK >をクリックします。

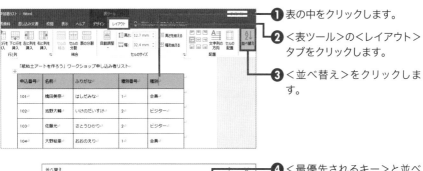

❼データが並べ替えられました。

MEMO　タイトル行

表の先頭行に見出しがある場合は、<タイトル行>の<あり>をクリックします。

SECTION
396
表の編集

表の行の高さや列の幅を調整する

表の行の高さや列の幅を調整する方法は複数あります。表を見ながらドラッグ操作で調整する方法のほか、高さや幅を数値で指定する方法を知っておきましょう。複数の行や列の高さや幅をまとめて変更することもできます。

列の幅をドラッグ操作で調整する

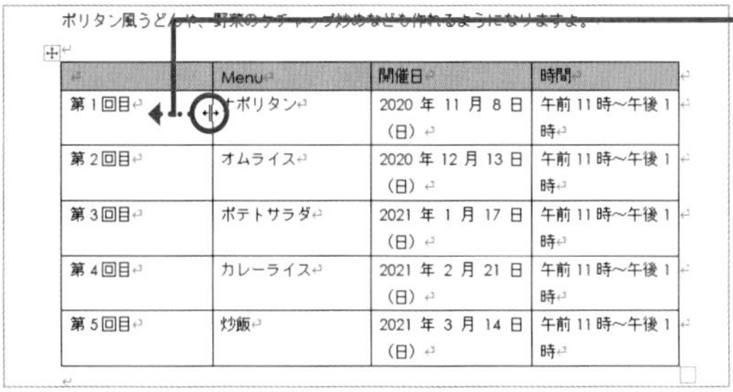

ポリタン風うどんや、野菜のケチャップ炒めなども作れるようになりますよ。
Menu
開催日
時間
第1回目
ナポリタン
2020 年 11 月 8 日（日）
午前 11 時～午後 1 時
第2回目
オムライス
2020 年 12 月 13 日（日）
第3回目
ポテトサラダ
2021 年 1 月 17 日（日）
第4回目
カレーライス
2021 年 2 月 21 日（日）
第5回目
炒飯
2021 年 3 月 14 日（日）

❶列の右側境界部分にマウスポインターを移動します。マウスポインターの形が変わったら左右にドラッグします。

MEMO 行の高さ

行の高さを変更するには、行の下境界線部分をドラッグします。

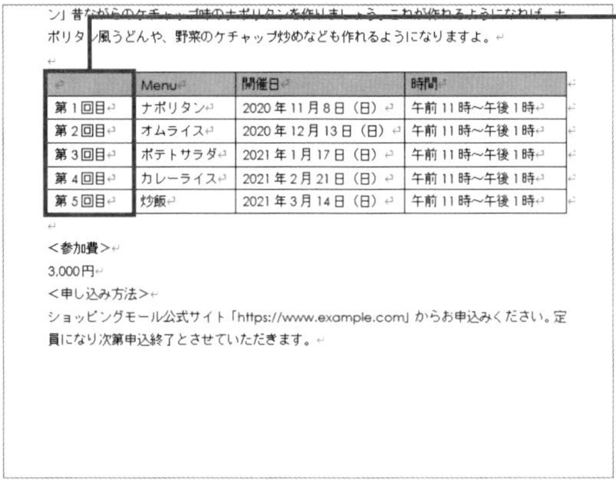

ポリタン風うどんや、野菜のケチャップ炒めなども作れるようになりますよ。
Menu
開催日
時間
第1回目
ナポリタン
2020 年 11 月 8 日（日）
午前 11 時～午後 1 時
第2回目
オムライス
2020 年 12 月 13 日（日）
第3回目
ポテトサラダ
2021 年 1 月 17 日（日）
第4回目
カレーライス
2021 年 2 月 21 日（日）
第5回目
炒飯
2021 年 3 月 14 日（日）
＜参加費＞
3,000円
＜申し込み方法＞
ショッピングモール公式サイト「https://www.example.com」からお申込みください。定員になり次第申込終了とさせていただきます。

❷表の幅は変わらずにドラッグした列に隣接する列の幅が変わります。他の列幅も同様にして調整します。

MEMO キー操作

Shift キーを押しながらドラッグすると、ドラッグした箇所の左の列幅が変わり、表の幅も変わります。Ctrl キーを押しながらドラッグすると、ドラッグした箇所に隣接する列幅だけでなく右側の列の列幅も変わります。表の幅は変わりません。

COLUMN

数値で指定する

行や列を選択して＜表ツール＞の＜レイアウト＞タブの＜高さ＞や＜幅＞の欄で行の高さや列の幅を変更できます。

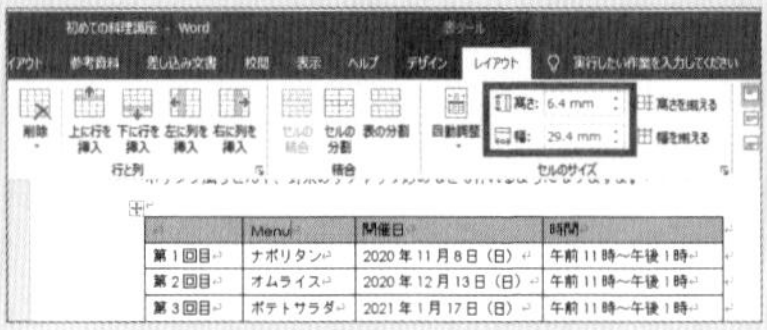

SECTION 397 表の編集

表の行の高さや列の幅を揃える

表の行の高さや列幅を均等に揃えるには、表の中をクリックして<レイアウト>タブから高さを揃えるのか幅を揃えるのか指定します。表の左端の見出し以外の列を均等に割り付けるには、キー操作を使う方法があります。

列の幅を均等に揃える

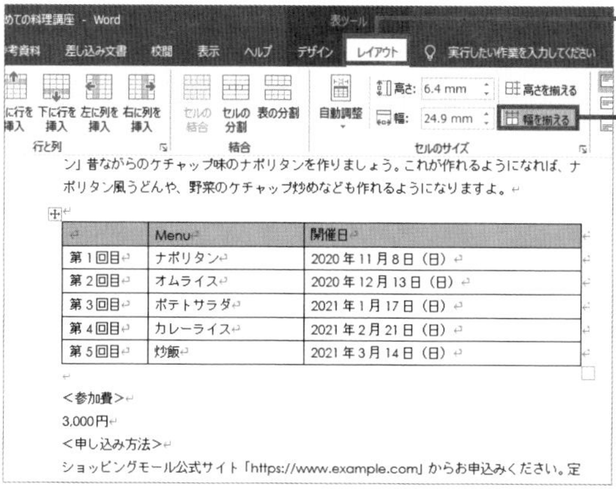

❶ 表の中をクリックし、<表ツール>の<レイアウト>タブをクリックします。

❷ <幅を揃える>をクリックします。

> **MEMO 行の高さ**
>
> 行の高さを揃えるには、<表ツール>の<レイアウト>タブの<高さを揃える>をクリックします。

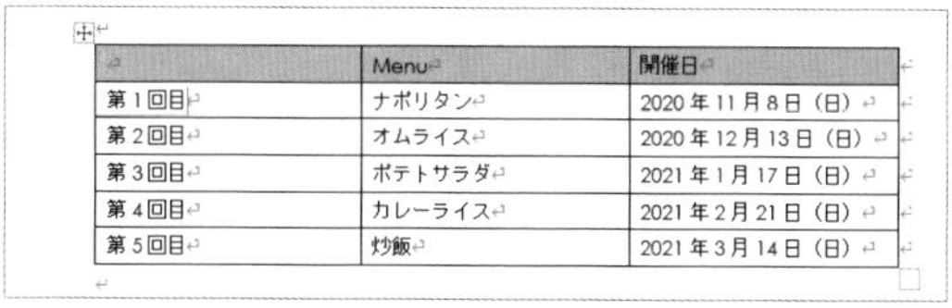

❸ 表の列幅が均等になりました。

COLUMN

左端以外の列幅を均等にする

表の左端の見出しを除いて、右側に位置する列の列幅を均等にするには、左端の列の右側境界線部分を Shift + Ctrl キーを押しながらドラッグします。

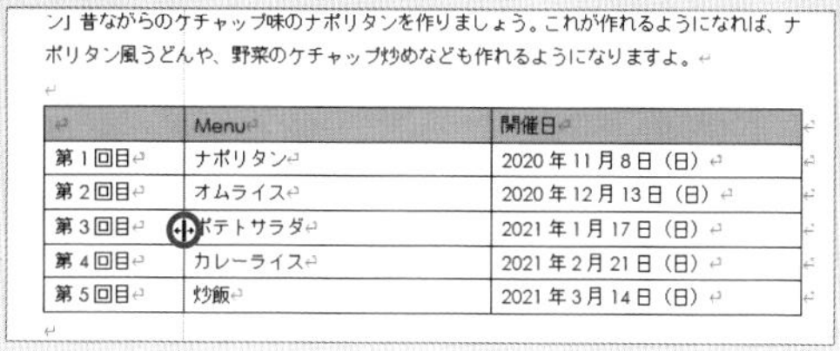

SECTION 398 表の編集

文字の長さに合わせて表の大きさを調整する

表に文字を入力すると、列幅に収まらない文字は自動的に折り返して表示されます。また、文字の長さに合わせて自動的に列幅が調整されるように変更することもできます。用紙の幅に合わせて列幅を調整することもできます。

文字列の長さに合わせて列幅を調整する

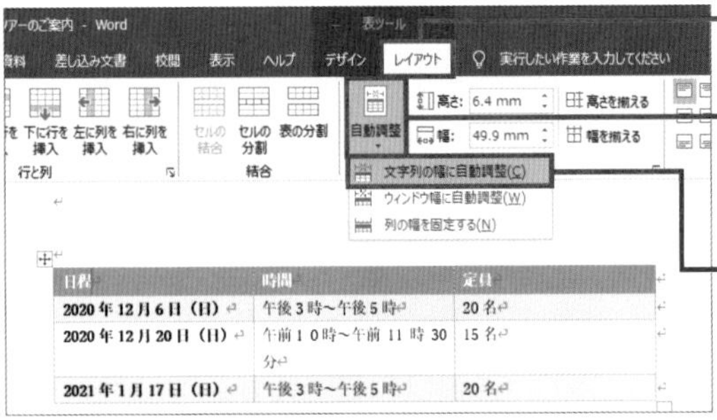

❶ 表の中をクリックし、＜表ツール＞の＜レイアウト＞タブをクリックします。

❷ ＜自動調整＞をクリックします。

❸ ＜文字列の幅に自動調整＞をクリックします。

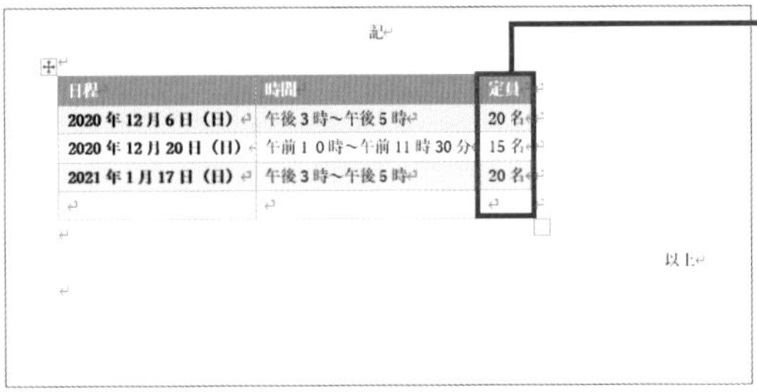

❹ 表の列幅が文字の長さに合わせて調整されます。

MEMO 表の配置

表を用紙の幅に対して中央に配置するには、表全体を選択して＜ホーム＞タブの＜中央揃え＞をクリックします。

COLUMN

ウィンドウの幅に自動調整

表の幅を用紙の幅に合わせて自動的に調整するには、＜表ツール＞の＜レイアウト＞タブの＜自動調整＞をクリックし＜ウィンドウ幅に自動調整＞をクリックします。また、列幅が自動的に調整されないようにするには、＜列の幅を固定する＞をクリックします。

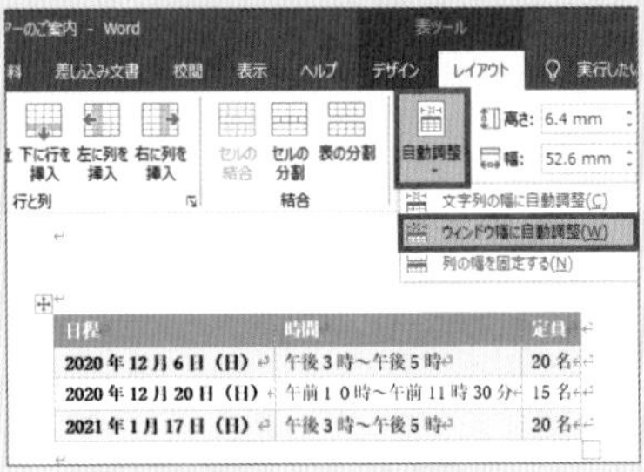

SECTION 399
表の編集

表の項目を均等に割り付ける

表の見出しの項目など、セル内の文字を均等に割り付けるには、セルのオプションの設定を変更する方法があります。すると、列幅に合わせて文字列が自動的に均等に割り付けられます。あとから列幅を変更した場合、文字の配置は自動的に調整されます。

表の見出しの文字を均等に割り付ける

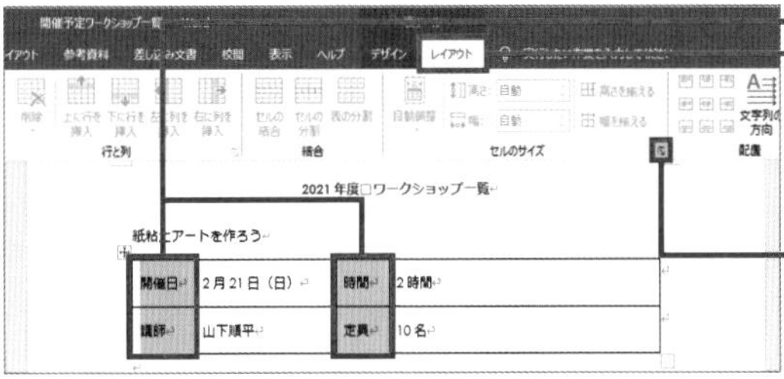

❶ 文字を均等に割り付けるセルをドラッグして選択します。

❷ ＜表ツール＞の＜レイアウト＞タブをクリックします。

❸ ＜セルのサイズ＞の＜ダイアログボックス起動ツール＞をクリックします。

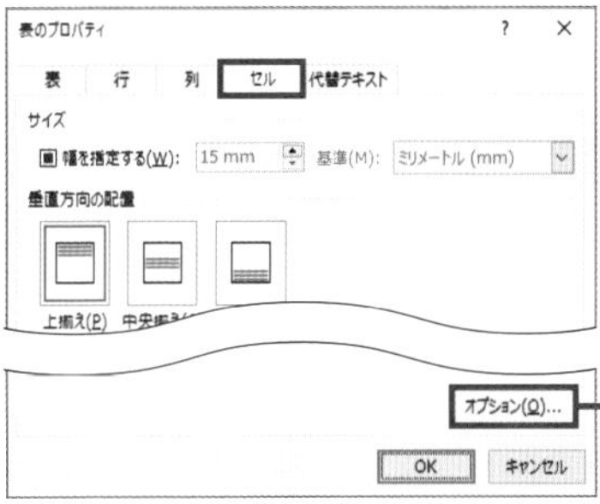

❹ ＜セル＞タブの＜オプション＞をクリックします。

MEMO　均等割り付け

表の列幅を狭くすると、セルのオプションで文字の均等割り付け設定した場合は文字が自動的に小さく調整されます。段落の配置で均等割り付けを指定した場合は（P.325 MEMO参照）、文字の大きさは変更されません。

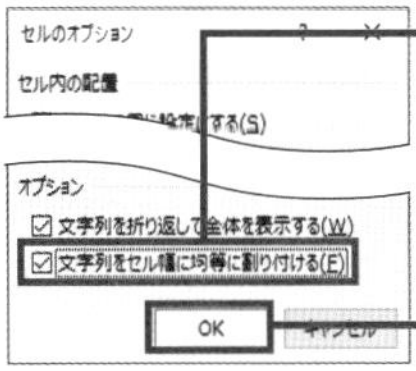

❺ ＜文字列をセル幅に均等に割り付ける＞をクリックします。

❻ ＜ OK ＞をクリックします。

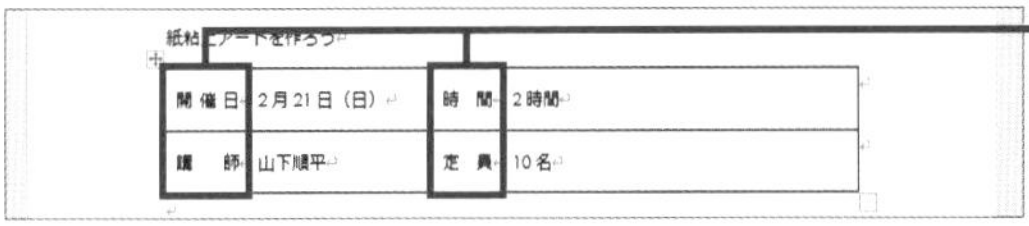

❼ 文字が均等に割り付けられます。

第11章
第12章
表の編集 第13章
第14章

SECTION 400 表の編集

複数のセルを結合してまとめる

表の中のセルは、複数のセルを結合してまとめたり、ひとつのセルを分割して表示したりできます。セルを結合したり分割したりする方法を知っておくと、「申込書」「履歴書」などの複雑なレイアウトの表を自在に作成できます。

複数のセルを結合する

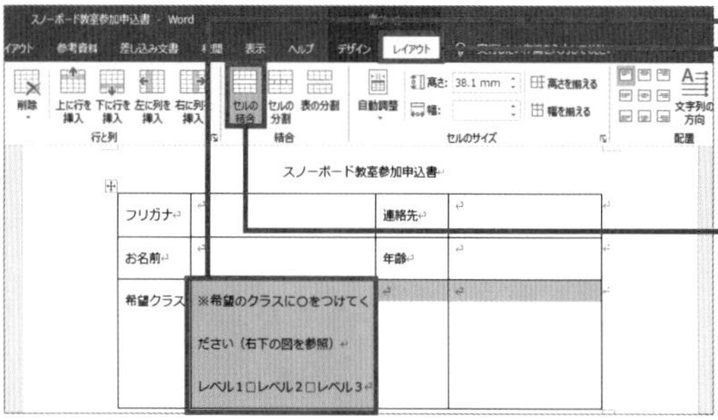

❶ 結合したい複数のセルを選択します。

❷ ＜表ツール＞の＜レイアウト＞タブをクリックします。

❸ ＜セルの結合＞をクリックします。

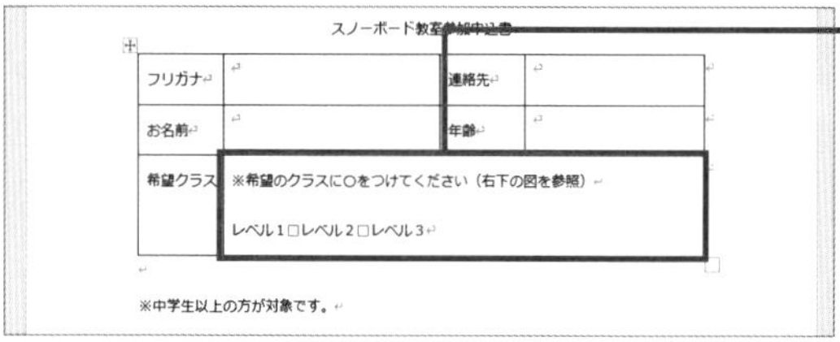

❹ セルが結合されました。

MEMO セルの文字列

セルに文字が入力されていた場合、セルを結合すると、入力されていた文字がそのまま残ります。

COLUMN

文字の方向

セルの文字の方向を変更するには、＜表ツール＞の＜レイアウト＞タブの＜文字の方向＞をクリックします。

SECTION
401
表の編集

セルを分割する

ひとつのセルを複数の列や行に分割するには、対象のセルを選択し、分割する列や行の数を指定します。ただし、セルに文字が入力されていた場合、文字の配置が思い通りにならないこともあります。セルを分割する操作は、なるべく文字を入力する前に行いましょう。

1つのセルを複数のセルに分割する

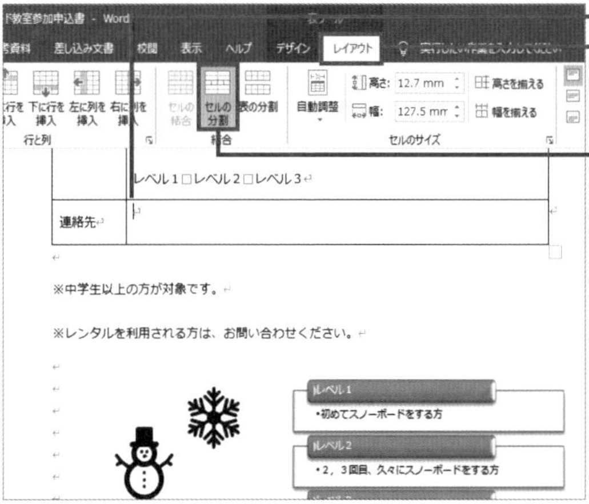

❶ 分割したいセルを選択します。

❷ <表ツール>の<レイアウト>タブをクリックします。

❸ <セルの分割>をクリックします。

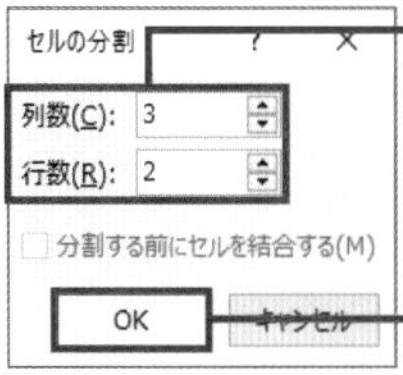

❹ 分割する列や行の数を指定します。

❺ < OK >をクリックします。

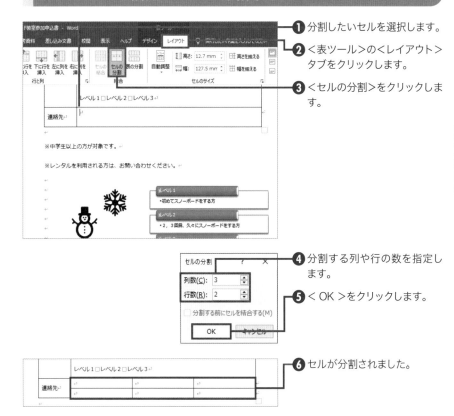

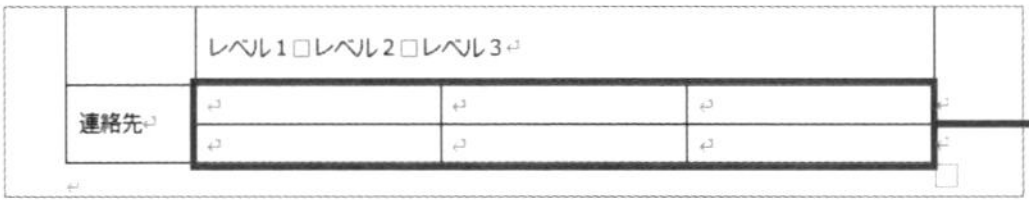

❻ セルが分割されました。

MEMO　列や行の数

指定できる列や行の数は、隣接する列や行にある行数や列数によって異なります。また、<分割する前にセルを結合する>のチェックがオンになっているときは、セルを分割する前に選択しているセルを一度結合してから分割します。チェックがオンのときとオフのときでは、分割後のセルの文字の配置が異なる場合があります。

SECTION
402
表の編集

セルの余白を調整する

セルの周囲に表示される線と文字が近すぎるように思う場合は、セルの余白を調整する方法があります。表の中をクリックしてセルの上下左右の余白の位置を指定します。また、表の周囲とセルの間隔を変更して余白を調整することもできます。

セルの周囲と文字との間隔を指定する

❶ 表の中をクリックし、＜表ツール＞の＜レイアウト＞タブをクリックします。

❷ ＜セルの配置＞をクリックします。

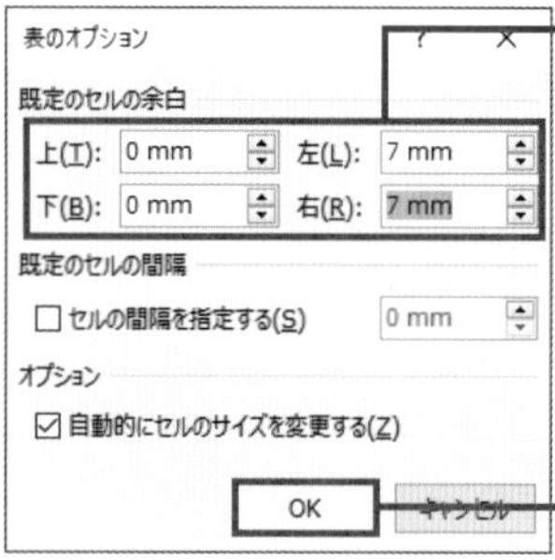

❸ ＜既定のセルの余白＞を指定します。

❹ ＜ OK ＞をクリックします。

MEMO 既定のセルの間隔

既定のセルの間隔を指定すると、セルとセルの間隔を指定できます。

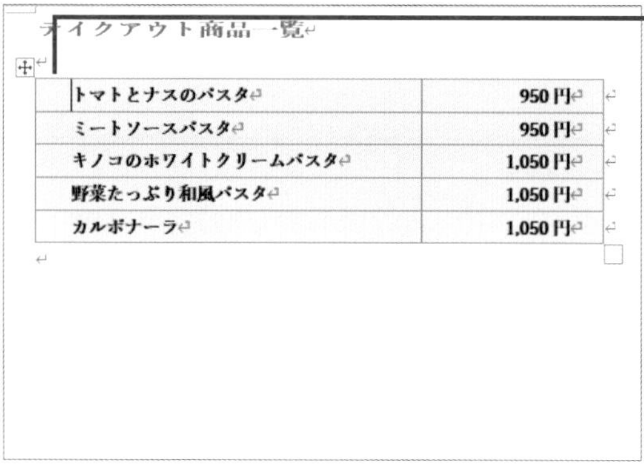

❺ 余白位置が変わりました。

SECTION
403
表の編集

表の左端の項目に番号を振る

表の文字の行頭に連番を振るには、段落番号を設定します。すると、「1.2.3.」「①②③」などの番号を表示できます。なお、番号の振り方は、通常の段落番号の書式と同様に指定できます。設定方法は、P.329を参照してください。

左の見出しに段落番号を表示する

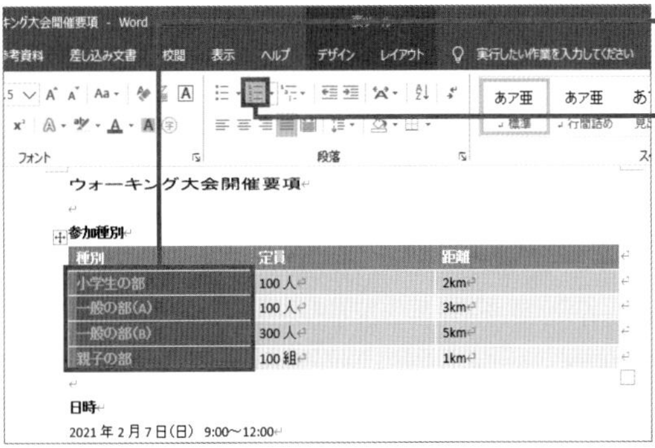

❶ 左端の列の段落番号を表示するセルを選択します。

❷ ＜ホーム＞タブの＜段落番号＞をクリックします。

MEMO　番号の設定

指定した番号から番号を振るには、段落番号を右クリックし、＜番号の設定＞をクリックします（P.331参照）。

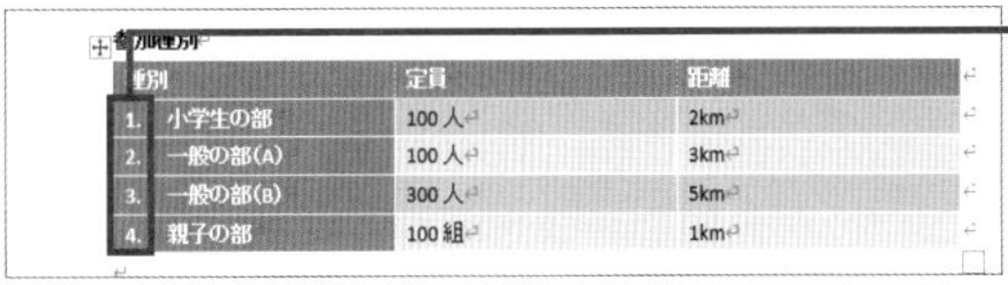

❸ 段落番号が表示されました。

COLUMN

番号の書式を設定する

段落番号の書式を指定するには、＜段落番号＞の＜▼＞をクリックして選択します。

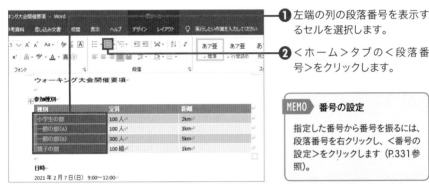

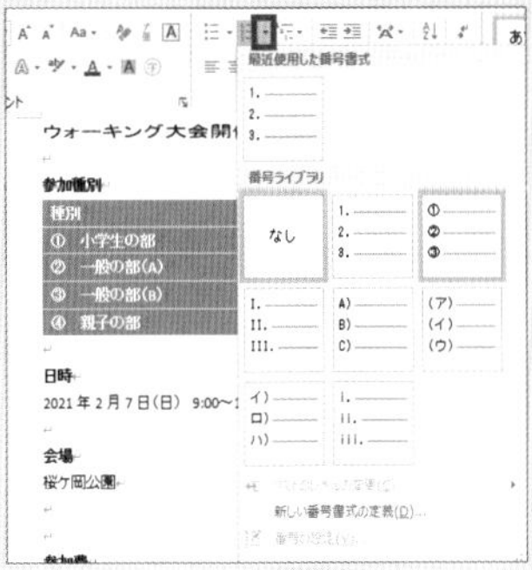

SECTION
404 表の見出しの行が次のページにも表示されるようにする

表の編集

複数ページに渡る縦長の表を作成した場合、通常、見出しの行は2ページ目以降に表示されません。ただし、設定を変更すると、見出しの行を各ページに自動的に表示できます。見出しの内容が変わった場合も自動的に更新されます。

表の見出しを2ページ目以降にも表示する

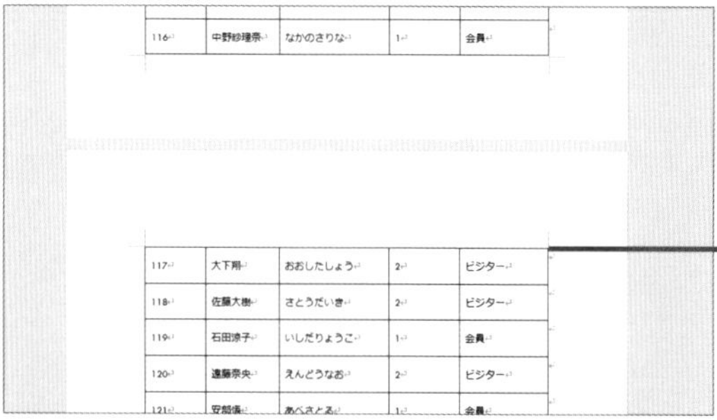

❶ 2ページ目以降には、見出しは表示されていません。

MEMO 複数行の指定

見出しの行を指定するときは、先頭行を含む必要があります。なお、見出しは複数行を指定することもできます。たとえば、先頭行から3行目までを選択して手順❸～❹の操作を行います。

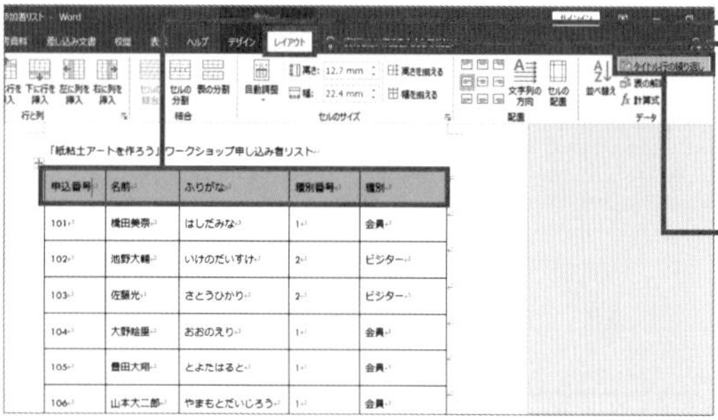

❷ 最初のページで、見出しとして表示する行を選択します。

❸ <表ツール>の<レイアウト>タブをクリックします。

❹ <タイトル行の繰り返し>をクリックします。

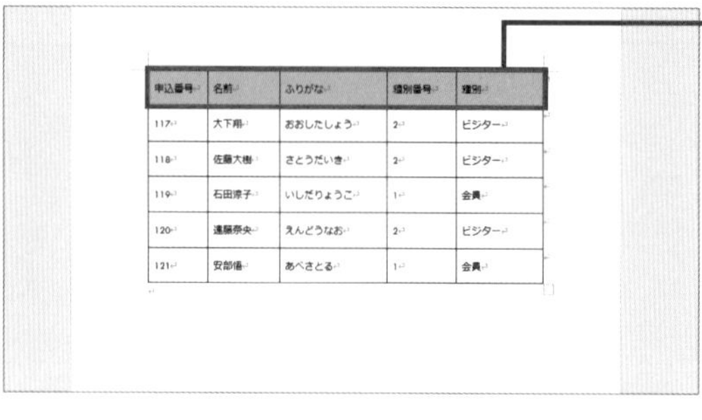

❺ 次ページを表示すると、見出しが表示されました。

MEMO 表示と印刷

タイトル行の繰り返しの設定は、<印刷レイアウト>表示でのみ確認できます。なお、設定を変更して文書を印刷すると、各ページに見出しが印刷されます。

第14章

Excel&Word
連携とはがき作成のプロ技

SECTION 405 連携

Excelの表をWord文書に貼り付ける

Excelで作成した表をWordの文書に表示したい場合などはExcelの表をコピーしてWordに貼り付けて利用するとよいでしょう。貼り付ける形式は、選択することもできます。Excelの機能を使って表を編集したい場合は、P.462を参照してください。

Excelの表をWordで利用する

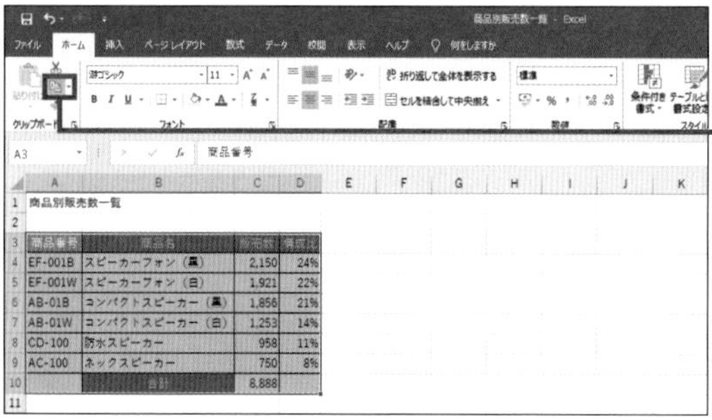

❶ Wordに貼り付けたい表の範囲を選択します。

❷ <ホーム>タブの<コピー>をクリックします。

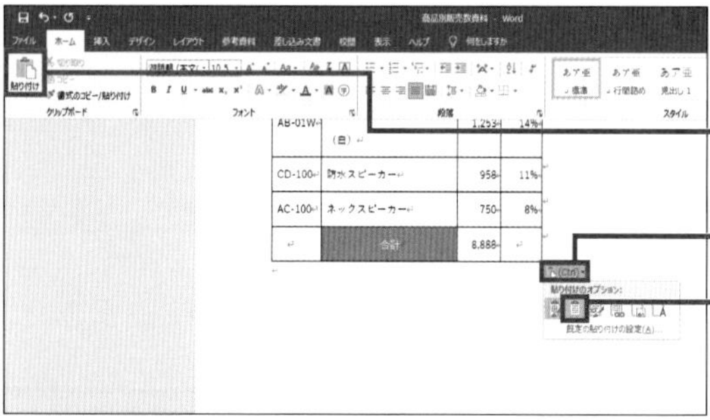

❸ Wordを表示して表を貼り付ける箇所をクリックします。

❹ <ホーム>タブの<貼り付け>をクリックします。

❺ ここをクリックし、

❻ 貼り付ける形式をクリックします。

MEMO 貼り付ける形式

ここでは、<貼り付け先のスタイルを使用>の方法で表を貼り付けます。

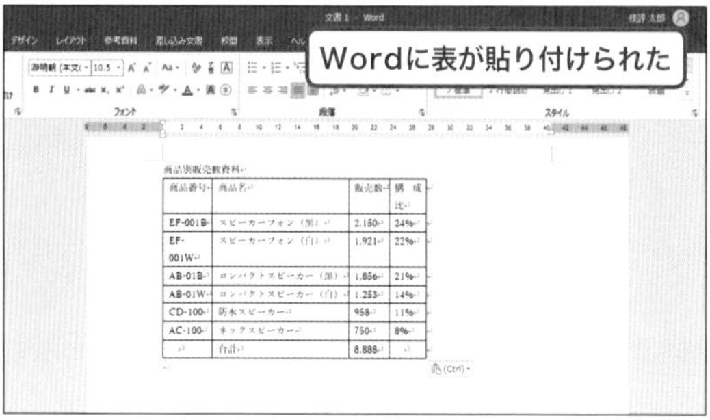
Wordに表が貼り付けられた

❼ 貼り付け先の書式に合わせて表が貼り付けられます。

SECTION 406 連携

Excelの表をWordで編集する

Excelの表をWordに貼り付けて利用するとき、Wordに貼り付けた後でもExcelと同様の機能を使用して表を編集したい場合は、表を<Excelワークシートオブジェクト>の形式で貼り付けます。表をダブルクリックするだけで表の編集が可能になります。

表をワークシートオブジェクトとして貼り付ける

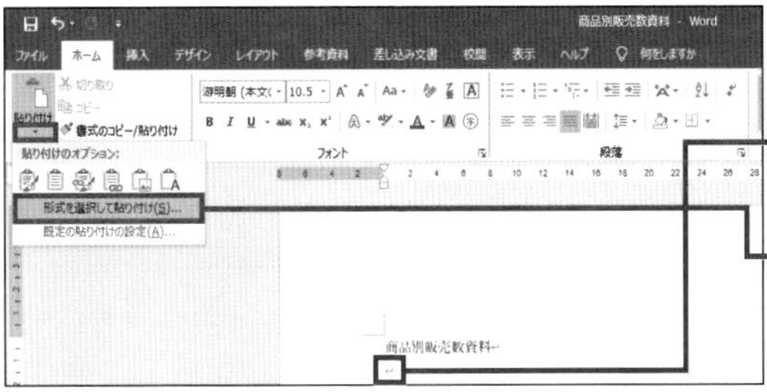

❶ P.460 の方法で、Excel の表をコピーします。

❷ Word を表示して表を貼り付ける箇所をクリックします。

❸ <ホーム>タブの<貼り付け>の<▼>をクリックし、<形式を選択して貼り付け>をクリックします。

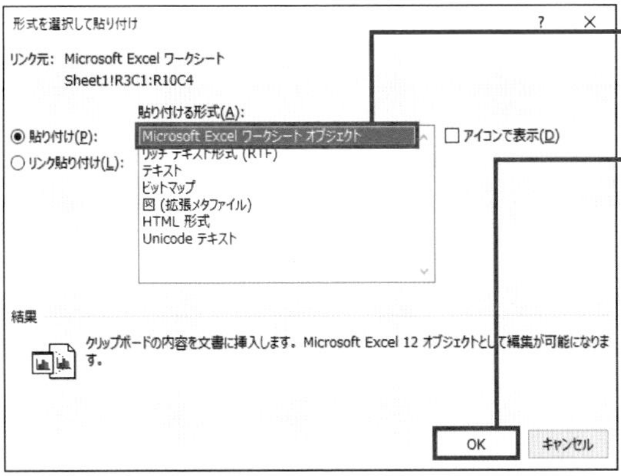

❹ <Microsoft Excel ワークシートオブジェクト>をクリックします。

❺ <OK>をクリックします。

MEMO 貼り付ける形式

<形式を選択して貼り付け>画面で、<Microsoft Excelワークシートオブジェクト>を選択すると、Wordに貼り付けた後でExcelの機能を利用して表を編集できます。

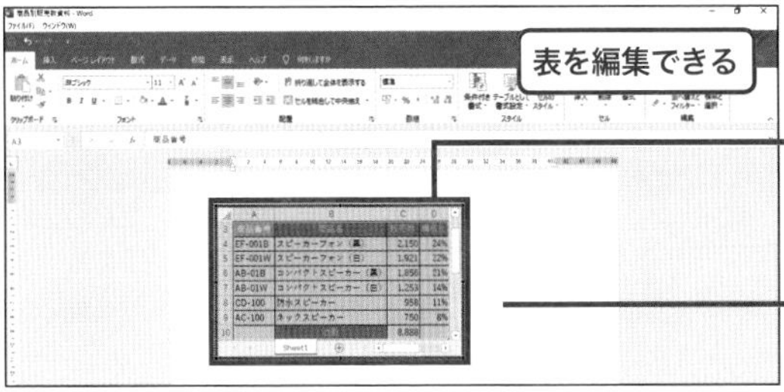

❻ Excel の表が貼り付けられます。

❼ 表内をダブルクリックすると、Excel のタブやリボンが表示され編集できます。

❽ 表以外の箇所をクリックすると、Word の画面に戻ります。

SECTION
407
連携

Excelの表の変更をWordの表に反映させる

Excelの表を＜リンク貼り付け＞という形式でWordに貼り付けると、元のExcelの表を変更後、Wordに貼り付けた表の方も変更内容が反映されるように指定できます。ここでは、表を貼り付けた直後に貼り付けの形式を選択します。

第11章
第12章
第13章
第14章 連携

表をリンクして貼り付ける

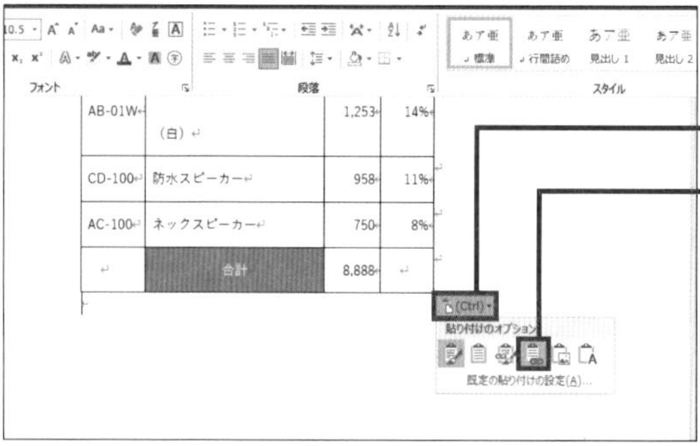

❶ P.460 の方法で、Excel の表を Word に貼り付けます。

❷ ここをクリックし、

❸ ＜リンク（貼り付け先のスタイルを使用）＞をクリックします。

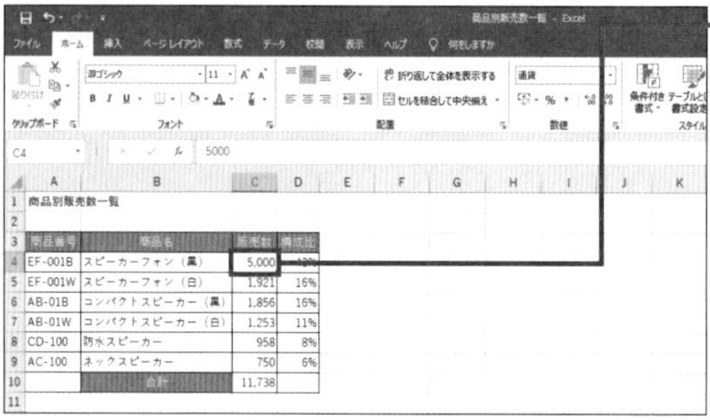

❹ Excel に切り替えて元の表を修正します。

MEMO リンク

リンクとは、データを他の場所に貼り付けるときに、元のデータとの関係を保ったまま貼り付ける方法です。元のデータが変更されると貼り付け先のデータも変更されます。

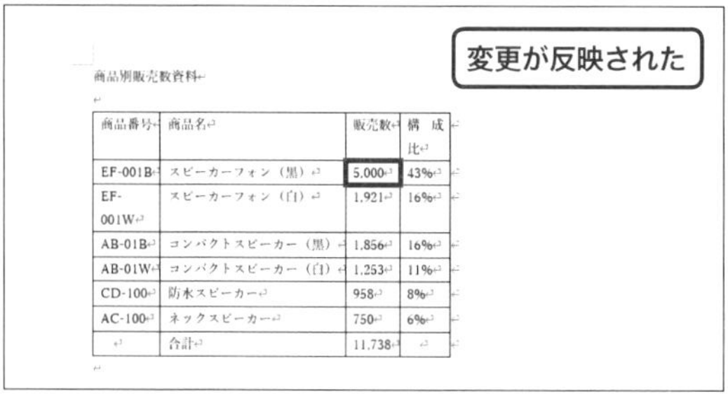

❺ Word に切り替えて貼り付けた表を確認します。

MEMO リンクを更新する

修正が反映されない場合は、Word側の表を右クリックして＜リンク先の更新＞をクリックします。

SECTION 408 連携

Excelのグラフを Word文書に貼り付ける

Wordの文書にExcelのグラフを表示したい場合は、Excelのグラフをコピーして利用できます。グラフを貼り付けるときに、貼り付ける形式を選択できます。ここでは、元のExcelのグラフが変更されたとき、Wordにその変更が反映されるようにします。

グラフをリンクして貼り付ける

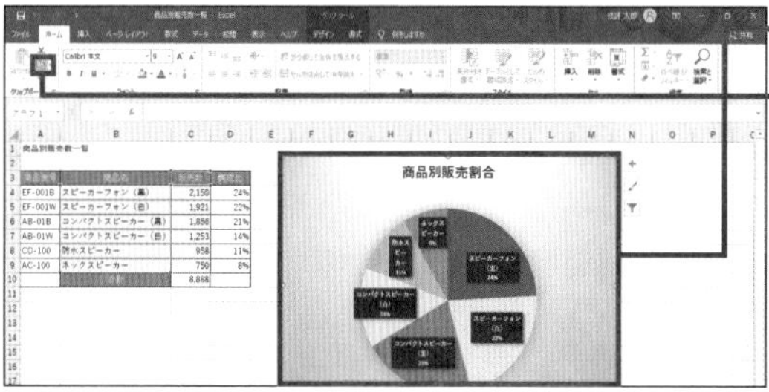

❶ グラフを選択します。

❷ <ホーム>タブの<コピー>をクリックします。

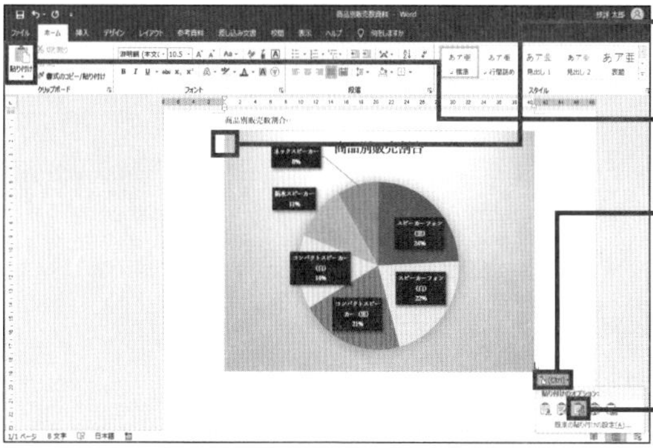

❸ Word を表示して表を貼り付ける箇所をクリックします。

❹ <ホーム>タブの<貼り付け>をクリックします。

❺ ここをクリックし、

❻ 貼り付ける形式をクリックします。

MEMO 貼り付ける形式

ここでは、貼り付ける形式として<貼り付け先テーマを使用しデータをリンク>を選択しています。データをリンクして貼り付けると、元のグラフが変更されると貼り付けたグラフの内容も変わります。

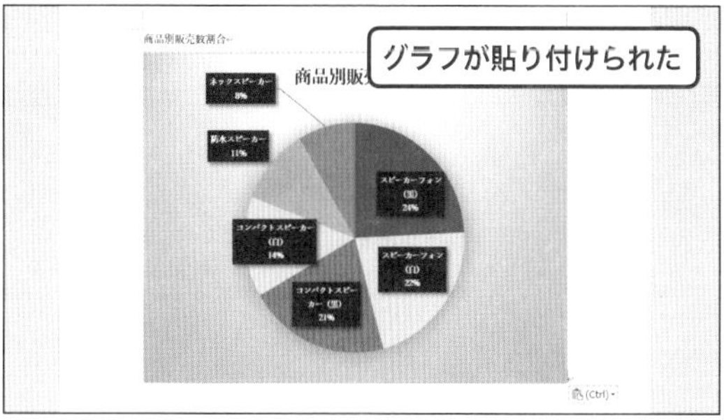

❼ グラフがリンク貼り付けの形式で貼り付けられます。

SECTION 409 連携

Excelの表やグラフをWordに図として貼り付ける

Excelの表やグラフをWordに貼り付けて利用するとき、図として貼り付けることもできます。図として貼り付けた表やグラフは、写真やイラストなどと同様にスタイルを設定して周囲に枠を表示したり、回転して配置したりできます。

図として貼り付ける

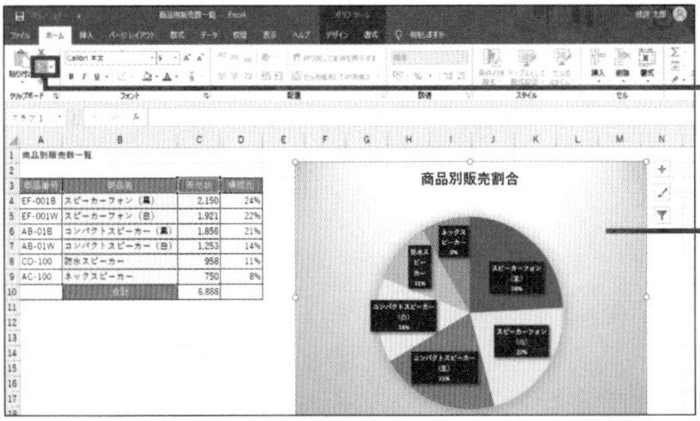

❶ Excel でグラフを選択します。

❷ <ホーム>タブの<コピー>をクリックします。

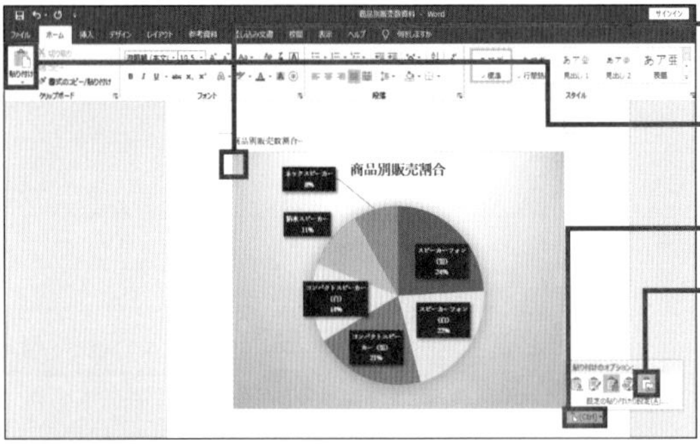

❸ Word を表示して表を貼り付ける箇所をクリックします。

❹ <ホーム>タブの<貼り付け>をクリックします。

❺ ここをクリックし、

❻ <図>をクリックします。

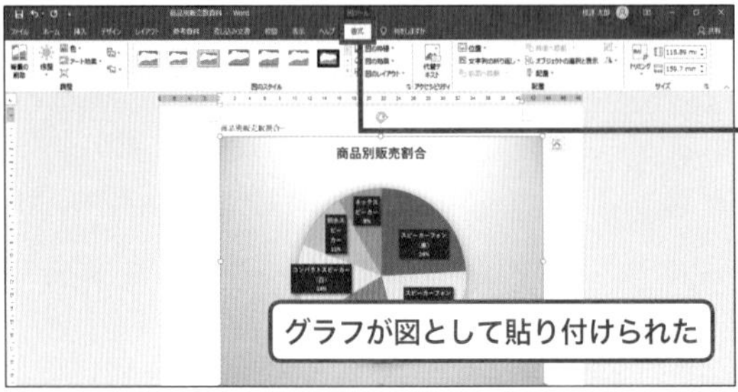

❼ グラフが図として貼り付けられます。

❽ <書式>タブで図のスタイルなどを指定できます。

SECTION
410
連携

Wordの表をExcelに貼り付ける

Excelで作成した表をWordに貼り付けるのとは逆に、Wordで作成した表をExcelに貼り付けることもできます。Wordで既に表を作成している場合は、Excelに貼り付けることで文字の入力などの手間を省いてExcelで表を再利用できます。

Wordの表をExcelで利用する

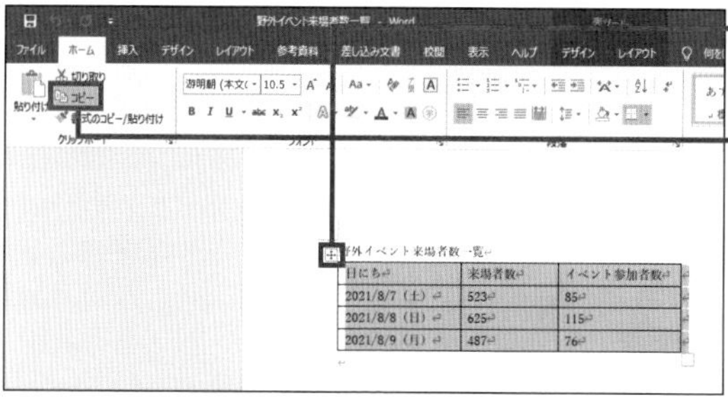

❶ Word でここをクリックして表全体を選択します。

❷ <ホーム>タブの<コピー>をクリックします。

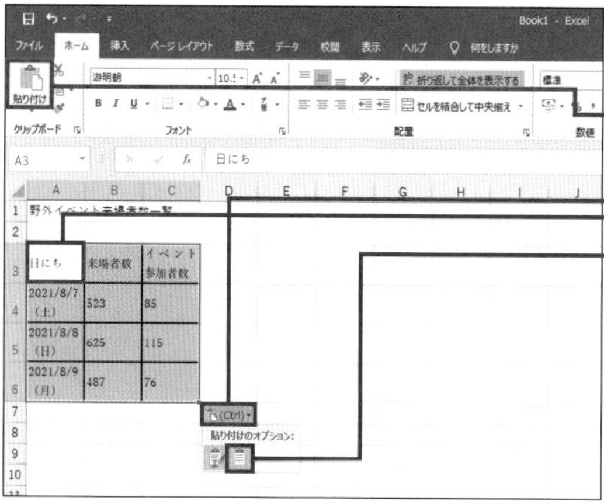

❸ Excel を表示して表を貼り付ける箇所をクリックします。

❹ <ホーム>タブの<貼り付け>をクリックします。

❺ ここをクリックし、

❻ 貼り付ける形式をクリックします。

MEMO 貼り付ける形式

ここでは、<書式に合わせる>の方法で表を貼り付けます。

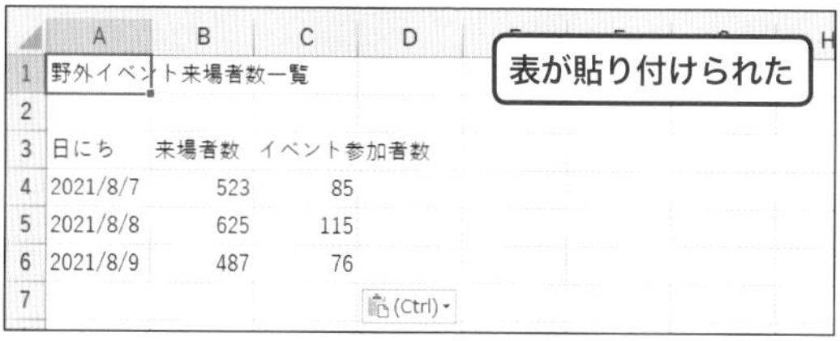

❼ 貼り付け先の書式に合わせて、Excel に表が貼り付けられます。

SECTION 411 はがき

Wordで はがきの文面を作成する

Wordでは、年賀状や暑中見舞いなどのはがきの文面をかんたんに作成できます。はがき文面印刷ウィザードを利用すると、画面に表示される質問に答えていくだけで文面を作成できます。用紙の大きさを選択したりする必要もなく、手早く作成できます。

はがきの文面を作成する

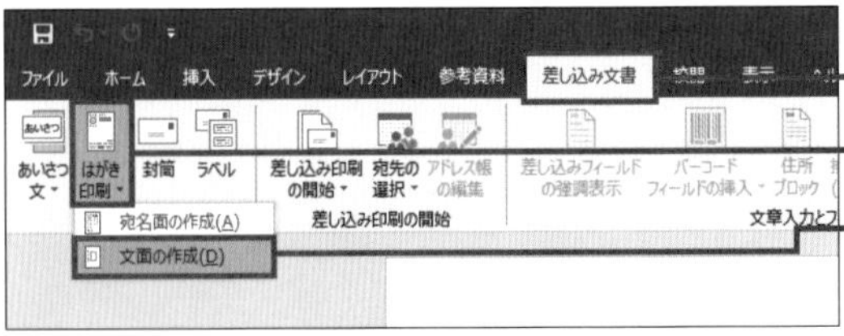

❶＜差し込み文書＞タブをクリックします。

❷＜はがき印刷＞をクリックし、

❸＜文面の作成＞をクリックします。

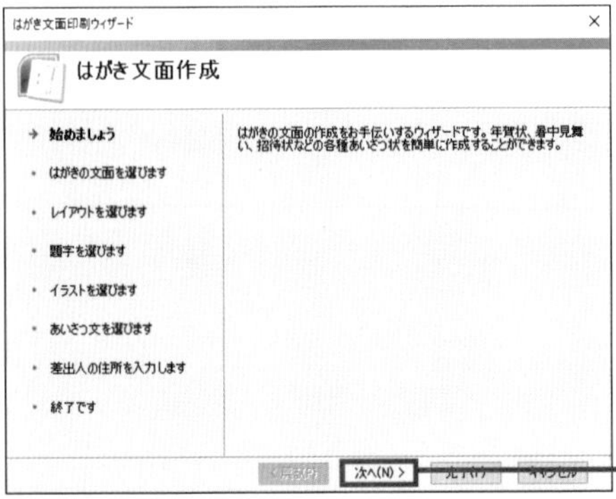

❹＜次へ＞をクリックします。

MEMO はがき文面作成

＜文面の作成＞をクリックすると、＜はがき文面印刷ウィザード＞の画面が表示されます。画面の内容にそって操作するとはがきの文面を作成できます。

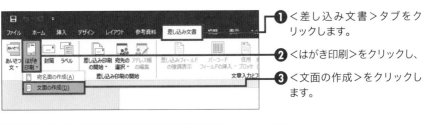

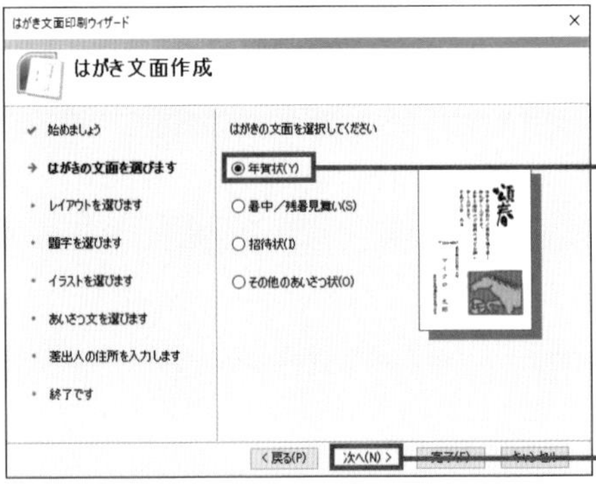

❺作成するはがきの文面の種類を選びクリックします。

❻＜次へ＞をクリックします。

MEMO ここで操作する内容

ここでは、文面の種類として＜年賀状＞を選択しています。画面で選択した内容によってこの後表示される画面は異なります。

文面を選択する

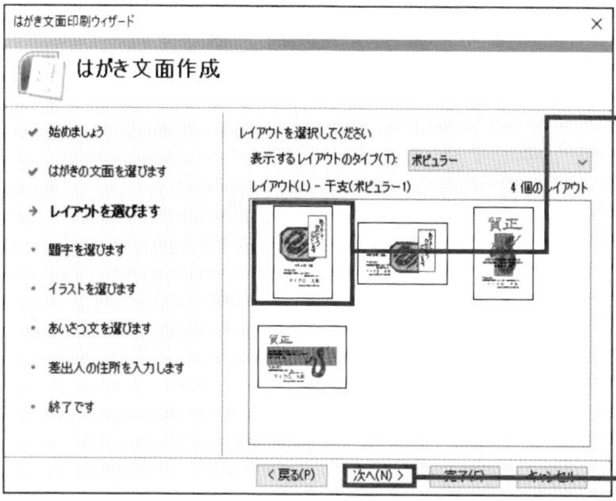

❶レイアウトのタイプを選びます。

❷レイアウトを選びます。

❸<次へ>をクリックします。

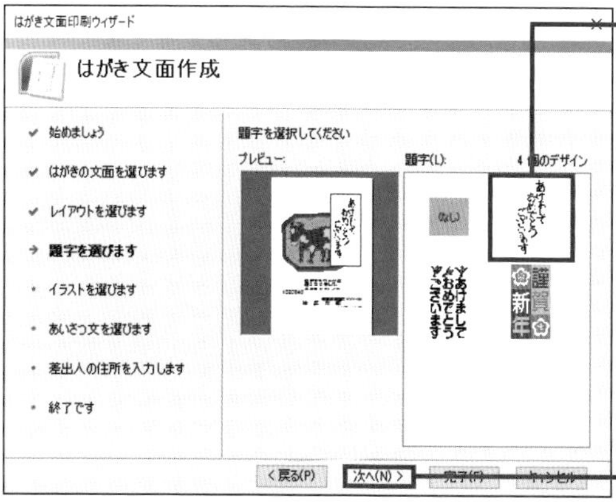

❹題字を選びクリックします。

❺<次へ>をクリックします。

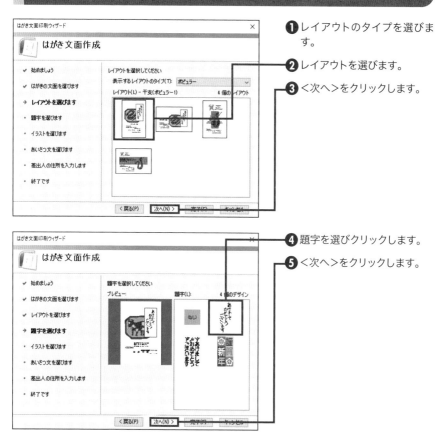

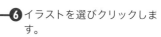

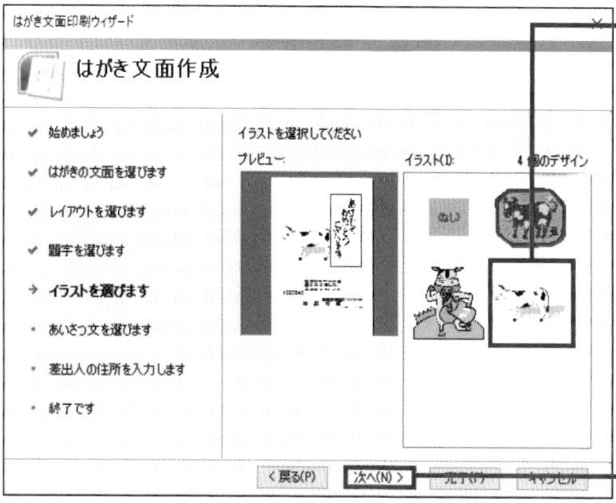

❻イラストを選びクリックします。

❼<次へ>をクリックします。

はがきの文面を完成させる

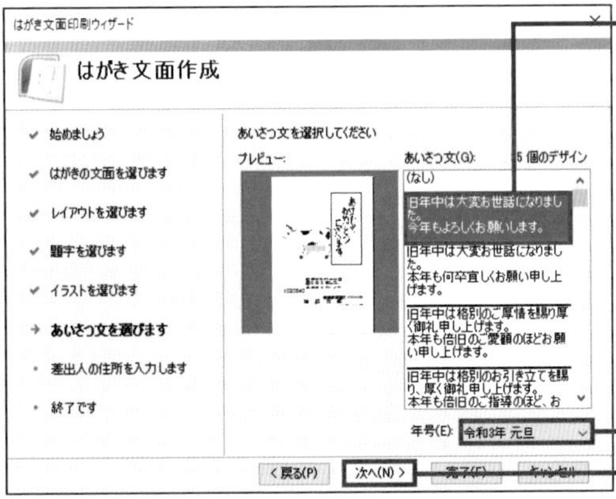

❶あいさつ文を選び、

❷年号を選択して、

❸<次へ>をクリックします。

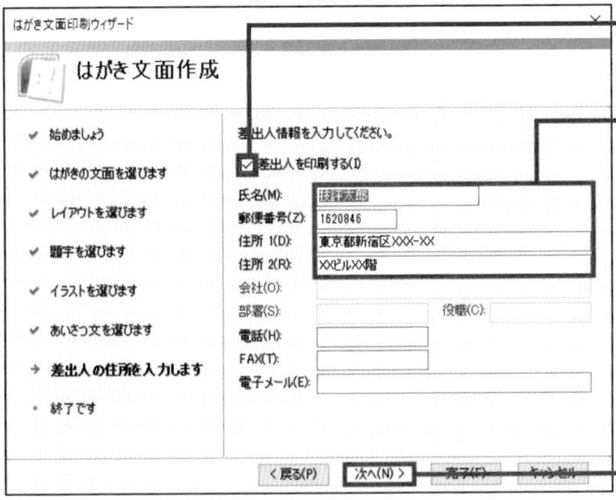

❹<差出人を印刷する>をチェックします。

❺差出人の情報を入力し、

❻<次へ>をクリックします。

MEMO 差出人を表示しない

差出人を印刷しない場合は、<差出人を印刷する>のチェックを外して<次へ>をクリックします。

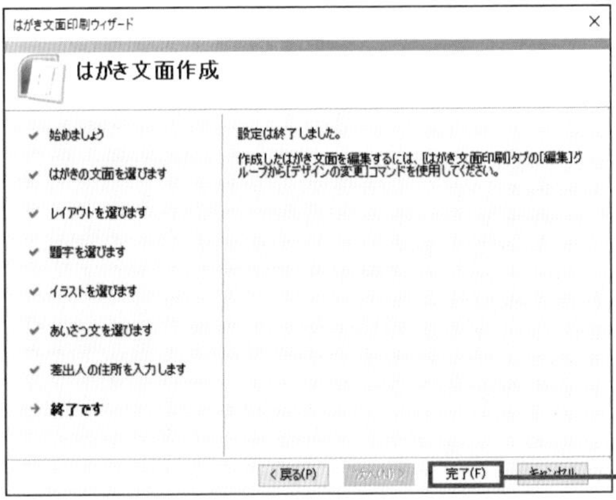

❼<完了>をクリックします。

はがきの文面を修正する

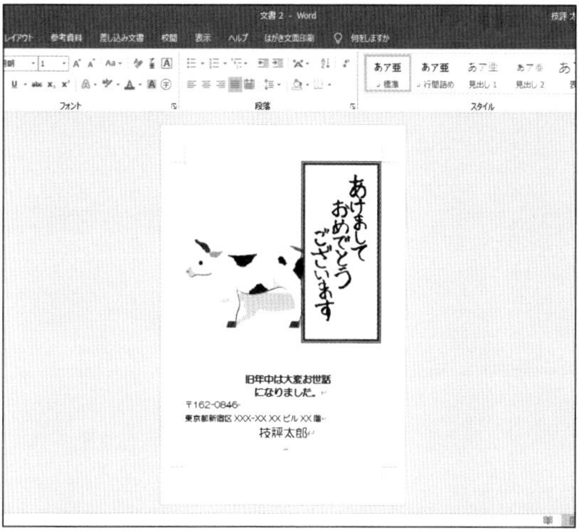
文書 2 - Word
あけましておめでとうございます
旧年中は大変お世話になりました。
〒162-0846
東京都新宿区 XXX-XX XX ビル XX 階
技評太郎

❶はがきの文面が表示されます。

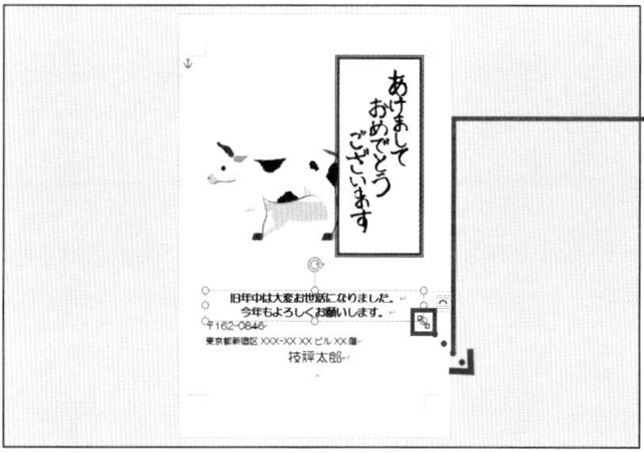
あけましておめでとうございます
旧年中は大変お世話になりました。
今年もよろしくお願いします。
〒162-0846
東京都新宿区 XXX-XX XX ビル XX 階
技評太郎

❷必要に応じて文字を修正し（P.421 参照）、

❸図形の外枠のハンドルをドラッグして大きさを調整します（P.403 参照）。

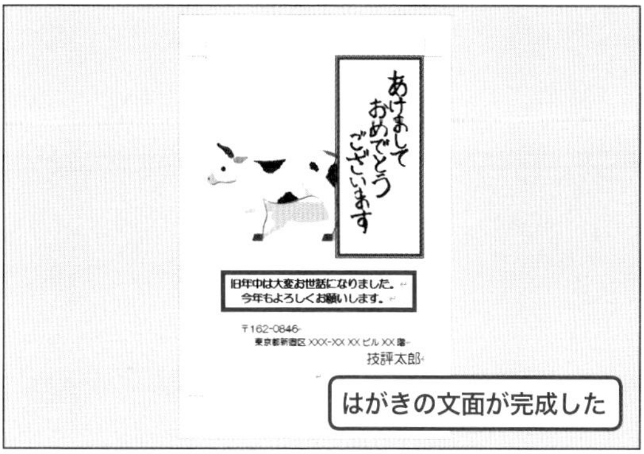
あけましておめでとうございます
旧年中は大変お世話になりました。
今年もよろしくお願いします。
〒162-0846
東京都新宿区 XXX-XX XX ビル XX 階
技評太郎
はがきの文面が完成した

❹他の図形の枠や配置などを調整します（P.404 ～ P.405 参照）。

❺はがきの文面が完成します。

SECTION 412 はがき

Excelで はがきの住所録を作成する

Wordを利用してはがきに宛名を印刷する場合、宛名が入力されている住所録を用意します。ここでは、住所録をExcelで作成する方法を紹介します。Wordで宛名の内容が正しく認識されるように、住所録の見出しを間違えないように指定しましょう。

住所録を作成する

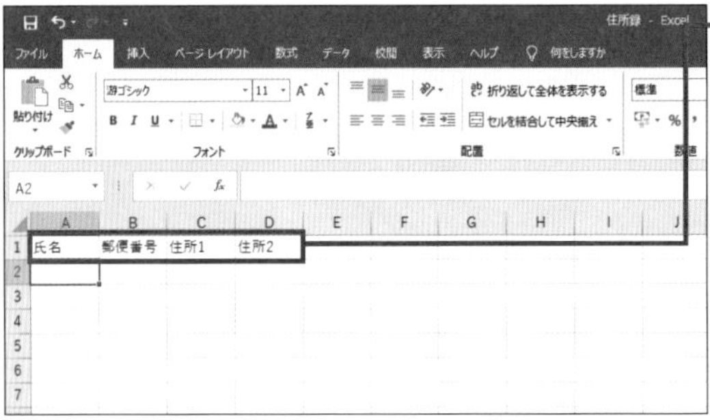

❶ Excel で、左の画面のように住所録の見出しを入力します。

MEMO　1行目から入力する

宛名として利用する住所録を作成する場合、住所録の項目がWord側で正しく認識されるように1行目に表の見出しを入力します。見出しの文字は、「氏名」「郵便番号」「住所1」「住所2」とします。

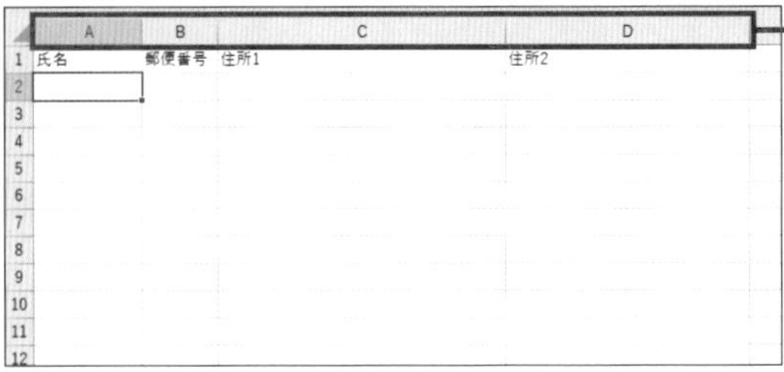

❷ P.450 の方法で表の列幅を調整します。

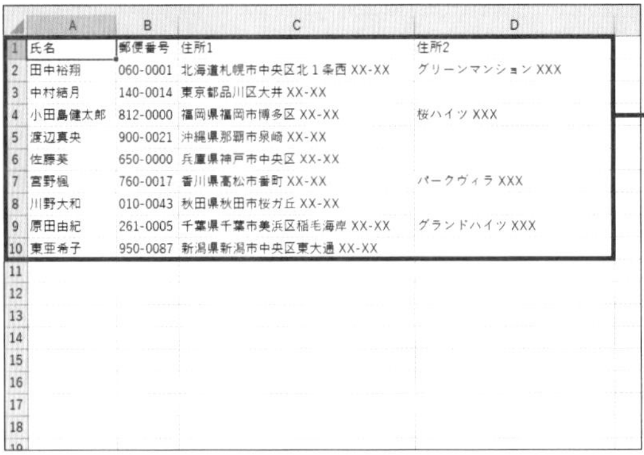

	A	B	C	D
1	氏名	郵便番号	住所1	住所2
2	田中裕翔	060-0001	北海道札幌市中央区北１条西 XX-XX	グリーンマンション XXX
3	中村結月	140-0014	東京都品川区大井 XX-XX	
4	小田島健太郎	812-0000	福岡県福岡市博多区 XX-XX	桜ハイツ XXX
5	渡辺真央	900-0021	沖縄県那覇市泉崎 XX-XX	
6	佐藤葵	650-0000	兵庫県神戸市中央区 XX-XX	
7	宮野楓	760-0017	香川県高松市番町 XX-XX	パークヴィラ XXX
8	川野大和	010-0043	秋田県秋田市桜ガ丘 XX-XX	
9	原田由紀	261-0005	千葉県千葉市美浜区稲毛海岸 XX-XX	グランドハイツ XXX
10	東亜希子	950-0087	新潟県新潟市中央区東大通 XX-XX	

❸ 住所録のデータを入力します。

見出しを強調する

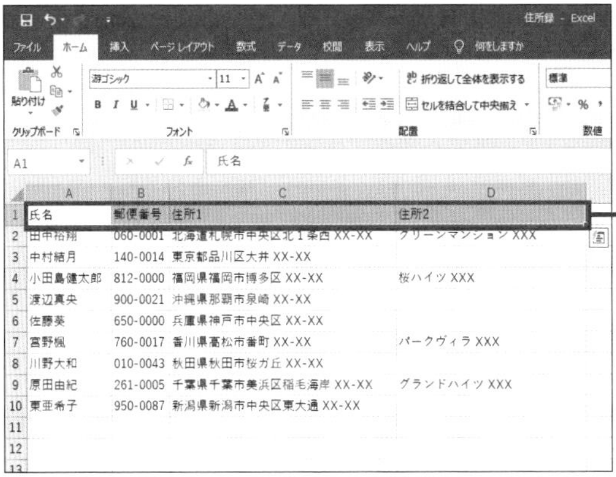

❶表の見出しのセルを選択します。

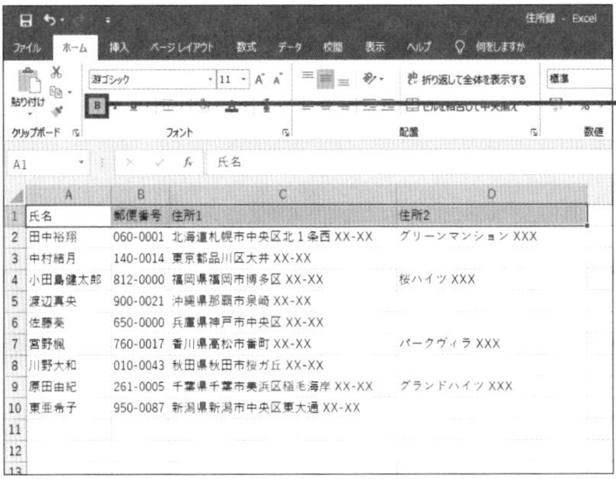

❷＜ホーム＞タブの＜太字＞をクリックします。

> **MEMO 書式を設定する**
>
> 住所録のリストを作成するときは、表の見出しと明細をExcelが認識できるように、表の見出しには明細行と異なる書式を設定しておきます。

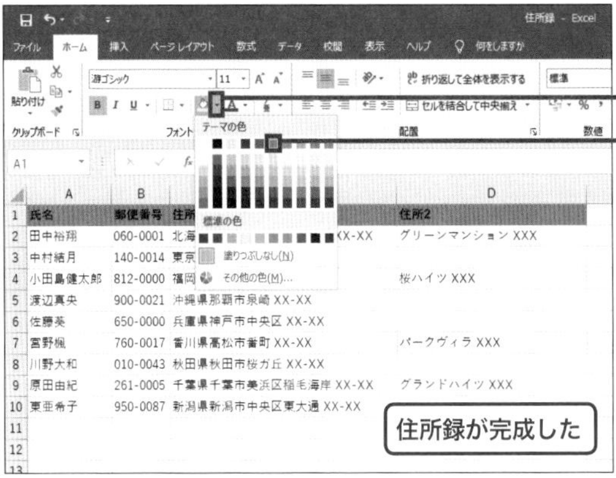

❸＜塗りつぶしの色＞の＜▼＞をクリックし、

❹色を選びクリックして、

❺ファイルを保存します。

> **MEMO 宛名を印刷する**
>
> ここで作成した住所録を使用してはがきに宛名を印刷する方法は、P.472～P.477で紹介しています。

SECTION 413 はがき

はがきに宛名を印刷する準備をする

Wordではがきに宛名を印刷するには、はがき宛名面印刷ウィザードを利用して宛名面を作成する方法があります。この場合、画面に表示される質問に答えていくだけで宛名面を作成できます。まずは、はがき宛名面印刷ウィザードを起動して画面を進める準備をします。

宛名面を作成する準備をする

あらかじめ、P.470の方法ではがき用の住所録を作成しておきます。

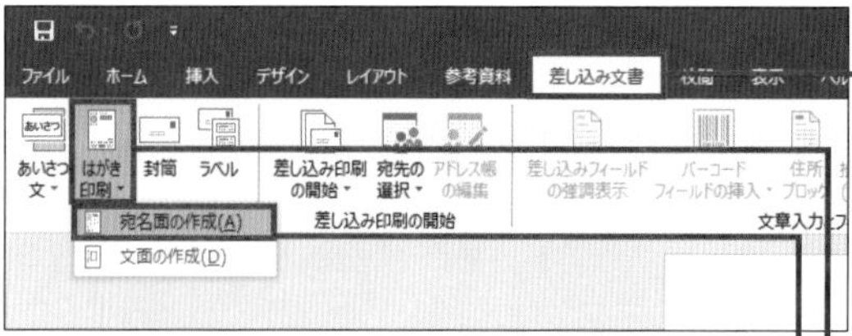

❶ <差し込み文書>タブをクリックします。

❷ <はがき印刷>をクリックし、

❸ <宛名面の作成>をクリックします。

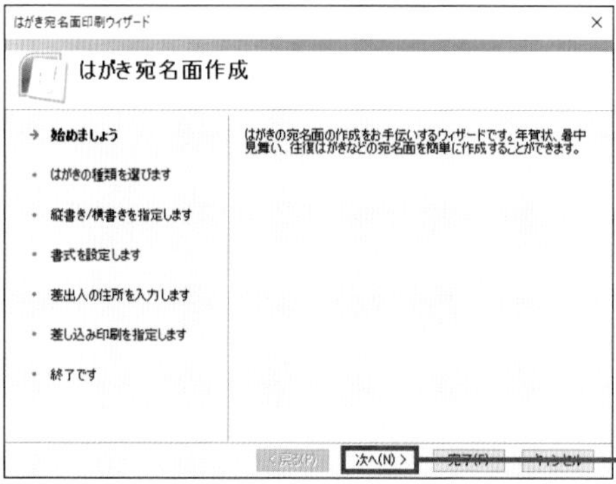

❹ <次へ>をクリックします。

MEMO はがき宛名面作成

<宛名面の作成>をクリックすると、<はがき宛名面印刷ウィザード>の画面が表示されます。画面の内容にそって操作するとはがきの宛名面を作成できます。

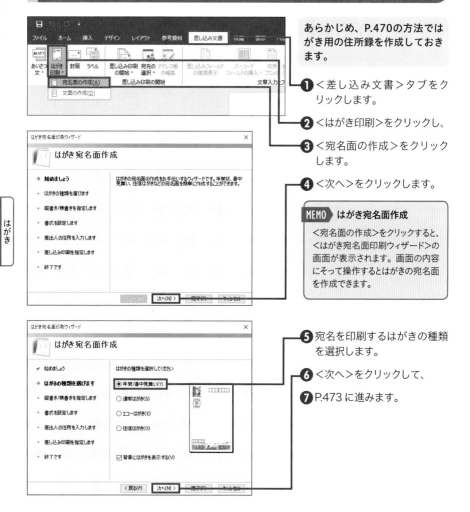

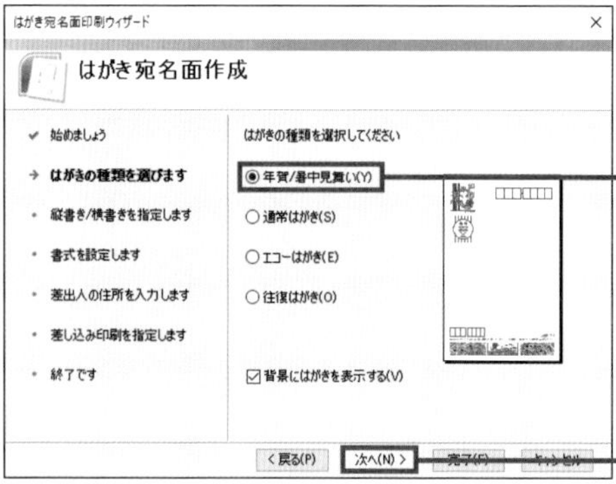

❺ 宛名を印刷するはがきの種類を選択します。

❻ <次へ>をクリックして、

❼ P.473 に進みます。

SECTION
414
はがき

宛名の差出人情報を指定する

はがきの宛名面を作成する続きの操作を行います。P.472に続き、はがき宛名面ウィザードの画面を進めて操作します。宛名を縦書きで印刷するか横書きで印刷するかを指定したり、差出人の情報を印刷する場合は、差出人の住所などを入力します。

差出人情報などを指定する

P.473からの続きです。

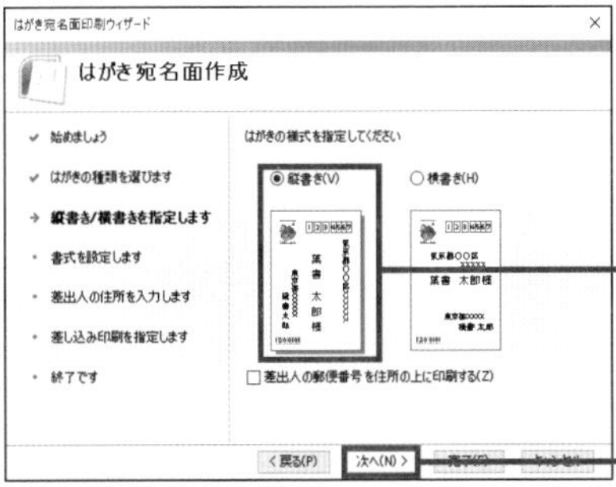

❶ はがきの様式を選びクリックします。

❷ <次へ>をクリックします。

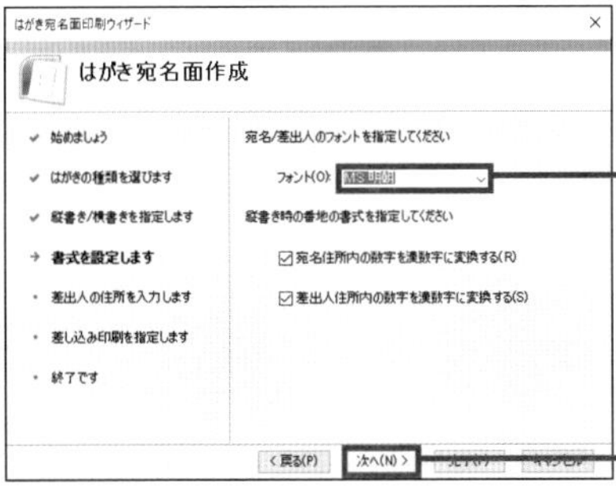

❸ 印刷するときの文字のフォントを指定します。

❹ <次へ>をクリックします。

❺ <差出人を印刷する>をチェックします。

❻ 差出人の情報を入力します。

❼ <次へ>をクリックします。

❽ P.474 に進みます。

第11章
第12章
第13章
第14章 はがき

SECTION 415 はがき

印刷する住所録を指定する

はがきの宛名面を作成する続きの操作を行います。はがきの様式や差出人の情報は設定できているので、続けて宛名面に印刷する住所録などを指定します。ここでは、P.470で作成したExcelの住所録を差し込むデータとして使用します。

住所録を指定する

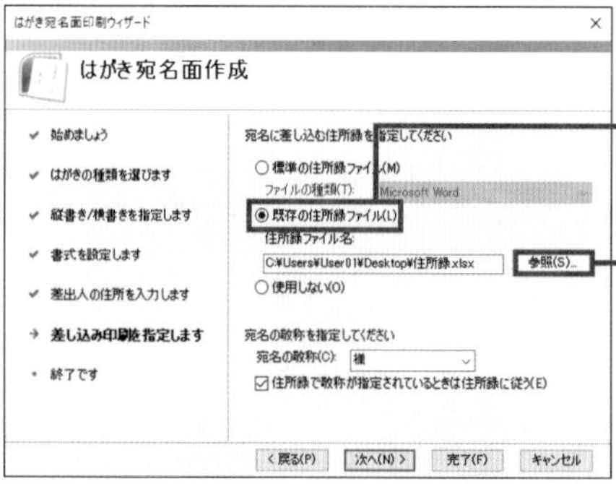

P.473からの続きです。

❶ <既存の住所録ファイル>をクリックし、

❷ <参照>をクリックします。

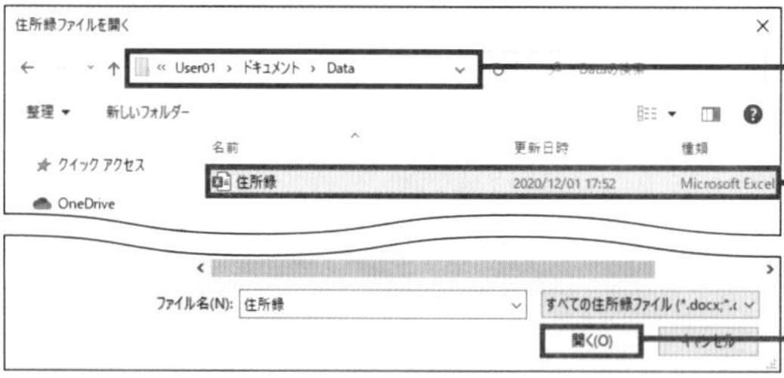

❸ 住所録の保存先を指定し、

❹ 住所録のファイルをクリックします。

❺ <開く>をクリックします。

MEMO ここで選択するファイル

ここでは、P.470で作成したExcelの住所録ファイルを選択しています。

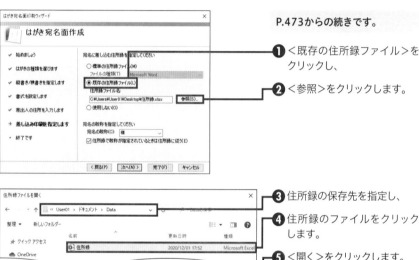

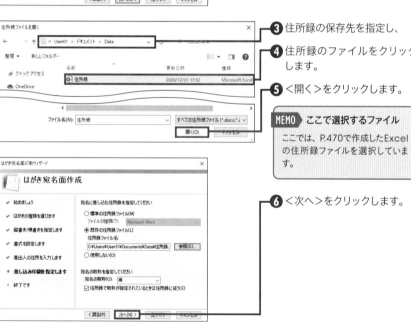

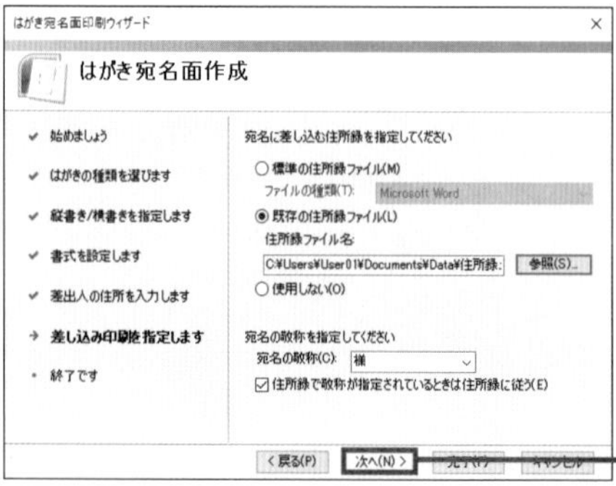

❻ <次へ>をクリックします。

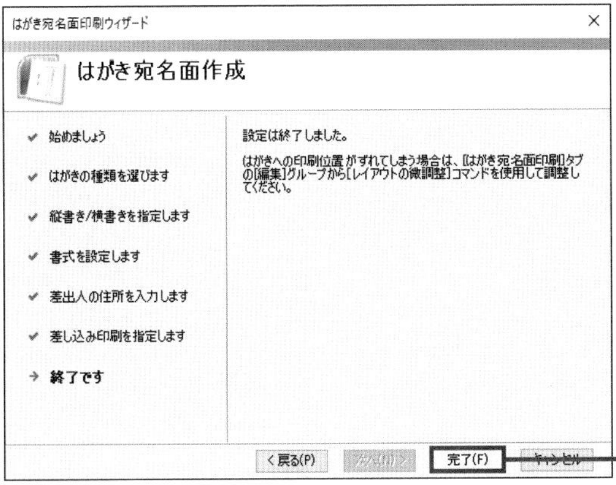

❼ <完了>をクリックします。

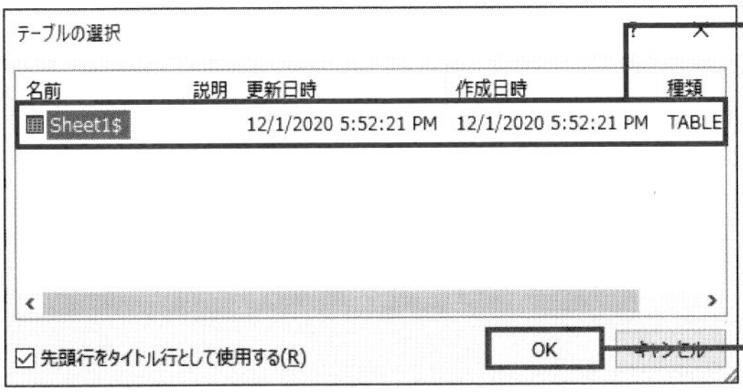

❽ 住所録が入力されているシートを選択し、

❾ < OK >をクリックします。

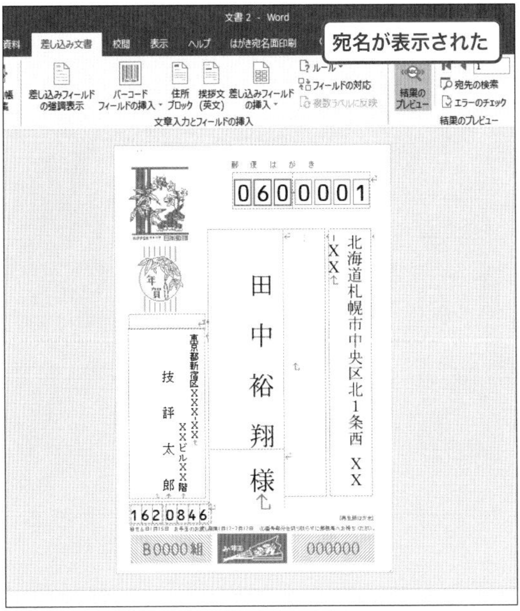

❿ 宛名面に、指定した住所録の住所が表示されます。

⓫ 宛名面作成後、住所等がすべて表示されていない場合は修正します。ここでは、図形を選択して文字の大きさを変更しました。「住所 2」が表示されているかなど確認しましょう。

SECTION
416
はがき

宛名を印刷する

P.474 ～ P.475の方法ではがきの宛名面を作成したら、全員分の宛名が正しく表示されるか宛名面を確認しましょう。間違いがなければ、印刷を行います。すべてのはがきを印刷する以外に、1枚だけの印刷や、指定した範囲のみの印刷が可能です。

宛名を確認する

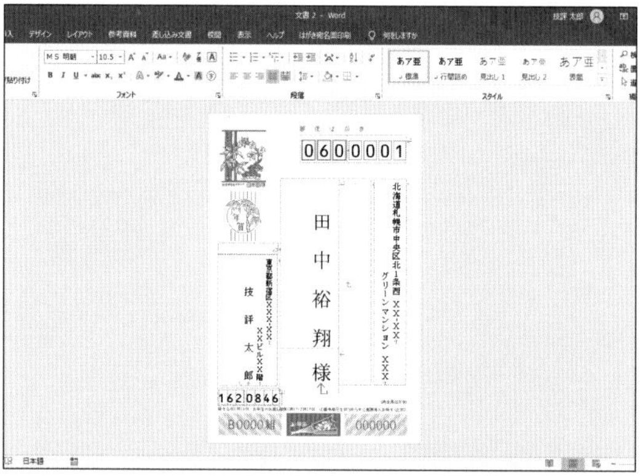

P.475からの続きです。

❶宛名面を確認します。

MEMO 文字が隠れている場合

図形内の文字が隠れている場合は、図形を選択して文字の大きさを調整します。「住所2」が表示されているかなども確認します。

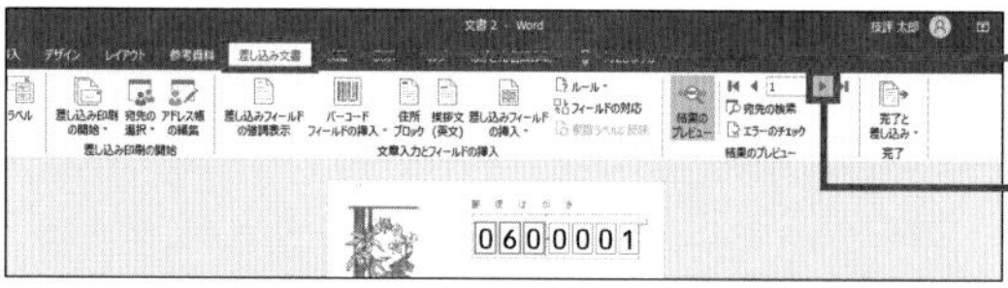

❷＜差し込み文書＞タブをクリックし、

❸ここをクリックします。

MEMO 宛名を表示する

宛名ではなく、＜住所1＞などのフィールド名が表示されている場合は、＜差し込み文書＞タブの＜結果のプレビュー＞をクリックします。

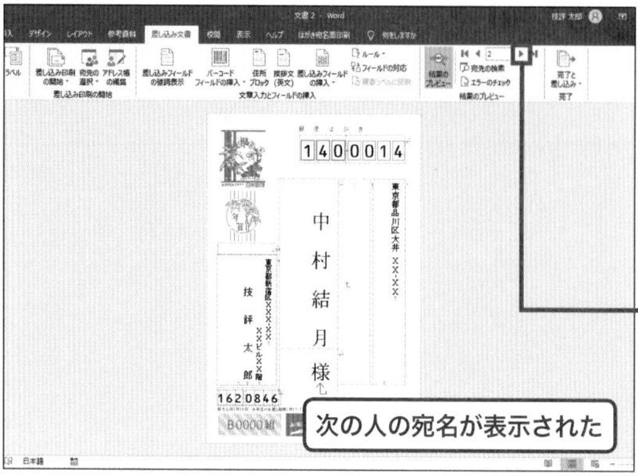
次の人の宛名が表示された

❹次の人の宛名が表示されます。

❺ここをクリックして全員の宛名を確認します。

宛名を印刷する

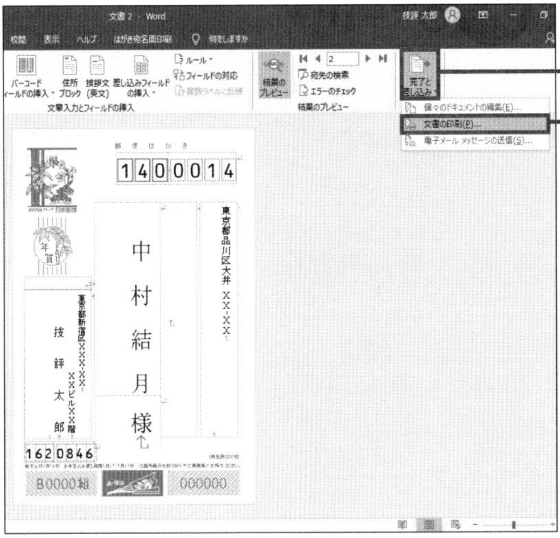

❶ <差し込み文書>タブの<完了と差し込み>をクリックし、

❷ <文書の印刷>をクリックします。

MEMO 記号が表示されている場合

宛名ではなく、記号やアルファベットなどのコードが表示されている場合は、Alt+F9キーを押してコードの表示を切り替えます。

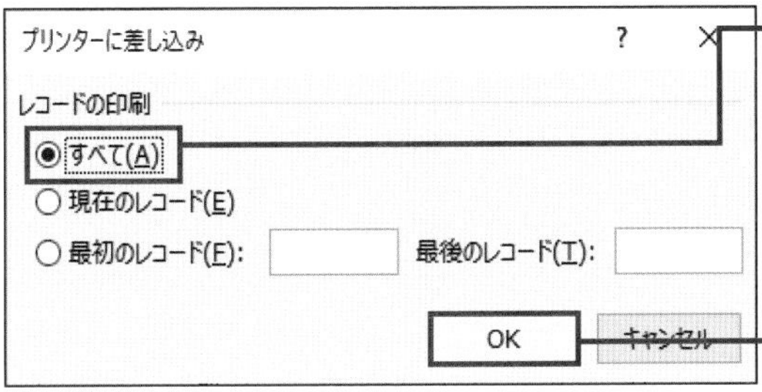

❸ 印刷するデータを選択し、

❹ < OK >をクリックします。

MEMO 試し印刷をする

はじめて印刷するときは、すべてのデータを一度に印刷せずに、1枚だけ試しに印刷して問題がないか確認しましょう。それには、<現在のレコード>をクリックして<OK>をクリックします。

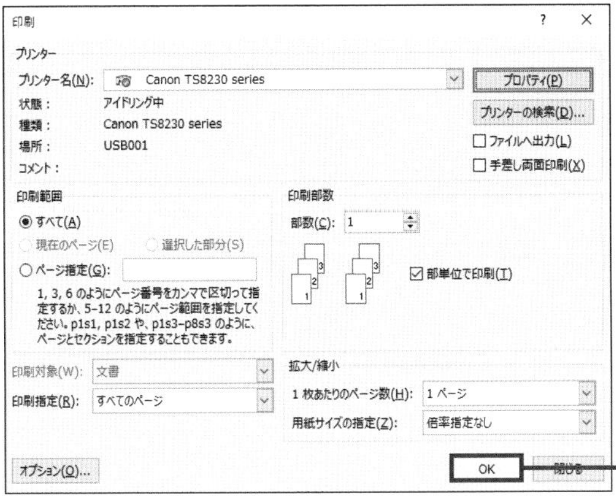

❺ < OK >をクリックすると、印刷が実行されます。

MEMO 範囲を指定して印刷する

手順❸で<最初のレコード>と<最後のレコード>に数値を入力すると、範囲を指定して印刷できます。

SECTION
417
宛名ラベル

宛名ラベルに印刷する準備をする

Wordで宛名を印刷するときに、はがきに印刷するのではなく宛名ラベルのシールに印刷することもできます。その場合、最初に、宛名ラベルのシールのメーカー名や品番などを指定します。印刷するラベルを手元に用意して操作しましょう。

宛名ラベルを作成する

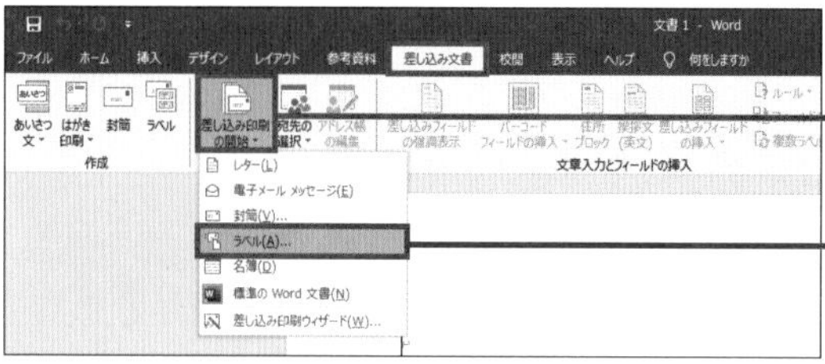

❶Word で新規文書を開きます。

❷<差し込み文書>タブの<差し込み印刷の開始>をクリックします。

❸<ラベル>をクリックします。

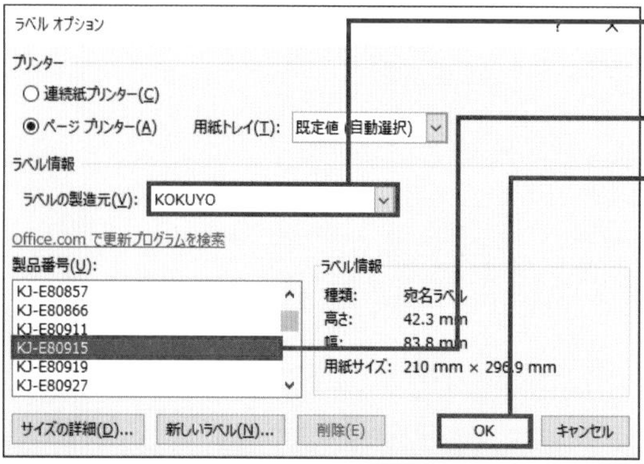

❹ラベルのメーカー名を選びます。

❺製品番号を選びます。

❻< OK >をクリックします。

> **MEMO　同じ住所を印刷する**
>
> 宛名を印刷するとき、自分の住所など同じ住所を全てのラベルに印刷する場合は、<差し込み文書>タブの<ラベル>をクリックします。続いて表示される画面で宛先を入力して<新規文書>をクリックします。

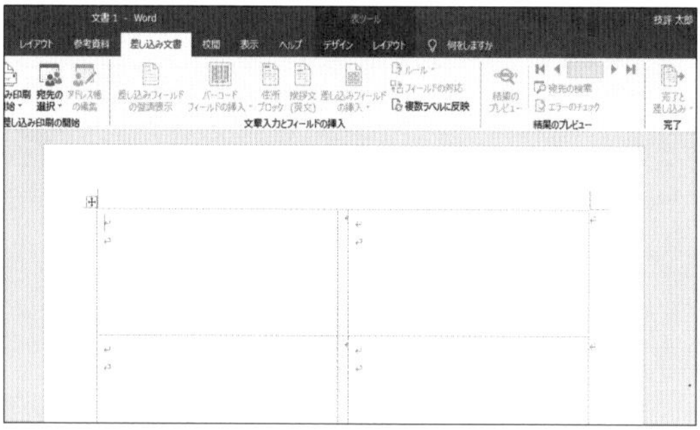

❼宛名ラベルが表示されます。

住所録を指定する

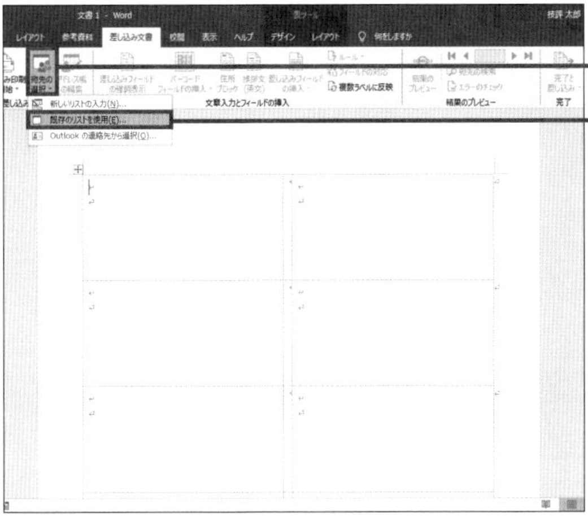

❶<差し込み文書>タブの<宛先の選択>をクリックし、

❷<既存のリストを使用>をクリックします。

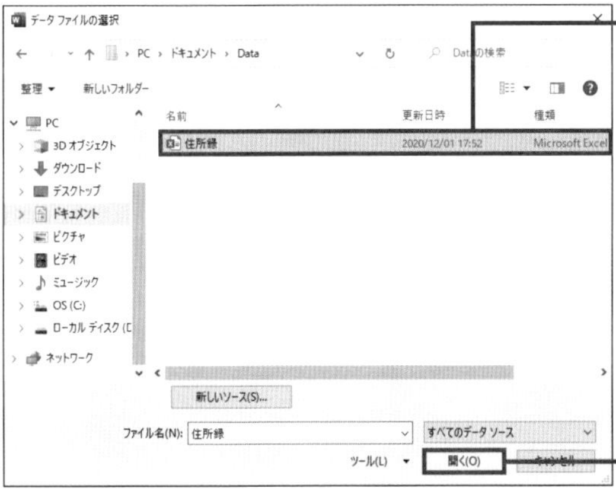

❸住所録をクリックして選択します。

❹<開く>をクリックします。

MEMO ここで選択するファイル

ここでは、P.470で作成したExcelの住所録ファイルを選択しています。

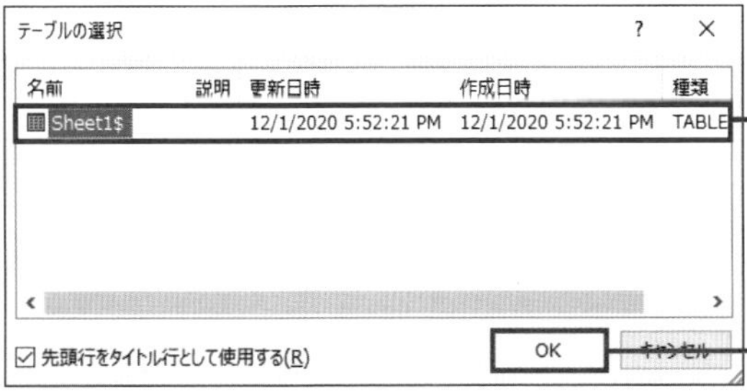

❺住所録が入力されているシートを選択し、

❻< OK >をクリックします。

❼P.480 に進みます。

SECTION
418
宛名ラベル

宛名ラベルの表示レイアウトを指定する

宛名ラベルに印刷する住所録を指定したら、左上のラベルを使用して、ラベルのどこに何を印刷するのか、郵便番号や住所などの配置を指定します。また、氏名の後に敬称の「様」が表示されるようにします。

配置を指定する

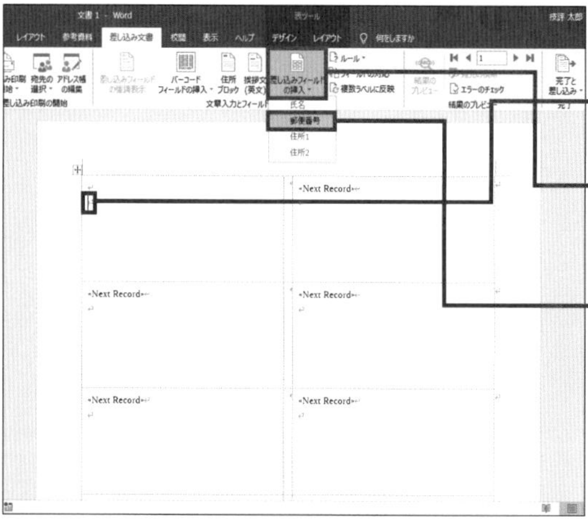

P.479からの続きです。

❶郵便番号を表示する位置に文字カーソルを移動します。

❷<差し込み文書>タブの<差し込みフィールドの挿入>の<▼>をクリックし、

❸<郵便番号>をクリックします。

MEMO ここで操作する内容

<差し込みフィールドの挿入>をクリックすると、指定した住所録に含まれるリストの見出しが表示されます。ここでは、郵便番号を配置するので郵便番号を選択します。

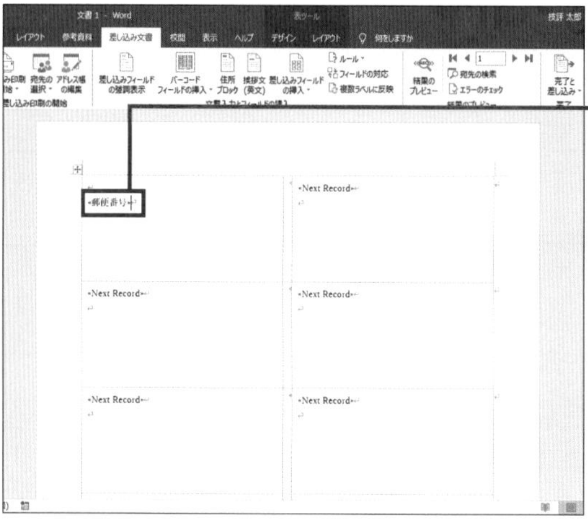

❹郵便番号を配置できました。

❺ Enter キーで改行します。

MEMO 人物の指定

特定の人だけ印刷する場合は、<差し込み文書>タブの<アドレス帳の編集>をクリックし、印刷する人だけにチェックを付けます。

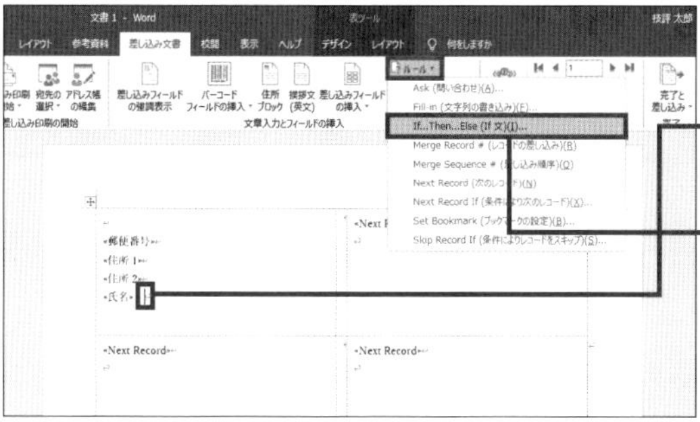

❻同様の方法で、住所や氏名を配置します。

❼氏名の後にスペースキーを押して空白の文字を入力し、

❽<差し込み文書>タブをの<ルール>をクリックし、<If…Then…Else（If 文）>をクリックします。

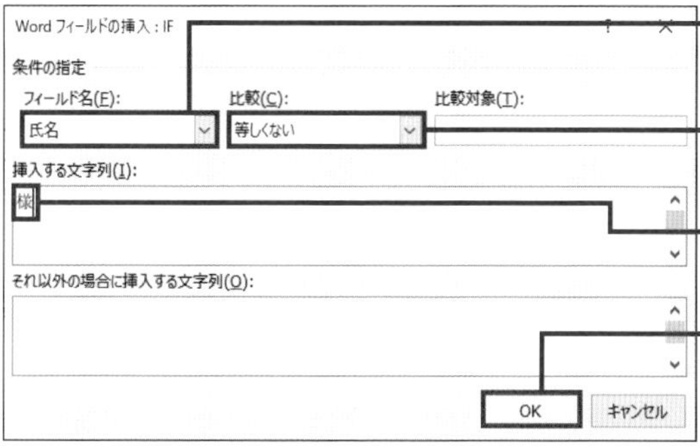

❾<フィールド名>で、<氏名>を選択します。

❿<比較>から<等しくない>を選択し、

⓫<挿入する文字列>に<様>を入力します。

⓬<OK>をクリックします。

MEMO　ここで操作する内容

ここでは、氏名の後に敬称の「様」が表示されるようにします。「氏名」欄が空欄でない場合に限って「様」が表示されるようにします。

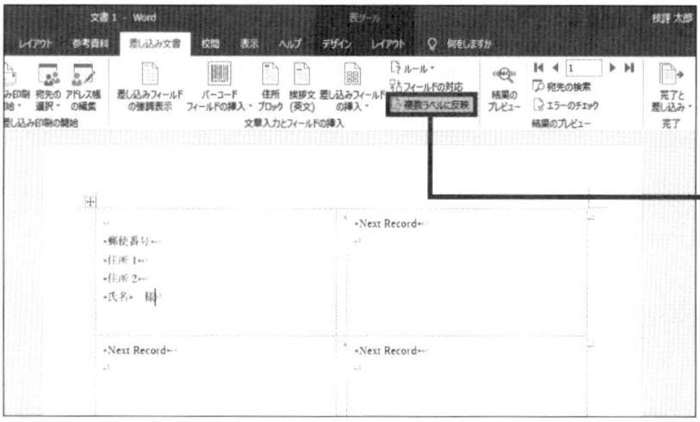

⓭<複数ラベルに反映>をクリックします。

⓮他のラベルにも配置案が適用されます。

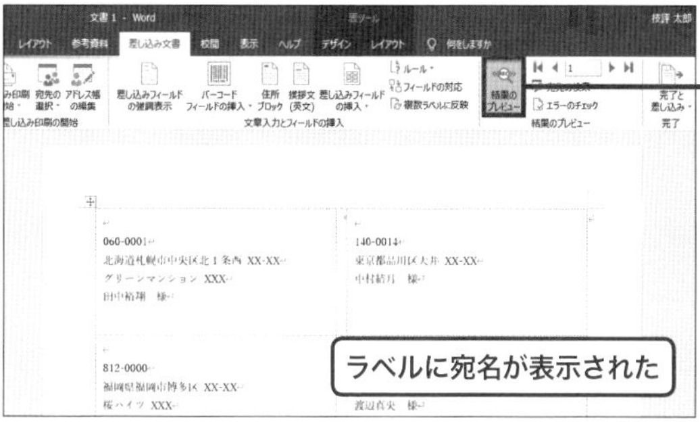

⓯<結果のプレビュー>をクリックします。

⓰すべてのラベルに宛名が表示されます。

⓱P.477 と同様の方法で印刷します。

SECTION 419 OneDrive

OneDriveにサインインする

Office 2013以降、ExcelやWordを利用するときに、Microsoftアカウントでサインインすると、インターネット上のファイル共有スペースのOneDriveにかんたんに接続できます。ここでは、OneDriveにサインインする方法を紹介します。

Microsoftアカウントでサインインする

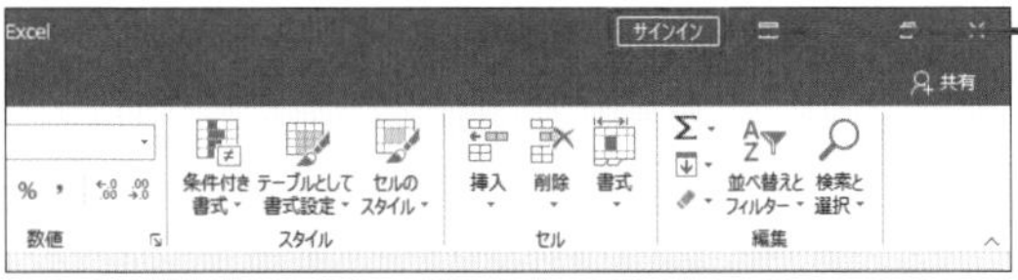

❶Excel や Word の画面で<サインイン>をクリックします。

> **MEMO Microsoftアカウント**
> Microsoftアカウントとは、Microsoft社がインターネット上で展開しているさまざまなサービスを利用するときなどに使用するアカウントです。「https://signup.live.com」のWebサイトから無料で取得できます。

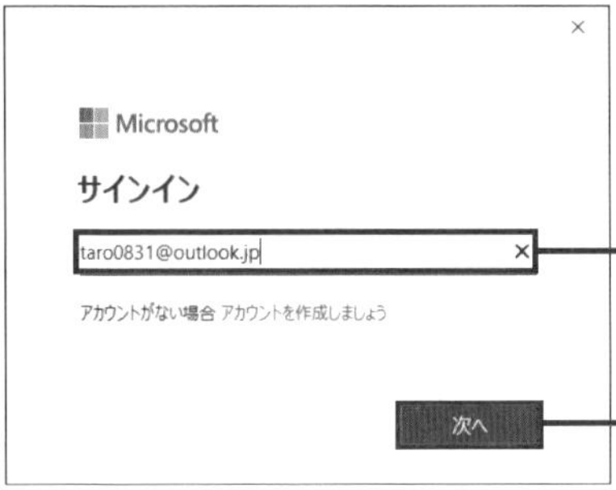

❷Microsoft アカウントとして登録しているメールアドレスを入力し、

❸<次へ>をクリックします。

❹パスワードを入力します。

❺<サインイン>をクリックします。

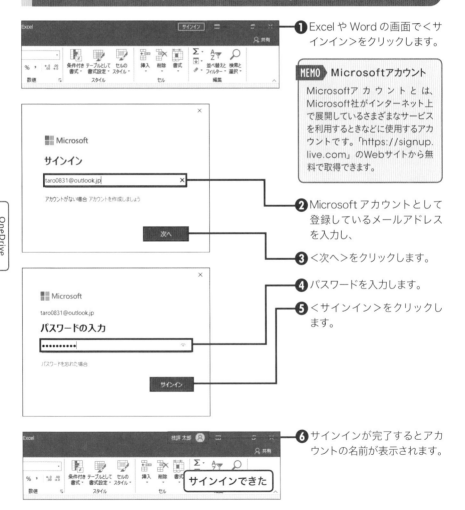

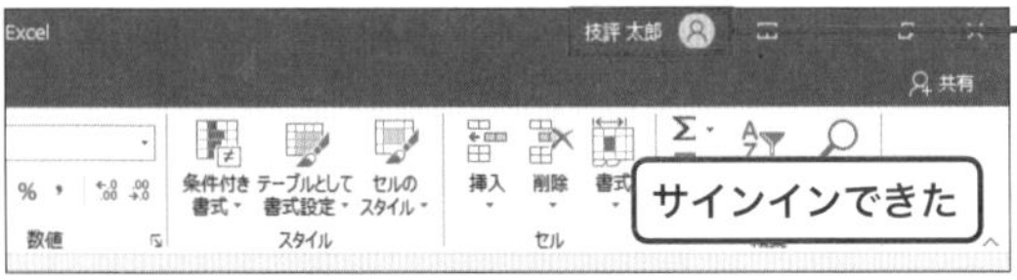

❻サインインが完了するとアカウントの名前が表示されます。

SECTION 420

OneDrive

ファイルをOneDriveに保存する

Microsoftアカウントでサインインしていると、OneDriveに簡単にアクセスできます。ここでは、Excelを例に、Excelで作成したファイルをOneDriveの<ドキュメント>フォルダーに保存してみましょう。

ファイルをOneDriveに保存する

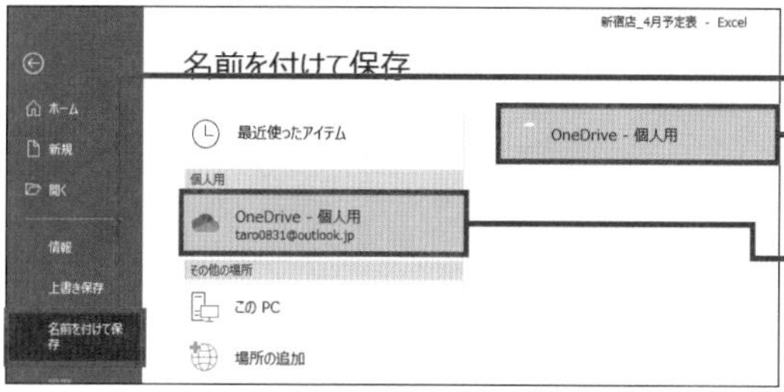

❶ 保存するファイルを開きます。

❷ <ファイル>タブをクリックし、<名前を付けて保存>をクリックします。

❸ < OneDrive- 個人用 >をクリック、

❹ < OneDrive- 個人用 >をクリックします。

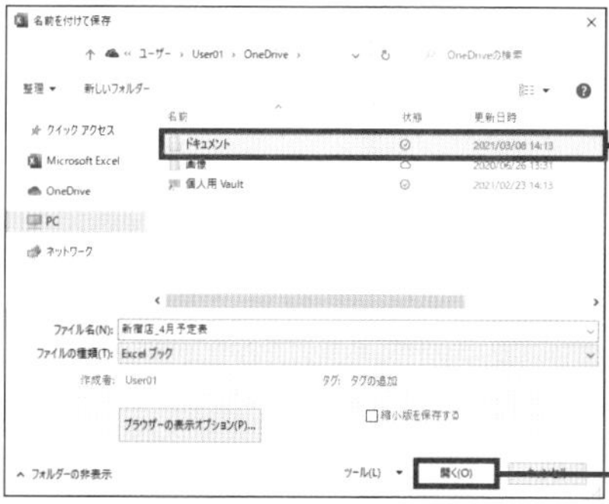

❺ <ドキュメント>をクリックし、

❻ <開く>をクリックします。

MEMO ここで操作する内容

ここでは、OneDriveの<ドキュメント>フォルダーにファイルを保存します。

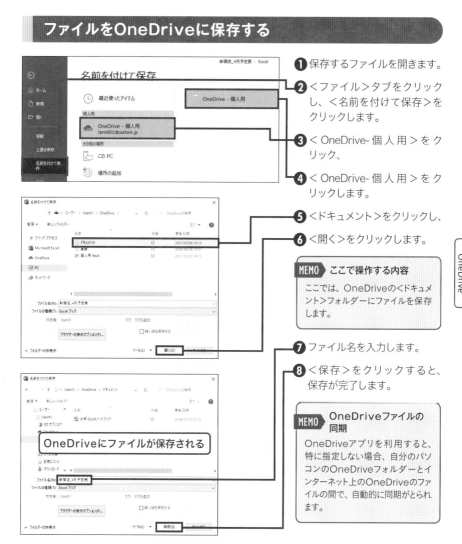

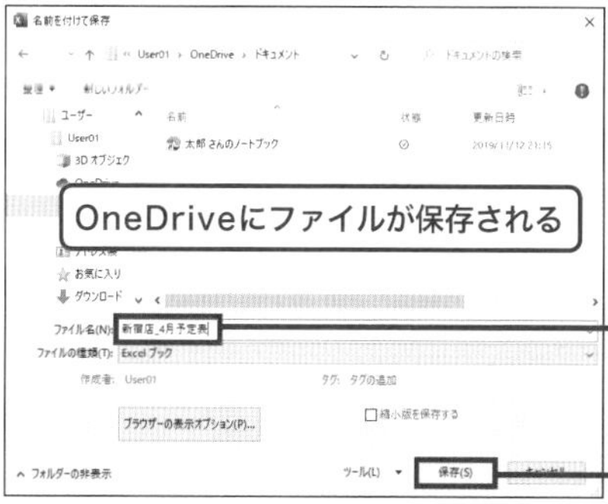

❼ ファイル名を入力します。

❽ <保存>をクリックすると、保存が完了します。

MEMO OneDriveファイルの同期

OneDriveアプリを利用すると、特に指定しない場合、自分のパソコンのOneDriveフォルダーとインターネット上のOneDriveのファイルの間で、自動的に同期がとられます。

SECTION 421
OneDrive

OneDriveに保存したファイルを開く

P.483の方法でOneDriveの<ドキュメント>フォルダーに保存したExcelファイルを、Excelで開いてみましょう。自分のパソコンに入っているファイルと同じような感覚で、OneDriveに保存したファイルを開くことができます。

OneDriveのファイルを開く

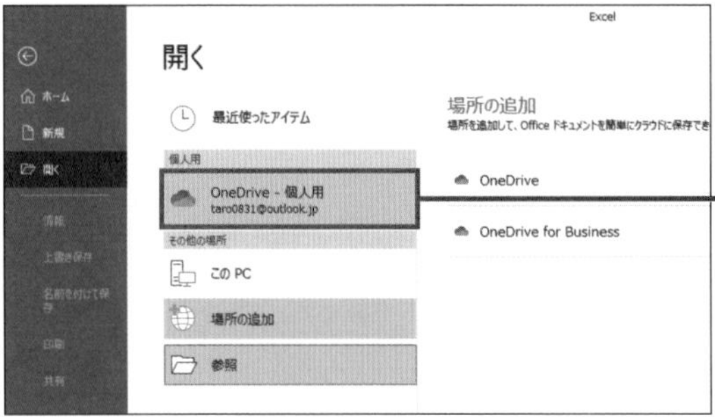

❶<ファイル>タブからファイルを開く画面を開き、

❷<OneDrive-個人用>をクリックします。

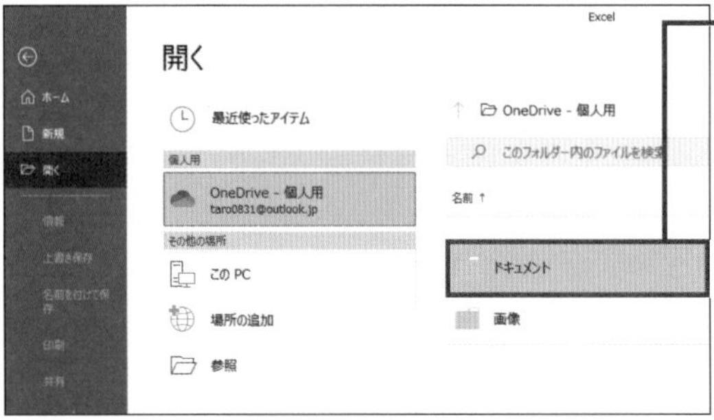

❸<ドキュメント>をクリックします。

❹開くファイルをクリックします。

❺OneDrive上のファイルが開きます。

SECTION
422
OneDrive

OneDriveに保存したファイルを編集する

OneDrive上から開いたExcelファイルをパソコンの編集してみましょう。OneDrive上のファイルでも、自分のパソコンに保存されているファイルと同じような感覚で編集することができます。

OneDriveのファイルを編集する

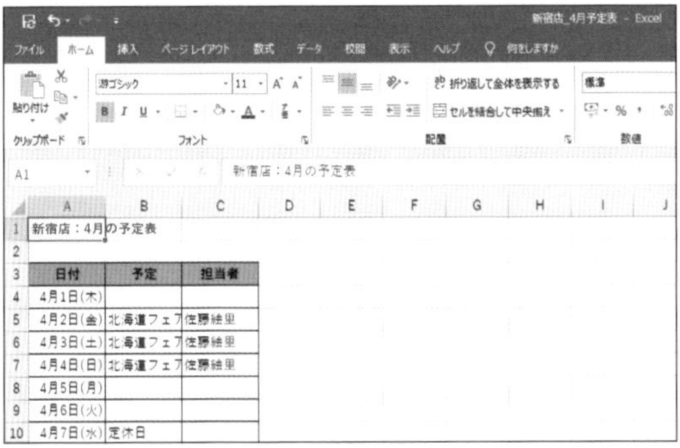

❶ OneDrive のファイルを開きます。

❷ 文字を修正します。

❸ 列幅を変更します。

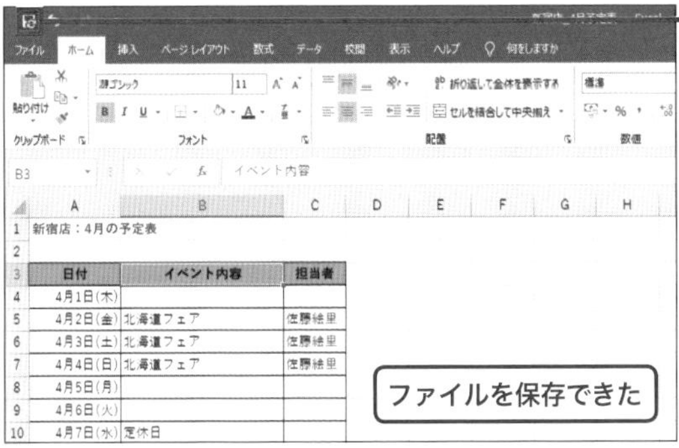

❹ <上書き保存>をクリックします。

SECTION 423 OneDrive

ブラウザーでOneDriveのファイルを確認する

OneDriveに保存したWordやExcelファイルは、ブラウザーから確認できます。ブラウザーでOneDriveのホームページを開いてMicrosoftアカウントでサインインします。ここでは、かんたんな編集であればブラウザーから行うこともできます。

第11章
第12章
第13章
第14章 OneDrive

Microsoftアカウントでサインインする

❶ Microsoft Edge を起動します。

❷「https://onedrive.live.com/about/ja-jp/」の URL を開き、

❸ <サインイン>をクリックします。

MEMO ここで操作する内容

ブラウザーでOneDriveのファイルを開きます。ここでは、Edgeのブラウザーを使用します。

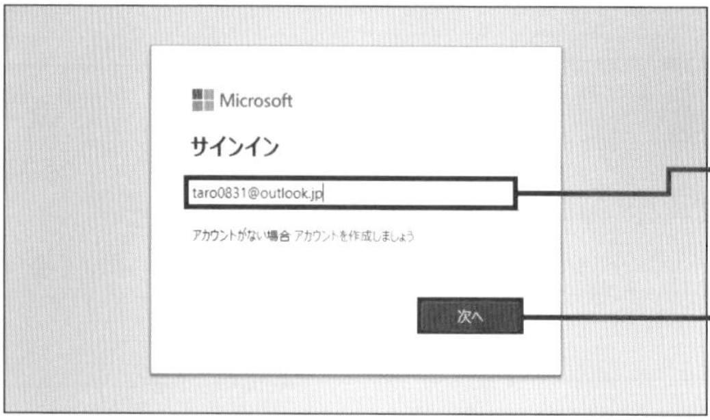

❹ Microsoft アカウントのメールアドレスを入力し、

❺ <次へ>をクリックします。

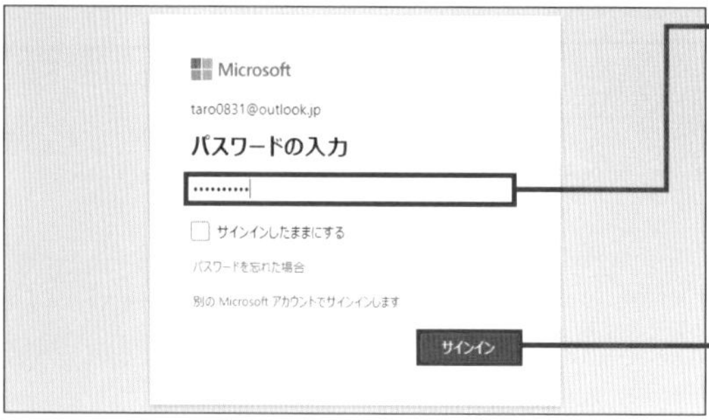

❻ パスワードを入力して、

❼ <サインイン>をクリックします。

ブラウザーでOneDriveのファイルを開く

❶ OneDrive の画面が表示されます。

❷ ファイルの保存先をクリックします。

> **MEMO ブラウザー上でも編集もできる**
>
> ブラウザーで開いたファイルは、ブラウザー上で編集できます。編集内容は、自動的に保存されます。なお、ブラウザーで編集する場合、ExcelやWordと全く同じ操作ができるわけではありません。ExcelやWordで編集するには、タブの横の<デスクトップアプリケーションで開く>をクリックします。

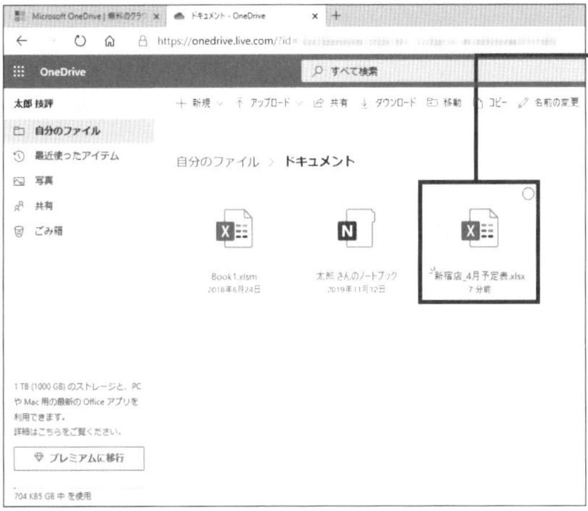

❸ 開くファイルをクリックします。

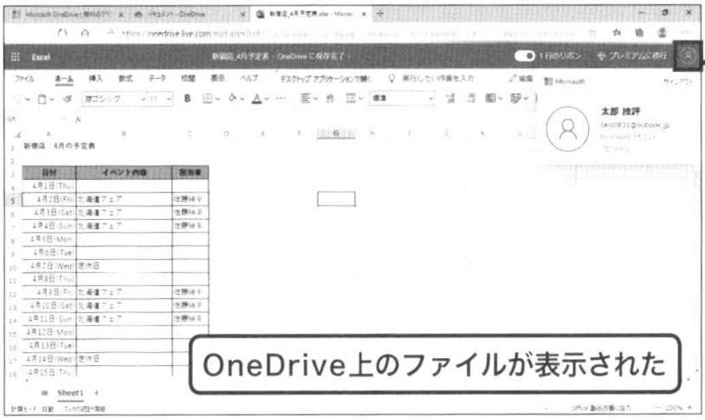
OneDrive上のファイルが表示された

❹ OneDrive のファイルが開きます。

❺ ここをクリックすると、サインインの状態を確認できます。

キーボードショートカット一覧

共通：ファイル操作

キー	操作
Ctrl + N	新規ファイルを作成する。
Ctrl + O	<ファイル>タブの<開く>画面を表示する。
Ctrl + S	ファイルを上書き保存する。
F12	ファイルに名前を付けて保存する。
Ctrl + P	印刷プレビューを表示する。
Ctrl + W	開いているファイルを終了する。
Alt + F4	アプリを終了する。

共通：基本操作

キー	操作
Ctrl + F1	リボンの非表示／表示を切り替える。
F1	<ヘルプ>を表示する。
Esc	現在の操作を取り消す。
Shift + F10	ショートカットメニューを表示する。
Ctrl + A	全体を選択する。
Ctrl + C	選択範囲をコピーする。
Ctrl + X	選択範囲を切り取る。
Ctrl + V	コピーまたは切り取ったデータを貼り付ける。
Ctrl + Z	直前の操作を取り消す。
Ctrl + Y	取り消した操作をもとに戻す。
Alt +各種キー	キーに対応したコマンドを実行する。
Ctrl + Shift + カタカナ ひらがな	かな入力とローマ字入力を切り替える。
Shift + Caps Lock	アルファベットを大文字に固定する。
F7	入力文字を全角カタカナに変換する。
F8	入力文字を半角カタカナに変換する。
F10	入力文字を半角英数字に変換する。
Ins	上書き入力に切り替える。

※お使いのキーボードによっては Fn キーを押す必要が生じる場合があります。

共通：書式設定

キー	操作
Ctrl + B	太字を設定／解除する。
Ctrl + I	斜体を設定／解除する。
Ctrl + U	下線を設定／解除する。
Ctrl +] ([)	フォントサイズを 1 ポイント大きく（小さく）する。
Ctrl + Shift + > (<)	フォントサイズを 1 つ大きく（小さく）する。
F4	直前の操作をくり返す。

Excel：基本と入力

キー	操作
F2	セルを編集可能にする。
Shift + F3	＜関数の挿入＞ダイアログボックスを表示する。
Alt + Shift + =	SUM 関数を入力する。
Ctrl + ;	今日の日付を入力する。
Ctrl + :	現在の時刻を入力する。
Ctrl + C	セルをコピーする。
Ctrl + X	セルを切り取る。
Ctrl + V	コピーまたは切り取ったセルを貼り付ける。

Excel：基本と入力

キー	操作
Ctrl + + （テンキー）	セルを挿入する。
Ctrl + - （テンキー）	セルを削除する。
Ctrl + D	選択範囲内で下方向にセルをコピーする。
Ctrl + R	選択範囲内で右方向にセルをコピーする。
Ctrl + F	＜検索と置換＞ダイアログボックスの＜検索＞を表示する。
Ctrl + H	＜検索と置換＞ダイアログボックスの＜置換＞を表示する。
Ctrl + Shift + ^	＜標準＞スタイルを設定する。
Ctrl + Shift + 4	＜通貨＞スタイルを設定する。
Ctrl + Shift + 1	＜桁区切りスタイル＞を設定する。
Ctrl + Shift + 5	＜パーセンテージ＞スタイルを設定する。
Ctrl + Shift + 3	＜日付＞スタイルを設定する。

キーボードショートカット一覧

Excel：選択と移動

キー	操作
Ctrl ＋ Shift ＋ :	アクティブセルを含み、空白の行と列で囲まれるデータ範囲を選択する。
Ctrl ＋ Shift ＋ Home	選択範囲をワークシートの先頭のセルまで拡張する。
Ctrl ＋ Shift ＋ End	選択範囲をデータ範囲の右下隅のセルまで拡張する。
Shift ＋ ↑↓←→	選択範囲を上（下、左、右）に拡張する。
Ctrl ＋ Shift ＋ ↑↓←→	選択範囲をデータ範囲の上（下、左、右）に拡張する。
Shift ＋ Home	選択範囲を行の先頭まで拡張する。
Shift ＋ Back space	選択を解除する。
Shift ＋ F11	新しいワークシートを挿入する。
Ctrl ＋ Home	ワークシートの先頭に移動する。
Ctrl ＋ End	データ範囲の右下隅のセルに移動する。
Ctrl ＋ Page Up	前（左）のワークシートに移動する。
Ctrl ＋ Page Down	後（右）のワークシートに移動する。
Alt ＋ Page Up （Page Down）	1画面左（右）にスクロールする。
Page Up （Page Down）	1画面上（下）にスクロールする。

Word：移動と選択

キー	操作
Home （End）	行の先頭（末尾）に移動する。
Ctrl ＋ Home （End）	文書の先頭（末尾）に移動する。
Page Up （Page Down）	1画面上（下）に移動する。
Ctrl ＋ Page Up （Page Down）	前ページ（次ページ）の先頭に移動する。
Ctrl ＋ ←→	前後の単語に移動する。
Ctrl ＋ ↑↓	前後の段落に移動する。
Shift ＋ ↑↓←→	選択範囲を変更する。
Shift ＋ Home （End）	行の先頭（末尾）まで選択する。
Ctrl ＋ Shift ＋ Home （End）	文書の先頭（末尾）まで選択する。
Alt ＋ Shift ＋ ↑↓	選択した段落を移動する。

Word：入力と文字書式

キー	操作
Ctrl ＋ Delete （Back space）	次（前）の単語を１つ削除する。
Ctrl ＋ Shift ＋ D	二重下線を設定／解除する。
Ctrl ＋ D	＜フォント＞ダイアログボックスを表示する。
Ctrl ＋ Shift ＋ C	書式のみをコピーする。
Ctrl ＋ Shift ＋ V	書式のみを張り付ける。
Ctrl ＋ Space	文字の書式を解除する。
Ctrl ＋ F	＜ナビゲーション＞作業ウィンドウを表示する。
Alt ＋ Ctrl ＋ Y	検索をくり返す。
Ctrl ＋ Page Up （Page Down）	前（次）の検索対象に移動する。
Shift ＋ Space	日本語入力中に半角スペースを入力する。
Ctrl ＋ Enter	改ページ記号を挿入する。
Shift ＋ Enter	改行記号を挿入する。
Ctrl ＋ Shift ＋ Enter	段区切りを挿入する。

Word：段落書式と表示設定

キー	操作
Ctrl ＋ L	段落を左揃えにする。
Ctrl ＋ R	段落を右揃えにする。
Ctrl ＋ E	段落を中央揃えにする。
Ctrl ＋ J	段落を両端揃えにする。
Ctrl ＋ Shift ＋ J	均等割り付けを設定する。
Ctrl ＋ Q	段落書式を解除する。
Ctrl ＋ 1	行間を１行に設定する。
Ctrl ＋ 2	行間を２行に設定する。
Alt ＋ Ctrl ＋ M	コメントを挿入する。
Alt ＋ Ctrl ＋ S	ウィンドウを分割する。
Alt ＋ Shift ＋ C	分割を解除する。

索引

索引

お問い合わせについて

本書に関するご質問については、本書に記載されている内容に関するもののみとさせていただきます。本書の内容と関係のないご質問につきましては、一切お答えできませんので、あらかじめご了承ください。また、電話でのご質問は受け付けておりませんので、必ずFAXか書面にて下記までお送りください。
なお、ご質問の際には、必ず以下の項目を明記していただきますよう、お願いいたします。

① お名前
② 返信先の住所またはFAX番号
③ 書名（今すぐ使えるかんたんEx Excel & Word プロ技BEST セレクション［2019/2016/2013/365 対応版］）
④ 本書の該当ページ
⑤ ご使用のOSとソフトウェアのバージョン
⑥ ご質問内容

なお、お送りいただいたご質問には、できる限り迅速にお答えできるよう努力いたしておりますが、場合によってはお答えするまでに時間がかかることがあります。また、回答の期日をご指定なさっても、ご希望にお応えできるとは限りません。あらかじめご了承くださいますよう、お願いいたします。

問い合わせ先

〒162-0846
東京都新宿区市谷左内町21-13
株式会社技術評論社　書籍編集部
「今すぐ使えるかんたんEx Excel & Word プロ技 BEST セレクション［2019/2016/2013/365 対応版］」質問係
FAX番号：03-3513-6167
URL：https://book.gihyo.jp/116

お問い合わせの例

FAX

①お名前
技術　太郎
②返信先の住所またはFAX番号
03-××××-××××
③書名
今すぐ使えるかんたんEx Excel & Word プロ技 BEST セレクション［2019/2016/2013/365 対応版］
④本書の該当ページ
100ページ
⑤ご使用のOSとソフトウェアのバージョン
Windows 10
Excel 2019
⑥ご質問内容
結果が正しく表示されない

※ご質問の際に記載いただきました個人情報は、回答後速やかに破棄させていただきます。

今すぐ使えるかんたんEx
Excel&Word プロ技 BESTセレクション
［2019/2016/2013/365 対応版］

2021年5月21日　初版　第1刷発行

著者……井上　香緒里、門脇　香奈子
発行者……片岡　巌
発行所……株式会社 技術評論社
東京都新宿区市谷左内町21-13
電話　03-3513-6150　販売促進部
03-3513-6160　書籍編集部
装丁・本文デザイン……菊池　祐（ライラック）
DTP……リンクアップ
編集……落合　祥太朗
製本／印刷……日経印刷株式会社

定価はカバーに表示してあります。
落丁・乱丁がございましたら、弊社販売促進部までお送りください。交換いたします。

ISBN978-4-297-12096-2 C3055
Printed in Japan